岩土工程新技术及工程应用丛书

水泥土连续墙新技术与实例

张凤祥　焦家训　张玉莉　编著

中国建筑工业出版社

图书在版编目（CIP）数据

水泥土连续墙新技术与实例/张凤祥，焦家训，张玉莉编著. —北京：中国建筑工业出版社，2008

（岩土工程新技术及工程应用丛书）

ISBN 978-7-112-10516-8

Ⅰ. 水… Ⅱ. ①张… ②焦… ③张… Ⅲ. 水泥土-地下连续墙-技术 Ⅳ. TU476

中国版本图书馆 CIP 数据核字（2008）第 179538 号

本书全面系统地阐述水泥土连续墙工法的技术原理、分类、适用条件及工程中的选择方法、设计、施工、设备、施工管理、注意事项、事故分析及措施，并配有大量施工实例。重点强调近年来推出的新工法、新技术、新设备、新材料及新工艺。

本书可供广大水泥土地下连续墙的科研人员、设计人员、施工人员、监理人员及高校有关专业师生的阅读参考。

* * *

责任编辑：武晓涛
责任设计：董建平
责任校对：安 东 陈晶晶

岩土工程新技术及工程应用丛书

水泥土连续墙新技术与实例

张凤祥 焦家训 张玉莉 编著

*

中国建筑工业出版社出版、发行（北京西郊百万庄）

各地新华书店、建筑书店经销

北京千辰公司制版

北京市铁成印刷厂印刷

*

开本：787×1092 毫米 1/16 印张：26¾ 字数：668 千字

2009 年 3 月第一版 2009 年 3 月第一次印刷

印数：1—2500 册 定价：**56.00** 元

ISBN 978-7-112-10516-8

（17441）

前　言

水泥土地下连续墙是指在不同手段形成的水泥土中插入型钢构成的地下连续墙，对应的成墙工法简称为水泥土连续墙工法。该工法具有以下一些优点：①止水性好（渗水系数 $<1\times10^{-6}$cm/s）；②对周围地层的影响小（沉降小）；③工序简单，成本低，工期短；④可大深度化（达 70m）；⑤产生弃土再利用率高（最大达 69%），排出弃泥少，属环保型工法；⑥用途多样化，可作各种工程的挡墙（挡土、止水）及产生污染物的隔离墙；⑦与 RC 墙工法相比，施工占地面积小；⑧施工振动小、噪声低。

该工法目前在深基坑开挖工程中作围护挡墙的应用已占绝对统治地位。目前该工法的主要用途是作地下坝、水库防渗墙、深大建筑物的基坑围护及主体结构、开挖隧道、竖井、地铁车站（必用工序）、城市共同沟工程、地下停车场、地下垃圾处理场的隔离墙、地下商业街、立体交叉地下道、地下变电站、地下蓄水池、各种地下泵站、放射性物质（核废料等）地下堆放场、沙漠绿化工程、都市保水工程、江河湖海护堤、船坞工程、水电围堰工程等领域。

该工法国内起步较晚，可以说目前国内只有最普通的 SMW 工法，在地铁车站、大厦建筑等领域作基坑围护的应用极多，积累了许多宝贵的经验，但亦存在以下不足：

① SMW 钻机机高过高，对周围环境具有一定的威胁。与其对应的矮机高钻机工法，尚属空白；成墙后挖基时会出现墙体坍塌、漏水等现象。其原因是水泥浆配比不合理及施工参数选择不合理，成墙的竖直精度低（缺乏高精度钻孔竖直度测量手段），墙体连续性差。

② SMW + RC 合成墙主体结构工法尚未开发。

另，CRM、ECW、GSS、FSW 等节能减排环保工法；TRD、RMW 等优质、高稳定等厚工法；苛刻条件下的矮机高工法（BH · W）等尚属空白。

上述空白课题均在提高工程质量、节能减排、利于环保、降低成本、克服环境限制等方面开辟了新的领域，解决了以往无法解决的技术难题。故急待开发。

随着国家建设事业的发展，必然遇到技术难度更大、节能减排、环保要求更高的水泥土连续墙工程，所以开发上述给出的工法课题乃是社会迫切需求。然而当前有关水泥土连续墙上述工法的技术资料、总结报告均零散地分布于国外的多种杂志上。另外，近年来水泥土连续墙的从业“新军”（单位、人员）的数量也迅猛增长。

总之，无论是赶上国际先进水平、缩短差距的需要，还是“新军”提高业务素质的需求，都表明广大从业人员迫切希望能有一本全面系统阐述水泥土地下连续墙技术原理、分类方法、优缺点对比、应用适用条件、设计（水泥土配比、芯材选择）、施工方法、施工设备、质量管理方法、施工监测系统及各式各样的施工实例的技术专著问世。为此，我们编写了本书。

本书的特点是：

① 全书选材侧重于工程实践的新工法、新技术、新设备、新材料，出发点侧重于实用价值，即提高工程质量，降低成本、缩短工期，利于环保、节能减排，解决以往无法解决的技术难题。

② 内容新颖、全面系统、言简意赅。

③ 书中给出大量的工程实例。这些典型实例中均给出了选择工法的理由、施工设备（性能、规格）、施工管理基准、监测方法、施工结果等等，完全可以借鉴或套用。

④ 书中对施工设备、器材及测量设备的选用原则、方法等细节问题叙述详细、透彻，系以往文献中所少见。

本书的出版对我国当前的地铁工程、城市共同沟工程、地下坝工程、水库防渗工程、大深度大型建筑基础工程、大都市邻近地下工程、地下停车场工程、地下变电站工程、地下蓄水池工程、地下商业街工程、地下垃圾处理场隔离工程、水利围堰工程、船坞工程等的施工均有指导意义和促进作用。

限于作者水平，书中错误和不足在所难免，望读者批评指正。

作 者

2008 年 12 月 28 日于上海

目　录

第1章　水泥土连续墙工法进展概况

1.1　水泥土连续墙工法进展综述

1.1.1　水泥土连续墙工法及分类

1. 工法

水泥固化土，即水泥、土体和水一起搅拌后混合物的固结体（以下称为水泥土）。由于水泥在水化反应过程中释放 Ca^{2+}，进而 Ca^{2+} 凝集土颗粒，即土颗粒被吸附到水泥水化物的周围固化，即生成水泥土。然后随着灰结反应的持续，水泥土的强度得以稳定提高。水泥土与搅拌前的软地层中的原状土相比，其强度（可达0.5～1MPa）、渗水系数（可达 10^{-5}～10^{-7}cm/s）等性能指标大为提高。

鉴于上述道理，人们开发了在不同手段形成的水泥土中插入型钢构成的所谓的水泥土地下连续墙，对应的成墙工法简称为水泥土连续墙工法。

2. 分类

实用化的水泥土连续墙工法的分类状况如图1.1所示。该图是按水泥土的生成方式、墙体水平断面形状、掘削地层土体的方式分类的分类图。就水泥土的生成方式而言，有置换型和原位搅拌混合型两种。所谓的原位搅拌混合型，即通过螺旋搅拌钻机在钻进搅拌原位地层土体的同时，由钻头上的喷嘴喷射水泥浆液，土体和浆液被搅拌混合在原位生成水泥土。所谓的置换型，通过挖槽机挖槽，把挖出的土体在地表与水泥浆搅拌混合生成水泥土，然后浇注到槽中。就墙体水平断面的形状而言，有等厚的矩形断面和非等厚的排柱（搭接）形两种。就掘削土体方式而言，有挖掘式抓斗、旋转挖掘、螺旋钻掘削式、链刀切削式等几种方式。

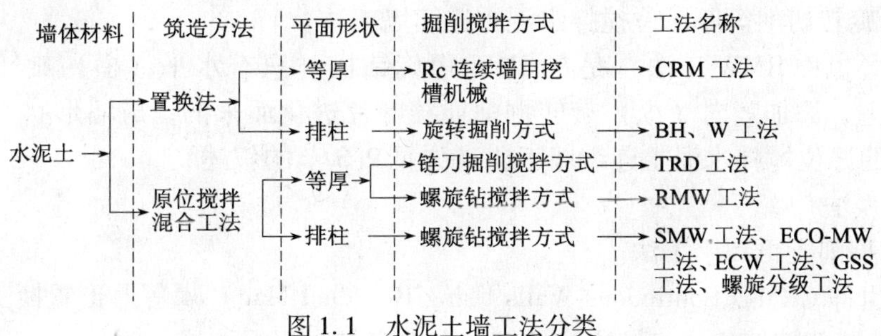

图1.1　水泥土墙工法分类

就水泥土墙的芯材而言，通常使用H型钢和工字钢，也可以是钢管、钢板、特殊预制桩、特殊H型钢板桩及特殊钢管板桩。对芯材使用特殊钢管板桩和特殊H型钢板桩的工法来说，因芯材是连在一起的，故构筑的水泥土连续墙属高刚性墙。芯材的设置方式有连续设置、全孔设置、隔孔设置及自由设置等几种方式。

(1) 原位搅拌混合工法

该工法有等厚形和排柱形两种。

① 排柱式原位搅拌土连接墙工法。

该工法也称 SMW（Soil Mixing Wall）工法，属排柱形原位搅拌混合工法。该工法是在螺旋钻机的钻杆上设置搅拌机构，向地中钻孔，同时由钻头喷嘴注入水泥浆液，使被搅拌的土体和水泥浆液混合在其原位形成排柱状水泥土墙，如此重复使多幅墙体相互搭接形成一道一定长度的完整排柱式连续墙的工法（详见第4章的叙述）。

② 扩散剂抑制弃泥产生量水泥土连续墙工法。

该工法也称 ECO—MW 工法，属排柱形、原位搅拌混合工法。该工法是靠扩散剂减少水泥浆注入量，从而抑制弃泥排放量的环保型工法（详见6.5节的叙述）。

③ 改变钻孔注入程序抑制弃泥产生量的水泥土连续墙工法。

该工法也称 ECW 工法，属排柱形原位搅拌混合工法。该工法是在 SMW 工法基础上，变更钻孔注入程序，实现注入水泥浆液减量，从而使弃泥排放量削减的工法（详见9.1节的叙述）。

④ 2次分级处理抑制弃泥产生量的水泥土连续墙工法。

该工法也称 GSS 工法，仍属排柱形原位搅拌混合工法。该工法是靠专用设备把排出泥水进行2次分级处理，回收水泥浆液抑制弃泥产生量的水泥土连续墙工法（详见6.6节的叙述）。

⑤ 螺旋分级抑制弃泥产生量的水泥土连续墙工法。

该工法属排柱形原位搅拌混合工法。该工法是把排出泥水送入螺旋分离机进行3级处理，回收水泥浆液再利用，抑制弃泥产生量的水泥土连续墙工法（详见6.7节的叙述）。

⑥ 链刀等厚原位搅拌水泥土连续墙工法。

该工法也称 TRD（Trench Cutting Re-mixing Deep Wall）工法，属等厚形原位搅拌混合工法。该工法相对 SMW 工法而言，是一种确保安全的工法。该工法是使用插入地中的链形切削架刀横向连续切削地层，同时竖向注入水泥浆液，浆液与原位土体被搅拌混合，在原位生成连续墙的工法（详见第7章的叙述）。

⑦ 纵横旋转切削等厚原位搅拌水泥土连续墙工法。

该工法（也称 RMW 工法）是在 SMW 螺旋钻机（只有水平（横）旋转掘削搅拌叶片）的基础上，添加竖向（纵）旋转掘削搅拌叶片进化而来的，成墙形状为等厚的水平断面为矩形的原位搅拌水泥土连续墙工法（详见9.3节的叙述）。

(2) 置换法

① 挖掘掘削土再利用工法。

该工法也称 CRM（Continuous-Walls Using Recycled Mad）属等厚形置换工法。该工法使用 RC 连续墙的挖槽机，将挖出的挖槽土在地表与水泥混合成水泥土，浇回槽内。然后插入芯材（H 型钢等），形成水泥土连续墙的工法。由于挖槽土得以再利用，故排出弃泥较少，是极好的环保型工法（详见第8章的叙述）。

② 矮机高置换式排柱挡墙工法。

该工法也称 BH · W 工法，属排柱形置换工法。该工法是采用逆循环泥水掘削，并上抽掘削机内泥水，使其与水泥等固化材搅拌混合，再压送回孔内，然后插芯材固化成墙的工法（详见 9.2 节的叙述）。

1.1.2 水泥土连续墙工法的优点及用途

1. 优点

归纳起来，水泥土连续墙工法具有以下优点：

① 止水性好（渗水系数小于 1×10^{-6}cm/s）；

② 对周围地层的影响小（沉降小）；

③ 工序简单、成本低、工期短；

④ 可大深度化（达 70m）；

⑤ 产生弃土再利用率高（最大达 69%），排出弃泥少，属环保型工法；

⑥ 用途多样化，可用作各种工程的挡墙（挡土、止水）及产生污染物的隔离墙；

⑦ 与 RC 墙工法相比，施工占地面积小；

⑧ 施工振动小、噪声低。

2. 用途及应用领域

目前水泥土连续墙的主要用途是作各种深大开挖基坑的围护挡墙（占工程总量的 70% ~80%，占统治地位）；各种用途的主体结构侧墙；地下坝；各种地中防渗隔墙等等。

主要应用领域是地下坝，水库防渗墙，深大建筑物的基坑围护及主体结构侧墙，开挖隧道、盾构隧道、顶管隧道的工作竖井，地铁车站（必用工序）、城市共同沟工程、地下停车场、地下垃圾处理场的隔离墙、地下商业街、立体交叉地下道、地下变电站、地下蓄水池、各种地下泵站放射性物质（核废料等）地下存放库、沙漠绿化工程、都市保水工程、江河湖海护堤、船坞工程、水利围堰工程等领域。

1.1.3 水泥土连续墙工法的进展简况

国际上 20 世纪 50 年代初最先开发成功使用单轴钻机的排柱式水泥土连续墙工法，即 MIP 工法，1976 年开发成功 SMW 工法，1993 年开发成功 TRD 工法，1994 年开发成功 CRM 工法，1998 年开发成功 RMW 工法，2000 年推出 GSS 工法，2002 年推出 ECW 工法，2003 年推出 BH · W 工法，2004 年推出 ECO-MW 工法，2005 年推出螺旋分级抑制弃泥产生量的水泥土连续墙工法。

1.1.4 水泥土连续墙工法现状

1. 置换型水泥土墙工法现状

（1）适用领域

因为置换型水泥土墙工法使用 RC 连续墙挖掘机械（抓斗挖掘机、水平多轴旋转挖掘机），所以可以实现深 120m、厚 500 ~1200mm 的墙体施工。

目前的实绩，已有超过40m深挡墙的施工实例多例。

（2）再利用掘削土

掘削土是水泥土的主材料，质量比占50%左右。水泥土墙中可以利用的土材料是去除粒径大于40mm的粗粒成分（砾、大卵石、块状黏土）和有机质土等影响水泥土质量的掘削土。最近也有外购水泥土的例子。

掘削土再利用连续墙工法的再利用率，为了简便略去土量变化率等因素，可按下式计算，即

再利用率 =（设计掘削土量 - 残渣排出量）/设计掘削量

其中，设计掘削量可以认为是设计掘削墙厚 × 掘削总长 × 掘削深度。

从目前的多数实例看，平均再利用率在60%左右（最小值53%，最大值69%）。各个工程的再利用率均不同，这是对象土对再利用率的影响较大的原因所致。最近，伴随水泥土制造设备的改良存在按掘削土考虑有效再利用的倾向。在计划阶段推估再利用率时，可根据土质柱状图按表1.1示出的再利用率的标准计算。但是，在砂土层中当细粒成分含有率小于20%时，为确保止水性必须另行添加黏土等细粒成分。这种场合下，再利用率比表1.1所示的值要小。

标准再利用率　**表1.1**

产生土	N值 < 10	N值 ≥ 10
黏性土	80%	10%
砂质土	90%	
砾质土	10%	

（3）配比设计方法

因为水泥土的主材料是再利用的掘削土，所以必须很好地了解再利用掘削土的含水比和粒度等特性对水泥土的影响。水泥土的配比应根据事前采集的掘削原状土进行配比试验决定。

在掘削土再利用连续墙工法中，采用按掘削土的细粒含有率决定水泥土质量的配比设计法确定配比。如果采用目前的设计配比，要求掘削原状土的简易沉降相对密度应大致在1.01～1.02的范围，使用的水泥量为140～200kg/m³时，则可满足前面指出的一般质量要求（单轴抗压强度、渗水系数）。相对原位搅拌混合型工法一般的水泥用量为200～300kg/m³的事实而言，置换型工法在节省50～100kg/m³的水泥的条件下，仍可确保与原位搅拌混合工法的质量持平，足见置换型工法的优越性。

（4）施工方法

掘削土再利用连续墙工法基本上以1挖槽为1浇注幅段。水泥土制造设备如图1.2所示，振动筛的网孔为40mm，可滤除粒径比40mm大的粒材。要想使40mm以上的砾等材料得以利用时，必须增设破碎设备。

就芯材的插入方法而言，有先浇水泥土后插入芯材和在水泥土浇筑前插入芯材两种方式。对后插芯材方式来说，要求在浇注水泥土和插芯材期间，水泥土不能固化。先插芯材方式适于掘削深度大于30m的施工，但是为使挖槽内的芯材分布均匀，实现水泥土的均

匀填充极为重要，所以两芯材之间必须配置浇注导管。

置换型水泥土墙用于大深度墙的事例较多，为使芯材插入顺利，使用延迟剂的事例较多。但这种场合下，易产生泛浆，导致墙体质量劣化，这一点应特别引起注意。

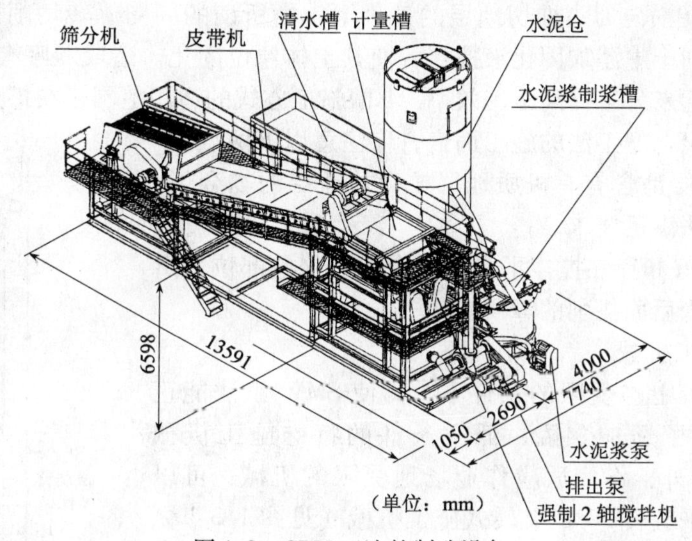

图 1.2　CRM 工法的制造设备

2. 原位搅拌混合型水泥土墙工法现状

（1）适用领域

原位搅拌混合型水泥土墙的典型工法是 SMW 工法和 TRD 工法，其适用范围如表 1.2 所示。原位搅拌混合工法的最大适用深度一般考虑为 45m。不过目前超过 45m 的实例较多，且有增加的趋势。

SMW 工法和 TRD 工法的适用领域　　**表 1.2**

<table>
<tr><th>工法名</th><th colspan="3">TRD 工法</th><th colspan="3">SMW 工法</th></tr>
<tr><td rowspan="8">适用范围</td><td colspan="3">① 机械的适用范围</td><td colspan="3">① 机械的适用范围</td></tr>
<tr><td>机种</td><td>墙厚（mm）</td><td>标准最大墙深（m）</td><td>钻孔径（mm）</td><td>平均墙厚（mm）</td><td>标准最大墙深（m）</td></tr>
<tr><td>TRD-Ⅰ</td><td>450 ~ 550</td><td>20</td><td>550</td><td>480</td><td rowspan="3">35</td></tr>
<tr><td>TRD-Ⅱ</td><td>550 ~ 700</td><td>35</td><td>600</td><td>538</td></tr>
<tr><td>TRD-Ⅲ</td><td>550 ~ 850</td><td>50</td><td>650</td><td>593</td></tr>
<tr><td></td><td></td><td></td><td>850</td><td>773</td><td rowspan="2">45</td></tr>
<tr><td></td><td></td><td></td><td>900</td><td>828</td></tr>
<tr><td colspan="3">② 适用地层
适用地层范围较宽，但 $N>60$ 的地层、含砾径 > 100mm 的地层及岩层应认真研究</td><td colspan="3">② 适用地层
$N>50$ 的地层、含砾径 > 100mm 的地层及软岩层，应并用先期钻孔</td></tr>
</table>

（2）施工方法

SMW 工法的典型钻孔机多为螺旋钻搅拌方式，通常以 3 轴型为主流，目前 5 轴型也步入实用阶段。因地层条件不同，SMW 工法可分为适于黏性土 ~ 砂质土用及从砂质土，砂砾土到岩层用的两种。螺旋钻搅拌方式的场合下，为了确保连续性和竖直精度，各槽段的端部原则上讲均为搭接。造壁顺序有①连续方式（标准方式），②连续单向浇筑推进方式，③并用先期钻孔方式3种。

TRD工法是在横向刀头推切地层的条件下，由所谓的周向旋转切削链驱动刀头掘削地层，随后向掘削土中添加固化液搅拌，使其土体原位固化。造成顺序有1槽式、2槽式及3槽式3种。近来为了提高施工效率，1槽施工方式的适用范围正在扩大。

就原位搅拌混合型工法的施工而言，应注意以下两点。

① 在搅拌地层是含有有机质地层或含盐地层的场合下，水泥土的强度无法满足要求。

② 在搭接不好和存在搅拌不良的场合下，这些部位会出现漏水，进而成为后面掘削的障碍。

(3) 特殊施工机械

在原有路桥等上空受限的条件下，为使SMW工法能正常施工，特开发了适应狭隘、低空条件的特殊施工机械（SMW 3000）。另外，作为适应作业场地受限的机械，可以把3轴钻孔机水平旋转90°的旋转式施工机械（见图1.3：纵3轴旋转式SMW机）也已进入实用化阶段。

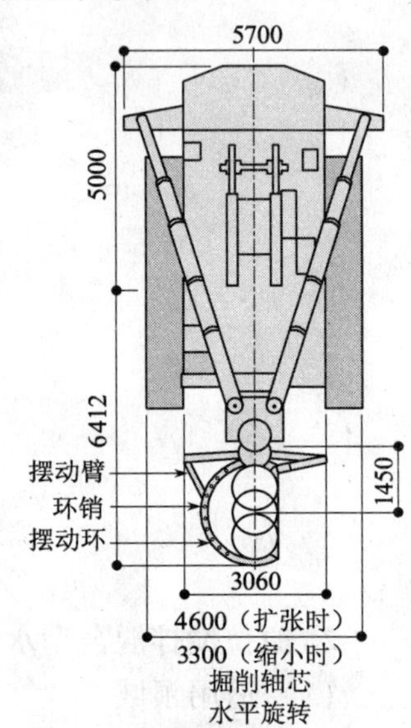

图1.3 SMW工法的特殊施工机械（纵3轴旋转式SMW机）

作为排柱式搅拌混合方式的最新机械，业已开发了把驱动单元安装在中空固定轴周围、驱动单元可随钻杆掘入地中的新系统UD—HOMET工法。该钻机由安装在非旋转轴内部的精度监视装置长时间监视钻孔精度，与以往的方式相比，可以实现大口径、大深度、高精密挡土墙的施工。

就TRD工法而言，图1.4示出的是业已步入实用阶段的可以造成倾斜墙的施工机械（30°规格机械可以实现29°~37°的施工；45°规格的机械可以实现36°~46°的施工）和可以在倾斜地层中施工的机械（可以适应地层倾斜角±5°的施工）。造成倾斜墙的施工机械完全可以期望在防止河岸浸蚀的护堤工程中得以应用。

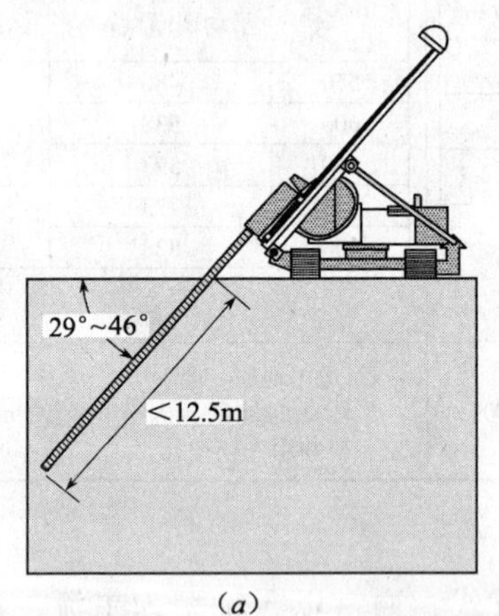

(a)

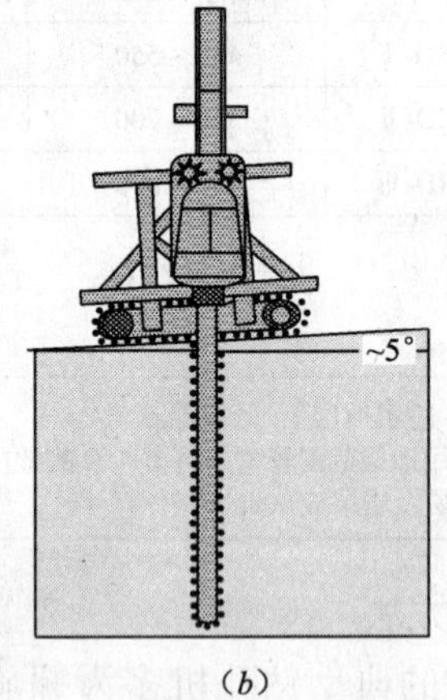

(b)

图1.4 特殊施工机械（TRD工法）

(a) 斜墙造成机械；(b) 斜地层中施工机械

（4）产生泥土的抑制技术

对原位搅拌混合型水泥土墙工法来说，抑制排出泥土量的技术业已实用化。这种抑制技术有以下三种：

① 使用特殊的扩散剂工法。

② 把排出泥土用设置在地表现场中的处理设备处理成可再利用的土。

③ 使用专用设备使产生泥土分离成土颗粒和水泥浆，再把水泥浆返回钻机再利用。

作为使用特殊扩散剂工法的典型例子，即ECO—MN工法，该工法使用新开发的特殊扩散剂（凝结延迟剂）长时间地维持水泥浆的流动性，故水泥和土反应充分，提高固化强度，所以在降低水泥浆注入量的前提下，仍可确保固化质量。因注入量少，所以排出泥土量也少。

把靠近地表的排土区间的排出泥土作为一般弃土处理的工法即ECW工法。该工法是在原位搅拌混合的施工系统上想办法。不需要特殊的材料和设备，即可使排出泥土量减少，但是必须在设计阶段就应切实地考虑排土区间。

用专用设备使排出泥土分离成土颗粒和水泥浆，进而水泥浆返回再利用的工法，即2次分级处理弃泥低减工法和螺旋分级弃泥低减工法。这些工法均利用特殊的混合剂和专用设备，使水泥土中的水泥浆得以循环再利用。分离出来的土颗粒作弃物处理。

1.1.5　工法现状的特点

1. 技术细节完善阶段

可以说，现阶段是各种工法的技术全面完善走向成熟的阶段。现阶段解决了苛刻现场条件下的各种矮机高钻机、不同土质条件下的最佳水泥浆配比、不同土质条件下最佳施工参数的选取、确保成墙的竖直精度的测量方法及设备等技术问题。

2. 大力开发水泥土连续墙作主体结构应用阶段

以往RC连续墙独霸地下主体构造的局面已被打破，即近年来水泥土连续墙作地下主体构造的应用实例也在不断增加，且2000年以后，已完全步入实用化阶段。水泥土地下连续墙以往均用于作基坑开挖阶段的临时挡墙，挖基工程结束后弃于地中，造成资源的极大浪费，工程成本也高。作主体构造即临时挡墙任务完成后，将其芯材（H型钢）与后浇注的RC墙通过柱头螺栓连接到一起，形成一体化的合成墙作主体结构侧墙（图1.5）。这样一来，后浇RC侧墙的尺寸可缩一半，成本大为下降。该课题是当前该领域的前沿热门课题之一。

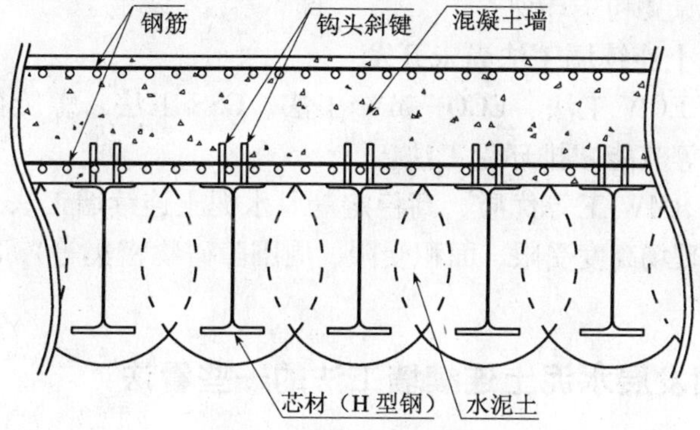

图1.5　合成墙平面图

3. 大力开发抑制弃泥产生量的节能环保型工法的阶段

ECO—MW工法、ECW工法、GSS工法、螺旋分级抑制弃泥产生量的水泥土连续墙工法及CRM工法等节能环保型工法的问世，足以说明当前人们对该课题的重视程度，该课题是目前国际上的最前沿热门课题之一。

1.2　对我国发展水泥土连续墙工法的一些看法

1.2.1　国内技术现状

国内水泥土连续墙工法起步于20世纪90年代后期，目前国内盛行的水泥土连续墙工法可以说只有普通的SMW（3轴）工法，该工法在国内地铁车站、大厦建筑等领域作基坑围护的应用极多，应该说作出了较大的贡献，同时也积累了许多宝贵的经验。但是，与国际上一些发达国家相比还存在如下一些差距。

1. SMW工法方面的技术差距

（1）SMW钻机机高过高（钻孔深26m、机高达33m）、重心高高度达9~10m，场地存在坡度场合下，移动钻机、台风、地震等因素，均会引发钻机倾倒，这对周围居民、单位、路人都有较大的威胁。周围存在高压线、高架道路时，危险性更大。与此对应的矮机高钻机工法，尚属空白。

（2）成墙施工结束后，挖基时常有墙体漏水现象发生。其原因是：

① 水泥浆配比与土质不匹配。即水泥浆配比与土质、固化土特性的关系的试验研究不透彻。

② 水泥浆与切削土搅拌不均匀，施工参数、施工步骤不合理。

③ 成墙的竖直精度低、墙体连续性差。其关键是缺乏高精度钻孔竖直度的测量手段（插入式自动测斜计、钻杆内藏测斜系统、声响实时钻孔倾斜测量系统、UD—HOMET工法）。

（3）SMW+RC合成墙主体结构工法尚未开发。以往SMW作临时围护挡墙工程结束后，对SMW墙体作填埋遗弃处理，这样造成极大浪费，使总工程造价升高。若把SMW芯材H型钢与后浇的RC墙用柱头螺栓连接固定成为一体化合成墙作主体结构，可使成本下降一半，既节约资源又利于环保。

2. 下列新型水泥土连续墙工法尚未开发

（1）CRM工法、ECW工法、ECO—MW工法、GSS工法、螺旋分级抑制弃泥产生量的水泥土连续墙工法等节能减排环保工法。

（2）TRD工法、RMW工等优质、高稳定等厚水泥土连续墙工法。

（3）苛刻条件（现场高度受限、面积受限、周围障碍物密集等）下的矮机高的BH·W工法等。

1.2.2　对我国发展水泥土连续墙工法的一些看法

随着国家建设事业的发展，必然碰到技术难度更大，节能减排、环保要求更高的水泥土连续墙工程。为了尽早赶上国际先进水平，缩短与发达国家的差距，迫切希望开发提高工程质量、节能减排、利于环保、降低成本、克服环境限制、开辟新领域、解决以往无法解决的技术难题等国内尚属空白的新型工法，以满足社会发展的需求。

鉴于目前国内水泥土连续墙技术的现状及社会发展的需求，作者对今后我国水泥土连续墙技术开发的动向发表几点肤浅的看法，仅供读者参考。

（1）SMW 工法技术细节的提高：

① 总结适应我国各地区、各种土质的水泥浆的最佳配比。

② 归纳研究水泥浆的注入参数（速度、压力、喷嘴位置）、钻拌机的工作参数（转速、下钻、上提的钻进速度）与土质的关系，寻找最佳搅拌混合参数。

③ 开发高精度钻孔竖直度的测量系统（声响实时钻孔倾斜测量系统、UD—HOMET 工法等）。

④ SMW + RC 一体化合成墙（包括设计理论、方法、施工方法及结果验证）在主体结构上的应用等等。

（2）必须与时俱进，尽快开发节能减排环保型水泥土连续墙工法（CRM 工法、ECW 工法、GSS 工法等）。

（3）开发优质、高稳定等厚水泥土连续墙工法（TRD 工法、RMW 工法）。

（4）各种矮机高钻拌机的开发。

第2章　水泥类固化材地层加固原理及改良土特性

2.1　水泥类固化材地层加固原理

加固含水比大的软黏性土和阻碍水泥水化的有机物含量多的超软层的场合下，使用普通硅酸盐水泥的加固效果不好。

以这些地层为固化对象，本着不增加添加量降低成本固化为目的，制造的以水泥为主要成分，并添加有效固化助剂的特殊水泥，称为以水泥为基材的水泥类固化材，以下简称为水泥类固化材。

本节叙述基材水泥的种类、特性及水化机理，同时归纳适应黏土和有机质超软层的水泥类固化材的加固机理。

2.1.1　水泥的种类和规格

水泥厂家制造销售水泥有规范产品和为特殊用途制造的不规范产品两种。规范产品为硅酸盐水泥和组合水泥，规范产品按表2.1规定。硅酸盐水泥包括：普通硅酸盐水泥（以下简称普通水泥）、早强硅酸盐水泥（简称早强水泥）、超早强硅酸盐水泥（简称超早强水泥）、中热硅酸盐水泥（简称中热水泥）、低热硅酸盐水泥（简称低热水泥）、耐硫酸硅酸盐水泥（简称耐硫酸水泥）。

普通水泥的质量　　**表2.1**

质量参数＼种类		普通水泥	早强水泥	超早强水泥	中热水泥	低热水泥	耐硫酸水泥
密度（g/cm^3）		—	—	—	—	—	—
比表面积（cm^2/g）		2500以上	3300以上	4000以上	2500以上	2500以上	2500以上
凝结	初凝（min） 终凝（h）	60以上 10以下	45以上 10以下	45以上 10以下	60以上 10以下	60以上 10以下	60以上 10以下
稳定性		良	良	良	良	良	良
抗压强度（MPa）	1d	—	10.0以上	20.0以上	—	—	—
	3d	12.5以上	20.0以上	30.0以上	7.5以上	—	10.0以上
	7d	22.5以上	32.5以上	40.0以上	15.0以上	7.5以上	20.0以上
	28d	42.5以上	47.5以上	50.0以上	32.5以上	22.5以上	40.0以上
	91d	—	—	—	—	42.5以上	—
水化热（J/g）	7d	—	—	—	290以下	250以下	—
	28d	—	—	—	340以下	290以下	—

续表

质量参数＼种类	普通水泥	早强水泥	超早强水泥	中热水泥	低热水泥	耐硫酸水泥
氧化镁（%）	5.0 以下	5.0 以下	5.0 以下	5.0 以下	5.0 以下	5.0 以下
三氧化硫（%）	3.0 以下	3.5 以下	4.5 以下	3.0 以下	3.5 以下	3.0 以下
强热减量（%）	3.0 以下	3.0 以下	3.0 以下	3.0 以下	3.0 以下	3.0 以下
总碱量（%）	0.75 以下	0.75 以下	0.75 以下	0.75 以下	0.75 以下	0.75 以下
氯离子（%）	0.035 以下	0.02 以下	0.02 以下	0.02 以下	0.02 以下	0.02 以下
硅酸三钙（%）	—	—	—	50 以下	—	—
硅酸二钙（%）	—	—	—	—	40 以上	—
铝酸三钙（%）	—	—	—	8 以下	6 以下	4 以下

混合水泥是以普通水泥为基材按预定比例混入高炉渣、粉煤灰等材料的水泥（表2.2～表2.4），再有近年随着循环经济产业弃物的再利用，还开发了利用产业弃物制造的所谓的生态水泥，这种水泥是以都市灰尘（垃圾）和排水管道污泥为主要原料制成的水泥，见表2.5。

高炉渣水泥的质量　　**表2.2**

质量参数＼种类		A 种	B 种	C 种
密度（g/cm^3）		—	—	—
比表面积（cm^2/g）		3000 以上	3000 以上	3000 以上
凝结	初凝（min）	60 以上	60 以上	60 以上
	终凝（h）	10 以下	10 以下	10 以下
稳定性		良	良	良
抗压强度（MPa）	3d	12.5 以上	10.0 以上	7.5 以上
	7d	22.5 以上	17.5 以上	15.0 以上
	28d	42.5 以上	42.5 以上	40.0 以上
氧化镁（%）		5.0 以下	6.0 以下	6.0 以下
三氧化硫（%）		3.5 以下	4.0 以下	4.5 以下
强热减量（%）		3.0 以下	3.0 以下	3.0 以下

粉煤灰水泥的质量　　**表2.3**

质量参数＼种类		A 种	B 种	C 种
密度（g/cm^3）		—	—	—
比表面积（cm^2/g）		2500 以上	2500 以上	2500 以上
凝结	初凝（min）	60 以上	60 以上	60 以上
	终凝（h）	10 以下	10 以下	10 以下
稳定性		良	良	良

续表

质量参数 \ 种类		A 种	B 种	C 种
抗压强度（MPa）	3d	12.5 以下	10.0 以上	7.5 以上
	7d	22.5 以上	17.5 以上	15.0 以上
	28d	42.5 以上	37.5 以上	32.5 以上
氧化镁		5.0 以下	5.0 以下	5.0 以下
三氧化硫		3.0 以下	3.0 以下	3.0 以下
强热减量		3.0 以下	—	—

硅石水泥质量　　**表 2.4**

质量参数 \ 种类		A 种	B 种	C 种
密度（g/cm^3）		—	—	—
比表面积（cm^2/g）		3000 以上	3000 以上	3000 以上
凝结	初凝（min）	60 以上	60 以上	60 以上
	终凝（h）	10 以下	10 以下	10 以下
稳定性		良	良	良
抗压强度（MPa）	3d	12.5 以上	10.0 以上	7.5 以上
	7d	22.5 以上	17.5 以上	15.0 以上
	28d	42.5 以上	37.5 以上	32.5 以上
氧化镁（%）		5.0 以下	5.0 以下	5.0 以下
三氧化硫（%）		3.0 以下	3.0 以下	3.0 以下
强热减量（%）		3.0 以下	—	—

生态水泥质量　　**表 2.5**

质量/种类		普通生态水泥	速硬生态水泥
密度（g/cm^3）		—	—
比表面积（cm^2/g）		2500 以上	3300 以上
凝结	初凝（h）	1 以上	—
	终凝（h）	10 以下	1 以下
稳定性	试块法	良	良
	勒夏特列法（mm）	10 以下	10 以下
抗压强度（MPa）	1d	—	15.0 以上
	3d	12.5 以上	22.5 以上
	7d	22.5 以上	25.0 以上
	28d	42.5 以上	32.5 以上
氧化镁（%）		5.0 以下	5.0 以下
三氧化硫（%）		4.5 以下	10.0 以下
强热减量（%）		3.0 以下	3.0 以下
总碱量（%）		0.75 以下	0.75 以下
氯离子（%）		0.1 以下	0.5 以上 1.5 以下

水泥类固化材是以水泥为基材（主要成分），添加有效固化助剂的固化材。因与对象土质成分有关，所以多数场合下其成分特性偏离规范标准，所以定义为其他水泥，也称特殊水泥，大致存在以下几种：

（1）超微细颗粒水泥，即粉碎成粒径极细微的以填充岩石裂隙止水为目的的水泥。

（2）铺装水泥，即高速道路混凝土铺装中使用的特殊规格的水泥。

（3）油井水泥，即石油井、地热发电井等高温高压条件下，可以在液态调整硅酸盐水泥组成的水泥。

（4）喷射水泥，即超速硬性水泥（从美国作技术引进的水泥）。

2.1.2 水泥的组成和性能

硅酸盐水泥是以氧化钙（CaO）、二氧化硅（SiO_2）和三氧化二铝（Al_2O_3）为主要原料的水泥，其化学分析的一例如表 2.6 所示。其中 CaO、SiO_2、$Al_2O_3$3 种成分的总和占 90% 以上。

水泥化学成分的例子（%） 表 2.6

水泥种类	强热减量	不溶残量	二氧化硅（SiO_2）	三氧化二铝（Al_2O_3）	三氧化二铁（Fe_2O_3）	氧化钙（CaO）	氧化镁（MgO）	三氧化硫（SO_3）	合计	参考 SiO_2 Al_2O_3 CaO 合计
普通水泥	1.7	0.1	21.0	5.1	2.8	64.1	1.4	2.0	98.6	90.3
早强水泥	1.1	0.1	20.4	4.8	2.6	65.2	1.3	2.9	98.7	90.5
中热水泥	0.3	0.1	22.9	3.8	4.0	64.1	1.3	2.0	98.8	90.9
低热水泥	0.9	0.05	26.2	2.6	2.5	63.5	0.9	2.3	99.3	92.4

约占水泥成分 2/3 的氧化钙，虽然与加固地层中使用的生石灰的化学符号 CaO 完全相同，但是水泥中含有的所谓的氧化钙并不是生石灰，是按表 2.6 示出的成分均匀混合后，烧结成的富有活性的水化力强的新矿物。所以不是简单的表 2.6 所示成分的集合体，烧结过程中生成以下 4 种矿物：

硅酸三钙 $3CaO \cdot SiO_2$（记作 C_3S）；

硅酸二钙 $2CaO \cdot SiO_2$（记作 C_2S）；

铝酸三钙 $3CaO \cdot Al_2O_3$（记作 C_3A）；

铁铝酸四钙 $4CaO \cdot Al_2O_3 \cdot Fe_2O_3$（记作 CAF）。

水泥主要成分和组成矿物的比例及水泥品种的关系如图 2.1 所示。水泥的矿物成分分别在水化速度、水化物的强度等方面存在固有的差异，图 2.2 及图 2.3 所示典型的例子。

无论是水化速度还是发热量均有较大的差异。例如都在 21℃ 的条件下，材龄 3d 的发热量，最大的 C_3A 约为 869J/g，最小的 C_2S 的发热量为 260J/g，前者为后者的 3 倍。各种水泥构成矿物比例的一个例子如表 2.7 所示。如果以普通水泥为中心，若想初期水化速度快，则可增加强度出现早的矿物生成物形成早强水泥。另外，若增加水化热小的矿物生成量，则可生成低热水泥。

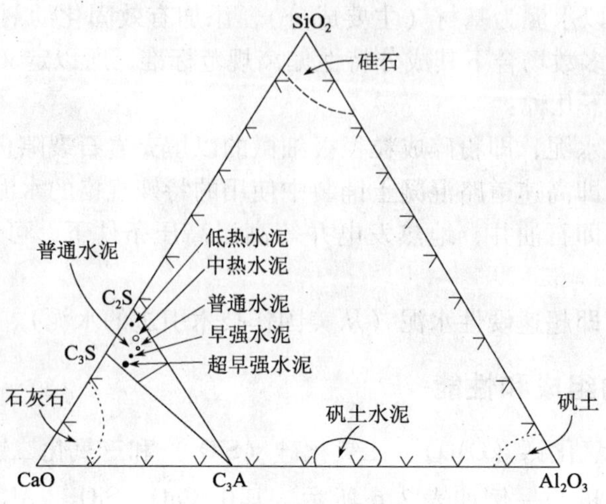

图2.1　水泥种类与组成的关系

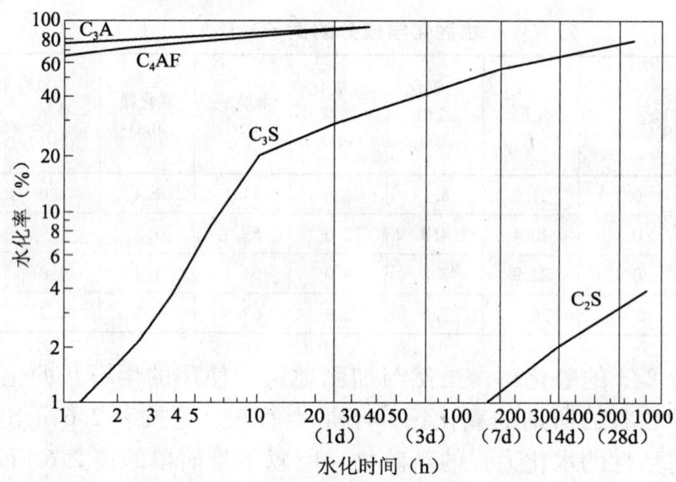

图2.2　水泥矿物的水化速度

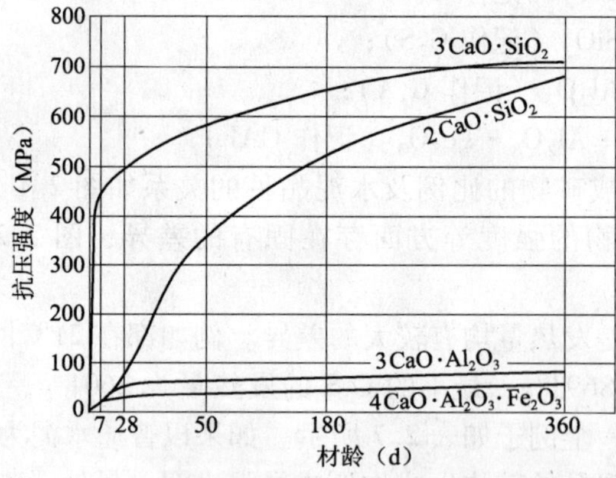

图2.3　熟料矿物强度发现速度

水泥品种和矿物组成 表 2.7

品　种	C_3S	C_2S	C_1S	C_1AF
普通水泥（%）	48	28	8	9
早强水泥（%）	64	13	8	7
中热水泥（%）	41	41	4	13
低热水泥（%）	25	56	2	11

因为改变烧结原料配比和调整熟料的粉碎程度可以改变水泥的特性，所以烧结活性高的氧化铝（矾土）成分多的特殊熟料，可制造出对高有机质土和超软泥土有特殊加固效果的水泥类固化材。这种水泥类固化材是水泥颗粒微细化和添加起调整、凝结作用的石膏的种类及控制数量，使其加固效果进一步提高的固化材。

添加到水泥类固化材中的有效成分多种多样，可以是高炉渣、粉煤灰等灰质材料；高铝水泥、喷射水泥等特殊成分的增强材；石膏、硫酸碳酸钠等水泥水化促进材。这些有效成分的种类、添加量等配方是各水泥厂的特有技术没有统一规定。水泥类固化材（一般用于软土）的化学成分大致在表 2.8 的范围内。

水泥类固化材的化学组成（一般软土用） 表 2.8

比表面积（cm^2/g）	化　学　组　成（%）			
	SiO_2	Al_2O_3	CaO	SO_3
2700 以上	15 ~ 25	3.5 以上	40 ~ 70	4.0 以上

2.1.3　水泥水化机理

如果向水泥中加水搅拌混合，随后由于 C_3S、C_3A 石膏等遇水分解，从 C_3A 和 C_3S 的表面放出 Ca^{2+}，变成液相且呈碱性。如果液相碱性较高，则呈现反应暂时休止的凝结准备期，该期间称为诱导期。然后进入加速期，水化反应加快。随后的反应逐渐减速，该过程的典型反应如图 2.4 所示。

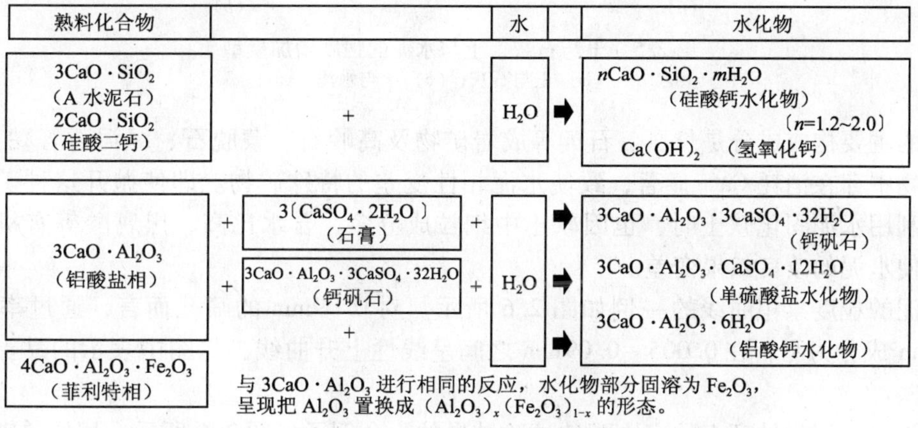

图 2.4　普通水泥的水化机理

水泥水化反应在 C_3S 和 C_2S 等表面发生，不仅生成水化物，Ca^{2+} 还在水和间隙部位自由进出，所以 C_3S 和 C_2S 的容积增大。另外，与此同时，水泥颗粒内部还在进行反应。关于水泥水化物的强度发现机理众说纷纭。但是，水泥水化过程中表面积显著增大，解说如下：把石英粗砂 100g 破碎成粉状加 20mL 水成形后呈塑性，具有一定的强度不发生崩坍。用风筛选出比表面积 $20000cm^2/g$ 的石英砂。同样加入 20mL 水拌合，加压成形生成无空隙试样，即使搁置，质量也不会减少也不崩坍，直到具有一定的强度。由此可见，水泥是塑性体，且成形后几乎无空隙。尽管化学结合水仅为 0.5%，也无需担心水泥的凝结，因在水化过程中水泥的比表面积显著增大，水化中 BET 比表面积超过 $200m^2/g$ 的水泥浆可达到 100MPa 的强度。

2.1.4　普通水泥改良土

考察水泥改良土的强度效果模型，则可发现土强度特性的改良是在土自身强度的基础上，叠加有添加水泥致使的含水比下降及离子交换、团粒化因素致使的塑性指数减低等因素而获得的。

水泥水化反应致使强度增大。再有，灰结反应是长期材龄强度稳定增加的关键。图 2.5 表示的是普通水泥改良土强度提高与石灰改良土强度提高的对比。由图 2.5 可知，改良效果的关键是水泥水化物的生成。

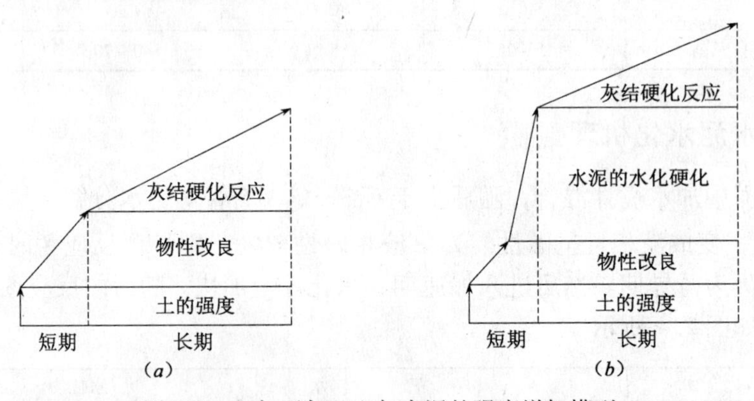

图 2.5　土与石灰、土与水泥的强度增加模型
(a) 土与石灰；(b) 土与水泥

土的主要构成成分是长石、石英等成岩矿物及高岭石、蒙脱石、绿泥石等黏土矿物。黏土矿物中存在消耗 Ca^{2+} 显著，致使水泥相性变差的特殊矿物。即使抛开这种矿物的影响，在利用水泥固化软土时，也因软土中细粒成分多、含水比高、黑腐酸等有机物含量大，致使水泥的改良效果变差。

水泥的粒度累积曲线的一例如图 2.6 所示。对 0.09mm 的筛孔而言，通过率 100%，0.005mm 成分为零，在 0.005 ~ 0.09mm 之间呈线性上升曲线，比图中表示的黏土的粒度要粗一些。

作为水泥固化处理土的室内配比试验结果的一个例子如图 2.6 所示。显然单轴抗压强度存在一定的差异。黏土 1 添加普通水泥 10% 的改良强度，与黏土 2 的添加水泥 7% 时强度相当。该差别并非粒度分布差异所决定，这是由于黏土 1 粒径比普通水泥的粒径还小，所以普通水泥进入土颗粒间隙困难。为此，就普通水泥而言，要想提高改良效果必须使用过量的普通水泥。所以说土的粒度越细，实现经济的改良越困难。

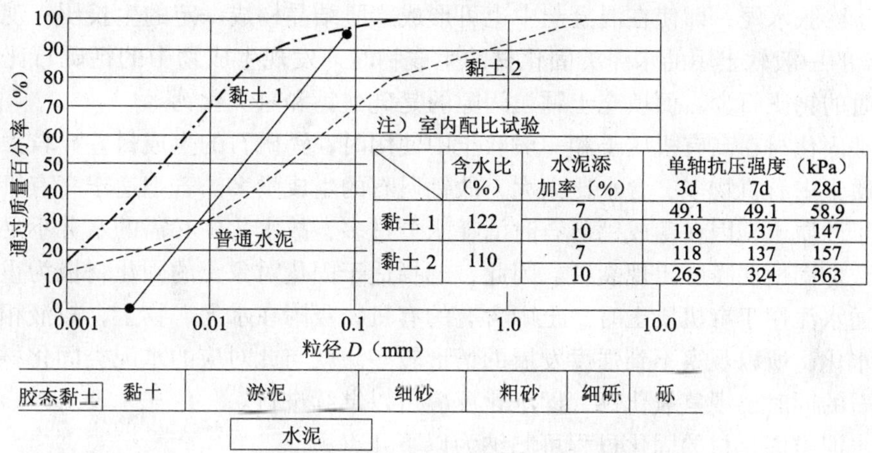

	含水比（%）	水泥添加率（%）	单轴抗压强度（kPa）3d	7d	28d
黏土 1	122	7	49.1	49.1	58.9
		10	118	137	147
黏土 2	110	7	118	137	157
		10	265	324	363

图 2.6　黏土与水泥的粒径累积曲线的例子与固化强度

2.1.5　水泥类固化材土性改良原理

对应软土、超软淤泥、高有机质土和产业废弃物等各种对象土的固化处理的社会需要，产生了所谓的改良普通水泥性能的特殊水泥，称之为水泥类固化材。

水泥类固化材因其使用目的不同，种类多样。典型的水泥类固化材有一般软土用、高有机质土用、特殊土用、抑制灰尘型 4 种。此外，对应不同的用途、目的，还有速硬型、缓硬型、泥炭用、下水污泥用、抑制长期强度型等多种类型。水泥类固化材的种类增多的原因是固化对象土的种类多，所以必须按要求改良水泥类固化材的性能，以便满足需求。例如：使用高活性高铝特殊熟料；选择适应对象土的添加物种及添加量的组合；或者调整粒度级配等。个别固化材与对象土的组合涉及的反应实在太多，这里只能以一般软土用的水泥类固化材为中心，说明其反应机理。

一般软土用的水泥类固化材中添加石膏类材料的作用是使其产生结合多余水生成矿物的特殊反应，其反应式如下：

$$3CaO \cdot Al_2O_3 + 3CaSO_4 + 32H_2O \longrightarrow 3CaO \cdot Al_2O_3 \cdot 3CaSO_4 \cdot 32H_2O$$

$$4CaO \cdot Al_2O_3 \cdot Fe_2O_3 + 6CaSO_4 + 2Ca\ (OH)_2 + 62H_2O \longrightarrow$$

$$3CaO \cdot Al_2O_3 \cdot 3CaSO_4 \cdot 32H_2O + 3CaO \cdot Fe_2O_3 \cdot 3CaSO_4 32H_2O$$

$3CaO \cdot Al_2O_3 \cdot 3CaSO_4 \cdot 32H_2O$ 称为钙矾石，质量为 100 倍的 $CaSO_4$ 同时与 141 倍的 H_2O，化合成66 倍的$3CaO \cdot Al_2O_3$。即使普通水泥也会产生该反应。但是普通水泥中的石膏量少，所以石膏被消耗掉。这可以认为是部分石膏变成了复盐 $3CaO \cdot Al_2O_3 \cdot CaSO_4 \cdot 12H_2O$。钙矾石与多余水结合生成针状结晶，该结晶在水分多、空气透过量少的地层中不易碳化，系稳定性高的矿物。

用于高有机质土的水泥类固化材与水拌合时生成钙矾石结晶多。一般软土用的水泥类固化材与水拌合生成的钙矾石结晶少，而硅酸钙水化物的生成量多。水泥类固化材在水泥水化进行到90%时，钙矾石结合的水量从理论上占32%～40%，结合水形成针状结晶侵入空隙成长。该结晶结成网状约束土颗粒的移动，使含水比下降，土的强度增加。钙矾石还可以用于膨胀水泥，即使在混凝土中也可形成膨胀结晶构成一定的生长压。观察在黏土中添加8%的一般软土用的水泥类固化材的生成物时，发现生成物中的钙矾石比添加在高有机质土时的钙矾石少，而填充土颗粒间隙的是硅酸钙和氢氧化钙。

水泥类固化材在高有机质土和一般软土中使用时，钙矾石的生成量差异较大。这是因为高有机质土中有机物多、含水比太大，故钙矾石的生成量多。若把适于高有机质土用的固化材用于砂质土，因在生成钙矾石时消耗水分过多，故水化中必需的水分不足而使硬化不良，导致加固地层膨胀出现裂纹。因此，选择适于固化对象土的固化材极为重要。

把普通水泥用于有机质土时，土中含有的有机物吸附在水泥矿物上，故液相碱性不太高阻碍了水化，所以观察不到强度发展的情形较多。就与此对应的水泥类固化材而言，在生成钙矾石的同时出现氢氧化钙，即水化反应可以继续进行。

总结水泥类固化材的固化过程可归纳为以下几点：

① 生成大量钙矾石，钙矾石与多余水结合，致使含水比降低的同时，约束了土颗粒的移动，形成容易胶结的状态。

② 氢氧化钙、硅酸钙等析出 Ca^{2+}，使土颗粒凝集，所以土颗粒凝集、团化，呈现近似砂质土的性状。

③ 随着硅酸钙水化物的生成，强度升高。

④ 土中的 SiO_2、Al_2O_3 等可溶成分与氢氧化钙生成不溶性水化物硬化，该反应为灰结反应，是决定长期强度增长的关键因素。

表2.9所示的是各种固化材的选择标准。选择固化材时主要的考虑是强度发现性、抑制六价铬析出可能性、成本等几种因素。表2.9是重点放在强度发现性上的选择固化材的标准。最好是通过事前的土质试验、室内配比试验来选择固化材。

选择各种固化材的标准（以强度发现性为主要依据）　　**表2.9**

固化材		普通水泥	高炉水泥	水泥类固化材	石灰类固化材	生石灰
土质种类、性状	砂质土	○	○	○	△	△
	黏性土	○	○	◎	◎	◎
	灰质黏性土	○	△	◎	◎	◎
	有机质土	△	○	◎	○	○
	高有机质土	×	△	◎	△	△
	含水比在液限以下	○	○	○	○	○
	含水比在液限以上	△	△	○	△	△
混合	浆液状	○	○	○	×	×
	与粉状黏土的混合性	△	△	△	○	○
效果	运输等早期改质	△	△	△	○	◎
	初期强度	△	△		○	△
	长期强度	○	○	○	○	○

注：◎：最佳；○：适合；△：可以；×：不适合。

2.2 改良土的特性

本节归纳水泥类固化材改良土的特性。作为物理性质为湿密度的变化、黏度的改善；作为力学性质主要指单轴抗压强度，土质因素对改良土的强度发现的影响，包括土的含水比、有机物质含有量的影响、湿度影响。其他特性包括长期材龄强度、抗渗性的提高、冻结阻力增大，适应冻结、融解和反复干湿的能力及改良土的收缩等。

2.2.1 湿密度

土的湿密度，超软淤泥、有机质土等土的湿密度接近1.0g/cm³，良质砂土为2.0g/cm³，显然土湿密度的分布较宽。水泥类固化材的密度为3.1g/cm³，添加粉体水泥类固化材的改良土的湿密度，与改良前相比存在增加的倾向。改良前与改良后土的湿密度的对比实例如图2.7所示。

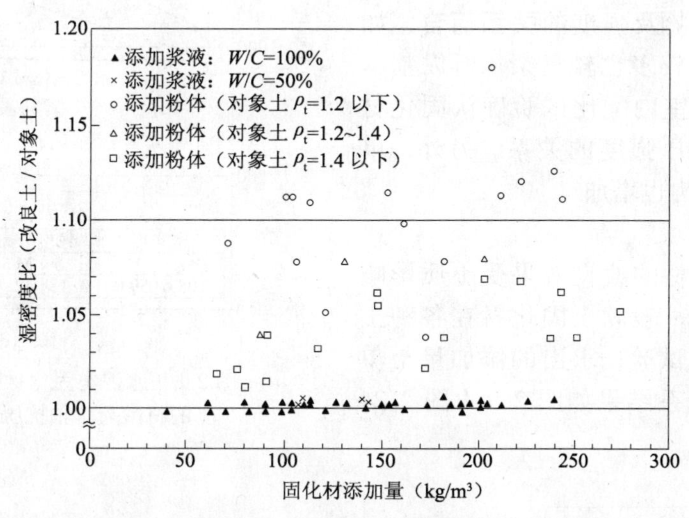

图2.7 改良前后土的湿密度

添加水泥类浆液的场合下，浆液的水/固化材=50%时的浆液密度为1.8g/cm³，另水/固化材=100%时，浆液的密度为1.5g/cm³，水/固化材=150%时，浆液的密度为1.4g/cm³。再有，由于浆液的添加相当于土量减少，所以改良土的湿密度基本不增加。用固化材浆液改良超软泥时，因与改良前的密度相比不增加，所以由改良土自重力决定的沉降也不增加。

2.2.2 黏度

添加水泥类固化材的改良土，伴随历时时间增加的同时进行水化，产生土颗粒的凝集、黏附及吸水，再经过一段时间产生灰结反应，使土颗粒团化、固结硬化变稠。即液限（w_L）变小，塑限（w_p）变大，故塑性指数$I_p(=w_L-w_p)$减小。该结果表明，黏性土变得砂质化，即呈现砂质土的特性。因此，在土木工程中，施工性提高，车辆的可通行性也得以改善，对软弱弃土和泥土等也可再利用。

2.2.3　强度特性

改良效果多用单轴抗压强度评价。图2.8所示的是改良土的单轴抗压强度与材龄关系（以添加量为参数）的一个例子。

对添加水泥类固化材的改良土而言，通常添加量越多，单轴抗压强度越大，改良后强度随材龄的增加而增加。

在图2.8中所示的土质情况下，固化材的添加量相同时，添加水泥类固化材的改良土的强度比添加普通水泥的强度大。在目标强度一定的条件下，水泥类固化的添加量比普通水泥的添加量少。另外，就固化材添加量、材龄及强度的关系而言，如下所述影响因素较多也较复杂。所以基本上以现场采样、室内配比试验确认固化材添加量与单轴抗压强度的关系。另外，单轴强度增加则黏力也增加。

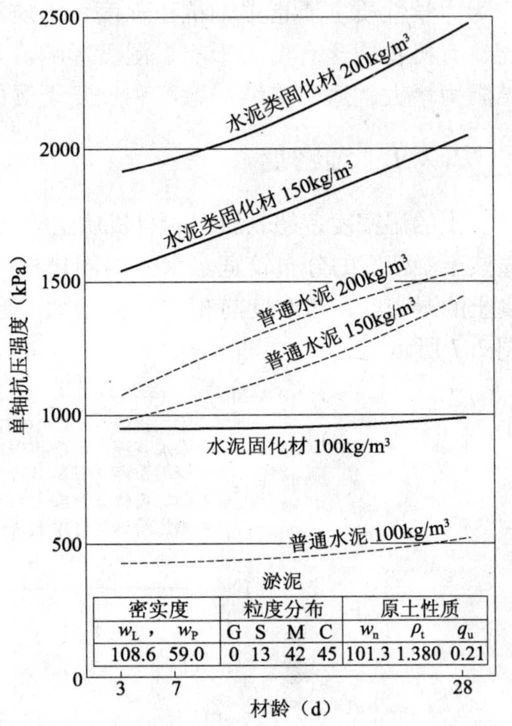

密实度		粒度分布				原土性质		
w_L，	w_P	G	S	M	C	w_n	ρ_t	q_u
108.6	59.0	0	13	42	45	101.3	1.380	0.21

图2.8　水泥类固化材改良淤泥的材龄与单轴抗压强度

1. 土质影响

水泥类固化材的改良效果受土质影响的程度较大。用一般软土固化材在各种土中进行室内配比试验，求出的添加量与单轴抗压强度的关系结果如图2.9～图2.24所示。

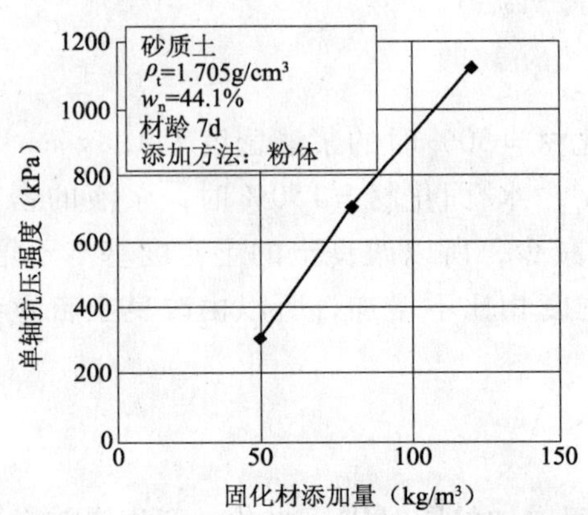

图2.9　添加量与单轴抗压强度（砂质土）

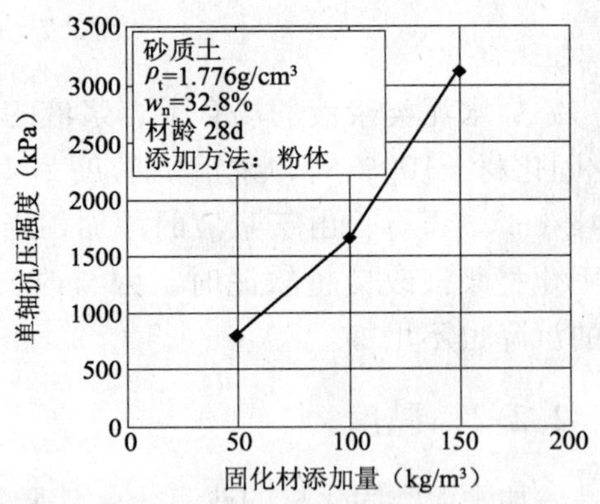

图2.10　添加量与单轴抗压强度（砂质土）

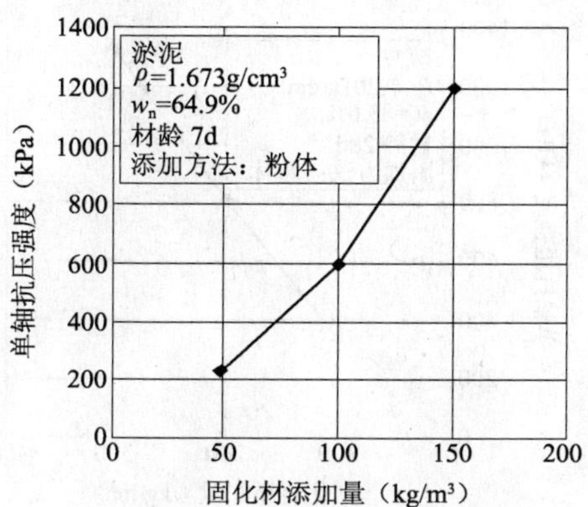

图 2.11 添加量与单轴抗压强度（淤泥）

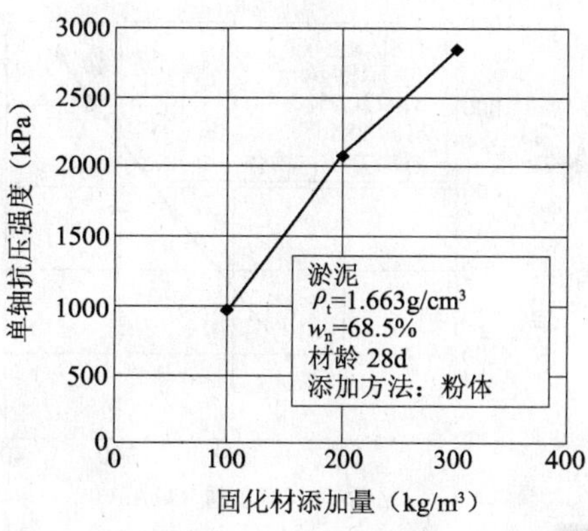

图 2.12 添加量与单轴抗压强度（淤泥）

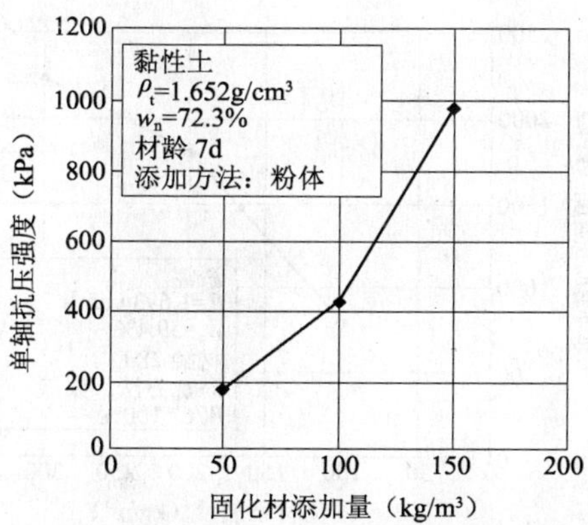

图 2.13 添加量与单轴抗压强度（黏性土）

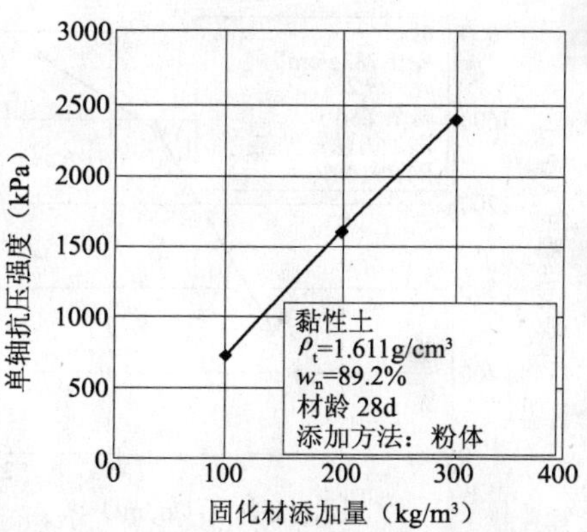

图 2.14 添加量与单轴抗压强度（黏性土）

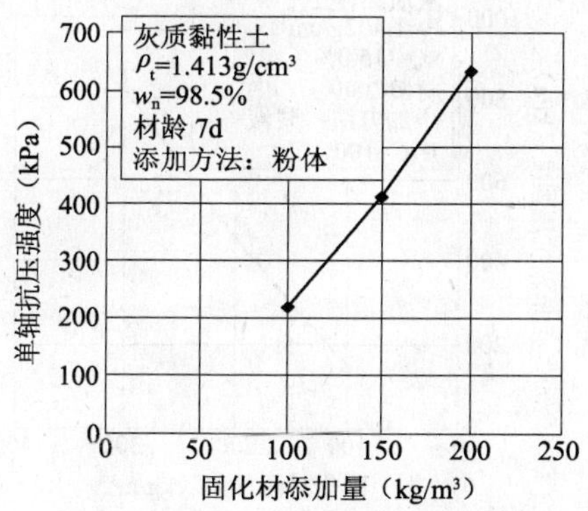

图 2.15 添加量与单轴抗压强度（灰质黏性土）

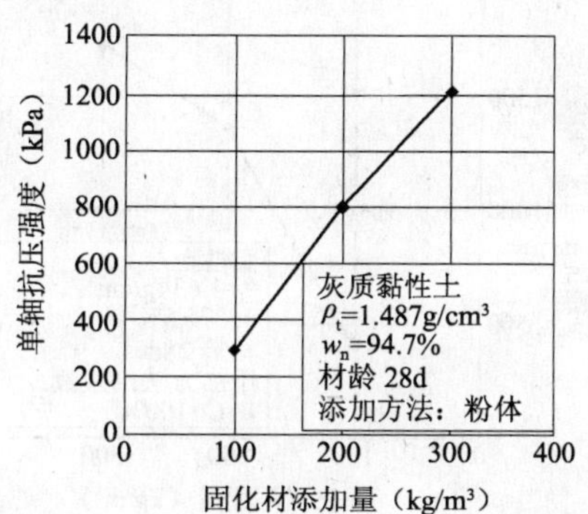

图 2.16 添加量与单轴抗压强度（灰质黏性土）

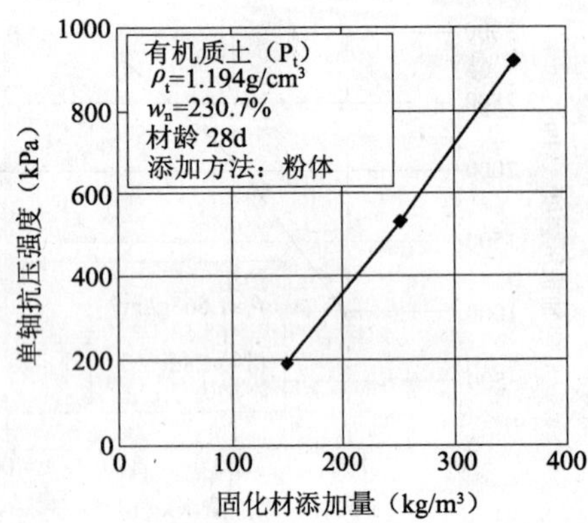

图 2.17 添加量与单轴抗压强度（有机质土）

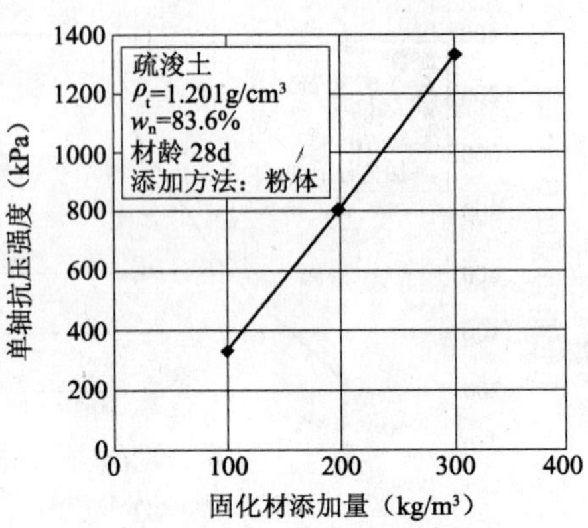

图 2.18 添加量与单轴抗压强度（疏浚土）

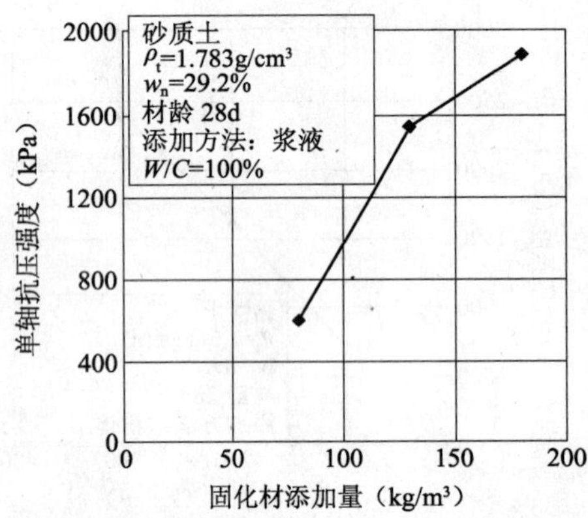

图 2.19 添加量与单轴抗压强度（砂质土）

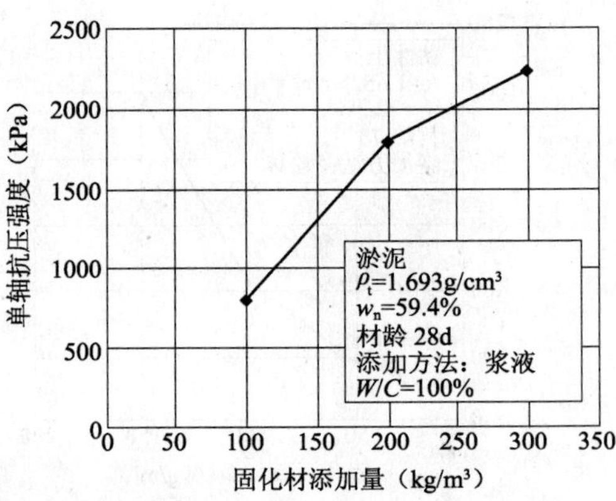

图 2.20 添加量与单轴抗压强度（淤泥）

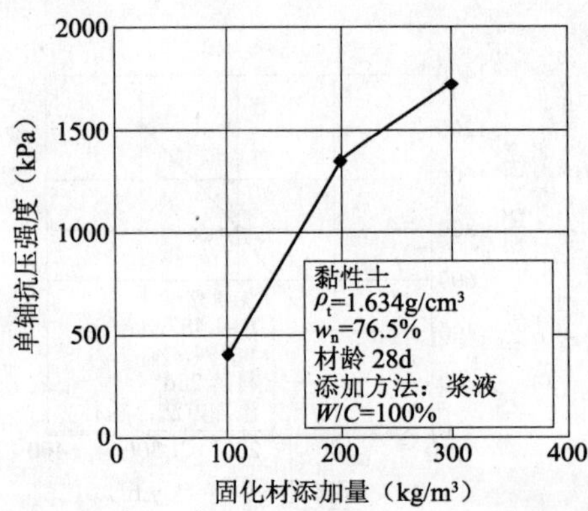

图 2.21 添加量与单轴抗压强度（黏性土）

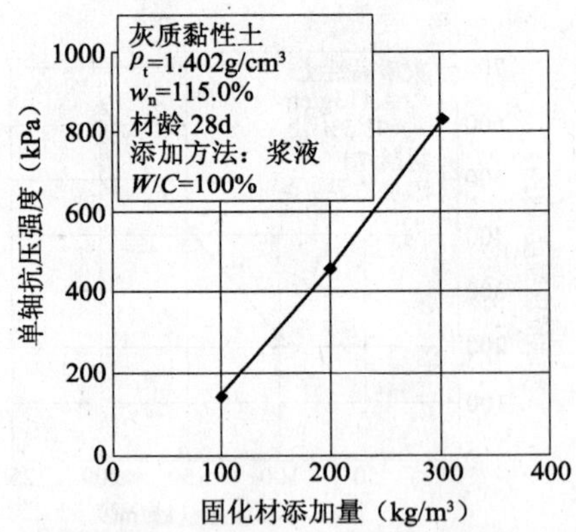

图 2.22 添加量与单轴抗压强度（灰质黏性土）

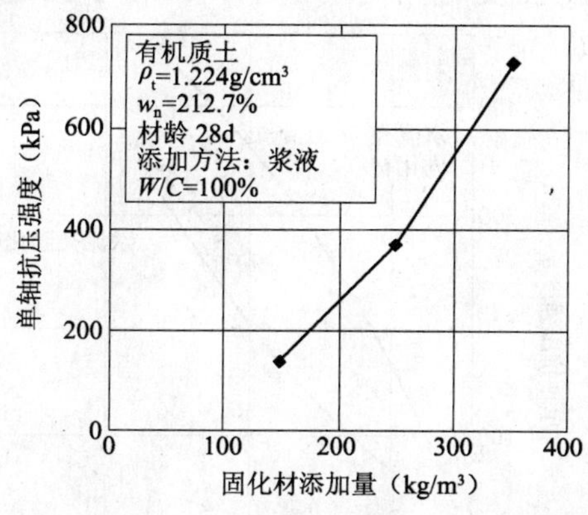

图 2.23 添加量与单轴抗压强度（有机质土）

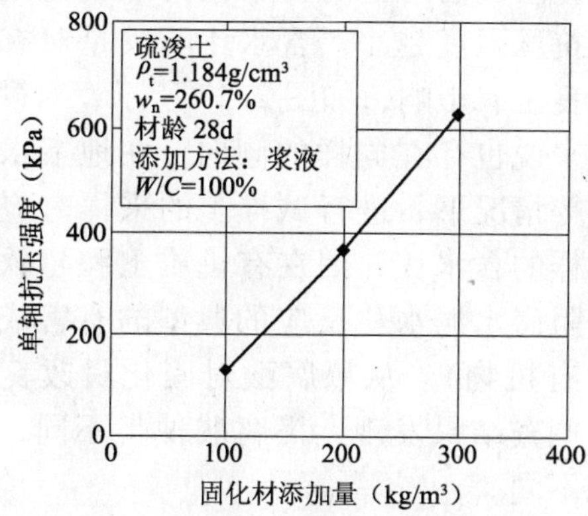

图 2.24 添加量与单轴抗压强度（疏浚土）

如图 2.28 所示，即使是类似土质，其改良强度也存在相当的差异。因此，应先进行配比试验，确认添加量与单轴抗压强度的关系。

2. 材龄与强度

由于对象土质、施工条件的差异，致使材龄 7~28d 的强度增加率通常在 1.2~1.7 之间。图 2.25 所示的是材龄 7d 强度与材龄 28d 强度关系的一个例子。

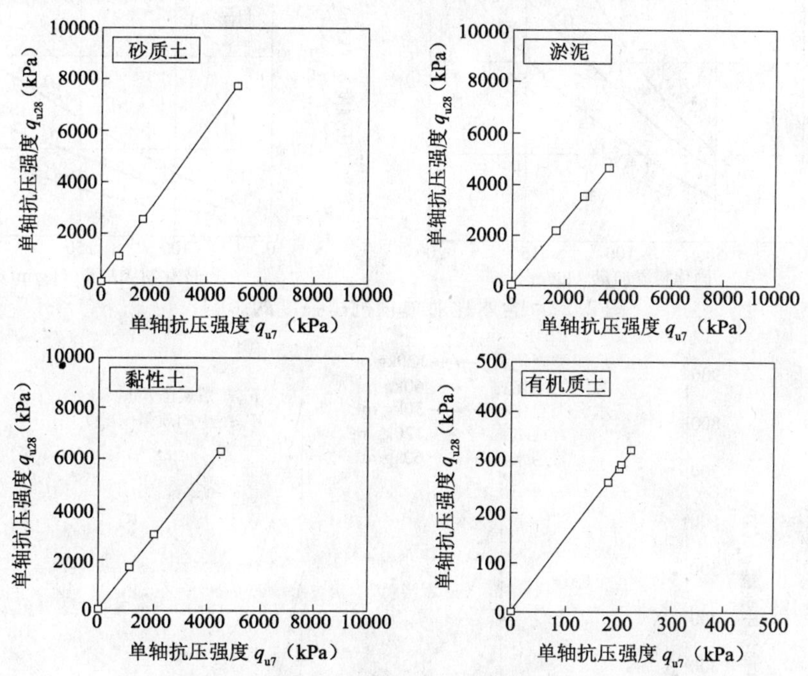

图 2.25 7d 材龄与 28d 材龄的单轴抗压强度的关系

3. 土的含水比、有机物含有量的影响

受土质各种性状的影响，固化材的改良效果存在一定的差异。通常，改良土的单轴抗压强度受含水比和有机物含有量的影响较大。如图 2.26 所示，对含水比高和有机物含有量多的土质来说，水泥类固化材比普通水泥的改良效果好得多。由图 2.26 还可以发现，改良前的土的含水比对改良土的单轴抗压强度有一定的影响，即含水比越高，单轴抗压强度越小。含水比不仅是对有机质土的改良土有影响，如图2.27所示，对砂质土和淤泥来说也存在同样的倾向。在地下水位高的湿地等情况下，进行试样土的采样时应特别注意试样的含水比，因在有机质土和超软淤泥中含有阻碍水泥水化反应的典型的有害成分黑腐酸（有机物）。从黑腐酸对固化材改良效果影响的调查结果发现，黑腐酸种类不同，改良效果也不同。

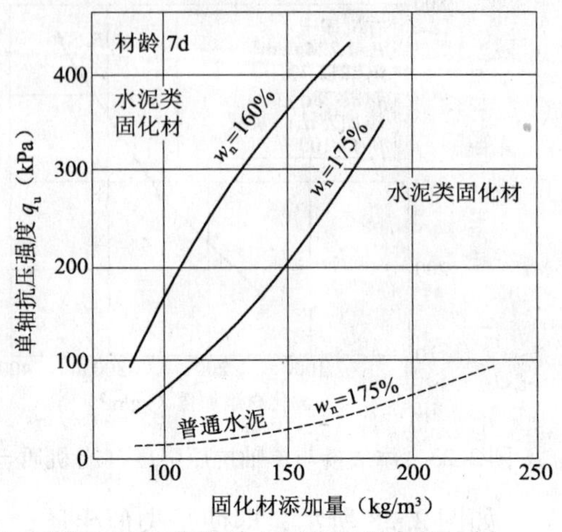

图2.26　有机质土的改良强度的一例

通常如图2.28所示，黑腐酸含量越多，改良效果越差。对同一含黑腐酸的土而言，水泥类固化材比普通水泥的改良效果好。

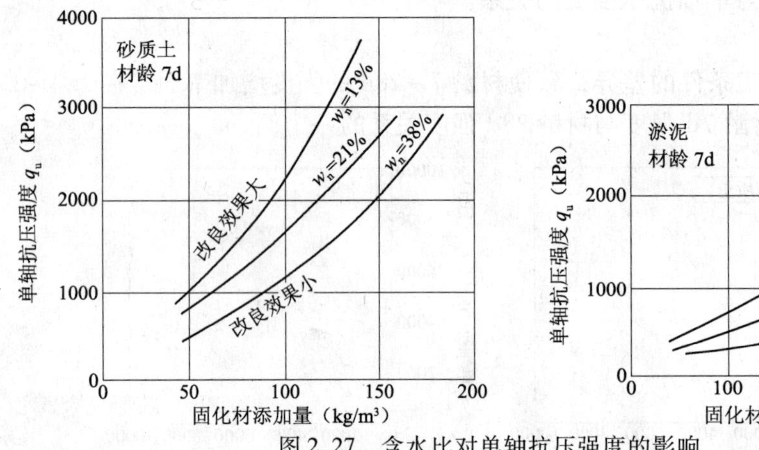

图2.27　含水比对单轴抗压强度的影响

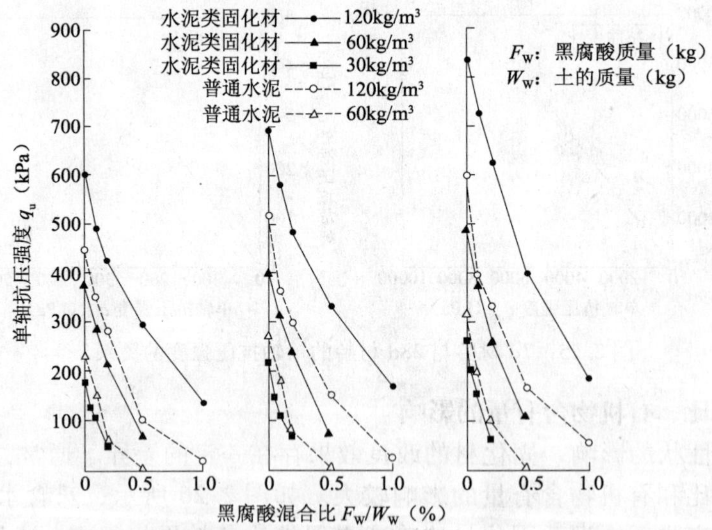

图2.28　黑腐酸混合比 F_W/W_W 与单轴抗压强度的关系

4. 温度影响

无论普通水泥还是水泥类固化材均呈现：在气温高时，水化反应迅速，而气温低时反应缓慢，0℃以下无法期待强度发现。

表2.10表示的是水泥类固化材改良土的养护温度与单轴抗压强度的关系的一个例子。如果把养护温度5℃时的强度与标准养护温度20℃时的强度对比，则可发现固化材添加率小（少于5%）时影响大，初期材龄时强度发现比长期材龄的强度发现受的影响大。

水泥类固化材改良土的养护温度与单轴抗压强度　表2.10

固化材添加率（%）	强度比					
	5/20℃			35/20℃		
	3d	7d	28d	3d	7d	28d
5	0.65	0.84	0.84	—	—	—
7	0.82	0.85	0.94	—	—	
10	0.85	0.95	1.02	1.00	1.17	1.02

2.2.4　其他特性

1. 长期强度及耐久性

水泥类固化材改良土的长期强度取决于水泥水化生成的水化物及灰结反应。从原理上讲，通常长期材龄改良土均具备稳定的长期强度。为此，水泥协会以火山灰质黏性土为对象，对研究水泥类固化材改良体进行了10年的跟踪调查。使灰质黏土和水泥类固化材浆液混合并浇筑在事先开挖好的ϕ450mm×2000mm的地洞中，按预定材龄养护改良体，分别进行强度试验。其结果如图2.29～图2.32所示。并可归纳出以下几点：

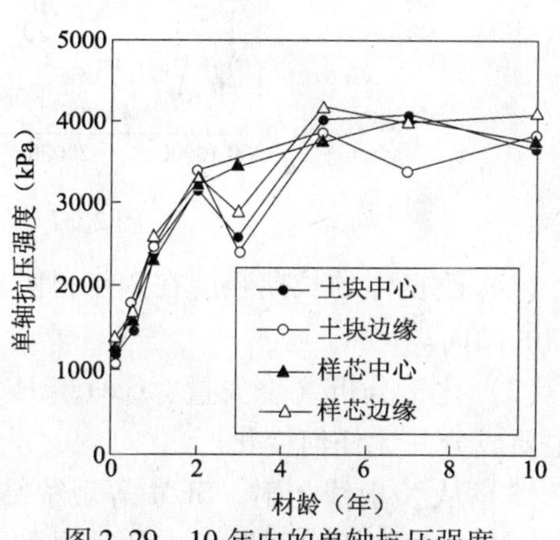

图2.29　10年内的单轴抗压强度与材龄的关系

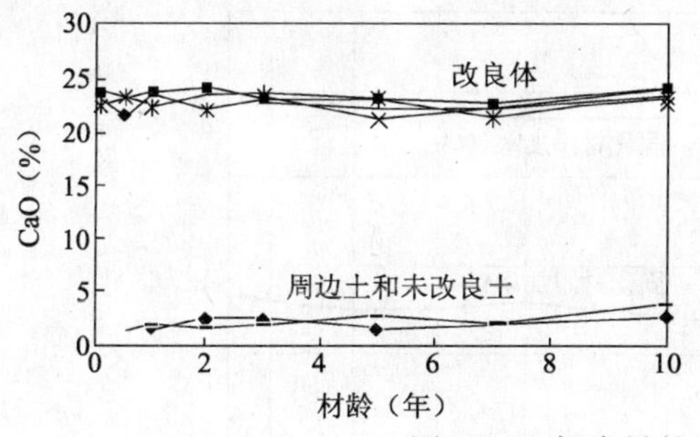

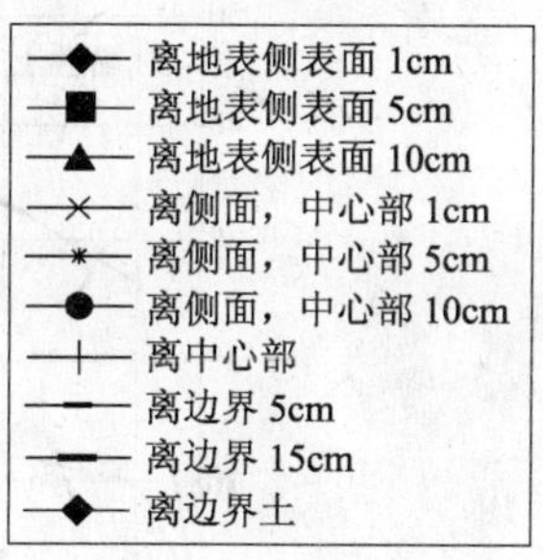

图2.30　钙含量的历时变化

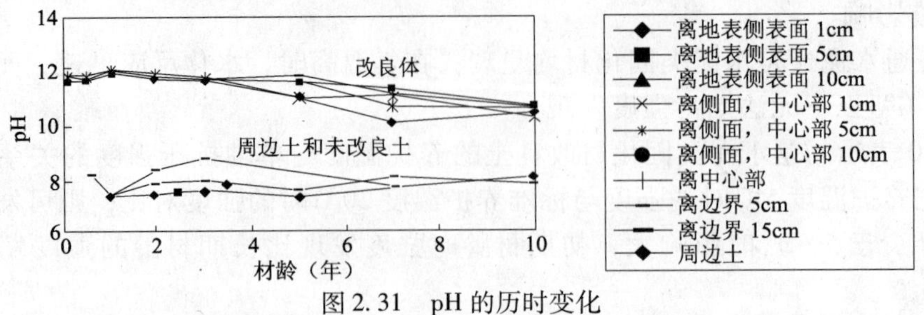

图 2.31　pH 的历时变化

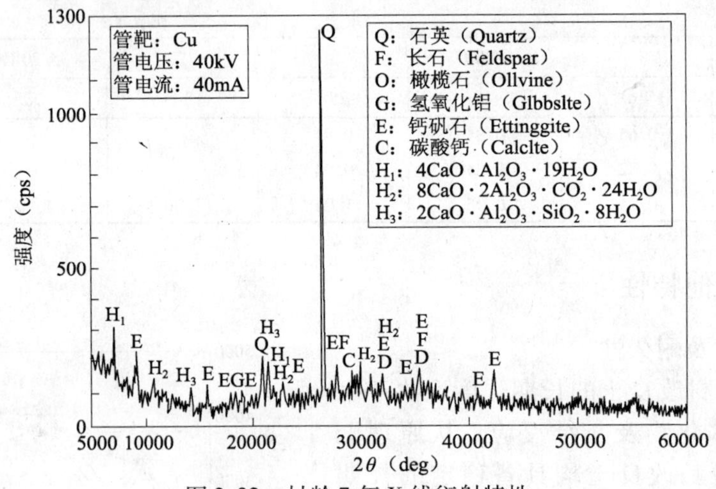

图 2.32　材龄 7 年 X 线衍射特性

(1) 改良体的长期强度在 2 年材龄后显著增加，且为材龄 28d 强度的 3 倍，随后仍有增加的倾向。

(2) 化学分析（烧失量、CaO、pH 等）结果表明，尽管经历 10 年，但改良体的 CaO 等主要成分并无任何变化。

(3) 从 X 射线衍射，SEM 等观察结果知道，水泥水化合仍长期稳定地存在。

CBR（承载比）跟踪调查的结果如图 2.33 所示。水泥类固化材改良体的单轴抗压强度、CBR 均连续维持长期稳定。

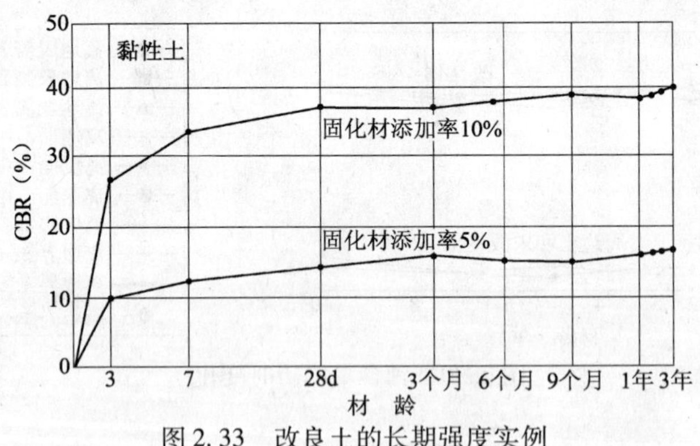

图 2.33　改良土的长期强度实例

2. 止水性

改良体的渗水试验结果如图2.34所示。改良土土颗粒间隙均被水泥水化物填充，所以渗水系数均得以降低，特别是砂质土的渗水系数的下降倾向最为显著。

3. 抗冻性

抗冻性试验结果的一例如表2.11所示。由表中的数据可知，即使改良前非常易冻的土也变得不易冻。该结果说明，如图2.35所示，由于固化材添加量增加，单轴抗压强度增加，同时冻结率得以抑制。

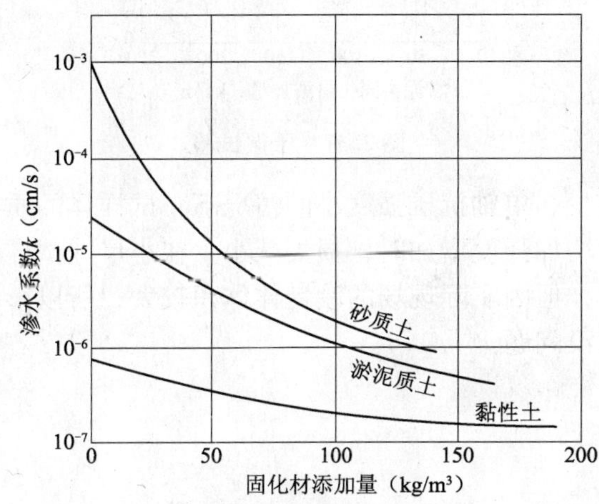

图2.34 固化材添加量与渗水系数的关系

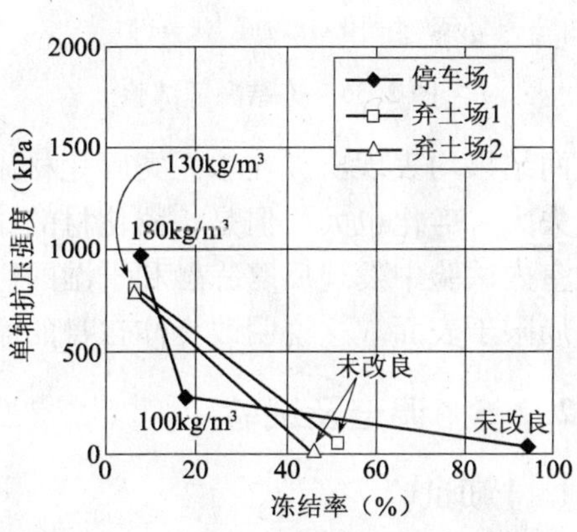

图2.35 冻结率与单轴抗压强度的关系

冻结试验例 表2.11

采样地点	水泥类固化材添加量（kg/m³）	含水比 W（%）	湿密度 ρ_1（g/cm³）	单轴抗压强度 q_u（kN/m²）	冻结率（%）
停车场	0	32.3	1.796	40	94.0
	100	29.0	1.840	280	16.9
	180	26.1	1.864	970	7.4
弃土场1	0	36.3	1.765	50	50.8
	130	29.8	1.830	1730	6.0
弃土场2	0	33.2	1.755	120	44.9
	130	28.1	1.795	820	6.2

4. 反复冻、融及反复干、湿的劣化性

改良土露出地表时，在气象条件严酷的地点和水库等斜面部位，由于反复冻结、融解和湿润、干燥的作用，改良土的表面存在劣化。以“压实水泥稳定处理混合物的冻结融解试验”及“压实水泥稳定处理混合物的湿润干燥试验”为基准的改良土的试验结果如图2.36和图2.37所示。

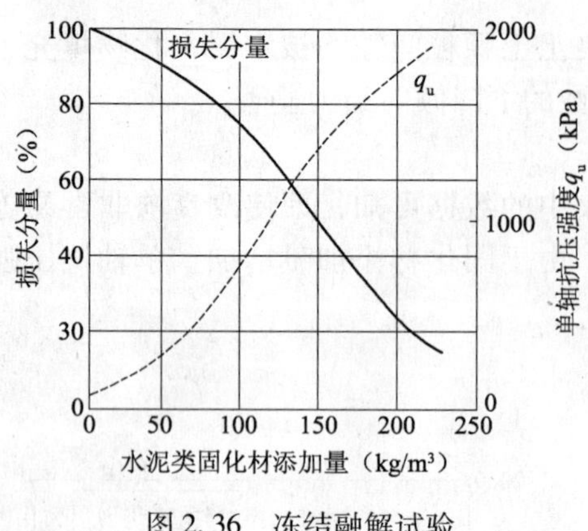

图2.36　冻结融解试验

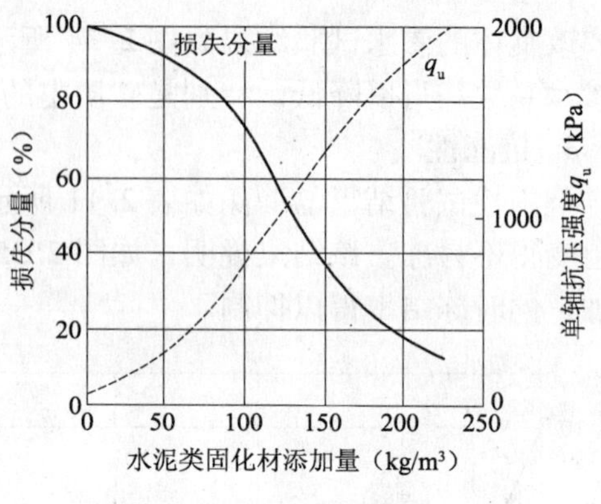

图2.37　干湿试验

两结果均表现出，在水泥类固化材添加量少、单轴抗压强度小的情况下，试样体的质量损失大，劣化也大。但是，固化材的添加量增加强度增加时，损失减小。在小尺寸试样体的室内试验中发现反复冻融和干湿的影响大，但因实际现场的改良体体积较大，所以影响只局限于表面。这说明改良体自身的耐久性没问题。

2.2.5　调查及试验

1. 土质试验

为了掌握对象土的土质特性，应实施土质试验。通常要求进行含水比、湿密度及粒度级配试验。此外，有时还要求实施化学分析试验。

2. 室内配比试验

为了确定最佳固化材及其添加量，应实施室内配比试验。试验应遵照“水泥类固化材稳定处理土试验方法”；稳定处理土的静压实试样体制作方法”；“非压实稳定处理土试样体制作方法”等基准进行。

试验时，应事先确定水/固化材、材龄及强度比（现场/室内）等参数。

表2.12所示的是浅层改良中，不同施工形态的强度比的标准。另外，也有使用强度比（现场/室内）的例数即增加系数的情形。另外，深层改良（CDM、DJM工法）时，在图2.38的基础上多把强度比（现场/室内）定为1/3。

浅层改良场合的（现场/室内）强度比的一例　　表2.12

固化材的添加方式	改良土对象	施工机械	（现场/室内）强度比
粉　体	软　土	稳定反铲	0.5～0.8 0.3～0.7
	超软泥高含水有机质土	蛤斗反铲	0.2～0.5
浆　液	软　土	稳定反铲	0.5～0.8 0.4～0.7
	超软泥高含水有机质土	处理船泥上作业车蛤斗反铲	0.5～0.8 0.3～0.7 0.3～0.6

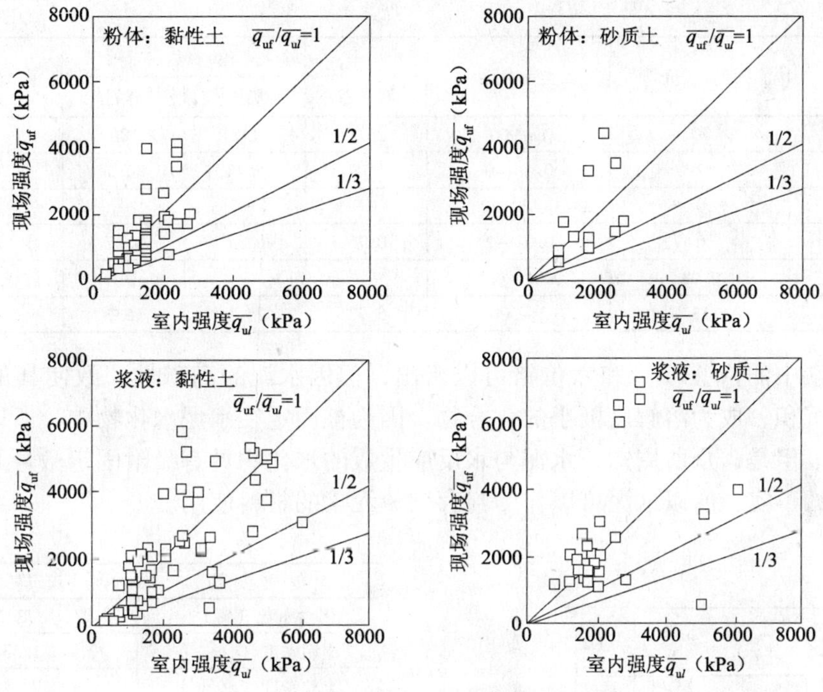

图 2.38　室内强度与现场强度的关系

决定固化材添加量时，应考虑确保现场均匀混合的最少添加量。通常，最少添加量为 $50kg/m^3$。

3. 施工管理

表层改良、深层改良、路床改良的施工管理项目、频度均因工程规模、工法的不同而不同。这些必须在设计阶段讨论。

2.3　水泥类固化材、改良土和环境

本节讨论水泥类固化材及改良土对环境影响的有关事项。

2.3.1　微量元素

水泥类固化材的主要成分为普通水泥，它以天然石灰石、黏土，硅石和氧化铁为主料。因水泥原料的大部分是存在于地壳中的天然资源，所以水泥中除了 Ca、Si、Al、Fe 等主要元素外，还含有存在于地球上的各种微量元素。表 2.13 中所示的是岩石、土、水泥原料及普通水泥中的微量元素含有量的一个例子。

各种微量元素的含有量的例子（mg/kg）　　表 2.13

元　素	地　壳	土　层	水泥原料			普通水泥
			石灰石	黏土	硅石	
Cr（铬）	100	5～1500	15.5	80.9	130	97
Cu（铜）	153	2～250	9.9	42.1	81.4	140

续表

元　素	地　壳	土　层	水泥原料			普通水泥
			石灰石	黏土	硅石	
Zn（锌）	70	1～900	26.1	142	186	511
As（砷）	2	0.1～40	1.07	5.48	11.1	16.7
Se（硒）	0	0.01～12	—	—	—	<1
Cd（镉）	0	0.01～2	0.75	0.37	0.27	2.0
Hg（水银）	0.08	0.01～0.5	—	—	—	0.023
Pb（铅）	13	2～300	5.73	25.1	15.2	111

这些元素中的铅（Pb）和六价铬可以析出，但因水泥的高碱性，致使其他元素生成氢氧化物而沉积，成为溶解度极小的化合物。因为被固定在水泥水化物中，所以析出几乎是不可能的。但是，众所周知，水泥与水反应生成的水化物具有吸附固定微量元素的功能是不容争辩的事实，所以水泥可以作为封存微量元素的材料使用。

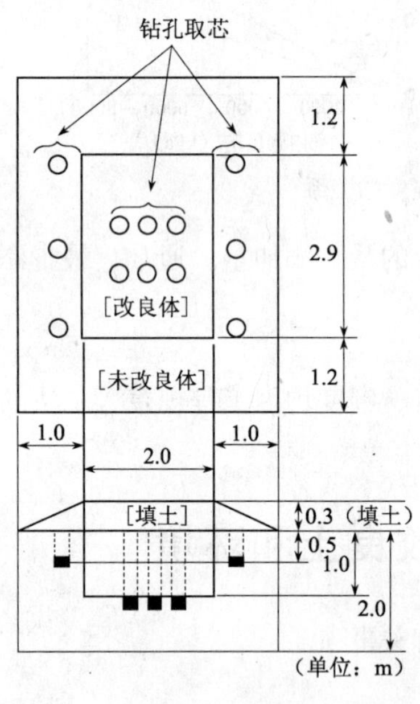

土质参数		灰质黏性土
含水比（%）		78.2
湿润密度（g/cm^3）		1.538
土粒密度（g/cm^3）		2.646
液限（%）		89.7
塑限（%）		47.6
塑性指数		42.1
粒度组成（%）	砾分	0.2
	砂分	8.1
	细粒分	52.0
	黏土分	39.7

注：取样位置：
改良体：由中央部位钻孔深2m。
周边土：
① 边界下部：改良体芯样下部的未混入固化材部位。
② 边界侧面：离改良体20cm地点取芯，改良体（1m厚）的中央部位（50cm）。

图2.39　试验施工概况

自然界的铬通常是三价铬，但因水泥制造过程中的烧结工序致使部分三价铬氧化成为六价铬，存在于水泥矿物中。如前所述水泥因水化反应具有吸附固定微量元素的作用，所以从混凝土中析出的六价铬的量控制在环境基准值0.05mg/L以下是不成问题的。但是，对于水泥类固化材改良土而言，因对象土质和配比条件的原因，尚存在析出六价铬的量超过土壤环境基准值0.05mg/L的可能性。所以在使用水泥和水泥类固化材加固地层及改良土的再利用中，必须事前在现场对预定的固化材，实施六价铬的析出试验。在确认六价铬析出量不超过土壤环境基准值（0.05mg/L）后再行正式施工。若六价铬的析出量超过0.05mg/L，则需另行选择六价铬析出量小的其他固化材，或采用调整配比等措施使六价铬的析出量低于0.05mg/L。与此同时，水泥行业也在研制六价铬析出量更小的水泥品种。

评价固化材对周围环境影响实施的试验施工的概况及结果如表2.14、图2.39及表2.15所示。从表2.15不难发现，试样体及试样体周围土壤中的六价铬的析出量均不超过0.02mg/L。这说明水泥及水泥类固化材的改良土对周围土壤的污染极小。

试验施工的改良条件 表2.14

试验	固化材	添加量（kg/m^3）	混合方法	改良规模（m^3）	覆土厚（cm）
1	特殊土用	170	粉体	2.0×2.9×1.0 (5.8m^3)	30
2	一般软土用				
3	普通水泥				
4	高炉水泥B种				

Cr^{6+}析出试验结果 表2.15

固化材种类	材龄	Cr^{6+}析出量（mg/L）		
		芯样试块	周边土	
			边界下部	边界侧面
特殊土用	3d	<0.02	<0.02	<0.02
	7d	—	<0.02	<0.02
	28d	<0.02	<0.02	<0.02
	3m	0.03	<0.02	<0.02
	6m	<0.02	<0.02	<0.02
	1y	0.04	<0.02	<0.02
一般软土用	3d	0.04	<0.02	<0.02
	7d	—	<0.02	<0.02
	28d	0.06	<0.02	<0.02
	3m	0.08	<0.02	<0.02
	6m	0.08	<0.02	<0.02
	1y	0.07	<0.02	<0.02
普通水泥	3d	0.17	<0.02	<0.02
	7d	—	<0.02	<0.02
	28d	0.20	<0.02	<0.02
	3m	—	<0.02	<0.02
	6m	0.15	<0.02	<0.02
	1y	0.09	<0.02	<0.02
高炉水泥B种	3d	0.12	<0.02	<0.02
	7d	—	<0.02	<0.02
	28d	0.03	<0.02	<0.02
	3m	—	<0.02	<0.02
	6m	<0.02	<0.02	<0.02
	1y	—	<0.02	<0.02

注：d为天，m为月，y为年。

2.3.2　植物生长

水泥类固化材固化处理的地层，从土质工程学上讲，均要求具备一定的标准。多次碾压后的改良土的硬度较高，同时土壤环境呈强碱性，这种改良土是构成植物生长大环境的关键。图2.40、图2.41分别表示的是土硬度与植物根生长的关系、树木生长的必要最小土层厚度。

以前改良土表面的绿化，是采取在改良土的上面铺设良质土大型箱槽实现绿化。

另外，利用二氧化碳等气体使改良土表面pH值中性化也是一种有效的植生措施。

根的生长状态	根　生　长　容　易	生长可能	生长困难	根不能深入但可进入表面
硬度指数（mm）	10　15　18　20	23	27	30　40
单轴抗压强度100kPa	0.5	1		3　10

图2.40　土的硬度与根的生长状况

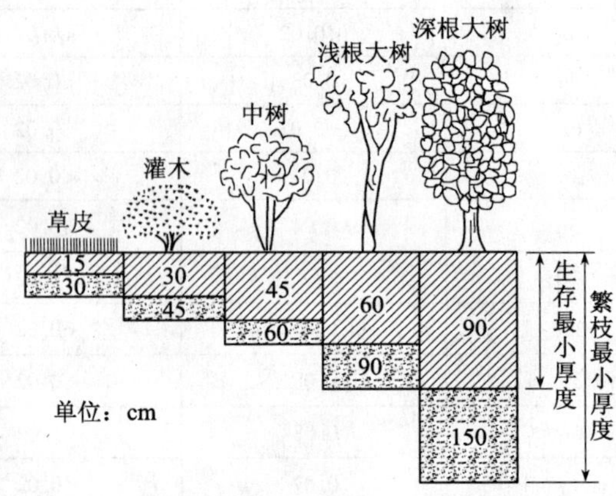

图2.41　树木必要的最小土层厚度

2.3.3　pH值

水泥固化材在其硬化过程中，由于水化反应生成氢氧化钙。$Ca(OH)_2$在水中分解：[$Ca(OH)_2 \longrightarrow Ca^{2+} + 2OH^{-1}$]，液相pH值呈碱性，故水泥类固化材改良土也呈碱性。改良土的pH值试验结果如表2.16所示。

水泥类固化材改良土pH值试验结果　　**表2.16**

试样土	添加量75kg/m³			添加量150kg/m³		
	3d	7d	28d	3d	7d	28d
A（pH=8.3）	12.0	11.6	11.4	12.5	12.0	11.7
B（pH=8.8）	11.7	11.3	11.2	12.0	11.7	11.6

注：表中（　）内的数值是改良前的pH测定值。

水泥类固化材改良土呈碱性，但是其表面由于空气中的二氧化碳气体的碳化作用及降雨等原因，致使碱性成分析出大部分被中和。另外，因土的缓冲作用，向周围地层中渗透扩散的碱成分也可得以控制。

1. 改良土表面的中性化

所谓的中性化是空气中的 CO_2 与 $Ca(OH)_2$ 缓慢地生成了 $CaCO_3$，致使表面碱性下降：

$$Ca(OH)_2 + CO_2 \longrightarrow CaCO_3 + H_2O$$

改良土表面和流过表面的水的 pH 值，逐渐呈中性化。

2. 土的缓冲作用

当土中的黏土矿物微粒与水接触时，因其表面带负电荷，故吸附阳离子（Mg^{2+}）。如果该土颗粒与 $Ca(OH)_2$ 接触，则吸附在表面的阳离子中的比 Ca^{2+} 亲和力小的阳离子 Mg^{2+} 析出，导致 Ca^{2+} 被吸附。脱离的 OH^- 与放出的 Mg^{2+} 反应被消耗。另外，由于黏土矿物具有两性电解质的性质，如果 pH 值高，则释放 H^+，对 pH 值呈现缓冲作用。

除黏土矿物的中和作用外，土壤中的有机物也呈现中和作用。

由于这些土的缓冲作用，从改良土渗出的水和流过其表面的碱性水，渗入未改良土时 pH 值已降低，碱性扩散几乎不存在。

另外，作为控制水泥类固化材改良土碱析出的有效方法是设置覆土层和垫土层。

关于水泥类固化材改良土 pH 值的影响，利用图 2.42 所示的试验装置，测定的 pH 值结果，如图 2.43 所示。另外，对水泥类固化材改良土的长期稳定性作了讨论，改良土自身的 pH 值高，但周围土（离开改良土 5cm、15cm 的地点）的 pH 值长期不变化，大致呈中性。pH 值的测定结果如图 2.44 所示。

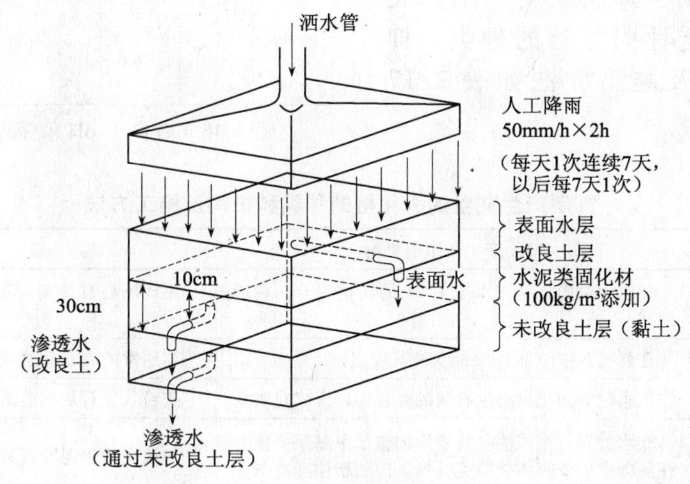

图 2.42　试验装置

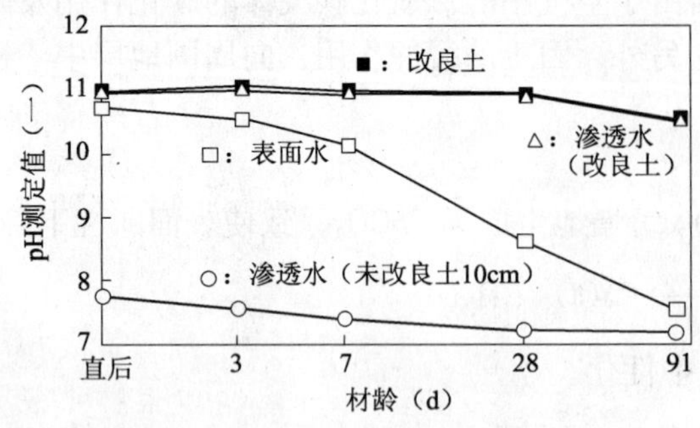

图2.43　pH值测定结果（室内模型试验）

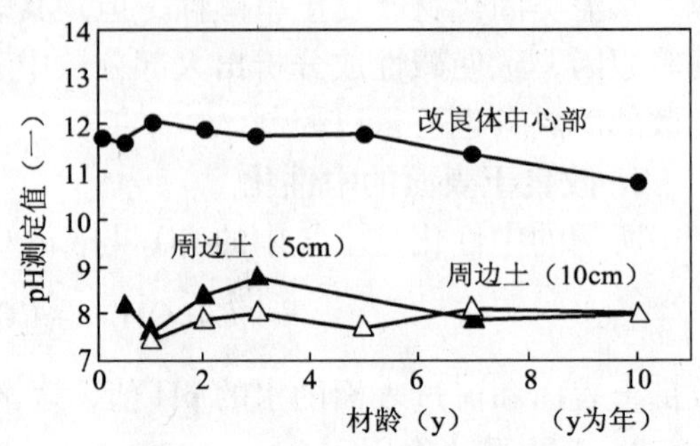

图2.44　pH值长期稳定性测量结果

施工后，经过约974d的实际现场的检证结果，改良土内部的pH值为11～12。地表部位确认的pH值为8～9。另外改良底面下的未改良土的pH值急剧下降，离改良底面10cm的地点大致呈中性。检证结果如图2.45所示。

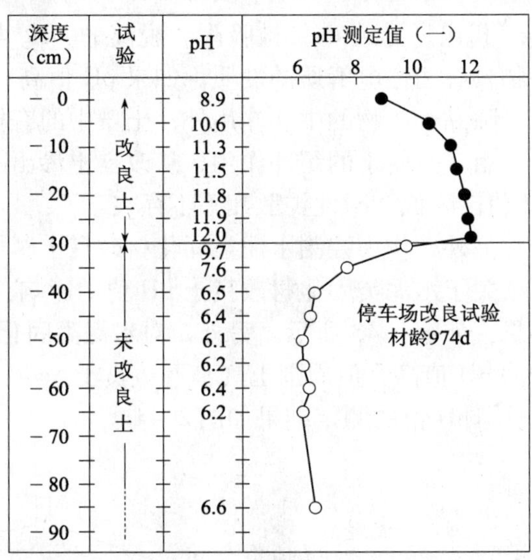

图2.45　改良土pH值跟踪调查一例

2.3.4　粉尘对策

都市浅层改良工程的场合下，因固化材撒布、混合时产生的灰尘对周围环境和作业环境均存在污染影响。为此，人们在确保固化性能、施工性的前提下，开发了抑制灰尘产生和飞溅的固化材。这种固化材的种类、抑制灰尘的机构及施工方法如表2.17所示。

抑制产生灰尘的固化材的种类和机构及施工方法　　　　**表2.17**

种　类	抑制产生灰尘的机构	施　工　方　法
浆液状固化材	把水泥类固化材与水按1：1的比例混合，调成液状	用现场临时设备制造，由泵压送到混合地点
湿石灰类	在熟石灰中添加20%的水使其成湿态	与通常的熟石灰的施工方法相同
砖块型	把水泥类固化材与生石灰的混合物、压缩成块状	按粒状生石灰标准施工
特氟隆处理型	在水泥和石灰或固化材中添加微量甲基酮，使其在液体中形成胶体微粒类纤维，抑制粉体产生灰尘和飞溅	与通常的水泥和石灰的施工方法相同 袋装（20kg、25kg）
湿拌型	在水泥类固化材中添加油脂类或醇类液体，保持固体颗粒表面的湿态	与通常的固化材的施工方法相同

第3章　挡墙设计基本事项

3.1　调查与计划

3.1.1　挖基挡墙计划的基本程序

挖基挡墙工程和其他工种相比，挖基对周围地层和构造物的沉降、位移等影响较大。因此，周围的构造物和埋设物等有可能会受到损伤，为了防止这种损伤，确保工程的安全，在加强施工管理的同时，应在计划阶段就慎重地制定挖基挡墙的计划。

基本计划程序如图3.1所示。作计划时应特别注意下列事项：

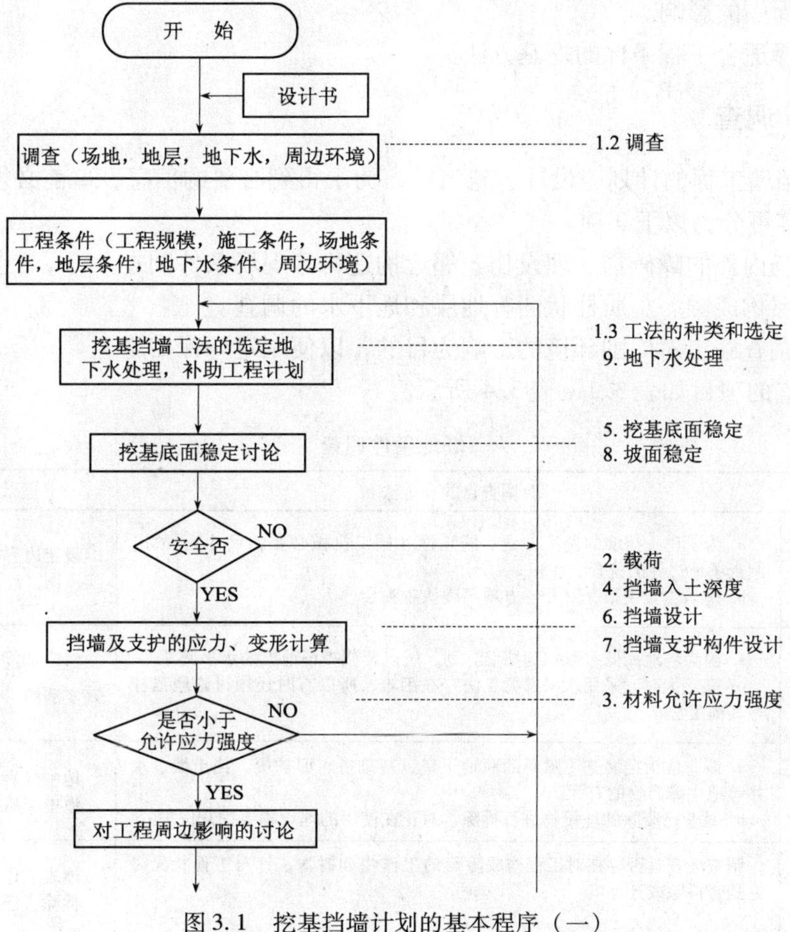

图3.1　挖基挡墙计划的基本程序（一）

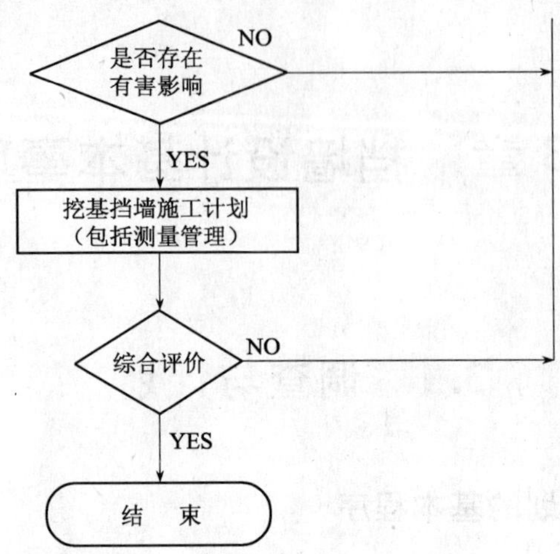

图3.1　挖基挡墙计划的基本程序（二）

（1）侧压载荷的安全性。

（2）基底的稳定性。

（3）对周围的影响。

（4）选择适合工程条件的挖基方法。

3.1.2　调查

在挖基挡墙工程的计划、设计、施工中，为了得到必要的信息，事前必须实施多种调查。调查内容可分为以下3项。

（1）现场内外的障碍物、埋设物、邻近构造物等现场条件调查。

（2）地层构成图、土质柱状图等地层和地下水的调查。

（3）以调查施工对周围环境的影响为目的，以便制定环保措施。

各种调查的项目如表3.1～表3.4所示。

场地条件调查　**表3.1**

项　目		调查目的、方法	记录显示方法
场地内	场地边界	a. 为了讨论挡墙的施工位置、施工性（施工机械必要的尺寸），故应调查场地边界的位置。 b. 确认位置关系，召开各方现场确认碰头会	设定边界桩、水准点场地实测图
	场地高低	a. 因为场地高低差影响到挡墙计划，所以要调查场地内的水平面。 b. 高差大时，采用水平撑梁工法存在困难，所以有时还须讨论地锚杆等其他工法	场地高低测量绘制场地标高实测图
	地中障碍物、埋设物	a. 调查成为挡墙施工障碍的原地下室、基础桩、旧护堤、挡土墙、水井等地中障碍物的有无。 b. 对业已废除的埋设物进行拆除，对正在使用的埋设物要挖开保护	地中障碍物状况图 地中障碍物拆除计划图
	地表工作物等	调查地表是否存在对工程构成障碍的工作物和树木，针对工程状况讨论是否拆除或迁移	地表工作物现状图 拆除、迁移、复原图

续表

项目		调查目的、方法	记录显示方法
场地周围	道路上的工作物	调查公用电话、消火栓、电线杆、地下铁通风井等工作物和树木的位置，不能对车辆出入构成障碍	地表工作物现状图
	地中埋设物	a. 因在挖基时，场地周围地下埋设的给水排水管道、气体管道、电力电缆、电信电缆等会受到一定程度的影响，为了研究对策须调查位置关系和规格性能。 b. 进出车辆通过人孔和共同沟上方时，也应考虑保护措施	地中埋设物调查图 地中埋设物迁移、保护计划图 应急处理图
	邻近构造物	a. 邻近构造物的重力影响侧压，相反挖基地层变形也会影响邻近构造物。另外，靠得特别近时会给挡墙施工带来困难。 b. 就邻近构造物而言，除了在开工前对其进行拍照外，还应调查沉降、倾斜、裂纹等状况	邻近构造物相互位置图、邻近构造物调查图（构造体、竣工状况图、记录照片、简图等）
	道路状况	当考虑向场内运送施工器材计划、开挖弃土运出计划时，应对通向场内的交通路线、向弃土场运出弃土的交通路线的道路宽度、交通量、高度限制等制约事项进行调查	运送路线图 出入道路调查图借用道路使用计划图
	邻近河道	因地质受邻近河流影响，所以应调查季节变化致使的水位、水量的变化状况	河流监测官方资料
	周围的地下工程	a. 为了判断是地下水位下降影响的邻近构造物，还是其他工程影响邻近构造物，故应调查场地周围是否存在排水的其他地下工程。当存在其他排水的地下工程时，应就其排水时间、排水量、地下水位等进行调查。 b. 由于土质和排水量的原因，即使对相当远的工程也会有影响	作为考虑因素备案
	水、电供给设施	在制定供水、供电计划时，应调查可能引入的电力供给设施和给水管的位置、供给能力	画出工程用水、用电供应图
	排水设施	在制定排水计划时，应调查排水路线和排水管径等排水处理能力	排水路线图
	邻近状况	a. 调查产生水井干枯补偿问题的危险性。 b. 调查过去水井使用状况等邻近居民的生活环境。 c. 调查过去邻近工程中发生的事故	召集有关单位、个人的确认会，并做好记录
其他	气象条件	a. 调查建设工地上的雨、雪天数，雨量，积雪量。 b. 雨、雪对工程以外排水计划的影响。 c. 气温对撑梁温度应力的影响	参看各地气象台的气象资料
	潮位变化	当工程临近护堤时，因为地下水位易受潮位影响，所以调查涨潮时刻和潮位较为必要	参看海潮观测记录

挡墙设计、施工中必须讨论的项目和地层参数 表 3.2

挡墙设计时的主要讨论项目		必要的地层参数	地层信息
挡墙设计	侧压	γ_t，c，ϕ，q_u，N值，地下水位	地层不同而异
	挖基底面以下的侧压被动阻力	γ_t，c，ϕ，$k_h q_u$，N值	
	挡墙底端的持力	γ_t，c，ϕ，q_u，N值	
	根入深度	γ_t，c，ϕ，q_u，N值	
支撑设计	撑梁	γ_t，c，ϕ，q_u，N值，地下水位	
	地锚杆	γ_t，c，ϕ，q_u，N值，地下水位	
	撑梁支柱	c，q_u，N值	

续表

挡墙设计时的主要讨论项目		必要的地层参数	地层信息
挖基底面稳定	隆起	γ_t，c，ϕ，q_u	地层构成
	涌砂	γ_t，γ'，地下水位	
	抬升	γ_t，地下水位	
	坡面稳定	γ_t，c，ϕ，地下水位	
地下水处理	选定地下水处理工法	k，D_{20}，地下水位	
	地下水处理方法的选定	γ_t，k，T，S，D_{20}，地下水位	
对周围的影响	挡墙变位的影响	γ_t，c，ϕ，E，ν	
	地下水位下降的影响	k，T，S，γ_t，m_v，C_c，p_c，c_v，e_0，地下水位	
施工性	重型机械的走向性	w，w_L，I_p，c，q_u，S_t	

表中　γ_t——湿重度（kN/m^3）；
c——黏聚力（kN/m^2）；
ϕ——内摩擦角（°）；
q_u——单轴压缩强度（kN/m^2）；
N——标准贯入试验的打击次数（次）；
k_h——水平地层反力系数（kN/m^3）；
γ'——浮重度（kN/m^3）；
k——渗水系数（cm/s）；
D_{20}——粒度试验决定的20%料径（mm）；
T——渗水量系数（m^2/min）；
S——贮留系数；
E——弹性模量（kN/m^2）；
ν——泊松比；
m_v——体积压缩系数（m^2/kN）；
C_c——压缩指数；
p_c——压密屈服应力（kN/m^2）；
c_v——压密系数（cm^2/d）；
e_0——初期间隙比；
w——含水比（%）；
w_L——液限（%）；
w_p——塑限（%）；
I_p——塑性指数；
I_c——稠度指数；
S_t——灵敏比

地下水的调查项目、方法及结果表征　　表3.3

项　　目	方　　法	结果、参数
滞水层（渗水层）、黏性土层（低渗水层）的深度	钻孔与观察，电探层（电阻率探层、微波探层……），标准贯入试验（粒度试验）	土质柱状图，电阻率变化图（滞水层、夹杂层等的区分），N值
地水位、承压水头、间隙水压	孔内地下水位测定、观测井、单孔式渗水试验	不同滞水层的地下水位、黏性土层中的间隙水压
粗略的渗水性	粒度试验、单孔式渗水试验、电探层	粗略的渗水系数k，相对各个深度的渗水性
渗水性等滞水层常数	多孔式排水试验	渗水量系数T（渗水系数k）贮存系数S（相对贮存系数S_r）
水质	从观测井等采样、分析水质	水温、电导率、pH、溶存成分及水质浓度

环 保 调 查 **表 3.4**

项目	内 容	目 的	方 法
周围环境	周边构造物（居民楼）的状况、埋设物状况	为了明确致使挡墙变形的因素，沉降、倾斜、水平位移，掌握开工前的状况	目测、照片、测量等现场调查
地下水	周边构造物（居民楼）的状况，埋设物状况	判断地下水下降致使的压密沉降造成的影响，掌握开工前的状况	目测、照片、测量等现场调查
	周边地下水的利用状况	a. 在影响范围内，调查营业用水、生活用水的地下水的利用状况 b. 为了确认水井干枯及水质变化等工程开工造成的地下水的变化，知道开工前的数据	原有资料，现场访问调查
	周围的开挖工程	周围开挖工程采取的排水措施致使的地下水位的下降的影响	现场调查
其他	振动、噪声	a. 确认施工振动、噪声是否超过法定标准 b. 防止在作业开始、终止及休息日期间邻近发生事故	现场调查邻近协定
	开挖弃土、弃物	为了防止运送弃土、弃物的车辆在经过路线的附近发生事故	现场调查邻近协定

3.1.3 工法的种类和选择

在选择挖基和挡土支撑工法时，首先应掌握各工法的特点，选择适于工程规模、施工条件、现场条件、地层和地下水条件及确保周围环境安全，且经济的工法。表 3.5、表 3.6 所示的是针对条件选择工法的基准。

与条件对应的挖基挡墙工法选定基准 **表 3.5**

条件 / 工法		工事规模					施工条件		场地条件				地层条件		周边环境	
		挖基深度		平面规模·形状					周边间距		高低差					
		浅	深	窄	宽	无需整形	工期	费用	有	无	有	无	软地层	地下水位高低	周边沉降	噪声振动
地层自立开挖工法		◎	△	○	○	○	◎	◎	○	△	○	○	△	△	△	○
放坡明挖工法		◎	△	△	◎	○	◎	◎	◎	△	○	○	△	△	○	○
挡墙明挖法	自立开挖	◎	△	○	○	○	◎	◎	○	○	○	○	△	△	△	○
	撑梁工法	◎	◎	◎	○	○	○	○	○	◎	△	◎	◎	◎	○	○
	地锚杆工法	◎	◎	○	◎	◎	○	○	◎	△	◎	○	○	○	○	○
岛式开挖工法		○	△	△	◎	○	△	△	◎	○	△	○	○	○	○	○
开槽工法		○	△	△	◎	△	△	△	○	○	△	○	○	○	○	○
逆作工法		△	◎	△	◎	○	◎	△	○	○	○	○	◎	◎	◎	○

注：◎：好；○：一般；△：差。

与条件对应的挡墙选定基准　　表3.6

条件＼挡墙	地层条件			工事规模				周边环境			工期	费用
	软地层	砂砾地层	地下水位浅的地层	挖基深度		平面规模		噪声振动	地层沉降	排泥处理		
				浅	深	窄	宽					
横插板墙	△	◎	△	◎	△	○	○	○	△	◎	◎	◎
钢板桩墙	◎	○	○	◎	○	○	○	○	○	◎	◎	○
钢管板桩墙	◎	○	○	△	◎	○	○	○	◎	◎	◎	△
水泥土墙	◎	○	◎	○	○	○	○	◎	○	△	○	○
RC地下连续墙	◎	○	◎	△	◎	△	○	◎	◎	△	△	△

注：◎：好；○：一般；△：差。

3.2　侧　　压

就作用在挡墙架构上的载荷而言，除了侧压载荷以外，还有温度应力载荷及其他载荷，本节介绍载荷的设定方法。

3.2.1　侧压载荷

这里所谓的侧压是指作用在挡墙上的水平向载荷的总称，具体指土压、水压及上载荷决定的地中应力的水平分量。作用在挡墙上的侧压大小、分布形状与地层构成、土质性状、地下水的状况有关。此外，还应切实地考虑周围构造物的影响。

1. 背面侧压

挡墙背面的侧压可用式（3.1）或式（3.2）解算。但是，使用式（3.2）时应注意，当右边第1项和第2项的合计值（主动土压）为负值的场合下，认定侧压值为0。当存在一定的上载荷时可选用式（3.1）。再有，使用式（3.2）时，多数情况下应考虑添加10kPa的上载荷。

$$p_a = K\gamma_t z \tag{3.1}$$

$$p_a = (\gamma_t z - P_{wa})\tan^2\left(45° - \frac{\phi}{2}\right) - 2c\tan\left(45° - \frac{\phi}{2}\right) + p_{wa} \tag{3.2}$$

式中　p_a——离开地表深度 z（m）处的背面侧压（kPa）；

γ_t——土的湿重度（kN/m^3）；

z——离开地表的深度（m）；

K——侧压系数，数值如表3.7所示；

p_{wa}——离地表深度 z（m）处的背面水压（kPa）；

c——土体黏聚力（kPa）；

ϕ——土体内摩擦角（°）。

式（3.1）估算的侧压系数较为粗略。此外，也可以参考工程周围或者类似地层的实测值。较为细致的侧压系数的设定标准如表3.8所示。

侧压系数 **表3.7**

地层		侧压系数
砂地层	地下水位浅的情形 地下水位深的情形	0.3~0.7 0.2~0.4
黏土地层	冲积黏土 洪积黏土	0.5~0.8 0.2~0.5

侧压系数设定标准 **表3.8**

地层	条件			侧压系数	备注 N值	备注 q_u (kN/m²)
砂质地层	在地下水位浅的地层中作不渗水挡墙时，要求可以确保高水位挖基	均匀性渗水地层	松散	0.7~0.8	<10	
			中密	0.6~0.7	10~25	
			密实	0.5~0.6	25	
		夹杂不渗水层的非均匀层	松散	0.6~0.7	<10	
			中密	0.4~0.6	10~25	
			密实	0.3~0.4	25<	
	上述以外的挖基		松散	0.3~0.5	<15	
			中密	0.2~0.3	15~30	
			密实	0.2	30<	
黏性土地层	层厚大没压密的正常压密态的特别灵敏的黏土		非常软的黏土	0.7~0.8		<50
	层厚大正常压密态的灵敏黏土		软黏土	0.6~0.7		
	正常压密态的黏土		软黏土	0.5~0.6		
			中黏性土	0.4~0.6		50~100
	稳定的洪积黏土		硬质黏土	0.3~0.5		100~200
	坚硬的洪积黏土		非常硬的黏土	0.2~0.3		200<

在立桩横插板墙的嵌固部位，对应立桩宽度的有效作用侧压可按式（3.3）求取。

$$p_{aJ}=\frac{p_a D}{a} \tag{3.3}$$

式中 p_a——按式（3.1）或式（3.2）求出的侧压（kN/m²）；

p_{aJ}——立桩横插板墙单位宽度上的有效侧压（kN/m²）；

D——立桩的宽度（m）；

a——立桩间隔（m）。

2. 开挖侧压

作用在挡墙开挖侧的侧压上限值，可按式（3.4）估算。

$$p_p=(\gamma_t z_p-p_{wp})\tan^2\left(45°+\frac{\phi}{2}\right)+2c\tan\left(45°+\frac{\phi}{2}\right)+p_{wp} \tag{3.4}$$

式中 p_p——离开基坑底面深度 z_p（m）处的开挖侧压上限值（kPa）；

γ_t——土体湿重度（kN/m³）；

z_p——至基底面的深度（m）；

p_{wp}——离开基底面深度 z_p（m）处的开挖侧水压（kPa）；

c——土体的黏聚力（kPa）；

ϕ——土体的内摩擦角（°）。

3. 平衡侧压

挡墙不产生变位的条件下，作用在挡墙入土部位上开挖侧的侧压移为平衡侧压。该平衡侧压可按式（3.5）估算。

$$p_{eq}=k_{eq}(\gamma_t z_p-p_{wp})+p_{wp} \tag{3.5}$$

式中　p_{eq}——离开基底面深度 z_p(m) 处的平衡侧压（kN/m^2）；

k_{eq}——离开基底面深度 z_p(m) 处的平衡土压系数；

γ_t——土体的湿重度（kN/m^3）；

z_p——离开基底面的深度（m）；

p_{wp}——离开基底面深度 z_p(m) 处的开挖侧水压（kN/m^2）。

4. 水压

在分开考虑土压、水压对侧压的贡献时，原则上像图3.2所示那样，按地层调查的结果设定各个深度的水压。在各个深度水压不能测定的情况下，就砂层而言，水压可设定为各层水头对应的静水压；就黏土层而言，水压可用上下砂层水压的连接直线表示。

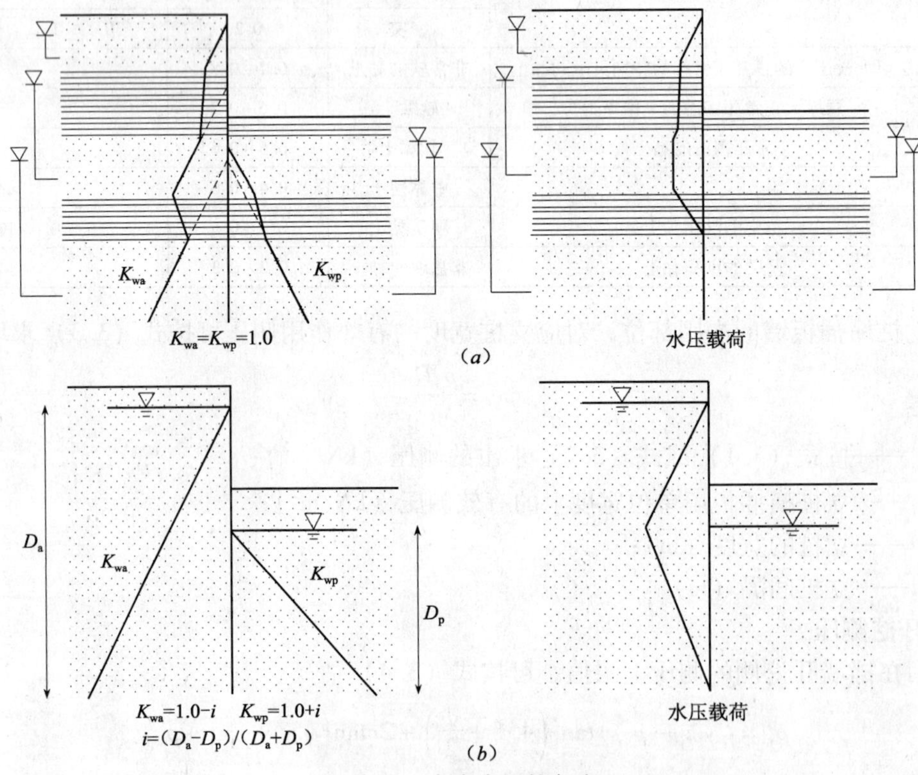

图3.2　考虑水压的方法

（a）交错地层；（b）砂质地层（不存在根入不渗水层的情形）

3.2.2 上载荷决定的侧压

基坑接近构造物及其他载荷物的情况下，由于这些载荷的原因致使挡墙背面的侧压增加。上载荷的种类如构造物的载荷、车辆的载荷、斜坡场合的载荷等。确定上载荷决定的侧压增量的方法有弹性理论法，即把式（3.1）、式（3.2）中的（$\gamma_t z$）用（$\gamma_t z+q$）替代（这里的 q 为上载荷）的方法。

另外，因为从外观即可明确构造物的位置、规模，故建筑物的载荷可用表 3.9 来估算。再有，因所有构造物的基础均存在于地层中，所以载荷作用面均在地表面以下。桩支承构造时，可像图 3.3 那样考虑载荷的作用面。但是载荷作用面比基坑底面还深时，可以不考虑接近建筑物的影响。

单位面积上的建筑物载荷的概略值（单位 kN/m^2） **表 3.9**

用途	住宅		办公楼		
构造种类	RC 造	SRC 造	S 造	RC 造	SRC 造
顶层	14 8～19	16 11～21	11 6～17	16 12～20	16 11～22
一般层段	13 11～15	14 11～16	7 6～9	14 12～16	13 11～15
一层	16 10～22	18 13～24	13 5～22	15 11～18	17 11～23
地下室	33 9～57	28 15～42	26 15～37	30 4～57	23 14～33
基础	H=10m 为 10，H=15m 为 15，H=20m 为 20H 为建筑物高度				

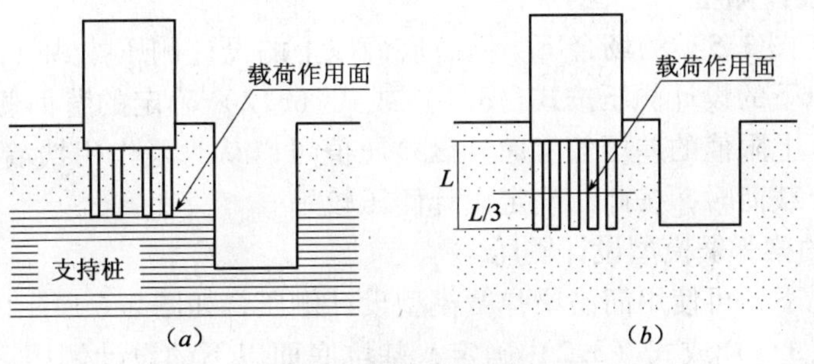

图 3.3 桩基础构造物的载荷作用面的考虑

（a）支持桩；（b）摩擦桩

3.2.3 其他载荷

除了侧压决定的载荷以外，取决于施工条件的下述载荷作用在挡墙上时，也应切实讨论这些载荷的影响。

① 固定载荷；

② 预压载荷；

③ 地锚竖直载荷；

④ 地震载荷；

⑤ 地层加固造成的载荷。

3.2.4　设计侧压

挡墙构架设计中用到的侧压，即作用到挡墙背面及开挖侧的侧压，由相应的计算模型确定。

1. 梁弹簧模型设计法

如图3.4所示，把式（3.1）或者式（3.2）确定的挡墙背面侧压减去式（3.5）求出的平衡侧压的差压，看成是设计外力作用侧压。在挡墙背面作用有上载荷时，可采用上述方法计算。挡墙变位致使开挖侧墙体入土部位的反力侧压增量，不应超过式（3.4）确定的开挖侧侧压的上限值减去式（3.5）确定的平衡侧压差压值。

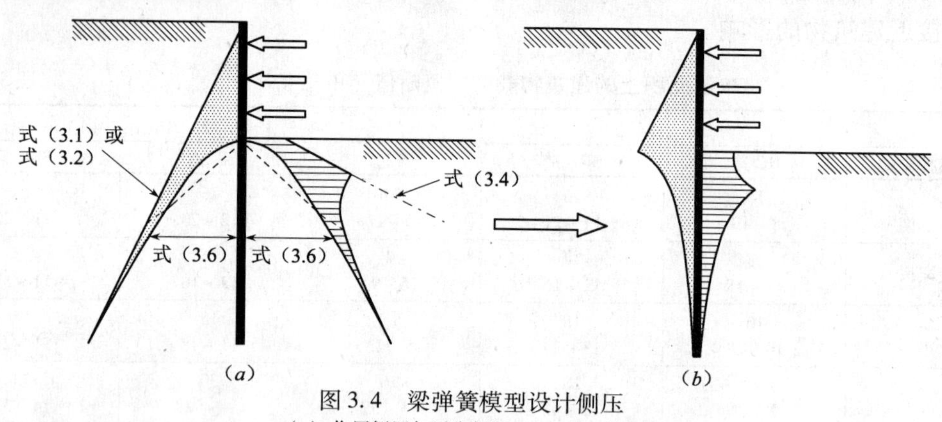

图3.4　梁弹簧模型设计侧压

(a) 作用侧压与平衡侧压；(b) 设计侧压

2. 纯梁模型设计侧压

使用纯梁法（图3.5）的场合下，基坑底面以上的设计侧压按式（3.1）或式（3.2）确定；基坑底面以下的设计侧压按式（3.1）或式（3.2）确定的背面侧压减去式（3.4）确定的开挖侧侧压上限值的差压值考虑。该差压值可以认为是作用挡墙背面的外力所致。挡墙背面作用有上载荷时，按此法确定设计侧压较好。

3. 自立挡墙的梁弹簧模型设计侧压

自立挡墙情况下，可使用简易梁弹簧模型设计侧压，如图3.6所示。基坑底面以上的设计侧压可按式（3.1）或式（3.2）确定；基坑底面以下的设计侧压可看成是零。挡墙背面作用上载荷的场合下，多按该模型考虑。

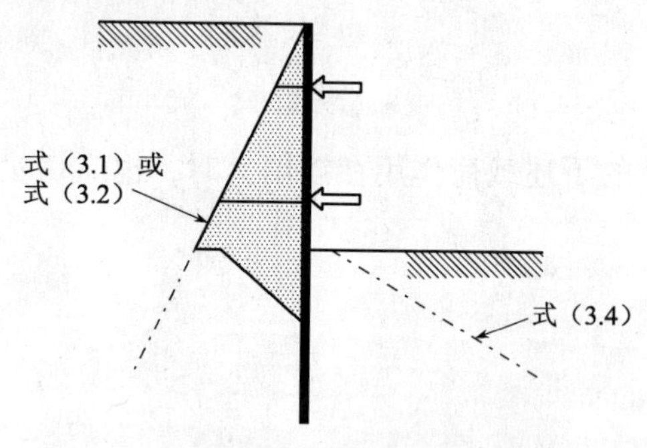

图3.5　纯梁模型设计侧压

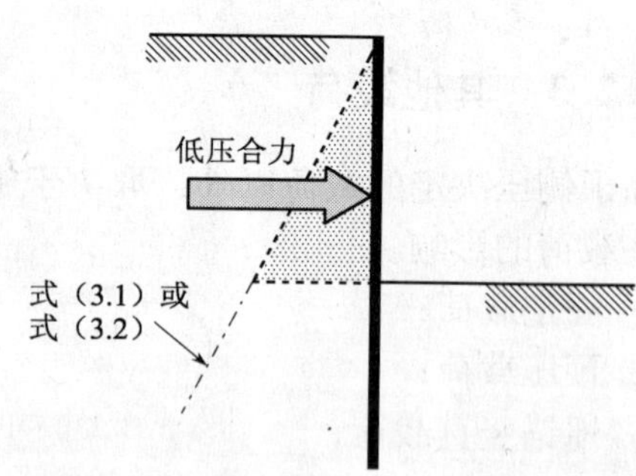

图3.6　自立挡墙的梁弹簧模型的设计侧压

3.2.5 温度应力载荷

在计算水平撑梁断面时，应考虑温度变化造成的水平撑梁轴力的增量。该增量可由式（3.6）计算。

$$\Delta P_K = \alpha A_K E_K \beta \Delta T_S \tag{3.6}$$

式中 ΔP_K——温度变化造成的水平撑梁轴力的增量（kN）；

α——固定度$\left(\dfrac{\text{水平撑梁温度应力}}{\text{水平撑梁端部完全固定时的温度应力}}\right)$，$0 < \alpha \leqslant 1$，通常可以选用表3.10的值；

E_K——水平撑梁的弹性系数（kPa）；

β——水平撑梁材料的线膨胀系数（1/℃），通常$\beta = 1.0 \times 10^{-5}$；

ΔT_S——温度变化量（℃）；

A_K——水平撑梁的断面积（m^2）。

固定度 **表3.10**

地层	固定度
冲积地层	0.2～0.6
洪积地层	0.4～0.8

另外，固定度α也可按式（3.7）、式（3.8）确定。

冲积地层时，$\alpha = 0.6\lg L - 0.5$（止水墙），$\alpha = 0.6\lg L - 0.7$（钢板桩） (3.7)

洪积地层时，$\alpha = 0.6\lg L - 0.2$（止水墙），$\alpha = 0.6\lg L - 0.4$（钢板桩） (3.8)

式中 L——水平支撑梁的长度。

再有，通常把气温变化量按10℃考虑。气温变化10℃时，用式（3.7）～式（3.8）求出的各种地层的止水墙、钢板桩墙水平撑梁轴力增量如图3.7所示。也有计算为零的部分，但是即使最低固定度也应在0.2。

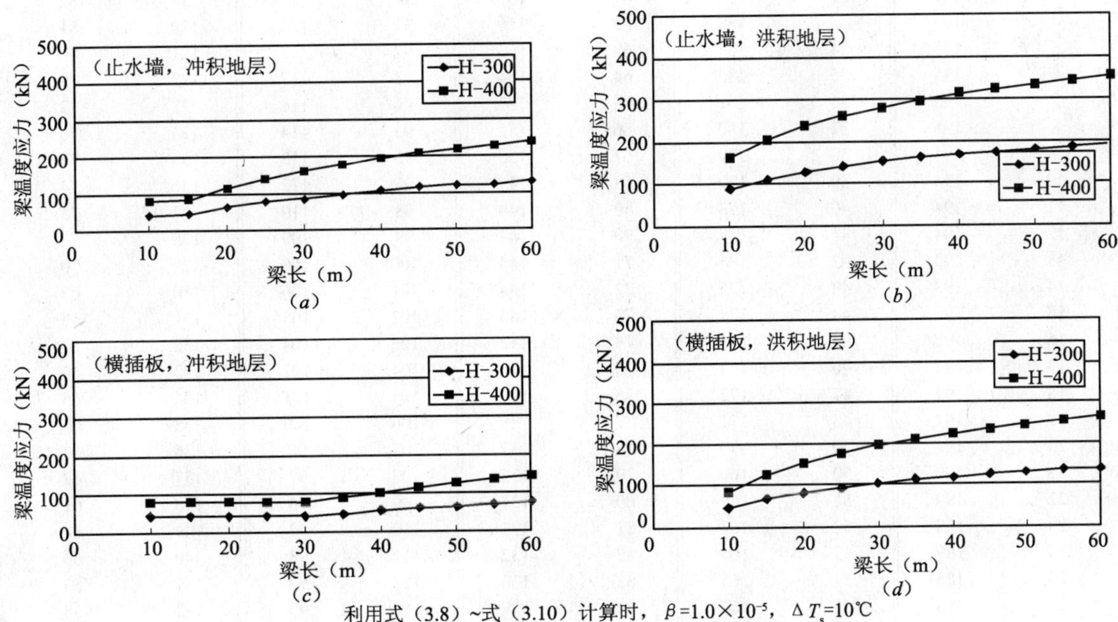

利用式（3.8）～式（3.10）计算时，β=1.0×10^{-5}，ΔT_s=10℃

图3.7 水平撑梁温度应力决定的轴力增量

（a）止水墙冲积地层；（b）止水墙洪积地层；（c）横插板墙冲积地层；（d）横插板墙洪积地层

3.3　材料允许应力强度

考虑到挡墙构造形式和材料特性条件下的材料允许应力如下：

3.3.1　型钢

挡土型钢（SS400，SM400，STK400，STKR400，SSC400）的允许应力强度如下。使用新品种型钢作挡墙应力材芯材时的型钢允许应力强度应为下面所示值的1.2倍。

1. 抗拉、抗剪应力强度

抗拉、抗剪允许应力强度如表3.11所示。

型钢的允许抗拉、抗剪应力强度（单位：N/mm²）　**表3.11**

允许抗拉应力强度	允许抗剪应力强度
195	110

2. 抗压应力强度

允许抗压应力强度可认为是式（3.9）或式（3.10）得出的值。抗压材的细长比（λ）与允许抗压强度（f_c）的关系如表3.12所示。

λ与f_c的关系基准强度（F）=235N/mm²　**表3.12**

λ	f_c	λ	f_c	λ	f_c	λ	f_c	λ	f_c
1	195	30	185	59	159	88	124	117	85
2	195	31	185	60	158	89	122	118	84
3	195	32	184	61	157	90	121	119	82
4	195	33	183	62	156	91	120	120	81
5	195	34	183	63	155	92	118	121	80
6	195	35	182	64	154	93	117	122	79
7	195	36	181	65	153	94	116	123	77
8	195	37	180	66	151	95	114	124	76
9	194	38	179	67	150	96	113	125	75
10	194	39	179	68	149	97	112	126	74
11	194	40	178	69	148	98	110	127	73
12	194	41	177	70	147	99	109	128	71
13	193	42	176	71	145	100	108	129	70
14	193	43	175	72	144	101	106	130	69
15	193	44	174	73	143	102	105	131	68
16	192	45	174	74	142	103	104	132	67
17	192	46	173	75	140	104	102	133	66
18	192	47	172	76	139	105	101	134	65
19	191	48	171	77	138	106	100	135	64
20	191	49	170	78	137	107	98	136	63
21	190	50	169	79	135	108	97	137	62
22	190	51	168	80	134	109	96	138	61
23	189	52	167	81	133	110	94	139	61
24	189	53	166	82	132	111	93	140	60
25	188	54	165	83	130	112	92	141	59
26	188	55	164	84	129	113	90	142	58
27	187	56	163	85	128	114	89	143	57
28	187	57	162	86	126	115	88	144	56
29	186	58	160	87	125	116	86	145	56

续表

λ	f_c	λ	f_c	λ	f_c	λ	f_c	λ	f_c
146	55	167	42	188	33	209	27	230	22
147	54	168	41	189	33	210	27	231	22
148	53	169	41	190	32	211	26	232	22
149	53	170	41	191	32	212	26	233	22
150	52	171	40	192	32	213	26	234	21
151	51	172	40	193	31	214	26	235	21
152	51	173	39	194	31	215	25	236	21
153	50	174	39	195	31	216	25	237	21
154	49	175	38	196	30	217	25	238	21
155	49	176	38	197	30	218	25	239	20
156	48	177	37	198	30	219	24	240	20
157	47	178	37	199	30	220	24	241	20
158	47	179	37	200	29	221	24	242	20
159	46	180	36	201	29	222	24	243	20
160	46	181	36	202	29	223	24	244	20
161	45	182	35	203	28	224	23	245	20
162	45	183	35	204	28	225	23	246	19
163	44	184	35	205	28	226	23	247	19
164	44	185	34	206	28	227	23	248	19
165	43	186	34	207	27	228	23	249	19
166	42	187	33	208	27	229	22	250	19

$\lambda \leqslant 120$ 的场合下，

$$f_c = \frac{293 \times \left[1 - 0.4\left(\dfrac{\lambda}{120}\right)^2\right]}{1.5 + \dfrac{2}{3} \times \left(\dfrac{\lambda}{120}\right)^2} \tag{3.9}$$

$\lambda > 120$ 的场合下，

$$f_c = \frac{81.3}{\left(\dfrac{\lambda}{120}\right)^2} \tag{3.10}$$

式中 f_c——允许抗压强度（MPa）；

λ——材料的细长比，$\lambda = l_k / i$；

l_k——压屈长度（cm）；

i——压屈中轴线断面的 2 次半径（cm）。

3. 抗弯强度

挡墙型钢的允许抗弯强度选取式（3.11）或式（3.12）求得的允许弯曲强度中大者。但是允许弯曲应力强度应小于允许拉张应力强度。允许弯曲应力强度 f_b 与 l_b/i' 的关系如图 3.8 所示。

$$f_b = 195 \times \left[1 - 0.4 \times \left(\frac{l_b/i'}{120}\right)^2 \times \frac{1}{C}\right] \tag{3.11}$$

$$f_b = \frac{1.11 \times 10^5}{\dfrac{l_b \cdot h}{A_f}} \tag{3.12}$$

$$C = 1.75 - 1.05\left(\frac{M_2}{M_1}\right) + 0.3\left(\frac{M_2}{M_1}\right)^2, < 2.3$$

式中 f_b——允许弯曲应力强度（MPa）；

l_b——压缩翼缘支点间的距离（cm）；

i'——压缩翼缘与梁高的$\frac{1}{6}$构成的T形断面的梁腹转轴断面的2次半径（cm）；

C——材端弯矩修正系数；

M_2、M_1——分别为压层区间端部的大、小绕强轴旋转弯矩，在单曲率时（M_2/M_1）为正，复曲率时为负，中间的弯矩比M_1大时，定义$C=1$；

A_f——压缩翼缘的断面积（cm^2）；

h——弯曲材的梁高（cm）。

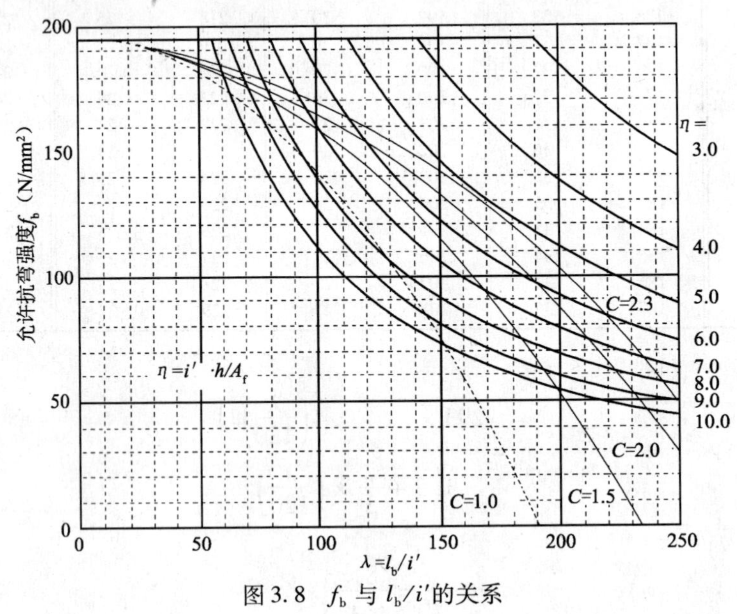

图3.8　f_b与l_b/i'的关系

3.3.2　板桩

1. 钢板桩

钢板桩的允许应力强度值如表3.13所示。

钢板桩的允许应力强度（单位：N/mm^2）　　**表3.13**

种　　类	允许弯曲抗拉强度	允许弯曲抗压强度
SY295	225	225
SS400	195	195

2. 木板桩

木板桩的允许应力强度值如表3.14所示。

木板桩的允许应力强度（单位：N/mm^2）　　**表3.14**

种　　类	允许抗弯强度	允许抗剪强度
红松、黑松、落叶松、柏木、美洲花柏	13.5	1.05
铁杉	13.0	1.05
美洲杉木、冷杉、云杉、白冷杉	10.5	0.75

3.3.3 钢筋混凝土

在墙材使用钢筋混凝土时钢筋与混凝土的抗拉、抗压、抗剪及钢筋与混凝土的粘结的各种允许应力强度值如表3.15～表3.17所示。

钢筋的允许应力强度（单位：N/mm^2） 表3.15

种　类	允许抗压强度	允许抗拉强度	
		抗剪补强以外使用的情况	用于抗剪补强的情况
SR235	235	235	235
SR295	295	295	295
SD295	295	295	295
SD345	345	345	345
SD390	390	390	390

混凝土的允许应力强度（单位：N/mm^2） 表3.16

设计基准强度 F_c	允许抗压强度	允许抗剪强度
$F_c=21$	14	1.05
$F_c=24$	16	1.11
$F_c=27$	18	1.15

钢筋与混凝土的允许粘结应力强度（单位：N/mm^2） 表3.17

种　类	设计基准强度 F_c	允许粘结强度	
		上 端 筋	其 他 钢 筋
异形筋	$F_c=21$	1.14	1.42
	$F_c=24$	1.20	1.50
	$F_c=27$	1.26	1.57

3.3.4 螺栓

挡墙使用连接螺栓的允许抗拉应力强度、允许抗剪应力强度值如表3.18所示。

螺栓的允许应力强度（单位：N/mm^2） 表3.18

种　类	允许抗拉强度	允许抗剪强度
中强螺栓 SS400，SM400	176	102
强力螺栓（F 10 T）	456	220

3.3.5 焊接部

挡墙用钢材焊接接合构件的允许应力强度值如表3.19所示。另外，现场焊接时，还应考虑施工精度、管理方法及构造物的重要程度等因素，通常定为允许应力强度的80%。

焊接部的允许应力强度（单位：N/mm²） 表3.19

接头形式	允许强度			
	抗压	抗拉	抗弯	抗剪
平接	235			135
平接以外连接	135			135

3.3.6 水泥土

水泥土的允许应力强度值如表4.11所示。

3.3.7 地锚杆

1. 锚固地层的摩擦力

锚固体周围地层的允许摩擦应力强度，原则上按拉拔试验确定，数值如表3.20所示。再有，锚固地层符合表3.21所示的条件时，可以略去拉拔试验按表3.21确定允许强度值。

抗拉试验时的允许摩擦应力强度（单位：kN/m²） 表3.20

锚固地层	使用期2年以上	使用期未满2年
砂质土·砂砾	$\frac{\tau_u}{3}$，且800以下	$\frac{\tau_u}{2}$，且1200以下
黏性土		
岩石	$\frac{\tau_u}{3}$，且1200以下	$\frac{\tau_u}{2}$，且1800以下

注：τ_u：抗拉试验求出的锚固地层的极限摩擦应力强度

省略抗拉试验时的允许摩擦应力强度（单位：kN/m²） 表3.21

锚固地层种类（特殊土和岩石除外）		使用期2年以上	使用期未满2年
砂质土·砂砾	$N\geqslant20$	$6N$，且300以下	$9N$，且450以下
黏性土	$N\geqslant7$ 或 $q_u\geqslant200$	$6N$ 或 $\frac{q_u}{6}$，且300以下	$9N$ 或 $\frac{q_u}{4}$，且450以下

注：N：锚固地层的标准贯入试验打击次数（N值）的平均值；
q_u：单轴抗压强度的平均值（kN/m²）。

2. 注入材

（1）允许粘结应力强度

在抗拉材的粘结部分的注入材的允许粘结应力强度值如表3.22所示。

抗拉材与注入材的允许粘结应力强度（单位：N/mm²） 表3.22

抗拉材种类	使用期2年以上	使用期未满2年
PC钢绳 多股PC钢绳 异形PC钢棒	1.0	1.25

（2）允许抗压应力强度

允许抗压应力强度的值如表3.23所示。

注入材的允许拉压应力强度（单位：N/mm^2） 表 3.23

使用期 2 年以上	使用期未满 2 年
$\frac{F_c}{3}$	$\frac{F_c}{2}$

注：F_c——注入材的设计基准强度（N/mm^2）。

3.4 挡墙入土深度

挡墙入土深度，可就以下几项进行讨论，综合判断：

（1）按侧压力的平衡条件讨论；

（2）按挖基底面稳定的条件讨论；

（3）按止水条件讨论；

（4）按挡墙支承力的条件讨论。

3.4.1 侧压力平衡条件下的讨论

参考图 3.9 按挡墙不发生倾倒的条件，即挡墙抵抗开挖侧压的抗矩 M_p 与背面侧压决定的倾矩 M_a 满足式（3.13）的条件，确定挡墙的入土深度。如图 3.9 所示，对自立挡墙而言，倾倒转动中心 O 的位置处在挡墙的最下端；就有支撑的挡墙而言，转动中心 O 处于最下面一道水平撑梁的位置上。

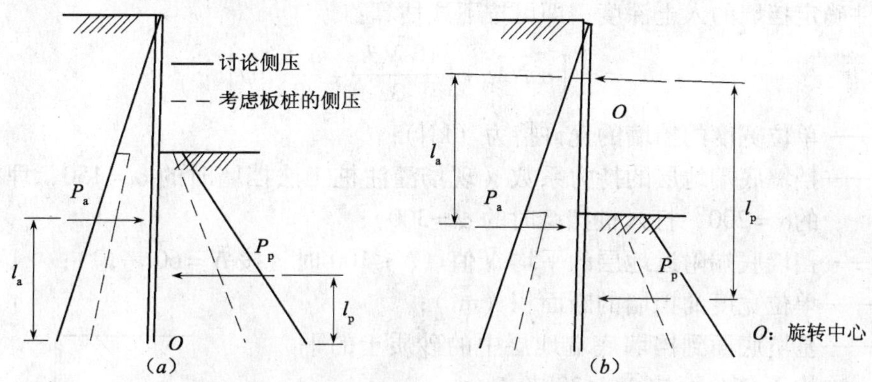

图 3.9 力矩平衡法挡墙倾倒的讨论方法

（a）自立挡墙的情形；（b）一道支撑的情形

$$F_s=\frac{M_p}{M_a}=\frac{P_p l_p}{P_a l_a}\geqslant 1.2 \tag{3.13}$$

式中 F_s——安全系数；

M_p——抵抗开挖侧压的抗矩（kN · m）；

M_a——背面侧压决定的倾矩（kN · m）；

P_p——挡墙开挖侧的合力（kN）；

P_a——挡墙背面侧压的合力（kN）；

l_p——倾倒转动中心 O 到开挖侧侧压合力 P_p 作用点的距离（m）；

l_a——倾倒转动中心 O 到背面侧压合力 P_a 作用点的距离（m）。

以往只考虑侧压平衡来确定入土深度的设计方法，存在挡墙倾倒的危险性。所以对一道支撑以下的挡墙而言，原则上应按矩平衡条件进行入土深度的讨论。另外，存在多道支撑的挡墙与自立挡墙、一道支撑挡墙相比，因超静定次数高，所以对设3道以上支撑的挡墙而言矩平衡的讨论可以略去。再有，对1～2道支撑的挡墙在最后挖基阶段存在倾倒的危险性应予注意。

3.4.2 基坑底面稳定

由于隆起、涌砂及抬高等原因致使基坑底面失去稳定时，则基坑底面阻力急剧下降，为防止挡墙坍塌，必须选择可使基坑底面十分稳定的入土深度。相应的各种防止措施方法详见第3.5节。

3.4.3 截止地下水的讨论

要求挡墙止水的情况下，必须把挡墙伸入到不渗水的层段上，所以应在充分考虑地层渗水性后确定入土深度。

3.4.4 挡墙持力的讨论

挡墙上作用竖向载荷的情况下，应讨论挡墙的竖向持力，按挡墙可以很好地支承竖向载荷的条件确定挡墙的入土深度，即可按下式估算：

$$R_a = \frac{1}{2}\left[\alpha \overline{N} A_p + \left(\frac{10\,\overline{N}_s L_s}{3} + \frac{\overline{q}_u L_c}{2}\right)\psi\right] \tag{3.14}$$

式中 R_a——单位宽度的挡墙的允许持力（kN）；

α——挡墙底端地层的持力系数（现场灌注桩工法挡墙时的 $\alpha=150$，埋桩挡墙时的 $\alpha=200$，打入桩挡墙时的 $\alpha=300$）；

$\overline{N}$——挡墙底端附近地层的平均 $\overline{N}$ 值（$N\leqslant 100$ 时，按 $\overline{N}=60$ 考虑）；

A_p——单位宽度的挡墙的断面积（m^2）；

$\overline{N}_s$——基坑底面到挡墙底端地层中的砂质土的平均 N 值，可按 $\overline{N}_s\leqslant 30$ 考虑；

L_s——挡墙穿过的基底以下砂质土层的厚度（m）；

$\overline{q}_u$——基底到挡墙底端地层中的黏性土部分的平均单轴抗压强度（kPa），按 $\overline{q}_u\leqslant 200$kPa考虑；

L_c——挡墙穿过的基底以下黏性土层的厚度（m）；

ψ——单位宽度的挡墙的周长（接触到土的部分）(m)。

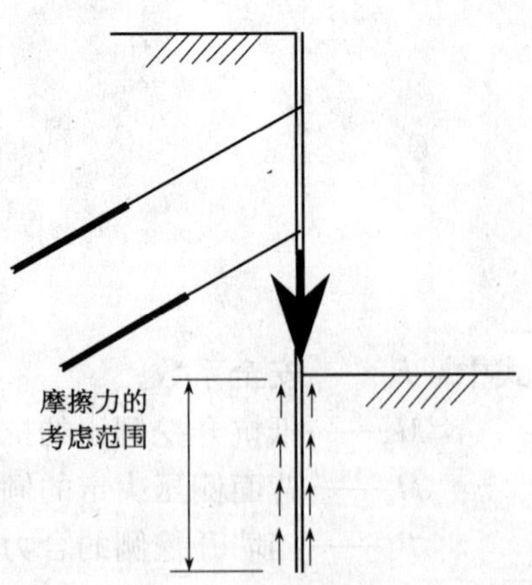

图3.10 挡墙竖直方向摩擦力的考虑范围

式（3.14）的挡墙摩擦阻力范围，原则上是图3.10所示的基底以下的部分。但是，对地震出现液化的地层而言，式（3.14）不适应，即无法期待液化地层的摩阻力。

3.5 基底稳定

3.5.1 隆起

所谓隆起是伴随开挖周围地层的土体向开挖侧迂回，致使基坑底面上升的现象。通常，软黏性土层容易发生这种现象。是否会发生隆起的判断可由表3.24的式（3.15）或式（3.16）判定。隆起安全系数 $F<1.2$ 时，存在发生隆起的可能性；$F\geqslant1.2$ 时，基底不会发生隆起，即安全稳定。再有，对自然含水比接近或者超过液限的灵敏黏性土而言，可以认定土质试验结果差。同时还应恰当地确定上载荷，即使不存在上载荷时，也应考虑添加10kPa的上载荷。

隆起安全的讨论 表3.24

使用水平撑的情形（图3.11*a*）	自立挡墙的情形（图3.11*b*）
$F=\dfrac{M_r}{M_d}=\dfrac{x\int_0^{\pi/2+\alpha}S_u x\mathrm{d}\theta}{W\dfrac{x}{2}}\geqslant1.2$ (3.15)	$F=\dfrac{M_r}{M_d}=\dfrac{x\int_0^{\pi}S_u x\mathrm{d}\theta}{W\dfrac{x}{2}}\geqslant1.5$ (3.16)

表中 F——隆起安全系数；
M_r——单位宽度地层滑动的剪切抗矩（kN·m）；
M_d——单位宽度背面土块等决定的滑矩（kN·m）；
S_u——地层的非排水抗剪强度（kN/m²）；
x——滑动圆弧半径（m）；
α——最下面1道水平撑梁中心到开挖面间的滑动圆弧半径与挡墙间的夹角（rad），但 $\alpha<\dfrac{\pi}{2}$；
W——单位宽度的滑动力（kN），$W=x(\gamma_t H+q)$；
H——挖基深度（m）；
γ_t——土的湿重度（kN/m³）；
q——地表上载荷（kN/m²）。

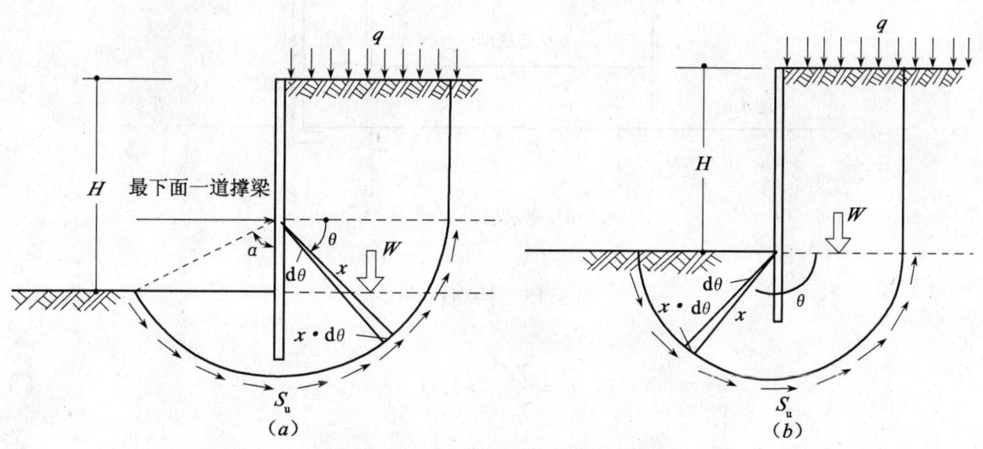

图3.11 隆起安全系数的讨论
（*a*）存在水平撑梁的情形；（*b*）挡墙自立的情形

3.5.2　涌砂讨论

所谓的涌砂现象是渗水系数大的砂地层中的止水挡墙对应的基坑开挖时，由于伴随开挖挡墙内外水位差致使基底的砂地层向上涌动，像砂沸腾一样地层被破坏的现象。涌砂的安全性讨论可用式(3.17)判断(参见图3.12,(Terzaghi 法))。

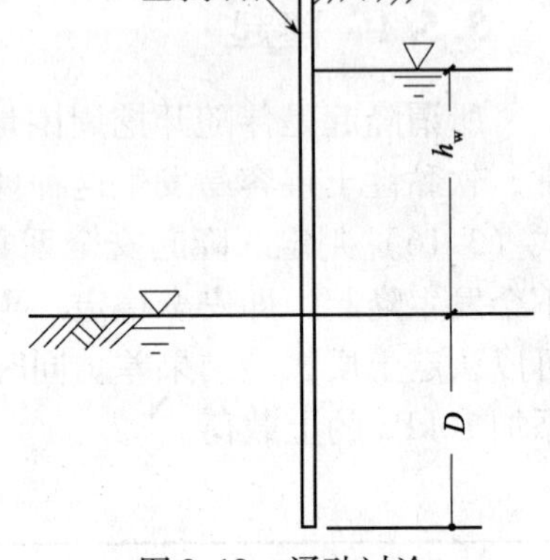

图3.12　涌砂讨论

$$F=\frac{2\gamma' D}{\gamma_w h_w}\geqslant 1.2 \tag{3.17}$$

式中　F——涌砂安全系数；

γ'——土的浮重度(kPa)；

D——参见图3.12；

h_w——水位差；

γ_w——水的重度(kN/m^3)。

3.5.3　抬高讨论

所谓的抬高，如图3.13所示，在不渗水层的下面存在承压滞水层的地层中进行开挖时，伴随开挖覆盖土压减小，由于承压地下水压力的原因致使挖基底面抬高的现象。安全系数满足式(3.18)时，可以避免抬高现象的产生。另外，还应设定工程施工期间的承压水头 h 的最大值。

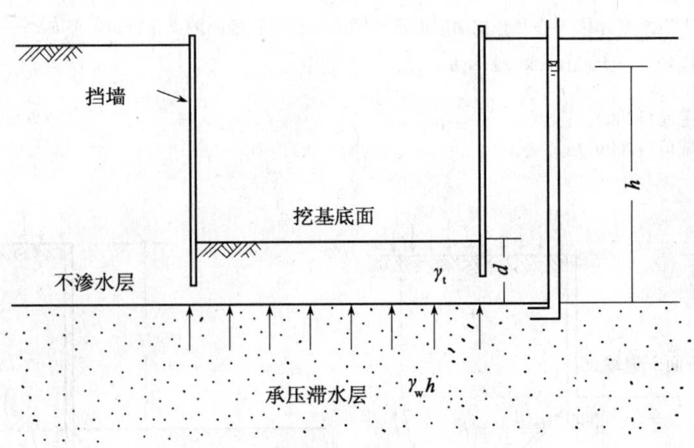

图3.13　抬高讨论

$$F=\frac{\gamma_t d}{\gamma_w h}>1.0 \tag{3.18}$$

式中　F——抬高安全系数；

γ_t——土的湿重度（kN/m^3）；

d——基底到不渗水层下端的距离（m）；

γ_w——水的重度（kN/m^3）；

h——承压水层的水头（m）；

$\gamma_w h$——作用在不渗水层下端的承压地下水压力（kPa）。

3.6 挡 墙 设 计

3.6.1 挡墙应力、变形的计算

挡墙的应力、变形，应针对各层开挖和各道撑梁拆除等工序分开计算。这里介绍3种计算方法。

1. 梁弹簧模型

梁弹簧模型如图3.14所示。该模型把挡墙看成梁，把支撑和地层看成弹簧，然后计算挡墙的应力、变形。

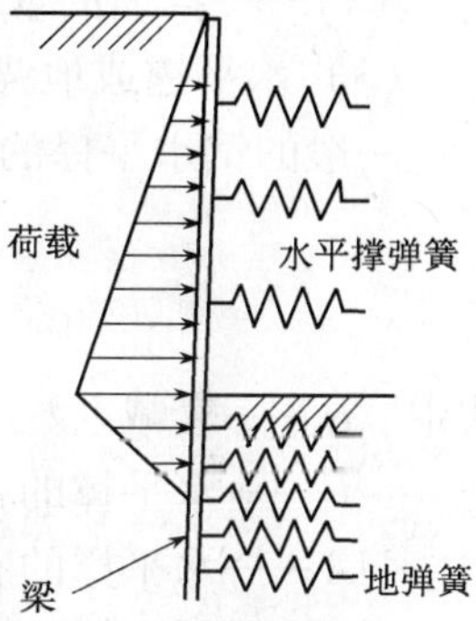

图3.14 梁弹簧模型

（1）计算方法概况

① 挡墙为有限长，两端为自由端的边界条件。

② 挡墙为均匀弹性体。

③ 不管挡墙的变形如何，挡墙背面侧压均按3.2.4节（1）中所示的背面侧压计算方法计算。

④ 把挡墙嵌固在地层中的部分设定为地弹簧，设定应考虑地层的塑性上限值。

⑤ 把撑梁、地锚、墙体等支承点作为水平向集中弹簧评价。

⑥ 各施工阶段分开单独进行计算，但是应按各道撑梁等设置条件，考虑施工过程的连续性。

（2）水平地层反力

水平地层反力 p_h 按式（3.19）、式（3.20）评价。水平地层的反力系数 k_h 的推荐范围如图3.15所示。图3.15对一般的板桩墙也可适用，但此时不考虑板桩的可见宽度 D 和板桩间隔 a 的影响，认定为挡墙单位宽度 B 的水平地层反力系数。

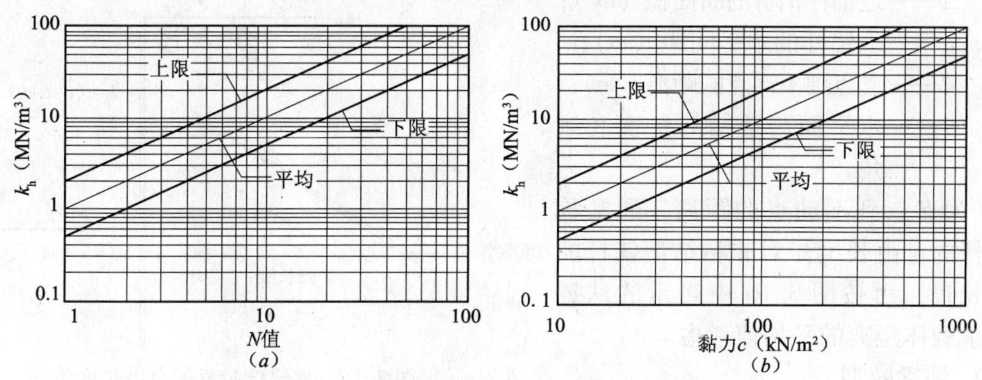

图3.15 水平地层反力系数的推荐范围

（a）砂质地层；（b）黏性土地层

$$p_h = Bp \tag{3.19}$$

$$p = k_h y \tag{3.20}$$

$$p \leqslant p_{\max}$$

式中 p_h——单位宽度的水平地层反力（kN/m）；

p——单位面积的水平地层反力（kN/m^2）；

$p_{\max}$——单位面积的最大水平地层反力（kN/m^2）；

k_h——水平地层反力系数（kN/m^3）；

B——墙宽（m）；

y——挡墙的水平变位（m）。

（3）水平撑或地锚杆的水平向弹簧系数

一般的钢水平撑的弹簧系数 K 可用式（3.21）计算。

$$K = \alpha \frac{EA}{al} \tag{3.21}$$

式中 α——衰减系数（≤1.0）；

E——水平撑的弹性模量（kN/m^2）；

A——水平撑的有效断面积（考虑螺旋孔）（m^2）；

a——水平撑的水平间距（m）；

l——从支点到不动点的距离（m）。

式中 α 是水平撑弯曲变形和挡墙架构总体水平变移不可忽略场合下，考虑其影响时的衰减系数。水平撑较短可把不动点认为是水平撑全长中心点时，$\alpha=1$。但是，当水平撑较长及需要预测挡墙架构总体水平位移的情况下，应考虑衰减系数 α。地锚的水平向弹簧系数可用式（3.22）计算。

$$K = \frac{EA}{al}\cos^2\theta \tag{3.22}$$

式中 E——地锚杆钢材的弹性模量（kPa）；

A——地锚杆钢材的断面积（m^2）；

a——地锚杆的水平间距（m）；

l——支点到不动点的距离（m）；

θ——水平面与地锚的角度（倾角,°）。

l 为支点到不动点的距离，通常称为锚杆的自由长度。对非粘结型锚杆的自由长度，可按图3.16中表示的从锚头到承载体距离的平均值考虑。

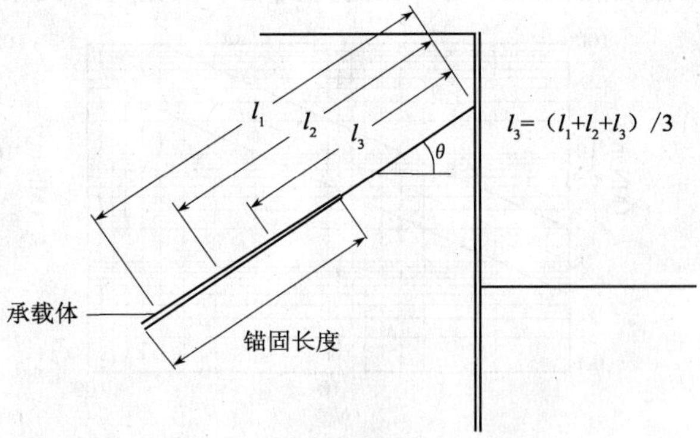

图3.16 地锚抗拉材的自由长度

2. 纯梁模型

纯梁模型如图3.17所示，把挡墙水平撑支点间的间距或者把水平撑支点与地层内的假设支点的间距看成跨距，分割成多条单纯梁，分别计算各挖基阶段的应力模型。因为1次挖基时挡墙为自立状态，可按下面所示的自立挡墙梁弹簧模型讨论。另外，拆除水平撑时，采用以水平撑和地下构造物为支点的单梁模型，拆除最上面1道水平撑的场合下，可按以地下构造物为支点的悬臂梁计算。单梁模型是讨论挡墙强度的计算模型，所以在讨论墙体变形为重点的场合下，必须按前面所示的梁弹簧模型计算。

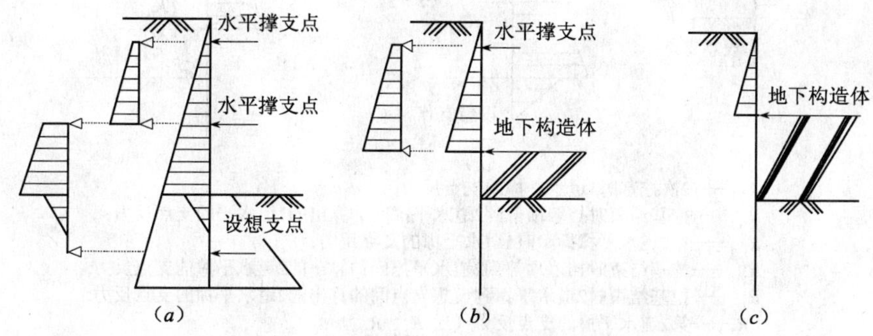

图 3.17 纯梁模型

(a) 3 次挖基时；(b) 2 道水平撑拆除时；(c) 1 道水平撑拆除时

(1) 假想支点的求取方法

如图 3.18 所示，按每次挖基的最下面的水平撑为中心的矩平衡条件，求取的背面侧压决定的转矩与开挖侧压决定的阻力矩相等的深度（平衡深度），记作此时开挖侧压的合力作用位置，即假想支点。

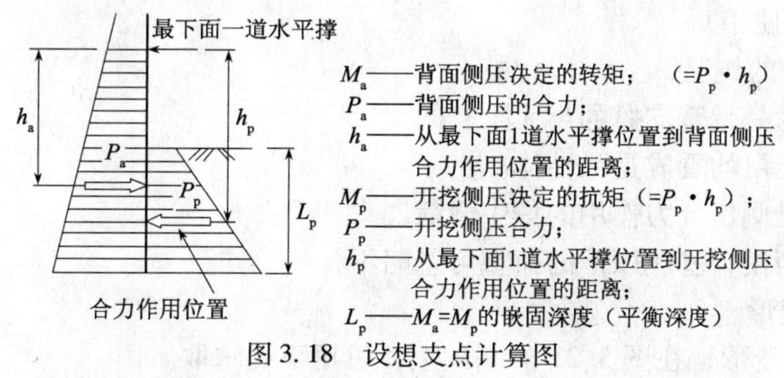

图 3.18 设想支点计算图

(2) 侧压

单梁法中使用的基底以下背面侧压，是按 3.2.4 节（2）中所示的从背面侧压中扣除开挖侧压求出的作用侧压。但是，横钢板桩情况下的基底以下背面侧压，多数情况下扣除上述侧压的值很小，故通常可略去。

(3) 水平撑和围檩上的支点反力

各挖基阶段作用在水平撑和围檩上的载荷，如图 3.19 所示，可用单梁模型的支点反力评价。但是，与挡墙应力计算时的情形有所不同，第 1 道水平撑上面的侧压也要考虑。另外，第 2 道支撑以下的支点反力可以看成是上下单梁的各支点的反力和。此外，直接评价挡墙背面侧压作用在水平撑和围檩上的载荷，可用支条分法和上方分担法。

R_{1-1}——2次挖基时1道水平撑的支点反力；
R_{1-2}——挖基结束时挡墙顶部到2道水平撑间的算出的1道水平的支点反力；
R_{1-3}——第2道水平撑拆除时1道水平撑的支点反力；
R_{2-1}——挖基结束时挡墙顶部到2道水平撑间的算出的2道水平撑的支点反力；
R_{2-2}——挖基结束时2道水平撑到设想支点间的算出的2道水平撑的支点反力；
R_2——第2道水平撑的支点反力（$R_2=R_{2-1}+R_{2-2}$）；
R_B——地下构造体的固定位置的支点反力

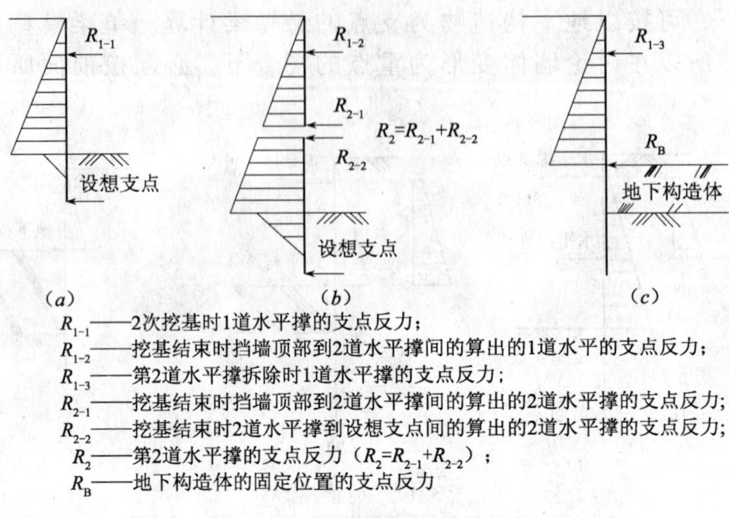

图3.19　单梁模型的支点反力
（*a*）2次挖基时；（*b*）挖基结束时；（*c*）水平撑拆除时

3. 自立挡墙梁·弹簧模型（chang 法）

该计算方法通常称为 chang 法，如图 3.20 所示，求取插入地层中半无限长的桩顶上加有水平力时的应力、变形的方法。除了自立挡墙之外，还可以与有支撑的挡墙 1 次开挖时的单梁模型组合使用。

（1）计算方法的概况

① 把挡墙认为是弹簧支撑的半无限长的梁。

② 把挡墙和地层均看成是弹性体。

③ 载荷看成是侧压合力作用的集中载荷。

④ 为使计算简便，基底以下的荷重可忽略不计。

（2）应力、变形

挡墙的应力、变形，在图 3.21 的基础上，可用下式求取。

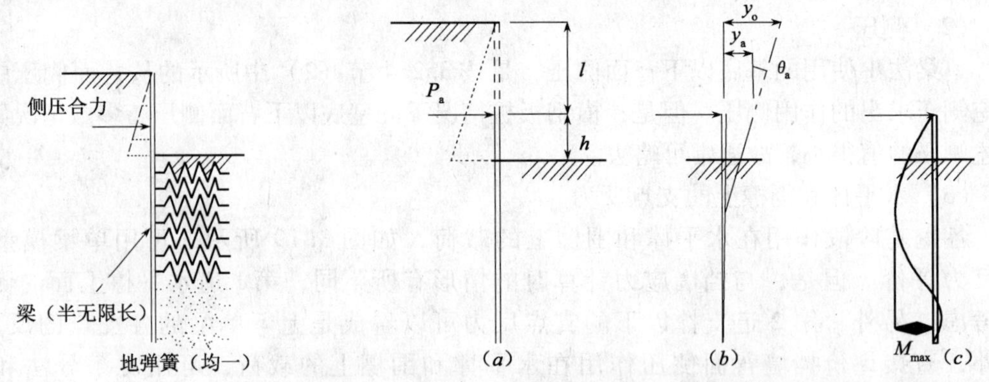

图3.20　自立挡墙的简易梁弹簧模型

图3.21　自立挡墙的简易梁弹簧模型的计算方法
（*a*）设定载荷；（*b*）变形；（*c*）弯矩

$$Q_{max} = P_a \tag{3.23}$$

$$M_{max} = P_a \frac{\sqrt{(1+2\beta h)^2+1}}{2\beta}\exp\left(-\tan^{-1}\frac{1}{1+2\beta h}\right) \tag{3.24}$$

$$y_o = y_a + \theta_a l = \frac{P_a}{EI\beta^2}\left[\frac{(1+\beta h)^3+1/2}{3\beta}+\frac{(1+\beta h)^2 l}{2}\right] \tag{3.25}$$

$$y_a = \frac{P_a[(1+\beta h)^3+1/2]}{3EI\beta^3} \tag{3.26}$$

$$\theta_a = \frac{P_a(1+\beta h)^2}{2EI\beta^2} \tag{3.27}$$

$$\beta = \sqrt[4]{\frac{k_h B}{4EI}} \tag{3.28}$$

式中 y_a——P_a 作用点的挡墙位移（m）；

P_a——单位宽度上的载荷合力（kN）；

β——特性值（m^{-1}）；

y_o——挡墙顶部位移（m）；

θ_a——P_a 作用点的倾斜角（rad）；

E——挡墙材料的弹性材料（kPa）；

M_{max}——单位宽度的挡墙最大弯矩（kN·m）；

Q_{max}——单位宽度的挡墙最大剪切力（kN）；

h——P_a 作用点到基底面的距离（m）；

l——P_a 作用点到挡墙顶部的距离（m）；

I——单位宽度挡墙断面的 2 次距（m^4）；

k_h——水平地层反力系数（kN/m^3）；

B——单位宽度（m）。

(3) 适用条件

① 挡墙入土深度。

把挡墙看成半无限长的梁是本计算方法的一个适用条件。因此，挡墙的入土深度 D_f（m）应大于 π/β，起码要满足式（3.29）。

$$D_f \geqslant \frac{2}{\beta} \tag{3.29}$$

式中 β——按式（3.28）考虑；

D_f——挡墙的入土深度（m）。

② 地层。

因该计算方法不考虑地层的塑性，在用式（3.30）求出的挖基底面处的挡墙位移 y_g 超过 2cm 时，希望降低 k_h 值。另外，地层均匀也是 1 个条件。影响挡墙变位的地层范围是基底面到 $1/\beta$ 的范围。当该范围内的地层性状较为复杂时，该计算方法不适用。

$$y_g = \frac{P_a\ (1+\beta h)}{2EI\beta^3} \tag{3.30}$$

式中　y_g——基坑底面处的挡墙变位（m）。

3.6.2　挡墙断面的计算

应在挡墙计算求出应力和变形的基础上设计挡墙断面。关于水泥土墙的应力材断面计算方法，详见4.4.7节。本节仅介绍立桩横插板墙、钢板桩墙的应力材断面计算方法。

1. 立桩横插板墙立桩、钢板桩墙的应力材断面计算

立桩横插板墙立桩、钢板桩墙应力材的抗弯应力强度和抗剪应力强度可分别按下式计算。

$$\sigma_b = \frac{M_{max}}{Z_e} < f_b \tag{3.31}$$

$$\tau = \frac{Q_{max}}{A_w} < f_s \tag{3.32}$$

式中　σ_b——抗弯应力强度（N/mm^2）；

M_{max}——单位宽度上的最大弯矩（N·mm）；

Z_e——单位宽度应力材的有效断面系数（mm^3）；

f_b——应力材的允许抗弯应力强度（N/mm^2）；

τ——切剪应力强度（N/mm^2）；

Q_{max}——单位宽度上的最大剪力（N）；

A_w——单位宽度应力材的腹板有效断面面积（mm^2）；

f_s——应力材的允许剪力强度（N/mm^2）。

立桩横插板墙的横插板的弯矩、剪力可分别用下式计算。

$$M_{max} = \frac{wl^2}{8} \tag{3.33}$$

$$\sigma_b = \frac{M_{max}}{Z} < f_b \tag{3.34}$$

$$Q_{max} = \frac{wl}{2} \tag{3.35}$$

$$\tau_{max} = \frac{3Q_{max}}{2A} < f_s \tag{3.36}$$

式中　M_{max}——单位深度上的最大弯矩（N·mm）；

w——单位深度上的等分布荷重（N/mm）；

l——单梁的间隔（mm）；

Q_{max}——单位深度上的最大剪力（N）；

σ_b——抗弯应力强度（N/mm^2）；

Z——横插板单位深度的断面系数（mm^3）；

f_b——允许抗弯应力强度（N/mm^2）；

τ_{max}——最大抗剪应力强度（N/mm^2）；

A——横插板单位深度的断面积（mm^2）；

f_s——允许抗剪应力强度（N/mm^2）。

立桩横插板墙的横插板的尺寸如图 3.22 所示。

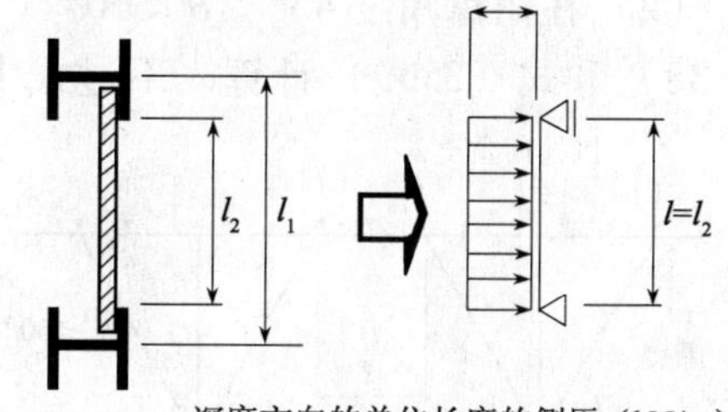

w——深度方向的单位长度的侧压（kN/m）；
l_2——应力材的内间隔（m）；
l_1——单梁的间隔（m）

图 3.22 横插板的应力计算

2. 钢板桩挡墙

就钢板桩挡墙而言，其抗剪性极好可以认为十分安全，所以通常略去剪切力的讨论。对此可按式（3.31）的弯矩计算断面。但是，因为通常使用的 U 形钢板桩在接头部位易产生错动，所以计算断面和挡墙应力、变形时，单位宽度（1m）的断面系数和断面 2 次矩的值必须比产品样本的值小。对通常的打桩工法而言，断面 2 次矩为 45% ~60%，断面系数为 60% ~80%；对钢板桩水泥浆和设置在水泥土固化材中的情况而言，断面 2 次矩和断面系数可适当提高。

3. 挡墙上作用竖直力的情形

采用地锚和逆作法时，挡墙上作用有竖直力，此时应按对应轴力 N 算出的抗压应力强度 σ_c，与利用式（3.37）得出的抗弯应力强度 σ_b（kPa）的组合应力计算断面。另外，用来作为挡墙应力材的型钢允许抗压应力强度 f_c，通常因为被限制在土或固化材的周围，所以不考虑屈服值。

$$\frac{\sigma_b}{f_b}+\frac{\sigma_c}{f_c}\leqslant 1 \tag{3.37}$$

式中 σ_c——抗压强度（$=N/A$）(MPa)；

N——单位宽度的轴力（N）；

A——单位宽度应力材的断面积（mm^2）；

σ_b——抗弯应力强度（MPa）；

f_b——允许抗弯应力强度（MPa）；

f_c——允许抗压应力强度（MPa）。

3.7 挡墙支护设计

3.7.1 围檩

1. 作用在围檩上的剪力和弯矩

（1）在角撑角度 $\theta\geqslant 60°$（图 3.23a）的情况时，作用在围檩上的剪力和弯矩可分别按式（3.38）和式（3.39）计算。

$$M=\frac{1}{8}wl^2 \tag{3.38}$$

$$Q=\frac{1}{2}wl \tag{3.39}$$

（2）在角撑角度 $45° \leqslant \theta < 60°$（图3.23*b*）时，作用在围檩上的剪力和弯矩仍按式（3.38）和式（3.39）计算，不过式中的 $l = (l_1 + l_2)/2$。

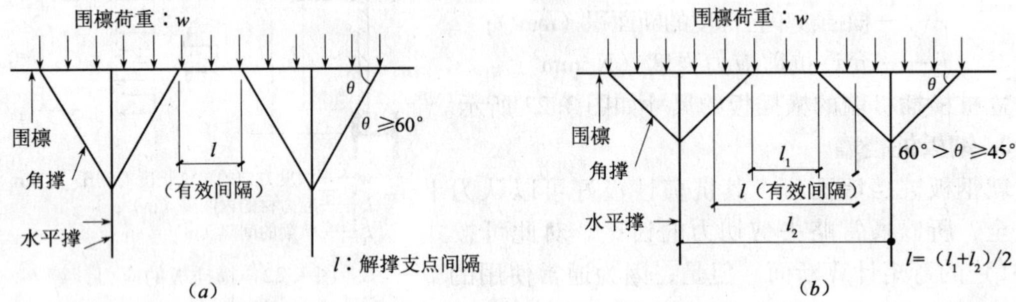

图3.23 围檩的有效间隔
（*a*）$\theta \geqslant 60°$ 的情形；（*b*）$45° \leqslant \theta < 60°$ 的情形

式中 l——围檩的有效间隔（m）；

l_1——角撑的安装间隔（m）；

l_2——水平撑的间隔（m）；

w——作用在围檩上的荷重（kN/m）；

M——作用在围檩上的弯矩（kN·m）；

θ——作用在围檩上的剪力（kN）。

2. 断面讨论

围檩断面讨论可按式（3.40）和式（3.41）进行。另外，围檩上同时作用有弯矩和压力时，应满足式（3.42）。围檩用地锚或斜撑支撑的情况下，因为竖向也作用有荷重，所以有必要讨论水平和竖直两个方向的荷重。讨论方法见3.7.5节的叙述。

抗弯应力强度
$$\sigma_b = \frac{M}{Z} \leqslant f_b \tag{3.40}$$

抗剪应力强度
$$\tau = \frac{Q}{A_w} \leqslant f_s \tag{3.41}$$

抗弯应力和抗压应力同时作用时，应满足：

$$\frac{\sigma_b}{f_b} + \frac{\sigma_c}{f_c} \leqslant 1 \tag{3.42}$$

式中 σ_b——围檩上产生的抗弯应力强度（$=M/Z$）(MPa)；

σ_c——围檩上产生的抗压应力强度（$=N/A$）(MPa)；

τ——围檩上产生的抗剪应力强度（MPa）；

f_b——围檩材料的允许抗弯应力强度（MPa）；

f_c——围檩材料的允许抗压应力强度（MPa）；

M——作用在围檩上的弯矩（N·mm）；

f_s——围檩材料的允许抗剪应力强度（MPa）；

Z——围檩断面系数（mm^2）；

A_w——围檩材料腹板的纯断面积（mm^2）；

A——围檩材料的断面积（mm^2）；

N——作用在围檩上的压缩力（N）；

Q——作用在围檩上的剪切力（N）。

3.7.2 水平撑

1. 作用在水平撑上的压力及弯矩

作用在水平撑上的弯矩可用式（3.43）求取，压力可用式（3.44）求取（参考图3.24）。

弯矩：
$$M=\frac{1}{8}w_0\cdot l_1^2 \tag{3.43}$$

压力：
$$N=w\cdot l_2+\Delta N \tag{3.44}$$

式中 l_1——水平撑长度（m）；

l_2——水平撑轴力负担宽度$\frac{1}{2}$（l_3+l_4）(m)；

w_0——水平撑自重力及安全通路等轻微荷重（kN/m）；

w——作用在围檩上的荷重力（kN/m）；

ΔN——水平撑上产生的温度应力决定的增加轴力（kN）；

M——作用在水平撑上的弯矩（kN·m）；

N——作用在水平撑上的压力（kN）。

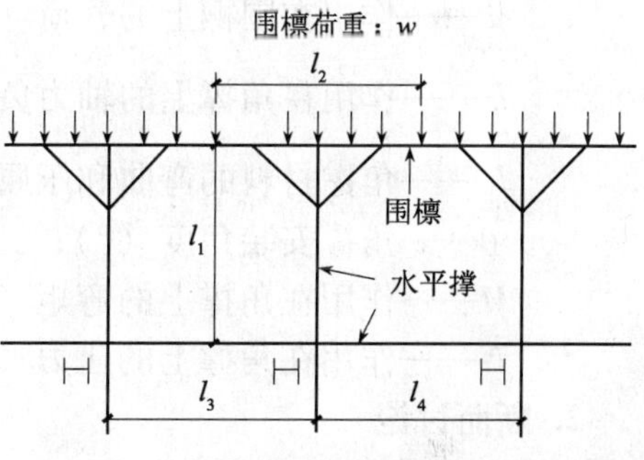

图3.24 作用在水平撑上的荷重

2. 断面的讨论

水平撑作为同时承受弯曲应力和压力的构件可用式（3.45）讨论。另外，水平撑交叉部的紧固和支柱支撑刚性很好时水平撑的压屈长度，构面内记作水平撑交叉间隔，构面外记作支柱间隔。

$$\frac{\sigma_b}{f_b}+\frac{\sigma_c}{f_c}\leqslant 1 \tag{3.45}$$

式中 σ_b——水平撑上产生的抗弯应力强度（$=M/Z$）(MPa)；

σ_c——水平撑上产生的抗压应力强度（$=N/A$）(MPa)；

Z——水平撑断面系数（mm^3）；

A——水平撑的断面积（mm^2）；

M——作用在水平撑上的弯矩（N·mm）；

N——作用在水平撑上的压力（N）；

f_b——水平撑材料的允许弯曲应力强度（MPa）；

f_c——水平撑材料的允许压缩应力强度（MPa）。

在考虑压屈时可在强轴方向（构面外）和弱轴方向（构面内）中的水平撑最不利的方向上讨论f_c。

3.7.3 角撑

1. 作用在角撑上的压应力和弯矩

作用在角撑上的压应力和弯矩可用式（3.46）求取，压力可用式（3.47）求取（参考图3.25）。

弯矩 $$M=\frac{1}{8}w_0\cdot l_k^{\ 2} \tag{3.46}$$

压力 $$N=\frac{w\cdot l_2}{\sin\ \theta} \tag{3.47}$$

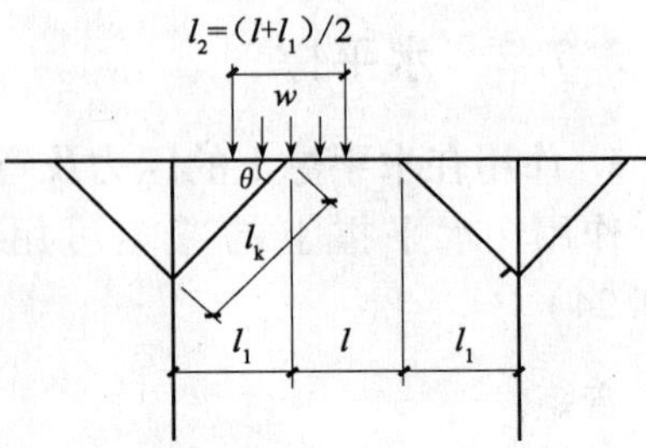

图3.25 作用在角撑上的荷重

式中 w_0——水平撑自重力和安全通路等轻微载荷（kN/m）；

w——作用在围檩上的载荷（kN/m）；

l_2——作用在角撑上的轴力负担宽度$\{l_2=\frac{1}{2}(l+l_1)\}$(m)；

l_k——角撑材料的弯曲和压屈长度（m）；

θ——角撑安装角度（°）；

M——作用在角撑上的弯矩（kN·m）；

N——作用在角撑上的压力（kN）。

2. 断面讨论

角撑作为同时承受弯曲应力和压缩应力的构件，应满足式（3.46）。

$$\frac{\sigma_b}{f_b}+\frac{\sigma_c}{f_c}\leqslant 1 \tag{3.48}$$

式中 σ_b——角撑上产生的弯曲应力强度（$=M/Z$)(MPa)；

σ_c——角撑上产生的压缩应力强度（$=N/A$)(MPa)；

Z——角撑材料的断面系数（mm^3）；

A——角撑材料的断面面积（mm^2）；

M——作用在角撑上的弯矩（N·mm）；

N——作用在角撑上的压力（N）；

f_b——角撑材料的允许弯曲应力强度（MPa）；

f_c——角撑材料的允许压应力强度（MPa）。

考虑压屈时，f_c按弱轴向（构面内）讨论。

3. 螺栓条数计算

角撑上安装螺栓，可按下式计算围檩侧的必要条数：

$$n=\frac{N\cos\theta}{R_s} \tag{3.49}$$

水平撑侧的必要条数： $$n=\frac{N}{R_s} \tag{3.50}$$

式中 n——安装在角撑上的螺栓数量（条）；
N——作用在角撑上的压力（kN）；
θ——角撑的安装角度（°）；
R_s——螺栓的允许剪力（kN/条）。

3.7.4 水平撑支柱

1. 作用在撑梁支柱上的荷重力

作用在水平撑支柱上的荷重力可由式（3.51）求取（参考图3.26）。

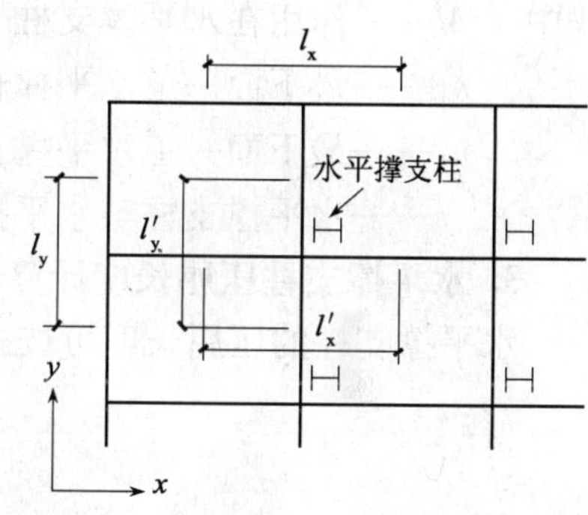

图3.26 作用在水平撑支柱上的轴力

$$N = N_1 + N_2 + N_3 \tag{3.51}$$

式中 N——作用在水平撑支柱上的总的荷重力（kN）；
N_1——水平撑轴力的分力（kN）；
N_2——水平撑自重力决定的荷重力（kN）；
N_3——水平撑支柱的自重力（kN）。

（1）水平撑轴力的分力

$$N_1 = \frac{1}{50}\{[(l_x w_1 + \Delta N_1) + (l_y w_1 + \Delta N_1)] + [(l_x w_2 + \Delta N_2) + (l_y w_2 + \Delta N_2)] + \cdots\} \tag{3.52}$$

式中 N_1——水平撑轴力的分力（kN）；
w_1——作用在第1道围檩上的荷重力（kN/m）；
w_2——作用在第2道围檩上的荷重力（kN/m）；
l_x——y方向水平撑的轴力负担宽度（m）；
l_y——x方向水平撑的轴力负担宽度（m）；
ΔN_1——1道水平撑产生的温度应力致使的轴力增量（kN）；
ΔN_2——2道水平撑产生的温度应力致使的轴力增量（kN）。

（2）水平撑自重力产生的荷重力

$$N_2 = w_0(l'_x + l'_y)n \tag{3.53}$$

式中 N_2——水平撑自重力的荷重力（kN）；
w_0——水平撑自重力产生的单位长度的荷重力（kN/m）；
l'_x——x方向水平撑自重力等的作用长度（m）；
l'_y——y方向水平撑自重力等的作用长度（m）；
n——水平撑道数（道）。

（3）水平撑支柱自重力

$$N_3 = w_a l_0 \tag{3.54}$$

式中 N_3——水平撑的自重力（kN）；

w_a——水平撑支柱材料的单位长度的重力（kN/m）；

l_0——从支柱顶部到最下面一道水平撑的长度（m）。

2. 作用在水平撑支柱上的偏心弯矩

作用在水平撑支柱上的偏心弯矩可用式（3.55）求取（参考图3.27）。

$$M=(n_1+n_2)\times e \tag{3.55}$$

式中　M——作用在水平撑支柱上的偏心弯矩（kN·m）；

n_1——最下面一道水平撑轴力决定的竖直分力（kN）；

n_2——最下面一道水平撑自重力决定的荷重力竖直分力（kN）；

e——水平撑支柱与水平撑的偏心距离（m）（图3.27）。

3. 水平撑支柱压屈长度计算

水平撑支柱的压屈长度可按式（3.56）~式（3.58）计算（参考图3.28）

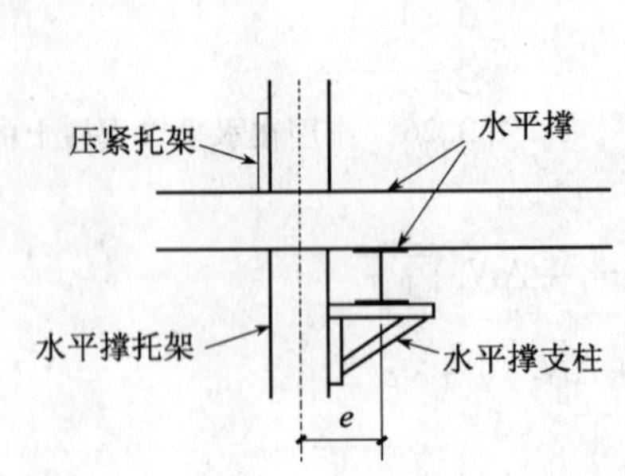

图3.27　水平撑与水平撑支柱的偏心距

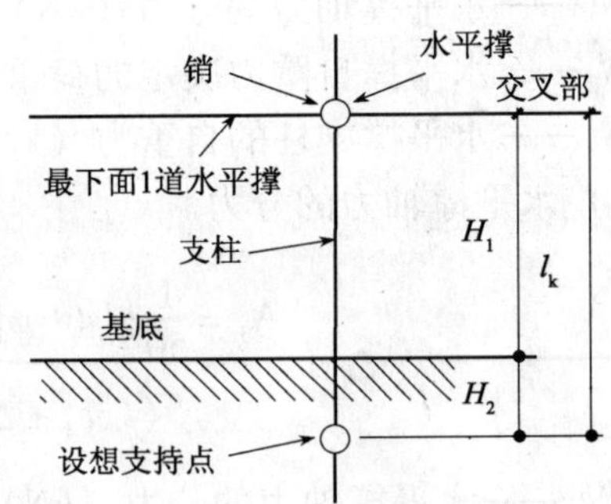

图3.28　水平撑支柱的压屈长度

$$l_k=H_1+H_2 \tag{3.56}$$

$$H_2=\frac{1}{\beta} \tag{3.57}$$

$$\beta=\sqrt[4]{\frac{k_hB}{4EI_y}} \tag{3.58}$$

式中　l_k——水平撑支柱的压屈长度（m）；

H_1——最下面一道水平撑到基底面的距离（m）；

k_h——水平地层反力系数（kN/m^3）；

B——支柱材料的直径或宽度（m）；

H_2——从基底面到设想支撑点的距离（深度，m）；

β——特性值（m^{-1}）；

E——钢材的弹性模量2.05×10^8（kN/m^2）；

I_y——水平撑支柱材料的弱轴向断面2次矩（m^4）。

4. 断面讨论

水平撑支柱同时承受弯曲应力和压应力时，应满足式（3.59）。

$$\frac{\sigma_b}{f_b}+\frac{\sigma_c}{f_c}\leqslant 1 \tag{3.59}$$

式中 σ_b——水平撑支柱上产生的弯曲应力强度（$=M/Z$）（N/mm^2）；

σ_c——水平撑支柱上产生的压应力强度（$=N/A$）（N/mm^2）；

f_b——水平撑支柱材的允许弯曲应力强度（MPa）；

f_c——水平撑支柱材的允许压应力强度（MPa），考虑压屈时，f_c 按弱轴方向计算；

M——作用在水平撑支柱上的弯矩（N·mm）；

N——作用在水平撑支柱上的压应力（N）；

A——水平撑支柱材的断面面积（mm^2）；

Z——水平撑支柱材的断面系数（mm^3）。

5. 水平撑支柱的支承力和引拔阻力的计算

水平撑支柱的支承力应按压入力和拔出力均符合安全条件考虑，同时还应符合可以防止基底隆起、涌砂抬升的条件。水平撑支柱的允许支承力和允许抗拔力可按式（3.60）~式（3.64）计算（表3.25）。

水平撑支柱的允许支承力和允许抗拔力 **表3.25**

工　法		允许支承力	允许抗拔力
打入工法		$R_{a1}=\frac{2}{3}\left[300\overline{N}A_P+\left(\frac{10\overline{N}_sL_s}{3}+\frac{\overline{q}_uL_c}{2}\right)\psi\right]$ (3.60)	$R_{at}=\frac{2}{3}\left[\left(\frac{10\overline{N}_sL_s}{3}+\frac{\overline{q}_uL_c}{2}\right)\psi\right]+W$ (3.64)
埋入工法（预钻）后用砂浆填充		$R_{a2}=\frac{2}{3}\left[200\overline{N}A_P+\left(\frac{10\overline{N}_sL_s}{3}+\frac{\overline{q}_uL_c}{2}\right)\psi\right]$ (3.61)	
埋入工法（仅对桩尖处理）	最后打入工法	$R_{a3}=\frac{2}{3}(300\overline{N}A_P)$ (3.62)	
	护底工法	$R_{a4}=\frac{2}{3}(200\overline{N}A_P)$ (3.63)	

式中 R_{a1}——打入工法对应的允许支承力（kN）；

R_{a2}——埋入工法（预钻孔随后全部用砂浆填充）对应的允许支承力（kN）；

R_{a3}——埋入工法（先对桩尖作填埋处理，最后再作打入处理）对应的允许支承力（kN）；

R_{a4}——埋入工法（先对桩尖作填埋处理，再作护底处理）对应的允许支承力（kN）；

$\overline{N}$——水平撑支柱桩尖附近地层的平均标准贯入 N 值，但是当 $N\leqslant 100$ 时，认定 $\overline{N}\leqslant 60$；

A_P——水平撑支柱桩尖的有效支承面积（H 型钢场合下，宽×高，m^2）；

$\overline{N}_s$——从基底面到水平撑支柱桩尖区段内地层中的砂质土部分平均 N 值（$\overline{N}_s\leqslant 30$）；

L_s——基底以下砂质土部分的水平撑支柱的长度（m）；

$\overline{q}_u$——从基底到水平撑支柱桩尖地层中的黏性土部分的平均单轴抗压强度（kN/m^2），通常按 $\overline{q}_u\leqslant 200kPa$ 处理；

L_c——基底以下黏性土中水平撑支柱的长度（m）；

ψ——水平撑支柱的周长（m）；

R_{at}——打入工法和埋入工法时的允许抗拔力（kN）；

W——水平撑支柱的自重力（kN）。

6. 支承力和抗拔力的判定

① 支承力的判定 $$R_a\geqslant N \tag{3.65}$$

② 抗拔力的判定 $$R_{at}\geqslant N_1-N'_2 \tag{3.66}$$

式中 R_a——水平撑支柱的允许支承力（kN）；

N——作用在水平撑上的载荷［kN，见式（3.51）］；

N_1——水平撑轴力决定的分力［kN，见式（3.52）］；

R_{at}——打入工法和埋入工法时的允许抗拔力［kN，见式（3.64）］；

N_2'——水平撑自重力（kN）。

3.7.5 地锚

地锚是针对挡墙上产生的应力、应变利用地锚的拉拔阻力阻止应力、应变的措施。与水平撑工法不同，因为是基坑周围的地中施工，所以有必要掌握周围地层状况，充分地讨论设置地锚对地中埋设物、周围构造物的影响，在此基础上进行地锚的设计、施工。这里仅就地锚的设计项目作一概述。

1. 挡墙设计

因为挡墙上作用有锚张力产生的竖直分力，所以应把墙体看成是同时作用弯矩和压力的构件进行计算。另外，还应对其压力进行挡土墙支承力的讨论。

2. 围檩的设计

因为使用地锚的围檩承受斜向地锚的拉张力，所以可按同时承受水平向（强轴向）和竖直向（弱轴向）荷重的构件计算。因为这些应力的作用跨距各不相同，所以计算断面时无需考虑这些应力的组合。例如，当采用图3.29中所示的立桩横插板工法时的围檩上作用的弯矩和剪切力可按下式计算。

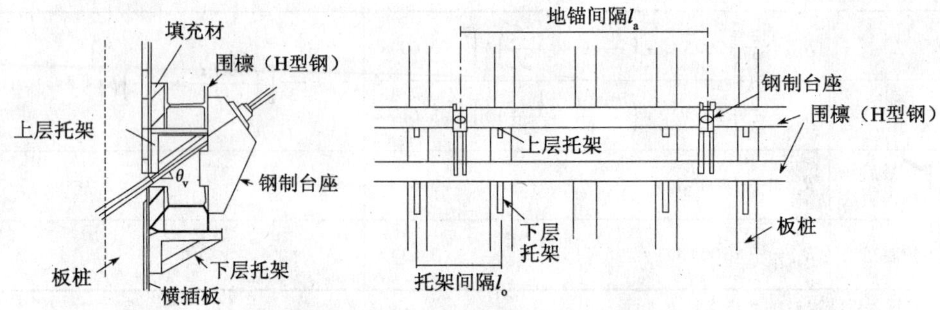

图3.29 使用地锚的围檩的例（立桩横插板墙）

（1）强轴向应力（水平面内的应力）计算：

$$M_h = \frac{1}{8}R \cdot l_a^2 \tag{3.67}$$

$$Q_h = \frac{1}{2}R \cdot l_a \tag{3.68}$$

式中 M_h——强轴向弯矩（kN·m）；

Q_h——强轴向剪切力（kN）；

R——围檩反力（kN/m）；

l_a——地锚间隔（m）。

（2）弱轴向应力（竖直面内的应力）计算：

$$P_v = R \cdot l_a \tan\theta_v \tag{3.69}$$

$$M_v = \frac{1}{4}P_v \cdot l_b \tag{3.70}$$

$$Q_v = \frac{1}{2}P_v \tag{3.71}$$

式中 P_v——地锚顶部金属物体上产生的竖直向力（kN）；

M_v——弱轴向弯矩（kN·m）；

θ_v——地锚倾角（°）；

l_b——托架间隔（m）；

Q_v——弱轴向剪切力（kN）。

3. 地锚设计

地锚设计包括设计锚力、拉张阻力、拉张材的强度、锚与注入材的粘附力，在锚固体间隔小的情况下，按群锚讨论。

4. 包括地锚在内的挡墙背面土块的总体稳定

包括地锚在内的外侧地层中的土块总体稳定性可按圆弧滑动法讨论。此时，忽略挡墙的刚性和剪切阻力，与斜面稳定讨论相同设定变化圆心的种种滑面，设计中的各个安全系数不得小于1.2。

3.8 坡面稳定

在坡地挖基和采用放坡开挖工法的场合下，必须讨论坡面稳定。因为实践发现滑面的形状接近圆形，所以在坡面稳定的讨论中，通常把滑面假定为圆形。这里采用条分法讨论滑面稳定。条分法即如图3.30所示，把假定具有任意中心的滑面内土块分割成多个土块的方法。条分法是利用式（3.72），假定滑面中心和半径作多种变化，最后选用具有最小安全系数的滑面。此外，坡面与滑面在同一地层内时，可按图3.31所示的Taylor稳定解析图解析。

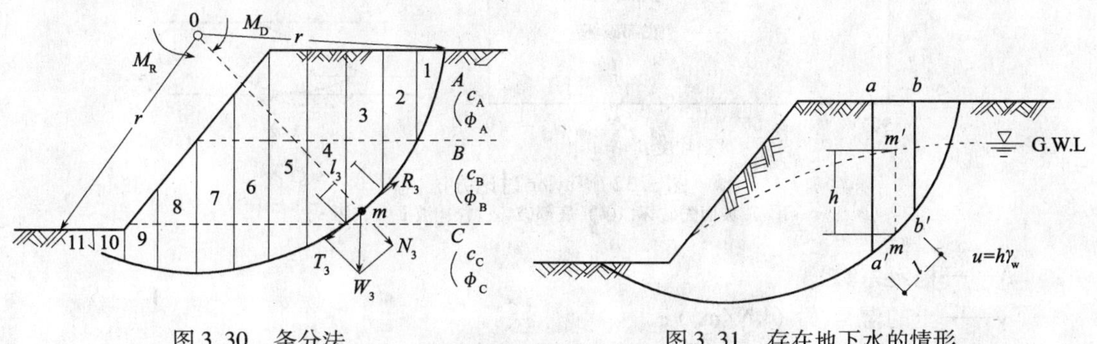

图3.30 条分法　　图3.31 存在地下水的情形

$$F = \frac{M_R}{M_D} = \frac{\sum \Delta M_{R_i}}{\sum \Delta M_{D_i}} = \frac{r\sum R_i}{r\sum T_i} \geqslant 1.2 \tag{3.72}$$

式中 F——稳定斜面对应的安全系数；

M_D——单位宽度的滑动矩（kN·m）；

M_R——单位宽度沿滑面的抗剪力矩（kN·m）；

ΔM_{D_i}——单位宽度的土块 i 的滑动矩（kN·m）；

ΔM_{R_i}——单位宽度的土块 i 的沿滑面的抗剪力矩（kN·m）；

r——滑面半径（m）；

T_i——单位宽度沿滑面的土块 i 决定的滑动力（kN）；

R_i——单位宽度沿滑面的土块 i 的抗剪阻力（kN）。

地下水位以上时， $R_i = N_i \tan\phi_i + c_i l_i$

地下水位以下时， $R_i = (N_i - u_i l_i)\tan\phi_i + c_i l_i$

式中 N_i——单位宽度土块 i 的对应滑面的斜向力（kN）；

l_i——土块 i 的滑面长度（m）；

ϕ_i——土块 i 在滑面中的内摩擦角（°）；

c_i——土块 i 在滑面中的黏聚力（kN/m²）；

u_i——土块 i 在滑面中的间隙水压（kN/m²，见图3.32）。

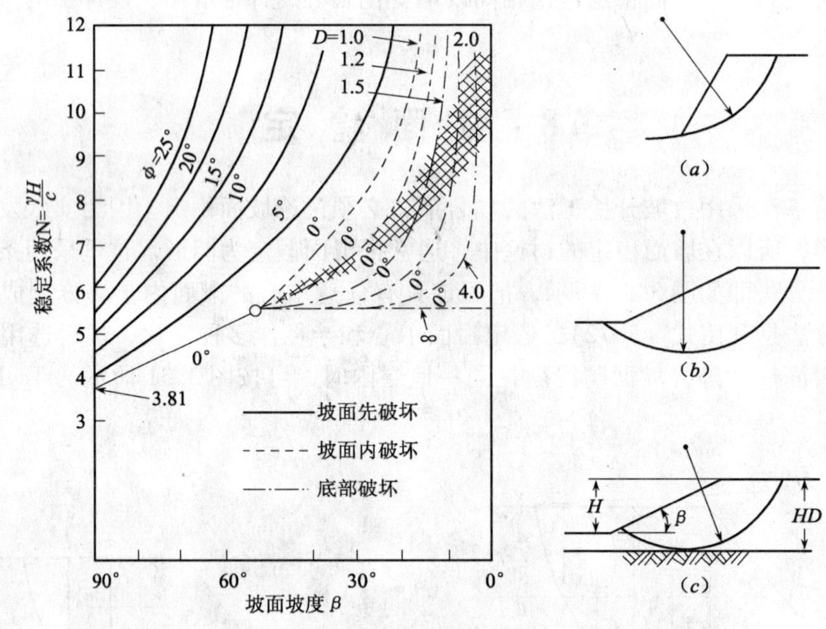

图3.32 Taylor 讨论方法

(a) 坡面先破坏；(b) 底部破坏；(c) 坡面内破坏

N——稳定系数；

γ——土的湿重度（kN/m³）；

c——土的黏聚力（kN/m²）；

H——坡面高度（m）；

D——到硬地层的深度系数；

β——坡面坡度。

3.9　地下水处理

3.9.1　地下水调查

开展地下水调查的目的是为了确定含水层的位置、地下水位（水头）、渗水性，具体调查项目如表3.26所示。在这些调查结果的基础上综合判断地层的水文特性。就求取地层渗水系数的方法而言，有抽水试验法、粒径估算法、单孔渗水试验法、从涌水量估算渗透系数法、用流速流向计测定渗透系数法等方法。这些方法中最正确的方法当属抽水试验法，而最简便的方法是使用20%粒径（D_{20}）的Creager法。该方法中的D_{20}与渗水系数的关系如表3.27所示。如果采用表3.26中的电探层（电阻率探层）法，则结果判断的是相对渗水性。

地下水的调查项目、方法及结果　　**表3.26**

项　目	方　法	得出的结果
含水层（渗水层）与黏土层（渗水性差的土层）的深度	钻孔观察、电气探层（电阻率探层法包括标准探层法和薄层探层法）、标准贯入试验（粒度试验）	土质柱状图、电阻率变化图、N值分布图
地下水位、承压水头、间隙水压	孔内地下水位测定、观测井、单孔渗水试验	地下水位（含水层）、间隙水压（黏土层）
粗略的渗水性试验	粒度试验、单孔渗水试验、电气探层	粗略渗水系数，不同深度处的相对渗水性
渗水系数等含水层的参数试验	多孔抽水试验	渗水量系数T，渗水系数k，相对贮水系数μ
水质	从观测井采集水样、分析水质	水温、电导率、pH值、溶存成分、水质浓度

Creager提出的D_{20}与渗水系数的关系　　**表3.27**

D_{20}（mm）	k（cm/s）	土　质	D_{20}（mm）	k（cm/s）	土　质
0.005	3.00×10^{-6}	粗粒黏土	0.18	6.85×10^{-3}	细砂
0.01	1.05×10^{-5}	细粒淤泥	0.20	8.90×10^{-3}	细砂
0.02	4.00×10^{-5}	粗粒淤泥	0.25	1.40×10^{-2}	细砂
0.03	8.50×10^{-5}	粗粒淤泥	0.30	2.20×10^{-2}	中砂
0.04	1.75×10^{-4}	粗粒淤泥	0.35	3.20×10^{-2}	中砂
0.05	2.80×10^{-4}	粗粒淤泥	0.40	4.50×10^{-2}	中砂
0.06	4.60×10^{-4}	微细砂	0.45	5.80×10^{-2}	中砂
0.07	6.50×10^{-4}	微细砂	0.50	7.50×10^{-2}	中砂
0.08	9.00×10^{-4}	微细砂	0.60	1.10×10^{-1}	粗细砂
0.09	1.40×10^{-3}	微细砂	0.70	1.60×10^{-1}	粗细砂
0.10	1.75×10^{-3}	微细砂	0.80	2.15×10^{-1}	粗细砂
0.12	2.6×10^{-3}	细砂	0.90	2.80×10^{-1}	粗细砂
0.14	3.8×10^{-3}	细砂	1.00	3.60×10^{-1}	粗细砂
0.16	5.1×10^{-3}	细砂	2.00	1.80	细砾

3.9.2　地下水的处理计划

地下水的处理计划，即确保干挖基坑和保证基坑底面稳定而必须进行的工法选择

（挡墙种类、排水、止水工法的选择）与地下水的减量计算。图3.33、图3.34分别表示的是地下水处理计划的制定程序和地下水处理的概况图。

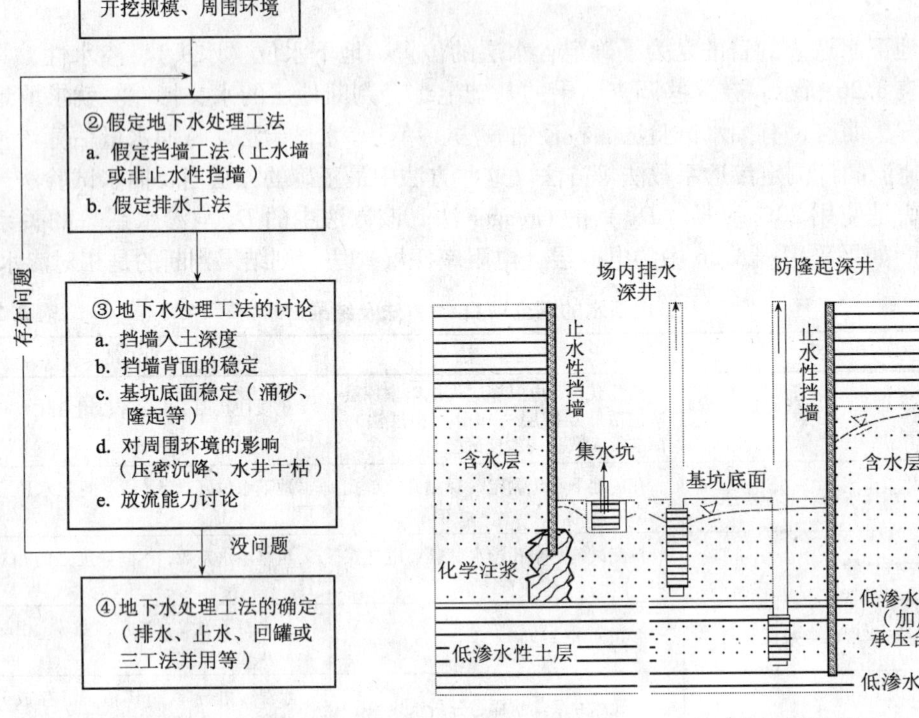

图3.33　地下水处理计划程序　　　　图3.34　地下水处理概况图

3.9.3　地下水处理的设计

地下水处理设计的内容包括：计算必要的水位降深量、抽水量、井孔条数及排水处理设备的设计。排水设计的基础是水井理论，理论上有非平衡式和平衡式两种，各自的特点如图3.35所示。可按各自目的选用，但是想知道地下水位伴随经历时间的降深状况及直接利用抽水试验得出的贮水系数μ的情况下，选用非平衡方式更为便利。

深井工法的设计程序如图3.36所示。

首先设定井深和必要的水位降深量S，用调查中得出的参数（γ_t，k，T，S）求出总体开挖所必须的抽水量Q。接下来计算每条深井可能的涌水量Q_w，从Q_w与必要抽水量Q的关系决定深井条数n及其布设状况。由上述讨论确定深井的规格和泵的容量等地下水处理设备的详细参数，以便及早实施抽水试验。

设计程序中③～⑥的计算中使用的深井理论如表3.28所示。式中各参数的说明见表3.29及图3.37～图3.40。这里给出上述两表的注解说明如下。

注①参数

参数意义说明如图3.37所示。

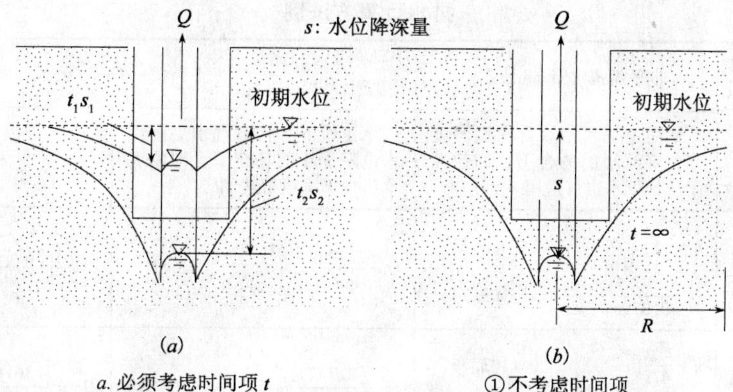

a. 必须考虑时间项 *t*
b. 必须考虑贮水系数 *μ*
c. 适用 Theis 公式
d. 非稳态方式

①不考虑时间项
②必须考虑影响半径
③适用 Thiem 公式
④稳态方式

图 3.35 非平衡式与平衡式
(*a*) 非平衡式；(*b*) 平衡式

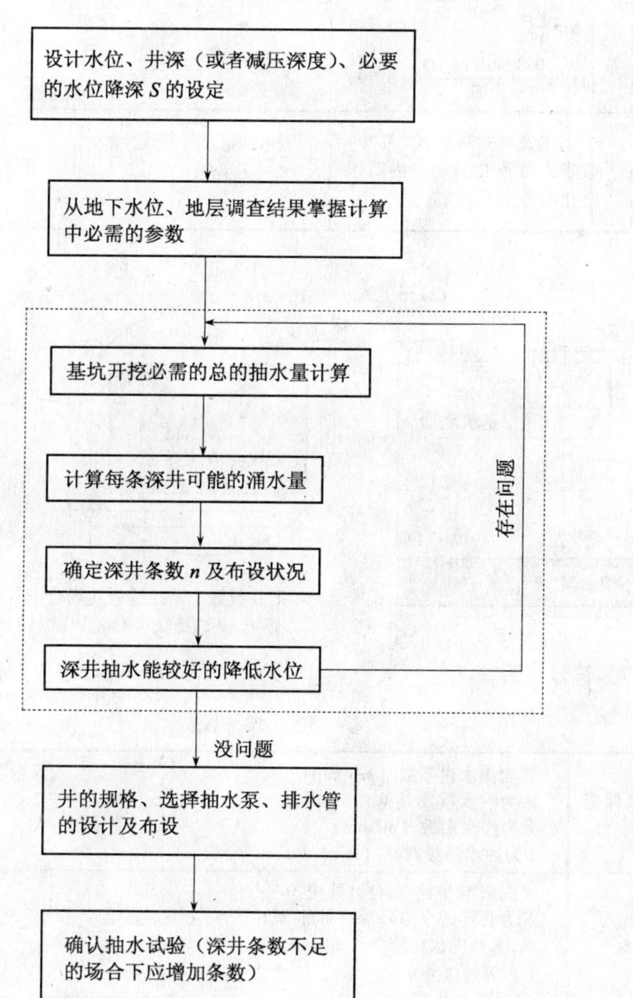

图 3.36 深井工法设计程序

排水计算方法例　　　　**表3.28**

非平衡与平衡的区别 / 适用范围 / 计算目的		非平衡式（Theis公式）	平衡式（Theim公式）	
		承压地下水相对含水层厚度水位降深小的场合下，即使无承压地下水也可适用	承压地下水相对含水层厚度水位降深小的场合下，即使无承压地下水也可适用	无承压地下水
③ 基坑开挖必需的总抽水量 Q		$u=\frac{r^2\mu}{4Tt}$　(3.73) $Q=\frac{Ts}{0.0796W(u)}$　(3.74)	$Q=\frac{2.73Ts}{\lg R/r}$　(3.80)	$Q=\frac{1.36k(H^2-h^2)}{\lg R/r}$　(3.84)
④ 1条深井可能的涌水量 Q_w		$u=\frac{r_w^2\mu}{4Tt}$　(3.75) $Q_w=\frac{Ts_w}{0.0796W(u)}\alpha$　(3.76)	$Q_w=\frac{2.73Ts_w}{\lg R/r_w}\alpha$　(3.81)	$Q_w=\frac{1.36k(H^2-h_w^2)}{\lg R/r_w}\alpha$　(3.85)
⑤ 必需的深井的条数 n		$n=\frac{Q}{Q_u}$　(3.77)		
⑥ 深井抽水的致使水位降深 S_x、S_p	1条	$u=\frac{x^2\mu}{4Tt}$　(3.78) $s_x=\frac{0.0796W(u)Q_w}{T}$　(3.79)	$s_x=\frac{0.366Q_w}{T}\lg\frac{R}{x}$　(3.82)	$s_x=H-\sqrt{H^2-\frac{0.733Q_w}{k}\lg\frac{R}{x}}$　(3.86)
	多条	利用式（3.78）、式（3.79）求出每条井的 s_x，再对求出的各个 s_x 求和	$s_p=\frac{0.366}{T}\sum_{i=1}^{n}Q_{wi}\cdot\lg\frac{R_i}{r_i}$　(3.83)	$s_p=H-\sqrt{H^2-\frac{0.733}{k}\sum_{i=1}^{n}Q_{wi}\lg\frac{R_i}{r_i}}$　(3.87)

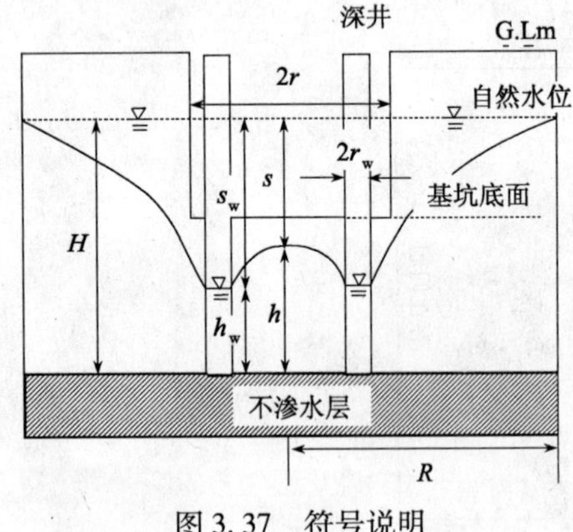

图3.37　符号说明

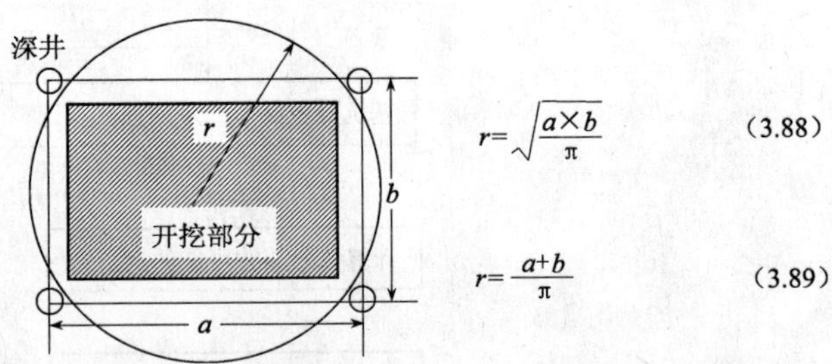

$$r=\sqrt{\frac{a\times b}{\pi}}\qquad(3.88)$$

$$r=\frac{a+b}{\pi}\qquad(3.89)$$

把井设置在开挖区内的场合下，开挖长度、宽度分别记作 a、b、r 选择式（3.88）、式（3.89）中的大者。

图3.38　等效深井半径的求取方法

参　数　说　明　　　　**表3.29**

抽水试验等地下水调查得出的参数	T 为渗水量系数（m^2/min） μ 为贮水系数（见表3.30） k 为渗水系数（m/min） t 为抽水持续时间（min）
设计条件决定的参数	R 为影响半径（m），见注③ S 为必要的水位降深（m），其中，H、h 见注① S_w 为井内水位降深（m），h_w 见注① r 为等效深井半径（m），见注② r_w 为深井半径（m）

续表

计算水位降深时用到的参数	s_x 为离开井的距离 x（m）处的水位降深（m） s_p 为 P 点的水位降深（m） r_i 为 P 点到 i 号井的距离（m） Q_{wi} 为 i 号井的涌水量（m^3/min） R_i 为 i 号井的 R（均记作 R 时误差也不大）
其他	u 为土质因数 W（u）为井函数，参考注④ α 为深井效率，参考注⑤

含水层贮水系数 **表 3.30**

土质	贮水系数（$\times 10^{-2}$）	土质	贮水系数（$\times 10^{-2}$）
黏土	1~2	粉砂	7~11
粉质黏土	2~4	细砂	12~16
粉质亚砂土	4~6	中砂	18~22
砂质粉土	5~17	粗砂	22~26

注②等效深井半径

图 3.38 所示的是等效深井半径的确定方法。当把深井设置在开挖基坑区内时，开挖长度、宽度分别记作 a、b。建议选用式（3.88）、式（3.89）确定的 r 中的大者。

注③影响半径 R 的求取方法

a. Shichart 公式

$$R = 3000s\sqrt{k}(\text{m}) \tag{3.90}$$

式中，s 的单位为 m，k 的单位为 m/s。

b. Thies 公式的变形

$$W(u) = \frac{Ts}{0.0796Q} \tag{3.91}$$

$$R = \sqrt{\frac{4Tu}{\mu}}(\text{m}) \tag{3.92}$$

注④井函数曲线

$$W(u) = -0.5772 - \ln u + u - \frac{u^2}{2 \cdot 2!} + \frac{u^3}{3 \cdot 3!} - \frac{u^4}{4 \cdot 4!} + \cdots + \frac{u^{13}}{13 \cdot 13!} \tag{3.93}$$

据式（3.93）作出的 W（u）-u 的关系曲线如图 3.39 所示。

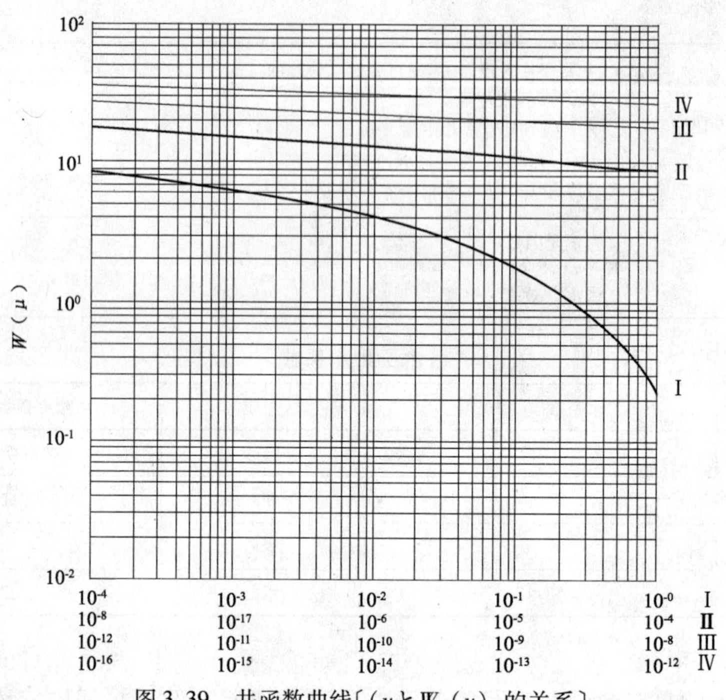

图3.39　井函数曲线〔（uとW（u）的关系〕

当$u<0.02$时，可用式（3.94）计算W（u）。

$$W(u)=-0.5772-\ln u \tag{3.94}$$

注⑤井效率α的求取方法

a. 单井场合下

$$\alpha_1=0.4\sim0.7 \tag{3.95}$$

式中α_1为单井效率。通常$\alpha_1=0.4\sim0.6$，深井施工时取0.7。

b. 群井（n条）场合下的α_n

（i）　经验值

$$\alpha_n=0.365 \tag{3.96}$$

（ii）

$$\alpha_n=\alpha_1\frac{Q_{wn}}{Q_1} \tag{3.97}$$

$$\frac{Q_{wn}}{Q_1}=\lg\left(\frac{R}{r_w}\right)/\lg\left(\frac{R^n}{nr_w l^{n-1}}\right) \tag{3.98}$$

式中　$\frac{Q_{wn}}{Q_1}$——n条深井产生相干时的井效率；

Q_{wn}——n条深井时的1条井的涌水量；

Q_1——单井时的涌水量；

l——井的设置半径（图3.40）。

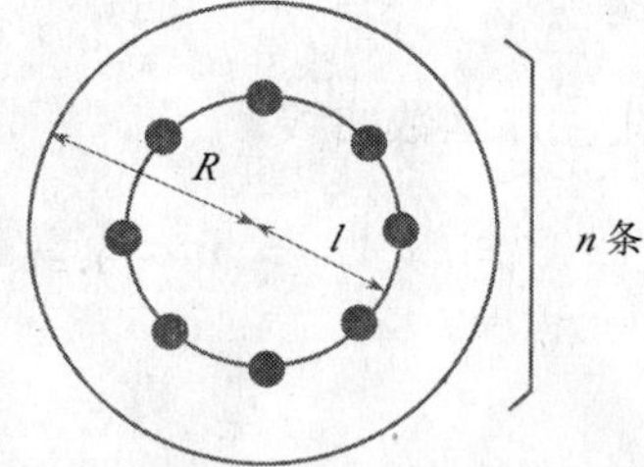

图3.40　深井设置半径与影响半径

第 4 章　SMW 工法的设计、施工

4.1　SMW 工法概述

4.1.1　SMW 工法问世的必然性

作为临时挡土墙工法，在 SMW 等水泥土挡墙工法问世以前，主要的施工方法是钢板桩工法和 MIP 工法。对钢板桩而言，打入钢板桩时产生的噪声、振动极大，已成为一种建设公害。在都市市区采用这种工法施工已基本遭到禁止。然而所谓的 MIP 工法是土螺钻机或类似机械在地中钻孔，并由钻尖注入水泥浆，使浆液与原位土体混合，形成水泥土桩的工法。该工法于 1954 年问世于美国。当用 MIP 工法构筑挡土墙时，易出现搭接不好（即连续性差），因而出现漏水，由于漏水致使土砂流失，导致邻近构造物发生沉降。为此须采用化学注入工法对其进行加固，这样一来施工成本增加。为了克服上述弊病，人们开发了 SMW 工法。

所谓的 SMW 工法是使水泥类悬浊浆液（固化材）在原地层中与土体（Soil）搅拌混合（Mixing）形成墙体（Wall）的施工技术（简称 SMW 工法）。在地下连续墙工法中，SMW 工法属于使用搅拌叶片和螺旋钻的原位搅拌土技术。

具体地讲，SMW 工法是运用装有钻孔搅拌机构的 SMW 钻孔搅拌机（图 4.1），由地表向地层中钻孔，同时在其钻尖注入固化材（水泥类浆液）使原位土体与固化材搅拌混合在其原位形成一幅壁状水泥土墙，然后使每幅墙体相互搭接（图 4.2）形成一道水泥土连续墙。为了提高墙体强度，通常根据需要还应在墙体中插入 H 型钢等芯材（图 4.3）。SMW 墙无论在构造上（连续性）还是在质量上（墙的均匀性）均比 MIP 工法有较大的提高。

4.1.2　优点

SMW 工法与钢板桩工法、MIP 工法相比，有如下优点：

（1）因 SMW 工法生成的混合均匀的塑性水泥土墙位于地层中，即相当于在充足的水蒸气压下养护，故具有强度发现后墙体不会出现裂纹；加上墙体较厚（达 1m），故墙体的挡土及止水的可靠性好（渗水系数小于 1×10^{-5}cm/s）。

（2）钻孔搅拌不会出现孔壁坍塌现象，故对周围地层的影响小（沉降小）。

（3）工序简单，成本低，工期短。

（4）用途多样化，可做各种工程的挡土墙、止水墙及产业污染弃物的隔离墙。

（5）施工可以大深度化（已有 70m 深度的实例）。

（6）施工中产生的振动小，噪声低。

（7）产生的废弃物少。

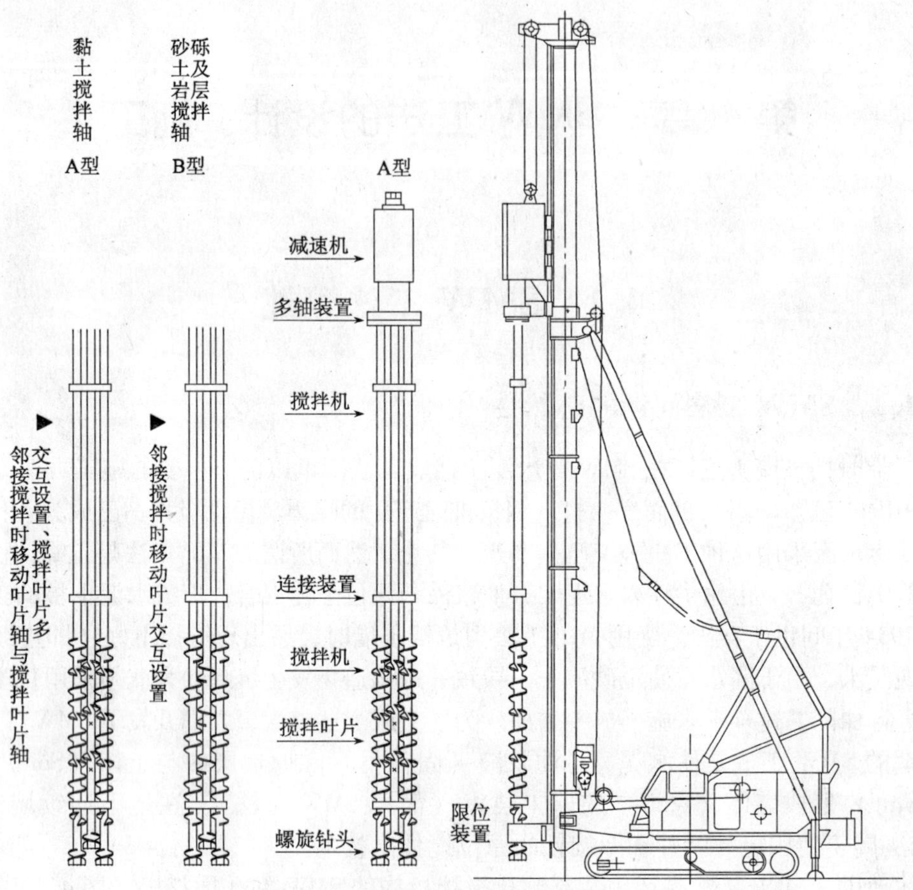

图4.1　SMW钻孔搅拌机

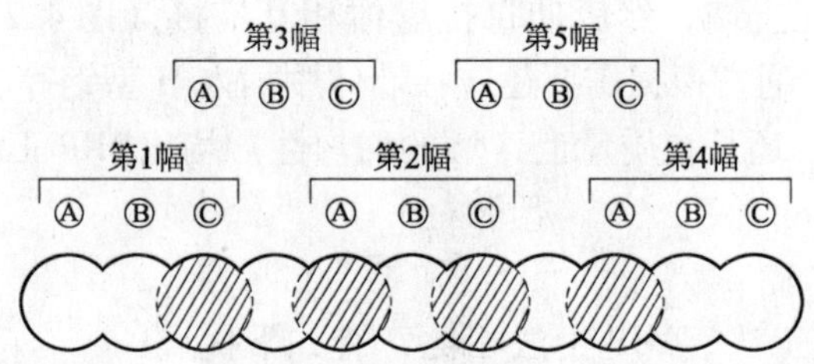

图4.2　完全搭接施工法

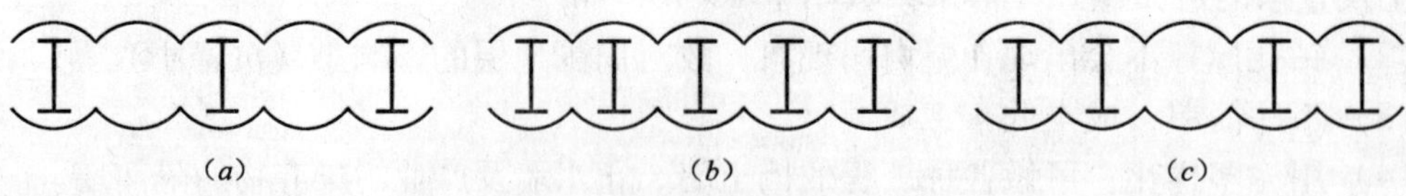

图4.3　芯材的设置方式

(a) 隔孔设置；(b) 全孔设置；(c) 隔孔设置和全孔设置的组合设置

4.1.3 工法适用的土质及应用领域

适于 SMW 工法施工的土质多为黏性土、砂性土及砾质土。

SMW 工法的主要用途是做地下坝、挡土墙、防渗墙。主要应用领域为水库防渗墙、建筑基础、地铁车站、地下停车场、地下垃圾处理场的隔离墙、地下商业街、地下贮油罐、地下变电站、地下蓄水池、隧道工作竖井等地下工程。

4.2 材 料

从上节的叙述知道，SMW 的主要构材是水泥土和芯材（主要使用 H 型钢等钢材）。水泥土的构成材料为原位土和水泥类浆液。由上章的讨论知道，决定 SMW 水泥土性能的关键是原位土质的种类、特性参数；水泥类浆液成分、配比。故这里讨论①各种地层中的 SMW 水泥土的改良强度与水泥类浆液配比的关系；②SMW 工法对水泥类浆液的注入要求；③对芯材的要求。

4.2.1 土质改良强度与水泥类浆液配比的试验研究

从目前的状况看，SMW 的主要用途是做挡土墙、防渗墙，所以要求 SMW 应承受得住侧压（土压和水压）的作用，即水泥土部分不应出现破坏（水泥土具备一定的强度）。本节介绍地层土质条件与水泥类浆液配比条件变化时的水泥土单轴抗压强度的变化。

1. 水泥土强度特性的室内试验

（1）试验用料和试块制作

试验用料使用原地层的黏性土和市售砂。表 4.1 表示的是试样土的物理特性参数；表 4.2 表示的是黏性试样土的化学组成；图 4.4 表示的是试样土的粒度级配累积曲线。试验试样土块是上述黏性土和砂的混合物。这里把试样土块中的粗粒成分（粒径大于细砂粒径的成分）的干质量与试样土块总质量的比，定义为含砂率（记作 s）。水泥悬浊浆液是普通水泥（固化材）、膨润土（250 筛网滤后成分）与自来水分别拌合后的液状混合物（注入水泥悬浊浆液）。考虑到现场施工的使用频度试块的配比如表 4.3 所示。其中，注入浆液中的膨润土与水的比为 2 : 100。表中的注入量是每 $1m^3$ 湿试样土中混合的水泥类悬浊液的体积。试块尺寸为 ϕ100mm × 200mm（高）。

试料土的物理参数　　表 4.1

项　目	砂 1	砂 2	黏 1	黏 2	黏 3	黏 4	黏 5	黏 6	黏 7	黏 8	黏 9
相对密度	2.63	2.56	2.57	2.67	2.61	2.63	2.63	2.60	2.64	2.69	2.64
含水比 w（%）	10.0	10.0	55.0	80.0	80.0	93.6	89.5	64.3	73.6	54.3	41.9
液 限 w_L（%）	……	……	53.0	95.7	103.0	85.9	123.8	79.4	76.8	71.0	71.7
塑 限 w_P（%）	……	……	37.4	51.0	62.1	39.8	57.8	40.4	34.8	41.8	33.3
塑性指数 I_P	……	……	15.8	44.7	40.1	46.0	66.0	39.0	38.0	29.2	38.4

续表

项 目		砂1	砂2	黏1	黏2	黏3	黏4	黏5	黏6	黏7	黏8	黏9
粒度	黏土分（%）	2.6	0.0	69.0	42.3	36.7	53.0	38.2	40.8	34.0	67.0	40.9
	粉砂分（%）	0.1	0.0	31.0	54.0	47.1	33.3	61.0	53.5	37.0	36.0	58.0
	砂 分（%）	93.0	100.0	0.0	3.7	16.2	13.7	0.8	5.7	29.0	5.4	1.1
pH		……	……	3.9	5.2	7.7	7.6	7.8	4.3	7.8	8.1	9.4

黏性土的化学组成 **表 4.2**

化学分析值（%）	黏1	黏2	黏5	黏6	黏7	黏8	黏9
igloss	3.5	13.9	14.5	11.7	10.1	11.6	6.2
SiO_2	79.2	53.9	52.0	62.9	58.8	54.3	65.5
Al_2O_3	16.2	17.2	19.7	11.9	16.3	20.2	18.1
Fe_2O_3	0.1	5.4	5.5	6.8	5.1	6.2	4.0
CaO	0.0	1.5	1.4	1.3	2.2	2.0	1.6
MgO	0.0	1.9	1.4	0.6	1.2	1.7	1.3
Na_2O	0.1	3.8	2.9	2.0	2.7	1.4	1.5
K_2O	0.5	2.3	2.6	2.6	2.6	2.2	2.4

浆液配比 **表 4.3**

参 数	标 准
砂分含有率 S（%）	0，20，40，60，80，100
水灰比 W/C（%）	150，200，250
注入量（l/m^3）	500，750，1，000

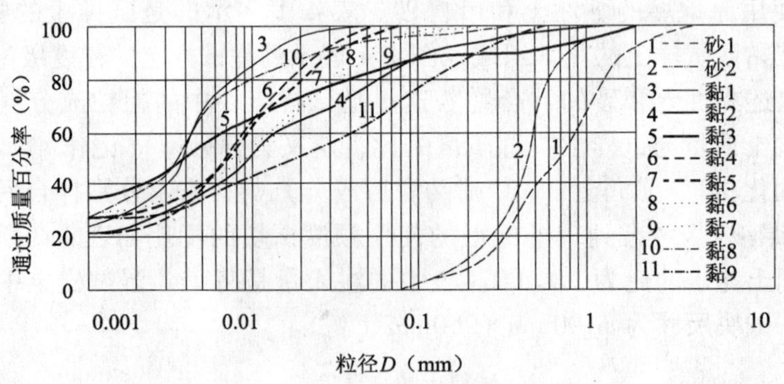

图 4.4 试料土的粒径累积曲线

（2）试验结果和分析

① 含砂率（s）与单轴抗压强度。

在注入量和水灰比一定的条件下，变化含砂率的单轴抗压强度的变化曲线如图 4.5～图 4.13 所示。由图可知，含砂率越大，水灰比越小，单轴抗压强度越大。这是由于含砂率大意味着黏土成分少，土颗粒的比表面积小，容易破坏的界面面积减小；与此同时，黏土颗粒的团粒构造体相对减少，加上水灰比小即单位体积内的水泥成分增多，故生成的水泥土较为密实。由图 4.5～图 4.13 得出的水泥土的设计基准强度曲线如图 4.14 所示。

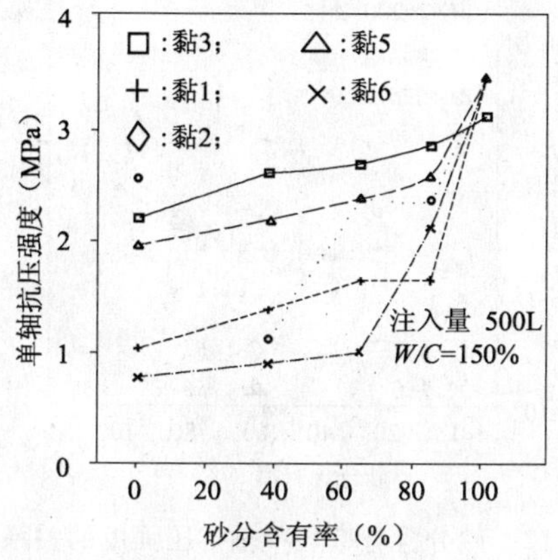

图 4.5 砂分含有率与单轴抗压强度的关系

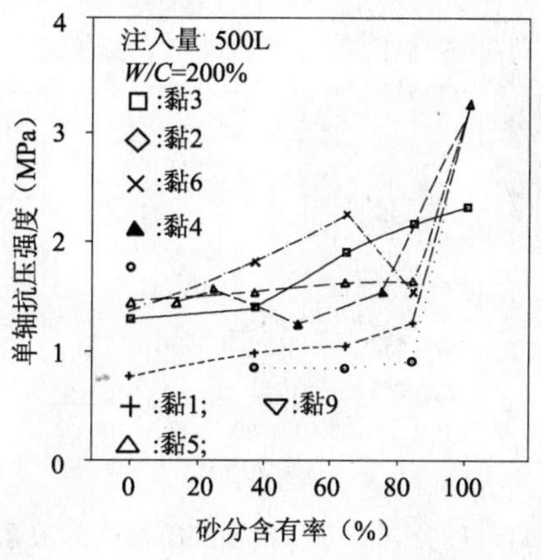

图 4.6 砂分含有率与单轴抗压强度的关系

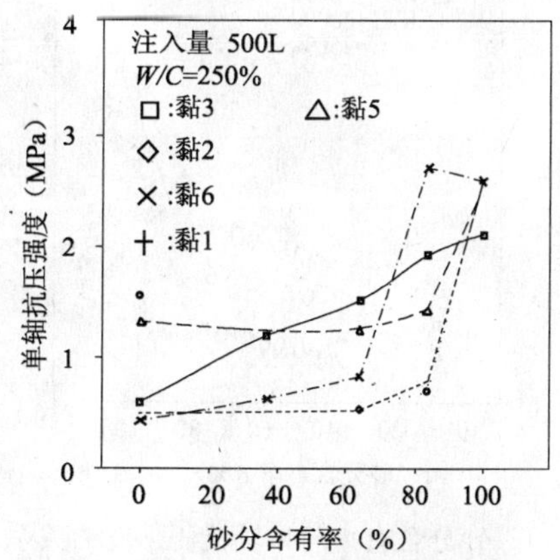

图 4.7 砂分含有率与单轴抗压强度的关系

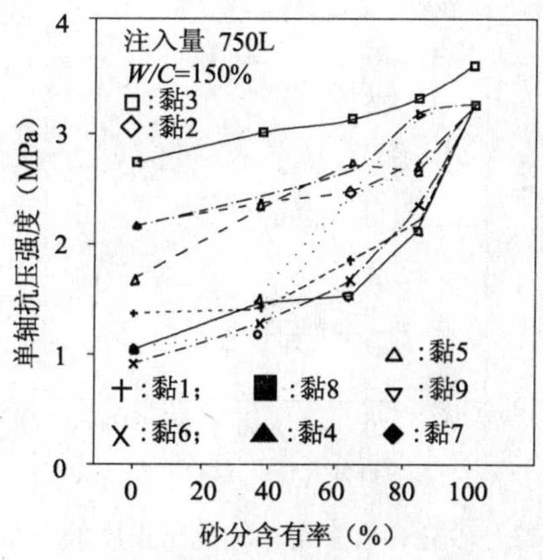

图 4.8 砂分含有率与单轴抗压强度的关系

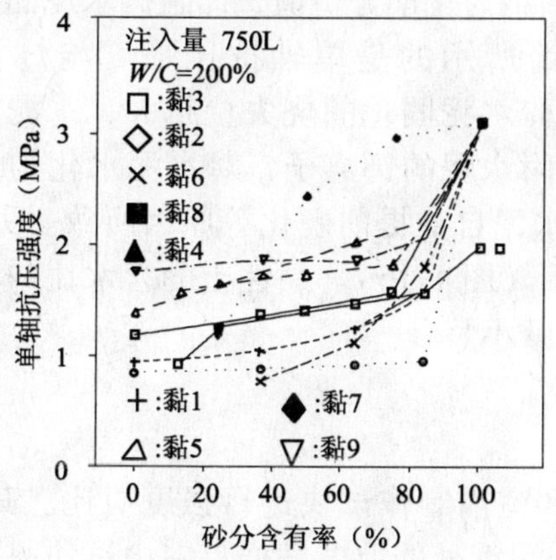

图 4.9 砂分含有率与单轴抗压强度的关系

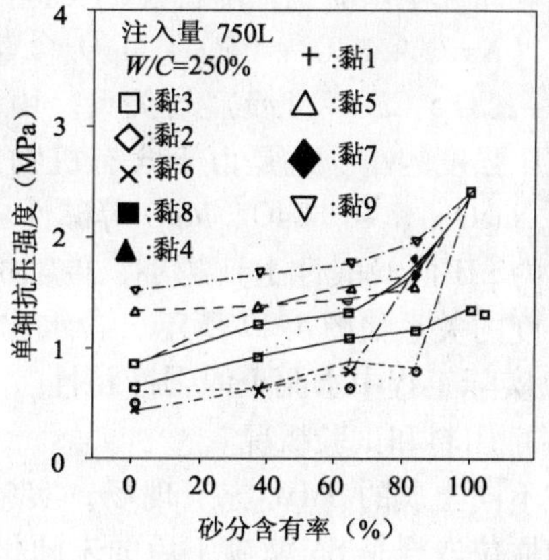

图 4.10 砂分含有率与单轴抗压强度的关系

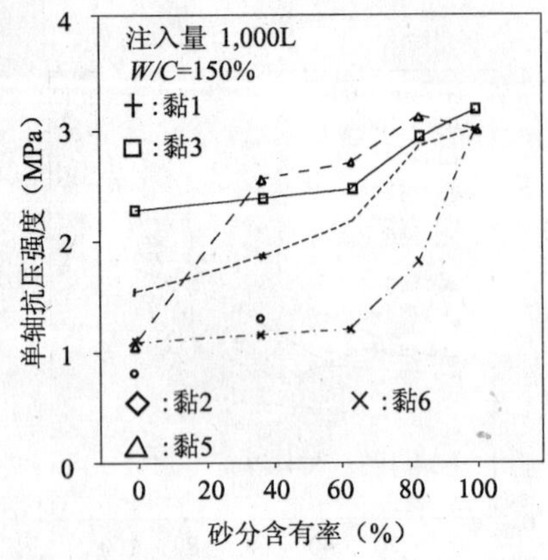

图4.11　砂分含有率与单轴抗压强度的关系

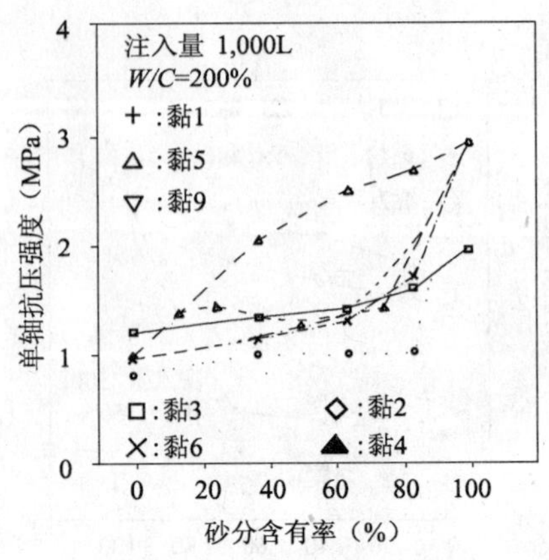

图4.12　砂分含有率与单轴抗压强度的关系

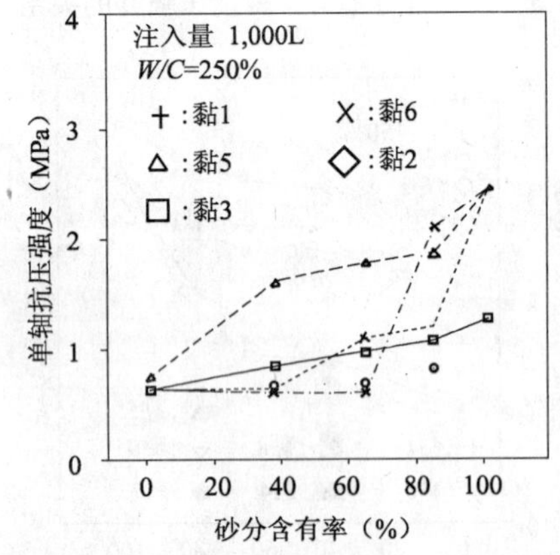

图4.13　砂分含有率与单轴抗压强度的关系

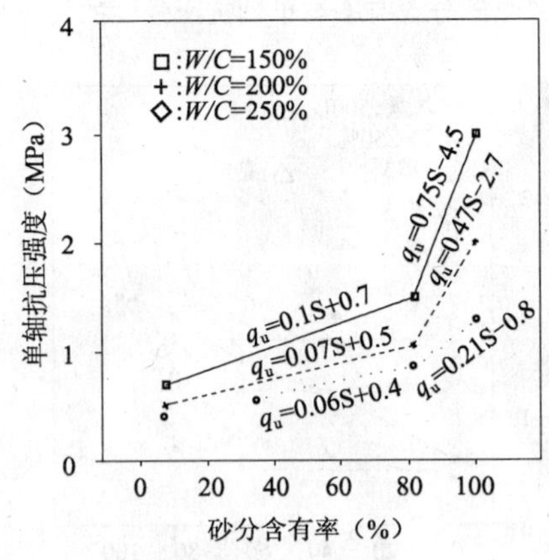

图4.14　砂分含有率与单轴抗压强度的关系

② 黏性土的种类与水泥土单轴抗压强度（q_u）的关系。

影响黏性土水泥土强度特性的关键因素，可以归纳为化学分析值，即阻碍水泥固化的烧失量（$Na_2O + K_2O + CaO + MgO$ 含量），图4.15所示的是单轴抗压强度与烧失量（$Na_2O + K_2O + CaO + MgO$）的关系。由图可知，阻碍水泥固化的烧失量越大，水泥土的单轴抗压强度越小。这是由于含有机物的黏性土吸附水泥的钙离子，对水泥水化构成障碍；及 Na_2O、K_2O、CaO、MgO 等碱性成分会加速水泥自身提前硬化等原因所致。另外，黏性土的pH值（酸性土）越小，单轴抗压强度越小（图4.16）。黏性土的含水比与单轴抗压强度的关系如图4.17所示，含水比增加，强度减小。

2. 实际工程中水泥土的强度特性

（1）用料和试验概况

在不同土质的SMW施工现场，实施原位取样和室内制作试块进行强度对比。其中，所谓的原位取样是SMW施工后的未硬化墙体上预定深度处的取芯试样；室内试块是使用现场土样在室内调整配比后制作的试块。表4.4所示的是各现场取样土的物理参数一览，图4.18是采集各试样土的现场土质柱状图。试样包括砂3种（a、b、c）、砾3种（d、e、f）、黏土2种（k、h）合计8种。各种水泥土试样的用料及配比如表4.5所示。与原位土拌合的水泥类悬浊液是水泥类固化材、添加材、水的混合物。这里的水泥类固化材的种类较多（表4.6）。配比与SMW的土质有关，典型配比值如表4.7所示。

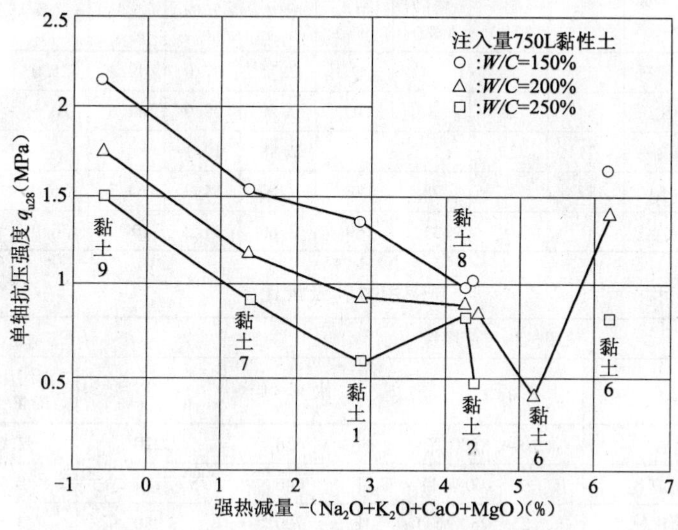

图4.15 有机物残存量与单轴抗压强度的关系

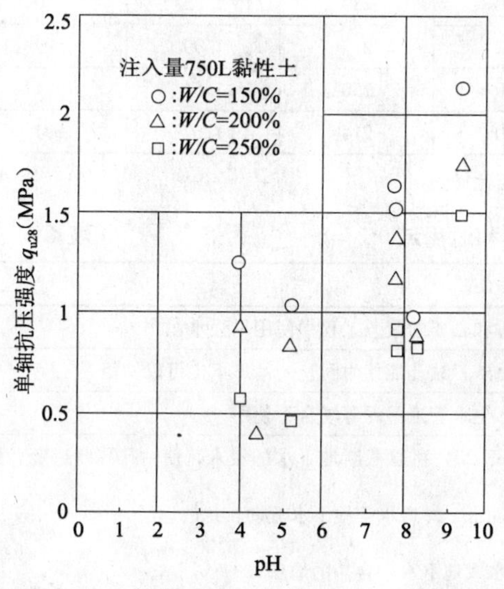

图4.16 黏性土的pH与单轴抗压强度的关系

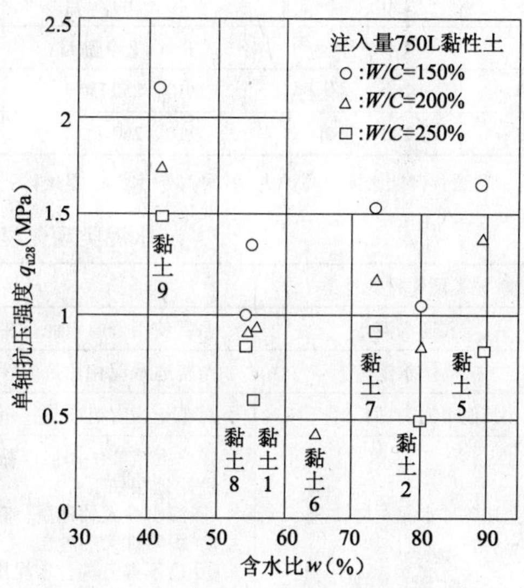

图4.17 黏性土的含水比与单轴抗压强度的关系

试样土的物理参数 **表4.4**

编号	取样深度(GLm)	土质名称	粒度				相对密度	含水比 w（%）	液限 w_L（%）	塑限 w_P（%）	塑性指数 I_P	pH	强热减量（%）
			砾（%）	砂（%）	粉砂（%）	黏土（%）							
1	4	粉砂夹砂	1	86	8	5	2.66	22.4				8.3	0.55
2	11	粉砂质砂	0	77	14	9	2.67	35.5				8.4	2.09
3	5	粉砂质砂	0	77	12	11	2.68	32.6				7.5	0.67

续表

编号	取样深度(GLm)	土质名称	粒度 砾(%)	砂(%)	粉砂(%)	黏土(%)	相对密度	含水比 w(%)	液限 w_L(%)	塑限 w_P(%)	塑性指数 I_P	pH	强热减量(%)
4	5	黏土质砾	55	28	10	7	2.71	37.9	49.2	25.0	24.0	8.2	1.37
5	7	黏土质砾	54	28	8	10	2.70	28.9	44.6	20.5	24.1	9.4	1.57
6	4	粉砂夹砾	71	21	8		2.88	12.1				8.5	—
7	13	黏土	12	37	28	23	2.50	54.9	64.7	36.0	28.7	8.1	3.07
8	15	粉砂质黏土	0	0	31	69	2.66	81.2	107.4	36.9	70.5		

使用材料及配比 **表4.5**

编号	使用材料与使用量			配比条件		
	水泥固化材 C(kg)	膨润土 B(kg)	水 W(L)	水灰比 W/C(%)	膨润土水比 B/W(%)	注入量 Q(L)
1	290 普通	16.4 200筛目	638	220	1.63	734
2	236 高炉B	5 200筛目	646	274	0.77	725
3	280 固化材	25 250筛目	700	250	3.57	803
4	280 高炉B	10 250筛目	650	232	1.54	746
5	230 高炉B	10 200筛目	550	239	1.82	630
6	199 普通	8.6 250筛目	432	217	1.99	499
7	260 固化材	10 250筛目	650	250	1.54	741
8	280 普通	10 250筛目	600	214	1.67	693

注：普通：普通水泥；高炉B：B种高炉水泥；固化材：水泥类固化材。

水泥类硬化材的种类和适用域 **表4.6**

水泥类硬化材的种类	适用域
普通水泥	通常使用普通水泥。在冬季工程和必要的紧急工程中使用早强水泥
高炉水泥	与普通水泥相比抗渗性更好。另外，钻孔搅拌时间长的情形下也可以使用
其他水泥类固化材	对象土为有机质土、超软淤泥、排水管道污泥等场合下使用
上述各种水泥+增黏剂	在水泥浆液中添加增黏剂（如SK-20）可以截断地下水的浸入，使钻孔孔壁稳定。具体适用地层如下： ① 渗水性大的地层；存在地下动水、渗透水等地下水流动较急的地层。 ② 坍落性大的地层。 ③ 迫不得已拌合水泥用水为海水或地下水中含盐的地层

SMW用土、配比及抗压强度 **表4.7**

SMW用土	土质	配比（每1m³对象土） 水泥(kg)	膨润土(kg)	水(L)	抗压强度(MPa)
黏性土	淤泥质黏土、砂质黏土、淤泥，黏土质淤泥，砂质淤泥	300~450	5~15	450~900	0.5~1
砂质土	细砂，中砂，粗砂	200~400	5~20	300~800	0.5~3
砂砾土	砂砾、混巨石的砂砾	200~400	5~30	300~800	0.5~3
黏土及特殊土	有机质土，火山灰质黏性土，黏土，高有机质土，其他	按室内试验讨论配比			—

深度(m)
土质符号
土质名
N值
10 20 30 40
淤泥夹砂
淤泥质砂
砂质淤泥
淤泥夹砂
黏土
1）试样1（SMW长11m）
填土
砂夹黏土
砂黏土
淤泥夹砂
砂
砂夹淤泥
淤泥质黏土
2）试样2（SMW长19.5m）
填土
砂质淤泥
淤泥质砂
砂质淤泥
淤泥质砂
砂质淤泥
淤泥质黏土
淤泥质砂
砂
淤泥质砂
砂夹黏土
3）试样3（SMW长21.85m）
黏土夹砂砾
黏土夹砂砾
黏土夹砂砾
砂砾
淤泥质黏土
4）试样4（SMW长22.0m）
淤泥夹砂
砂质黏土
淤泥夹砂
砂砾
质黏土
砂砾
5）试样5（SMW长14.5m）
砂夹黏土
砂砾
黏土夹砂砾
6）试样6（SMW长10.0m）
填土
砂
砂质淤泥
淤泥质黏土
砂夹黏土
砂
黏土夹砂
7）试样7（SMW长22.0m）
埋土
细砂
砂质黏土
细砂
中砂
淤泥质黏土
黏土质淤泥
黏土
中砂
砂砾
黏土
8）试样8（SMW深31.0m）

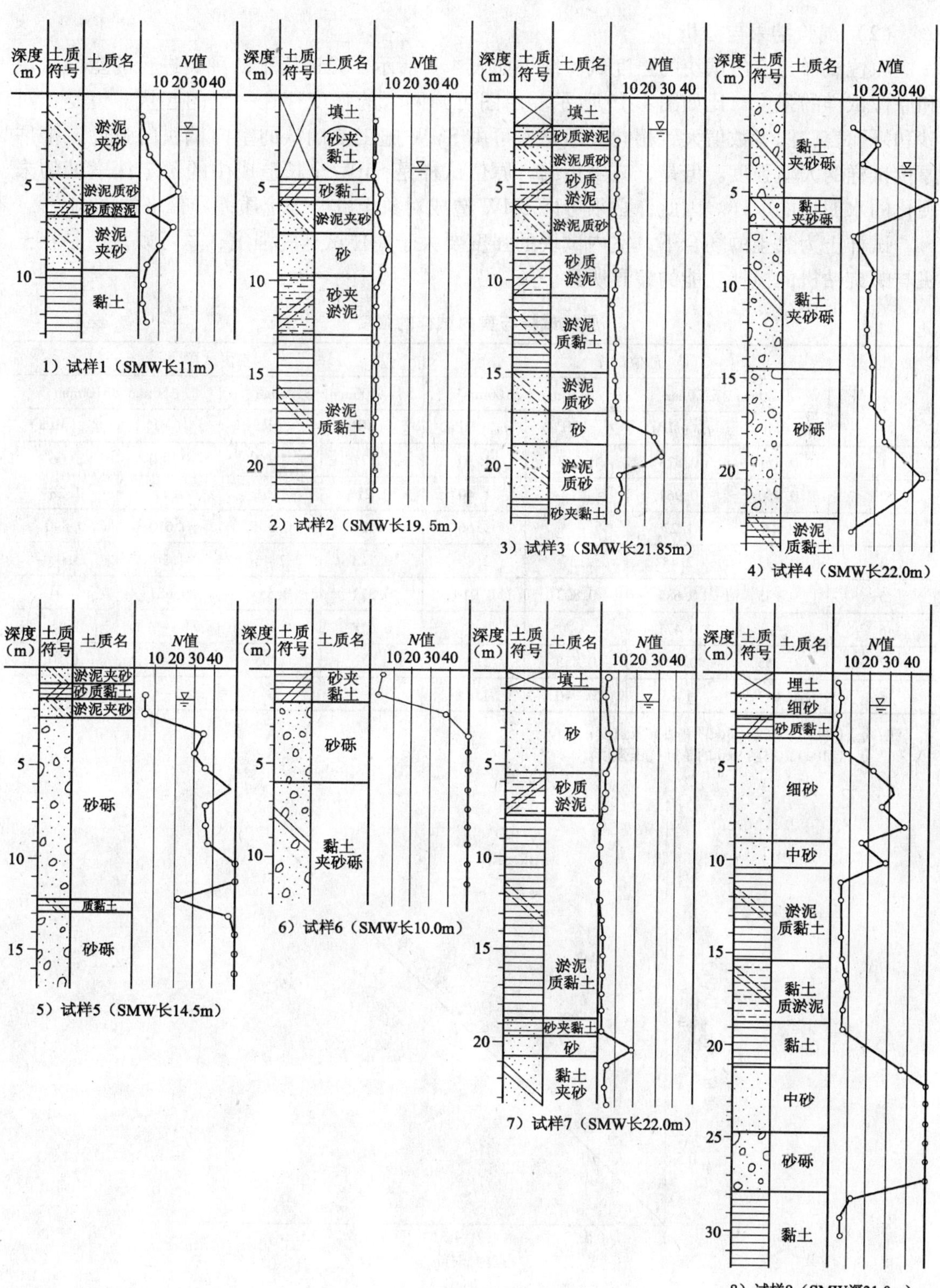

图 4.18 土质柱状图

（2）试验结果与分析

原位试样与室内试块的强度试验结果如表4.8所示。按试样土的种类进行的室内试块和原位试样的强度对比如图4.19所示。由图可知两者的强度存在一定的起伏。但是，对砂和砾而言，两者数值大致相同。因此，可由SMW施工前确认的室内试块的强度，推估原位试样的大概强度。但是，应当指出，原位试样是SMW全长造成中的预定深度处的未硬化的水泥土的取样。因此，必须考虑SMW造成对象土的全部土质差异带来的影响。

试样土为黏土的场合下，室内试块的强度要大于原位试样的强度，这可以认为是拌土机与螺旋钻机的搅拌功能的差异所致。

原位试样与室内试样的强度　**表4.8**

记号	原位试样				室内试样			
	ϕ100mm×h200mm		ϕ50mm×h100mm		ϕ100mm×h200mm		ϕ50mm×h100mm	
	q_{u28}(MPa)	q_{u91}(MPa)	q_{u28}(MPa)	q_{u91}(MPa)	q_{u28}(MPa)	q_{u91}(MPa)	q_{u28}(MPa)	q_{u91}(MPa)
1	0.481	0.823	0.943	1.30	0.571	1.07	0.740	1.66
2	0.750	0.967	1.14	1.40	1.21	1.61	1.17	1.28
3	1.16	1.27	—	1.66	0.421	0.505	0.610	0.840
4	0.933	2.44	1.57	2.83	0.713	2.46	1.16	3.06
5	0.635	0.685	0.803	0.910	0.371	0.555	0.687	1.04
6	—	0.471	—	—	0.618	0.894	—	1.18
7	0.355	0.723	0.853	1.37	1.09	1.55	1.40	1.50
8	0.613	1.23	0.940	1.64	—	—	—	—

注：q_{u28}(MPa)：材龄28d的单轴抗压强度；
q_{u91}(MPa)：材龄91d的单轴抗压强度。

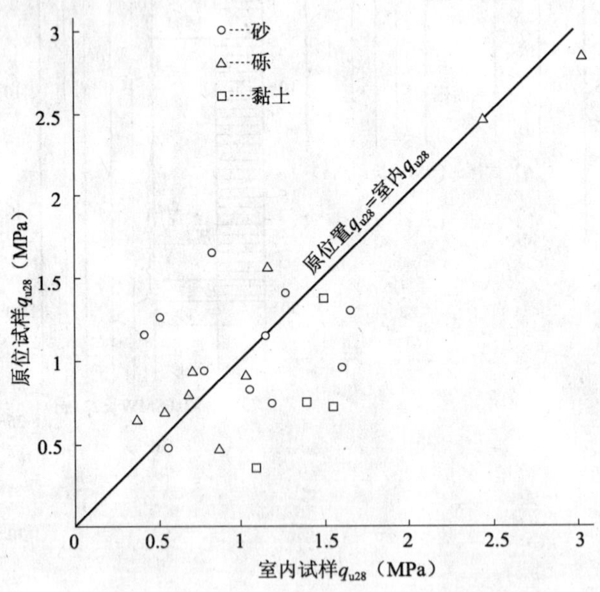

图4.19　原位试样与室内试样的q_{u28}比较

4.2.2 对注入水泥类浆液的要求

与原位土拌合的水泥类注入浆液，其配比与搅拌方法都是决定 SMW 质量的关键因素。对注入浆液及施工的要求大致如下：

（1）水泥浆液的品种必须符合表4.5 的配比关系。

通常情况下使用普通水泥；当要求 SMW 的止水性好或钻孔搅拌时间长的情况下，应使用高炉水泥；对象土为有机质土、超软泥，排水管道污泥等土质的情况下，水泥类固化材应使用特殊水泥。

（2）浆液配比应大致符合表4.3 的范围。

（3）钻孔容易：要求钻孔搅拌钻出的钻孔孔壁应光滑，竖直精度要求符合标准，确保施工性。

（4）可使土块粉碎：可使混合搅拌的土块解体成土颗粒，并悬浮于水泥浆液中。

（5）孔壁稳定：防止钻孔时孔壁塌方。

（6）确保流动性：要求在一定时间内，水泥土具备一定的流动性，使芯材插入等作业能准确、顺利地进行。另外，还要求水泥土与芯材粘结良好，且连成一个整体。

（7）对配制浆液用水的要求：配制浆液的用水，多为自来水。使用其他水源时，应考虑用水对水泥凝结的影响。

4.2.3 对芯材的要求

在 SMW 做挡土墙的场合下，因墙体承受侧压等应力作用，而水泥土自身的强度往往无法承受侧压的作用，所以应在墙内设置刚度大的钢制芯材（H 型钢、钢板桩或混凝土预制件等）。另因 SMW 工法插入芯材时不宜采用以往的打击法（动载荷）和液压压入法（静载荷），而是靠芯材自重力自沉插入。

H 型钢通常使用规范的宽幅 H 型钢或轻型 H 型钢。钢板桩也应使用规范产品，在使用半旧品的情形下，咬合断面存在破损和已弯曲变形的钢板桩不能使用。

4.2.4 SMW 的材料特性

1. 单轴抗压强度

SMW 的单轴抗压强度取决于对象土的性状、水泥悬浊液的配比及注入量。

从施工实绩看，对黏性土单轴抗压强度为0.5～1MPa，砂土和砾质土单轴抗压强度为0.5～3MPa。影响 SMW 单轴抗压强度的对象土质性状，主要指土的粒度和有机物的含有状况。就粒度而言，粗粒越多强度越大，细粒越多强度越小；因土中的有机物对水泥的硬化有害，所以必须通过室内试验确认有机物含有量的影响程度。

水泥浆液配比、注入量、混合的均匀性及施工性均对单轴抗压强度有影响。水灰比越小，强度越大。但是注入量过多相对对象土量而言，相当于用水量过多，强度会下降，故注入量不能过大。图 4.20 所示的是水泥添加量与单轴抗压强度的关系；图 4.21 所示的是水泥浆液的水灰比与单轴抗压强度的关系；图 4.22 所示的是水泥浆液的注入量与单轴抗压强度的关系；图 4.23 所示的是材龄与单轴抗压强度的关系。由图4.23 可知，龄期28d的单轴抗压强度（$q_{u\cdot 28}$）是材龄7d的2倍。故可由材龄7d的强度估算28d材龄的强度。若估算强度不满足设计强度时，应改变配比和注入量重新试验、估算。

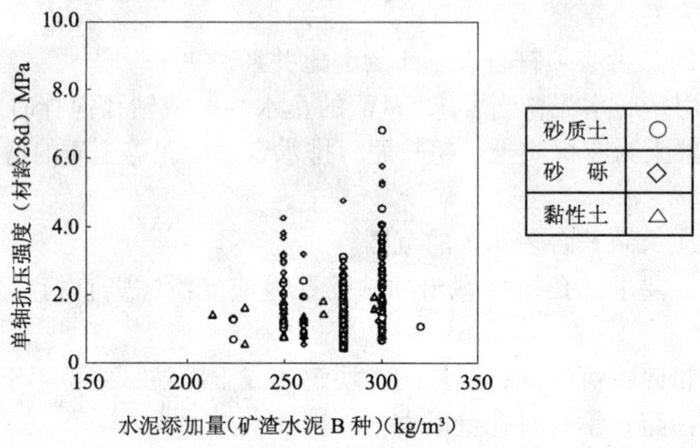

图4.20　水泥添加量与单轴抗压强度的关系

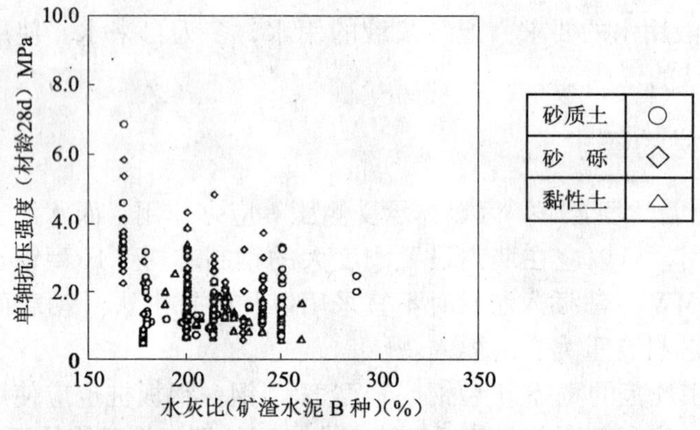

图4.21　水灰比与单轴抗压强度的关系

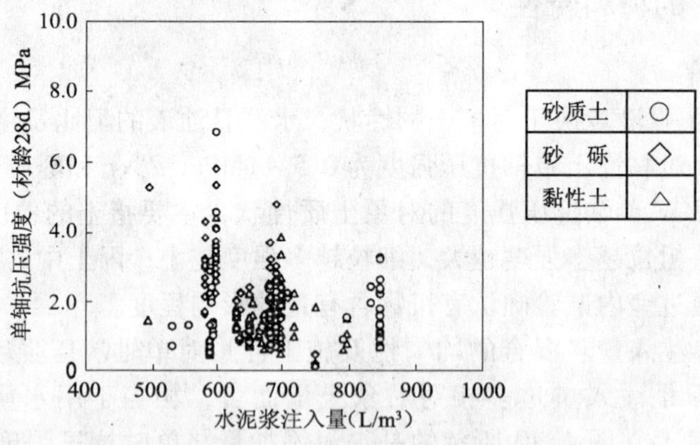

图4.22　水泥浆注入量与单轴抗压强度的关系

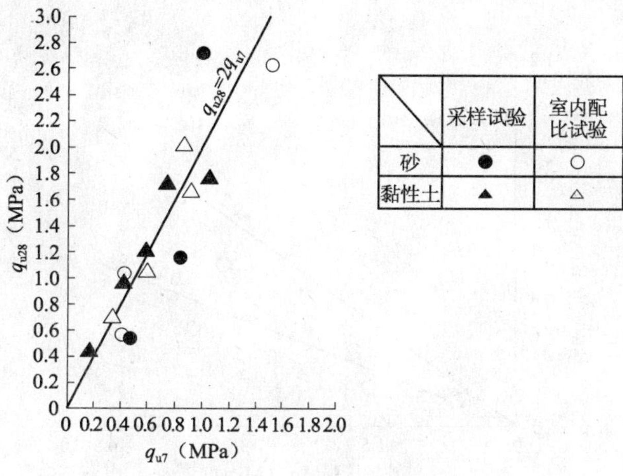

图 4.23 材龄与单轴抗压强度的关系

图 4.24 所示的是变形系数与单轴抗压强度的关系。变形系数 E_{50} 大致位于材龄 28d 的单轴抗压强度（q_{u28}）的 500 ~ 1350 倍的范围内。变形系数是与单轴抗压强度的 $\frac{1}{2}$ 相应的压应力和其对应的压应比的比。

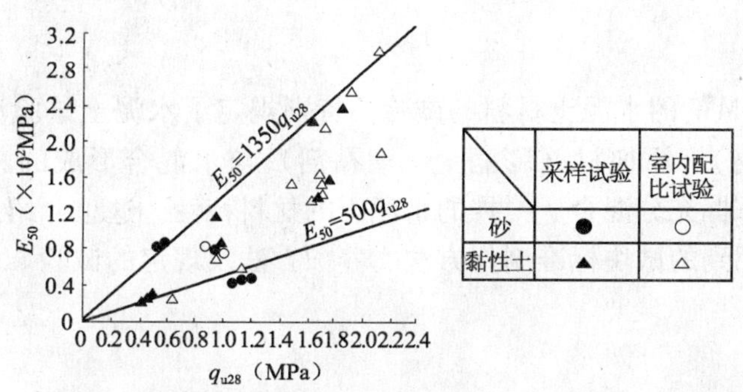

图 4.24 变形系数与单轴抗压强度的关系

2. 抗拉强度

SMW 的抗拉强度对单轴抗压强度而言非常小，完全可以忽略。

3. 抗剪强度

SMW 的抗剪强度，随单轴抗压强度的增大而增大。单轴抗压强度低时，水泥土的性状可用库仑公式表征；抗压强度高时，可按混凝土的性状处理。

4. 粘附强度

SMW 的粘附强度与单轴抗压强度成正比，两者的关系如图 4.25 所示。

5. 渗水系数

SMW 的止水性对应在对象土与水泥浆液充分拌合的情况下，渗水系数小于 1×10^{-5} cm/s；实用中一般都呈现较好的防渗性。另外，在做长期防渗墙时，应充分讨论墙厚的适合性。

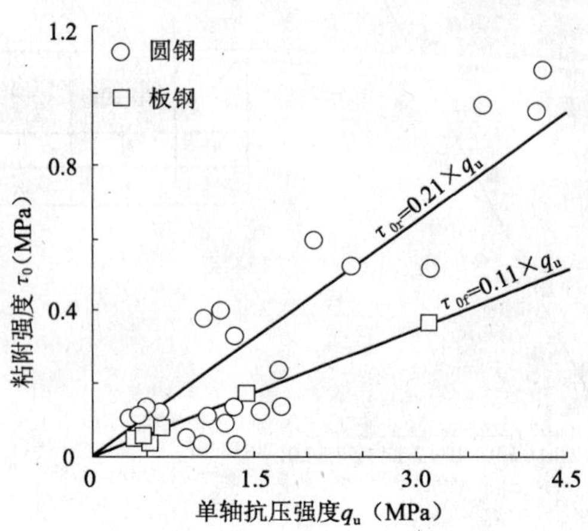

图4.25　单轴抗压强度与钢材粘附强度的关系

4.3　水泥土试验法

4.3.1　概述

为了统一构成SMW的水泥土材料的试验，特别规定了水泥土试验法。该方法是把固化材（水泥类固化材）、添加材（膨润土、增黏剂）与水混合形成的悬浊液加入试样土中，试验的目的是掌握充分混合、搅拌的水泥土的材料特性。这里介绍进行单轴抗压试验和三轴抗压试验时用到的试块标准制作方法、养护方法及规定的试验。

试验分类：

1. 室内试验

室内试验即SMW施工前在原位采集采样土，对室内制作的试块进行试验。

该试验是在讨论设计基准强度，现场附近过去无施工实绩、以往无类似土质强度数据等场合及浆液在对象土中固化后，存在有害物质的疑虑情况下进行。

2. 试样采样试验

SMW施工中，利用试样采集器采样进行试验，同时还应采集未固化的水泥土进行试验。该试验是水泥土质量管理的关键试验，所以须定期进行。

3. 现场取芯试验

SMW施工结束后，基坑开挖时从墙面上采集试块进行试验。因该试验是基坑开挖时水泥土质量管理的关键项目，故应针对状况进行。

4.3.2　室内试验

1. 试样土块的采集、保存

从水泥土对象区域内的地层中采样一定数量的试验土样。决定采集地点时应考虑具有典型土质构成的土层及对水泥土诸特性有要求的深度等因素。

试样土在直到实施试验止的期间内，应尽量使试样的物理，化学特性不发生变化，为此应把试样土密封保存于聚乙烯袋内。

2. 制作试块的用具

（1）天平（标称量 1kg 以上，灵敏度 5g；标称量 100g 以上，灵敏度 0.1g）。

（2）筛网：对 ϕ100mm × h200mm 的圆柱形土样器使用 20mm 筛目；对 ϕ50mm × h100mm 的圆柱形土样器使用 10mm 筛目。

（3）聚乙烯袋、胶皮圈。

（4）胡贝特灰土拌合器（钩形搅拌叶片、行星运动 53rad/min、旋转速度 160rad/min，容量≥20L）。

（5）刮刀、取土勺。

（6）混凝土试验用铸铁圆柱形土样器：单轴抗压试验中原则上使用 ϕ100mm × h200mm 土样器，也可以使用 ϕ50mm × h100mm 土样器；三轴抗压试验中通常使用 ϕ50mm × h100mm 土样器。

（7）量筒（容量 1000mL，500mL，250mL，100mL）。

（8）捣棒：ϕ100mm × h200mm 圆柱形土样器使用 ϕ16mm × L500mm 捣棒；ϕ50mm × h100mm 圆柱形土样器使用 ϕ9mm × L500mm 捣棒。

（9）木锤（头部直径 6cm）。

（10）养护箱（图 4.26）。

（11）试样土用盘（约 35cm × 45cm，带把手）。

（12）瓷盘（36cm × 26cm，24cm × 20cm）。

（13）小铲。

（14）烧杯（500mL）。

（15）刻度吸管（25mL）。

（16）顶面抹平工具。

（17）温度计（棒状温度计）。

（18）湿度计。

（19）卡尺（测长 30cm）。

3. 试样土的调整

首先应把试样土中的木片等粗大杂物去除，随后用规定的筛网过滤得到试样土。

制作水泥土之前，先把全部试样土拌合均匀。

在以现场施工为前提的室内试验中，因为原则上按原地层的含水比进行试验，所以试样土必须采样后立刻作密封保存。试样土采集、运输、保存过程中含水比发生变化的情况下，希望能调整到原来自然含水比。

4. 固化材、添加材的准备和调整

因为以现场施工为前提，所以在选择现场实用固化材、添加材的原则是使用没有被风化的固化材和添加材。

5. 混合处理

（1）在试样土与固化材混合时，使用灰土拌合器。

（2）固化材、添加材和拌合水的用量，原则上按 $1m^3$ 对象土的混合比确认，分批计量。这里考虑的试样土的密度是指无扰动土的湿密度，通过湿密度换算成体积，然后按体积配比计量。另外，缺少试样土密度数据时，可参考表4.9所示的数据处理。

土的湿密度　　**表4.9**

土　质	状　态	湿密度（t/m^3）
碎石	—	1.6～1.9
砂砾	—	1.6～2.0
砂	密实	1.7～2.0
	稍松散	1.6～1.9
	松散	1.5～1.8
普通土	固结	1.7～1.9
	稍软	1.6～1.8
	软	1.5～1.7
淤泥	固结	1.6～1.8
	软	1.4～1.7
黏土	固结	1.6～1.9
	稍软	1.5～1.8
	软	1.4～1.7

（3）混合顺序，先在搅拌容器中把预定量固化材、添加材及拌合水制成水泥悬浊液，然后再向悬浊液中添加试样土。

水泥悬浊液与试样土的混合搅拌时间定为7min。但是，混合过程中出现搅拌土粘附在搅拌容器内壁和搅拌叶片上结成块状残余时，可使用刮刀等进行辅助操作促进混合，但是在规定时间（7min）内混合仍不理想时，可将搅拌混合时间延长到10min。

6. 圆柱形土样器的填充

（1）混合搅拌后的试样土分两次向圆柱形土样器中填充。使用 ϕ100mm×h200mm 圆柱形土样器的场合下，填充到每层的底部时用捣棒（ϕ16mm）捣固10次，同时用木锤敲击圆柱形土样器的外壁10次去除气泡。在使用 ϕ50mm×h100mm 圆柱形土样器时，用 ϕ9mm 捣棒，捣固次数与外壁敲击次数均为5次。

（2）填充后用橡皮圈把聚乙烯袋口捆紧，防止水分从表面蒸发。

7. 养护

把试样土填充圆柱形土样器后，顶部抹平。直到圆柱形土样器脱模期间，因无论是移动振动还是气候条件均不会使水分发生变化，所以将其置于室内的带盖的塑料制品容器内，并用湿布蒙盖作湿态养护（图4.26a）。

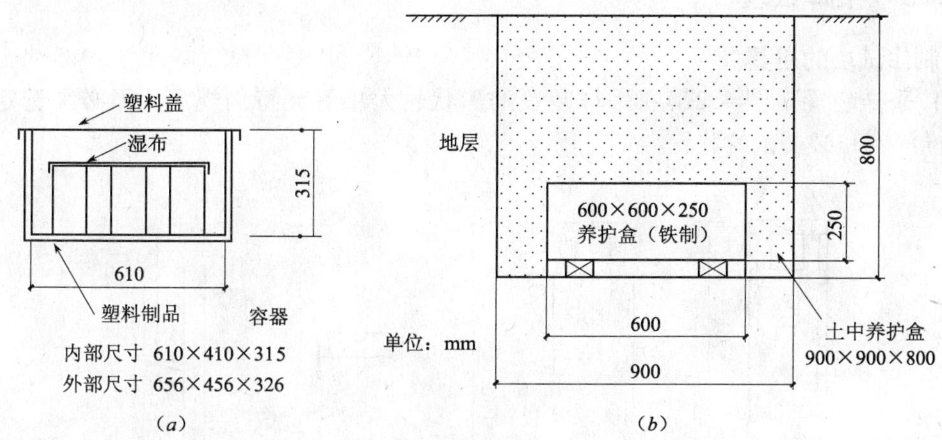

图 4.26　试块养护例
（a）湿态养护例；（b）土中养护例

再有，试样土从填充到圆柱形土样器后，在材龄 3d 时用水泥浆、硫磺、石膏等物抹平。材龄 4d 时基本可以脱模。

圆柱形土样器脱模后，直到实施力学试验期间，按恒温（20±3℃）、恒湿（湿度 95%以上）的原则养护。但在现场不得已的情况下，只能作土中养护。土中养护受外界温度、湿度的影响小，所以在把脱模试块和温度计贮藏于铁制养护箱中密封后盖土 50cm 以上，作土中养护（图 4.26b）

8. 试验

水泥土抗压强度的判定多采用单轴抗压强度试验。

（1）单轴抗压试验

按 JISA 1216—1976（79）规定的方法进行。但对压缩应变致使的试块的断面积不作补偿。

（2）三轴抗压试验：

按土质试验法进行。

9. 报告

试验结果，应就以下事项进行报告。

（1）有关试样土的事项：

① 采样日期、气候条件、采样位置及深度、采样方法及状况。

② 土质种类、含水比及粒度级配（粒径累积曲线）、液限、塑限。

（2）有关试验事项：

① 固化材、添加材的名称、化学组成。

② 固化材、添加材、水的注入量及配比。

③ 试验结果。

（3）其他特殊事项。

4.3.3 采样试验

1. 制作试块的用具

（1）采样装置（图4.27）：采样装置的形状、大小等无特别规定，但必须选定可以满足采样深度和必要量的装置。

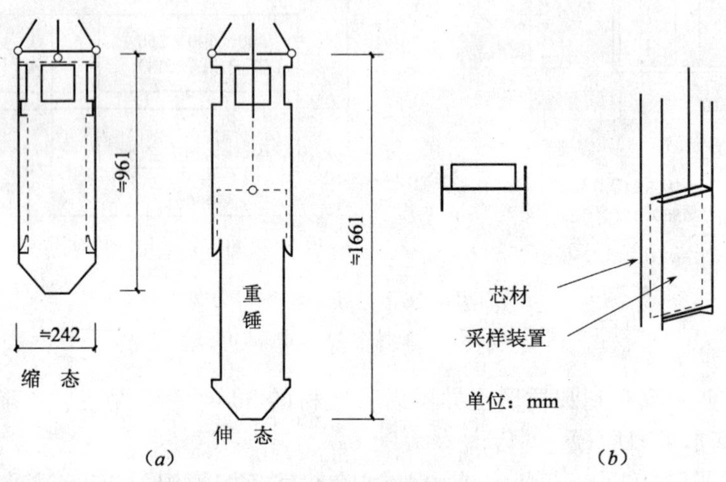

图4.27 采样装置示意图

(a) 伸缩型；(b) 箱形

（2）试样容器（聚乙烯桶等）。

（3）筛网：对 ϕ100mm × h200mm 圆柱形土样器使用20mm筛网；对 ϕ50mm × h100mm 圆柱形土样器使用10mm筛网。

（4）小铲。

（5）捣棒：对 ϕ100mm × h200mm 圆柱形土样器使用 ϕ16mm × L500mm 捣棒；对 ϕ50mm × h100mm 圆柱形土样器使用 ϕ9mm × L500mm 捣棒。

（6）混凝土试验用铸铁圆柱形土样器。单轴抗压试验原则上使用 ϕ100mm × h200mm 土样器，也可使用 ϕ50mm × h100mm 的土样器；三轴抗压试验用 ϕ50mm × h100mm 土样器。

（7）天平（标称量1kg以上、灵敏度5g）。

（8）木锤（头部直径6cm）。

（9）顶面抹平工具。

（10）聚乙烯袋、橡皮圈。

（11）养护箱（图4.26）。

（12）温度计（棒状温度计）。

（13）湿度计。

（14）卡尺（测长30cm）。

2. 试样采集

（1）把采样装置插入到预定深度、采集试样；

（2）采集的试样移到试样容器内后，直接填充到圆柱形土样器内。

3. 向圆柱形土样器中的填充

（1）采集试样通过规定筛网去除块状成分，分2层填充到圆柱形土样器内。

使用 ϕ100mm×h200mm 土样器的场合下，在每层底部深度处用捣棒（ϕ16mm）捣固10次，捣固后立即再填充到圆柱形土样器内，并用木锤敲击10次外壁去除气泡。

使用 ϕ50mm×h100mm 土样器的场合下，ϕ9mm 捣棒的捣固次数、木锤敲击圆柱形土样器外壁的次数均为5次。

（2）填充后用橡皮圈把聚乙烯袋扎紧防止水分蒸发。

4. 养护

与室内试验相同。

5. 试验

与室内试验相同。

6. 报告

试验结果应就以下事项进行报告。

（1）有关试样事项：

① 采样日期、气候、采样位置及深度、采样状态。

② 采样位置的土质柱状图、试样土的含水比、粒度级配（粒径累积曲线）、液限、塑限。

③ 固化材、添加材的名称、化学组成。

④ 固化材、添加材、水的注入量及配比。

⑤ 搅拌轴的形状、转速、钻孔搅拌速度、上提搅拌速度。

（2）试验事项：

各种试验结果。

（3）其他特殊事项。

4.3.4 现场取芯试验

1. 制作试块的用具

（1）取样钻（ϕ100mm 或 ϕ50mm）。

（2）斩切芯样两端面的切削器。

（3）抹平工具。

（4）卡尺（测长30cm）。

（5）天平（标称量1kg以上、灵敏度5g）。

（6）聚乙烯袋、橡皮圈。

2. 样芯采集

（1）基坑开挖时使用取样钻，切取样芯。另外，切取时为使样芯不出现裂纹，必须把取样钻固定。

（2）样芯直径100mm时长度定为250mm；直径50mm时长度定为150mm。但必须注意不能出现把SMW墙壁打穿等事故。

（3）切取样芯后，必须立即装入聚乙烯袋内，直到样芯整形止。样芯均须作密封保管。

3. 试块制作

（1）试块中混入试块直径$\frac{1}{3}$以上的砾石或杂物时，该试块作废弃处理。

（2）样芯两端面用切削器切断，同时还应保证端面与试块轴的夹角为90°。

（3）抹平，用硫磺、石膏等物加工两端使其平滑。

4. 试验

与室内试验相同。

5. 报告

试验结果，就以下事项进行报告。

（1）有关样芯的事项：

① 采集日期、气候、采样位置及深度、采样状况。

② 采样位置的土质柱状图、试样土的含水比、粒度配比（粒径累积曲线）、液限、塑限。

③ 固化材、添加材的名称、化学组成。

④ 固化材、添加材、水的注入量及配比。

⑤ 搅拌轴的形状、转速、钻孔搅拌速度、上提搅拌速度。

（2）有关试验事项：

各种试验结果。

（3）其他特殊事项。

4.4　设　　计

作为挡土墙的基本设计方针，把作用在挡土墙上的竖向（深度方向）弯矩、剪切力及变形看成由芯材抵抗（即把芯材看成竖材）；把作用在芯材间的水平力及变形看成由水泥土抵抗（即把水泥土看成水平材）。用设计外力解析挡土墙及支撑应力；芯材设计按原有的各基准进行。芯材分布和水泥土部分的设计可按有关规范进行。SMW 的设计程序如图4.28所示。

4.4.1　地下水讨论

地下水的处理方法是挡墙计划成功的关键。其主要讨论内容如下：

（1）排水对周围地层的影响及排水成本的讨论。

（2）挖基底面为砂质土情况下，应讨论砂涌问题。

（3）基底面为黏土时，应讨论基底承压水造成的基底隆起。

SMW 在搅拌混合均匀、搭接部位良好的情况下，可按力学的讨论结果决定芯材的入土深度；按地下水条件决定水泥土的入土深度。

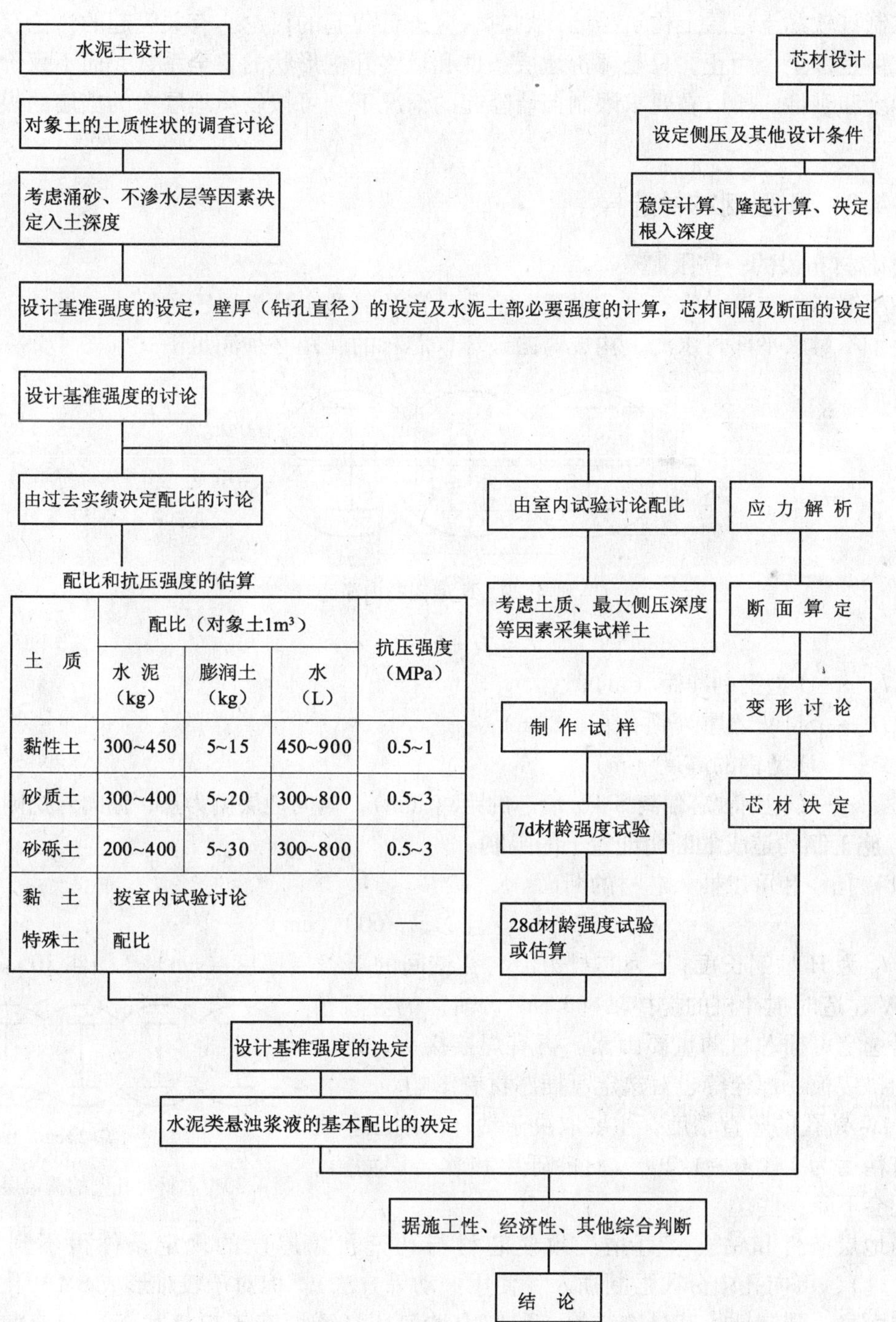

土质	配比（对象土1m³）			抗压强度（MPa）
	水泥（kg）	膨润土（kg）	水（L）	
黏性土	300~450	5~15	450~900	0.5~1
砂质土	300~400	5~20	300~800	0.5~3
砂砾土	200~400	5~30	300~800	0.5~3
黏土 特殊土	按室内试验讨论配比			—

图4.28　SMW的设计程序

4.4.2　隆起讨论

在制订软黏土地层上构筑挡墙计划时，应进行隆起的讨论。有关隆起的讨论存在多种提法。但是，至今为止，只是评价地层条件和最终开挖形状的安全系数，而不评价挡墙的入土深度和刚性。所以在要求限制挡墙隆起的情况下，可按硬质地层中的挡墙的根入深度考虑。

4.4.3　H型钢芯材选择

1. 芯材布设的一些限制

H型钢芯材布设大致有隔孔设置、全孔设置及隔孔全孔设置三种形式（图4.3）。

为了不对水平部材水泥土构成弯曲破坏，芯材的间距必须满足下式（图4.29）。

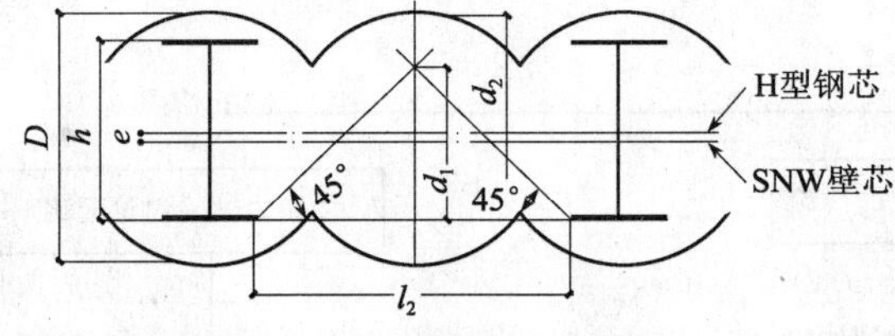

图4.29　H型钢的内净距

$$l_2 \leqslant D + h - 2 \cdot e \tag{4.1}$$

式中　l_2——H型钢的净距（m）；

D——SMW墙厚（钻孔直径，m）；

h——H型钢的高度（m）；

e——H型钢轴芯偏离SMW墙芯的距离（m），偏向地层侧为正，偏向开挖侧为负。

2. 施工制约造成的断面配置上的限制

（1）孔径和可以插入芯材的断面

$$i \geqslant 2.5\text{cm}，且\ i \geqslant l_H/600\ (\text{cm}) \tag{4.2}$$

式中，l_H 为H型钢长度；i 为芯材边沿与孔壁间的覆盖层厚度（cm）（图4.30）。另外，在SMW建造时搅拌机的搅拌轴（3轴、5轴）的竖直精度也是选定可插芯材的重要因素。再有焊接接头、螺栓接头的拼接板、螺栓等也对选定可插芯材有影响。

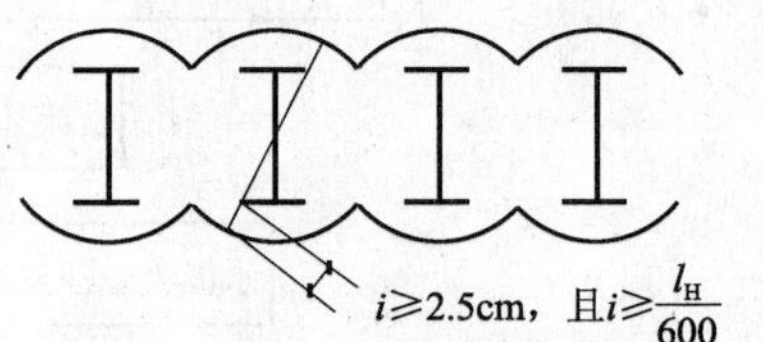

图4.30　芯材与孔壁的覆盖层厚关系

SMW钻孔的竖直精度，主要取决于钻杆的刚性。通常竖直精度为1/150～1/200，对砂砾层和软岩层而言，精度还会下降一些。

当地层条件和钻孔竖直精度致使芯材与孔壁覆盖厚度的规定条件得不到满足时（图4.31），可向孔中分段强制插入（使用振动等方法）。但对于较难形成SMW孔壁的山地部位而言，强制插入芯材的结果，致使山地崩坏（残留在未搅拌状态）造成漏水，所以应尽量选择在孔壁的有效断面内可以插入的芯材。对偏向地层（$N \geqslant 30$）的情形而言，若$\frac{A-a}{A} < 0.75$（图4.31），则芯材无法插入。这里的 a 是芯材插入时向地层侧的偏移量。

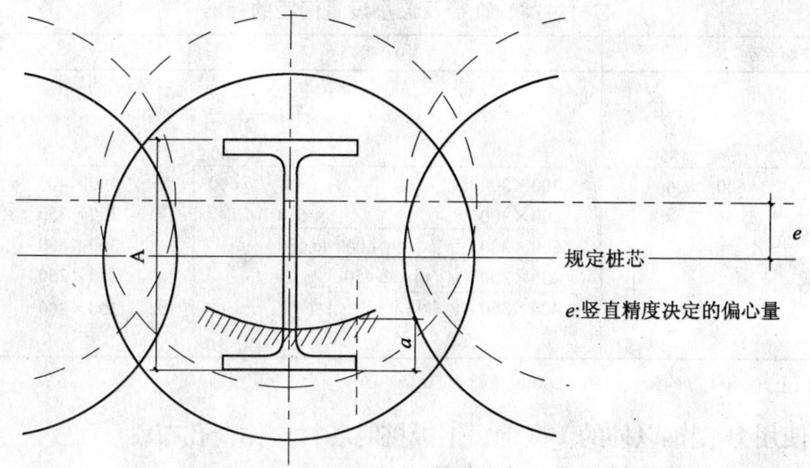

图 4.31 钻孔竖直精度对芯材可插入性的影响及芯材选定

在选用宽幅 H 型钢芯材的情况下，若发生图 4.32 的情形时，即先期插入芯材与钻孔轨迹发生交叠时，无法钻孔。此时应改用芯材隔孔设置。

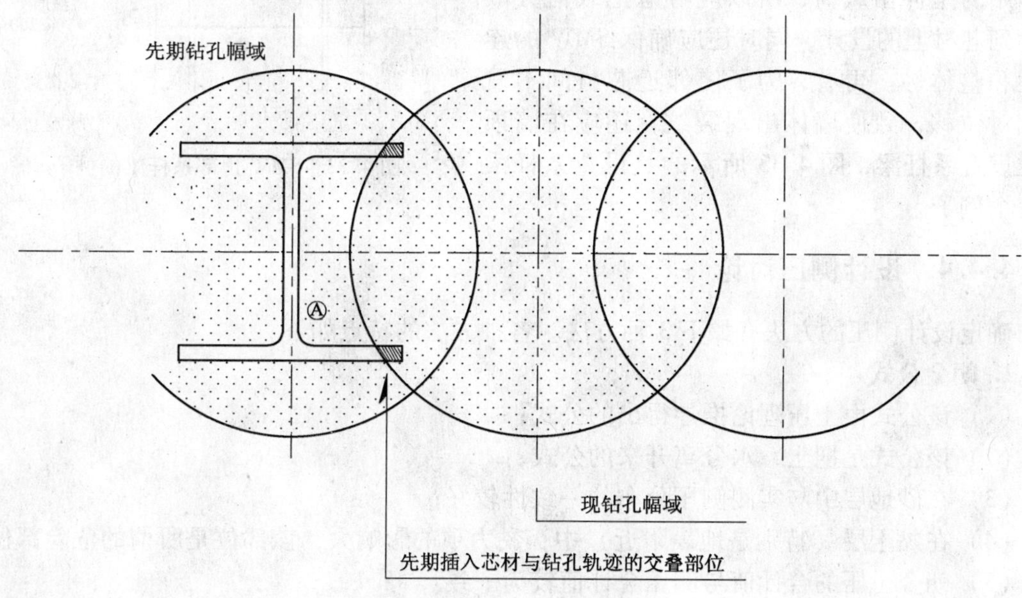

图 4.32 钻孔轨迹判定图

（2）孔径决定的芯材配置的最小间距

SMW 工法中芯材配置的最小间距受钻孔搅拌机的构造、钻孔直径的制约。该制约与施工者的关系较为密切。再有，按式（4.2）决定芯材的钻孔直径和最小间距的标准如表 4.10 所示。

芯材种类、孔径及最小设置间距的标准　　**表4.10**

窄幅系列	中幅系列	宽幅系列
钻孔径 间距 ϕ850 @600 ϕ600 @450 * ϕ550 @450 600×200 500×200 450×200 400×200 350×175	钻孔径 间距 ϕ850 @600 ϕ650 @450 ϕ600 @450 ϕ550 @450 700×300 600×300 500×300 450×300 400×300	钻孔径 间距 ϕ650 @450 ϕ550 @450 400×400 350×350 300×300 250×250 200×200

* 450×201以上（ϕ600，@450）；450×200以下（ϕ550，@450）。

3. 芯材使用H型钢以外的I型钢、钢板桩时芯材应作全孔布设

如此选定H型钢净距的规定是因为低强度水泥土的弯曲抗拉强度小，所以应按产生弯矩不会致使最终破坏的要求考虑。

另外，在SMW兼起台桩作用的情况下，由于作用的是冲击载荷，所以应考虑把载荷分散传递到芯材上的设计，同时还应确保SMW的连续性和整体性。再有，为了使邻近芯材间不发生相对位移，致使墙体出现裂纹，还应在墙顶部位设置系杆梁，图4.33所示的是设置系杆梁的一个例子。

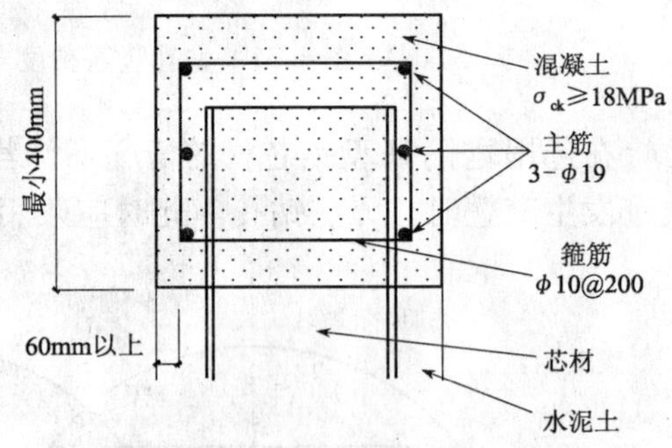

图4.33　SMW顶部系杆梁的例子

4.4.4　设计侧压讨论

确定设计侧压的方法有如下3种方法。各种方法的特点如下：

1. 朗金公式

（1）该公式由土压理论推导得出的公式；

（2）该公式是把土、水分离开来的公式；

（3）在砂地层中与实测侧压分布的一致性较好；

（4）在黏土层（特别是地表附近）中，黏力项的影响大，该部位是所谓的危险部位；

（5）朗金土压的合计值与侧压合计值较为一致。

2. 三角形分布

（1）该分布是整理侧压实测值得出的一般公式；

（2）该分布可较好地表征最终土、水的整体性；

（3）侧压系数范围宽，设计者的选择余地大；

（4）侧压合计值必须大于朗金土压侧压的合计值。

3. 太沙基修正侧压分布

（1）该分布是从水平撑梁轴力的测定值反推侧压的分布；

（2）基本上使用水平撑梁的设计侧压。

4.4.5 入土深度及间隙填充

墙的入土深度选取以下三种入土深度的最大值。

（1）侧压（主动、被动）等外力决定的入土深度：

以往决定该入土深度时，多从主动土压侧压和被动土压侧压力平衡的安全系数方面考虑。这里按主动土压和被动土压的矩平衡的观点讨论入土深度。

（2）隆起决定的入土深度。

（3）挖基时切断背面地下水迂回渗水决定的入土深度：

设计入土深度时，如图4.34所示，把侧压等外应力决定的入土深度定为芯材的入土深度；把地下水决定的入土深度定为水泥土的入土深度。

设置腰梁时，为使腰梁与邻接芯材间的间隙不产生变位，腰梁与芯材间的间隙必须用混凝土、砂浆等密实填充（图4.35）。

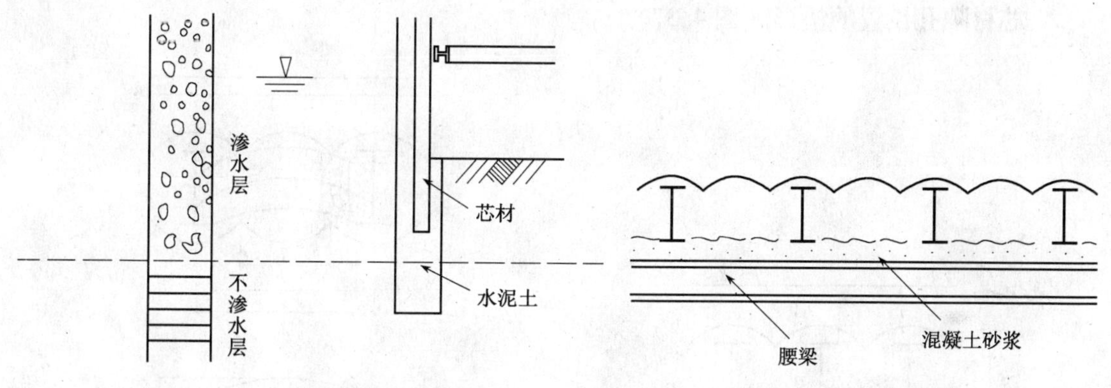

图4.34 入土深度的确定原则例　　图4.35 芯材与腰梁间隙的处理

4.4.6 允许强度

允许强度由表4.11确定。

水泥土的允许强度　　表4.11

抗压强度（f_c）	抗拉强度	抗剪强度（f_s）
F_c/F_s	—	$F_c/3F_s$

注：F_c为水泥土的设计基准强度（MPa），其最大值为3MPa；F_s为安全系数，通常取值为2。

确定设计基准强度时应考虑各施工现场的各种条件。例如：土质、水泥类悬浊液的配比及注入量、搅拌方法等多种因素一一确定。这种情况下，应进行实际试验，当土质条件和施工条件与以往类似时，可参考以往的记载，确定基准。但是有些情况下可不进行试验，也不采用类似土质条件下的强度记录确定强度设计基准，而是按下述标准确定。

砂质土、砂卵土、黏性土（纯黏土除外）的设计基准强度不小于0.5MPa，通常取1MPa（平均值）。

黏土和特种土（有机土、火山灰黏土、高有机质土等）的设计强度基准，原则上按试验确定。通常设计基准强度的标准值为0.3MPa。

4.4.7 应力计算

计算侧压作用在水泥土墙上的应力时，可以把水泥土墙看成是以邻近芯材为支点的水平材，并按下列方法估算。

1. 芯材全孔设置的情形

对只考虑冲压剪切力的情形而言，按下式计算单位宽度的应力：

$$Q = \frac{w \cdot l_2}{2} \tag{4.3}$$

式中 d_e——有效厚度（m）；

Q——剪切力（kN）；

w——单位宽度侧压（kN/m）；

l_2——芯材内净距间隔（图4.36，m）。

2. 芯材隔孔设置的情形（图4.37）

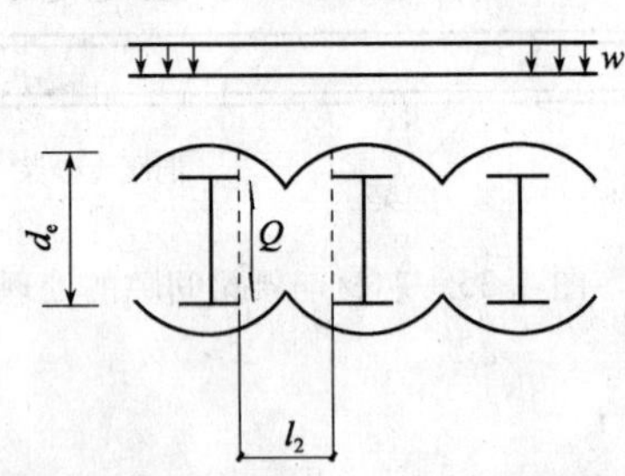

图4.36　芯材全孔设置的情况

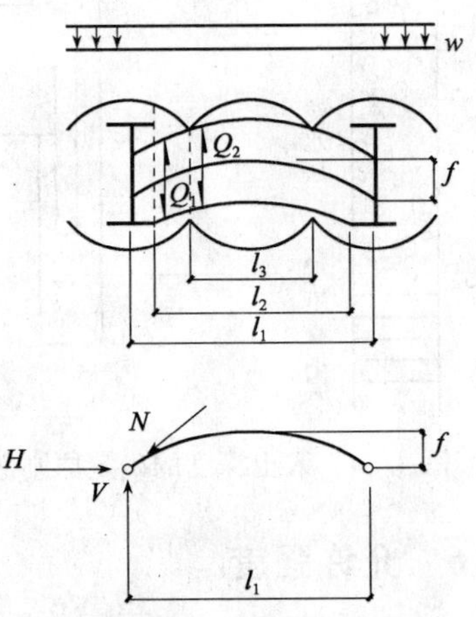

图4.37　芯材隔孔设置的情况

FEM解析得出的主应力看成抛物线拱状分布，由于（梁高/跨距）大等原因，所以水泥土内的抛物线拱区的单位宽度的应力，可按下式计算。

$$V = \frac{w \cdot l_1}{2} \tag{4.4}$$

$$Q_1 = \frac{w \cdot l_2}{2} \tag{4.5}$$

$$Q_2 = \frac{w \cdot l_3}{2} \tag{4.6}$$

$$H = \frac{w \cdot l_1^2}{8f} \tag{4.7}$$

$$N = \sqrt{V^2 + H^2} \tag{4.8}$$

式中 V——支点反力；

Q_1——芯材内距面上产生的剪切力（kN）；

Q_2——SMW 的颈缩段上产生的剪切力（kN）；

H——水平反力（kN）；

N——拱的轴力（kN）；

w——单位宽度的侧压（kN/m）；

l_1——芯材间隔（m）；

l_2——芯材内净距（m）；

l_3——SMW 的颈缩部的间隔（m）；

f——拱高度（m）。

因为上述抛物线拱单位宽度应力值的计算较为烦琐，所以人们常用查表（表 4.12-1 ~ 表 4.12-6）法确认。该表是在假定 H 型钢芯与 SMW 墙芯重合、典型抛物线尺寸及单位荷载（$10kN/m^2$）条件下，得出的单位宽度（1m）的应力值。

水泥土内抛物线拱的尺寸和单位宽度的应力（窄幅系列） **表 4.12-1**

系列	H 型钢 尺寸（mm）				D（cm）	l_1（cm）	l_2（cm）	t（cm）	f（cm）	$\frac{V\ (kN)}{W\ (kN/m)}$	$\frac{Q_1\ (kN)}{W\ (kN/m)}$	$\frac{H\ (kN)}{W\ (kN/m)}$	$\frac{N\ (kN)}{W\ (kN/m)}$	
	H	B	t_1	t_2										
窄幅	150	75	5	7	55	90	82.5	—	—	—	—	—	—	①
					60			—	—			—	—	①
					65			—	—			—	—	①
	175	90	5	8	55	90	81.0	—	—	0.45	0.41	—	—	①
					60			—	—			—	—	①
					65			19.5	19.0			0.53	0.70	②
	198	99	4.5	7	55	90	80.1	—	—	0.45	0.40	—	—	①
					60			—	—			—	—	①
					65			21.1	19.0			0.53	0.70	②
	200	100	5.5	8	55	90	80.0	—	—	0.45	0.40	—	—	①
					60			18.3	17.9			0.57	0.72	②
					65			21.1	19.0			0.53	0.70	②
	248	124	5	8	55	90	77.6	17.6	17.9	0.45	0.39	0.57	0.72	②
					60			20.1	20.1			0.50	0.67	②
					65			22.8	21.4			0.47	0.65	②
	250	125	6	9	55	90	77.5	17.6	17.9	0.45	0.39	0.56	0.72	②
					60			20.1	20.2			0.50	0.67	②
					65			22.8	21.4			0.47	0.65	②
	298	149	5.5	8	55	90	75.1	19.4	20.3	0.45	0.38	0.50	0.67	②
					60			22.6	21.5			0.47	0.65	②
					65			25.4	22.8			0.45	0.63	②

续表

系列	H型钢 尺寸（mm） H	B	t_1	t_2	D（cm）	l_1（cm）	l_2（cm）	t（cm）	f（cm）	$\frac{V\text{（kN）}}{W\text{（kN/m）}}$	$\frac{Q_1\text{（kN）}}{W\text{（kN/m）}}$	$\frac{H\text{（kN）}}{W\text{（kN/m）}}$	$\frac{N\text{（kN）}}{W\text{（kN/m）}}$	
窄幅					55			21.9	21.6			0.50	0.67	②
	300	150	6.5	9	60	90	75.0	22.5	21.5	0.45	0.38	0.47	0.65	②
					65			25.4	22.8			0.44	0.63	②
					55			21.9	21.6			0.47	0.65	
	346	174	6	9	60	90	72.6	25.1	22.8	0.45	0.36	0.44	0.63	
					65			27.9	24.0			0.42	0.62	
					55			21.9	21.6			0.47	0.65	
	350	175	7	11	60	90	72.5	25.1	22.9	0.45	0.36	0.44	0.63	
					65			27.9	24.1			0.42	0.62	
					55			21.9	21.7			0.47	0.65	
	354	176	8	13	60	90	72.4	25.1	22.9	0.45	0.36	0.44	0.63	
					65			27.9	24.2			0.42	0.61	
					55			23.7	24.4			0.42	0.61	
	396	199	7	11	60	90	70.1	26.8	25.7	0.45	0.35	0.39	0.60	
					65			30.4	25.3			0.40	0.60	
					55			23.7	24.4			0.41	0.61	
	400	200	8	13	60	90	70.0	26.8	25.8	0.45	0.35	0.39	0.60	
					65			30.4	25.4			0.40	0.60	
					55			23.7	24.5			0.41	0.61	
	404	201	9	15	60	90	69.9	26.8	25.8	0.45	0.35	0.39	0.60	
					65			30.4	25.5			0.40	0.60	
					55			26.1	24.0			0.42	0.62	
	446	199	8	12	60	90	70.1	29.3	25.3	0.45	0.35	0.40	0.60	
					65			32.1	26.5			0.38	0.59	
					55			26.1	24.1			0.42	0.62	
	450	200	9	14	60	90	70.0	29.3	25.3	0.45	0.35	0.40	0.60	
					65			32.1	26.6			0.38	0.60	
					55			26.1	24.2			0.42	0.61	
	456	201	10	17	60	90	69.9	29.3	25.4	0.45	0.35	0.40	0.60	
					65			32.1	26.7			0.38	0.59	
					55			—	—			—	—	
	496	199	9	14	60	90	70.1	30.9	26.4	0.45	0.35	0.38	0.59	
					65			33.7	27.6			0.37	0.58	
					55			—	—			—	—	
	500	200	10	16	60	90	70.0	30.9	26.5	0.45	0.35	0.38	0.59	
					65			33.7	27.7			0.37	0.58	

注：上表不考虑芯材的偏心。

① 隔孔设置情形下，因 $l_2 \geqslant D+h$，H型钢的内净距宽，所以必须讨论弯曲材时的强度。

② 与钻孔直径相比，H型钢的尺寸小，所以隔孔设置施工时，有必要对施工条件等另行讨论。

水泥土内抛物线拱的尺寸和单位宽度的应力（中幅系列） **表 4.12-2**

系列	H 型钢 尺寸（mm） H	B	t_1	t_2	D（cm）	l_1（cm）	l_2（cm）	t（cm）	f（cm）	$\frac{V\text{ (kN)}}{W\text{ (kN/m)}}$	$\frac{Q_1\text{ (kN)}}{W\text{ (kN/m)}}$	$\frac{H\text{ (kN)}}{W\text{ (kN/m)}}$	$\frac{N\text{ (kN)}}{W\text{ (kN/m)}}$	
中幅					55			—	—			—	—	①
	148	100	6	9	60	90	80.0	—	—	—	—	—	—	①
					65			—	—			—	—	①
					55			—	—			—	—	①
	194	150	6	9	60	90	75.0	18.4	20.1	0.45	0.38	0.50	0.68	②
					65			21.1	21.4			0.47	0.65	②
					55			17.6	20.2			0.50	0.67	②
	244	175	7	11	60	90	72.5	20.7	21.5	0.45	0.36	0.47	0.65	②
					65			23.5	22.8			0.44	0.63	②
					55			20.0	21.7			0.47	0.65	
	294	200	8	12	60	90	70.0	23.2	23.0	0.45	0.35	0.44	0.63	
					65			26.0	24.3			0.42	0.61	
					55			20.0	21.8			0.47	0.65	
	298	201	9	14	60	90	69.9	23.2	23.1	0.45	0.35	0.44	0.63	
					65			26.0	24.4			0.41	0.61	
					55			22.5	24.7			0.41	0.61	
	336	249	8	12	60	90	65.1	25.7	26.1	0.45	0.33	0.39	0.59	
					65			28.6	27.6			0.37	0.58	
					55			22.5	24.8			0.41	0.61	
	340	250	9	14	60	90	65.0	25.7	26.2	0.45	0.33	0.39	0.59	
					65			28.6	27.7			0.37	0.58	
					55			25.2	28.5			0.36	0.57	
	386	299	9	14	60	90	60.1	28.5	30.1	0.45	0.30	0.34	0.56	
					65			31.3	31.6			0.32	0.55	
					55			25.2	28.6			0.35	0.57	
	390	300	10	16	60	90	60.0	28.5	30.2	0.45	0.30	0.34	0.56	
					65			31.3	31.8			0.32	0.55	
					55			—	—			—	—	
	434	299	10	15	60	90	60.1	30.1	31.5	0.45	0.30	0.32	0.55	
					65			33.8	30.7			0.33	0.56	
					55			—	—			—	—	
	440	300	11	18	60	90	60.0	30.1	31.6	0.45	0.30	0.32	0.55	
					65			33.8	30.8			0.33	0.56	
					55			—	—			—	—	
	446	302	13	21	60	90	59.8	30.1	31.8	0.45	0.30	0.32	0.55	
					65			33.8	31.0			0.33	0.56	

续表

系列	H型钢 尺寸(mm) H	B	t_1	t_2	D (cm)	l_1 (cm)	l_2 (cm)	t (cm)	f (cm)	$\frac{V\ (\text{kN})}{W\ (\text{kN/m})}$	$\frac{Q_1\ (\text{kN})}{W\ (\text{kN/m})}$	$\frac{H\ (\text{kN})}{W\ (\text{kN/m})}$	$\frac{N\ (\text{kN})}{W\ (\text{kN/m})}$
中幅	482	300	11	15	55	90	60.0	—	—	0.45	0.30	—	—
					60			—	—			—	—
					65			35.6	32.2			0.31	0.55
	488	300	11	18	55	90	60.0	—	—	0.45	0.30	—	—
					60			—	—			—	—
					65			35.6	32.2			0.31	0.55
	494	302	13	21	55	90	59.8	—	—	0.45	0.30	—	—
					60			—	—			—	—
					65			35.6	32.4			0.31	0.55

注：上表不考虑芯材偏心。

① 隔孔设置情形下，因 $l_2 \geqslant D+h$，H型钢的内净距宽，所以必须讨论弯曲材时的强度。

② 与钻孔直径相比，H型钢的尺寸小，所以隔孔设置施工时，有必要对施工条件等另行讨论。

水泥土内抛物线拱的尺寸和单位宽度的应力（宽幅系列）　　表4.12-3

系列	H型钢 尺寸(mm) H	B	t_1	t_2	D (cm)	l_1 (cm)	l_2 (cm)	t (cm)	f (cm)	$\frac{V\ (\text{kN})}{W\ (\text{kN/m})}$	$\frac{Q_1\ (\text{kN})}{W\ (\text{kN/m})}$	$\frac{H\ (\text{kN})}{W\ (\text{kN/m})}$	$\frac{N\ (\text{kN})}{W\ (\text{kN/m})}$	
宽幅	175	175	7.5	11	55	90	72.5	15.1	18.4	0.45	0.36	0.55	0.71	②
					60			17.8	20.9			0.48	0.66	②
					65			20.5	22.3			0.45	0.64	②
	200	200	8	12	55	90	70.0	16.1	20.4	0.45	0.35	0.50	0.67	②
					60			19.3	21.8			0.46	0.65	②
					65			22.1	23.2			0.44	0.63	②
	200	204	12	12	55	90	69.6	16.2	20.6	0.45	0.35	0.49	0.67	②
					60			19.4	22.1			0.46	0.64	②
					65			22.1	23.5			0.43	0.62	②
	208	202	10	16	55	90	69.8	16.2	20.5	0.45	0.35	0.49	0.67	②
					60			19.3	21.9			0.46	0.64	②
					65			22.1	23.3			0.43	0.63	②
	244	252	11	11	55	90	64.8	18.7	23.8	0.45	0.32	0.42	0.62	
					60			21.9	25.4			0.40	0.60	
					65			24.7	26.9			0.38	0.59	
	248	249	8	13	55	90	65.1	18.7	23.6	0.45	0.33	0.43	0.62	
					60			21.9	25.1			0.40	0.60	
					65			24.7	26.7			0.38	0.59	
	250	250	9	14	55	90	65.0	18.7	23.7	0.45	0.33	0.43	0.62	
					60			21.9	25.2			0.40	0.60	
					65			24.7	26.7			0.38	0.59	

续表

系列	H型钢 尺寸（mm） H	B	t_1	t_2	D（cm）	l_1（cm）	l_2（cm）	t（cm）	f（cm）	$\frac{V（kN）}{W（kN/m）}$	$\frac{Q_1（kN）}{W（kN/m）}$	$\frac{H（kN）}{W（kN/m）}$	$\frac{N（kN）}{W（kN/m）}$
	250	255	14	14	55	90	64.5	18.8	24.0	0.45	0.32	0.42	0.62
					60			22.0	25.6			0.40	0.60
					65			24.7	27.2			0.37	0.58
	294	302	12	12	55	90	59.8	21.5	27.9	0.45	0.30	0.36	0.58
					60			24.7	29.6			0.34	0.57
					65			28.2	29.2			0.35	0.57
	298	299	9	14	55	90	60.1	21.4	27.6	0.45	0.30	0.37	0.58
					60			24.6	29.3			0.35	0.57
					65			28.1	28.9			0.35	0.57
	300	300	10	15	55	90	60.0	21.4	27.7	0.45	0.30	0.37	0.58
					60			24.6	29.4			0.34	0.57
					65			28.1	29.0			0.35	0.57
宽	300	305	15	15	55	90	59.5	21.5	28.1	0.45	0.30	0.36	0.58
					60			24.7	29.9			0.34	0.56
					65			28.2	29.5			0.34	0.57
	304	301	11	17	55	90	59.9	21.4	27.8	0.45	0.30	0.36	0.58
					60			24.6	29.5			0.34	0.67
					65			28.2	29.1			0.35	0.57
	338	351	13	13	55	90	54.9	24.0	32.4	0.45	0.27	0.31	0.55
					60			27.9	31.9			0.32	0.55
					65			30.8	33.6			0.30	0.54
	344	348	10	16	55	90	55.2	24.0	32.1	0.45	0.28	0.32	0.55
					60			27.9	31.5			0.32	0.55
					65			30.8	33.2			0.30	0.54
幅	344	354	16	16	55	90	54.6	24.6	30.4	0.45	0.27	0.33	0.56
					60			27.9	32.2			0.31	0.55
					65			30.8	34.0			0.30	0.54
	350	350	12	19	55	90	55.0	24.0	32.3	0.45	0.28	0.31	0.55
					60			27.9	31.7			0.32	0.55
					65			30.8	33.5			0.30	0.54
	350	357	19	19	55	90	54.3	24.7	30.8	0.45	0.27	0.33	0.56
					60			28.0	32.6			0.31	0.55
					65			30.8	34.4			0.29	0.54
	394	398	11	18	55	90	50.2	—	—	0.45	0.25	—	—
					60			—	—			—	—
					65			33.6	38.9			0.26	0.52
	400	400	13	21	55	90	50.0	—	—	0.45	0.25	—	—
					60			—	—			—	—
					65			33.6	39.2			0.26	0.52

注：上表不考虑芯材的偏心。

① 隔孔设置情形下，因 $l_2 \geqslant D+h$，H 型钢的内净距宽，所以必须讨论弯曲材时的强度。

② 与钻孔直径相比，H 型钢的尺寸小，所以隔孔设置施工时，有必要对施工条件等另行讨论。

水泥土内抛物线拱的尺寸和单位宽度的应力（窄幅系列） 表 4.12-4

系列	H型钢 尺寸（mm） H	B	t_1	t_2	D（cm）	l_1（cm）	l_2（cm）	t（cm）	f（cm）	$\frac{V\ (kN)}{W\ (kN/m)}$	$\frac{Q_1\ (kN)}{W\ (kN/m)}$	$\frac{H\ (kN)}{W\ (kN/m)}$	$\frac{N\ (kN)}{W\ (kN/m)}$
窄幅	396	199	7	11	85	120	100	32.9	29.9	0.60	0.50	0.60	0.85
	396	199	7	11	90	120	100	35.5	31.1	0.60	0.50	0.58	0.83
	400	200	8	13	85	120	100	32.9	30.0	0.60	0.50	0.60	0.85
	400	200	8	13	90	120	100	35.5	31.2	0.60	0.50	0.58	0.83
	404	201	9	15	85	120	100	32.9	30.0	0.60	0.50	0.60	0.85
	404	201	9	15	90	120	100	35.5	31.3	0.60	0.50	0.58	0.83
	446	199	8	12	85	120	100	34.5	31.1	0.60	0.50	0.58	0.83
	446	199	8	12	90	120	100	37.1	32.3	0.60	0.50	0.56	0.82
	450	200	9	14	85	120	100	34.5	31.1	0.60	0.50	0.58	0.83
	450	200	9	14	90	120	100	37.1	32.4	0.60	0.50	0.56	0.82
	456	201	10	17	85	120	100	34.5	31.2	0.60	0.50	0.58	0.83
	456	201	10	17	90	120	100	38.2	30.5	0.60	0.50	0.59	0.84
	496	199	9	14	85	120	100	37.1	30.3	0.60	0.50	0.59	0.84
	496	199	9	14	90	120	100	39.7	31.5	0.60	0.50	0.57	0.83
	500	200	10	16	85	120	100	37.1	30.4	0.60	0.50	0.59	0.84
	500	200	10	16	90	120	100	39.7	31.5	0.60	0.50	0.57	0.83
	506	201	11	19	85	120	100	37.1	30.4	0.60	0.50	0.59	0.84
	506	201	11	19	90	120	100	39.8	31.6	0.60	0.50	0.57	0.83
	596	199	10	15	85	120	100	40.5	32.6	0.60	0.50	0.55	0.82
	596	199	10	15	90	120	100	43.1	33.7	0.60	0.50	0.53	0.80
	600	200	11	17	85	120	100	40.5	32.6	0.60	0.50	0.55	0.82
	600	200	11	17	90	120	100	43.1	33.8	0.60	0.50	0.53	0.80
	606	201	12	20	85	120	100	40.5	32.7	0.60	0.50	0.55	0.81
	606	201	12	20	90	120	100	43.1	33.8	0.60	0.50	0.53	0.80
	612	202	13	23	85	120	100	40.5	32.8	0.60	0.50	0.53	0.81
	612	202	13	23	90	120	100	43.1	33.9	0.60	0.50	0.53	0.80

注：上表不考虑芯材的偏心。

水泥土内抛物线拱的尺寸和单位宽度应力（中幅系列） 表 4.12-5

系列	H型钢 尺寸（mm） H	B	t_1	t_2	D（cm）	l_1（cm）	l_2（cm）	t（cm）	f（cm）	$\frac{V\ (kN)}{W\ (kN/m)}$	$\frac{Q_1\ (kN)}{W\ (kN/m)}$	$\frac{H\ (kN)}{W\ (kN/m)}$	$\frac{N\ (kN)}{W\ (kN/m)}$
中幅	386	299	9	14	85	120	90	33.9	34.3	0.60	0.45	0.53	0.80
	386	299	9	14	90	120	90	36.6	35.7	0.60	0.45	0.50	0.78
	390	300	10	16	85	120	90	34.0	34.4	0.60	0.45	0.52	0.80
	390	300	10	16	90	120	90	36.6	35.8	0.60	0.45	0.50	0.78

续表

系列	H型钢 尺寸（mm） H	B	t_1	t_2	D（cm）	l_1（cm）	l_2（cm）	t（cm）	f（cm）	$\frac{V（kN）}{W（kN/m）}$	$\frac{Q_1（kN）}{W（kN/m）}$	$\frac{H（kN）}{W（kN/m）}$	$\frac{N（kN）}{W（kN/m）}$
中幅	434	299	10	15	85	120	90	35.5	35.6	0.60	0.45	0.51	0.78
	434	299	10	15	90	120	90	39.2	34.7	0.60	0.45	0.52	0.79
	440	300	11	18	85	120	90	35.5	35.7	0.60	0.45	0.50	0.78
	440	300	11	18	90	120	90	39.2	34.8	0.60	0.45	0.52	0.79
	446	302	13	21	85	120	90	35.6	35.8	0.60	0.45	0.50	0.78
	446	302	13	21	90	120	90	39.2	34.9	0.60	0.45	0.52	0.79
	482	300	11	15	85	120	90	38.2	34.7	0.60	0.45	0.52	0.79
	482	300	11	15	90	120	90	40.9	36.1	0.60	0.45	0.50	0.78
	488	300	11	18	85	120	90	38.2	34.7	0.60	0.45	0.52	0.79
	488	300	11	18	90	120	90	40.9	36.1	0.60	0.45	0.50	0.78
	494	302	13	21	85	120	90	38.2	34.9	0.60	0.45	0.52	0.79
	494	302	13	21	90	120	90	40.9	36.2	0.60	0.45	0.50	0.78
	582	300	12	17	85	120	90	41.6	37.3	0.60	0.45	0.48	0.77
	582	300	12	17	90	120	90	44.2	38.6	0.60	0.45	0.47	0.76
	588	300	12	20	85	120	90	41.6	37.3	0.60	0.45	0.48	0.77
	588	300	12	20	90	120	90	44.2	38.6	0.60	0.45	0.47	0.76
	594	300	14	23	85	120	90	41.6	37.3	0.60	0.45	0.48	0.77
	594	302	14	23	90	120	90	44.3	38.8	0.60	0.45	0.46	0.76
	692	300	13	20	85	120	90	46.5	37.4	0.60	0.45	0.48	0.77
	692	300	13	20	90	120	90	49.2	38.6	0.60	0.45	0.47	0.76
	700	300	13	24	85	120	90	46.5	37.4	0.60	0.45	0.48	0.77
	700	300	13	24	90	120	90	49.2	38.6	0.60	0.45	0.47	0.76
	708	302	15	28	85	120	90	46.5	37.6	0.60	0.45	0.48	0.77
	708	302	15	28	90	120	90	49.2	38.8	0.60	0.45	0.46	0.76

注：上表不考虑芯材的偏心。

水泥土内抛物线拱的尺寸和单位宽度的应力（宽幅系列） 表 4.12-6

系列	H型钢 尺寸（mm） H	B	t_1	t_2	D（cm）	l_1（cm）	l_2（cm）	t（cm）	f（cm）	$\frac{V（kN）}{W（kN/m）}$	$\frac{Q_1（kN）}{W（kN/m）}$	$\frac{H（kN）}{W（kN/m）}$	$\frac{N（kN）}{W（kN/m）}$
宽幅	298	299	9	14	85	120	90	30.9	31.8	0.60	0.45	0.57	0.83
	298	299	9	14	90	120	90	33.5	33.2	0.60	0.45	0.54	0.80
	300	300	10	15	85	120	90	30.9	31.8	0.60	0.45	0.57	0.82
	300	300	10	15	90	120	90	33.5	33.2	0.60	0.45	0.54	0.81
	294	302	12	12	85	120	90	30.9	32.0	0.60	0.45	0.56	0.82
	294	302	12	12	90	120	90	33.5	33.4	0.60	0.45	0.54	0.81

续表

H型钢					D (cm)	l_1 (cm)	l_2 (cm)	t (cm)	f (cm)	$\frac{V\ (kN)}{W\ (kN/m)}$	$\frac{Q_1\ (kN)}{W\ (kN/m)}$	$\frac{H\ (kN)}{W\ (kN/m)}$	$\frac{N\ (kN)}{W\ (kN/m)}$
系列	尺寸 (mm)												
	H	B	t_1	t_2									
宽幅	300	305	15	15	85	120	90	30.9	32.2	0.60	0.45	0.56	0.82
	300	305	15	15	90	120	90	33.5	33.7	0.60	0.45	0.53	0.80
	304	301	11	17	85	120	90	30.9	31.9	0.60	0.45	0.56	0.82
	304	301	11	17	90	120	90	33.5	33.4	0.60	0.45	0.54	0.81
	344	348	10	16	85	120	85	32.7	36.9	0.60	0.43	0.49	0.77
	344	348	10	16	90	120	85	36.2	36.1	0.60	0.43	0.50	0.78
	350	350	12	19	85	120	85	33.6	34.7	0.60	0.43	0.52	0.79
	350	350	12	19	90	120	85	36.3	36.2	0.60	0.43	0.50	0.78
	338	351	13	13	85	120	85	33.6	34.8	0.60	0.42	0.52	0.79
	338	351	13	13	90	120	85	36.3	36.3	0.60	0.42	0.50	0.78
	344	354	16	16	85	120	85	33.6	35.1	0.60	0.42	0.51	0.79
	344	354	16	16	90	120	85	36.3	36.6	0.60	0.42	0.49	0.78
	350	357	19	19	85	120	84	33.7	35.3	0.60	0.42	0.51	0.79
	350	357	19	19	90	120	84	36.3	36.8	0.60	0.42	0.49	0.77
	394	398	11	18	85	120	80	35.6	40.6	0.60	0.40	0.44	0.75
	394	398	11	18	90	120	80	39.2	39.4	0.60	0.40	0.46	0.75
	400	400	13	21	85	120	80	36.5	38.1	0.60	0.40	0.47	0.76
	400	400	13	21	90	120	80	39.2	39.6	0.60	0.40	0.45	0.75
	406	403	16	24	85	120	80	36.6	38.3	0.60	0.40	0.47	0.76
	406	403	16	24	90	120	80	39.2	39.9	0.60	0.40	0.45	0.75
	414	405	18	28	85	120	80	36.6	38.5	0.60	0.40	0.47	0.76
	414	405	18	28	90	120	80	39.3	40.1	0.60	0.40	0.45	0.75
	428	407	20	35	85	120	79	36.6	38.7	0.60	0.40	0.46	0.76
	428	407	20	35	90	120	79	39.3	40.3	0.60	0.40	0.45	0.75
	458	417	30	50	85	120	78	36.7	39.7	0.60	0.39	0.45	0.75
	458	417	30	50	90	120	78	39.3	41.4	0.60	0.39	0.44	0.74
	498	432	45	70	85	120	77	36.8	41.3	0.60	0.38	0.44	0.74
	498	432	45	70	90	120	77	39.5	43.0	0.60	0.38	0.42	0.73
	388	402	15	15	85	120	80	36.5	38.2	0.60	0.40	0.47	0.76
	388	402	15	15	90	120	80	39.2	39.8	0.60	0.40	0.45	0.75
	394	405	18	18	85	120	80	36.6	38.5	0.60	0.40	0.47	0.76
	394	405	18	18	90	120	80	39.3	40.1	0.60	0.40	0.45	0.75
	400	408	21	21	85	120	79	36.6	38.8	0.60	0.40	0.46	0.76
	400	408	21	21	90	120	79	39.3	40.4	0.60	0.40	0.45	0.75

注：上表不考虑芯材的偏心。

H 型钢芯与 SMW 墙芯不重合，或使用表中规格以外的 H 型钢时，应以 FEM 解析法为好。但是从实用的角度看，可把抛物线拱设定为山形拱，所以应力计算变得简便（图 4.38）。计算方法如下：

$$Q=\frac{w\cdot l_2}{2} \tag{4.9}$$

$$H=\frac{Q}{\tan\theta} \tag{4.10}$$

$$N=\frac{Q}{\sin\theta} \tag{4.11}$$

$$\theta=\tan^{-1}\frac{D-2e}{l_1} \tag{4.12}$$

$$t=\frac{1}{2}\ (h\cdot\cos\theta+B\cdot\sin\theta) \tag{4.13}$$

式中 w——单位宽度的侧压（kN/m）；
Q——剪切力（kN）；
H——水平反力（kN）；
N——拱的轴力（kN）；
l_1——芯材间隔（m）；
l_2——芯材内净距（m）；
t——拱的厚度（m）；
B——芯材的凸缘的宽度（m）；
h——芯材高度（m）；
D——SMW 的墙厚（钻孔直径，m）；
e——SMW 墙芯与芯材轴芯的偏心距离（m），离开 SMW 墙芯偏向地层侧为正，靠近挖基侧为负。

另外，即使隔孔设置的情况下，也应进行冲压剪切力的计算。同样采用设定抛物线拱计算应力。但这里介绍梁模型抗压应力的计算方法（图 4.39）。

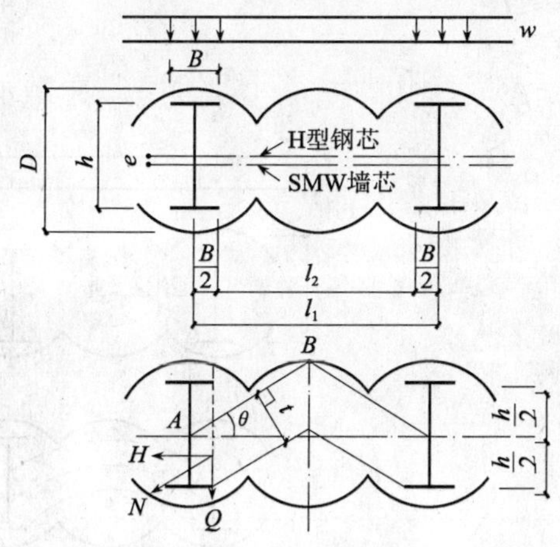

图 4.38 山形拱的应力计算

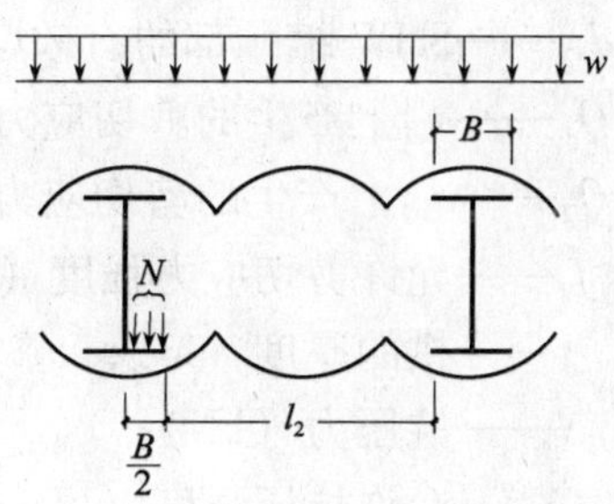

图 4.39 梁模型抗压应力

$$N=\frac{w\cdot l_2}{2} \tag{4.14}$$

式中　N——抗压应力（kN）；

w——单位宽度的侧压（kN/m）；

l_2——芯材的内净距（m）。

另外，也有人采用立桩横插板式挡土墙的应力计算法计算抗压应力。

4.4.8　断面计算法

水泥土构件的断面计算，剪切应力和抗压应力应分别控制在允许应力以下，支点反力在H型钢凸缘上产生的支承压应力，该部分是H型钢的凸缘和腹板决定的应力约束域，从过去的施工实例和实验结果可知，该支承压应力决定的压坏现象较少，所以这部位不予讨论。

1. 芯材全孔设置的情况（图4.36）

对于只考虑冲压剪切力的情形而言，剪切应力强度τ（kPa）可按下式确定：

$$\tau=\frac{Q}{b\cdot d_e}\leqslant f_s \tag{4.15}$$

式中　b——单位宽度（m）；

d_e——有效厚度（m）；

Q——剪切力（kN）；

f_s——允许剪切应力强度（kPa）。

2. 芯材隔孔设置的情形（图4.40）

水泥土内按抛物线拱考虑，则抗剪应力强度τ（kPa）和抗压应力强度σ（kPa）可按下式计算：

$$\tau_1=\frac{Q_1}{b\cdot d_{e1}}\leqslant f_s \tag{4.16}$$

$$\tau_2=\frac{Q_2}{b\cdot d_{e2}}\leqslant f_s \tag{4.17}$$

$$\sigma=\frac{N}{b\cdot t}\leqslant f_c \tag{4.18}$$

式中　d_{e1}——H型钢内距面的有效厚度（m）；

d_{e2}——SMW缩颈部的有效厚度（m）；

Q_1——d_{e1}上产生的剪切应力（kN）；

Q_2——d_{e2}上产生的剪切应力（kN）；

f_s——允许剪切应力强度（kPa）；

t——拱的厚度（m）；

N——抗压力（kN）；

f_c——允许抗压强度（kPa）。

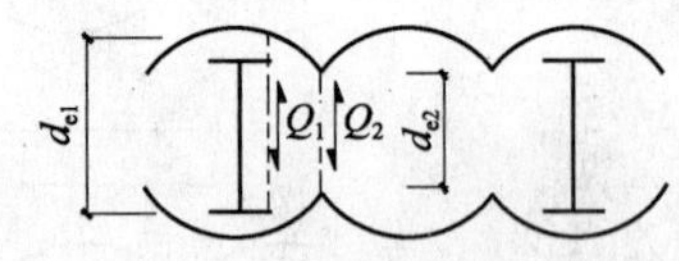

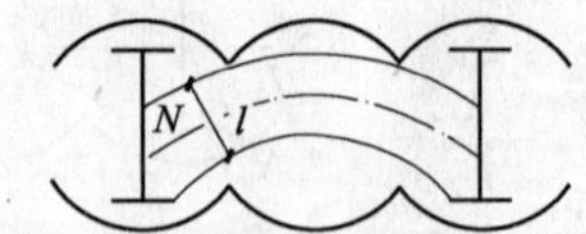

图4.40　芯材隔孔设置的情形

下面介绍由压力估算断面的方法。

$$\sigma = \frac{N}{A} = \frac{2 \cdot N}{b \cdot B} \leqslant f_c \tag{4.19}$$

式中 σ——压应力强度（kPa）；

N——压应力（kN）；

A——承受压力的面积（m^2）；

B——凸缘宽度（m）；

b——单位宽度（m）；

f_c——允许抗压强度（kPa）。

此外，也有人把有效厚度看成是 H 型钢的凸缘间距，按立桩横插板式挡土墙工法计算断面。

4.4.9 污泥处理计划

SMW 与其他机械搅拌式地层加固工法一样，水泥土的产生程序属正循环送入水泥浆液，该浆液中的极少量部分渗入地层，绝大部分与原位土砂混合成泥状水泥土，该水泥土在钻孔过程中起护壁作用。同时该水泥土也从搅拌叶片与杆的间隙溢向地表，其溢出量可按下式估算：

$$u \geqslant A \cdot V = A(V_1 + V_2 + V_3) \tag{4.20}$$

式中 u——污泥产生量（m^3）；

A——不小于 1 的系数；

V_1——水泥浆注入量（m^3）；

V_2——冲洗钻杆水的量（m^3）；

V_3——现场积水（其他因素）量（m^3）。

再有，因溢出水泥土中含有水泥成分，而水泥中含有六价铬［Cr^{6+}］，所以必须对水泥土进行六价铬的溶出试验，在确认其六价铬的含量不超过土壤污染基准值和地下水水质污染基准值的前提下，再进行排放。如果含量超标则应采取必要措施降低六价铬的含量使其达标。

由于泥土中的水泥和土发生水化反应生成氢氧化钙，致使产生碱溶出水，影响地下水质，故必须采取措施使其溶出水呈中性或低碱性。

此外，对一些特殊的施工现场，如：工厂遗址现场土中存在重金属、挥发性有机物及难分解的有机盐化合物等污染物的场合下，必须对现场及排出泥土（污泥）作适当处理。

关于该工法排出泥土（污泥）的处理、利用方法较多，是当前该工法的前沿课题，将在第 6 章中作详细介绍，这里不再赘述。

4.5 施　工

4.5.1 施工计划

施工之前必须认真周密地制订施工计划。所谓的施工计划即充分地掌握工程的目的、规模、地层条件、安全性、经济性等主客观条件，选定适应上述主客观条件的材料、施工设备、人员等。制订施工计划时的注意事项如下：

(1) 充分理解工程的目的、SMW的用途。

(2) 仔细地理解设计内容。特别留意要求的精度和质量、标准规格和特殊规格的区分、安全系数的选择等内容。

(3) 根据工程的规模与工期的关系，设定机械、设备、动力的种类、规模及数量，与此同时配备合适的人员。

(4) 选定材料、供给及贮藏计划。

(5) 讨论 (1)~(4) 的方案结果与施工条件、环保条件、安全性、经济性的匹配性，并作现实性的调整。

(6) 制订的施工计划应具备适应条件变化而变化的可行性、伸缩性。

(7) 在讨论施工目的、地层条件、作业条件、安全性、经济性的基础上，设定SMW造成的必要计划及辅助措施等。

(8) 从安全方面核查机械，设备的布设及其动线计划、是否临时养护，管理组织等计划内容。

4.5.2 现场调查及试验施工

施工之前必须调查确认，用地及周围机械、器具和材料的运入路径；作业地层；作业空间；埋设物分布状况及邻近状况等。特别是地层状况对SMW的质量及施工安全性的影响，所以必须认真地调查土层构成、土质、地下水等状况。

预测施工存在难点的情况下，希望实施试验施工。

(1) 现场调查时，必须整理列举调查项目，并且要认真核对。现场调查项目如表4.13所示。

事前调查项目内容一览表　　表4.13

项目		调查确认的内容
一般事项	工程概况	工程名称、工程地点、发包者、设计监理、施工单位、工程规模
周围状况	通行道路	路宽、通行规模、高度限制
	设备装卸场地	路宽、高度、坡度、是否转弯
	邻近协定	协定内容（作业日期、时间……）
	邻近地区	邻近地区的界限、邻近构造物、到作业点的距离
	水井	周围地下水的利用状况

续表

项目		调查确认的内容
一般事项	工程概况	工程名称、工程地点、发包者、设计监理、施工单位、工程规模
场地状况	场地	施工范围、机械组装解体场地、机械设置场地，材料堆放场地，材料运入通路，泥土一次处理场地
	作业地层	护养程度，是否需要加固，水平度，降雨时的状况
	导沟	能否造成导沟，周围是否需要加固、导规设置位置
	地下障碍物和埋设物	地下埋设管道的有无及其处理计划，有无旧井、防空洞、旧构造物的残余、垃圾
	地表障碍物	有无架空线
	其他	侧面树木等突出物体
地层状况	地质柱状图	调查位置与施工范围的关系，标准贯入试验结果
	土质	粒度级配，单轴抗压强度等，含水比、渗透系数 有无有机质土等特殊土层
	地下水	地下水位，水位变化状况、承压水的有无及程度 地下水是否流动及状况
与邻近构造物的关系	地表构造物	与钻孔位置的最近距离
	地下构造物	与钻孔位置的最近距离，构造物的深度和位置，构造物的基础的状况
有关事项	总体地下工程计划	施工目的、设计意图、躯体位置的关系，挖基顺序
	个别工程计划	支撑计划、基础桩的计划
用水用电	用水	供水能力（口径、水压）
	用电	有无动力用电电源、供电能力状况
其他	问题	标准施工困难的地点，护养有问题的部位，管理项目中的基准难以维持的部位，其他

此外，近年在水泥土墙施工之前，还对施工材料水泥或水泥类固化材进行六价铬的析出试验。进行该试验的目的是因为水泥中含有有害六价铬，伴随时间的增长，六价铬析出会向周围地层中扩渗，故存在污染地下水的悬念。另外，在工厂旧址施工的场合下，存在的重金属与油分随着掘削地层被扰动，进而造成渗流，导致土质地下水的污染，所以在施工前应对对象土进行检查，遇到这种情况多采取将污染表土铲除后再施工的处理方法。

（2）试验施工的目的是为了确认核对施工效率、土质状况等因素的实况，正确修改总体设计及施工计划而进行的施工。在工期、费用允许的范围内可进行多种试验。

4.5.3 施工顺序

SMW 的标准施工顺序如图 4.41 所示。为了更确切、详细地说明图中的各工序，这里特用实物照片辅以说明（照片 4.1 ~ 照片 4.4）。

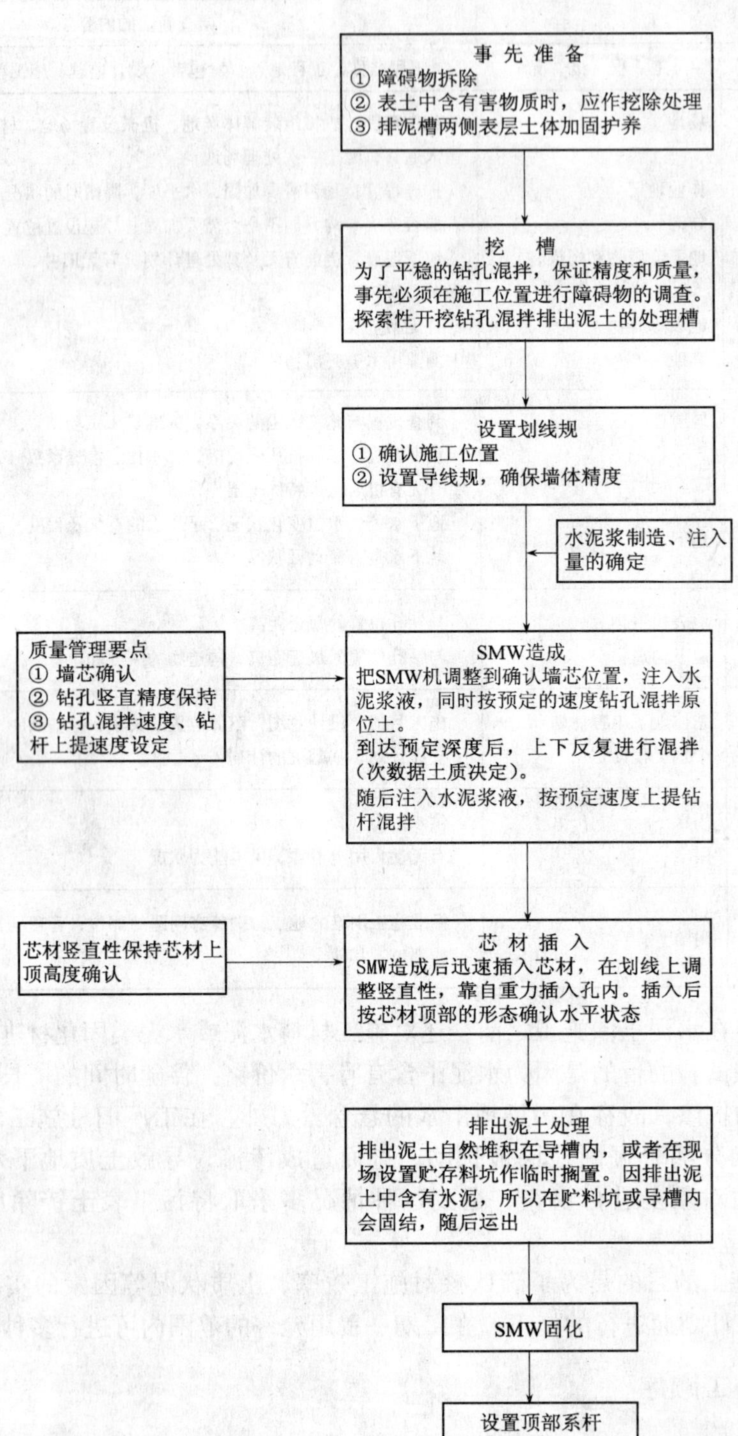
事先准备
① 障碍物拆除
② 表土中含有害物质时，应作挖除处理
③ 排泥槽两侧表层土体加固护养
挖　槽
为了平稳的钻孔混拌，保证精度和质量，事先必须在施工位置进行障碍物的调查。探索性开挖钻孔混拌排出泥土的处理槽
设置划线规
① 确认施工位置
② 设置导线规，确保墙体精度
水泥浆制造、注入量的确定
质量管理要点
① 墙芯确认
② 钻孔竖直精度保持
③ 钻孔混拌速度、钻杆上提速度设定
SMW造成
把SMW机调整到确认墙芯位置，注入水泥浆液，同时按预定的速度钻孔混拌原位土。
到达预定深度后，上下反复进行混拌(次数据土质决定)。
随后注入水泥浆液，按预定速度上提钻杆混拌
芯材竖直性保持芯材上顶高度确认
芯材插入
SMW造成后迅速插入芯材，在划线上调整竖直性，靠自重力插入孔内。插入后按芯材顶部的形态确认水平状态
排出泥土处理
排出泥土自然堆积在导槽内，或者在现场设置贮存料坑作临时搁置。因排出泥土中含有水泥，所以在贮料坑或导槽内会固结，随后运出
SMW固化
设置顶部系杆

图4.41　标准施工顺序

SMW机、履带吊车等机械组装

(b)

①对事前判定的地中障碍物进行探挖，随后拆除，回填良质土
②为了暂时贮存SMW施工时的溢出泥土，用反铲挖掘兼作障碍物探挖的导沟

螺旋钻机、螺旋钻杆、反铲、调节设备，发电机等机材运入

(c)

设置承受主机荷重的铁板
作为一例：取铁板厚22mm
长（6094mm）×宽（1524mm）

芯材运入

(d)

在探挖的导沟上设置导轨，并且确认水平，划出开钻幅段的标记（简称导标）

固化材运入

(a)

(e)

在铁板上利用开挖导沟的产生土建造泥土坑

照片4.1　准备工序照片

(a) 机械运入、组装；(b) 探查导沟开挖；(c) 作业底板施工（铺设铁板）；(d) 导轨的设置、施工位置划线；(e) 泥土坑施工

使导轨标记与钻孔轴心重合，确认轴心通过孔心后，外伸支架千斤顶伸出

(a)

续接钻杆

(d)

用膨润土泥水向预孔中钻进，在导沟内临时埋设续接钻杆的装置

(b)

到达预定深度后，逆转上提搅拌（卸杆作业）

(e)

钻孔开始从螺杆尖头处喷射水泥浆，与原位土搅拌混合，直到接杆位置

- 钻孔搅拌
- 接杆
- 反复上提搅拌

(f)

用反铲把钻孔产生的泥土随时倒入泥坑中

(c)

先期钻孔结束后，整理钻孔现场，进行SMW施工准备。

- 导沟掘削
- 作业底板造成
- 设置导标泥土坑建造

更换 SMW 机的附件，从单轴换成3轴

(g)

照片 4.2　先期钻孔照片

(a) 先期钻孔机（单轴螺旋定位）；(b) 埋设临时钻杆；(c) 钻孔搅拌；
(d) 接杆作业（钻孔时）；(e) 上提搅拌；(f) 主机移动到下一个钻孔点的定位；(g) 替代方法

使导标与螺旋钻钻尖位置重合，确认通过孔心方向后，外伸支架千斤顶伸出

参考钻杆续接状况图（图 4.42）与先期钻孔时的接杆作业相同

从多轴装置上解脱杆轴，用临时导轨固定，使主机横移到预定孔位置

(*a*)

用膨润土泥水向预孔中钻进，在导沟内埋设临时钻杆接续装置

(*b*)

把多轴装置接到埋设钻杆上，反转上提，使主机横移到原施工位置

从两端的螺旋钻杆的尖头处喷射水泥浆，从中间螺旋钻杆的尖头处射气。

从钻孔开始起一直搅拌到预定位置

①确认墙芯、竖直状况
②钻孔搅拌速度、深度的确认
③水泥浆的制造、注入量的设定，注入状况的确认
④泥土处理
⑤反复搅拌，上提搅拌时均按上述核查项目核查

(*c*)

把提出的埋设钻杆接续到钻机的杆轴上

(*d*)

照片 4.3 SMW 施工作业（一）

(*a*) SMW（3 轴）的定位；(*b*) 埋设临时钻杆；(*c*) 钻孔搅拌混合；(*d*) 续接钻杆作业（钻孔时）

接杆后，到达预定深度后，上下反复进行搅拌直到底部

(*e*)

上提时的卸杆作业与钻孔时的作业顺序相反

(*f*)

继续喷射水泥浆液，缓慢上提搅拌轴，第一幅钻孔搅拌混合结束。冲洗杆轴

(*g*)

第1幅施工完成后，施工第2幅。以第1、2幅的两端为导槽，在两者中间施工第3幅，即建造成完全搭接的水泥土墙

(*h*)

①钻孔上提搅拌时用反铲及时地把泥土倒入泥坑内，硬化后运出。
②泥土运出用反铲装到翻斗车上运出

(*i*)

照片4.3　SMW施工作业（二）

(*e*) S反复搅拌（旋转）；(*f*) 卸杆作业；(*g*) 上提搅拌；
(*h*) 上幅施工结束，下幅施工（完全搭接法施工）；(*i*) 泥土处理

钻孔搅拌结束后按与导规标志重合的规则插入芯材，并用导规固定

(*a*)

用吊车吊入芯材旋转后，向导沟内静止插入芯材

(*b*)

用经纬仪确认芯材(下桩)的竖直性，靠自动缓慢地插入墙内

(*c*)

插入到预定深度，用水准仪确认顶高同时进行调整

(*e*)

下桩芯材一直插到接头部位，并作临时支撑

吊入上桩芯材，安装连接螺栓

用经纬仪确认上桩芯材的竖直精度，靠自重力插到墙内的预定深度处

用芯材吊具固定顶端，随后进行校核

(*d*)

照片 4.4　芯材插入照片

(*a*) 芯材插入划线规的安装；(*b*) 提吊芯材导规定位插入；
(*c*) 芯材插入竖直精度的确认及修正；(*d*) 螺栓插入接头；(*e*) 顶高确认，固定

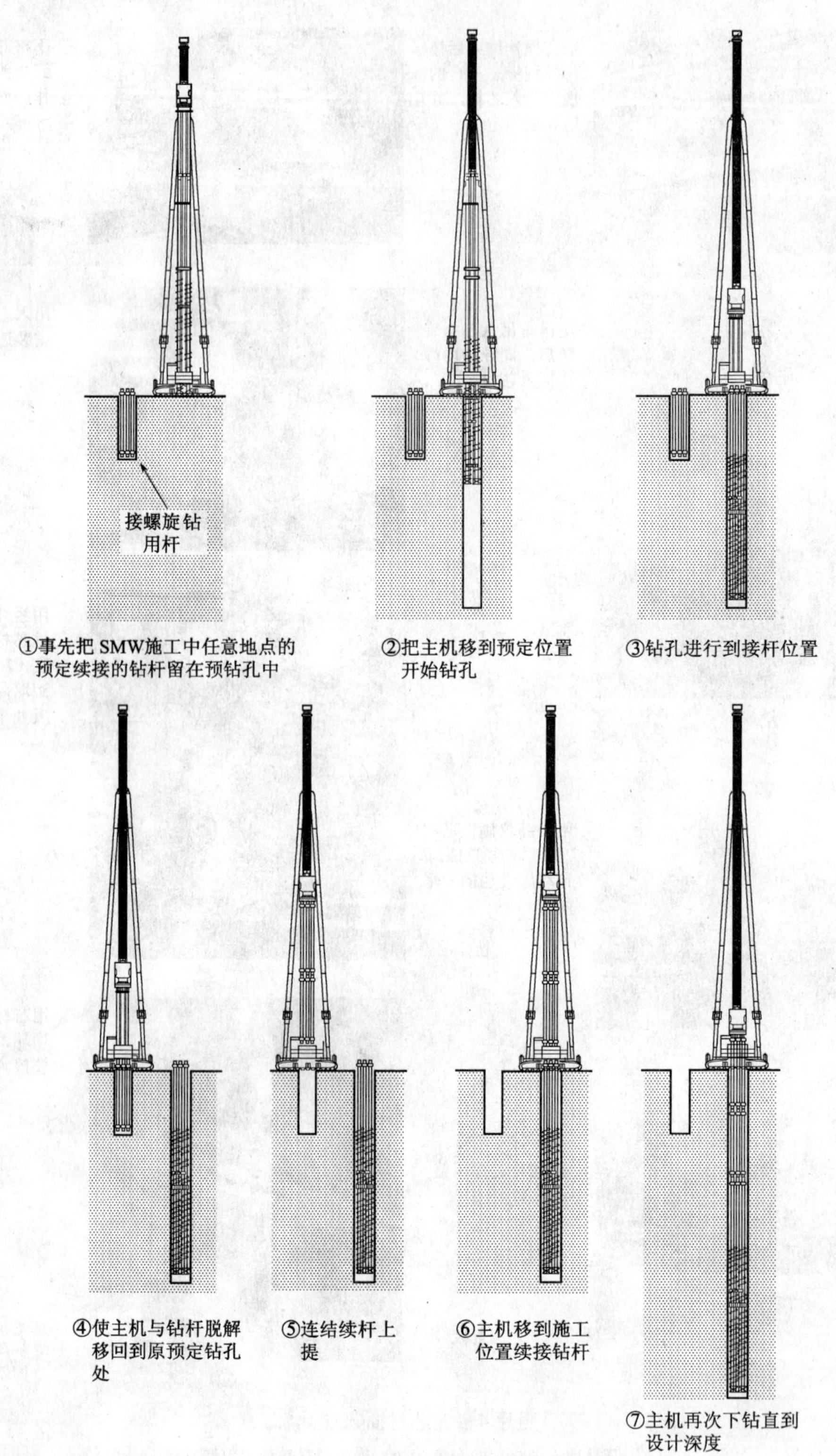

图4.42　钻杆续接状态图

4.5.4 施工机械

1. 钻孔搅拌机构

如前所述，施工机械和装置应据土质条件和施工条件选择。因 SMW 采用钻孔和搅拌功能兼备的钻孔搅拌机构施工，故这里按钻孔机构和搅拌机构进行介绍。

(1) 钻孔机构

钻孔机构如图 4.43 所示。为了保证钻孔作业和墙体的连续性，所以轴数大于 3 的钻机两端钻杆的下端（螺旋钻钻头）必须比其他杆的下端长。

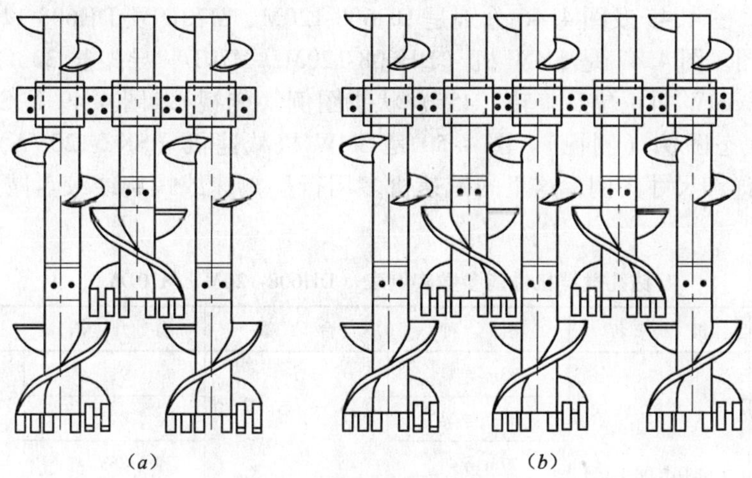

图 4.43 钻孔机构
(*a*) 三轴钻孔机构；(*b*) 五轴钻孔机构

(2) 搅拌机构

搅拌机构根据安装搅拌叶片和移动叶片的形状，可分成以下三种。

① 砂质土中用的搅拌机构是在各个搅拌轴上交替地安装螺旋状的搅拌叶片和螺旋状的移动叶片的搅拌机构（图 4.44*a*）。

② 黏性土中使用的搅拌机构，主要由螺旋状的移动叶片构成（图 4.44*b*）。

③ 适于砂卵土和岩层用的搅拌机构，主要由螺旋状的移动叶片构成（图 4.44*c*）。

另外，相互邻接的搅拌机构的旋转轨迹，必须确保 100mm 以上的搭接。

该工法开发时的标准孔径为 550mm，1975 年以后扩展到 850mm，后来孔径发展到 1000mm。因施工机械的主机上装有起重机，故主机较大较重，主机上还装有微型计算机控制的稳速装置。该装置控制发动机的转动，可

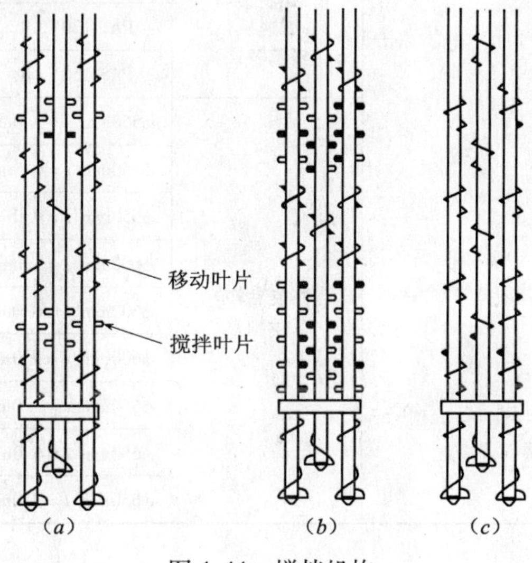

图 4.44 搅拌机构
(*a*) 砂质土用；(*b*) 黏性土用；(*c*) 砂卵土用

任意设定螺旋钻的上升、下降的钢杆的速度，并可使螺旋钻的上升、下降速度稳定在某一数值上，以便提高工作效率。

在大城市，所谓的施工高度已被限定在地表面和电车架空线之间的狭隘空间，所以目前迫切希望适应这种施工高度的机种问世。就 SMW 工法而言，为了满足这个要求，从几年前起先后开发了 SMW3000（施工限制高度 3m）、SMW5000（施工受限高度 5m）及 SMW7500（施工受限高度 7.5m）的施工机械。详见 5.1 节的叙述。

2. SMW 机性能参数实例表

表 4.14 及表 4.15 分别是 DH608-120M、M70D 及 DH608-120M、M90D 两种 SMW 机的规格参数表。图 4.45 及图 4.46 分别是 DH608-120M、M70D 及 DH608-120M、M90D 机型的导架尺寸图。图 4.47 是 SMW 机（DH608-120M、M70D、导架长 33m）构造规格图例。图 4.48 是 SMW 机正位及旋转（45°）状态图例（俯视）。图 4.49 是 SMW 机正位及旋转（45°）状态图例（侧视）。图 4.50 是 SMW 机减速机（SKC-120VA）和多轴装置（SAT-120）的详细尺寸图例，这里的减速机多用行星减速或螺旋线绞盘减速，并与多轴装置一体化。

钻孔搅拌机性能参数实例表（DH608-120M、M70D）　　表 4.14

<table>
<tr><th>用　途</th><th>机 械 名</th><th>机　种</th><th>台　数</th><th>自重力（kN）</th><th>使用电力（kW）</th></tr>
<tr><td rowspan="18">钻孔搅拌</td><td rowspan="6">主机 DH608-120M（M70D）</td><td>33m 导架</td><td rowspan="6">1</td><td>911</td><td rowspan="6">—</td></tr>
<tr><td>30m 导架</td><td>879</td></tr>
<tr><td>27m 导架</td><td>863</td></tr>
<tr><td>24m 导架</td><td>847</td></tr>
<tr><td>21m 导架</td><td>831</td></tr>
<tr><td>18m 导架</td><td>815</td></tr>
<tr><td rowspan="3">螺旋钻（减速机）多轴装置</td><td>SKC-120VA SAT-120</td><td rowspan="3">1</td><td>111</td><td>90</td></tr>
<tr><td>PAS-120VAR</td><td>91</td><td>90</td></tr>
<tr><td>PAS-150VAR</td><td>122</td><td>110</td></tr>
<tr><td rowspan="9">螺旋钻杆（单轴）</td><td>ϕ550mm l = 3.0m</td><td rowspan="9">—</td><td>8.2</td><td rowspan="9">—</td></tr>
<tr><td>ϕ550mm l = 6.0m</td><td>16.4</td></tr>
<tr><td>ϕ550mm l = 9.0m</td><td>21.2</td></tr>
<tr><td>ϕ600mm l = 3.0m</td><td>10.8</td></tr>
<tr><td>ϕ600mm l = 6.0m</td><td>20.0</td></tr>
<tr><td>ϕ600mm l = 9.0m</td><td>27.7</td></tr>
<tr><td>ϕ650mm l = 3.0m</td><td>11.0</td></tr>
<tr><td>ϕ650mm l = 6.0m</td><td>22.4</td></tr>
<tr><td>ϕ650mm l = 9.0m</td><td>34.2</td></tr>
</table>

续表

用　途	机 械 名	机　种	台　数	自重力（kN）	使用电力（kW）
钻孔搅拌	螺旋钻头（单轴）	ϕ550mm	1个	4.8	—
		ϕ600mm		5.0	
		ϕ650mm		5.5	
	搅拌螺旋（三轴）	ϕ550mm $l=6.75$m	—	37.1	—
		ϕ600mm $l=6.75$m		39.1	
		ϕ650mm $l=6.75$m		40.2	
	搅拌杆（三轴）	$l=1.00$m	—	8.8	—
		$l=2.00$m		10.4	
		$l=3.00$m		14.0	
		$l=6.75$m		28.5	
	螺旋钻头（三轴）	ϕ550mm	1组	7.7	—
		ϕ600mm		7.8	
		ϕ650mm		8.7	
配套设备	泵机组搅拌机组	SHP-24A	1	108	33.8
	水泥筒仓	30t 容量	1	60.0	12.2
	钢制水槽＋水泵	20m³ 容量	1～2槽	26.3	3.7kW/槽
		30m³ 容量		37.9	
芯材插入机辅助插入 各种材料吊入	履带吊车（油压式）	400kN	1	411	—
		500kN		479	
	振动打桩锤		1		—
冲洗钻杆	高压冲洗机	喷嘴口径　1.27cm	2	1.4×2	5.5×2
供电	发电机　减速机	350kVA（120HP）	1	58	—
		450kVA（150HP）		83	
	发电机　设备	100kVA	1	20.9	
辅助搅拌	空气压缩机	5.0m³/min	1	10	—
泥土处理	反铲	0.35m³	1	108	—
导沟开挖	挤压泵	20m³/h	1	13	15.0
	翻斗卡车	110kN	—	97	—
现场养护	钢板	22×1524×6096	24块	384.96	—

注：1. 履带吊车机种可由① 芯材重力；② 吊臂长度；③ 作业半径；④ 芯材插入方法；⑤ 螺旋钻（减速机）多轴装置重力；⑥ 钻杆组合表（3轴）的第2节以下的各节钻杆重力的最大值决定；

2. 吊臂长度＞芯材长度＋6m；

3. 芯材插入并用振动打桩锤的场合下，考虑到芯材的引拔吊车的机种可按比上述①、②、③的关系确定的机种高一个等级的机种方法选定；

4. ⑤项与组解体时的装配有关；⑥项与续接钻杆的预孔设置有关；

5. 螺旋钻（减速机）多轴装置的重力中包括附件的重力。

钻孔搅拌机性能参数实例表（DH608-120M、M90D）　　表4.15

用　途	机械名	机　种	台　数	自重力（kN）	使用电力（kW）
钻孔搅拌	主机 DH-608-120M（M90D）	30m 导架	1	927	—
		27m 导架		909	
		24m 导架		891	
		21m 导架		873	
		18m 导架		855	
	螺旋钻（减速机）多轴装置	PAS-200VAR	1	139.9	150
	螺旋钻杆（单轴）	ϕ850mm $l=3.0$m	—	13.2	—
		ϕ850mm $l=6.0$m		23.7	
		ϕ850mm $l=9.0$m		36	
		ϕ900mm $l=3.0$m	—	13.6	—
		ϕ900mm $l=6.0$m		24.4	
		ϕ900mm $l=9.0$m		37.1	
	螺旋钻头（单轴）	ϕ850mm	1个	7.50	—
		ϕ900mm		8.0	
	搅拌螺旋（三轴）	ϕ850mm $l=6.75$m	—	55.4	—
		ϕ900mm $l=6.75$m		56.2	
	搅拌杆（三轴）	$l=0.82$m	—	10.4	—
		$l=1.00$m		8.8	
		$l=2.00$m		11.9	
		$l=3.00$m		16.4	
		$l=6.75$m		35.4	
	螺旋钻头（三轴）	ϕ850mm	1组	14.8	—
		ϕ900mm		15.2	
配套设备	泵机组、搅拌机组	SHP-24A	2	108×2	33.8×2
	水泥筒仓	30t 容量	2	60×2	12.2×2
	钢制水槽+水泵	20m³ 容量	2槽	26.3	3.7kW/槽
		30m³ 容量		37.9	
芯材插入机辅助插入 各种材料吊入	履带吊车（油压式）	500kN	1	479	—
		600kN		607	
		800kN		760	
	振动打桩锤		1		—
冲洗钻杆	高压冲洗机	喷嘴口径 1.27cm	2	1.4×2	5.5×2
供电	发电机　减速机	500kVA	1	85	—
	发电机　设备	100kVA	2	20.9×2	—
辅助搅拌	空气压缩机	10.6m³/min	1	18	—
泥土处理导沟开挖	反铲	0.35m³	1	108	—
	挤压泵	20m³/h	1	13	15.0
	翻斗卡车	110kN	—	97	—
现场养护	钢板	22×1524×6096	24块	384.96	—

注：同表4.14注。

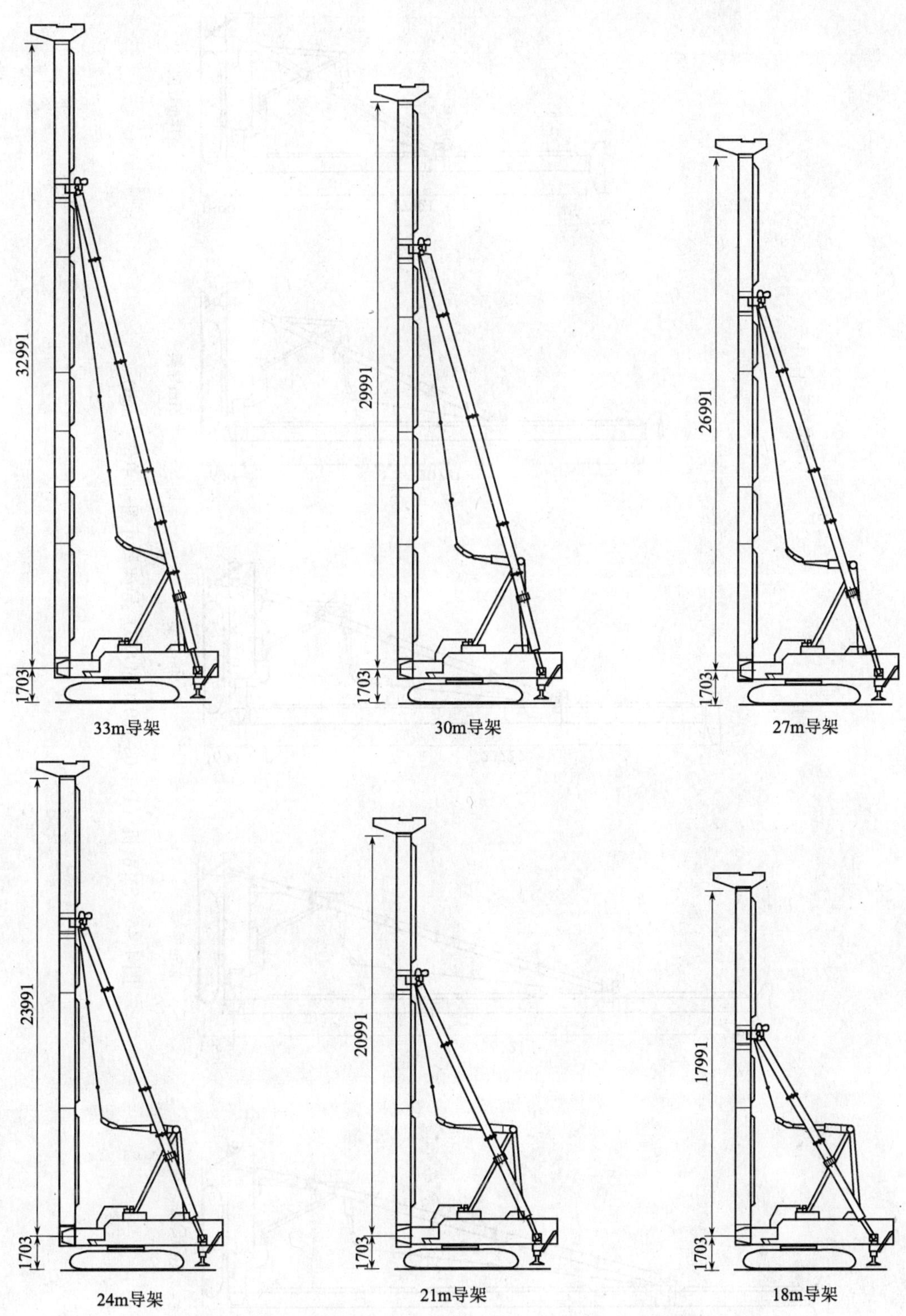

图 4.45 SMW 机（DH608-120M M70D）导架尺寸图（单位：mm）

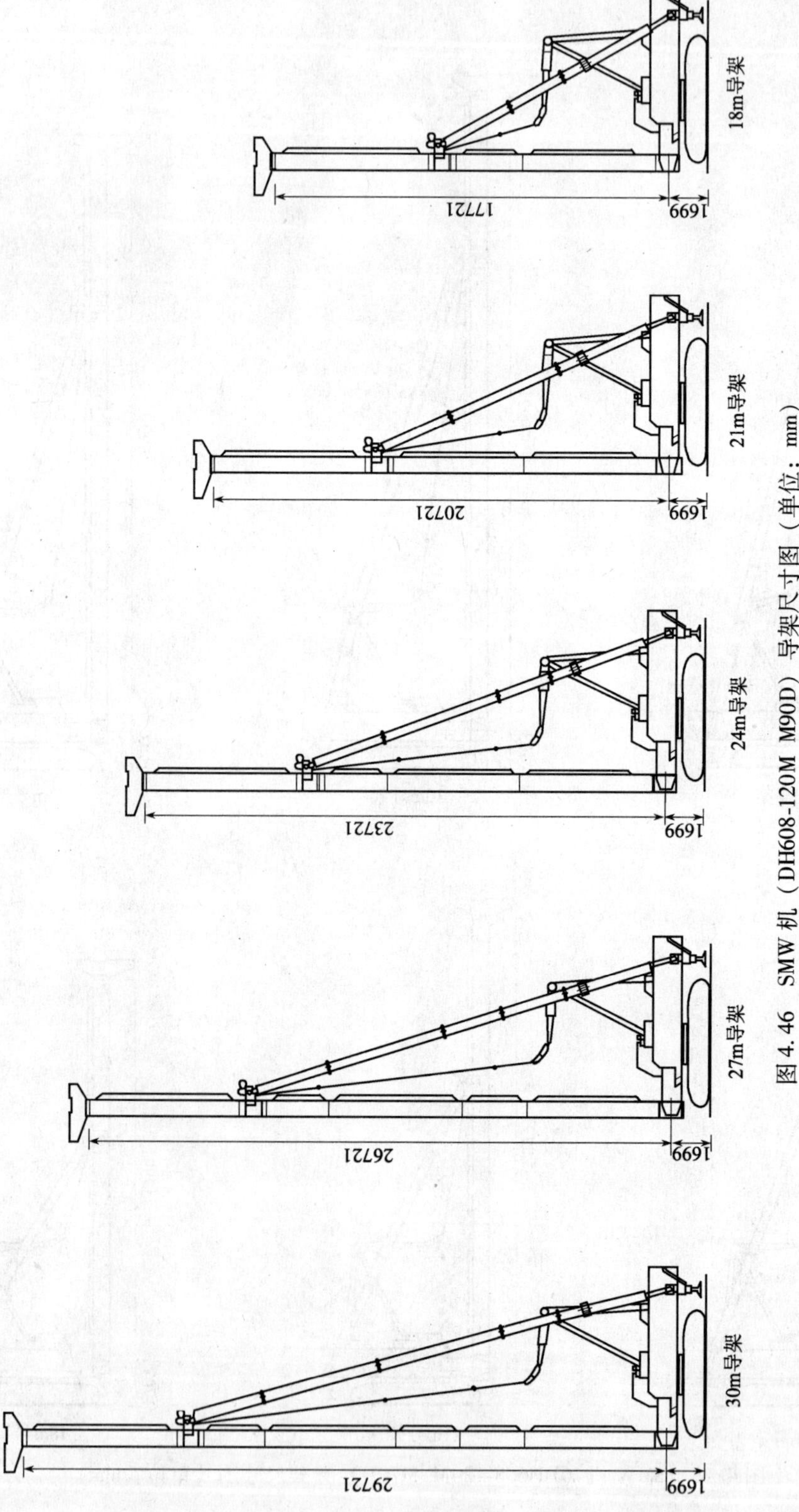

图 4.46　SMW 机（DH608-120M　M90D）导架尺寸图（单位：mm）

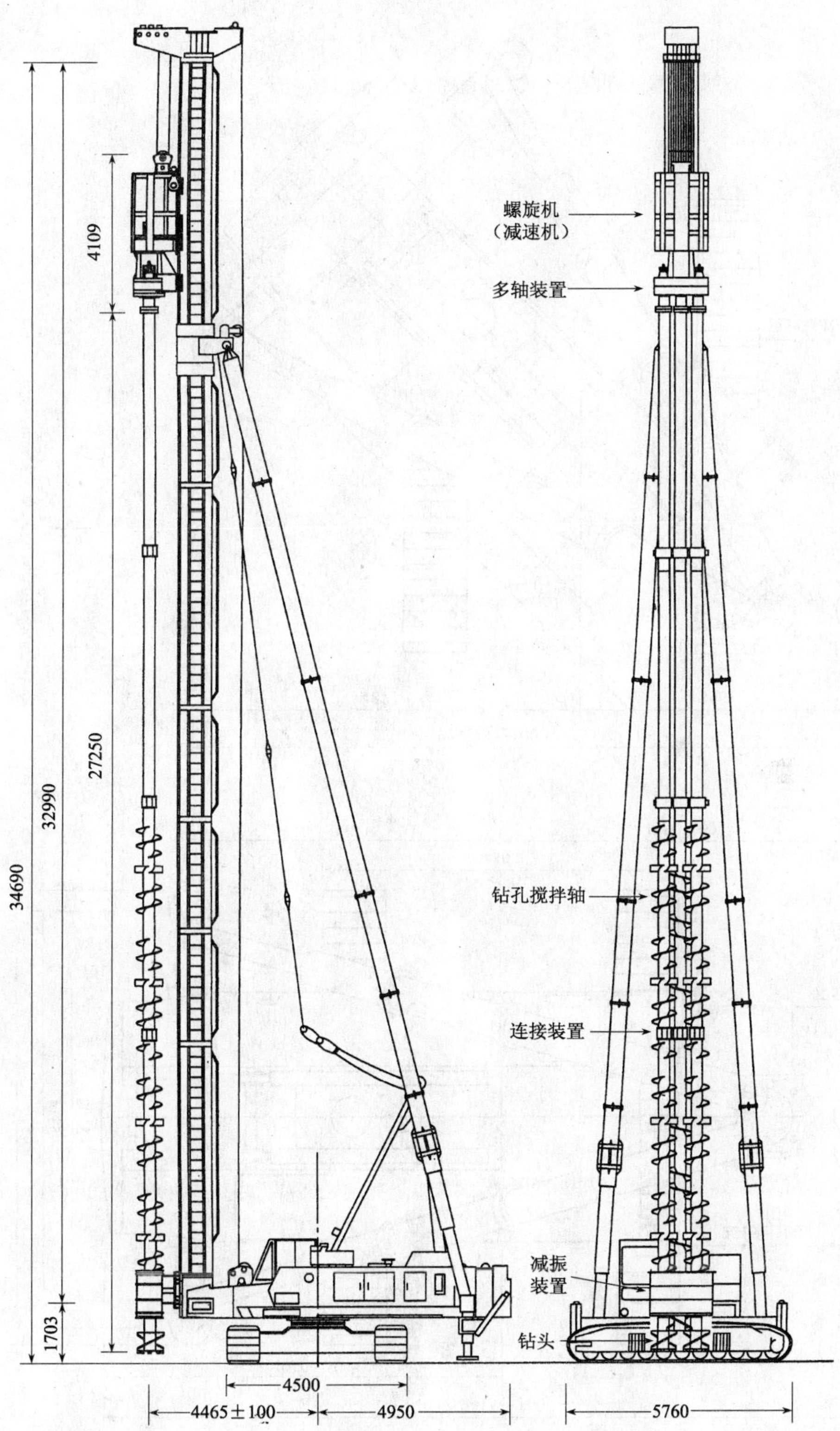

图 4.47 SMW 机（DH608-120M M70D、导架长 33m）构造规格图（单位：mm）

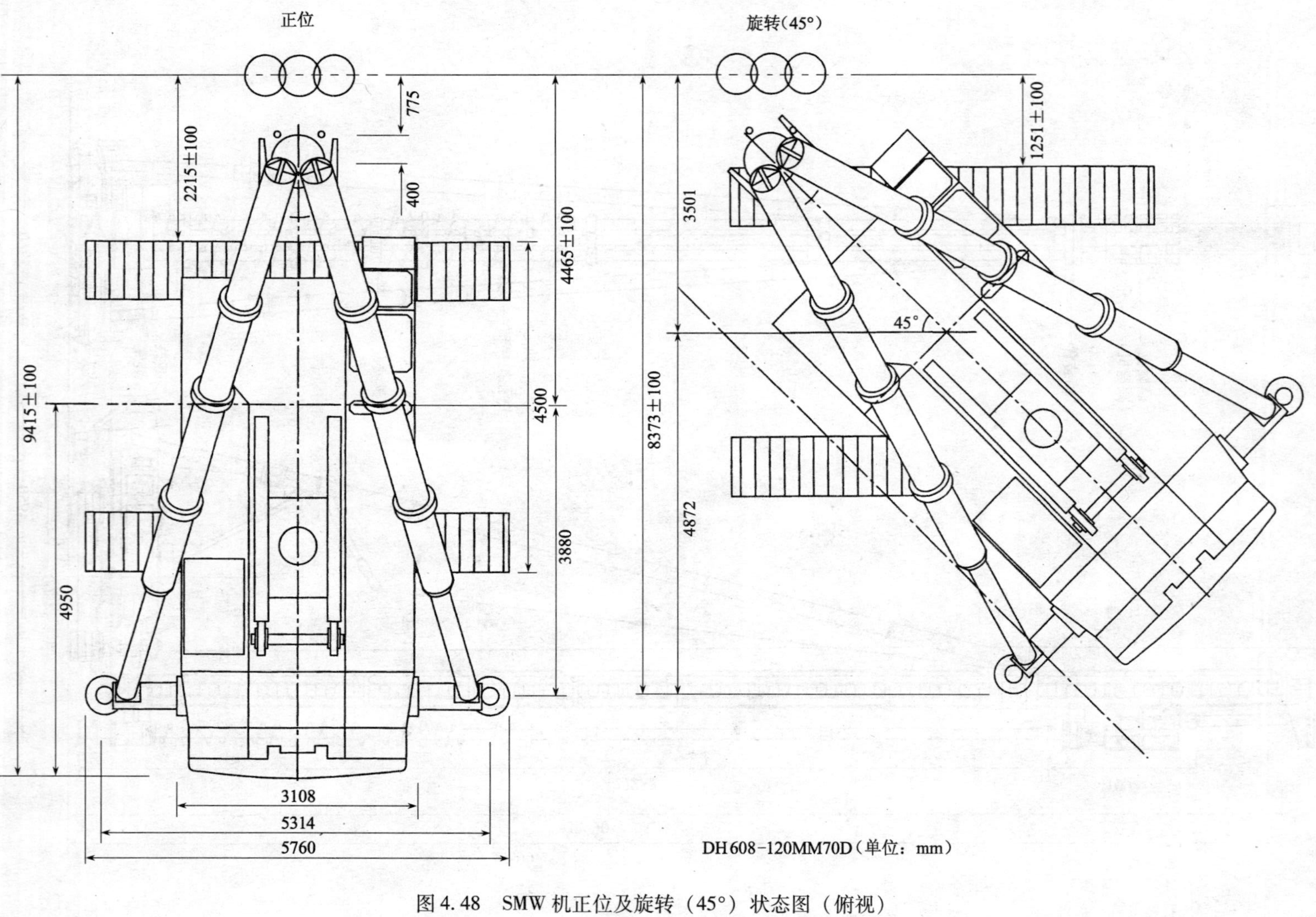

DH608-120MM70D（单位：mm）

图 4.48 SMW 机正位及旋转（45°）状态图（俯视）

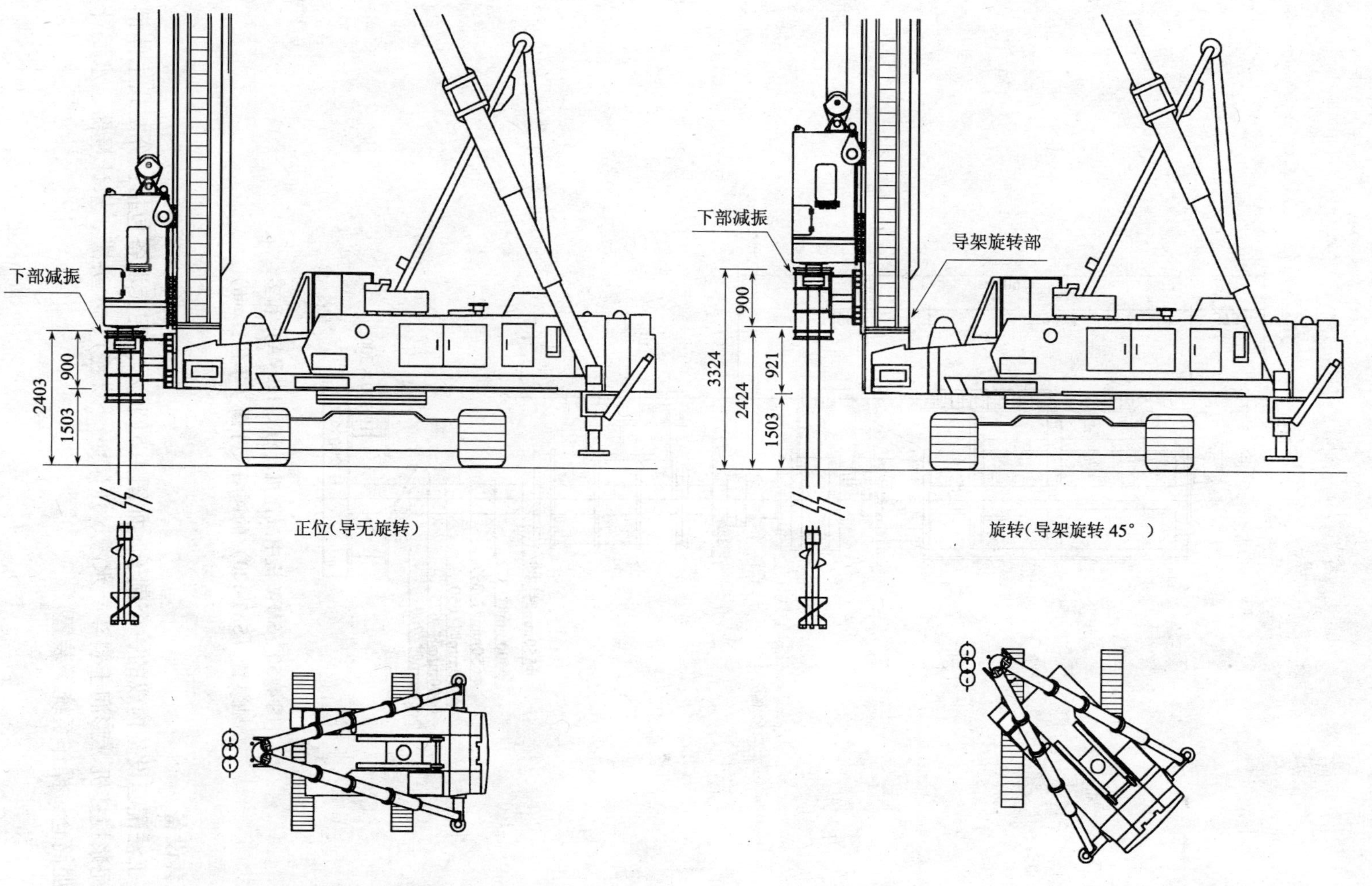

DH608-120M M70D（单位：mm）

图 4.49 SMW 机正位及旋转（45°）状态图（侧视图）

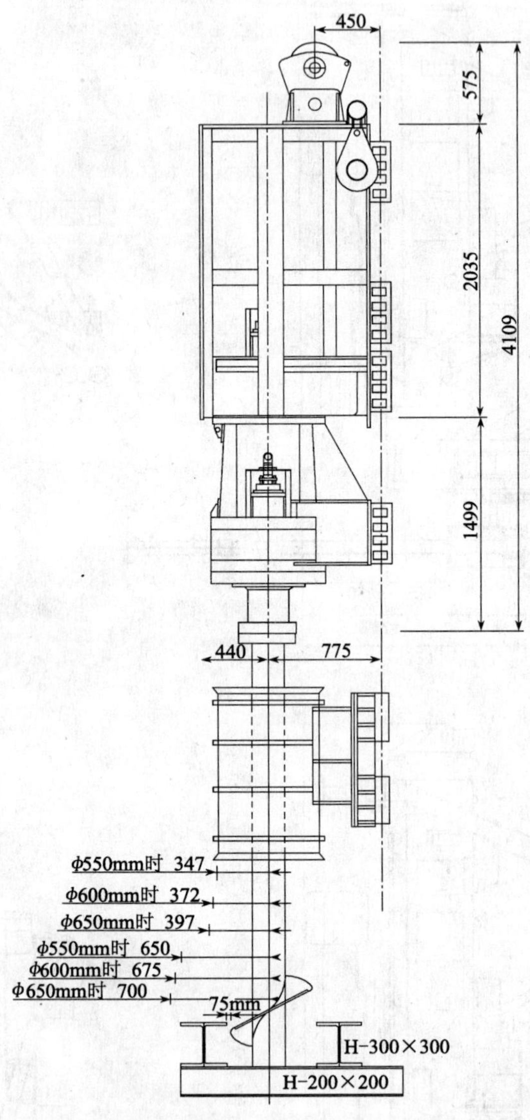

图4.50 SMW机中减速机（SKC-120VA）和多轴装置（SAT-120）的详细尺寸图（单位：mm）

3. 配套设备

SMW工法配套设备构成的一个例子，如图4.51所示。配套设备包括：分割式主体钢框架、水泥浆搅拌机、膨润土料斗、水罐、压浆泵（双腔）、水头罐、水计量器、水泥计量器、水泥筒仓、操作系统等装置。

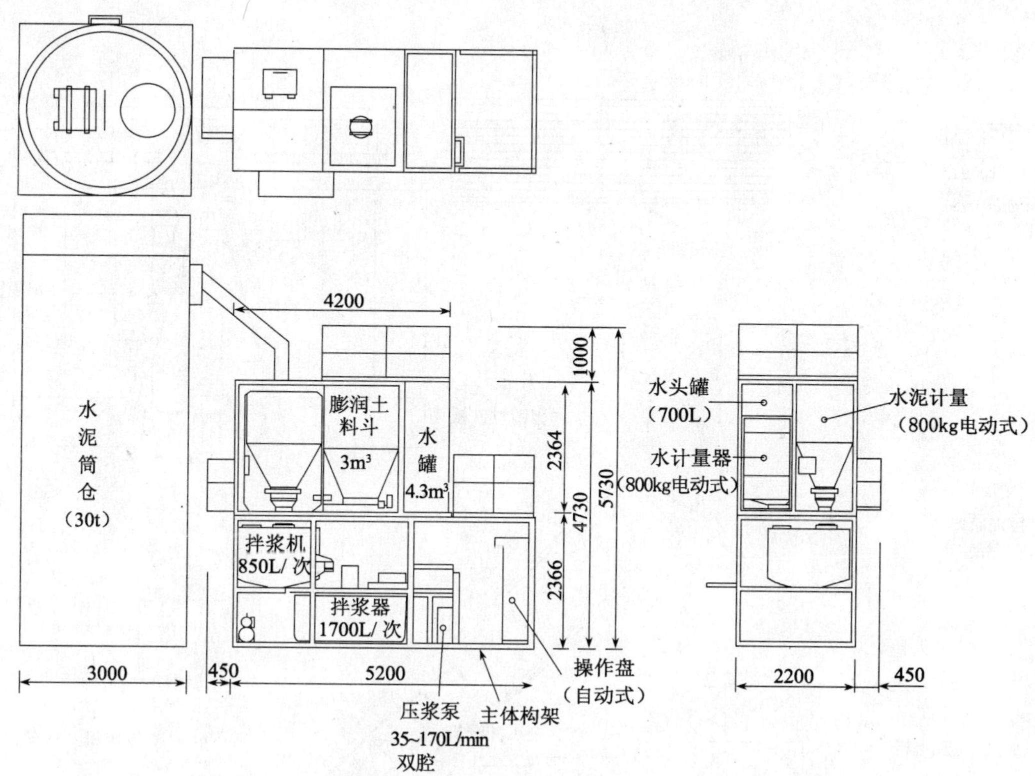

图 4.51 SMW 配套设备构成图（尺寸单位：mm）

4.5.5 施工设备现场布设

施工设备标准现场布设分布状况，如图 4.52、图 4.53 所示。

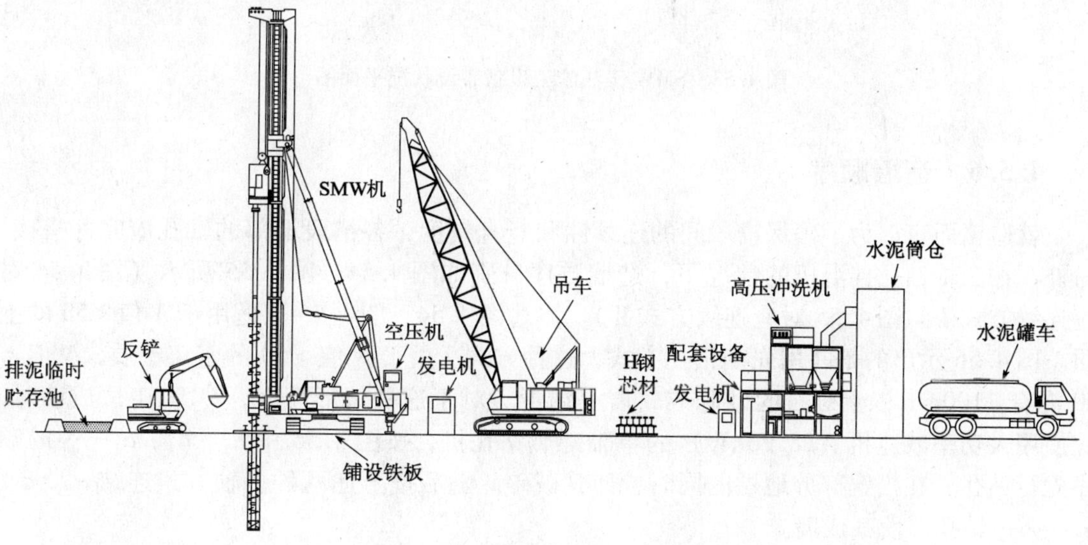

图 4.52 SMW 工法施工设备布设状况侧面图

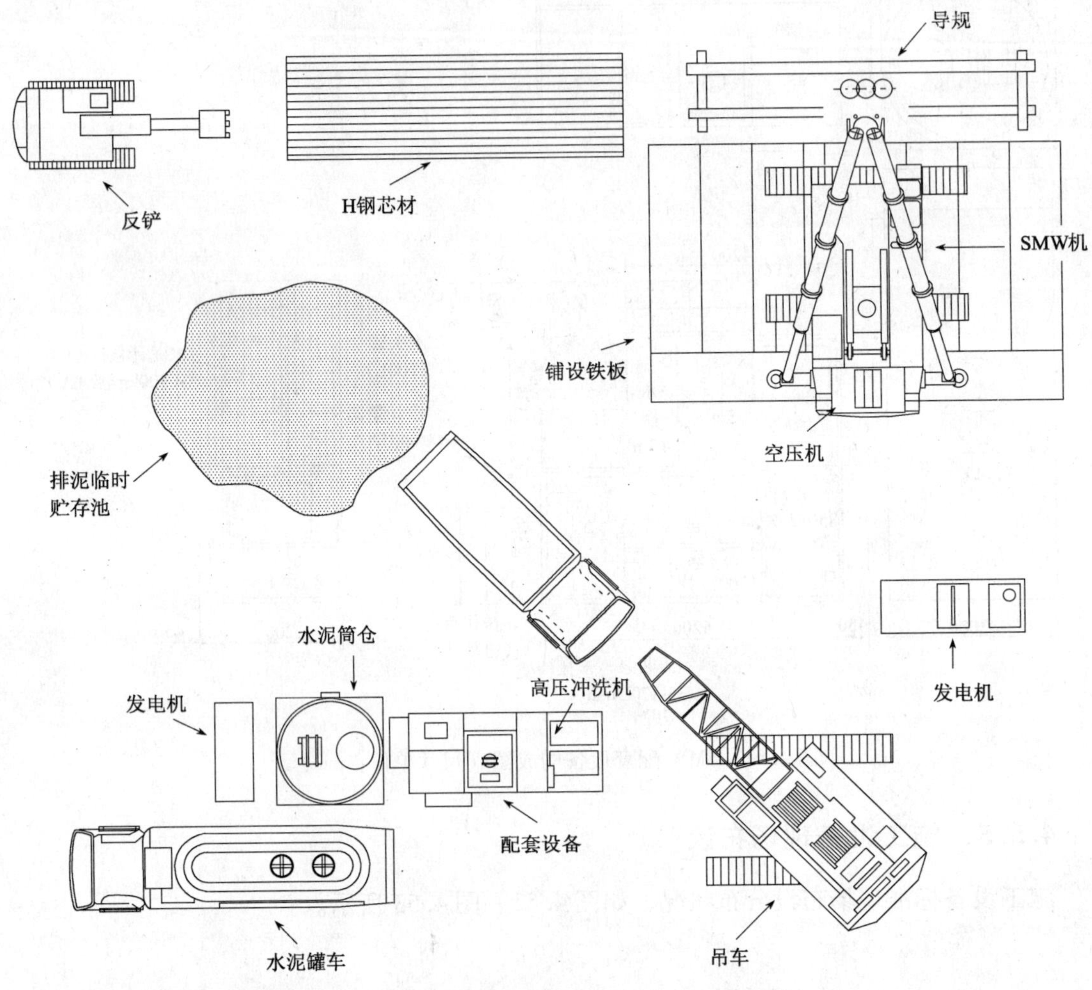

图 4.53　SMW 工法施工设备布设状况平面图

4.5.6　造墙顺序

就造墙而言，为了确保槽段间的连续性和竖直精度，各槽段端部的轴孔应完好搭接。另外，在三轴钻孔拌混机的情况下，造墙顺序分别如图 4.54、图 4.55 所示（图 4.54 对应连续方式Ⅰ，图 4.55 对应连续方式Ⅱ）。不过图 4.54、图 4.55 仅适用于 N 值 <50 的土质。图 4.56 示出的是并用先期钻孔方式，这种方式适用于 N 值 >50 的密实土质，N 值 <50 混有 ϕ100mm 以上砾石的砂砾或软岩等情形。对于这种情形而言，SMW 工法成墙时，应使用大功率减速机（88.26kW）的单轴螺旋钻孔机，按图 4.56 中 a_1、a_2、a_3……的顺序先行钻孔，在松解部分地层的同时，使其破碎。随后按上述两种多轴方式连结 a_1、a_2、a_3、……钻孔，使其成墙。

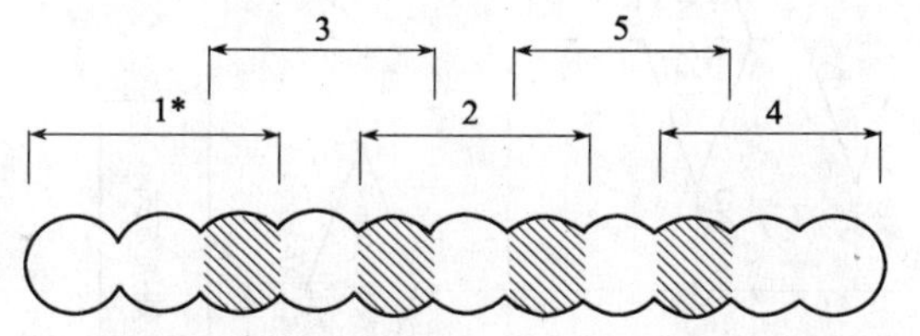

图 4.54 造墙顺序：①连续方式Ⅰ

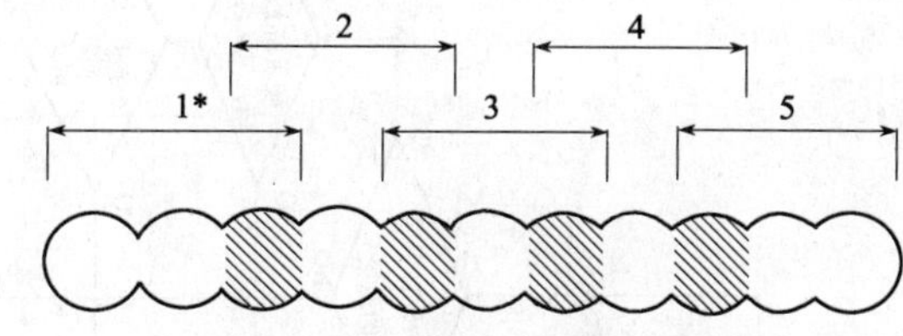

图 4.55 造墙顺序：②连续方式Ⅱ

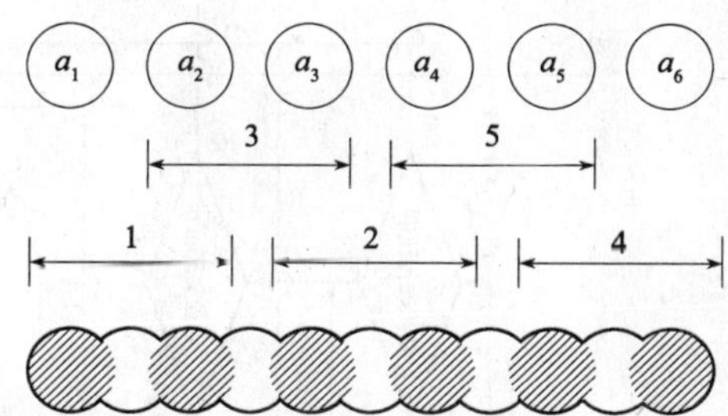

图 4.56 造墙顺序：先期钻孔并用方式

注入水泥浆液的配比，应据土质条件和施工条件决定，可按表 4.16 选取。

不同土质配比参考值 **表 4.16**

土质	配合（每 $1m^3$ 对象土）	
	固化材*（kg）	膨润土（kg）
黏性土	250～450	5～15
砂质土	200～400	5～20
砂砾土	200～400	5～30
黏土或特殊土	按室内配比试验确定	

注：固化材系指硅酸盐水泥、高炉水泥及其他水泥。

近年来，进行了用于水泥土墙中的添加剂的研究。使用添加剂的情况下，必须实施室内配比试验。添加剂的种类有：① 容易钻孔的添加剂；② 使土块分散的添加剂；③ 稳定孔壁的添加剂；④ 保持流动性的添加剂等。

关于泥土处理，可在场内作暂时贮存，硬化后运出。用于道路施工现场时，直接用真空泵车吸入运至现场。当把泥土运到场外处理时，必须按照各地的基准进行处理。

4.5.7 依据土质条件选定螺旋钻孔的程序

依据 4.5.2 节的现场土质调查结果选定螺旋钻机及造墙方式的程序如图 4.57 所示。

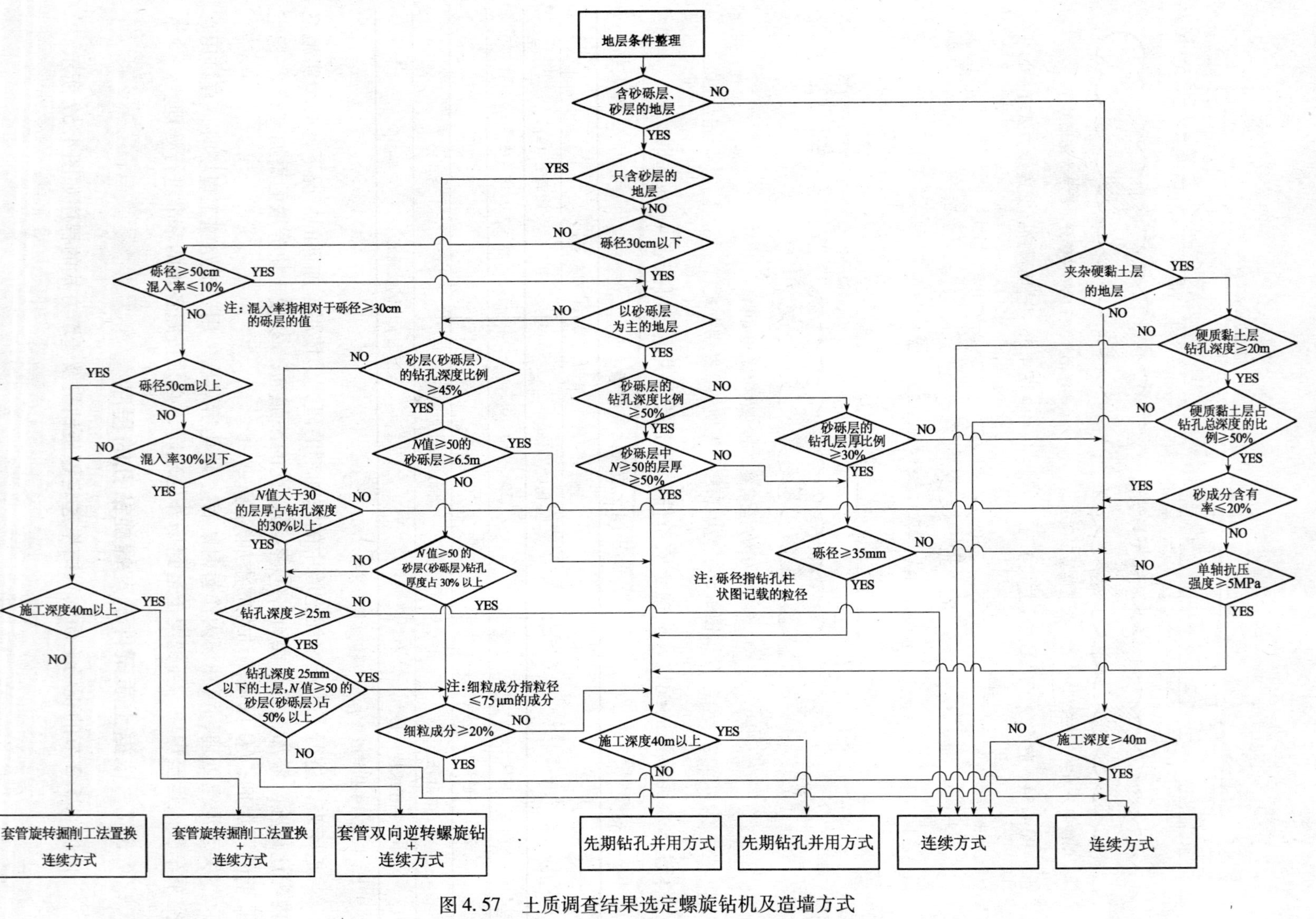

图 4.57　土质调查结果选定螺旋钻机及造墙方式

4.6 施工管理

水泥土墙的管理应遵照表4.17所示的管理内容进行管理，以便确保质量。管理人员必须较好地理解施工目的和设计宗旨，设定责任范围和管理项目的基准值（或规格值）。最近随着大深度挡土墙、防渗墙施工数量的增加，把钻孔精度作为水泥土墙造成形状管理的一个重要的管理项目的情形较多。

下面结合某盾构工作竖井群施工实践，介绍SMW挡土墙的设计及施工质量管理实例。

施工管理表 **表4.17**

施工顺序	管理项目		检查方法		异常处理
	管理点	核查点	时期	测定方法	
	位置精度	墙芯位置		经纬仪 标尺	2次施工
挖槽		划线规确定 H钢位置	设置时	经纬仪 标尺	修正
		划线规确定 H钢水平	设置时	水准仪	修正
划线规设置		槽段分割	分割时	标尺	2次施工
	钻孔精度	墙芯	主机设置后	标尺	2次施工
		竖直精度	钻孔时	竖直计 经纬仪	2次施工
		钻孔速度	钻孔时	时钟	2次施工
SMW造成		钻孔深度	钻孔后	标尺	2次施工
		混拌轴芯（墙芯）	钻孔时	标尺	2次施工
	SMW的质量	水泥浆配比	计量时	计量器	2次施工
芯材插入		单轴抗压强度 渗透系数	钻孔时	采样试验	补强
		混拌状态	钻孔时	目视	2次施工
	芯材精度	芯材插入位置	划线规设置时	标尺	修正
		芯材位置	插入芯材时	标尺	修正
泥土处理		竖直精度	插入芯材时	经纬仪、测锤	修正
		芯材水平高度	芯材插入时	水准仪	修正
顶部系杆设置	泥土飞溅、流出防止	有无泥土 飞溅、流出	钻孔时	目视	采取措施
	泥土运出	泥土强度和量	施工后	目视	采取措施
	顶部系杆规格 （断面配筋）	顶部一体化	施工后1次 挖基开挖前	目视	补强

4.6.1 关于水泥土配比的设计讨论

1. SMW的质量要求

把SMW作为挡土墙使用时，其质量要求的内容如表4.18所示。为了满足质量要求，在介绍施工精度的同时，确保水泥土的质量也极为重要。

SMW挡土墙的质量要求　　表4.18

质量要求	要求质量的内容
强度	芯材的强度
	水泥土的强度
确保内容	芯材的插入精度
	钻孔精度
止水性	水泥土的均匀性
	水泥土的抗渗性
施工性	水泥土的流动性
	水泥土决定的孔壁稳定性

2. 水泥土的设计顺序

水泥土配比的设计按图4.28执行，综合考虑土质、侧压、芯材间隔等因素。

3. 水泥土的强度、物理参数值

（1）强度设计基准

水泥土的允许应力取决于芯材间隔和侧压。全孔设置芯材的场合下，剪切力是主要的，设计时仅考虑剪切强度（图4.36）。

隔孔设置的场合下，因水泥土的弯曲强度小，不属横板桩的梁结构，故设计时应设定抛物线拱。这种方法已被实验、解析和实绩所确认。

通常可用满足抗压强度和剪切强度要求的条件，设计水泥土的剪切强度/抗压强度（τ_c/σ_c）的关系如下：当抗压强度小，与土的物理性质相近时，τ_c/σ_c 接近1/2；如果抗压强度大，接近混凝土的性质时，τ_c/σ_c 为1/5～1/4；一般情况下，应考虑抗压强度小的场合下的安全性，采用 $\tau_c/\sigma_c=1/3$。但是，如果抗压强度大，那么剪切强度也增大，故可认为实际施工较好，不存在残缺。综上所述允许应力与强度设计基准（f）的关系，如表4.11所示那样均与安全系数（F_S）有关。

水泥土的强度如表4.19所示，起伏较大，故希望安全系数也大，但是通常在设定的设计基准强度小的条件下，把安全系数确定为 $F_S=2$。按上述原则设定安全系数和剪切强度的施工实例，直到目前一直没有出现残缺的报道。但是设计和施工两个阶段均应特别留心，把好质量关。

水泥土的抗压强度的实例（MPa）　　表4.19

竖井编号	抗压强度	最大值	最小值	平均值	标准偏差
1-1	2.6	2.79	1.06	1.55	0.44
1-2	0.9	3.23	1.41	2.18	0.62
14	2.9	4.39	0.71	1.91	0.90

在本节的竖井群桩的例子中，选择安全系数 $F_S=2$，由于 $\tau_c=0.1\text{MPa}$，所以把水泥土的设计基准强度（28d强度）设定成 $f_{ch}=0.1\times3\times2=0.6\text{MPa}$。

（2）渗透系数

水泥土的渗透系数通常为 $K=1.0\times10^{-6}\text{cm/s}$，但本次现场实验的结果是 $K=1.4\times10^{-7}\text{cm/s}$。这些均说明只要水泥土混合得均匀，SMW完全可以形成实用的防水墙。

这里的渗透系数是指不使用支撑情形下的挖基时防水墙的渗透系数。竖井内的涌水量和渗透系数的关系可用下式表示：

$$Q=K(A\cdot h)/d_e \tag{4.21}$$

式中 Q——涌水量（cm^3/s）；

h——水头差（cm）；

K——渗水系数（cm/s）；

d_e——挡土墙的厚度（cm）；

A——挡土墙的渗透面积（cm^2）。

通常用排水处理法把涌水量记作 100L/min，由上式反推渗透系数，一般竖井桩群中的水泥土的渗透系数可控制在 $K\leqslant 2\times 10^{-5}$cm/s。

（3）水泥土施工时的功能

在水泥土施工时的功能应确保钻孔时的润滑性、孔壁的稳定性、芯材插入时的流动性等等。水泥土的配比由水泥浆的水灰比及注入率决定。但是对于充满地下水的饱合土而言，应做乳状注浆，故应考虑土中的水。

在该竖井桩群注入中，使用水泥浆的水灰比，就砂土而言，一般为 175% ~200%，同时还须重视芯材插入时的流动性，考虑过去的实践经验，本次选用 200%。

4. 水泥土的配比设计

（1）室内试验

这里介绍水泥土配比设计过程中，实施的室内试验。

① 室内试验的考虑。

考虑土中的水分以水泥浆混合后的水灰比为中心，按如下的顺序进行水泥土的配比设计：

a. 由满足质量要求的渗透系数求配比强度；

b. 由配比强度确定水泥土的水灰比；

c. 由水泥土和水泥浆的水灰比确定水泥量。

在室内试验中应实施有关水泥土的抗压强度和渗透系数及与水灰比的相关关系的试验。另外，在室内的配比实验中，因水泥土中含有气泡时，可能会出现强度下降，故从混合时起，SMW 桩端处的水压、气压必须保持在 0.3MPa 以下，以便减小气泡的影响。

② 配比试验结果及评价。

配比试验结果如图 4.58 和图 4.59 所示，由图可以看出，水泥土的抗压强度、渗透系数及水灰比均有较好的相关性。

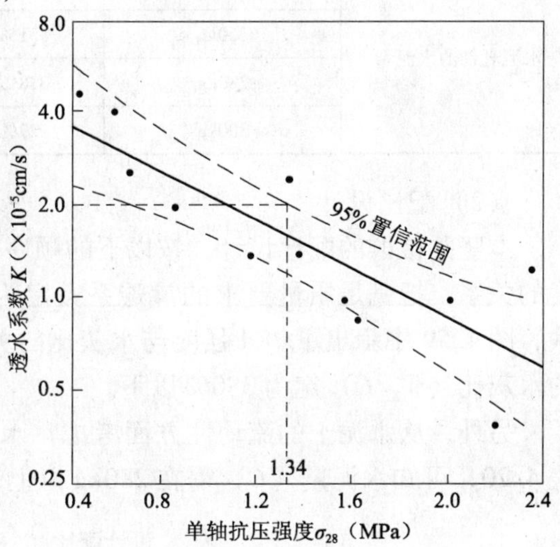

图 4.58 单轴抗压强度与渗水系数的相关关系

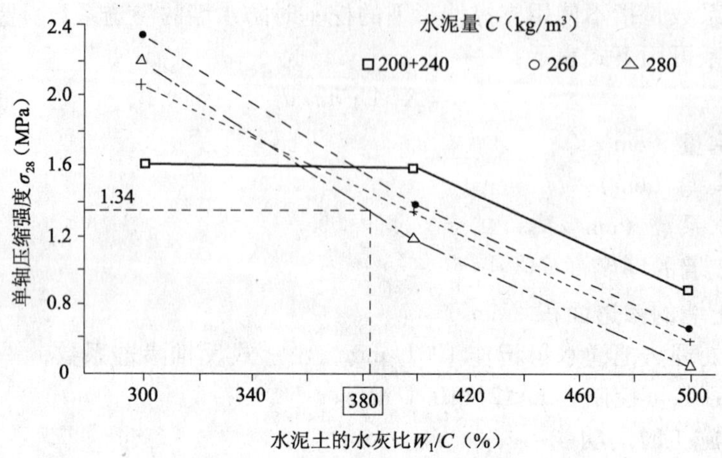

图 4.59　水灰比与单轴抗压强度的关系

另外，水泥土的水灰比（W_1/C），可用水泥浆的单位水泥量（C）和水灰比（W_2/C）表示成如下的形式：

$$W_1/C = [(C \times W_2/C/100 + 464 \sim 476)/C] \times 100$$

因本竖井桩群的土质（洪积砂层）的含水比是 33.9% ~32.8%，土颗粒的相对密度是 2.68 ~2.72，所以有 464 ~476kg/m³ 的水。把这些数据代入上式得到的结果如表 4.20 所示。

水泥乳剂配比决定的水泥土的水灰比　　**表 4.20**

水泥土的水灰比		水泥乳剂的水灰比		
		180%	200%	220%
水泥乳剂的水泥量	240kg	366% ~378%	386% ~398%	406% ~418%
	260kg	351% ~363%	371% ~383%	391% ~403%
	280kg	338% ~350%	358% ~370%	378% ~390%
	300kg	327% ~339%	347% ~359%	367% ~379%

（2）配比设计

本竖井桩群的配比设计，按以下的顺序决定。由图 4.58 中所示的渗透系数和 28d 强度的关系，把满足质量要求的渗透系数定为 2×10^{-5} cm/s，28d 的强度定为 1.3MPa。其次，图 4.59 中示出了 28d 强度与水灰比的关系，把满足 28d 强度（1.34MPa）的水泥土的水灰比（W_1/C）定为 380% 以下。

另外，从水泥土的流动性方面考虑，水泥浆的水灰比（W_2/C）设定在 200%，则由表 4.20，可知水泥量（C）需在 280kg 以上，故应按表 4.21 确定设计配比。

设计配比（每 1m³ 对象土中）　　**表 4.21**

水　泥	膨 润 土	水	W_2/C
280kg	25kg	560kg	560%

4.6.2 现场质量管理方法的讨论

1. 通常的质量管理

在SMW挡土墙的质量管理中，较为重要的管理项目、管理方法和课题如下：

(1) 水泥土的强度

因为SMW不是置换工法而是原位搅拌工法，所以水泥土的质量（强度）如表4.19所示的那样起伏较大。水泥土的强度管理按原位取样的一轴抗压强度进行试验，但是这种检测方法是7~28d后的事后确认方法，当发现质量问题时再想补救为时已晚。

(2) SMW的施工精度

把SMW作为挡土墙使用的场合下，如果不能确保预定的施工精度，则在确保止水性和内空方面必然出现问题。施工精度的管理用钻孔机的倾斜计和经纬仪实施，但是钻孔中的精度确认和修正极为困难。

(3) 水泥土的均匀性

因为SMW是原位搅拌工法，故水泥土中有时会出现未搅拌的土砂，所以在止水方面必然出现问题。应根据目视到的钻孔速度和排出泥土的状态实施水泥土的均匀性的管理，但是，目前的现状是到开挖时已无法确认其均匀性。

2. 早期强度的推算方法

(1) 早期强度推算法的选定

水泥土的强度可据造成后的7~28d的单轴抗压强度试验确认，但目前的现状是出现质量问题时无法改进。这里选择芯材插入的短时间内的简便容易的推测水泥土强度的方法。该方法既适于室内试验也适于现场试验。室内试验的结果表明，就表4.22所示的几种早期强度的推算方法而言，选择盐酸溶解热法和新的密度法较好。

早期强度推算法的选定 **表4.22**

测定方法		测定目的（测定内容）	测定时间	测定精度	容易度	总合判定
a	盐酸溶解热法	水泥量	◎	◎	◎	◎
b	逆滴定法	水泥量	×	◎	×	×
c	简易逆滴定法	水泥定量	△	○	×	×
d	振动校验法	水灰比	◎	—	◎	×
e	色彩色差计	水泥量	◎	×	◎	×
f	压力密度法	水泥土的密度	◎	◎	◎	◎

(2) 盐酸溶解热法

① 室内试验。

采用在水泥土的稀释试样中加入盐酸，测定盐酸与水泥反应时放出的热量致使温度上升的温度差（ΔT），估算单位水泥量（C）的方法。在室内试验中确认水泥土发热的温度差与单位水泥量的比例，求出的发热温度差与单轴抗压强度的关系如图4.60所示。

管理基准的设定，为了能用7d的强度结果进行早期判断管理，可据以往的实践经验$\sigma_7=\sigma_{28}/2$，按$\sigma_7 \geq 0.3$MPa的形式设定$\Delta T \geq 16$℃（图4.60）。

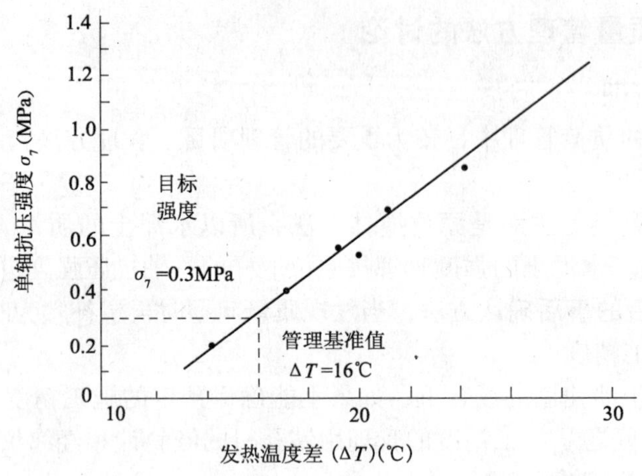

图4.60 发热温度差与单轴抗压强度的关系

② 现场适用结果和评价。

在砂质土地层中的一号竖井中利用盐酸溶解热法估算的早期强度的结果知道，现场的实测值均远超过发热温度差的管理基准值和抗压强度规定的目标值，显然水泥土的强度是不成问题的。可是施工过程中回归分析试验的结果发现，发热温度差和单轴抗压强度的相关系数比室内实验时的情形要小，也就是说仅靠盐酸溶解热法进行强度推算较为困难。

③ 盐酸溶解热法的评价。

为了研究单轴抗压强度与各种测量值的相关性，实施了单回归分析，求出了各自的相关系数。表4.23示出的是相关系数的结果。这些测量值中与强度相关性好的参数，首推含水比，发热温度的相关性最差，即与单位水泥量的相关系数要比当初考虑的要小。但是，如果水泥的含量达不到一定的要求，则无强度发现，故仅靠含水比推算强度似乎有些不合理。然而对含水比（W_n）与单轴抗压强度（σ_7）及发热温度差（ΔT）与单轴抗压强度（σ_7）的关系进行重回归分析，则可得：

$$\sigma_7 = 0.194 \times \Delta T - 0.053 \times W_n + 3.658 \tag{4.22}$$

测定值与单轴抗压强度的相关关系 **表4.23**

测定项目	相关系数
发热温度差（ΔT）	0.238
含水比（W_n）	0.721
密度（ρ）	0.701
$(\Delta T)/W_n$	0.687
水灰比（W/C）	0.335

另外，在现场进行质量管理的场合下，因为总希望选用简单的试验法，故使用与发热温度差（ΔT）和密度（ρ）的相关关系进行重回归分析，则得

$$\sigma_7 = 0.044 \times \Delta \mathrm{T} + 15.948 \times \rho - 21.989 \tag{4.23}$$

由式（4.23）可知，在砂地层的SMW中，水泥土的单轴抗压强度正比于发热温度差和水泥土的密度。图4.61表示了用强度推算式（4.23）的推算值与实测值的关系。

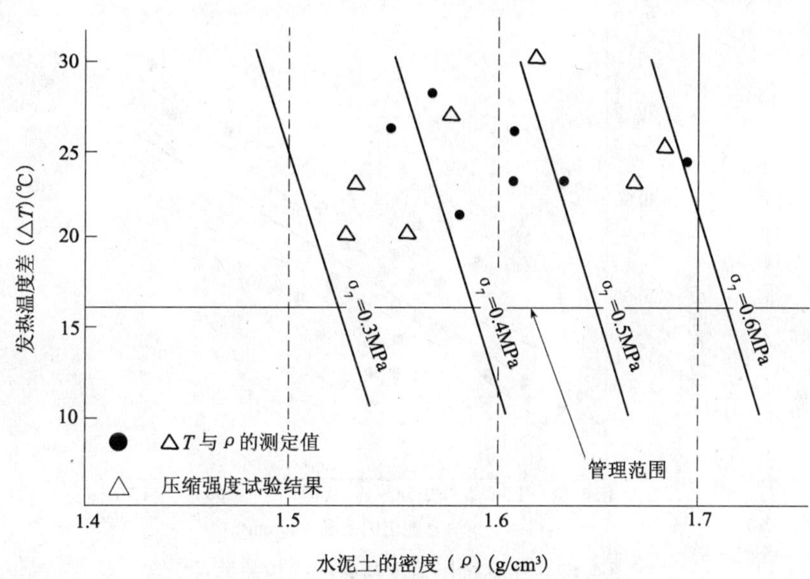

图4.61 早期强度估算式与实测数据

（3）新的密度法

① 室内试验。

使用水灰比一定的水泥浆的场合下，因为浆液的密度、土体单位体积重量和含水比的差异较大，所以在两者体积不变化的场合下，因为可由水泥土的密度（ρ）和含水比（W_n）推算水泥浆的混合量，即水泥量（C）。因此可以期待由水泥土的密度和含水比与单轴抗压强度（σ_{28}）的相关性确定强度的方法即新的密度法。

由室内试验的结果可以得出相关式（4.24）和式（4.25），以目标单轴抗压强度$\sigma_{28}\geqslant 0.6$MPa为基础考虑95%的置信范围，把管理的基准值设定在$\rho\leqslant 1.88\text{kg/cm}^3$及$\omega_n\geqslant 34.5\%$。

$$\sigma_{28}(\text{MPa}) = -7.92\times\rho+15.85(\text{相关系数}0.815) \tag{4.24}$$

$$\sigma_{28}(\text{MPa}) = 14.61\times W_n-4.03(\text{相关系数}0.782) \tag{4.25}$$

② 现场试验的结果和评价。

在14号竖井中选用了新密度法推算早期强度。现场试验的结果表明，水泥土的单轴抗压强度（σ_{28}）和含水比（W_n）均远超过目标值，但是密度ρ和含水比（W_n）高出的值与室内试验的值不同。另外，与强度的相关关系与室内试验的相关关系为反相关。室内试验和现场试验出现差异的原因，可以认为是室内试验中使用的砂和现场的土砂存在差异，及室内试验中呈现的显著的析出现象在现场则无法确认这种现象。

但是，现场试验结果的单轴抗压强度（σ_{28}）和密度（ρ）存在较好的相关关系。式（4.26）中表示了相关关系，图4.62为相关图。如果由相关式求取满足$\sigma_{28}\geqslant 0.6$MPa的密度（ρ），则得$\rho\geqslant 1.50\text{kg/cm}^3$。

$$\sigma_{28}(\text{MPa}) = 15.43 \times \rho - 22.60(\text{相关系数}0.747) \tag{4.26}$$

$$\sigma_{28}(\text{MPa}) = -2.32 \times \omega_n + 3.73(\text{相关系数}0.320) \tag{4.27}$$

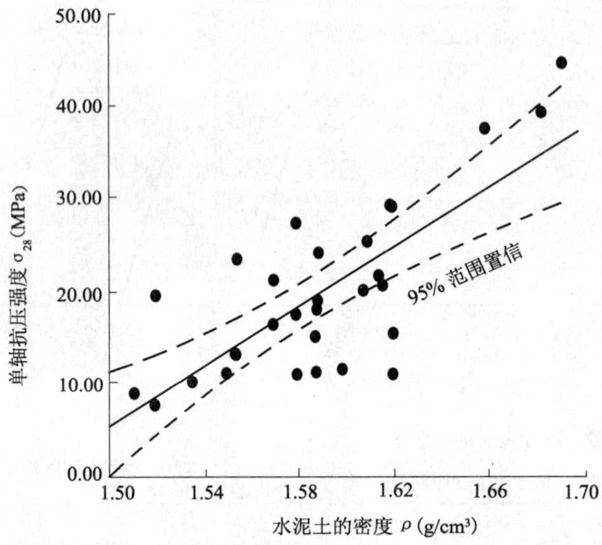

图 4.62　单轴抗压强度与密度的相关关系

(4) 推算早期强度方法的提出

由室内和现场实施早期强度推算法的结果可以断定，在砂地层中水泥土的密度或者含水比与单轴抗压强度的相关性较大。另外，水泥土中的水泥量的推算中，用盐酸溶解热法较方便。

现场试验的场合下，因希望方法简单，在砂质土那样的单位体积重量大的地层中，提出了测定水泥土密度（ρ）推算早期强度的方法。

另外，在黏性土那样的单位体积重量轻的土质中，因为可以认定水泥浆注入率引起的水泥土的密度的变化小，所以考虑利用盐酸溶解热法的发热温度差（ΔT）推算水泥量和强度的方法为好。

3. SMW 的施工精度

(1) 精度确认方法的实验和管理基准

施工精度，就墙芯和芯材的插入精度而言，是可以直接测量的。因为芯材的插入精度受钻孔精度支配，所以在施工精度管理中，钻孔精度的管理最为重要。

在 SMW 挡土墙中，通常按施工精度 1/150 ~ 1/200 决定挡土墙的内空。然而现场的施工精度的管理也多以 1/150 ~ 1/200 为目标值。但以往的管理方法多为事后管理，不能确保目标精度的情况也时有发生，这里就施工精度作统计分析。

(2) 施工实绩的分析、评价

① 施工精度的实绩。

按 SMW 法施工的竖井的 6 个地点的施工精度换算成芯材的垂直精度，在基底深度处测定的施工精度及其统计值如表 4.24 及图 4.63、图 4.64 所示。

SMW 施工精度 表 4.24

		1—2	2	5	1—1	14	S2	加重平均
施工深度（m）		19.20	23.84	24.00	28.74	28.80	28.00	25.25
基底深度（m）		10.89	18.30	15.82	23.74	24.70	19.77	18.69
钻孔径（mm）		ϕ650	ϕ650	ϕ600	ϕ650	ϕ600	ϕ600	—
芯材间隔（m）		0.90	0.45	0.45	0.45	0.45	0.45	—
壁面垂向精度	数据	64	44	104	80	64	26	382
	最大值	1/206	1/296	1/84	1/75	1/48	1/126	（1/48）
	最小值	－1/145	－1/185	－1/255	－1/80	－1/52	－1/183	（－1/52）
	平均值	－1/3433	－1/1345	1/255	－1/2604	1/203	－1/296	1/662
	标准偏差	1/381	1/510	1/344	1/249	1/142	1/231	1/265
	1/150 以内	98%	100%	78%	93%	56%	92%	84%
壁面水平向精度	数据	64	—	96	80	64	—	304
	最大值	1/74	—	－1/198	－1/112	1/98	—	（1/74）
	最小值	－1/114	—	－1/163	－1/195	－1/59	—	（－1/59）
	平均值	1/1030	—	－1/395	－1/1563	－1/1250	—	－1/1681
	标准偏差	1/322	—	1/416	1/366	1/158	—	1/289
	1/150 以内	81%	—	100%	98%	69%	—	89%

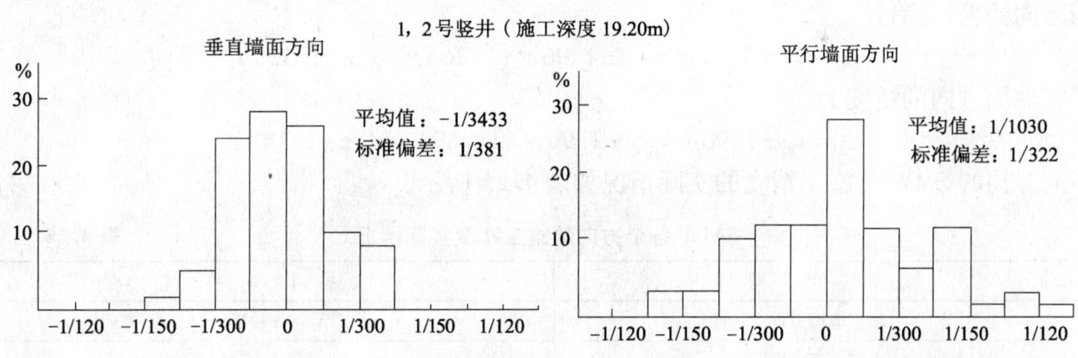

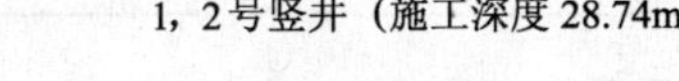

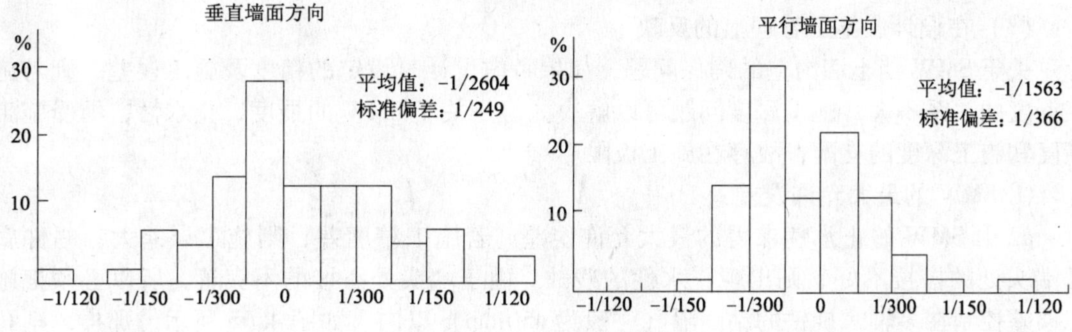

图 4.63 施工精度统计实例

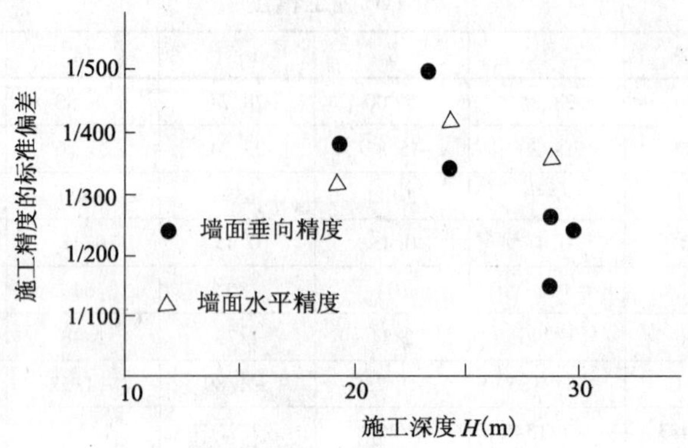

图4.64　SMW的施工深度与精度

② 施工精度的分析、评价。

a. 就墙面垂直方向的施工精度而言，在6个竖井的测量结果中，有2个竖井的95%以上的数据的精度优于1/150。

b. 就墙面水平方向的施工精度而言，在6个竖井的测量结果中，有2个竖井的95%以上的数据的精度优于1/150。

c. 墙面垂直方向的施工精度呈现施工深度越深，精度越差的倾向。

d. 如果用平均值，从标准偏差（σ）求取95%置信范围的施工精度（α），则垂直墙面方向的精度为：

$$\alpha_1 = \bar{x}_1 \pm 1.96\sigma = \bar{x}_1 \pm 1.96 \times (1/265) = \bar{x} \pm (1/135)$$

平行墙面方向的精度为：

$$\alpha_2 = \bar{x}_2 \pm 1.96\sigma = \bar{x}_2 \pm 1.96 \times (1/289) = \bar{x}_2 \pm (1/147)$$

不同方向的SMW的施工精度的实际情况如表4.25所示。

SMW各个方向的施工精度实际情况　　　　表4.25

方　　向	施　工　精　度
垂直墙面方向	$\alpha_1 = \pm 1/135$
平行墙面方向	$\alpha_2 = \pm 1/145$

（3）在设计、施工管理上的反映

关于SMW挡土墙内空的确保问题，如果考虑设计时设定的精度及施工误差，则与施工深度的关系不大，施工深度问题可以解决。但是关于SMW的强度、止水性，因受施工精度和施工深度的支配，故存在施工极限。

① SMW的最大允许误差：

a. 由SMW的止水性求得的最大允许误差。若施工精度差，则施工误差大；幅件底部端头处的搭接不好，则出现止水性的残缺。由于端头处搭接的不完善，所以必须把施工误差控制在多轴螺旋钻的钻间隔（一般为450mm）以内。如图4.65所示的那样，削孔直径ϕ600~650mm的场合下的允许误差（δ_1）是垂直墙面误差和平行墙面误差的合成值δ_1 =450mm。

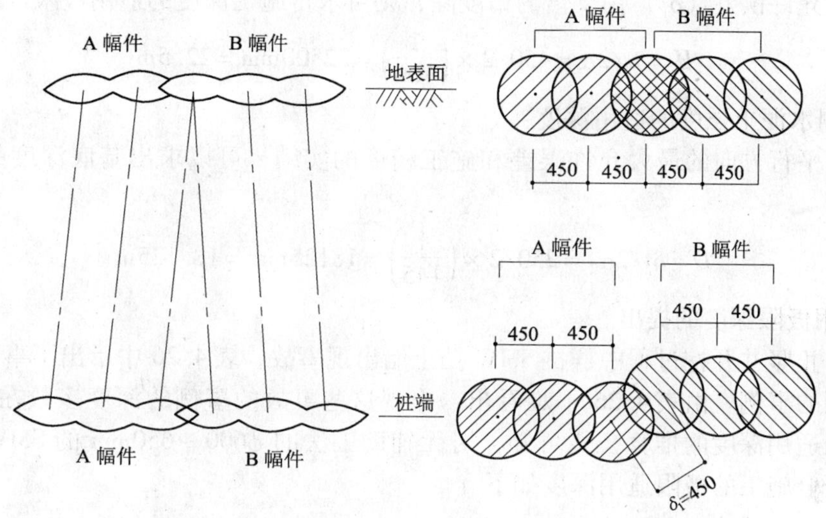

图 4.65 SMW 的止水性和施工精度

b. 由水泥土的强度求取最大允许误差。以图 4.66 所示的挤冲剪切应力为例进行竖井群桩全孔设置芯材时的水泥土的应力计算。当施工误差致使芯材间隔扩大 2 倍时，剪切应力也扩大 2 倍。水泥土的极限剪切应力（τ_{max}）为：

$$\tau_{max} = f_{ch}/3 = F_S \cdot f_{ch}/3F_S = F_S \cdot \tau_a \tag{4.28}$$

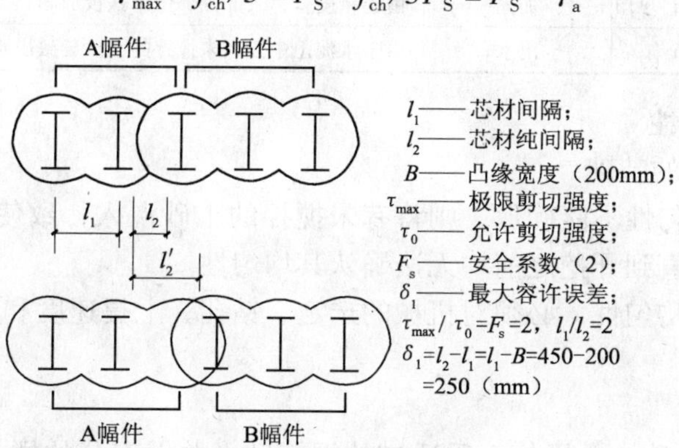

图 4.66 水泥土的应力计算

通常把安全系数 F_S 选择为 2，所以极限剪切应力为允许剪切应力的 2 倍。即平行墙面向的允许误差等于芯材凸缘的纯间隔，所以使用凸缘宽度 200mm 芯材的场合下，允许误差为 $\delta_2 = 450 - 200 = 250$mm。

② 由最大允许误差推算极限适用深度。

由施工精度的实绩和最大允许误差，即可求取无补强加固的 SMW 挡土的极限适用深度。

a. 限制 SMW 止水性的适用深度：

垂直、平行墙面的两个方向的合成精度可用下式求取：

$$\alpha = \sqrt{\alpha_1^2 + \alpha^2} = 1/100$$

把最大允许误差（δ_1）用2倍的精度除，则可求得施工深度的适用极限（H）：

$$H = \delta_1/2\alpha = 450/2 \times \left(\frac{1}{100}\right) = 22500\text{mm} = 22.5\text{m}$$

b. 限制水泥土强度的适用深度：

由墙面平行方向的最大允许误差和施工精度的实绩，可以求出基底深度的适用极限（D）：

$$D = \delta_2/2\alpha_2 = 250/2 \times \left(\frac{1}{145}\right) = 18125\text{mm} = 18.125\text{m}$$

③ 适用极限深度的提出。

为了防止竖井开挖过程中群桩SMW挡土墙出现事故，表4.26中示出了事前实施精度确认和加固的事例。由表4.26不难看出，出现这些事故的事例的深度多数在20m左右。由前述极限适用深度的推算公式可知，对无辅助工法的ϕ600～650mm的SMW挡土墙而言，确保安全施工的极限适用深度如下。

SMW的施工深度$L = 22.5\text{m}$

基底深度　　　$D = 18.0\text{m}$

开挖事故及加固的事例　　**表4.26**

编　号	深　度	项　目	内　容
1—1	23.0m	精度确认	在开挖到11m深时，钻孔调查SMW和基底加固区之间的空隙
1—2	17.5m	加固	由于精度差，故部分部位用铁板加固
14	23.0m	出水	由于水泥土中混入未搅拌的土砂导致出水

4. 水泥土的均匀性

（1）确保均匀性的基础

如果水泥土的均匀性不能确保，则将有未搅拌的土砂混入，致使止水性能出现问题。另外，目前的现状是直到开挖之前均无法确认其均匀性。

要确保水泥土的均匀性，必须对机械的选定、钻孔、上提速度和注入量的分配等事项做严格管理。

① 机械选定。

SMW螺旋钻有3种，选择与土质适应的螺旋钻，并做充分的搅拌，是获得高均匀性的保证。

② 钻孔上提速度。

钻孔速度是单位搅拌时间的倒数。要保证水泥土的匀质性，希望钻孔速度缓慢为好，但是从经济性和施工地层的土质方面考虑必须设定一个适当的钻孔速度。通常含水比小的黏性土与砂土相比搅拌时间要长，所以钻孔速度慢。另外，提升速度应设定在孔内不产生负压的范围。

③ 注入量的分配。

SMW墙的筑造顺序有标准方式和单孔浇注方式两种，为确保各幅件的匀质性，按单位水泥量一致的原则分配水泥浆的注入量。如图4.67所示，就三轴的标准方式而言，若按先期幅件占70%、后期幅件占30%的比例注入，则两幅件的单位水泥注入量大致相等。

另外，单孔方式的场合下，各幅件的注入量以均等为好。如表4.27所示，由单轴抗压强度的试验结果知道，先期和后期幅件的强度差异不大，这说明注入的比例分配得当。

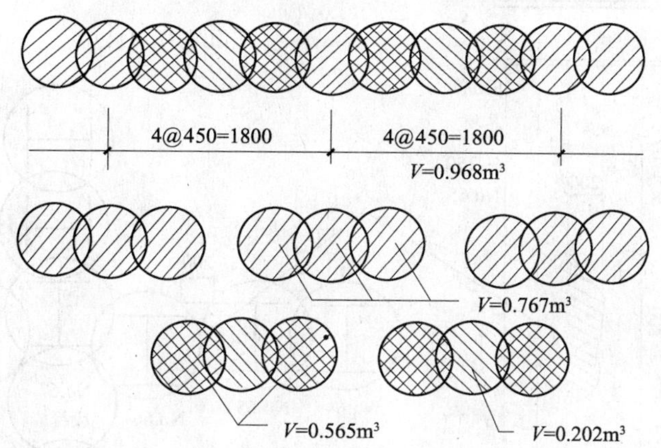

钻孔直径 ϕ600mm，钻孔间隔@450mm场合下的单位水泥量

1m³土层对应的水泥乳剂的水泥量：280kg

1m³土层对应的水泥乳剂的注入量：0.661m³

①每幅件（先期+后期，注入率100%）

注入水泥量：0.968m³×280kg/m³=271kg

注入乳剂量：0.968m³×0.661m³/m³=0.640m³

水泥土量：0.968m³+0.640m³=1.608m³

单位水泥量：271kg÷1.608m³=169kg/m³

②先期幅件（注入率70%）

注入水泥量：271kg×70%=190kg

注入乳剂量：0.640m³×70%=0.448m³

水泥土量：0.767m³+0.448m³=1.215m³

单位水泥量：190kg÷1.215m³=156kg/m³

③后期幅件（注入率30%）

注入水泥量：271kg×30%=81kg

残存水泥量：156kg/m³×0.565m³=88kg

合计水泥量：81kg+88kg=169kg

注入乳剂量：0.640m³×30%=0.192m³

水泥土量：0.767m³+0.192m³=0.959m³

单位水泥量：169kg÷0.959m³=176kg/m³

SMW施工深度h=22.5m

基底深度D=18.0m

图4.67 造壁方式和水泥乳剂注入量的分配

不同类型的幅件的抗压强度 **表4.27**

竖井编号	抗压强度（σ_m）的平均值（MPa）		
	先期幅件	中间幅件	后期幅件
1—1	13.4	15.9	13.3
1—2	20.8	19.3	22.5

（2）施工实绩的分析、评价

在本次竖井群桩的施工中，存在因SMW墙不匀质导致出水的事例。这里分析其出水状况，推测其原因。另外，研究以往的出水、漏水事例的位置发现，多数漏水的部位发生在含凸角的拐角部位。

① 出水状况和原因的推测。

当快要挖到基底时，发生从SMW墙面流出地下水的现象。现象发现后立即进行空洞调查和空洞填充的应急处理，出水点的调查结果，如图4.68所示，出水点处缺少水泥土，而其周围存在密结的水泥土。另外，由于出水前作业终了时，SMW墙面上均无特殊异常，故可认定是SMW墙面上混入了未搅拌的土块的缘故。由于地下水（水压0.17MPa）的流动冲洗了未搅拌的土使SMW墙面上出现缺损，故而致使地下水流出。

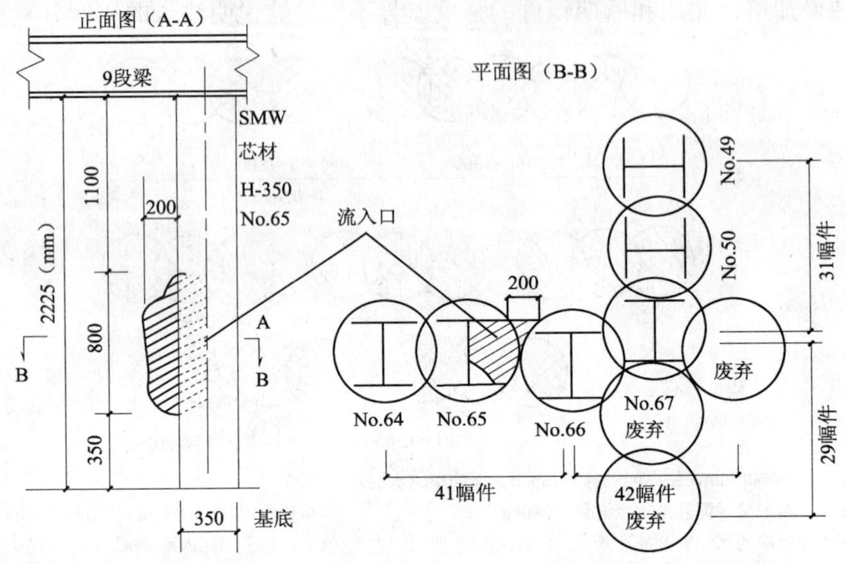

图4.68 出水状况

② 未搅拌土混入的主要原因。

未搅拌土混入SMW墙内的主要原因，可以认定发生在钻孔和芯材插入两个环节。

a. 在接连邻接构件钻孔的场合下，新孔钻孔时的土块串入SMW墙内。

b. 造壁时搅拌杆的提升速度过快、过早，孔壁内易出现负压产生孔壁坍方，混入未搅拌土。

c. 芯材插入精度发生偏离的时候，芯材端头触落土砂，使土砂混入SMW墙内。

d. 通常SMW挡土墙的漏水、出水多发生在拐角部位。这种现象可以认为是施工时拐角部位的两幅邻接幅件的施工精度没有达到要求，出现错位，因此交叉部位夹有未搅拌土，进而致使漏水。

(3) 设计、施工管理上的考虑

① 设计、施工管理。

为了匀质地造成水泥土，防止SMW墙的漏水和出水，在设计、施工时必须注意下列事项。

a. 如果芯材尺寸与钻孔直径之间没有余裕，则会出现芯材触落地层土砂，致使未搅拌土混入水泥内，把芯材与孔壁间的包膜设定比规定的最小值稍大一些为好（图4.30）。另外，施工精度差芯材不自沉的场合下，应使用不振动的钻机，做两次削孔。

b. 综合考虑搅拌效果和经济性，设定最佳的钻孔搅拌速度，确认排出泥土的搅拌状况。另外，按即使孔壁上作用有负压但仍不坍方的效果设定上提速度。

c. 幅件类型不同，水泥浆注入量的比例也不同，如前所述，可按先期幅件70%、后续幅件30%的基准进行施工。

d. 在SMW挡土墙的拐角部位的外侧只钻孔不插H型钢，目的在于提高精度和止水性。

② 开挖时壁面的管理工作。

开挖时为了尽早地发现处理混入水泥土中的未搅拌土块，须进行切实的严格的管理。即开挖的同时要对墙面进行清底，或者表面清理，去除粘附的土砂，确认墙面的匀质性。另外，在开挖过程中要及时进行精度确认，就预想的残缺地点，及时采取补救措施。

4.7 钻孔精度测量管理系统

本节介绍墙体造成竖直精度和墙体连续性的质量管理方法。

4.7.1 SMW 质量管理现状

如前所述，SMW 是利用设在地表的钻孔机，使多个（3 轴、5 轴）钻孔搅拌轴在地中上、下旋转造成水泥土地下连续墙的工法。在上述施工过程中，钻孔搅拌轴的唯一的约束点设在地表，插入地中的钻孔轴呈单（悬）臂态，其竖直精度取决于地层均匀程度，所以有可能会出现各钻槽相互不搭接的现象。为了维持 SMW 墙体的连续性，故每幅钻槽的两端必须完全搭接。

图 4.2 表示的是 SMW 的标准施工方式。该方式的适用条件是地层的 $N \leqslant 50$。如图 4.2 中所示先造成第 1 钻槽，再造成第 2 钻槽。然后是使第 3 钻槽的 A 轴和 C 轴插入到第 1 钻槽的 C 轴和第 2 钻槽的 A 轴之间，造成第 3 钻槽。同样方法造成第 4、第 5 钻槽，以及之后各钻槽造成连成一体的 SMW。另外，对于 $N>50$ 的密实土质及 $N \leqslant 50$ 的混入粒经 $\geqslant \phi 100$mm 卵石的砂砾层或软岩等地层，须先用单轴螺旋钻机对各钻槽的两端（A 轴孔、C 轴孔）进行钻孔的并用先期钻孔方式施工。

以往，在临时挡土墙的 SMW 工程中，不进行钻孔精度测量管理。因此，即使产生搭接错位也不能掌握其错位的程度，只能从地表目视钻孔搅拌轴，根据经验判断搭接的好坏。然而，当判断成搭接错位大，造成墙体连续性不好的状况下，须采取增注和里注等措施。这里所谓的增注施工是在认定搭接部位错位严重的情况下，重新调整 3 轴钻机的中央轴的位置（参考图 4.69*a*）而进行的 2 次施工。所谓的里注施工，即以不吻合的搭接部位为中心，在挖基 SMW（单或双）侧的反面重新钻孔注入施工的方法。不过该方法是在场地允许条件下的处理方法。图 4.69 是增注和里注施工的示意图。

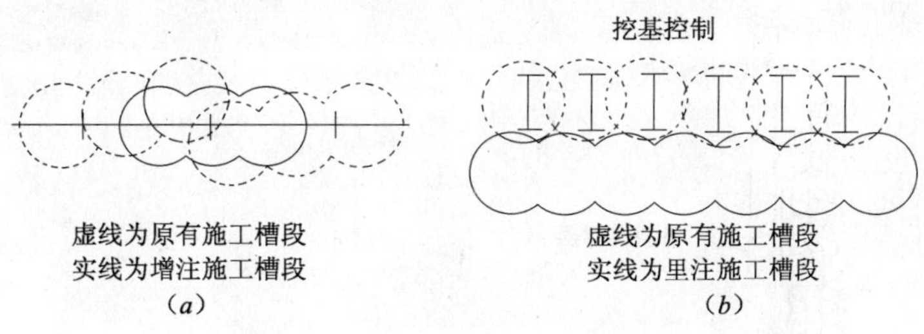

图 4.69 增注、里注施工概况图

（*a*）增注施工；（*b*）里注施工

近年来，随着地下坝施工和大深度开挖工程数量的增加，施工中对定量地确认搭接错位量的要求极为迫切。总之，对对象地层存在强度不均匀、且钻孔深度大的场合下，由于钻孔搅拌轴的倾斜和扭曲变形致使搭接部位的错位增大。所以与通常的施工深度相比，其连续性不吻合的程度大增。

当前迫切希望定量掌握、检查搭接状况，确实地维持 SMW 连续性的方法问世。所以必须开发测量管理 SMW 钻孔精度的方法。下面介绍几种测量 SMW 钻孔精度的方法。

4.7.2　插入式自动测斜计钻孔倾斜度的测定

1. 开发背景

在地下坝工程中，当钻孔到达预定深度后卸开搅拌轴把测斜计插入到留在地中的两端的搅拌轴内，采集轴内各预定深度处的倾斜数据，算出变位。这就是所谓的插入式倾斜测量作业。但是，该测量作业是在 SMW 施工途中实施的。另外，一天内要求反复测量几次，反复拆卸较为繁琐。为此迫切希望开发测斜传感器升降和数据采集完全自动化的插入式自动测斜装置。

2. 插入式自动测斜计的特点

图 4.70 表示的是插入式自动测斜装置的示意图。该装置的主要技术指标如表 4.28 所示。该装置系车载型装置。另外，车顶上设有供电用发电机和冲洗传送信号电缆的贮水罐。测斜传感器的升降由电动机和卷筒连动控制。其速度为 13m/min。最大测量深度为 60m，测量间距为 0.5m、1m、2m 3 种任选。

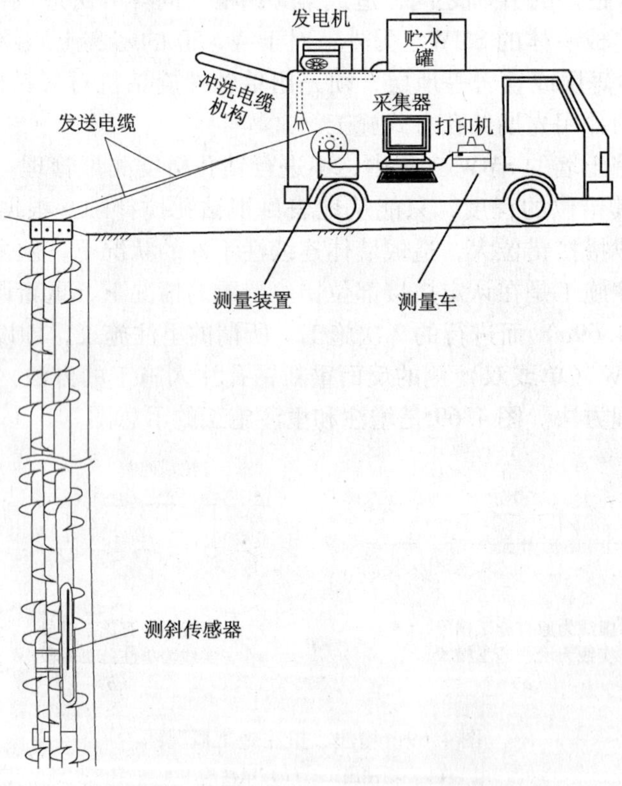

图 4.70　插入式自动测斜装置示意图

插入式自动测斜装置的主要技术指标 表 4.28

项目	指标
电源	AC100V，50/60Hz
自动测速	13.0m/min
自动下降速度	13.0m/min
上提测量间隔	0.5m，1.0m，2.0m
最大测量深度	60m
适用温度	0～50℃
上提力	150N

升降机构和数据处理系统用通信电缆连接，根据数据采集器的输入条件控制程序进行自动测量。各个测量深度处的倾斜数据经过无线调制解调器以无线传输的形式被贮存到控制盘的输入端。测量作业结束后，送回数据采集器。该装置的操作由操作盒控制。

3. 变位量计算原理

变位量的计算原理如图 4.71 所示。测斜计中内藏 2 级检测倾斜角（相对竖直方向）的传感器，可以同时测定 SMW 延长方向及其垂直方向的两个倾斜角。在按预定间距上提测斜计的同时，测定各个深度处的倾角。由倾角和间距长度按式（4.29）求取各区间的变位量。

$$d_x = \sin\theta_x \cdot l \tag{4.29}$$

式中 d_x——区间变位（cm）；

θ_x——倾角（°）；

l——间距长度（cm）。

累积这些区间变化，可以算出预定深度处的 SMW 的变位量。

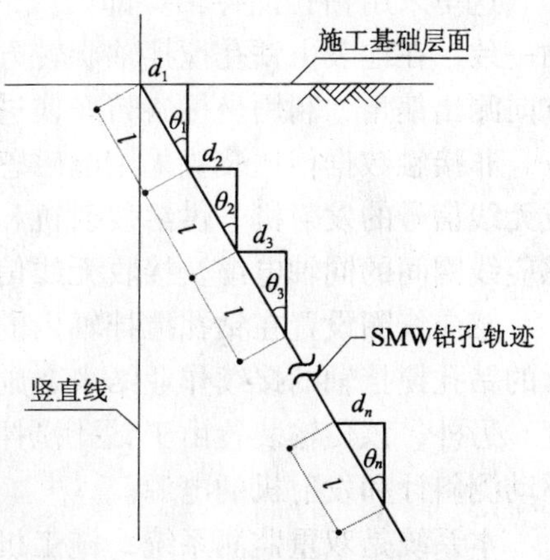

图 4.71 变位量计算原理图

4. 测量状况

该装置首先在各个地下坝工程的现场得以使用，当测量结果判断墙体连续性不太好的场合下，可采取重新施工或增注施工的措施应对。另外，利用本装置测量时，可以在两端轴中同时测量，装置与采集器可以常时间连结迅速处理数据，与手工作业相比，具有作业时间短、作业方便、安全性高等优点。

但是，卸拆钻孔搅拌轴需要一定的作业时间。此外，施工现场必须具备设置测量车的作业场地。

4.7.3 内藏测斜系统倾斜度的测定

1. 内藏测斜系统倾斜度的测定

前面叙述的插入式测斜计是用来测量变位的方法，其设备造价低，在各领域的应用实绩多，可靠性也高。但是，如果不到预定测量深度，则不能进行测量；另因测量中钻孔搅拌轴的静止时间较长（1h 的程度），所以再次启动时负载大增，负载增大程度取决于地层条件，最差时存在再启动或上提作业进行不了的疑虑，即存在受地层和深度制约的问题。

然而，使用钻孔搅拌轴尖端内藏测斜计的方法，在每个预定深度均可实施倾斜测量，且可实时的算出、显示、记录钻孔搅拌轴尖的位置。另外，还具有测量时间缩短、受地层及其深度制约小的优点。

2. 特点

本系统采用钻头内设测斜计，伴随钻孔的进行，按预定深度间隔测定倾斜角。关于钻孔搅拌轴尖位置的算出方法，与前面插入式测斜计的算出方法相同。

图4.72 示出的是该系统的构成图。该系统由钻孔搅拌轴尖部的包容器（内藏测斜计、驱动电池、发射机）；钻孔搅拌轴内的非接触数据传送装置（非接触数据传送联接器）；角度接口及显示操作盘、测量方向（检测旋转角）的低速控制装置、显示操作盘及管理室内显示记录装置构成。另外，钻孔搅拌轴尖部的包容器和钻孔搅拌轴内的非接触数据传递装置均藏于钻孔搅拌轴内部。

倾角测量，把墙造成的延长方向记作 x 轴，把其垂直方向定为 y 轴，为了测定分别对应各轴的倾角，有必要使测斜计的 x 轴与 y 轴与测量方向一致。

这里采用钻孔搅拌轴尖部内藏的倾斜仪的 x 轴、y 轴与各钻孔搅拌轴接头的 x 轴和 y 轴一致，在地表由钻孔搅拌轴旋转方向设定测斜计的轴向。该系统由正反各自的倾斜测量方向测出偏角，利用坐标旋转变换进行修正，故测量倾斜的时间大为缩短。

非接触数据传送装置采用电磁感应数据传输法传输数据，该装置由把测斜计的数据变成无线信号的发射机、供给发射机和传感器工作的电池、连接放大无线信号的感应线圈和感应线圈间的同轴电缆及接收无线信号的接收机构成。

感应线圈设置在钻孔搅拌轴内的注入管内，安装在数据传输用内管的上下端，因为通常的钻孔搅拌轴的接续作业结束，则传输电路的接续也告结束。所以作业时间降到最小限度。另外，该传输装置由于钻孔搅拌轴内的数据传输采用电磁感应的谐振现象，轴内只设驱动测斜计和发射机的电源。

本系统是双重监测系统，施工机械操作室内显示测量结果的同时，管理室内的显示记录系统上也显示测量结果。所以管理人员可以支援操作者，以便减轻操作员的负担。

3. 用途

该系统主要用于大深度施工。如并用先期钻孔的 SMW，先期导孔的钻孔部位及 SMW 搅拌轴的中央轴部位，均可对其进行实时测量管理。另一方面，该系统还可作为同时测量 SMW 搅拌轴两端轴的多轴钻槽的测量系统。

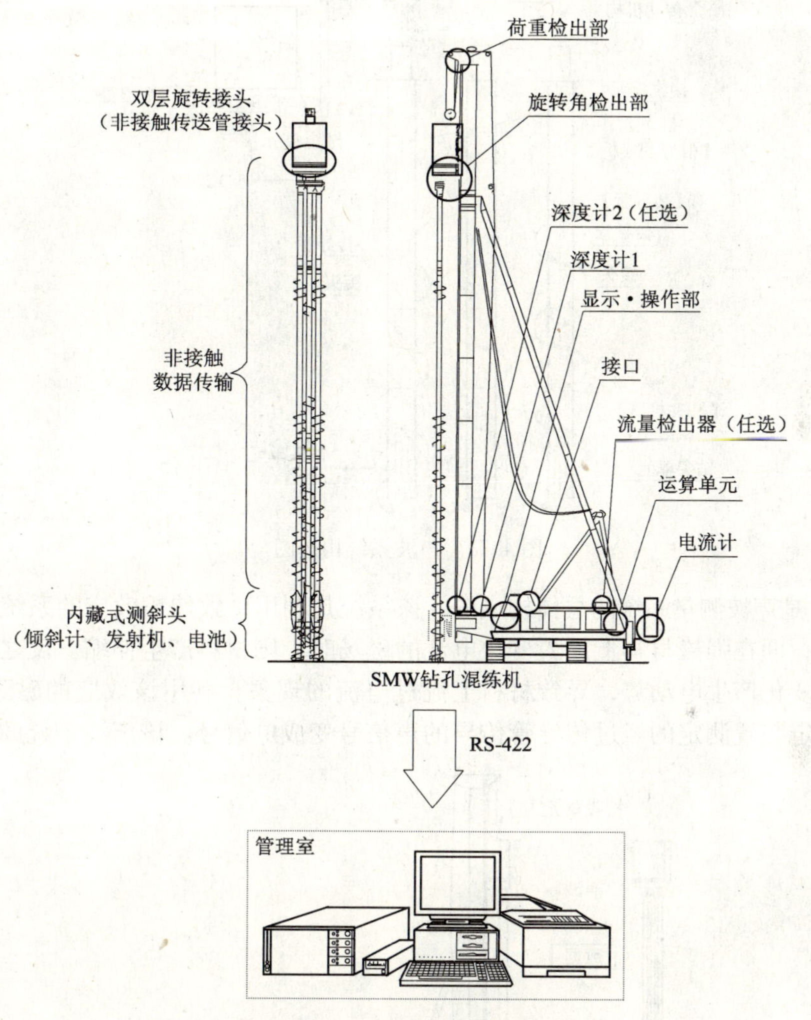

图 4.72 内藏式测斜系统概况

4.7.4 声波钻孔精度管理系统

这里的声波钻孔精度管理系统系声波实时钻孔倾斜精度测量管理系统。该系统的构造如图 4.73 所示。这里利用插到三轴螺旋钻杆两端轴尖端（基坑底部）的测斜计，测量预定深度处的 x、y 轴向的倾斜的测量系统。测定的数据为声波数据，该数据通过传输系统传输给操作台和测量监视室。由该声波数据可以实时地确定钻孔中的钻孔深度、钻孔速度、电流值、累积流量、瞬时流量、提吊荷重等 6 种数据。测量变位量的场合下，可使螺旋钻杆停止旋转测出变位量。

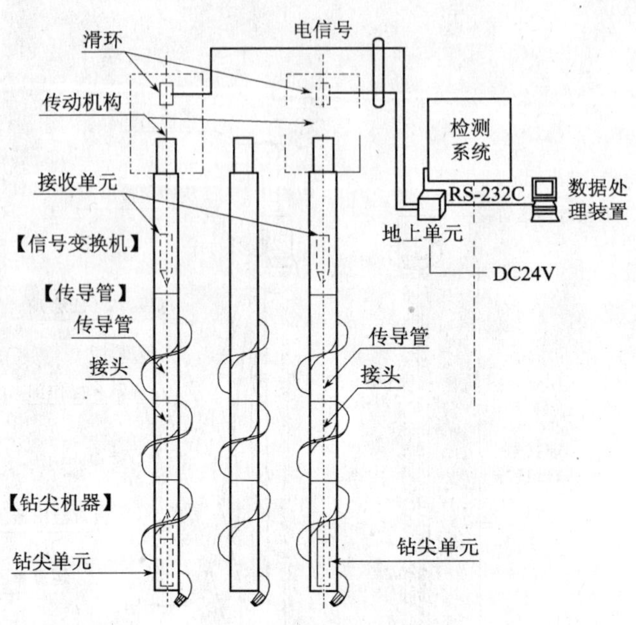

图 4.73　声波系统构造图

图 4.74 是声波测量系统的总体构成图。该系统是利用磁致伸缩效应的系统。所谓的磁致伸缩效应，即在强磁材料上加入变化电流的磁场时，则材料产生伸缩。反之，若外加伸缩，则磁通变化产生电动势，导致材料上流过电流的现象。利用该效应的磁致伸缩元件，可使倾斜测定装置测定的经过传导管传导的声信号变成电信号。该声波系统的特点如下：

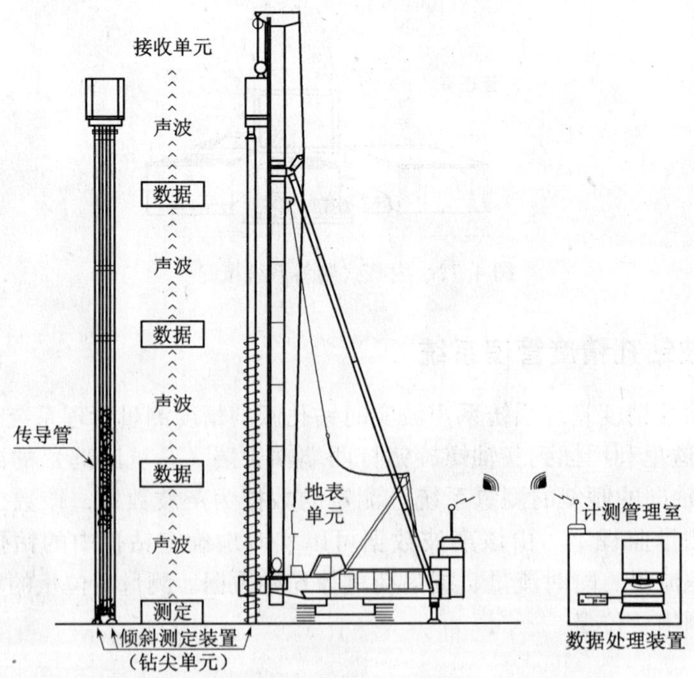

图 4.74　声波系统总体构成图

（1）因为传导管是束带方式，所以以往的传输电缆的拆接被废除，故作业时间大幅度缩短。

（2）因为设置专用传导管，所以水和水泥浆的传送障碍及电缆的切断等故障得以避免。

（3）倾角的数据由无线发射装置从主机发射给测量室，采用调频波传输，因为是离散谱，故可连续发射数据。特别是在都市市区的施工中，无电波干扰，数据传输的可靠性提高。

变位测量按一定的深度间距进行测量。测量室中的数据为可视化数据。如果钻孔结束时有超过管理值1/200的倾向，则可采取调节钻孔速度及反复变向钻孔等措施控制变位量。然而，当采取上述措施仍然无效时，可采取中止作业，几天后重新开钻（即2次钻孔）。实施2次钻孔措施后，通常可以满足1/200的精度。

4.7.5 声波钻孔精度管理实例

本节介绍大深度SMW施工中使用的声波钻孔精度管理实例。

1. 工程概况

大阪市地下铁8号线全长12km，设11个车站。这些车站中的绿桥停车场工程位于大阪东成区绿桥立交的北侧，总长115m，宽15m，3层3跨的停车场。采用开挖法建造该站。工程概况如下：

（1）挡土墙：SMWϕ850@600，7027m^2，最大钻孔深度33m，平均钻孔深度31m。

（2）路面衬砌：2017m^2。

（3）开挖量：46733m^3。

（4）躯体混凝土：10005m^3。

土质柱状图如图4.75所示。从地表到GL—12m为冲积层，GL—12m以下为砂砾层（O_{g10}层）、黏土层（O_{c9}层）、砂层（O_{s9}层）一直堆积到基底附近。砂砾层（O_{g10}层）的平均N值为90，以ϕ2~10mm角砾为主，混有少量ϕ10~30mm的砾。另外，砂层（O_{s9}）的平均N值为72，且含水量大。

2. 测量的必要性

为了确保开挖时SMW能阻止背面有效侧压作用，要求SMW柱桩的搭接宽度（$L_x \geqslant$ 25cm，$L_y \geqslant$60cm），见图4.78。SMW与此对应的竖直施工精度必须控制在1/200以内。为了确保该施工精度，根据以下理由，决定采用4.7.4节叙述的声波系统对SMW全体桩群进行监测。

（1）作为防止该工区上浮、隆起的措施，采用并用减压井切断承压滞水层的工法。如图4.75所示，对砂层（O_{s9}层）靠SMW完成止水；对砂层（O_{s8}层）靠化学注浆加固地层止水。所以SMW的钻孔深度必须贯入到黏土层（O_{c8}层）的31~33m处。因为桩体的施工误差对墙体的底端影响最大。如果SMW桩的施工误差大，则SMW墙底部成鞍形搭接，所以必然导致止水效果大减，进而致使墙体上浮、基底隆起。所以要求施工精度必须提高。

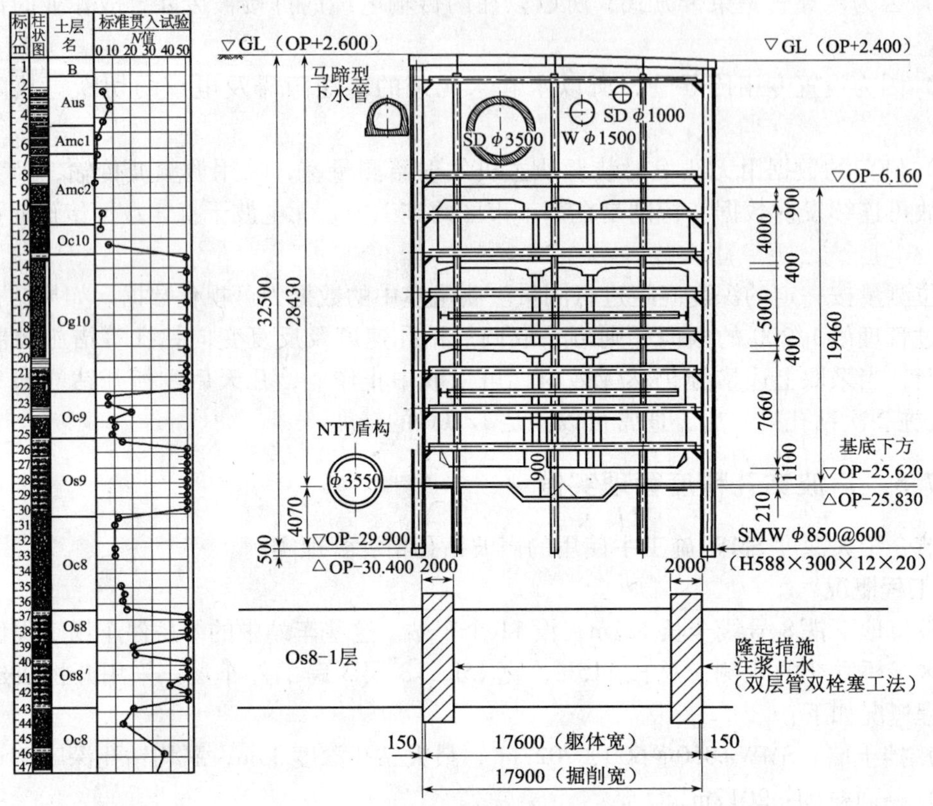

图4.75　绿桥停车场断面图

（2）因GL－12m以下为砂层和砾石层非常硬，所以存在施工精度大幅下降的悬念。特别是下部的砂砾层（O_{g10}层）存在钻孔孔迹急剧弯曲的可能性极大。为此，必须在钻孔过程中对钻孔作实时测量，当预估最下端的施工误差会大于1/200时，应使钻杆上提反复变向调整钻孔精度，及早修正孔迹弯曲。

（3）与埋设管道近接施工的地点有20个，其中靠得最近的地点与埋设管道的距离仅为23cm。该因素也是要求提高钻孔精度的原因。

3. 测量结果和对止水墙的评价

图4.76所示的是三轴钻孔搅拌机的左轴和右轴的偏移变位量的分布（测定变位量时的深度间隔为5m）。x轴和y轴的钻孔精度均在1/2000～1/200之间，均满足小于基准值1/200的要求。但有几条桩的1次钻孔精度大于1/200。其中，最差的精度值为1/140，故实施2次钻孔补救。以左轴右轴变位量为基础作成的实际SMW的分布图如图4.77所示。SMW的搭接宽度的实测值如图4.78所示。尽管钻杆机械特性存在一定的扭曲倾向，但槽段间的搭接状况良好，所有槽段的搭接长度均符合基准要求。

SMW的止水功能的最终确认，在开挖前进行排水试验。在墙背面的5个点、开挖侧的6个点设置间隙水压计，在设置防止上浮措施的减压井的控制区内进行排水试验。按27L/min的速度排水直到稳态。其结果，背面和开挖侧的水头差为19.2m。求出的对应的SMW的渗透系数$K=2.17\times10^{-6}$cm/s，对应的目标渗透系数K为1×10^{-5}cm/s。挖基施工中未发现漏水。另外，也无上浮和隆起现象发生。

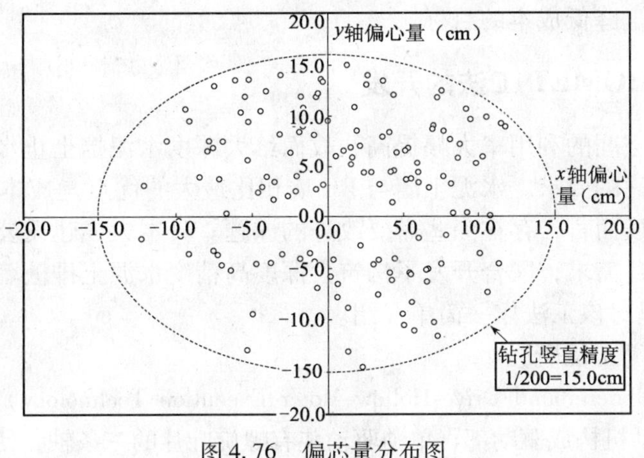

图 4.76　偏芯量分布图

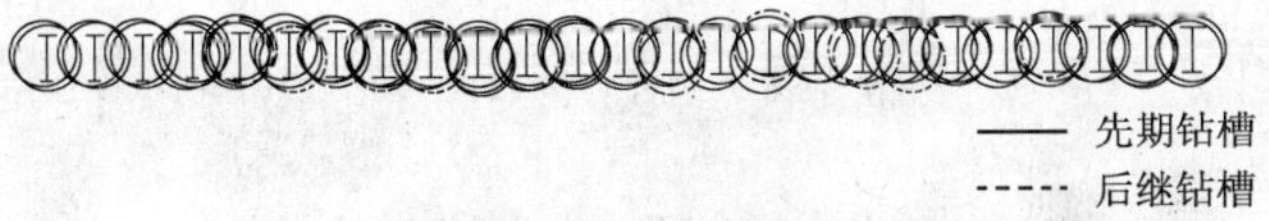

先期钻槽
后继钻槽

图 4.77　测量结果

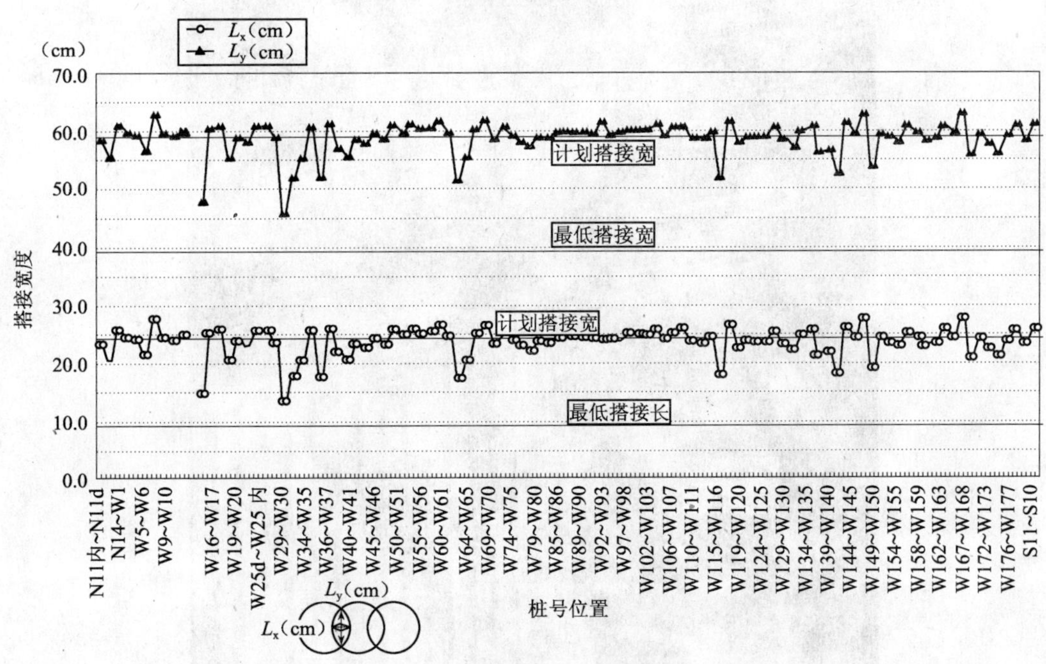

图 4.78　SMW 搭接宽度实测值

装备声波系统的 SMW 工法完全可以实现操作人员和测量管理人员的实时监测。即使大深度、硬质地层的场合下，通过反复变向和 2 次钻孔可以确保 1/200 的精度，得到良好的施工结果。

今后 SMW 工法，应开发钻孔倾斜和扭曲的修正装置，以便取消反复变向和 2 次钻孔，实现缩短工期、降低成本的目标。

4.7.6　UD-HOMET 工法的开发

近年都市地下空间的利用率大幅提高，故而给大深度水泥挡土止水墙的高效、高精度构筑技术提出了极高的要求。水泥土墙与 RC 墙相比最大的优点是成本大为下降，但是就大深度化和构筑精度而言，存在一些需要改进的课题。日本大成建设公司、成和公司、成幸工业公司针对上述需求，联合开发了构筑大深度高精度水泥土排桩墙的新工法，即 UD-HOMET 工法。这里对该工法作一简单介绍。

1. UD-HOMET 工法概况

UD-HOMET（Underground Drive-Hollow Moter Execution Technology）概况如图 4.79 所示，由中空油压发动机构成驱动部，单独驱动装有螺旋叶片的三条轴，使其向地中钻进的系统，从而解决了大深度与施工精度不匹配的矛盾，成为一种可大深度化高精度的施工系统。

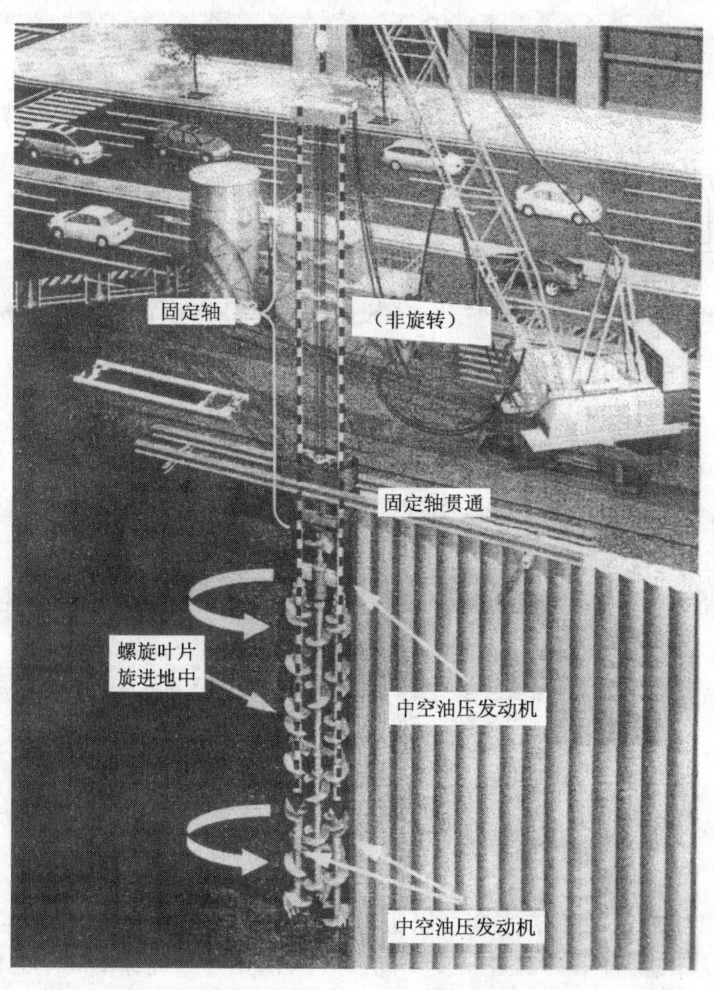

图 4.79　UD-HOMET 工法示意图

2. 工法优点

该系统把以往放置在地表的驱动部移到地中，钻孔驱动力直接传到地层中，故使钻孔效率大幅提高，孔壁扭曲大为减少。同时在从地表到延伸至地中的驱动部的固定轴中设置倾斜计和测量电缆，从而实现连续测量，施工中可实时地掌握钻孔精度，在产生弯曲的起始阶段即可迅速进行修正作业，从而实现高精度地构筑墙体。

归纳起来，UD-HOMET 工法的优点如下：

（1）因驱动部设在地中，故发动机的扭矩直接传给地层使钻进掘削稳定（高精度）。

（2）因固定轴从地表贯入地层，所以使有线连结系统可实时连续监测施工精度。

（3）因为可以分开控制各轴，所以可以使轴的转数和旋转方向变化，故可修正钻孔扭曲。

（4）因驱动部在下部，重心低，故钻机稳定性高。

（5）对于地表为固定轴的钻机来说，使用三点式打桩机，履带吊车的施工成为可能，即施工自由度提高。

（6）因驱动部在地中，故地表噪声小。

中空油压发动机的示意图如图 4.80 所示。

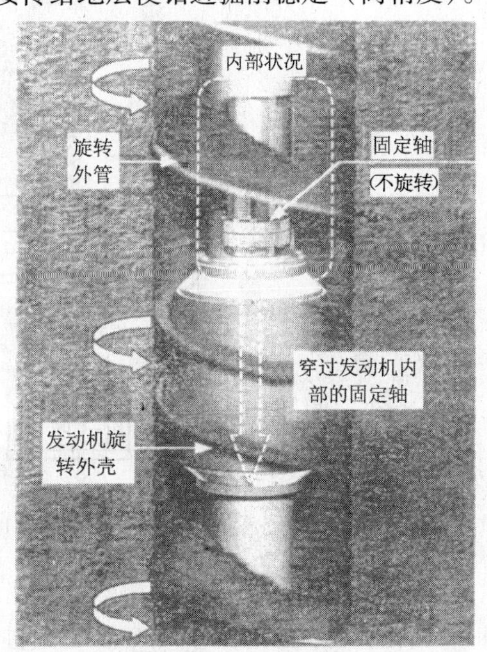

图 4.80　中空油压发动机示意图

3. 连续测量系统

该工法中采用的钻孔精度的测量系统如图 4.81 所示。在左右螺旋钻杆的固定轴中设置倾斜计，根据钻杆轴的变位产生的倾角和钻孔深度数据计算变位量。施工时，把钻孔初期的变位量作为钻尖处的 x、y 方向的变位量实时地显示在测量画面上。

再有，该系统除了测定钻孔精度外，还可测量：

（1）中空油压发动机的驱动数据；

（2）钻孔速度数据；

（3）钻尖的荷重数据；

（4）水泥浆的注入量。

上述数据均可在主机的操作室内显示出来，操作员可以实时地掌握钻孔状况及钻孔精度，进而迅速地调节作业参数，使作业最佳化。

另外，数据通过无线方式发射到办公室和测量室，即使作业场地以外的地点也可进行管理。

4. 施工实例

为了验证该工法的优越性，特在中之岛高速铁道公司发包的开挖工程影响调查项目中，对 SMW 工法和 UD-HOMET 工法实施了施工性和墙体质量的对比。

（1）工程量

调查施工的挡土止水墙的工程量如下：

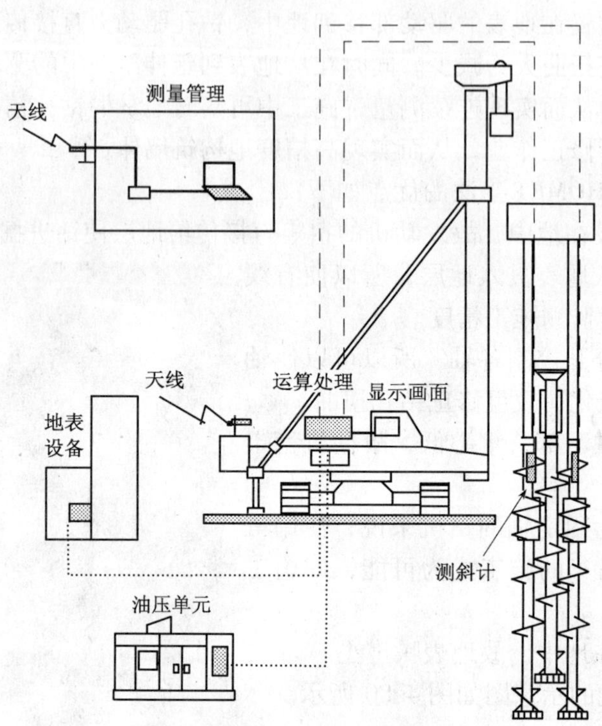

图4.81　连续测量系统图

① SMW工法：9幅

钻孔直径：ϕ900mm@600mm，成桩深度40.5m

应力材：H700×300×13×24、L=40.0m

施工总长：10.8m

施工面积：437.4m^2

先行钻孔：ϕ900mm、L=40.5m、10条

DAM测量器具：1套

② UD-HOMET工法：9幅

钻孔直径：ϕ900mm@600mm，成桩深度40.5m

应力材：H700×300×13×24、L=40.0m

施工总长：17.4m

施工面积：704.7m^2

（2）土质概况

工程调查现场的土质柱状图如图4.82所示。在软冲积黏土层的下方为硬质冲积砂砾层、砾层，地层强度起伏较大。该工程要求挡土止水墙要穿过这些硬质砂砾层，根固到硬质砂砾层下方的黏性土层上。该砂砾层非常坚固且存在承压水。

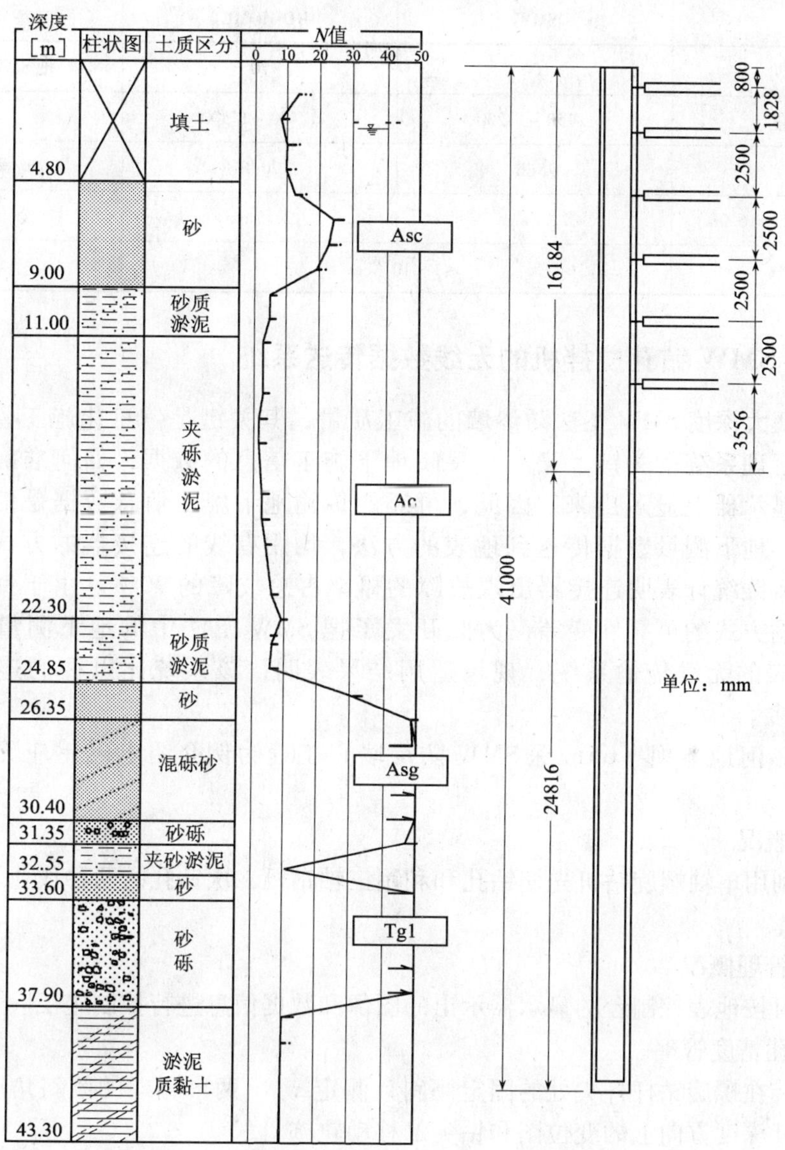

图 4.82　工程现场土质柱状图

（3）施工结果

调查工程中的 SMW 工法与 UD-HOMET 工法的施工结果对比如表 4.29 所示。由该表不难发现 UD-HOMET 工法较为理想地解决了以往工法中的一些棘手课题。该工法的推出为都市大深度的施工和使用通常吊车等施工开创了新的途径，该工法今后必定在各个领域中得到广泛的应用。

施工结果　表4.29

	SMW	UD-HOMET	备　注
施工周期	100	70	把 SMW 记作 100
钻孔精度	1/150～1/200	1/400～1/500	—
噪声	75dB	70dB	暗噪声 70dB
挡土墙变位（GL－16.0m）	23.8mm	21.7mm	设计 32.9mm
透水系数	$\leqslant 1\times10^{-6}$cm/s		—

4.7.7　SMW 钻孔搅拌机的无线数据传送系统

为了保证大深度 SMW 工法防渗墙的施工质量，其关键是信息化施工管理，而建立信息化施工管理系统的关键，又在于反映地下施工信息的数据，如何准确及时地在中央控制台的显示器上显示出来。因此，可靠的传输地下施工信息数据是信息化的基本保证。以往，地下测量数据传送到地表的方法，均用有线的连接器的方式。而连接器易出故障，实践统计表明连接器出现故障的概率占总故障的90%。由于钻孔振动等原因使有线传输方式的可靠性变差，为此开发了把 SMW 工法中的地下测量数据用变压器传送到地表的无线传输系统，现场适用结果表明，该系统比以往的连接器的有线系统要好得多。

本节以砂河地下坝（65m 深 SMW 防渗墙）工程为例介绍电磁感应无线数据传输系统。

1. 施工概况

施工有利用单轴螺旋钻机先期钻孔和利用三轴钻机二次钻孔的两种作业。施工顺序如图4.83所示。

2. 施工管理概况

在现场可按地表控制台的显示器示出的图像和数据信息进行控制施工。

（1）钻孔精度管理

利用安装在螺旋钻杆杆尖处的固定倾斜计测定 x，y 两个方向的倾斜角度，计算机画面上显示出杆深度方向上的变位图和钻尖的移动轨迹。

（2）注入量的管理

画出用电磁流量计测得的水泥浆的注入量与深度（间隔为1m）的柱状图的同时，还应示出累计注入量。

（3）深度管理

利用旋转编码器及时地示出杆尖的位置。

（4）钻速管理

以电动机电流表示钻孔速度，并以此进行施工质量管理。

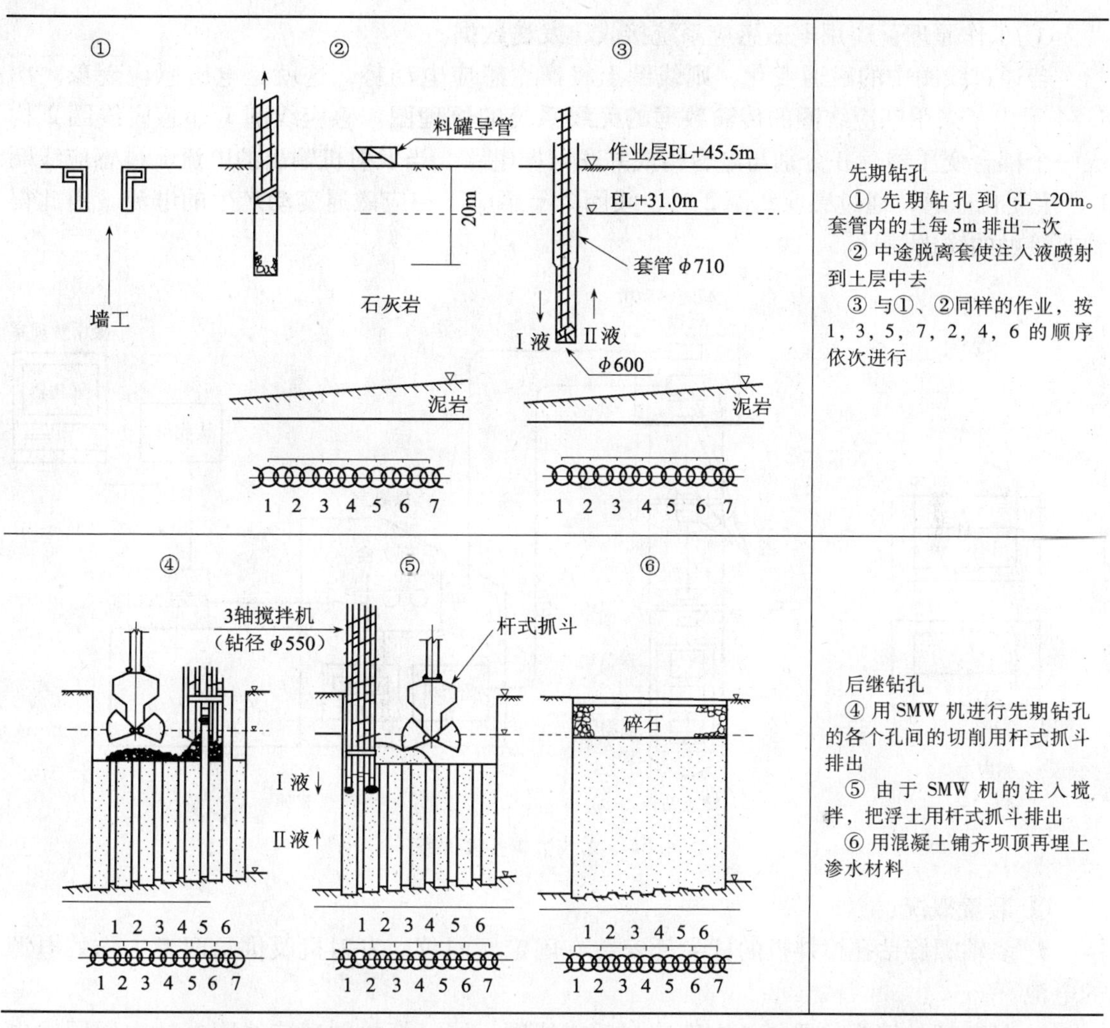

图 4.83 施工顺序

3. 无线数据传输系统

(1) 有线连接器方式存在的问题

就多轴螺旋搅拌钻机（SMW 工法）而言，当钻进深度超过 25m 时，必须续接钻杆。这种场合下，若杆内装有固定式倾斜计等测量装置，则必须使用连接器续接倾斜计的供电电源和传输数据用的多芯电缆。要求把连接器寄存在止水性好的接头内，由于施工环境恶劣，故常出现下列问题。

① 从杆接头的位置漏水，致使连接器接触不良，故电特性出现故障。另外，其影响不仅是传送信号的故障，整个系统也受影响。

② 电缆不放在连接器接头内时，则会出现裂断和破损。

③ 因为连接器的续接作业必须把手臂伸入到杆内，故存在一定的危险。同时要求连接器上的防水膜的有效期要长。

为了克服上述缺点，故把有线连接器方式改为无线耦合方式。

(2) 无线系统概况

① 工作原理：应用电磁感应系统接收、发送数据。

若通过线圈中的磁通变化，则线圈上将产生感应电动势，这就是电磁感应现象。图4.84示出了采用感应线圈的传输数据的无线系统的原理图。感应线圈1和感应线圈2构成一个耦合变压器，并分别与电容构成并联谐振电路。当发射机输出的电流流过感应线圈1产生变化磁通，通过感应线圈2时，线圈2上感应出相应磁通变动产生的电流。由此得到非接触的输出信号。

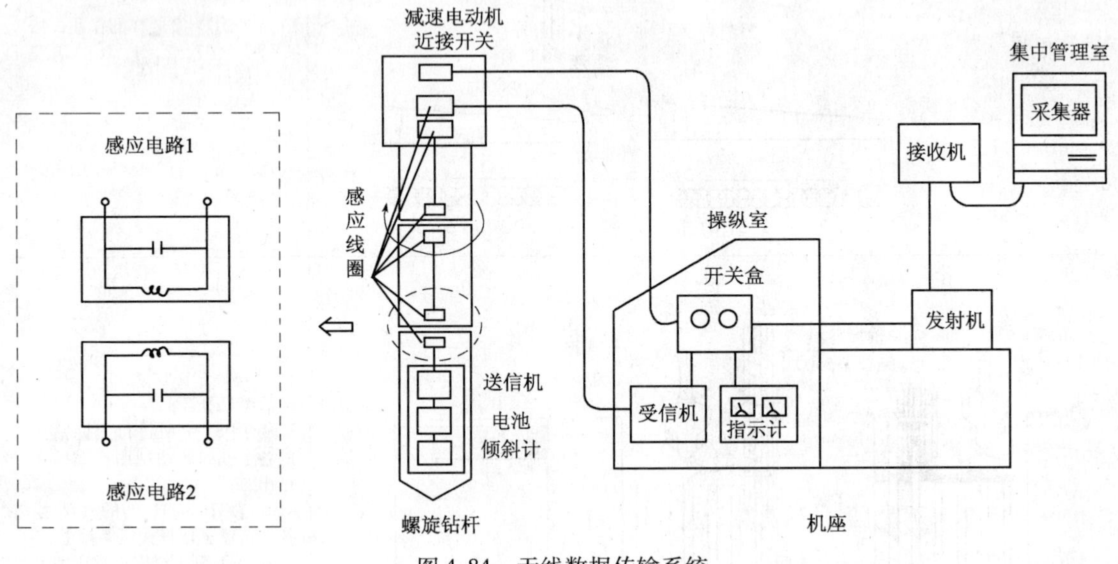

图4.84　无线数据传输系统

② 装置概况：

a. 多轴螺旋钻孔搅拌机的杆尖处安装有固定倾斜仪、发射机及供给两者工作的电源的电池。

b. 杆与杆的接头位置的两方安装有感应线圈，同一杆内的感应线圈在杆内用同轴电缆连接。

c. 在以往的钻机中旋转部的信号传输使用滑动环。感应线圈彼此是圆形的线圈，且在同心圆上转动，而电磁感应因与转动无关，故使用这种感应线圈可以取代滑动环。

d. 固定倾斜计输出的模拟信号，由发射机变换成无线信号，传输到杆接续部位的感应线圈上。在感应线圈之间利用电磁感应现象非接触的发射、接收传送数据信息，经过几节线圈传送到地表的控制室的接收机上。

e. 送入接收机的无线信号，再变换成模拟信号，连同管理室的计算机上的其他信息（深度、注入量、电流）按多址传输发射。

③ 机器规格：本装置为了能够直接安装在钻孔机的杆尖和接头部位，设计本装置时应考虑装置的高温稳定性，对于泥水、水泥等有防水性和耐压性。此外，还要求具有耐震性、耐冲击性。机器的主要规格如下。

耐震性：20G（发射机、电池、感应线圈）。

适用温度：－20～＋80℃。

耐水压力：1MPa。

感应线圈的损耗：耦合间隔 5m 时为 6dB，最大的传递节数为 17 节。

传递速度：2400bps（精度 ±0.1%）。

收、发信号：固定倾斜计的两轴（x 轴、y 轴）的角度信号；固定式倾斜计电源的开、关信号。

使用的频率：27.75MHz。

4. 小结

该系统经过长时间的现场的实际使用证明，系统的故障较少，作业安全性等设计目的均得以满足，实现了螺旋钻孔搅拌机的信息化施工。

4.8 SMW 挡土墙施工中出现事故的原因及应急措施

SMW 挡土墙工法与其他挡土墙工法一样，在施工及其开挖过程中，有时会出现一些事故，本节以 SMW 工法为例介绍各种事故的原因及其防止措施。

4.8.1 各施工阶段事故的主要原因和措施

1. 事前调查

施工之前须按表 3.1 中示出的项目进行充分的调查。例如根据场地的大小和道路状况，决定可以搬入组装的 SMW 机的机种和导架。另外，根据搬入芯材的长度选定必要的接头，因这些因素对施工的影响较大，故希望详细调查。

这里就场地土层状况，介绍下面三个事故的成因，并作简单说明。

（1）场地表层地层

SMW 机是重心高的重型机械。为了防止机械的倾倒必须造成一个稳定的作业地基。有时根据地层的外表，即可断定该地层无法承受重型机械的触地压力和振动，为防止事故必须事先做好调查和讨论。

（2）有机土

SMW 工法是一种使水泥浆和土砂在原位拌合，在地中筑造水泥土连续墙的工法。其水泥土的强度是按匀质水泥土考虑的。但是，当有机土堆积层较厚时，如果水泥类加固材料的种类、配比量不恰当，则其强度会下降。因此，就这种地层而言，必须在现场采样，然后由室内配比试验决定配比。

（3）流动地下水

对于在 SMW 工法的施工过程中，若地下水是不流动的，则影响不大。但是，当地下水为流动地下水或者无地下水但渗透性大的地层时，会出现水泥浆的流失，故而致使墙体的防渗性能下降。

同样的道理，若施工的同时周围的水井也在取水，则必然产生同样的结果。另外，这种场合下极易出现污染井水的问题。

2. 准备工作

准备工作包括：SMW 机行走作业地基的造成，水泥浆搅拌设备的设置，临时设备的准备，地中障碍物的处理，开沟，设置导轨等工作。这里从防止事故的观点出发告诫读者特别值得注意的应属作业地基。正如事前调查项目中指出的那样，如果作业地基特软，则可能出现SMW机的倾倒，对此事前必须做好充分的调查、讨论，并制定好有关的防范措施。

另一种大的事故原因，就是地中障碍物。由于障碍物的存在，致使在预定位置上无法施工；钻孔弯曲，H型钢无法插入，或者H型钢只能沿障碍物的侧面边沿插入，致使防渗性能出现缺陷。

下面，就这些问题中的注意事项和防止措施进行叙述。

(1) 作业地基

有关作业地基的考虑是指地基的强度和表面的护养，并包括这些因素在内的选用机种的考虑。可按最大钻孔深度范围内有无硬质土、软黏土等条件考虑螺旋钻搅拌杆的长度、重量，决定机种。但是，当机械在作业点的地基上出现不稳定现象时，可以选用业已开发成功的低重心的三轴螺旋钻机（参考图4.85）。

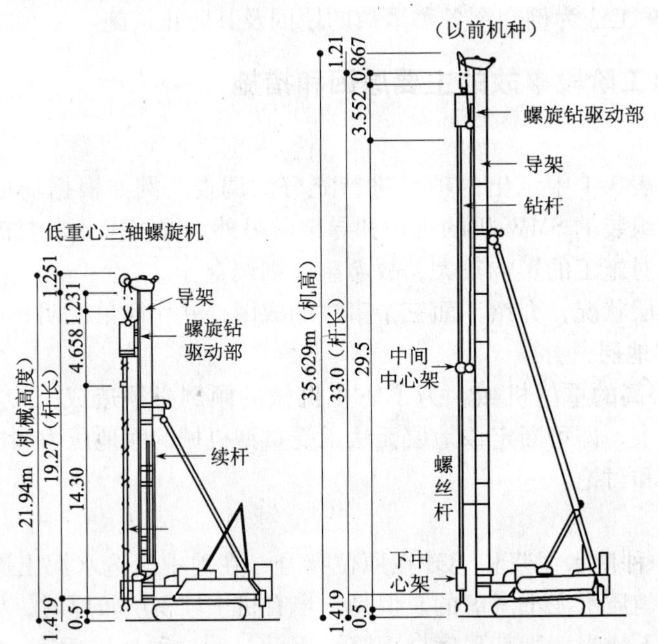

图4.85　通常的SMW机和低重心三轴螺旋钻机的概况（单位：m）

选择SMW机种时，应考虑主机运行时的机械稳定度，应确保稳定度在7~9度以上。所谓机械稳定度是指连接机体重心（总重心）与倾倒支点的直线与通过重心的竖直线的夹角。

作业地基必备的地基承载力，因仅有表面护养铁板铺垫和在石子铺垫上再加铁板铺垫的两种情况的不同而异，但是通常情形下未扰动土体的表面地基的长期允许的地基承载力0.1MPa。通常装置和作业条件决定的机械主体的局部的触地压力为0.3~0.4MPa，所以还必须很好地考虑该压力通过铁板垫扩散传递到地基上的压力。

严格地讲，求取机械主体的触地压力，应按静力触探贯入试验和平板载荷试验等方法确认表层地基的安全性。表层地基抗压强度不够时，必须进行地基加固，或者设置RC基础。作为地基加固的方法可以采用浅层混合处理工法或者碎石置换工法。

铁板垫护养情形的注意事项，应注意铁板下的地表的沉降问题。有时因蒙盖铁板的缘故若不仔细检查无法发现局部的非均匀沉降，所以应在主体机械载入之前想到这些问题。因为只有在上述非均匀沉降状态下发生倾倒，而机械的稳定度完全取决于铁板下面的情况，所以必须经常观察铁板下面的动态。特别值得注意的是拔除障碍物的部位必须进行回填。此外，还必须注意地基加固时是否仅加固了地层的表层等情形。

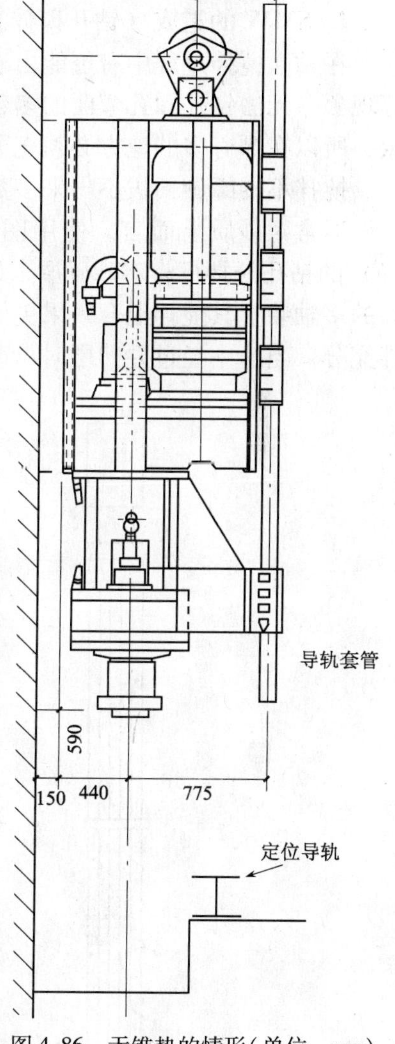

图 4.86 无锥垫的情形(单位：mm)

(2) 地中障碍物的处理

地中障碍物对 SMW 钻孔难易的影响极大。例如，原来存在桩、地下室，则普通的钻孔方法也不可能实施。因此，在施工前应根据包括原有建筑物在内的图纸等资料调查和现场调查的结果，对地中障碍物做好反复的充分的调查，也就是说必须在事前判定好障碍物的位置，并制定好预防措施。

就原有障碍物躯体的撤除方法而言，有利用岩石螺旋钻破碎去除法和利用全旋转套筒钻孔机进行管内排除切削残渣，同时用优质土置换的方法。当然，地下室浅的场合下，可用大型破碎机挖掘破碎去除，并用良质土置换。按这种方法解体拆除地中障碍物后，应用良质土回填，在回填的同时，应混以水泥类加固材，然后碾压方能形成 SMW 机移动时无须支撑的地基。

(3) 开沟和导轨定位

开沟是为了处理溢流的水泥浆，但是开沟时要考虑能承受 SMW 机主体的问题，故应注意不能挖得太深。

在无锥垫的情形下，可如图 4.86 示出的那样按单侧导轨定位。但是，在有锥垫的情形下，导轨定位必须如图 4.87 示出的那样为双侧定位。锥垫杆的有无可以邻近构造物到 SMW 芯的距离出现一定的误差。

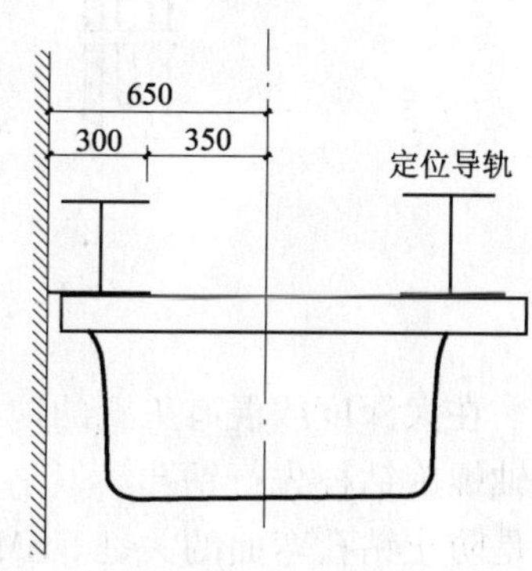

图 4.87 有锥垫的情形(单位：mm)

3. 水泥浆液的配比、搅拌

因为水泥土是以原位土砂为骨材，故无法确保深度方向上的强度的一致性。所以必须在仔细考虑地基的成层状态、土质等条件状态下，选定最弱层段进行试验，把该层达到预定强度的浆液配比定为施工的浆液的标准配比。

如前所述，在较厚有机土中，当用普通波特兰水泥无法得到预定强度的场合下，必须根据室内配比试验选择合适的硬化材。

另外，在考虑逸水和地下水流动致使水泥浆流失的场合下，可在水泥浆中添加添加剂（SK-20 等）以防水泥浆的流失。

4. SMW 的造成（钻孔搅拌）

在钻孔搅拌过程中有可能出现搅拌不良，螺旋钻杆拔不出来，无法钻孔，发生孔弯曲等现象。无法钻孔和孔弯曲的多数情形起因于地中存在障碍物，偶而也有由于存在孤石所致，所以在漂砾多的地方必须充分地估计这种事故。

搅拌不良螺旋钻拔不出来多数原因是螺旋搅拌杆的形状与土质不相适应所致。

通常对砂质土而言，使用图 4.88（*a*）的钻孔搅拌杆；对黏土而言，使用图 4.88（*b*）的钻孔搅拌杆；对砂砾层来说使用图 4.88（*c*）的钻孔搅拌杆为好。另外，使用转速高的多轴装置其搅拌混合效果更好。在一般转速的场合下，就黏土而言，钻孔速度稳定搅拌充分。当途中经过砂卵层时可改用图 4.88（*c*）的钻杆。

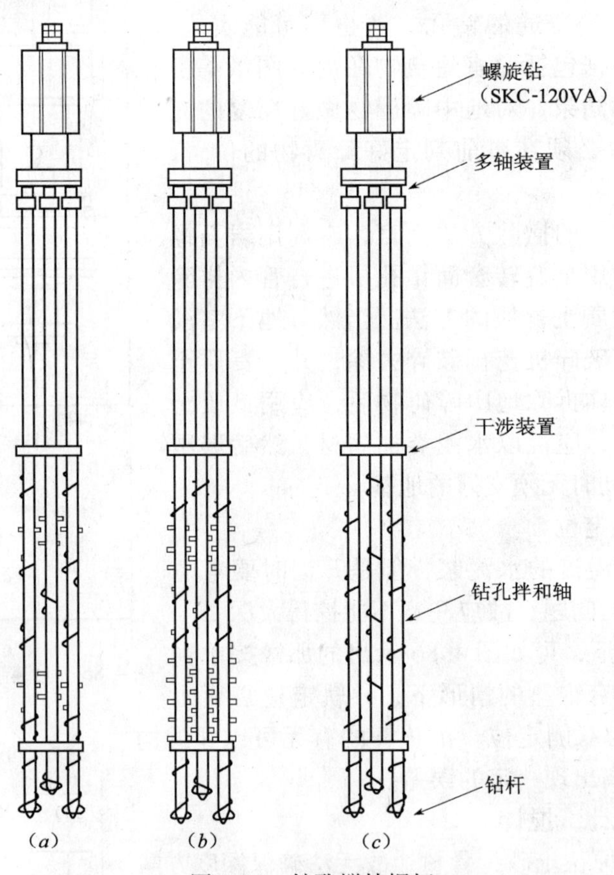

图 4.88　钻孔搅拌螺杆

（*a*）砂质土用；（*b*）黏性土用；（*c*）砂砾土用

在大深度或混有玉石的地层中施工时，作为 SMW 钻孔的辅助方法，可先用钢性好的单轴螺旋钻杆先行钻孔。但是，先行钻孔是钻孔弯曲的主要成因，所以提高先行钻孔的精度是防止钻孔弯曲的关键。SMW 桩造成中还应密切注意搅拌杆的变形，当确认变形时应稳定钻孔速度，或者使杆反转等措施。

5. 芯材插入

观察芯材竖直性的同时利用芯材的自重将其插入水泥土中，但当芯材较长时，仅靠自重无法达到预定的深度。通常，把芯材反复上提自由落下，但须注意每次的贯入距离要小（不能大），直到插入到预定深度为止。

当用上述方法仍不能插入时，可采用振动打桩锤打击等方法，但是使用时要仔细考虑邻近的状况，同时还必须弄清芯材插不进去的原因。芯材插不进去的原因有以下几点。

（1）孔的弯曲

由于孔的弯曲，芯材由水泥土中心偏向孔壁的场合下，用振动打桩锤强行插入时，势必埋下事故隐患。对此，应拔出芯材两次钻孔搅拌。

（2）超挖长度不够

水泥土的底部流入砂卵时，芯材插入艰难。此时应增加超挖长度和重新考虑水泥浆的配比。

（3）水泥土搅拌不良

若出现水泥土搅拌不良，则可考虑钻孔速度过快和水泥浆的注入量不足所致。

（4）芯材的连结（螺栓接合）

因为连结部的嵌入阻力大，连结部易碰撞导轨，故不能从高的地点自由落下。这种场合下，连结部应焊接，或者另行考虑钻孔直径。

6. 泥土处理

希望产业废弃物泥土的量应尽量少，并应及时处理。

4.8.2 挖基工程中事故的原因和措施

这里就挖基工程中起因于SMW的事故及其对策说明如下。

1. 护养管理项目

为了避免挖基工程中的事故，通常进行SMW的护养检查，在有问题的场合下，必须能迅速处理。这个项目可以防止事故的扩大。表4.30是通常的护养管理项目的例子。

正规的管理项目　　表4.30

类别	正规的管理项目	
水泥土	强度	与设计基准强度比较
		有无未搅拌土的混入
		有无地中障碍物
		有无空洞
	止水性	有无外搭接
		有无裂缝
		接头处的表面有无差别
		有无水泥土和芯材的切边
		有无漏水
		水泥土的清理状态
芯材	精度	壁向插入精度
		垂直壁向的插入精度
	变形	有无变位

2. SMW顶部

SMW纵向刚性由芯材确保，但横向是由水泥土构成的一个整体，所以是一个易产生纵向裂纹的构造。特别是软土层中的挡土墙和非整块平面的挡土墙，为了防止一次钻削时，因顶部变位差产生的纵向裂纹，所以最好设计成RC头。

3. 转角部位

凸角、凹角等转角部位，由于墙的变形产生纵向裂缝，然后出现漏水的情形较多。特别是转角部位，由于侧面压力的作用，转角被挤宽纵向裂缝增大，如图4.89所示用平钢水平焊接构成加固带。

另外，仅用这种带完全防止纵向裂缝极为困难，如果在起初作计划时如图4.89所示那样，在背面设置一道防止砂流动的增强型的SMW属上策。

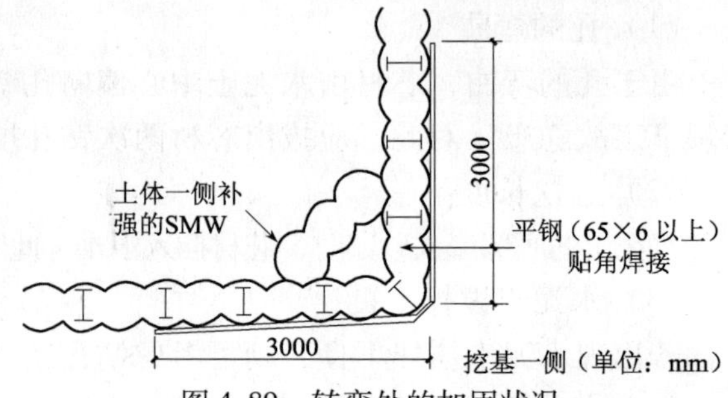

图4.89　转弯处的加固状况

4. 浇接缝面

SMW的起始位置，经过一周最后围堰的时候，因为水泥土强度已经增大，故易出现问题。特别是从转弯部位开始，围堰时易出现扭曲，这样一来易出现一些缺陷。因此，离开2~3个位置从直线部开始，在浇接缝面处填充水灰比大的水泥浆，以便防止围堰时的孔的弯曲及其以后出现的漏水。直线部位还应在其背面进行加固。

5. 其他缺陷部位

由于SMW施工时的水泥土的缺陷和挖基时产生的裂纹是构成漏水的主要原因，故必须进行适当的补修和加固。另外，芯材的弯曲和外搭接也是必须认真对待的问题。下面对这些缺陷的对策作一简单的说明。

（1）水泥土的不良固结

埋在地层中的杂物、有机质土、黏土块等是致使水泥土固结不好的主要原因。在挖基中可以发现这些缺陷，针对这些缺陷可按图4.90（*a*）~（*c*）所示形式进行修复。

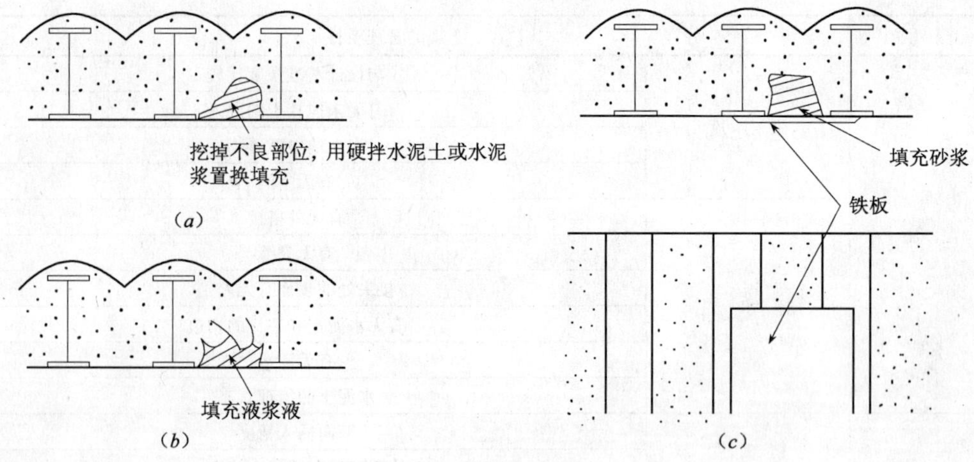

图4.90　水泥土缺陷部位的补强

（*a*）填充速凝砂浆；（*b*）填充尿烷浆液；（*c*）贴铁板

（2）漏水

如果漏水是发生在缺陷部位或者是裂纹部位，则可用聚乙烯软管泄水，再用速凝型砂浆补修周围，随后封闭管子止水。但是，缺陷部位沿深度方向连续伸延的情形较多，故可据情况把漏水汇积到基底用管子泄水。

缺陷较大的情形下，填充内部涨水的同时设置加固切梁，在墙的背面进行化注。这种场合下，必须注意 SMW 上加有大的注入压力。

（3）外搭接

由于地中障碍物等原因使用外搭接的场合下，可用注浆等措施修补。因为注浆希望在开挖之前进行，所以应加强 SMW 的施工管理，如果存在危险性应在事前处置。

6. 小结

本节对 SMW 工法施工中的事故的主要原因和防范措施作了简单的介绍。因为采用这种工法的大深度的开挖工程中的使用的例子与日俱增，所以慎重地施工和精心地进行施工管理的必要性越来越大。

4.9 SMW 挡土墙芯材的引拔方法

4.9.1 粘贴泡沫材料引拔法

1. 挡土墙的概况

图 4.91 示出了挡土墙的概况。挡土墙是深 18m 的水泥土排柱桩，桩径 60cm、间隔 50cm，芯材使用 H450×200×9×14 的 H 型钢。另外，为了防止开挖基底的土体扰动，在基底面下 2.5m 的范围内用搅拌排桩工法加固地层。

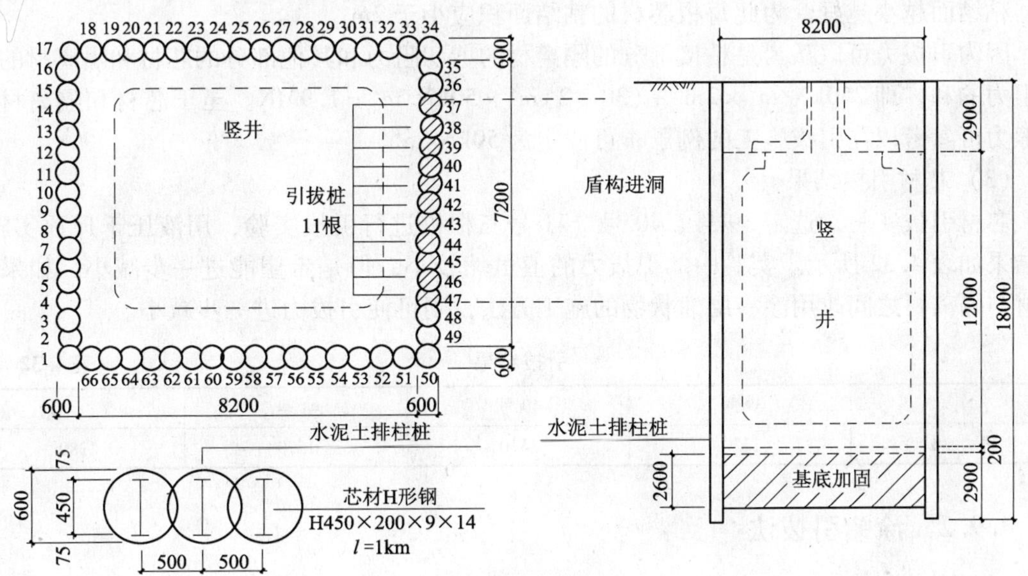

图 4.91 挡土墙概况（单位：mm）

2. 芯材引拔工法

图4.92示出了挡土墙的一根桩的断面。排柱桩的水泥土和芯材的接触面积为30m^2，粘结应力可参考混凝土和钢筋的粘结应力，假定为400kN/m^2，故可推算出一根芯材的总的粘结应力为12MN/m^{2}是芯材破坏张力值的4倍，使引拔成为不可能。因此，应在芯材的全部表面贴敷（或者喷涂）隔离材，以此降低芯材与水泥土间的粘结力，使芯材的引拔力小于芯材的破坏张力，使引拔计划成为现实。

（1）隔离材的选定

设置芯材时隔离材必须能承受得住排柱桩的侧压。可使用表4.31中的泡沫材料（厚1cm）。另外，泡沫材料与芯材之间的粘结使用羟基类有机溶剂。

隔离材的强度特性　　表4.31

抗压强度	300kPa
抗弯强度	350kPa
抗剪强度	250kPa
加热变形温度	80℃
密度	28.5kg/m^3

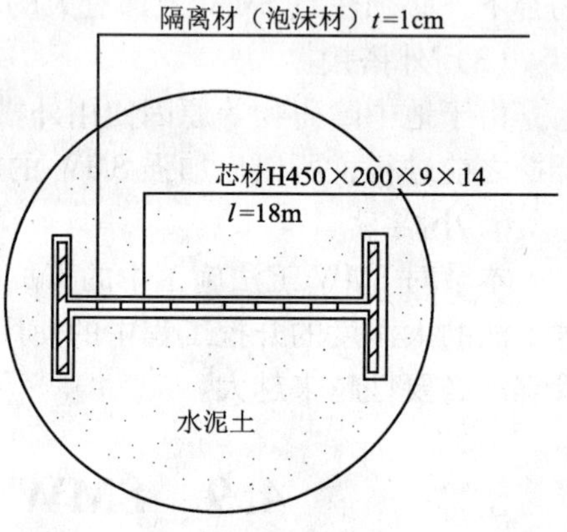

隔离材（泡沫材）t=1cm
芯材H450×200×9×14
l=18m
水泥土

图4.92　挡土墙芯材概况（单位：mm）

（2）现场引拔荷重的计算

芯材的引拔阻力主要取决于芯材与隔离材料的摩擦力。如果上提引拔力作用在芯材的顶部、力小时仅在芯材的上部产生阻力、芯材位移、摩擦力均不能传到下部，随着上提力的增加，上部摩擦力产生的阻力逐渐被克服，芯材的位移逐渐向下方传递，摩擦力也逐渐作用到整个芯材上，当引拔力超过芯材总的上提阻力时，位移突然增加，芯材被拔出。

另外，引拔时芯材和隔离材的粘结面上产生隔离材剪切破坏，考虑到引拔阻力的原因，粘结面越小越好。为此每根芯材的粘结面积应小于2m^2。

因为引拔力可以认为是粘接部分的隔离材的剪切阻力和其他部分的芯材和隔离材的摩擦阻力的和，即$250\text{kN/m}^2 \times 2\text{m}^2 + (30-2)\text{m}^2 \times 50\text{kN/m}^2 = 1.9\text{MN}$。至于芯材和隔离材的摩擦力可参考以往引拔施工的例子，可假定为50kN/m^2。

（3）芯材引拔结果

芯材引拔实验，选定39号、40号、41号三根桩进行引拔实验，用液压千斤顶实施。其结果如表4.32所示。实验中的引拔力的值虽然较小，但是希望能进一步减小。如果在芯材与隔离材之间改用涂一层油状物的施工方法，则可使引拔力进一步减小。

引拔结果　　表4.32

	39号	40号	41号	平　均
引拔力（kN）	1230	1410	1500	1380

4.9.2　涂蜡引拔法

1. 挡土墙的概况

挡土墙的概况如图4.93所示。挡土墙是深21.5m的水泥土排柱桩墙，桩径65cm、桩距 45cm，芯材使用 H482×300×11×15 的 H 型钢。当使用上节的芯材引拔工法时，可以算出其稳定的引拔力在 2MN 以上，显然较大。对抗拉强度低的材料而言，可采用涂蜡的方法降低引拔阻力。在现场实施之前，应先进行蜡材料的剪切特性试验，室内引拔实验，然后再确定现场的引拔荷重。

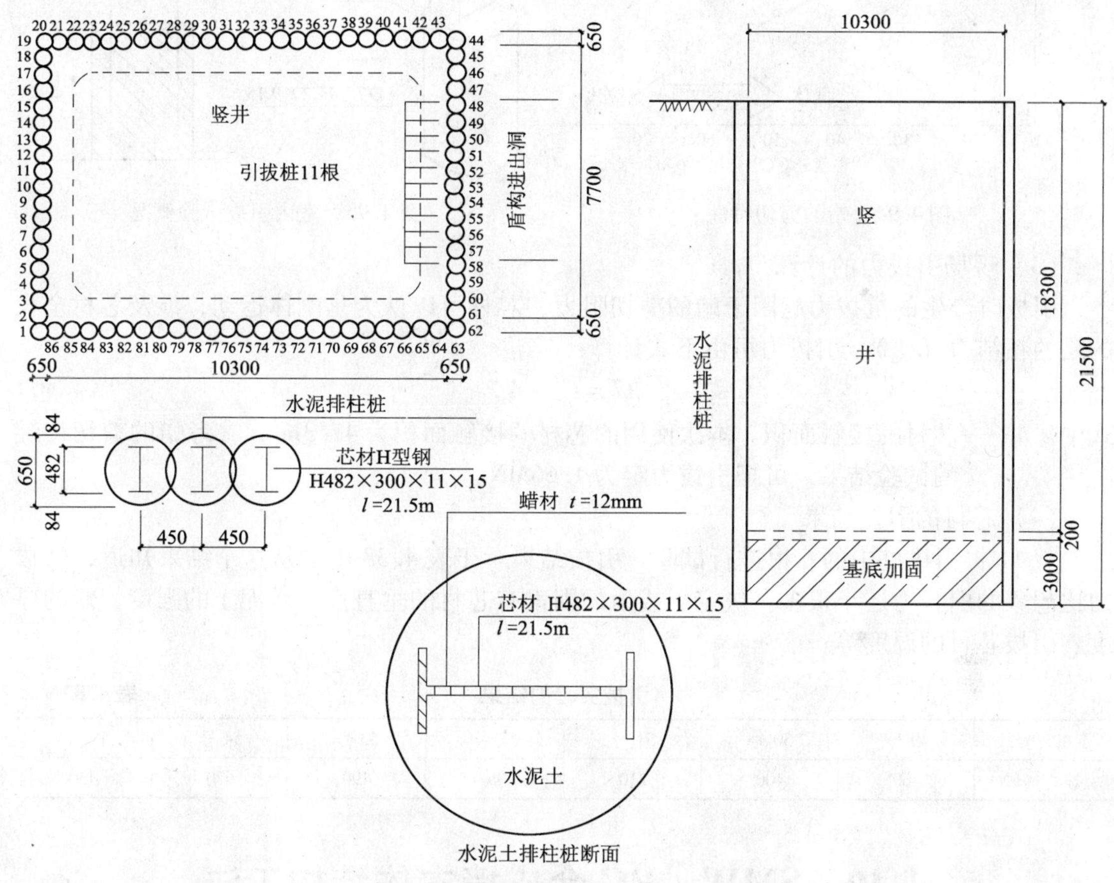

图 4.93　挡土墙概况（单位：mm）

2. 芯材引拔工法

（1）剪切特性实验

蜡的剪切特性如图 4.94 所示。当温度小于 50℃时，蜡为液体，50～70℃时是蜡从固态转向液态的范围。温度小于 50℃时蜡固体。固态蜡的剪切强度受温度的影响较大。就十字剪切试验的结果而言，剪切强度（粘结力）和温度的关系可用指数函数表示。三轴抗压实验的结果表明，测定的粘结力比十字剪切试验的值低得多。

（2）室内引拔实验

试验样品的概况如图 4.95 所示。引拔实验的室温是 11℃。引拔力（芯材自重除外）$T=15\text{kN}$，蜡的粘结强度 $\tau_f=7.2\text{kPa}$，比以往的实际值（35kPa）和三轴抗压试验结果（46kPa）相比要小得多。其原因可以认为是砂浆的收缩，致使芯材与搅拌土的接触面积大为减小。

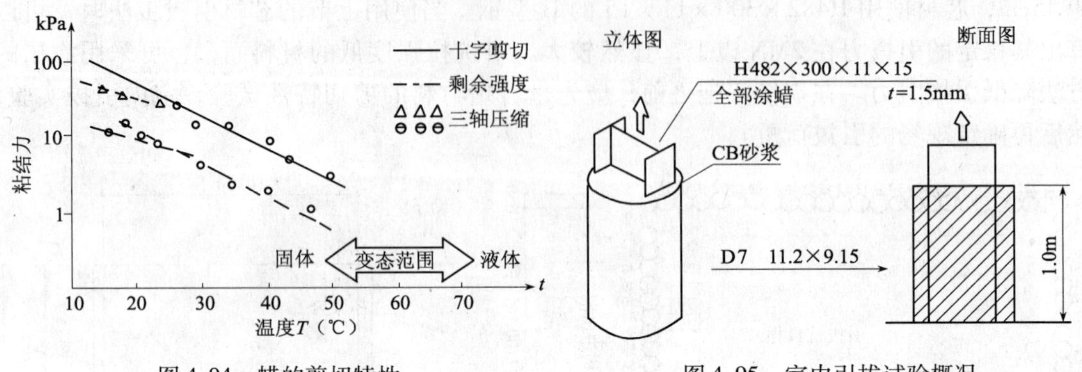

图4.94　蜡的剪切特性　　　　图4.95　室内引拔试验概况

（3）现场引拔力的计算

引拔时产生的抗拔力起因于蜡的剪切阻力，芯材可以认为是刚体运动，涉及芯材全长的蜡的粘结力（C_u），引拔力可由下式计算：

$$T = C_u \cdot A \tag{4.30}$$

式中　A——芯材的接触面积。本次使用的芯材的接触面积为47.3m²，参考蜡的剪切特性的试验结果，可把引拔力定为1.66MN。

（4）芯材的引拔结果

就11根引拔桩中的6根进行试验。引拔结果示于表4.33中。从这个结果知道，引拔力比想象的引拔力还小很多。决定引拔力的因素有芯材的垂直性、水泥土的强度、蜡的厚度、引拔芯材的温度等。

引拔实验的结果　　　　**表4.33**

桩　号	49号	50号	51号	52号	53号	54号	平　均
引拔力（kN）	460	400	310	370	490	670	450

4.10　SMW+RC合成墙主体结构工法

4.10.1　引言

随着地下工程的大规模、大深度化，SMW作临时挡墙的应用越来越多。SMW的应力芯材（H型钢）在工程结束后多作填埋处理，这样造成钢材的极大浪费，同时工程成本也高。为此，有些工程采取引拔芯材回收再利用的做法。但是该方法要动用大的起吊设备，消耗大量的能源，H型钢引拔后还要对引拔留下的H形孔洞进行注浆填充固化处理，工序繁琐，且H型钢引拔对构造物主体基础构造也有一定影响（如土体扰动、沉降等）。

为了有效地利用钢材资源，降低工程成本，人们开发了把SMW芯材H型钢与后浇钢筋混凝土墙躯体（RC墙），用柱头螺栓连接固定为一个整体的复合构造的SMW+RC地下合成墙（以下简称为合成墙）。这种合成墙工法具有以下优点：

（1）结构合理，避免资源浪费，属环保型工法。

（2）这种合成墙多用来作地下主体构造躯体侧墙。该主体构造工法与以往的先作SMW临时挡墙，然后再作RC主躯体侧墙的工法相比，前者的后浇RC墙的厚度（与后者纯RC躯体侧墙的厚度相比）大为缩减（有文献给出可缩一半的实例），其收益是构造物的内空扩大、工期缩短、成本降低（下降幅度为4%~40%）。

（3）无需新的施工设备等优点。

故近年来SMW + RC合成墙工法在建筑物的地下工程、地下车库、地下油罐、气罐、地铁车站、开挖隧道、竖井工程、船坞工程等工程领域中有着极为广泛的应用，且施工实例猛增（据文献报道近年仅建筑行业就有60~70个成功的施工实例）。

另外，设计这种合成墙时，必须考虑作用在合成墙上的土压、水压、挡墙应力材（重点捐H型钢）的应力履历及水泥土对H型钢的腐蚀性，即H型钢的长期稳定性等因素的影响。

本节具体介绍SMW + RC合成墙的构成、施工方法、作用在合成墙上的外力及墙体应力评价，H型钢的应力变化状况，墙体的合成效果、合成墙的长期耐久性的实测、调查结果等内容。

4.10.2 工法概况

1. 合成墙的构成

SMW + RC地下合成墙的断面图和平面图如图4.96所示。柱头螺栓的照片如照片4.5所示。其构造特点是把SMW的应力芯材H型钢和后浇的钢筋混凝土墙，用螺栓结合在一起的合成构造的地下墙。H型钢在作临时挡墙时期主要担负墙体应力，在后浇RC墙施工后，成为合成墙的构件，在作主体构造物的地下躯体侧墙，H型钢与后浇RC墙一道承担上载荷重和侧面土、水压。

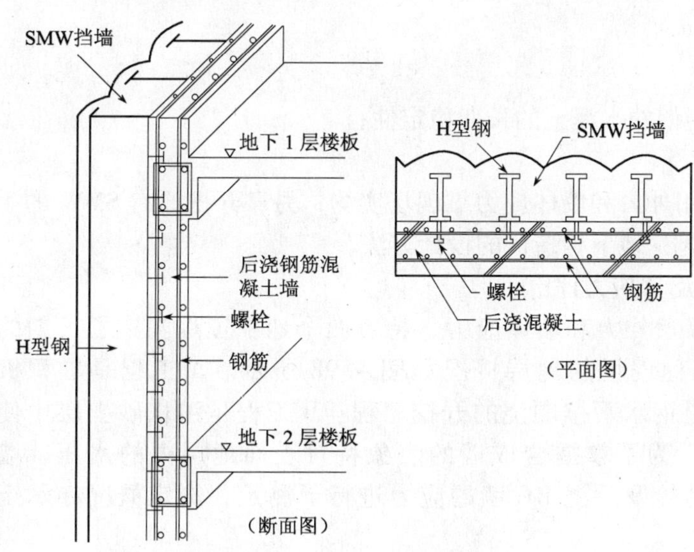

图4.96 合成地下墙的构成

照片4.5 连接柱头螺栓

2. 合成墙的施工方法

合成墙的施工顺序如图4.97所示。在注入水泥和膨润土构成的浆液的同时，用螺旋钻钻孔搅拌，随后沿导轨插入H型钢，固化后生成SMW。接下来挖基，同时挖除基坑一侧的SMW的水泥土，露出芯材H型钢的翼缘面。用砂轮机（研磨机）去除翼缘表面的水泥土，攻入、焊接柱头螺栓。随后，按以往的RC地下墙的构筑方法，构筑所谓的后浇混凝土墙，即先配置钢筋（纵筋和横筋），然后组模浇注混凝土。

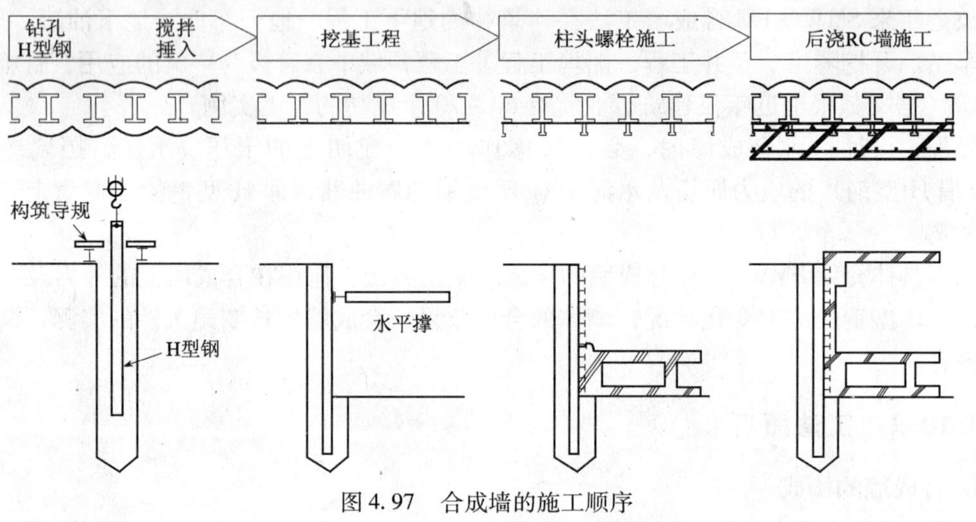

图4.97　合成墙的施工顺序

4.10.3　合成墙的变位

合成地下墙的构造特点是利用螺栓把H型钢和钢筋混凝土连接在一起的一体化墙；H型钢既作临时SMW的芯材，也作地下主体墙的构材。因为合成墙作地下主体结构躯体使用，所以必须作以下评价研究。

（1）评价作用在合成墙上的外力；

（2）评价合成墙的刚性；

（3）讨论H型钢和覆盖H型钢的水泥土的长期稳定性；

（4）H型钢的应力履历。

对于这些讨论项目而言，作用外力和墙体应力靠现场实测，另靠开挖原有SMW的手段实施耐久性调查。由这些结果讨论地下构造体的设计方法。

1. 作用在合成墙上的外力和墙体应力评价

为了评价作用在合成地下墙上外力和墙体应力，特对两个地下工程实施了长期的现场实测（从开工到竣工）。工程现场的地层概况如图4.98所示。A工程是堆积极厚冲积黏性土的地层中使用4道钢水平撑顺浇的开挖工程。B工程是洪积砂土层中使用地锚杆支护的顺浇开挖工程。为了掌握合成墙的表象特对表面地层内的水压、墙面的间隙水压、H型钢和柱头螺栓及后浇RC墙的应力进行了测定，测定概况亦示于图4.98中。

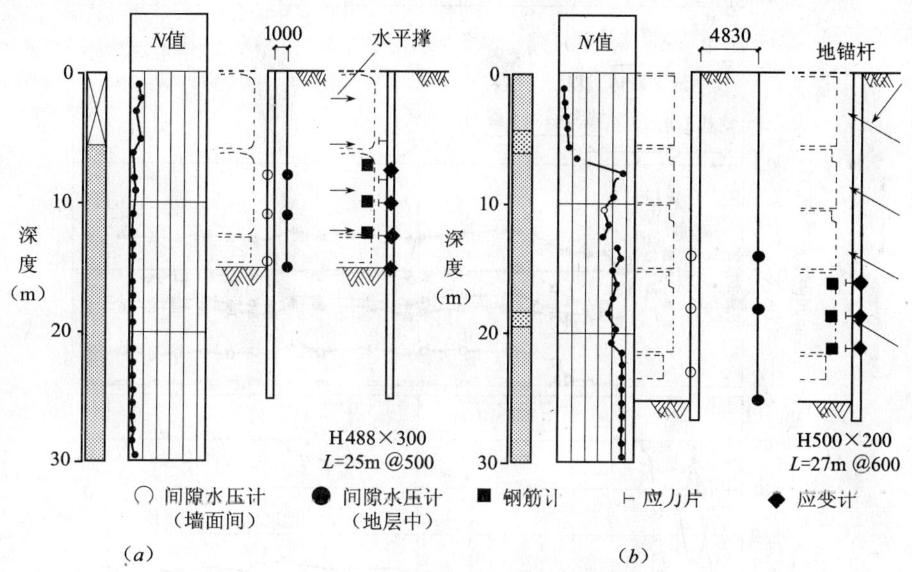

图 4.98　测量传感器的埋设概况

(*a*) A 工程；(*b*) B 工程

(1) 作用在合成墙上的土压和水压

作用在合成墙上的土压和水压如图 4.99 所示。认定作用在外侧的土压和水压与通常的挡墙的情形完全相同。这里重点讨论位于 SMW 内侧的后浇 RC 墙表面上的水压（称作间隙水压）。

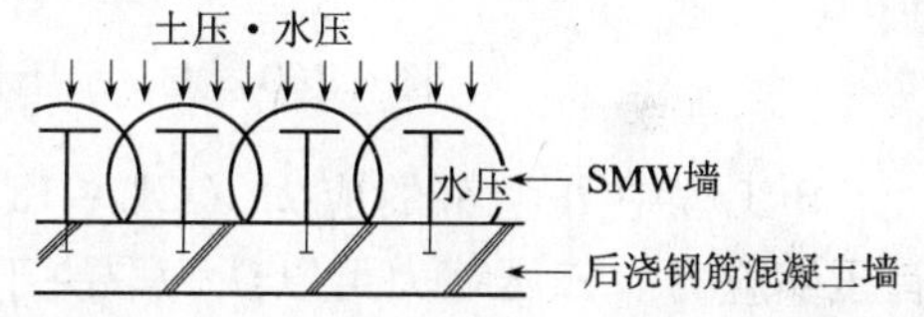

图 4.99　作用在合成墙上的土压和水压

图 4.100、图 4.101 分别是背面土、水压（H 型钢的应力）、RC 墙表面上的间隙水压的历时变化。就图 4.100 的 A 工程（黏土层）的历时变化而言，背面水压均大于间隙水压，起伏状况的区别不大。就图 4.101 的 B 工程（砂地层）的历时变化而言，因为挖基工程中采取了降水工法，所以观测到停止排水时，伴随承压地下水的回复，水压变化急剧。此时的表象是对应深度 25m 的背面水压的上升，间隙水压也上升，起伏状况也区别不大。

间隙水压的深度分布如图 4.102 所示。背面水压比间隙水压大，两工程实例的分布形状大致均近似三角形。长时间观测后发现，间隙水压与背面水压十分接近。

(2) H 型钢作临时挡墙芯材与作主体墙时的应力变化

这里以合成墙的 H 型钢和后浇 RC 墙的应力实测结果，讨论 H 型钢的应力履历及墙体的合成效果。

A 工程中 H 型钢的应力（GL－10.0m）变化如图 4.100 所示。挖基工程中由于反复进行挖基和架设水平撑，故 H 型钢上交替地出现正负弯矩对应张拉力和压缩力，挖基时的应力变动较大。然而，地下工程结束或竣工后应力变动较小。

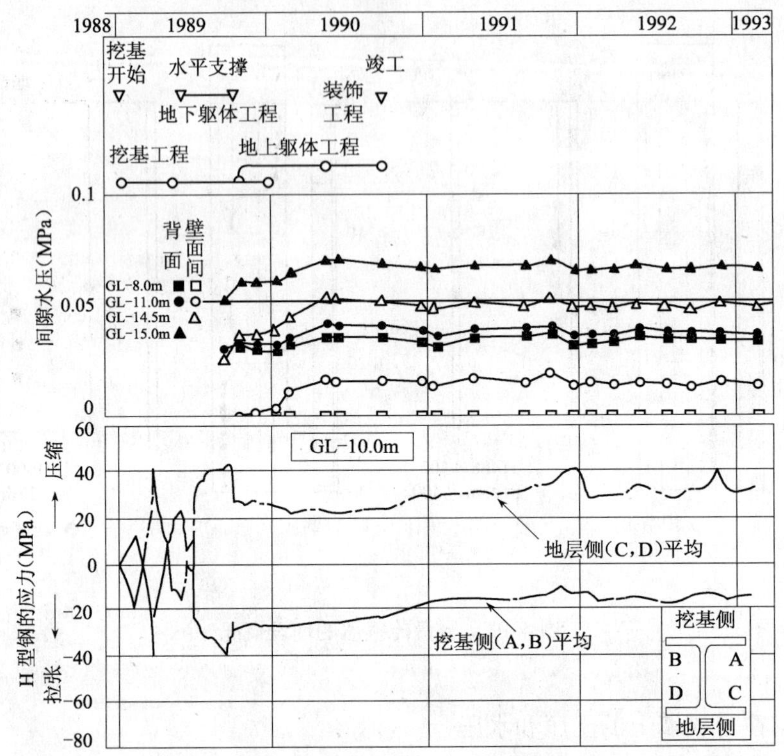

图4.100　土、水压和H型钢应力的历时变化（A工程）

B工程中H型钢的应力（GL－18.5m）如图4.101所示。除了弯曲应力外，还作用有压缩应力。该压缩力可以认为取决于地锚张力的竖直分量。另外，B工程挖基时的应力变化较大，但工程结束后变动极小。

就A、B两个工程而言，长期测量临时H型钢（作临时挡墙芯材）的最大应力与竣工后的应力的关系如图4.103所示。最大应力强度不到长期允许应力强度160MPa的一半。

另外，竣工时和竣工后的应力均小于最大应力强度。这就是说，H型钢作合成墙时产生的应力不会超过临时最大应力强度。

（3）墙体合成效果的评价

为了研究墙体的合成效果，特对A工程中的1～2道水平撑解体前后的墙体的变位和H型钢的应力进行了测定。其实测的变位增量、矩增量如图4.104所示。利用矩增量，在假定合成墙和双层迭加墙条件下，计算得到的应力增量分别可用实线和虚线表示。实测的墙体应力增量接近合成墙的应力分布。因此，全域设置柱头螺栓的场合下，可把墙体的表象看成是合成墙的表象。

2. 挖开调查长期耐久性的评价

因为评价合成地下墙的耐久性，先评价钢材和覆盖钢材的水泥土的长期耐久性极为重要。

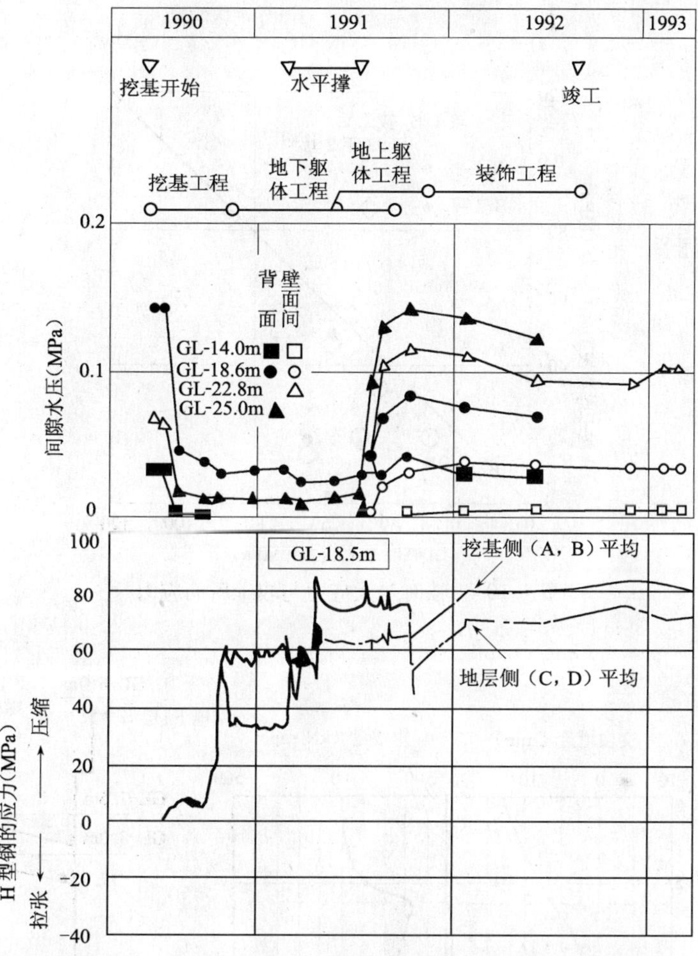

图4.101 土水压和H型钢应力的历时变化（B工程）

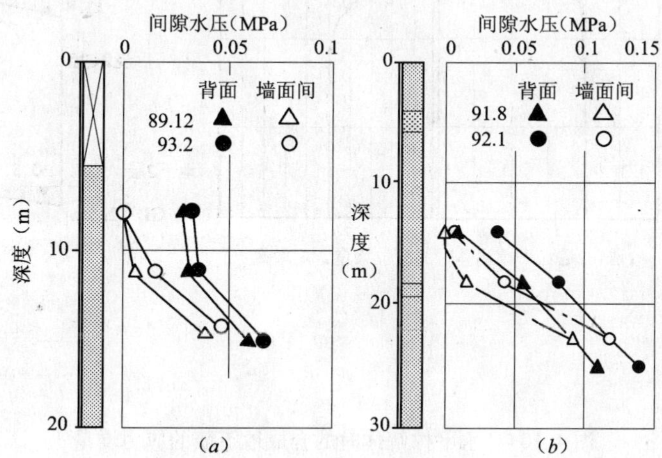

图4.102 背面水压与墙面间水压的比较

(*a*) A工事；(*b*) B工事

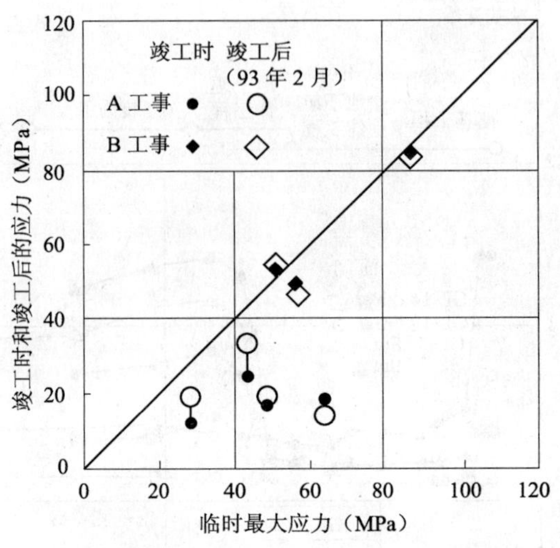

图 4.103　临时最大应力与竣工后的应力

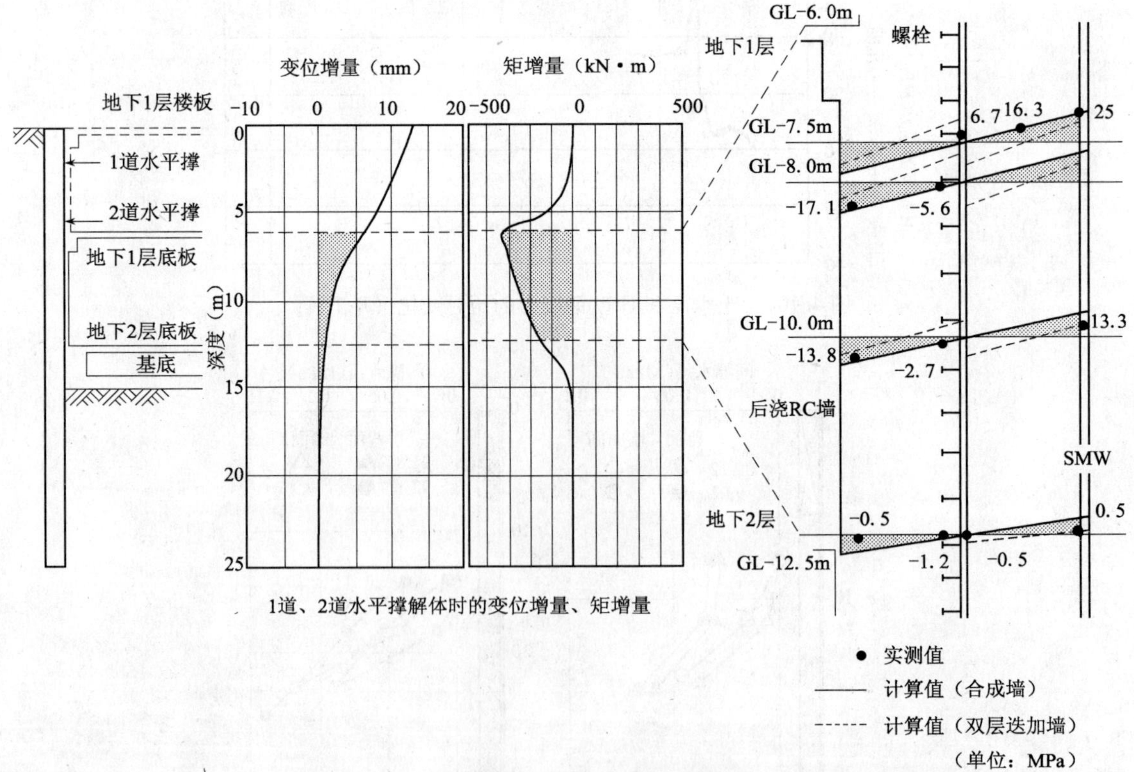

图 4.104　水平撑解体时的合成地下墙的应力增量

某宾馆竣工 13 年后，在邻近该馆的现场增筑新馆的工程中，挖出了原有的水泥土及其钢材，随后对其实施了有关耐久性的各种调查试验。调查概况如图 4.105 所示，调查项目和调查方法如表 4.34 所示。

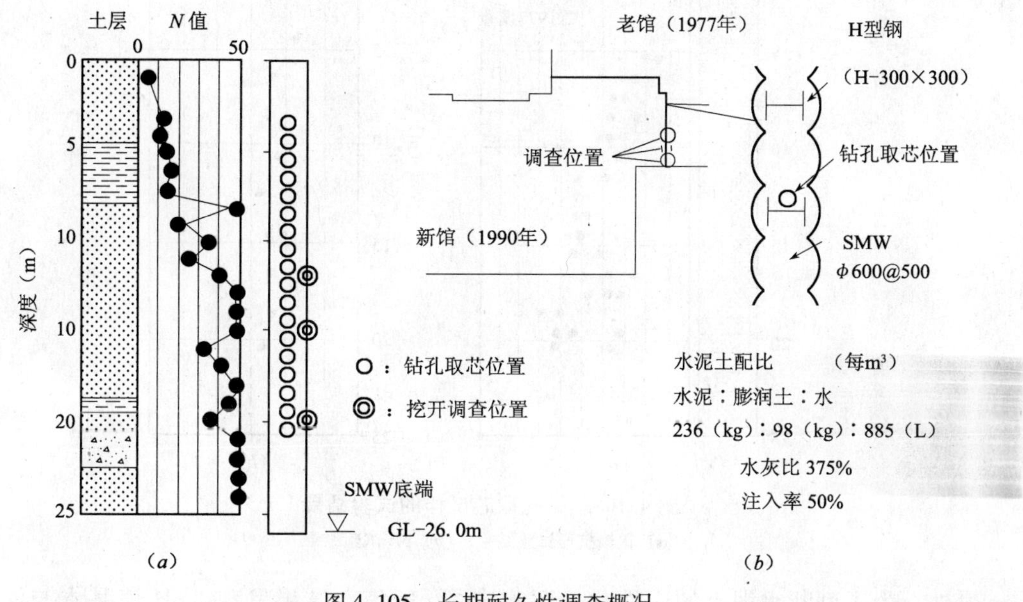

图 4.105　长期耐久性调查概况

(*a*) 断面位置；(*b*) 平面位置

长期耐久性调查概况　　**表 4.34**

	调查项目		调查方法
水泥土	强度	单轴抗压强度	一轴抗压试验
		针贯入荷重	针贯入试验
	中性化	CaO 含量	CaO 分析
		内部水的水质	pH 试验除外
		构成矿物	X 线衍射
		中性化的程度	pH 试验
			酚酞反应
	渗水性	渗水系数	渗水试验
芯材 H 型钢	腐蚀状况	表面状态	目视（照片）
		锈成分	X 线衍射
		腐蚀速度	电阻测定

就水泥土而言，实施了钻孔调查和挖开调查。钻孔取芯试样的试验结果如图 4.106 所示。为了便于对比，图中还示出了 13 年前当时挖基采样的强度试验结果。于是发现材龄 13 年的水泥土的单轴抗压强度与当时的强度数据相比，一律减小。

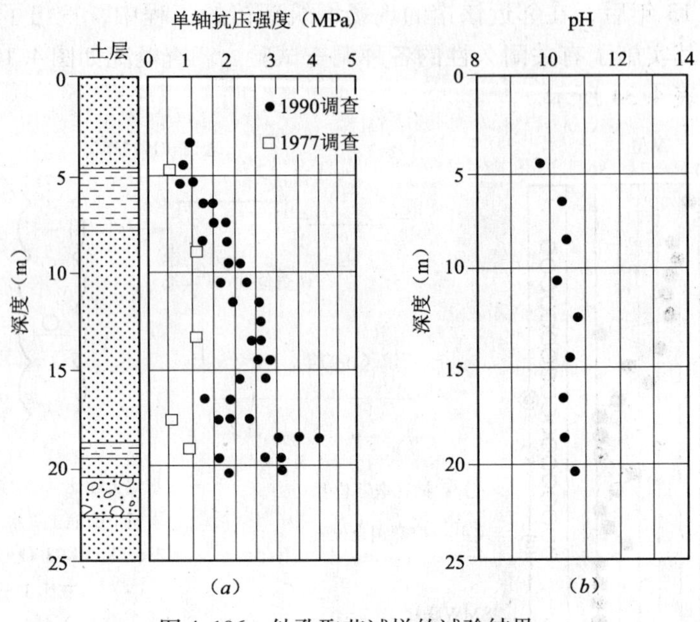

图4.106　钻孔取芯试样的试验结果

(a) 单轴抗压试验结果；(b) pH试验结果

另外，为了判断水泥土的中性化，还测定了pH值，结果发现，pH值基本与深度无关，大致在10~11的范围内。由混凝土规范可知，当pH值大于10时，混凝土中的钢材不生锈，这说明水泥土中的H型钢也不会生锈，即其长期稳定性较好。

关于水泥土中H型钢的腐蚀性，可在邻近两H型钢上加入电压，测定此时电流的极化阻抗，求出H型钢的腐蚀速度。

本次调查H型钢的腐蚀速度，如表4.35所示，平均每100年腐蚀0.01mm，该值为地层中钢材的腐蚀值的1/100，由此可以确认长期耐久性与混凝土中钢筋极为接近。

腐蚀速度推定结果　　**表4.35**

	测定位置	腐蚀速度	
		(mg/cm^2/年)	(mm/100年)
调查结果	A-B	0.45	0.02
	B-C	0.04	0.005
混凝土中的钢筋		0.02	0.002
地中钢材		—	1.06

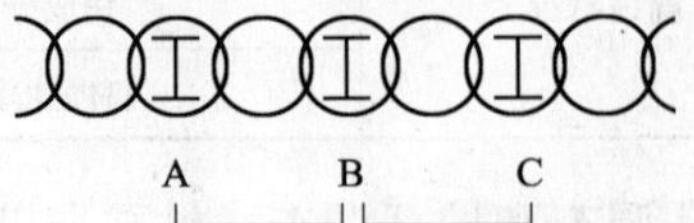

4.11 通水 SMW 工法

4.11.1 推出通水 SMW 工法的必要性

很多大都市均位于地处较大河流流域的冲积地层上，因此，丰富的地下水得以多种利用（生活用水、工业用水、温泉……）。但是，由于道路及地下铁等大规模地下构造物的兴建，致使地下水的环境受到破坏，导致地下水流动受阻和水质发生变化。

地下水的流动受阻会导致井孔枯竭、地层沉降等物理危害，进而构造物受损，业已构成一大社会问题。也就是说，大型地下线状构造物不仅影响范围广，更重要的是该影响具有永久性。

地下水流动受阻的模式图如图 4.107 所示。通常受害程度下游比上游明显，受害程度大。为了解决好这个问题，在深基坑挡墙设计中应考虑通水的挡墙工法。这里介绍以 SMW 为对象的通水 SMW 工法。

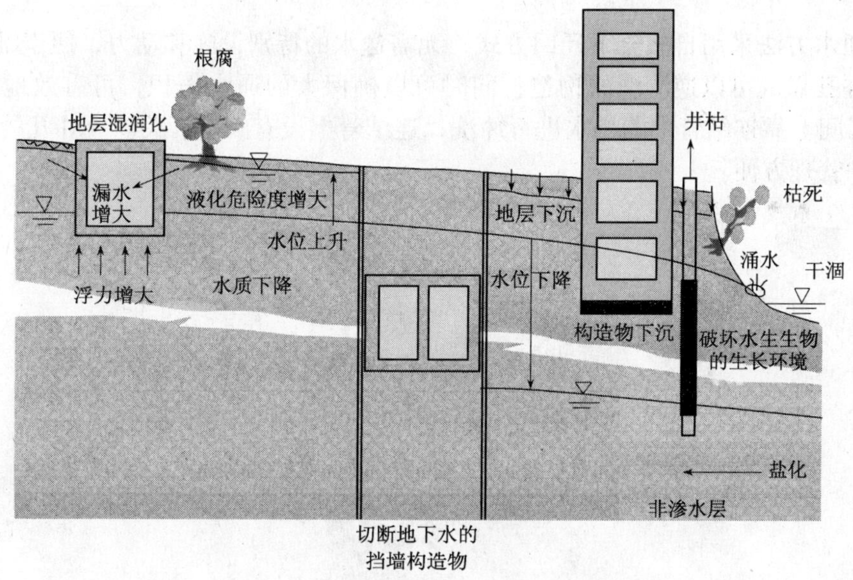

图 4.107 地下水流动受阻危害示意图

4.11.2 通水 SMW 工法

通水 SMW 工法的原理图如图 4.108 所示。在 SMW 墙内按适当的间隔设置井孔（上游侧设集水井孔、下游侧设注水回灌井孔），集水井孔与注水井孔间用连接管连接，利用该井孔使上游地下水回流下游。关于井孔的设置位置，应以两芯材间的水泥土部位的中心为中心，部分搭接到地层侧，即井孔紧贴挡墙。通水 SMW 工法的特点如下：

（1）井孔的大部分设置在挡墙内，故施工是在场地内进行。

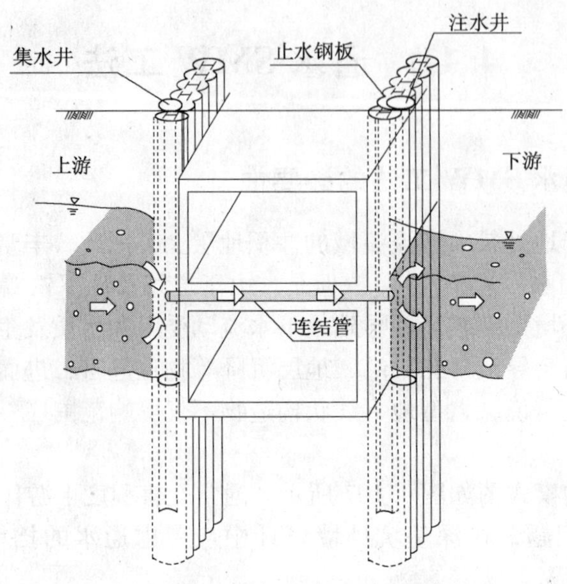

图 4.108　通水 SMW 工法原理图

（2）通水方法采用自然流下迂回方式，无需送水的特别设施和动力，便于维护管理。

（3）井孔做成可以逆清洗的构造，同时可以确保大的通水面积，可有效地利用芯材间的土体区间。靠连结管中的排水进行冲洗，连结管上设有阀门开关。故井孔的长期可靠性好，维护管理方便。

第5章　SMW的施工实例

5.1　低重心3轴螺旋钻机及SMW的施工实例

5.1.1　低重心3轴螺旋钻机问世的必要性

SMW工法，以往使用较多的一般的钻机多为3点打桩机式长导架的钻机（如DH608-120M，详见4.5.4节的叙述）。该机种虽然钻机深度深（达26m），但须使用高达33m的导架。另由于该机的结构是把荷重较大的3轴减速机和多轴装置，设置在导架的顶部，再加上搅拌杆及旋转轴等重物，所以整机的重心较高（达9.1m）。当施工现场场地存在一定坡度或者该机在现场移动时，由惯性力的原因，钻机存在倾倒的可能性。另外，台风和地震均会使钻机发生倾倒。总之，该机种的导架高度过高，致使整机重心高，存在倾倒的危险性（稳定度不高），这些给施工现场周边的居民、单位、过路行人均构成一定的威胁。作为防止倾倒的措施，钻机上设有拉索，通常情况下搅拌杆要旋入地中几米深等措施。尽管这些措施有一定的作用，但也给施工带来不少的麻烦。

此外，有些施工现场场地上方存在高压供电线或者高架道路，这些环境条件均要求钻机的高度要低。

为了避免上述弊病，满足环境条件要求，提高施工的安全性，改善作业环境，日本成幸公司、三和公司及利根公司联合开发了导架高度低的3轴螺旋STS钻孔机（以下简称为STS机）。STS机种与以往普通机种相比，具有同样的施工效率和大深度施工的能力，但导架高度下降一半。

5.1.2　STS机的特点、规格

1. 开发STS机的考虑

（1）降低重心高度措施

① 降低导架高度的措施。

由于以往的普通机种的重心高、不稳定、易倾倒、不安全，对周围环境有一定的威胁感，故降低重心高度是消除上述弊病的根本途径。降低重心的关键是降低导架的高度。导架高度下降后势必在钻孔、上提的途中，进行钻杆的续接、拆卸，为此STS选用3节可伸缩的套筒式钻杆。采用3节套筒式钻杆，可以实现导架15m和17m时，对应的钻孔深度为25.3m和27m。STS机与以往机型的性能参数对比表如表5.1所示。

② 降低重心的其他措施。

除了降低导架的高度之外，还对钻机的结构进行了改造，即把下部中心架做成开放

式，把3轴减速机下降到导架的最下端，使最大钻孔深度达29.9m。此外，还改变了钢索卷筒的位置，使得机高得以降低。上述结构改造可使钻机的重心得以进一步的下降。STS机与以往的机型构造尺寸对比如图5.1所示。

STS机与以往机型的性能参数比较　　　　**表5.1**

性能参数		STS机	以往机型	
主机		DH608-120M	DH608-120M	
导架高度（m）		15、17	30	33
钻杆+螺旋杆+钻头总长（m）		收缩时　14 伸长时　30.4	28.6	28.6
地表高度（m）		17.5	32.3	35.3
总质量（t）		111.8	116	120.3
最大钻孔深度（m）		直线　27.6 弯角部位　25.6 特殊　29.9	直线　23.4 弯角　21.8	直线　26.4 弯角　23.8
重心	离开旋转中心（前方）	0.66	0.55	0.61
	离地表高度（m）	4.6	8.2	9.1
稳定度（°）		16	9.0	7.7
允许最大风速 m/s		57.3	36.7	
地震时的允许加速度		157cm/s²	111cm/s²	
最大触地压力		236kPa	284kPa	

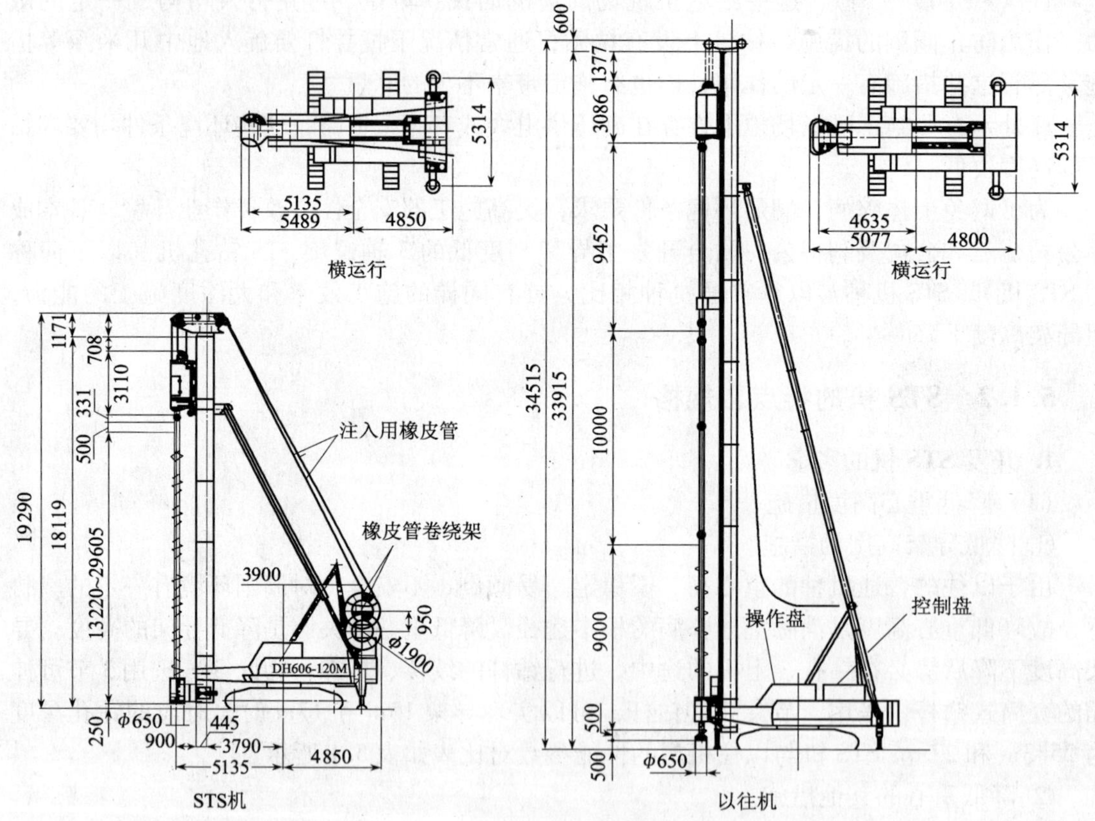

图5.1　STS机与以往机组装图的比较（单位：mm）

(2) 缩短钻孔周期的考虑

由于导架高度降低，为保持钻孔深度不变（与以往工法相比），必然致使钻杆续接次数增多，如不采取措施，仍按原来方法续杆，必定导致施工周期变长、施工效率下降。为此，STS机上采用了钻杆自动连接装置和钻杆自动供给装置，以此确保施工周期不变长，而使施工周期缩短、效率提高。

① 钻杆自动连接装置。

钻杆自动连接装置设在螺旋驱动构件的下方，该装置可以自动使续接的第2节钻杆与螺旋杆（第1节钻杆）连接（以后各节续接以此类推）。从而避免了以往的高空接杆作业，省工、省时、安全。

② 钻杆自动供给装置。

因为第1节钻杆是螺旋套筒型钻杆的首节，第2节钻杆（续接杆）由安装在旋转导架上的钻杆供给装置自动供给。因此，不仅以往的预孔式续杆工序被废除，而且该供给装置还具有旋转180°的功能，所以弯角处的施工变得容易。

③ 固定式下部中心架。

STS机的另一特点是采用特殊结构的固定中心架，固定中心架的采用使STS机转弯容易，即可方便地实现大深度弯转施工。

(3) 辅助设备的改造

因把钻杆做成3节套筒式，所以水泥浆供给管和供气管的布设、维护也必须作相应的改造。为此，像图5.2示出的那样，把原来装在减速机上面的旋转接合器移到螺旋头的上部，采取使水泥浆软管和气管通过钻杆伸出续接的方法。各软管通过安装在主机后部的软管卷线机上，伴随钻杆的伸缩自动反复卷放。由此可知，各管线直到螺旋头上的喷射出口构成一个完全闭合的回路，即可防止泄漏，也可在作业结束后进行清洗。

2. STS机的优点

(1) 重心低、稳定度高

STS机的导架高15～17m，相应的普通机型（老机型）的导架高33m。由表5.1可知，以往机型的稳定度为7.7°，STS机的稳定度在15°以上。显然STS机的稳定度是以往老机型的稳定度的2倍，可以在5°坡地上自由移动。

(2) 钻孔深度深

尽管STS机的导架高仅17m，但钻孔最大深度可达29.9m。

(3) 施工周期缩短

由于STS机使用钻杆自动连接装置，钻杆自动供给装置，故原来的复杂续杆作业可废除；主机可以转动180°，转弯作业简化，所以施工周期缩短。

(4) 安全性好

因无高空作业，操作自动化，由电视监控器确认作业，所以作业的可靠性好。

3. STS机规格例

(1) 机械构成

① 主机：DH608-120M；

② 导架：M90D（Ⅱ）特（带钻杆自动供给装置）；

③ 螺旋钻杆：MAC-150-3（带钻杆自动连接装置）；

④ 总质量：120. 4t。

（2）施工规格

① 掘削直径×钻孔长度，ϕ600×25. 3m；

② 芯材：H 型钢 MA×450×200；

③ 掘削对象地层：软地层到一般的砂砾层。

（3）3 轴减速机

3 轴减速机的规格如表 5. 2 所示。

（4）钻杆自动连接装置

① 型式：离合器式自动连结装置；

② 抗拔力：200kN（1 轴）×3；

③ 质量：约 2000kg。

（5）套筒式伸缩钻杆的规格

套筒式 3 节伸缩钻杆的规格如表 5. 3 所示。

STS 机中使用的 3 轴减速机规格　表 5. 2

型号	MAC-150-3
电动机	45kW+4/8 极×2 台，400/440V
螺旋杆转数	50Hz　4 极……33. 2r/min 8 极……16. 6r/min 60Hz　4 极……39. 9r/min 8 极……19. 9r/min
钻孔扭矩	50Hz　4 极……8. 7kN · m 8 极……17. 6kN · m 60Hz　4 极……7. 3kN · m 8 极……14. 6kN · m
拔力	MAX　600kN
轴距	450mm
质量	约 9400kg

3 节伸缩钻杆的规格　表 5. 3

形式	低重心 3 轴 STS 机专用型
钻杆	ϕ580mm×12. 2m→20. 5m→28. 5m（正转）×2 条 ϕ580mm×12. 2m→20. 5m→28. 5m（反转）×1 条 第 1 节　12. 2m（螺旋杆、带两个连结轴承） 第 2 节　20. 5m（带 1 个连结轴承） 第 3 节　28. 5m
螺旋杆径	ϕ580mm
质量	约 12200kg

（6）钻杆续接

① 型式：SP6-80M（特）×ϕ2167. 6×3 条；

② 质量：约 2800kg/3 条。

5. 1. 3　钻孔程序

STS 机的钻孔程序如图 5. 3 所示。具体顺序如下：

（1）钻孔准备

把螺旋钻头调节到中心架的下方，关闭下部中心架。

（2）第 1 节钻孔结束

打开下部中心架，把钻杆预置在托架上，拔出接合销。

（3）伸出第 2 节钻杆

把钻杆预置在托架上，拉出第 2 节钻杆插入接合销。

（4）第 2 节钻杆钻孔结束

把钻杆预置在托架上，拔出接合销。

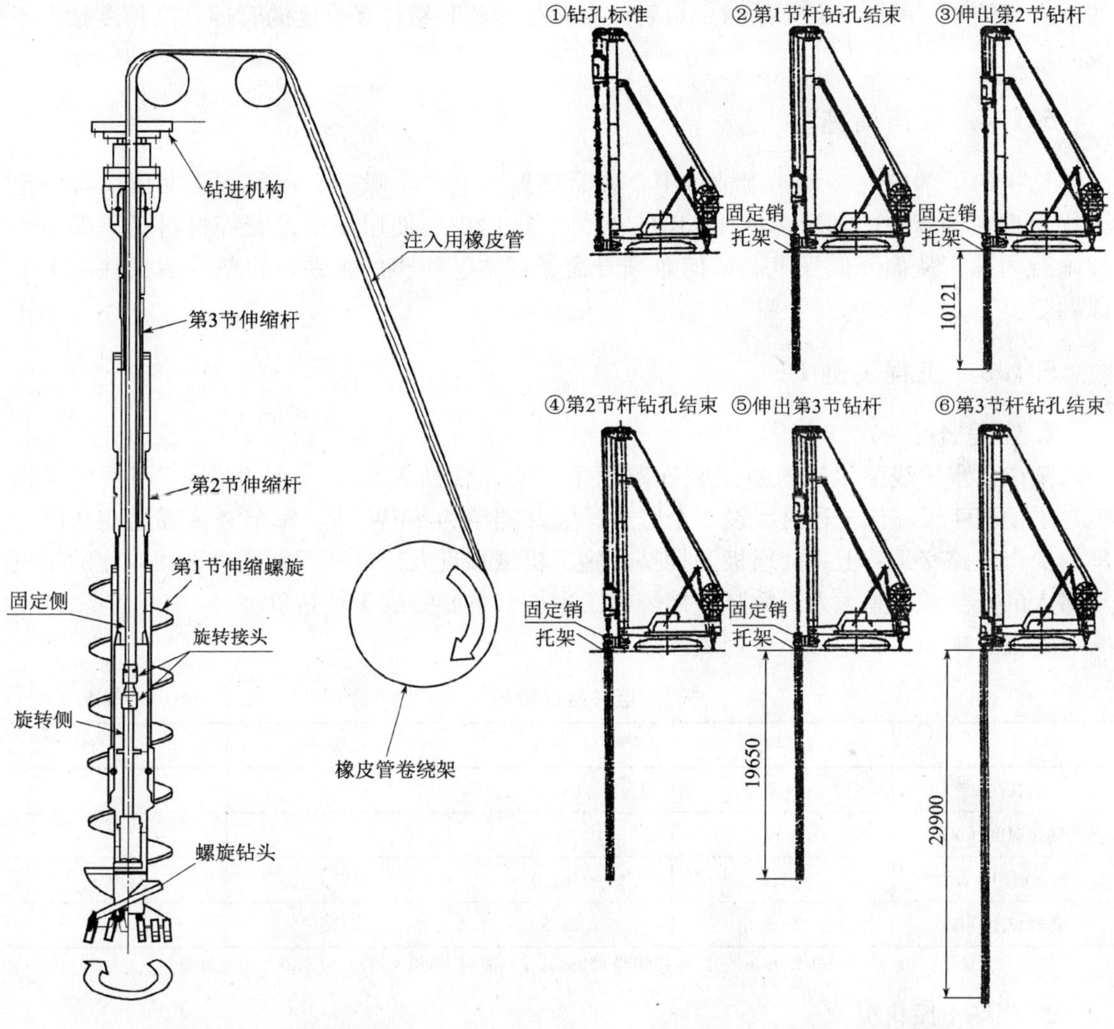

图5.2 STS机构造图

图5.3 伸缩杆钻孔顺序

(5) 伸出第3节钻杆

把钻杆预置在托架上，拉出第3节钻杆，插入接合销。

(6) 第3节钻杆钻孔结束

钻孔直到最终的要求深度。

到达预定深度后钻孔结束，改变旋转方向（反复搅拌孔底），按钻孔程序的反程序上提钻杆，即1幅钻孔结束。另外，因为承托钻杆的托架上作用有钻杆的全部重力（约122kN），所以托架必须使用强度高的H型钢制作。

起初对采用3节杆存在疑虑，即伴随接合销的拔出、插入，钻杆的拉出、缩进作业的作业性是否会下降？后来试验证明，钻杆的拉出和收容1次耗时8～14min，该用时与以往的续接、脱解方式相比，时间大幅度下降。另外，伸缩型钻杆的精度（竖直度）试验发现，对黏土、淤泥和固结淤泥来说，在1/200左右。

3节伸缩杆的第1节钢管的直径大，刚性高，所以不易出现钻孔弯曲。再有，连接杆的重合度较好，所以钻孔开始时，只要认真做好导架和钻杆竖直度的管理，高精度钻孔不成问题。

5.1.4　噪声措施

钻机的下部中心架和连接轴承中存在金属摩擦会产生噪声，夜间施工对居民有一定干扰。现在轴承中的轴环多使用FRP，另外，试验中还使用硬质橡胶等材料对下部中心架施行内撑，从而降低噪声。如何兼顾寿命、成本、噪声的关系，也是今后关注的1个课题。

5.1.5　工程实例1

1. 工程概况

某市雨水干线下水道筑造工程在路面下10m、管径3.5m、全长970m。用盾构法施工，工期604天。该工程沿线设3个竖井，竖井挡墙为SMW墙。每个竖井都设在居民密集的街市道路交叉点上，交通极为拥挤。施工机械靠近人行道极近，所以采用以往的钻机对路人的安全威胁感太大，故竖井挡墙施工采用低重心螺旋3轴钻机。

进发、中间、到达各竖井挡墙参数如表5.4所示。

竖井挡墙参数　　**表5.4**

	J_1竖井	J_2竖井	J_3竖井	合　计
墙长（m）	24.3	63.0	28.8	
钻孔深度（m）	26.0	27.0	27.0	
挡墙面积（m^2）	631.8	1701.0	777.6	3110.4
芯材长度（m）	23.5	23.5	21.5	

注：共性参数：1）平均墙厚550mm；2）钻孔间隔450mm；3）芯材H390×300×10×16（全孔设置）。

2. 现场土质状况

施工现场周围存在两条河流是比自然防堤略低的湿洼地。3个竖井的土层构成差异不大，具体土层构成如下：表层为填土，往下依次为冲积层AC层（3m），洪积砂砾层（G_1层，4m），砂质土、黏土（D_s～C层，4m），盾构机穿过的隧道层段为砂砾层（D_g层，8～12m）。施工的主要对象土层为密实的D_g层，平均N值为43。钻孔调查发现，最大砾径为200mm。地下水位在－1.5～－1.2m（图5.4）。

3. 使用机械

本工程选用标准低重心3轴螺旋钻机，最大钻孔深度25.3m。因该工程要求的钻孔深度为27m，所以把导架从3m改成7m，同时在自动连接装置和伸缩螺杆之间追加插入0.5m的承接管，在伸缩螺杆的下部续接1.5m的普通螺杆。由于采用这些措施，故可得到导架长19m、总质量为123.3t、稳定度12.4的钻机。钻机性能一览表如表5.5所示。

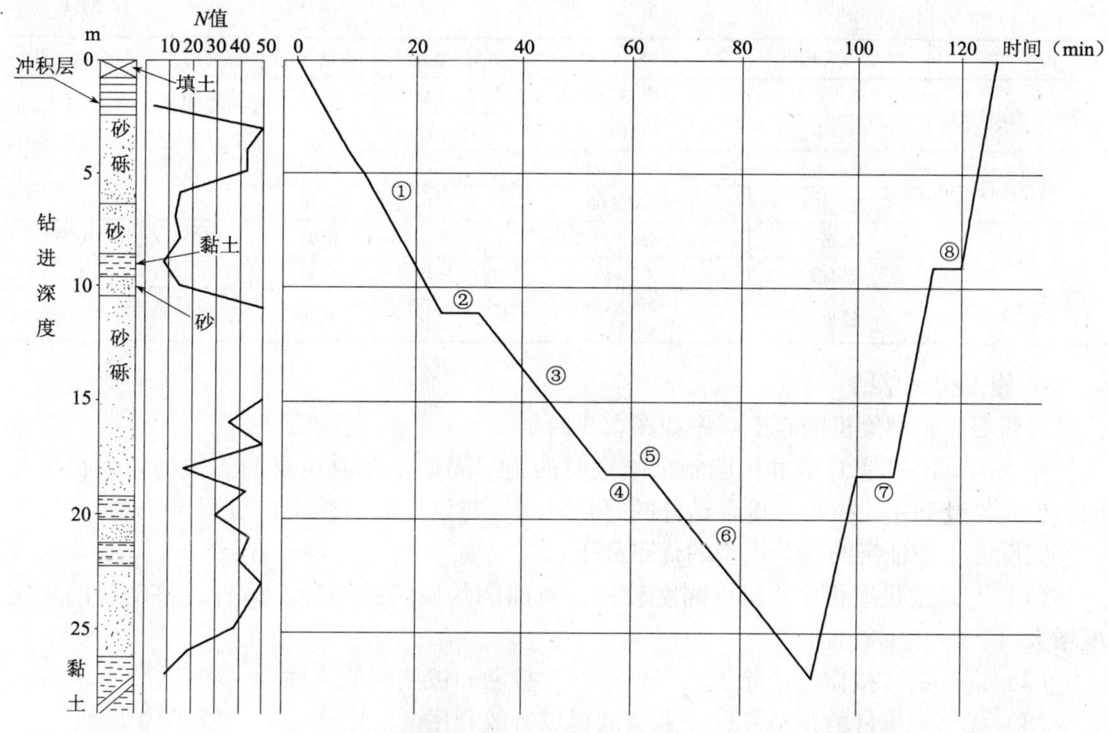

① 螺旋钻杆（第1节钻杆）钻进到12m深处。
② 伸出伸缩钻杆（第2节钻杆，即第1节伸缩钻杆）。
③ 第1节钻杆+第2节钻杆钻进到20m处。
④ 螺旋钻驱动部离开第2节钻杆，上提后续接第3节钻杆（第2节伸缩杆）。
⑤ 用销把第2节钻杆和第3节钻杆固定。
⑥ 钻进到27.5m。
⑦ 上提取出第3节钻杆。
⑧ 把第2节钻杆退缩到螺旋杆内，上提取出。
注：准备时间、芯材插入时间、杆续接等待时间除外。

图5.4 每幅槽段的施工周期

使用机械设备一览表 **表5.5**

用　　途	名　　称	规　　格	数量	质量（t）	额定功率	启动功率
SMW造成	主机	DH608-120M90D导架19m	1	79.06	110.00(kW)	220.00(kW)
	重块（法码）		1	19.50		
	减速机	MAC 150-3	1	9.50		
	连结杆	7.6m	1	2.80		
	钻孔搅拌机	ϕ600×14.7m	1	11.40		
	空压机	PDS175S	1	1.05		
	总质量			123.30		
水泥类悬浊液制造	全自动设备	SHP-24A	1	10.80	33.90	33.90
	水泥筒仓	30t	1	4.50	6.00	6.00
芯材插入	履带式吊车	50t LS-118RH	1	54.10		
泥土、废泥处理	液压铲	0.4m^3	1	12.20		

续表

用途	名称	规格	数量	质量（t）	额定功率	启动功率
泥土、废泥处理	高压冲洗机	HPJ-37NWX	2	0.14	5.50	11.00
	翻斗车	10t	1			
电力设备	发电机	NES-400	1	6.00		
	发电机	NES-90	1	2.30		
用水	水泵	ϕ40mm，扬程5m	1	0.02	0.25	0.25
	缺口槽	30m^3	1	5.44		
地层保护	铁板	5m×20m t=25mm	20	36.40		

4. 施工状况总结

低重心3轴螺旋机的施工顺序如图5.3所示。

图5.4示出的是J_2竖井挡墙施工结束时的施工周期。作业需要的人数与以往机型相同，但是钻孔和4次拉出、接合钻杆的总合时间（与以往机型相比）节约30min。

实际施工中证实的STS机型的优点如下：

（1）与以往机型相比，机械高度较低，对周围的威胁感消除。另外，移动时的稳定度增大。

（2）螺杆的续接作业消除了人工作业，无接触和被挟的危险性。

（3）无需螺旋杆的预钻孔，作业空间得以有效利用。

（4）在转角处施工时，机械调整的自由度高，随着工程的进行周围设备的移动少。

该机型的缺点如下：

（1）与以往的机型相比构造复杂，组装解体时间长。压油配管和精密机械构件多，组装解体作业需慎重。

（2）对操作人员熟练度的要求高。

5.1.6　工程实例2

本工程是某市计划道路与原有电铁线立体交叉的地下通道工程。该地下道长11.6m，宽49.57m，高13.6m，采用非开挖法构筑。现场的铁道沿线的居民住宅楼密集，并邻近电铁变电站。现场上方存在高压输电线和变电站，高压输入线（66000V）。为了构筑地下通路，先在铁道两侧构筑盾构进发、到达竖井，而这两个井的挡墙采用SMW工法构筑，这里只介绍SMW挡墙的构筑概况。

1. 土质概况

各竖井一端为高地，另一端为洼地。高地端的土质状况是：GP～TP+8m为N=2～5的填土和壤土层，同时混有腐质物；TP+8m～1m附近是N=10的细砂层；再往下是N≥30的密实细砂层，竖井的基底位于该层面上。另外，挡墙下端（TP+12m）附近是N=12～20的腐质土层。

洼地端的土质状况是：GL～TP+3m是N=1左右的壤土为主的填埋层，再往下到TP－2m是N=2左右的腐质土；TP－6m附近是N=0的淤泥层。竖井基底位于腐质土层和淤泥层的边界附近，挡墙芯材下部（TP－9m）附近是N=7左右的凝灰质淤泥层，挡墙下端（TP－12m）附近是腐质土层（图5.5）。

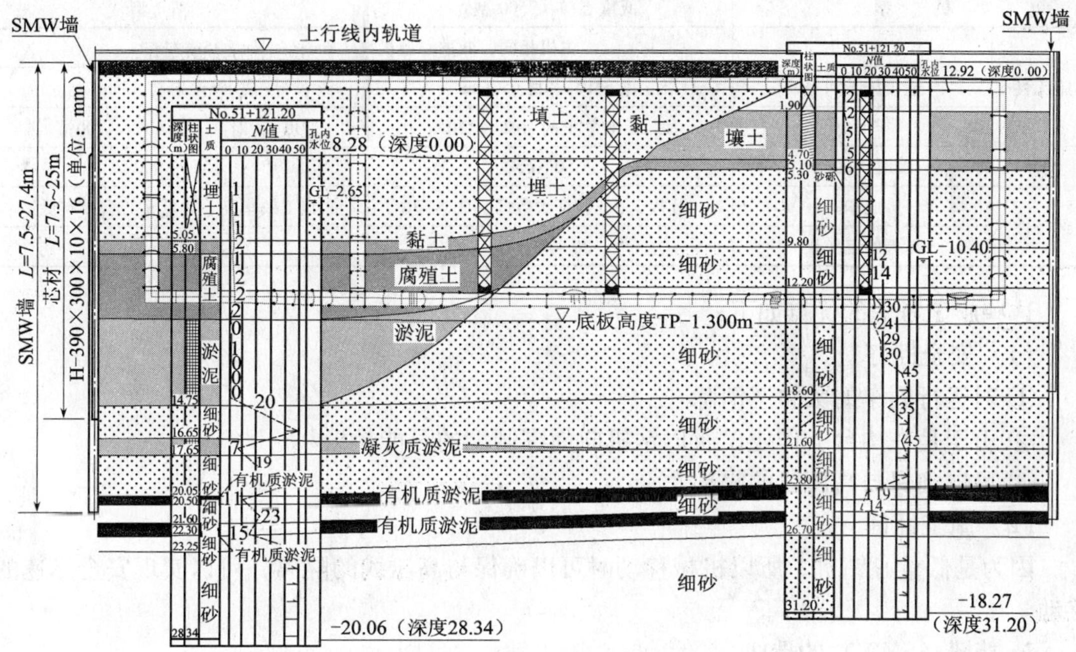

图5.5　轨道下方土质断面图

2. 挡防渗墙的施工

（1）挡墙参数的确定

挡墙入土深度按抬高影响条件决定（见3.4节的叙述），芯材的嵌固深度按土压平衡条件决定。

（2）挡墙施工考虑

该挡墙的施工是在填土部位的营业铁道线两侧的作业构台上的施工。水泥土桩芯离开轨道建筑边界（1.905m）仅为140mm，采用夜间作业。另外，场地上方是电力高压输电线和变电站高压输入线（66000V），所以作业必须考虑与近接列车和高压线的隔离措施。

因最大设计钻孔深度为27.5m，如用以往的一般型钻机（导架高33m）施工，则安全性、施工性均存在诸多问题，所以采用低重心7500型钻机施工，表5.6示出的是7500型钻机与以往一般钻机的参数规格对比表。

低重心机型与一般机型的比较　　**表5.6**

机　型		低重心型（7500型）	一　般　型
工法概况		多轴搅拌机使水泥浆与土混合成墙	
构造性	止水性	完全搭接止水性好	
	竖直精度	1/100～1/150	1/200
	深度（m）	35（标准）、实绩42m	35（标准）、实绩60m
施工性	土质条件	几乎所有地层均可。砾径300mm以上时并用辅助工法	
	施工用地	20m×40m	
	稳定性	无特殊问题	稳定性差、高度有限

续表

机型		低重心型（7500型）	一般型
施工性	机械大小	主机相同、低重心型机高7.6m；一般型35m左右	
	近接施工间隔	离SMW芯材650mm	离SMW芯材875m
	排泥量	每m^3对象土的90%～130%	每m^3对象土的60%～100%
设计	墙厚（mm）	ϕ550～650	ϕ550～900
经济性	成本	续接3.5m钻杆次数多、成本高	施工效率高、比低重心型成本低
	每天的工作量	30～40m^2	80～100m^2

这些施工考虑的优点如下：

（1）安全性好

① 对运行列车的威胁感消除。

② 由于是在构台上作业，所以钻机向周围倾倒的可能性极小。

③ 可以确保与高压线的隔离。

（2）施工性好

因为是低重心钻机，所以机械移动时可以确保与高压线的隔离，可以实现安全迅速的移动。

3. 挡墙（SMW）的造成

为了确保挡墙的质量（防渗性、竖直性），应按采用图4.55的连续方式（Ⅱ）施工。另外，弃泥采用泵压送给罐车运出场外处理法。施工断面图如图5.6所示。机械设备的运入组装、运转施工及解体均为夜间作业。

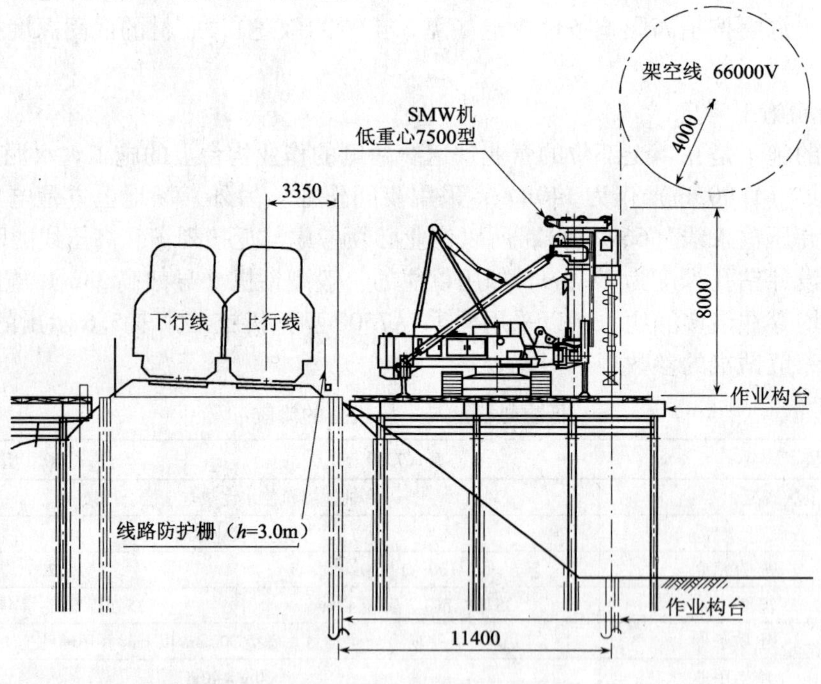

图5.6　挡墙施工断面图

5.2 邻近电车道的狭窄场地的 SMW 工程实例

这里介绍东京快速电铁线与 26 号国道线的立交工程。该立交工程的竣工会大大缓解交通的拥挤现象，同时还可分别提高铁路、道路的安全性。该工程现场和环境条件较为刻苛，沿线民房密集，连单独的人行便道都不具备，必须在铁道用地内施工。必须把上、下行电车线向铁道一侧移设。立交工程的挡墙施工只能在夜间施工。本节介绍该工程中的挡墙（SMW 工法）的概况。

5.2.1 工程概况

挡墙（SMW 工法）的施工量为 18000m²，开挖挡墙内的开挖土方量 53000m³，混凝土浇筑量为 10000m³。

1. 总体施工程序

施工程序如图 5.7 所示。具体施工程序是：

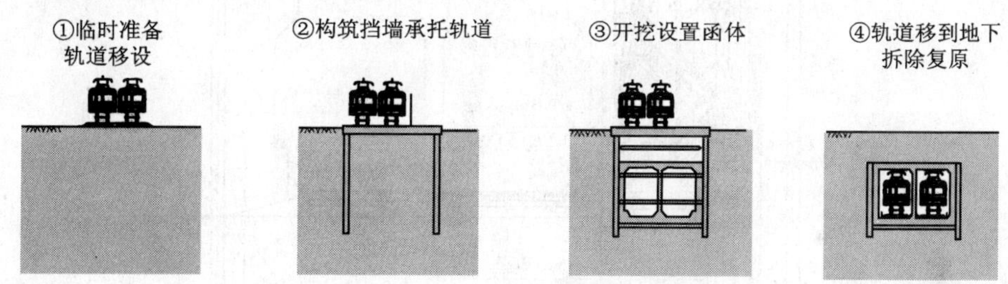

图 5.7 总体施工顺序图

① 准备工作；
② 移设轨道；
③ 挡墙施工；
④ 临时承托轨道设置；
⑤ 开挖；
⑥ 构筑函体；
⑦ 轨道切换到地下；
⑧ 拆除临时设施恢复环境。

2. 土质状况

施工现场和土质状况如图 5.8 所示。施工现场是营业电车线和居民密集，场地非常狭窄，用地宽度只有 3m。土质状况：0 ~ −3.47m 为$N=3\sim8$的壤土；−3.47 ~ −8m 为 $N<50$ 的砂砾层；−8 ~ −12m 为 $N<50$ 的砾层；−12 ~ −20m 为 $N<50$ 的固结砂土层。

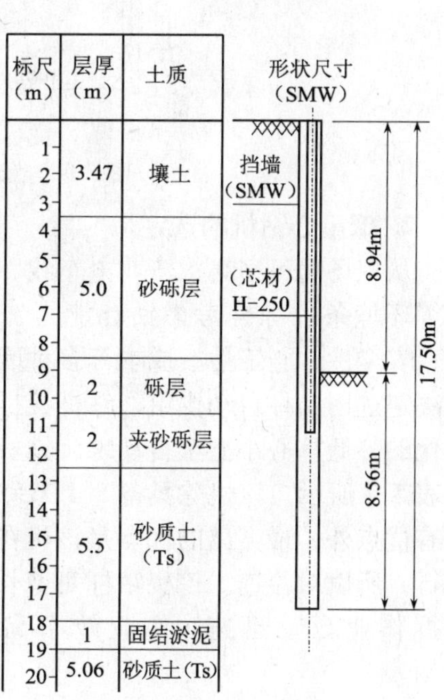

图 5.8 土质柱状图

5.2.2　挡墙施工概况

1. 挡墙形状

挡墙入土深度按承压地下水造成的涌砂影响决定，按土压平衡条件决定芯材的嵌固深度，典型断面状况如图5.9所示。

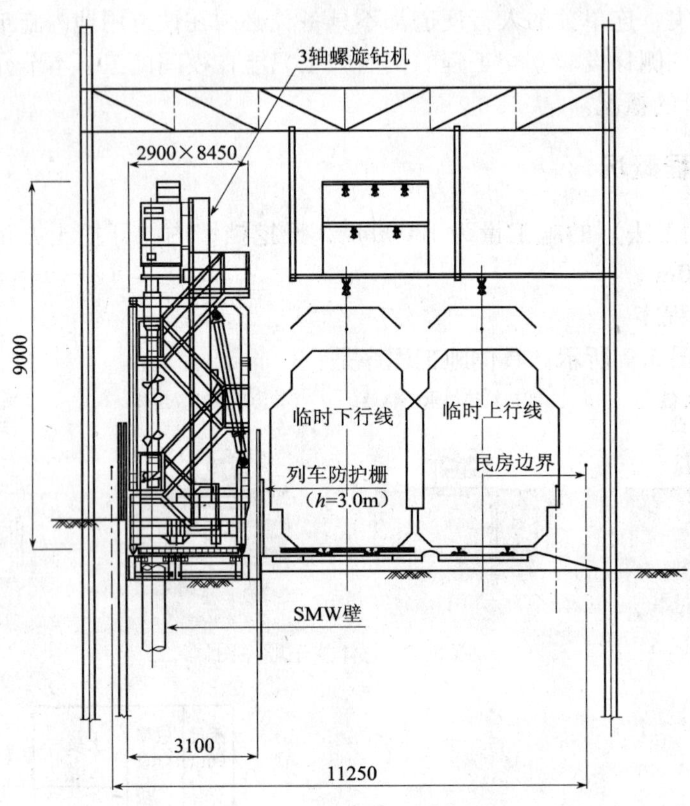

图5.9　挡墙施工状况断面图（单位：mm）

2. 低重心钻机的选定

从现场居民密集、营业电车线、场地狭窄等环境条件综合考虑钻孔能力、施工精度、安全性、施工性、成本等多种因素，最后决定选用钻杆自动供给、钻杆接拆作业自动化的、低重心小型全自动螺旋钻机，规格如表5.7所示。该机除具备5.1节叙述过的所有优点外，最突出的优点是该机在轨道上运行，所以对位速。该机钻杆每节长3.5m，续拆作业自动迅速，作业效率高，作业顺畅。

全自动三轴螺旋SMW机规格　表5.7

项　目	规　格
形式	低重心、轨道式
尺寸	8.45m(长)×2.9m(宽)×9.0m(高)
质量	73t（其中减速机10t）
电动机	200V·55kW×2
钻孔深度	23m（3.5m×17条）
钻杆	钻头：ϕ580mm，搅拌轴：ϕ550mm
油压单元	功率：30kW，油压：21MPa
上提能力	最大500kN
钻杆运送	滑动式
钻杆装拆	上部、下部自动装拆式

3. 挡墙造成

SMW 挡墙造成按图 4.55 示出的连续方式（Ⅱ）施工。另外，弃泥用安装在钻孔主机上的泥浆泵，压送给现场内的罐车上运往场外处理。

作业状况如图 5.9 及照片 5.1 ~ 照片 5.3 所示。除机械组装、解体及芯材的运入外，其他作业均在夜间进行。

照片 5.2 施工全貌

照片 5.1 施工断面状况

照片 5.3 螺旋杆续接状况

注入材的配比如表 5.8 所示。

注入材配比表 表 5.8

原位土砂（m^3）	水泥类硬化材（kg）	膨润土（kg）	水（L）	W/C（%）
1.0	280	10	644	230

5.3 SMW 与钢连墙竖井的设计与施工实例

5.3.1 工程概况

本节介绍青梅隧道进发竖井工程。该竖井采用 SMW 和钢制地下连续墙工法（以下简称为钢连墙）构筑，辅以地锚支撑，这里介绍该竖井的设计、施工。

1. 现场土质状况

地层纵断图如图5.10所示。

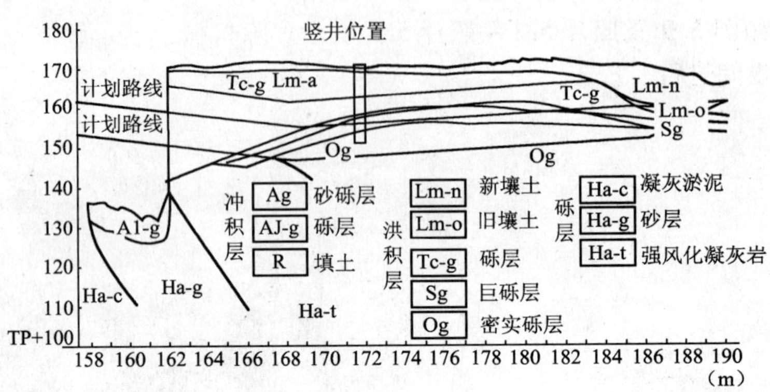

图5.10 地层纵断图

2. 竖井概况

图5.11示出的是竖井的平面图，图5.12是竖井的竖向断面图。竖井33m（长）×22m（宽）。竖井东侧挡墙，因受公私边界和竖井内涵渠的制约，及计划作主体构造利用，所以东侧墙壁采用壁薄的钢连墙。其他井壁挡墙采用SMW。两种挡墙的入土深度均为-39m。选用地锚杆作支护，挖基深度GL-26.6m。

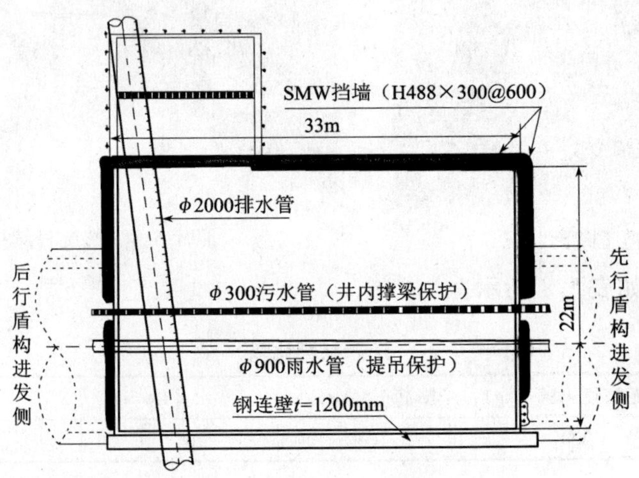

图5.11 竖井平面图

因地层是混有巨石的砾层，对挡墙施工的影响较大。钢连墙施工时，必须考虑防止护壁泥浆流失的措施；SMW施工时，应考虑防止卡钻的措施；为了确保钻孔竖直精度，应考虑采用预钻孔措施。另外，地锚施工时，由于巨石的单轴抗压强度超过300MPa，所以施工效率会大幅下降。

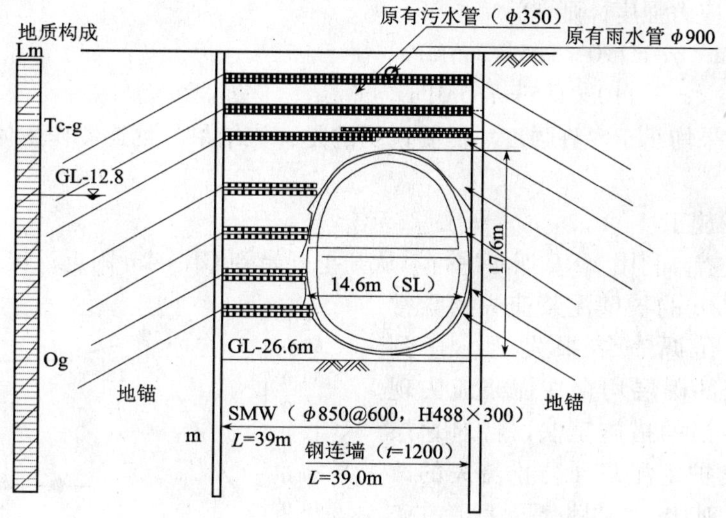

图 5.12　竖井断面图

下面叙述各工序的设计、施工。

5.3.2　钢连墙的设计及施工

1. 钢连墙的设计

该竖井中使用的钢连墙应按主体结构构件设计。因施工时作为挡墙，竣工后作为矩形箱函使用，所以钢连墙上应设置地锚浇注孔和连接钢筋的机械接头。

竖井的开挖深度为 -26.6m，所以按弹塑法设计。

钢连墙的挖槽宽度为 1.2m 时，作为构件应在最大应力点交错插入 GHR900×16×19×12 及 H900×300×16×28 型钢（见图 5.13）中间填充密实的混凝土，按钢构造物设计。本例钢连墙的设计断面性能如下：

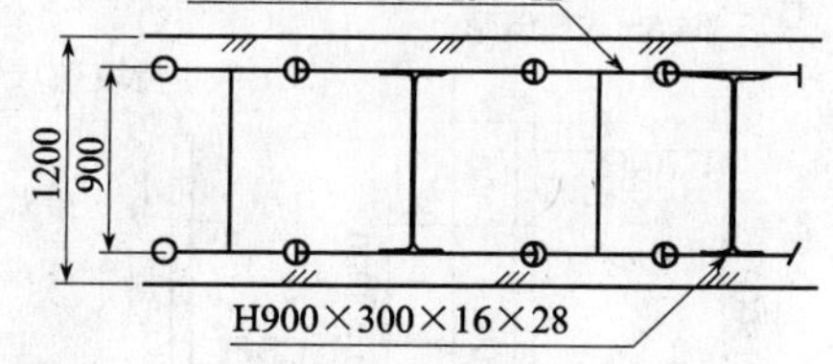

图 5.13　钢连续墙标准断面图（单位：mm）

$I=918082\text{cm}^4/\text{m}$；

$Z=19162\text{cm}^3/\text{m}$；

$A=624.4\text{cm}^2/\text{m}$；

$A_\omega=216.6\text{cm}^2/\text{m}$。

允许抗压强度 $\sigma_a=190\text{MPa}$；

允许抗剪强度 $\tau_a=110\text{MPa}$。

挡墙解析时，用到的强度值可按上述允许值乘上短期比例系数（这里取 1.5）。

挡墙的解析结果，墙体深度可由被动侧的塑性域确定为 $L=39\text{m}$。产生的断面力如下：

$M=1197.55\text{kN}\cdot\text{m/m}$；

$N=1199.5\text{kN/m}$（地锚反力的竖直分力）；

$S=611.67\text{kN/m}$。

如果换算成应力强度，则

$\sigma = 81.7\text{MPa} < \sigma_a = 190 \times 1.5 = 285\text{MPa}$；

$\tau = 28.2\text{MPa} < \tau_a = 110 \times 1.5 = 165\text{MPa}$。

显然强度结果均小于允许强度。需要说明的是，该结果是钢连墙作主体结构时的设计规格。

2. 钢连墙的施工

钢连墙的挖槽，利用MHL抓斗进行。从开挖开始到GL－4m附近；出现图5.14示出的$Q = 50 \sim 60\text{m}^3/\text{h}$的护壁泥浆流失的异常现象。追加钻孔调查结果发现，直到GL－15m止的全部砾层均存在泥浆流失现象。为了选择恰当的措施工法，特对地层加固工法和改良护壁泥浆（防止流失的改良）工法进行了对比。结果发现，后者在工期、成本、无法事先掌握流失量及利用超声波测量管理槽壁时必须2次更换护壁泥浆等方面均存在难以预料的危险性。所以采用环套螺旋钻钻孔渗透水泥膨润土浆液（CB液）的地层加固工法加固。

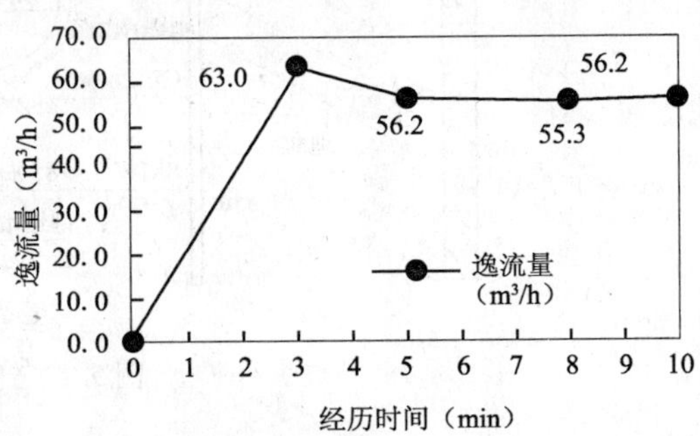

图5.14　护壁泥浆逸流测定记录（GL－4m）

CB液注入工法的施工顺序如图5.15所示。实施CB液注入措施时的填充液的水位管理状况如图5.16所示。由于采取CB液注入措施，使钢连墙挖槽时的护壁泥浆的逸流现象得以防止。

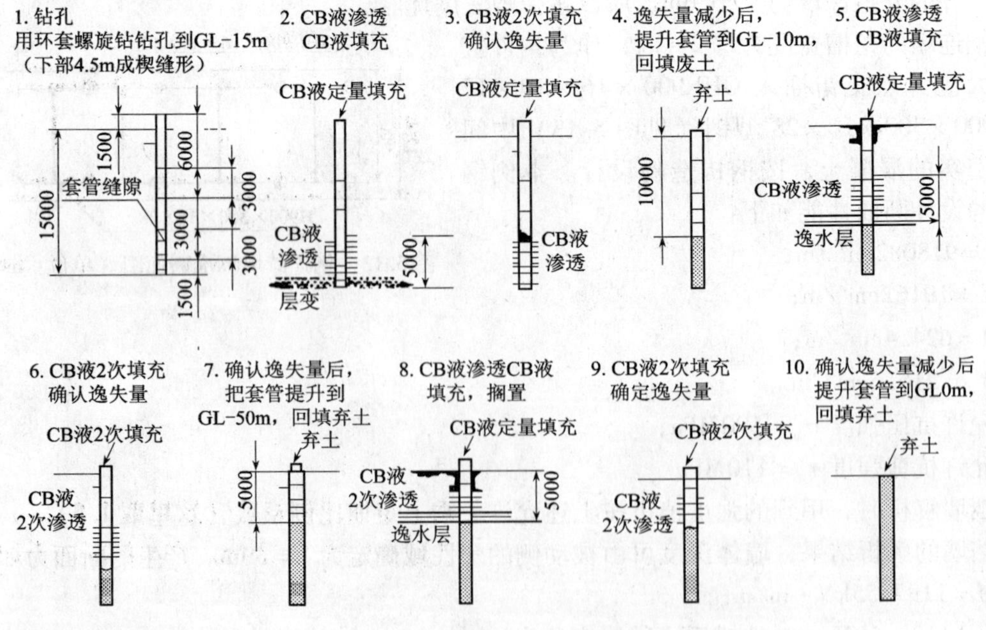

图5.15　CB液填充工法施工顺序图

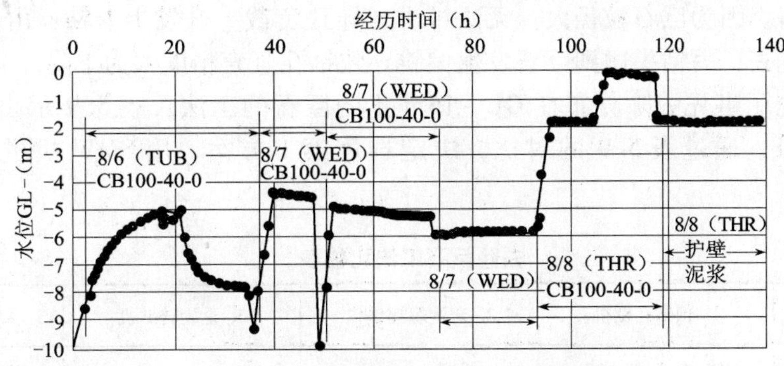

图 5.16 CB 液填充时的水位管理状况

5.3.3 SMW 的设计与施工

1. SMW 设计

SMW 与钢连墙一样，也按弹塑解析法解析，把 SMW 中使用的 H 型钢作为设定构造物进行设计，本例选定 H488 ×300 ×11 ×18 （SS400）。SMW 的断面性能如下：

$$I = 114833\text{cm}^4/\text{m}(68900\text{cm}^4/\text{条})$$

$$Z = 4700\text{cm}^3/\text{m}\ (2820\text{cm}^3/\text{条})$$

$$A = 265.3\text{cm}^2/\text{m}\ (159.2\text{cm}^2/\text{条})$$

$$A_\omega = 82.9\text{cm}^2/\text{m}\ (49.72\text{cm}^2/\text{条})$$

挡墙弹塑性解析结果表明，SMW 的入土深度与钢连墙一样，由被动侧的塑性域确定为 $L = 39\text{m}$。SMW 芯材上产生的断面力如下：

$M = 725.55\text{kN}\cdot\text{m/m}$；

$N = 1223\text{kN/m}$（地锚反力竖直分力）；

$S = 668.16\text{kN/m}$。

换成强度，则

$$\sigma = 200.5\text{MPa} < \sigma_a = 210.0\text{MPa}$$

$$\tau = 80.6\text{MPa} < \tau_a = 120\text{MPa}$$

对于支护来说，把地锚看成支承弹簧，考虑预压荷载进行解析。

2. SMW 施工

SMW 的施工，考虑到地质是混有巨石的砾层，所以首先进行了试验施工，通过试验施工找出施工上的问题。

试验施工结果发现存在以下 3 个问题：

① 容易卡钻；

② 芯材插入不到位；

③ 芯材插入精度低。

上述现象与钢连墙施工时观察到的泥浆流失现象的原因相同，泥浆流失孔壁处的巨石不稳定发生崩坍。因为巨石粒径大、无法排出，导致负载上升发生卡钻；由于砾石溜动，导致芯材插不进去；另钻头碰到巨石发生偏斜导致钻孔竖直精度大为下降。

为此，讨论了事先去除分布在 GL－15m 止的巨石的工法。表 5.9 示出了几种去除巨石工法的比较。通过表 5.9 的对比，决定选用第 1 方案，用 SMW 机进行预钻孔的工法。

去除巨石工法比较表　　表 5.9

方案 / 优缺点	1. 预钻孔钻机	2. 套管螺旋钻机	3. 全旋转钻机	4. 铲斗挖掘机
工法概况	用现有 SMW 机无水钻进到 GL－15m，去除砾、巨石，提升螺旋钻时置换注入 CB 液	用 ϕ1000mm 的钻机去除上部的砾、巨石，孔内用砂、CB 液置换	用 ϕ1000mm 钻机去除上部砾、巨石，孔内用砂、CB 液置换	用铲斗挖掘机去除上部砾、巨石使泥水固化，或者用砂等回填
噪声、振动	最小	一般	差	差
工期	10 条/d	4 条/d	3 条/d	3 条/d（1 槽/d）
优缺点	·只靠现有设备，即可施工。 ·工期最短。 ·价格最便宜。 ·砾、巨石无法完全去除	·挖掘部分的砾、巨石可以完全去除。 ·必须靠别的挖掘机辅助去除	·挖掘部分的砾、巨石可以完全去除。 ·必须用别的挖掘机辅助去除。 ·噪声大	·砾可以完全去除。 ·去除巨石必须辅以其他挖掘机和配套设备。 ·必须增加逸水措施。 ·噪声大

预钻孔即用 ϕ900mm 的单轴螺旋钻机安装 1200mm 的钻头进行空钻，排除巨石和砾石，并充填泥浆。泥浆按强度 $\sigma_{28}=0.3\sim0.5$MPa 的要求决定配比。具体选定的泥浆配比如表 5.10 所示。

经试验试工确认预钻孔可以去除巨石、砾石，使 SMW 的施工进展较为顺利。

浆液配比表（1m^3）　　表 5.10

品　　名	种　　类	数　　量	备　　注
水泥	普通水泥	225kg	
膨润土	250 筛孔	72kg	8%溶液
水	自来水	900kg	$W/C=400\%$
添加剂	硬化促进剂	9l	冬期工事或紧急工程

5.3.4　地锚的设计与施工

1. 地锚设计

关于地锚的设计（见图 5.17）应注意以下几点：

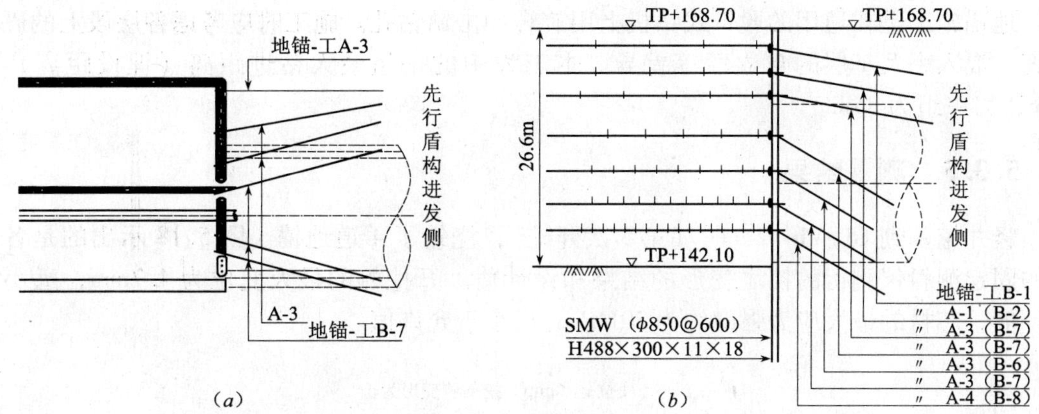

图5.17 地锚布设状况图
(*a*)锚体分布平面图；(*b*)锚体断面分布断面图

(1) 埋入居民区的地锚应考虑为可拆卸式，其他可以考虑为永久埋设式。

(2) 锚固部不应与隧道断面发生相干，锚的间距、仰角、水平角应可调节。

(3) 锚固部应避开竖井的主动崩坍面，设置在砾层上。锚固体应设置在确认不含水的基层上，以防锚固浆液漏走流失，然后实施基本试验确认锚固力。

地锚设计中使用的参数值如下：

(1) 浆液的设计基准强度 $\sigma=18\text{MPa}$，PC钢绳和浆液的允许粘结力 $\tau_a=1\text{MPa}$。

(2) 地层与浆液的允许粘结力 $\tau_a'=0.45\text{MPa}$（这里考虑地层的非均匀性、群锚效应等因素取最小值）。

锚的初期导入预载荷约为主动侧压的60%～100%，挡墙上产生的断面力不应超过允许值。预载荷设计表见表5.11。

预载荷力比较表 **表5.11**

地锚—位置（GL－）		初期导入预载荷力	主动侧压的比较		最大反力的比较	
			水平分力	比例	最大反力	比例
		kN/m	kN/m	%	kN/m	%
1道锚	2.00	51	87	59	73	70
2道锚	5.00	87	108	81	124	70
3道锚	7.70	135	262	51	201	67
4道锚	12.00	155	232	67	228	68
5道锚	16.00	289	334	87	382	76
6道锚	19.50	433	427	102	545	79
7道锚	22.60	686	745	92	935	73

2. 地锚施工

地锚施工是在通用的履带式钻机上用旋转冲击钻钻孔。施工时应考虑各层段上的砾的强度、混入率及基层的自立性等差异。本工程中的一组最大钻进距离（埋设距离）为50m，另一组为85m。

5.3.5　测量结果

竖井挖基到GL－14.2m时（第5次开挖），浇筑了4道地锚。图5.18示出的是各测点的固定测斜仪测得的挡墙变形的结果和设计值。开挖侧的最大变位为4.7mm，远小于设计值，芯材的最大应力强度约为20MPa，远小于允许值。

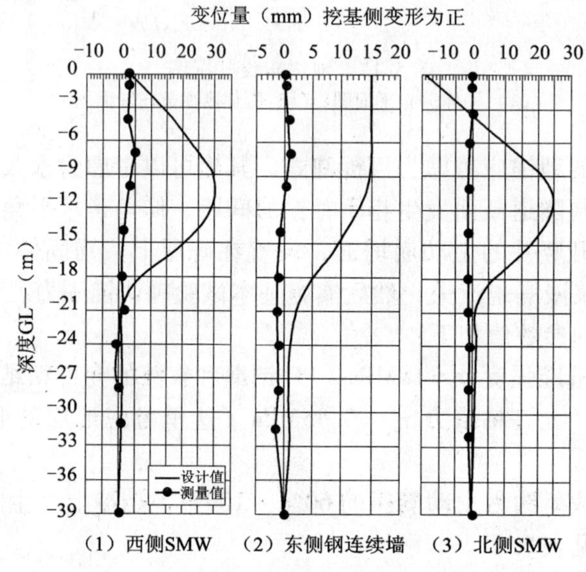

图5.18　挡墙变形测量结果

5.4　双排SMW挡墙施工实例

由朗肯土压理论知道，即使对于$q_u=20kPa$（$c=10kPa$）的黏性土，其总土压量为零的粘结高度，$h_c=4c/\gamma=4\times1.0/1.6=2.5m$。但是，考虑到靠近地表面的张拉侧的土压，则实用的自立高度应该是抗压侧的深度$h_c=2c/\gamma=1.3m$。也就是说，开挖深度在1.3m以内时，地层是可以自立的。显然对于深度5m左右的深基工程而言，较好的工法是使用SMW挡墙工法。

本节介绍挖基深度5m，SMW桩径ϕ1000mm的双排挡墙的施工实例。

5.4.1　工程概况

基坑现场地层土质构成状况如表5.12和图5.19所示。该挖基工程的平面图如图5.20

所示。挖基断面图如图 5.21 所示。挖基深度 3 ~ 5m。SMW 桩的直径为 1000mm，墙的入土深度为 7.5 ~ 15m，桩距 0.8m。挖基深度深的 5m 区段采用双排 SMW，墙厚 2m。其余区段挡墙为单排 SMW，墙厚 1m。作为 SMW 的芯材，使用钢筋笼。双排时的钢筋笼为 D19 ×6 条 ×2 排；单排时的钢筋笼为 D16 ×6 条。注入浆液使用缓凝型固化材，配比 $W/C=80\%$。添加量为 $250kg/m^3$。钢筋笼插入时，使用插入机具，导轨。

土质构成概要 **表 5.12**

土质名	深度（m）		N 值
	No. 1	No. 2	
淤泥黏土（混有瓦砾）	0 -14.0	0 -1.70	
细砂淤泥	-18.70 -25.40	-19.00 -26.60	细砂：9 ~ 18 淤泥：0 ~ 4 细砂：6 ~ 7 淤泥：4 ~ 6
黏土	-28.60	-27.90	5 ~ 9
细砂	-30.40	-30.40	9 ~ 50 以上
砂砾	-35.10	-34.70	30 ~ 50 以上
黏土（混腐质土）	-36.70	-35.40	22 ~ 24
细砂	-42.20	-42.22	34 ~ 50 以上

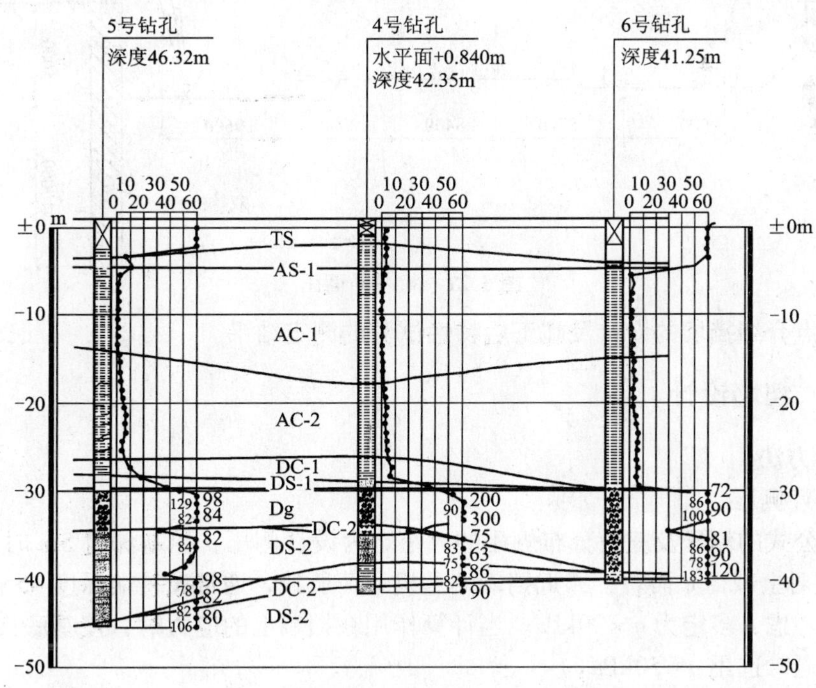

图 5.19 地层断面图

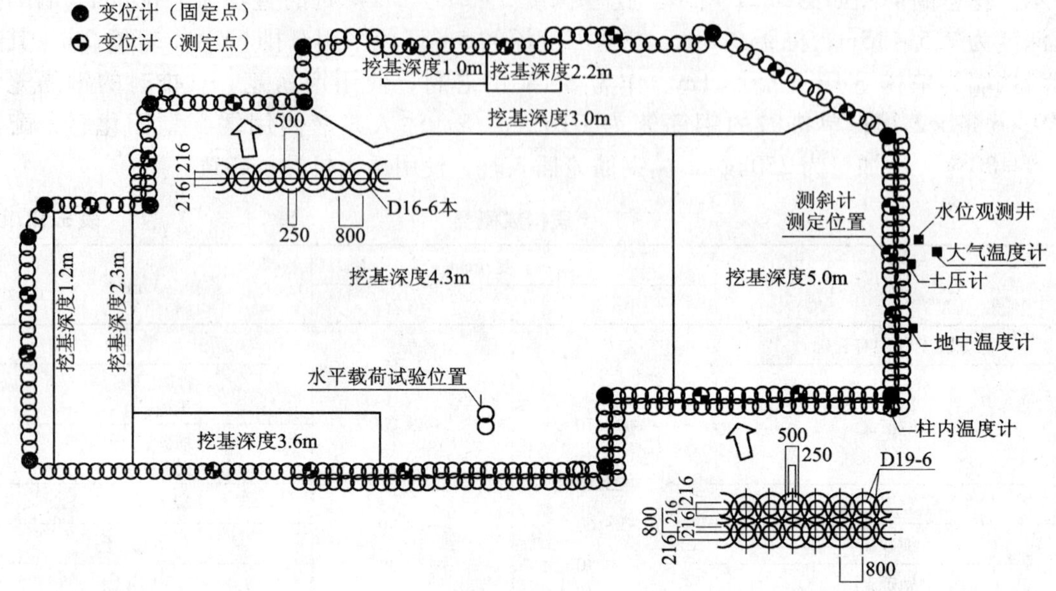

图5.20　挖基平面图

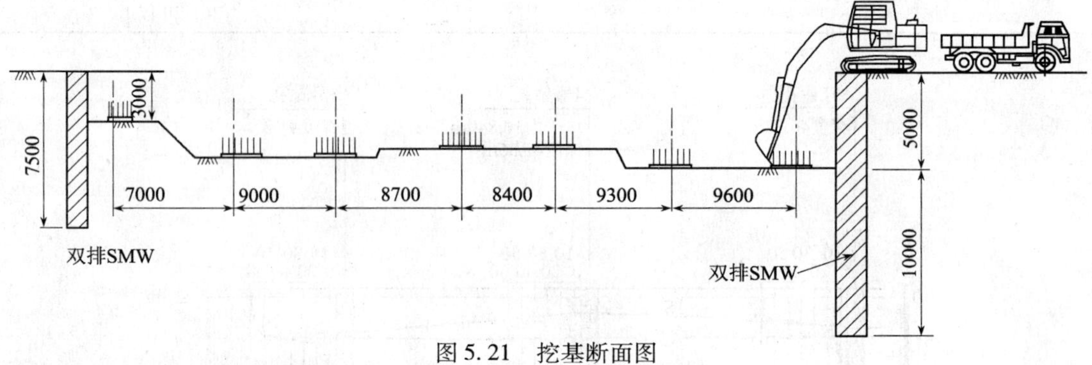

图5.21　挖基断面图

下面重点介绍挡墙的设计及施工后特性试验的测定结果。

5.4.2　挡墙设计

1. 设计方法

（1）设计侧压

把朗肯公式的侧压及三角分布侧压的大小定为设计侧压。挖基深度5m时的侧压如图5.22所示。对上载荷 q 而言，靠近挡墙的重机载荷所致，通常按桩端深度45°引线内的载荷的平均值考虑，多定为 $q=20$kPa。当计算作用在挡墙上的应力时，按基底面45°线内的载荷考虑，通常选用 $q=50$kPa。

（2）挡墙入土深度的确定

由主动侧和被动侧力矩平衡确定的安全系数在1.2以上。

（3）挡墙上产生的应力计算

把挡墙看成有限长的桩进行计算。

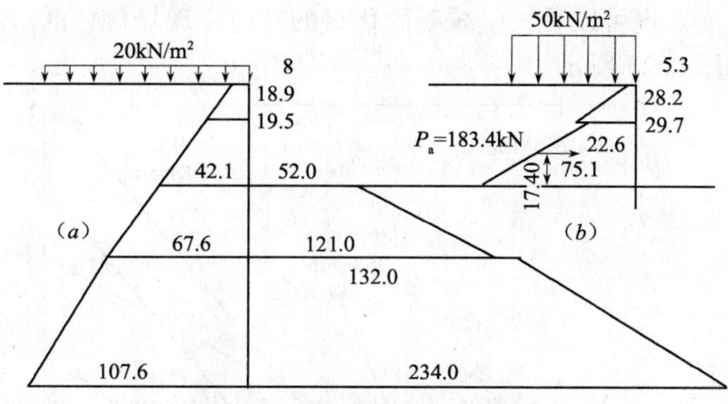

图 5.22　作用在挡墙上的侧压

(a) 平衡法的计算侧压；(b) 用于挡墙应力计算

(4) 挡墙应力强度计算

在考虑桩与钢筋粘结较好的条件下，可把钢筋混凝土的断面看成是图 5.23 示出的矩形断面，并按该断面进行应力强度计算。计算结果如表 5.13 所示。

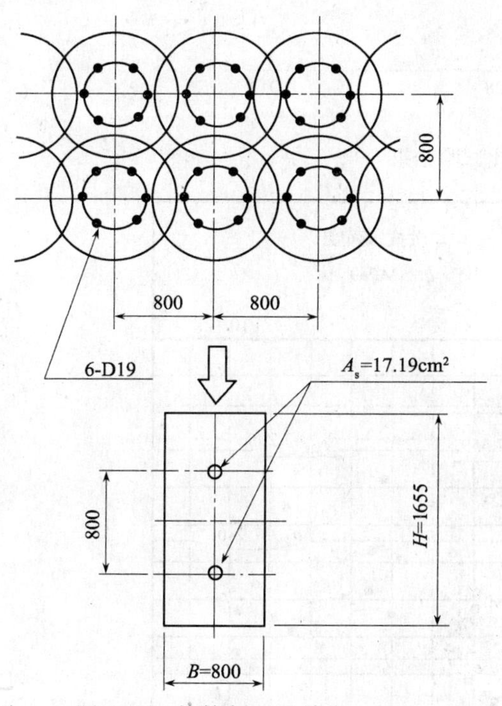

图 5.23　换算断面（单位：mm）

计算结果　　表 5.13

	A	B
	q=10kN/m²　钢筋笼　6500　3000　4500	q=50kN/m²　钢筋笼　12500　5000　10000
入土深度	4.5 (m)	10.0 (m)
钢筋径	D16-6 (条)	D19-6×2 (条)
弯矩	M_{max} =49.3 (kN·m)	M_{max} =366 (kN·m)
应力强度	σ_c =400 (kN/m²) σ_s =256.4 (kN/m²)	σ_c =400 (kN/m²) σ_s =249.1 (kN/m²)
变位	δ_a =4.06 (cm)	δ_a =7.86 (cm)

2. 挡墙物理特性

水泥土的设计改良强度 $q_u = 1\text{MPa}$。改良桩柱体的允许抗压强度 $f_c = q_u/2 = 0.5\text{MPa}$。变形系数 $E_s = 170q_u + 64 = 234\text{MPa}$ ($q_u = 1\text{MPa}$)。

5.4.3　水泥土墙的强度发现

为了确认强度发现状况，特实施了现场采样土的室内配比试验。其结果如图 5.24 所示。由3~7d的强度发现可以看出呈缓凝固化材的效应。现场桩柱的取芯试样的单轴抗压强度的测定结果如图5.25所示。

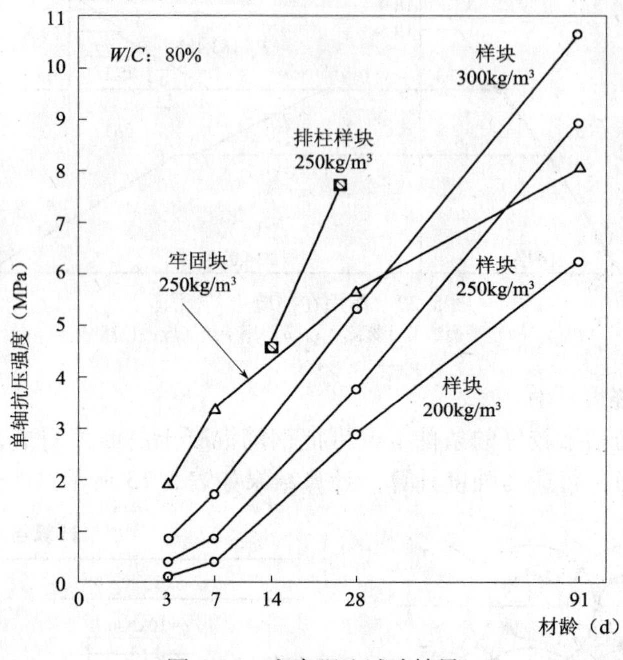

图5.24　室内配比试验结果

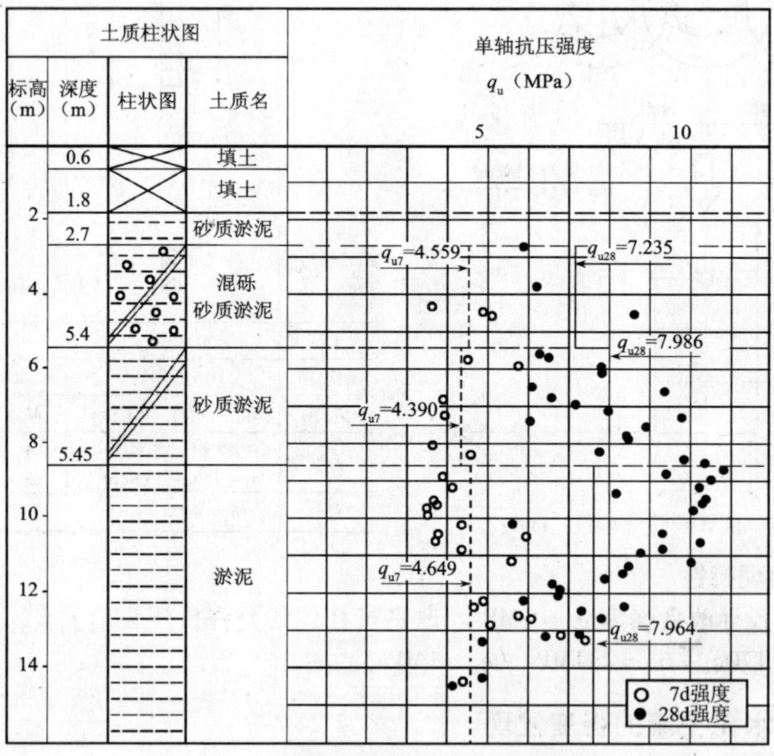

图5.25　现场取芯单轴抗压强度的测定结果

5.4.4　现场水平载荷试验

为了确认SMW钢筋芯材的抗弯屈服强度，特对图5.20中示出的挖基范围内构筑的载荷桩，实施了水平载荷试验。对应符合挖基深度5m的设计侧压分布的水平载荷试验的概况如图5.26所示。按与设计侧压合力的作用位置一致的形式，决定水平载荷的作用位置。图5.27示出的是水平载荷试验结果得到的水平载荷、载荷点及各层面的水平变位图。单位宽度上的设计侧压的合力 P_a = 183.4kN，每条桩柱的水平合力是 183.4 × 0.8 = 146.7kN。对应该载荷的载荷点处的水平变位量为5.9mm。另外，由图可知最大水平载荷为 H_{max} = 450kN，是设计载荷的3倍。

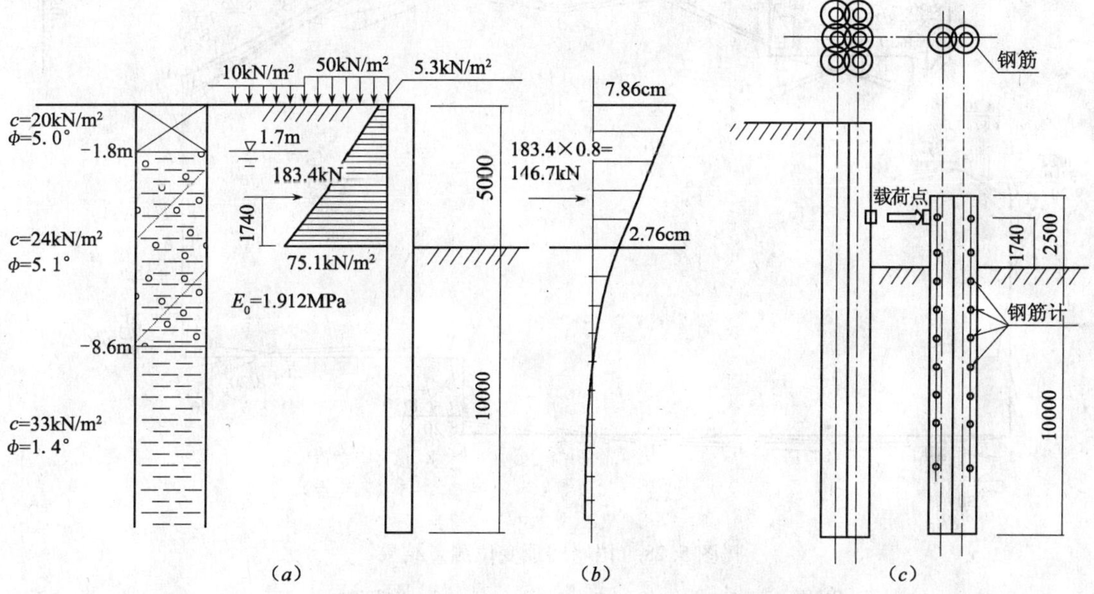

图5.26　作用在挡墙上的侧压和水平载荷柱

(*a*) 设计侧压（每m）；(*b*) 用有限长桩公式求出的挡墙的水平变位（1条柱桩）；(*c*) 水平载荷柱桩概况图

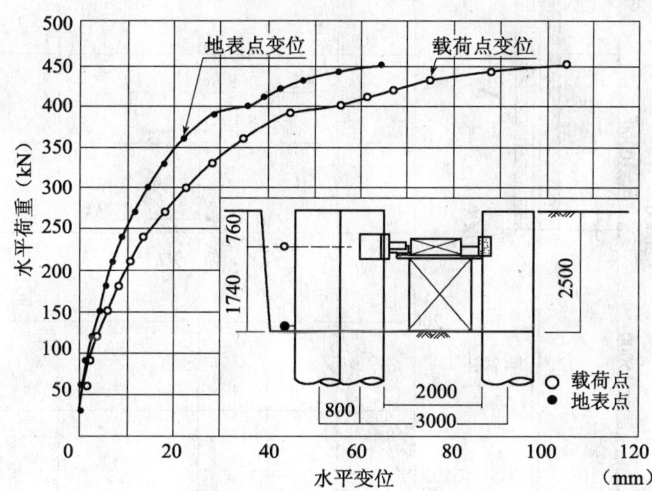

图5.27　水平荷重与水平变位关系

5.4.5　挡墙变形测量

用经纬仪测定的挡墙顶部变位的结果如图5.28所示。过大的变形、裂纹及漏水现象均未发现，挡墙的挡土、止水性能得以充分发挥。图5.29示出的是贯通SMW桩柱内、设置在GL－30m处的N值大于50的砂砾层上的插入测斜计的测定数据。桩顶的最大变位量为25mm，仅为图5.26中示出的设计允许值78.6mm（水平变位量）的1/3。显然到地下30m的各层段的变位量均远小于允许值。

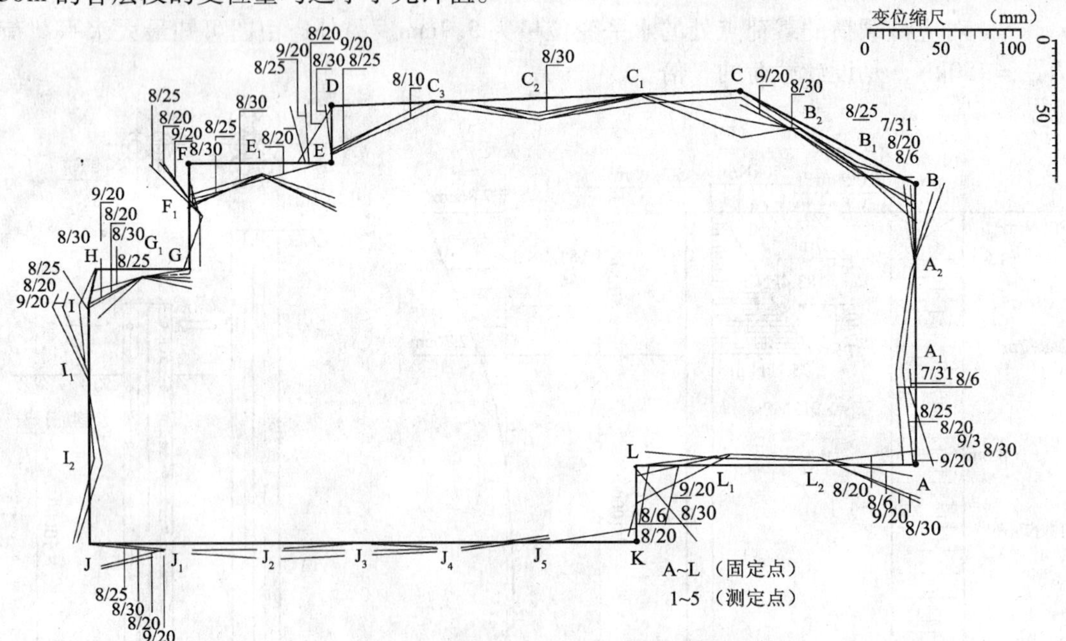

图5.28　挡墙墙顶变位测量结果

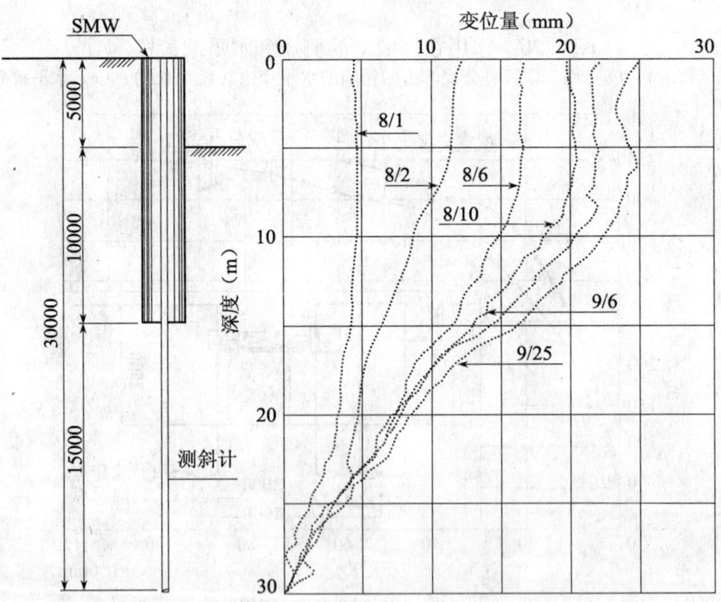

图5.29　插入式测斜计的水平变位测量结果

图 5.30 示出的是地下水位与侧压随时间变化的实测曲线。作用在挡墙上的侧压的实测值存在一定的变化。最大值在 -3m 处是 30kPa，接近设计值。

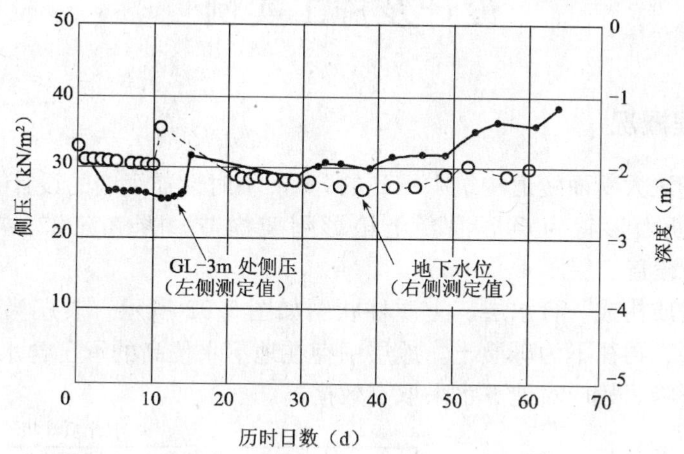

图 5.30 地下水位与侧压的历时变化

设置在桩柱内和离开桩柱背面 2.5m 处的地中温度传感器，测定的温度变化如图 5.31 所示。桩柱内的温度最高达 34℃，随后地层的温度也上升到 30℃。

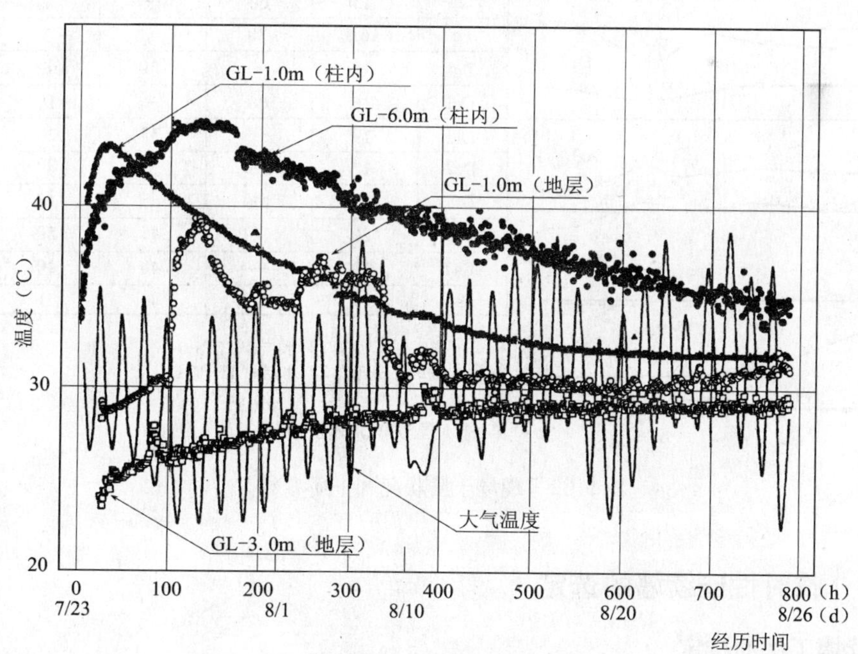

图 5.31 经历时间与温度变化

5.5　大断面开挖隧道中的SMW挡墙的设计及施工实例

5.5.1　工程概况

本节介绍开挖法大断面隧道构筑中用到的SMW临时性连续墙的设计、施工概况。

该开挖隧道断面形状为矩形混凝土箱形刚架构造。隧道宽22～30m、开挖深度GL－25～－40m、覆盖土层厚4～13m。

施工现场的地质构成、含水层、土质柱状图如图5.32所示。表层为壤土，往下是砂土和黏土的交互层，再往下为砾质土。地层中存在地下水位高的承压含水层，所以存在挖基时基底抬高的影响，故应对地下水采取有效措施。

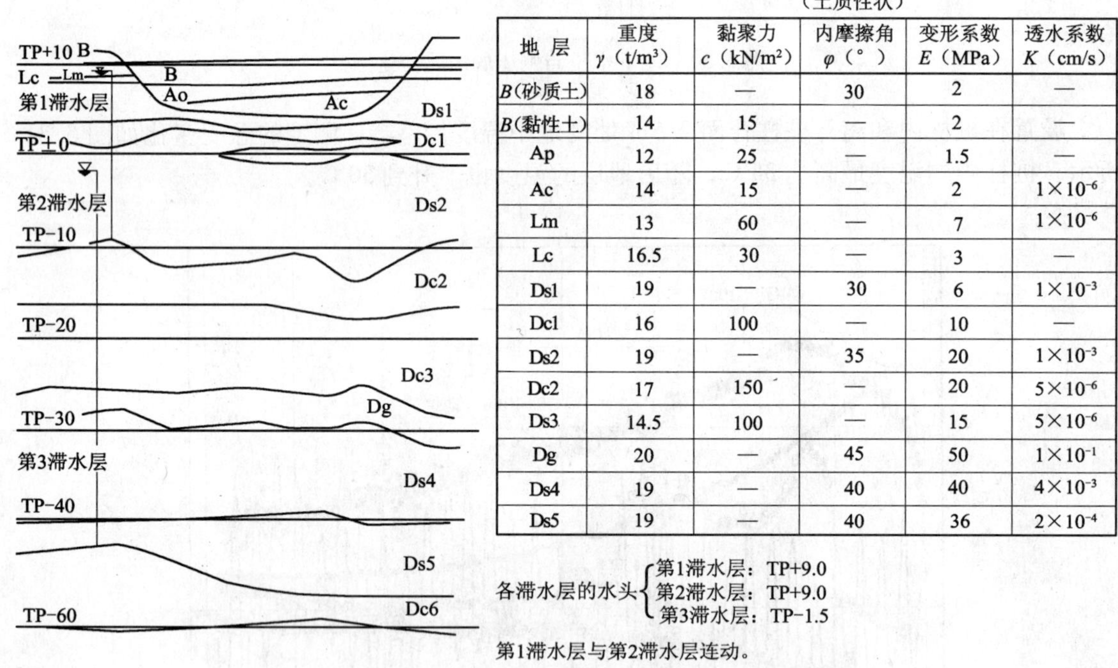

（土质性状）

地　层	重度 γ（t/m³）	黏聚力 c（kN/m²）	内摩擦角 φ（°）	变形系数 E（MPa）	透水系数 K（cm/s）
B(砂质土)	18	—	30	2	—
B(黏性土)	14	15	—	2	—
Ap	12	25	—	1.5	—
Ac	14	15	—	2	1×10⁻⁶
Lm	13	60	—	7	1×10⁻⁶
Lc	16.5	30	—	3	—
Ds1	19	—	30	6	1×10⁻³
Dc1	16	100	—	10	—
Ds2	19	—	35	20	1×10⁻³
Dc2	17	150	—	20	5×10⁻⁶
Ds3	14.5	100	—	15	5×10⁻⁶
Dg	20	—	45	50	1×10⁻¹
Ds4	19	—	40	40	4×10⁻³
Ds5	19	—	40	36	2×10⁻⁴

各滞水层的水头：第1滞水层：TP+9.0；第2滞水层：TP+9.0；第3滞水层：TP-1.5

第1滞水层与第2滞水层连动。

图5.32　现场土质状况和土质参数

5.5.2　临时性连续墙的选定

1. 连续墙工法的选定

通常用于挡墙的临时连续墙，在挖基深度较浅时使用钢插板，挖基深度较深时使用连续墙。因该工程是开挖深度GL－25～－40m的大断面隧道，所以必须从施工性、安全、成本、工期等方面综合考虑选定连续墙工法。该隧道线路中的近接JR新干线高架桥等标段为近接施工段，因对挖基时挡墙的变位要求极高，故该标段选用高刚性RC连续墙工法。而对其他标段来说，因对挡墙变位的要求不太高，故其他标段选择SMW工法。

2. 连续墙的入土深度和抑制地下水的措施

临时连续墙的入土深度，通常按土压平衡和隆起（或涌砂抬高）等稳定挖基底面的条件，确定入土深度。但该工程现场的挖基底面以下存在第三层承压含水层（图5.32）可使基底面抬升，所以须按该条件决定入土深度。即SMW的芯材和RC连续墙的配筋的嵌固深度按力平衡条件确定，而临时墙的入土深度应选定在GL－50～－60m的不渗水层（Ds5）上。

另外，在浅层考虑到隧道竣工后的地下水的坝化，隧道顶板以上用钢板桩挡土，完成后拆除。同时回填碎石确保通水性。再有，作为抑制抬升的措施，应考虑配置对周围地下水环境、地下水坝及排水处理等措施。

5.5.3 SMW的设计、施工

因SMW挡墙的入土深度为50～60m，另外，成墙钻孔过程中，要遇到硬砾层，所以备用顶钻孔方式施工。

1. SMW桩径的演变过程

该挡土墙工程是该地区的首例挡土墙工程。当初发包时的桩径定为650mm，钻孔深度$L=35$m。但是经过详细的地质调查、地下水的渗流解析及土质参数的测定发现，为确保止水性桩的入土深度必须变动为$L=55$m。同时还应选用预钻孔方式。以往SMW施工的深度到40m，所以$L=55$m时施工的可靠性自然存在疑虑。为此，就ϕ650mm、钻孔深度60m的施工精度对本工程的适用性进行了试验施工。

试验中作为表征单轴先期钻孔竖直精度的最大偏心量为1/226。认真做好施工管理，在三轴螺旋钻杆不发生扭曲的状况下，施工是可以满足要求的。

但是，从ϕ650mm的SMW成墙后的开挖排水量确认实验结果知道，流入量超过预计值。然而，为查明排水量大的原因，特对SMW墙的渗水性、观测井的增设、回灌井的影响等诸多因素进行了研究分析。得出的结论是SMW桩墙太深、桩径太细故止水性能不易满足设计要求。作为补救措施，特对该工区的SMW实施了注浆加固。为了确保止水性，对后面的工区采用了扩大桩径（850mm）、提高搭接率的措施。

2. SMW的施工

因为施工深度深达50～60m，且钻孔途中存在砾石硬层，所以选择备用预钻孔方式施工，桩径850mm，芯材以H582×300×12×17、$L=40$m为标准。标准的SMW的施工断面如图5.33所示。

图5.34示出的是SMW的施工顺序图，表5.14示出的是SMW使用机械一览表。

（1）预钻孔

在确保墙体竖直精度的导轨设置后，用单轴螺旋钻机在SMW造成前把3轴螺旋杆左右两端的孔按1200mm的间距进行预钻孔。

所谓的预钻孔，即像图5.35中示出的那样用单轴钻机，按S_1、S_2、S_3、S_4、S_5……的顺序进行钻孔，随后注入护壁悬浊液。预钻孔结束后，把S_1、S_2、S_3、S_4、S_5……用多轴螺旋钻机钻孔连接，预钻孔的目的是提高SMW的竖直精度。

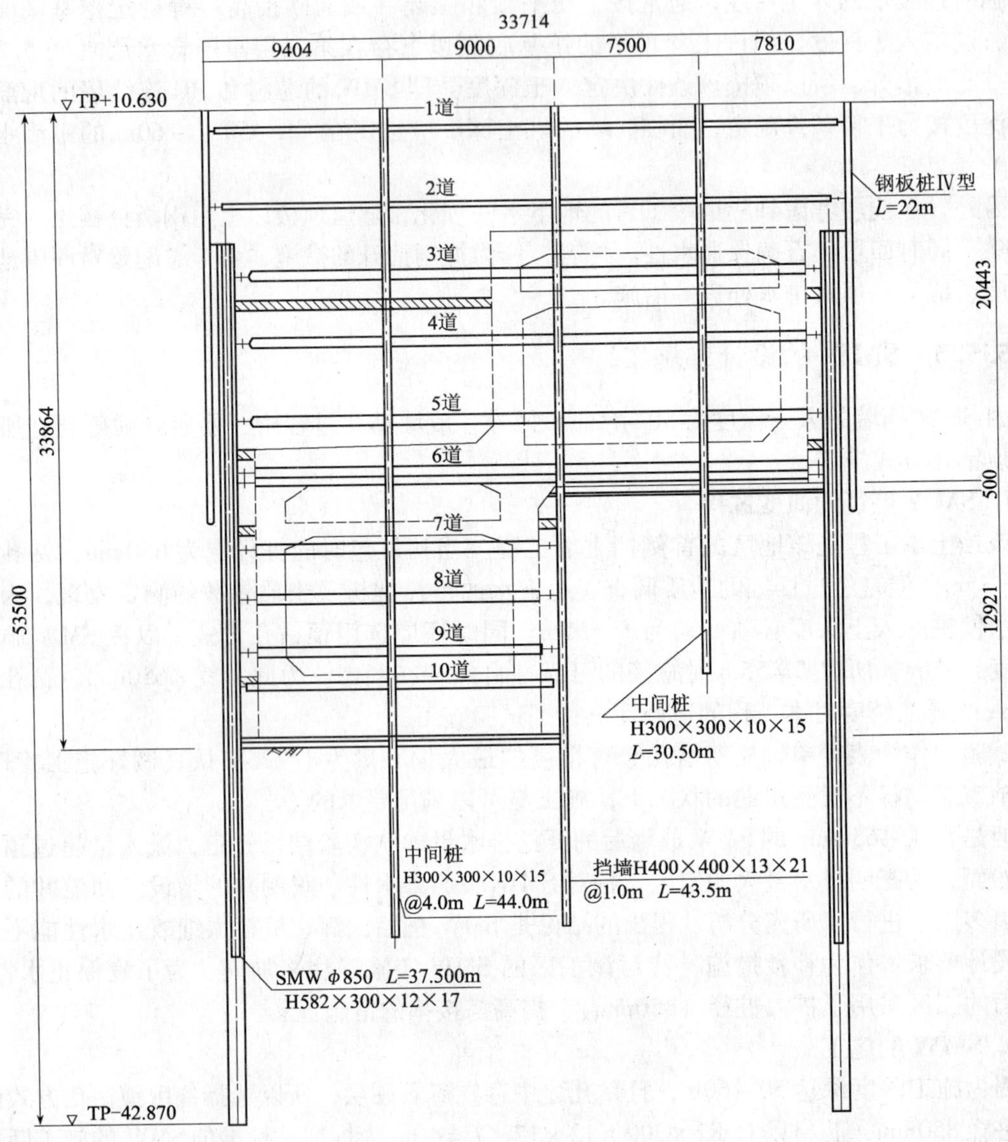

33714
9404
9000
7500
7810
TP+10.630
1道
2道
钢板桩Ⅳ型
L=22m
3道
4道
5道
6道
7道
8道
9道
10道
20443
500
12921
33864
53500
中间桩
H300×300×10×15
L=30.50m
中间桩
H300×300×10×15
@4.0m L=44.0m
挡墙H400×400×13×21
@1.0m L=43.5m
SMW φ850 L=37.500m
H582×300×12×17
TP−42.870

图5.33　挖基断面图

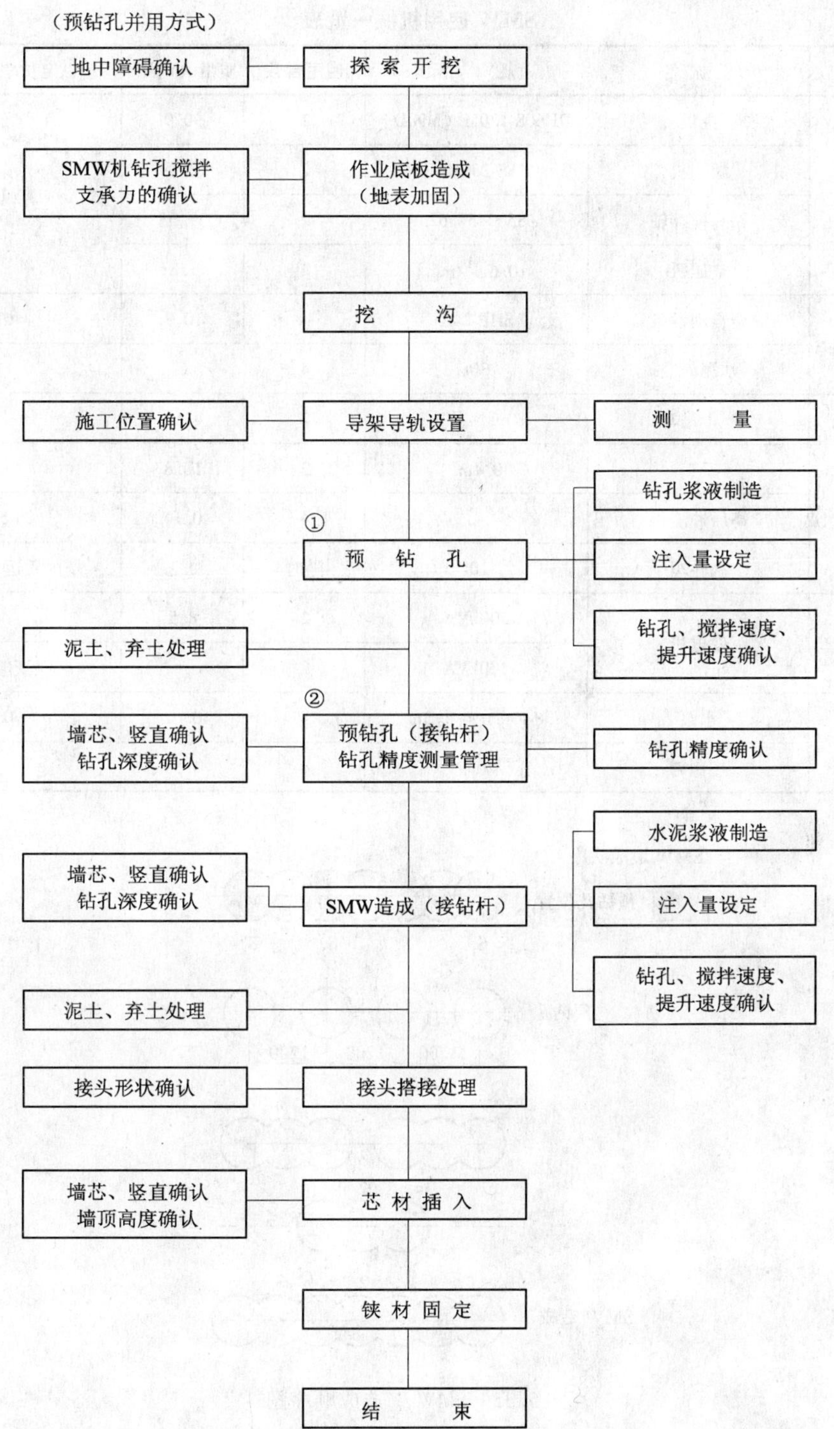

图5.34 SMW施工步骤

SMW使用机械一览表　　　　**表5.14**

用　途	机械名	规　格	使用台数	质量（t/台）	额定功率（kW/台）
SMW造成	主机	DH608-120M（M90D）	2	90.9	150
	减速机	PAS-200VAR	2	13.99	
	钻孔搅拌轴	ϕ850×57.62m	2	39.35	
	空压机	10.6m^3/min	2	1.8	
水泥浆制造	全自动设备	SHP-24A	4	10.8	67.6
	水泥筒仓	30t	4	6	12.2
芯材插入	履带吊车	800kN吊重	2	76	
处理	反铲	0.4m^3	2	10.8	
	高压冲洗机		4	0.14	5.5
	翻斗车	10t	随时		场内搬运，排出搬运
电源设备	发电机	500kVA	2	8.5	
		100kVA	2		变电设备
用水	水泵	ϕ40mm扬程5m	4	0.02	0.25
	控制罐	20m^3	4	4.39	

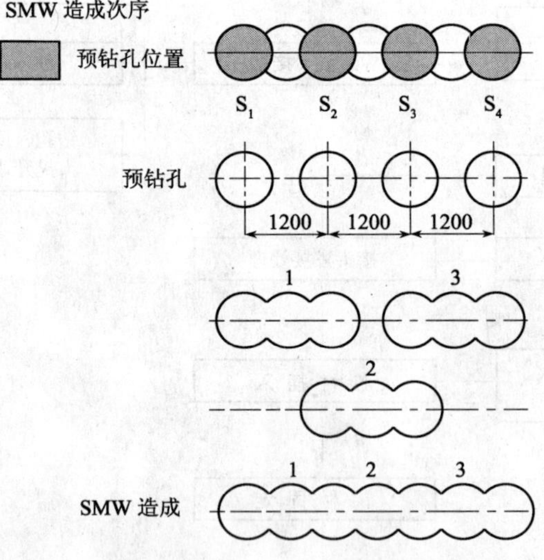

图5.35　SMW壁造成顺序图

（2）预钻孔测量原理

为了提高大深度SMW的施工精度，本工程特引入了图5.36示出的测量管理系统。

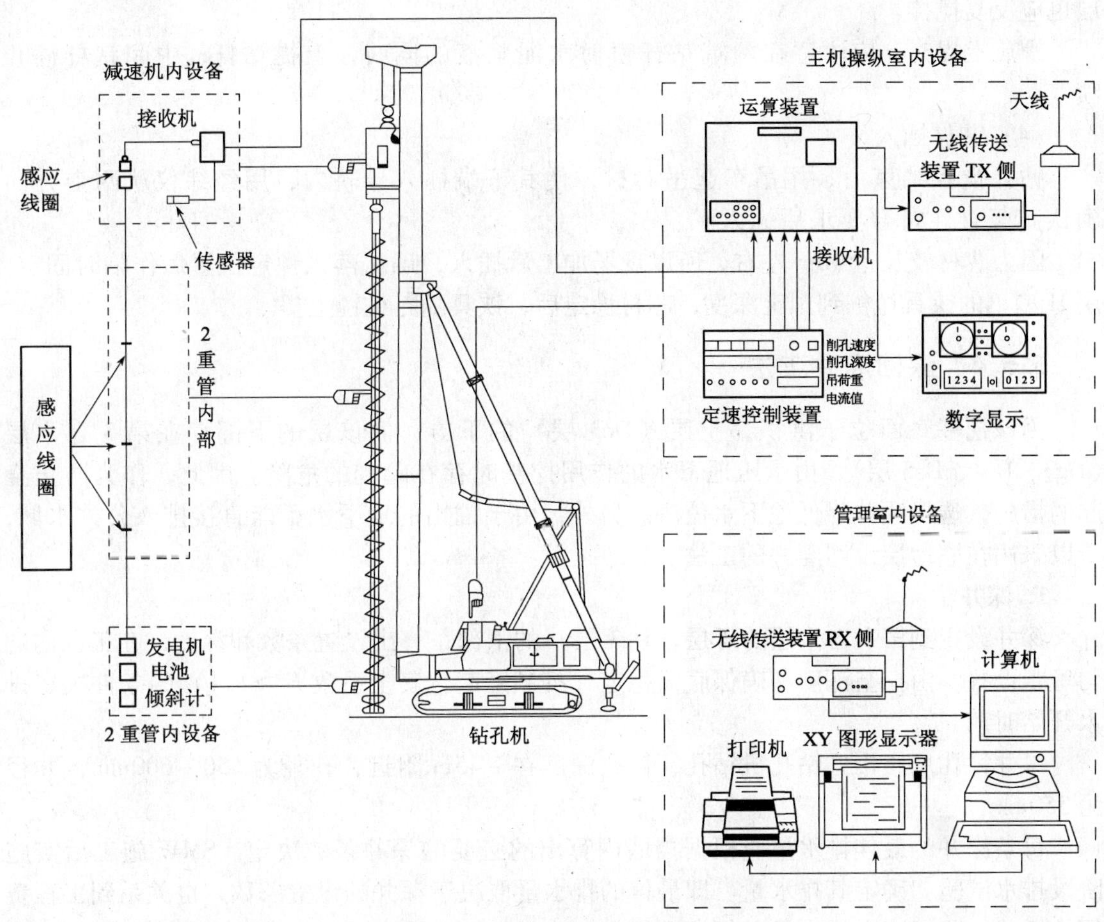

图5.36 预钻孔测量管理系统图

精度管理，把装在螺旋杆钻头内的固定测斜仪测得的x轴、y轴向的倾角信号，经杆内的同轴电缆输入给计算机，每隔一定深度测定1次钻头的倾斜。由小型计算机显示屏上显示图像，实时确认钻孔的精度。

测量程序如下：

① 使螺旋杆与孔位重合，记下钻杆内测斜仪的x、y轴的初始值。

② 钻孔到预定位置，停止钻进，读取x、y轴的偏移值算出倾角，如果倾角小于管理值，则把该数值存入系统。

③ 测量间距为5m，直到预定深度。

该工程中，钻孔变位的管理基准值为34cm。

(3) SMW的造成

使三轴SMW机与导轨的划线重合固定，由三旋轴杆两端的钻杆头部喷射水泥悬浊浆液（浆液配比为水泥280kg/m^3、膨润土10kg/m^3），由中间钻杆头部喷射空气，直到原定深度生成原位土砂与水泥浆液的搅拌混合土。到达计划桩底深度后，为了确保底部的搅拌质量，使钻杆在上下3m范围内反复搅拌。为了提高SMW的搅拌性，对第1、2、3含水层也应反复搅拌。

螺旋上提时，应注意在两端钻杆喷射水泥浆液的同时，上提钻杆，中间钻杆停止喷气。

（4）芯材插入

钻孔搅拌结束后，用吊车起吊芯材，使其下端插入导轨内，用经纬仪从两个方向确认其竖直性符合要求后插入。

因为芯材较长达40m左右，所以现场加工后插入，确认落入预定位置后作临时固定，用H型钢的铗具送桩到预定深度，芯材稳定后，铗具随打桩锤上提。

5.5.4　深回灌井工法

因该挖基底面位于洪积黏土层（Dc3层）的下方，而该层的下部存在第3含水层（Dg3、Ds4、Ds5层），由承压地下水的作用挖基时存在隆起的危险。因此，作为防止隆起的措施，选择深井降低地下水位法。另外，由于抽出的地下水不能直接排入公共水域，所以采用在原地层设回灌井的工法。

1. 深井法

深井设置到第3含水层的砾层（Dg3层）的下部，算出设置条数和深度，在工区内均匀等距设置。由挖基深度和确保底面稳定（抑制隆起，安全系数$F_s \geqslant 1.1$）的条件决定排水开始时期。

深井钻孔用履带式钻孔机钻孔，钻孔深度在-45m附近，孔径为550~600mm，井径为350mm。

每条深井的最佳排水量应根据挡墙内算出的必要的深井条数决定。SMW施工后实施阶段排水试验，确定其排水量。即最佳的排水量取决于深井的设置条数，也关系到工程费用的增减，所以决定排水量必须慎重行事。这里把阶段排水试验决定的地下水位降低和排水关系的极限排水量的60%，定为最佳排水量。

另外，排水时还实施了各深井的水位变化、地表沉降的观测，以此掌握隆起的安全性和排水对周围的影响。

2. 回灌井工法

回灌井的对象地层与排水相同，也是第3含水层的砾层（Dg3层）。设置位置与区域内的其他工程用地有关，故各工区不尽相同。设置系数是深井数的1.5倍。另外，作为回灌井的防堵措施，采用定期冲洗法。

3. 小结

由于本工程在设计、施工方面采取了上述诸多措施，确保了在工程的施工中未发生事故和灾害，顺利竣工。

5.6　狭窄场地SMW的新型地下室构筑工法实例

地下工程（挖基、挡墙工程），在过去的几十年中其施工方法、施工顺序几乎变化不大，即在挡墙和架台支柱施工结束后，挖基→架设水平撑→重复挖基。上述工序须在确保地下施工空间的条件下进行。然而，由于挡墙支护和架台支护的存在，已对挖基构成障碍，从作业性和安全性方面看，均存在一定的问题。特别是对规模小的工程来说，问题尤为突出。

这里介绍一种场地狭窄、且软地层条件下施工的新的地下室系统构筑工法。

5.6.1　工程概况

该工程系物流健康保险组合会馆大厦工程。现场面积 426.98m²，大厦建筑面积 308.79m²（总建筑面积 1812.37m²），钢架构造，地上 5 层、塔顶 1 层、地下 1 层。工期 1 年。

工程现场大小：宽 19.4m、长 21m，建筑物的平面尺寸是 17.4m×17m，见图 5.37。施工运输车辆只能从现场前面 1 条宽 8m 的道路上出入，该道路极近停车场。所以用道范围及时间均受限制。

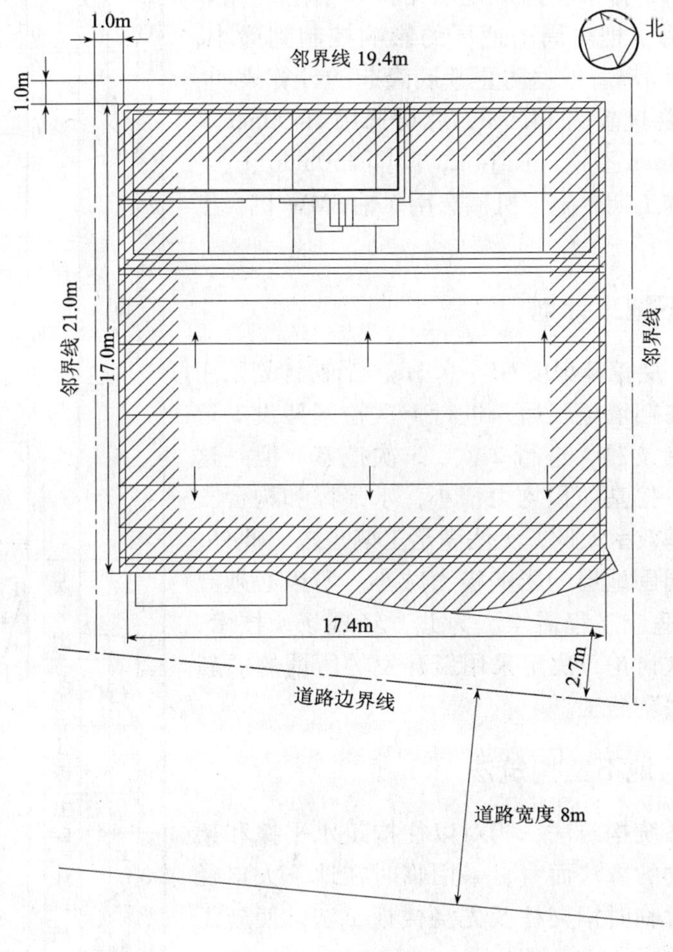

图 5.37　场地平面图

工程现场土质柱状图如图5.38所示。

5.6.2　障碍物拆除

现场地中存在用大量木材（圆木和板材）构成的基础框，该基础下部还打入了松木桩。此外，还设置了极其坚固的黏土砖砌体、基础梁。

为了进行大口径钻孔灌注桩（桩长31.8m）和SMW挡墙（入土深度 $L=14.9$m）施工，必须先清除上述地下障碍物。

5.6.3　挡墙工程

因该工程现场地层为软地层，GL－4～5m，附近的砂层中存在地下水，排水会造成地层下降，加上北侧邻近老朽建筑物，为了把对周围地层的影响控制到最小，故选用SMW挡墙隔离。根据防止基底隆起的计算表明，SMW挡墙的入土深度应为14.9m，芯材选用H400mm×200mm×8mm×13mm型钢，长14m，间隔450mm。

考虑到成本和工期，施工机械选用5轴SMW机，工效大为提高。

5.6.4　地下施工计划

本工程地下1层挖基深度GL－6.3m。当初计划采用以往的通用方法在挡墙施工后，进行1次挖基架设1道水平撑；设置构台支柱，进行2次、3次挖基。但是这种考虑，因场地、挖基面积均太窄小，水平撑和构台支柱成为障碍，挖基效率太低，无法满足工期需求。此外，还必须把施工对周围地层的影响极力减小。所以必须寻找得力的措施以适应工程需求。为此，经现场、技术、设计三部门的多次讨论，决定采用新开发的所谓的“新地下室系统构筑法”施工。

5.6.5　新的地下室构筑法

该新地下室系统构筑法，相对以往构筑水平撑和架台构筑地下建筑物的方法而言，采用临时在地下大口径灌注桩墩柱上设置临时钢支柱及先浇楼板工法，使施工更合理化。施工顺序和特点如下：

1. 通常的施工顺序（图5.39）

（1）挡墙施工。

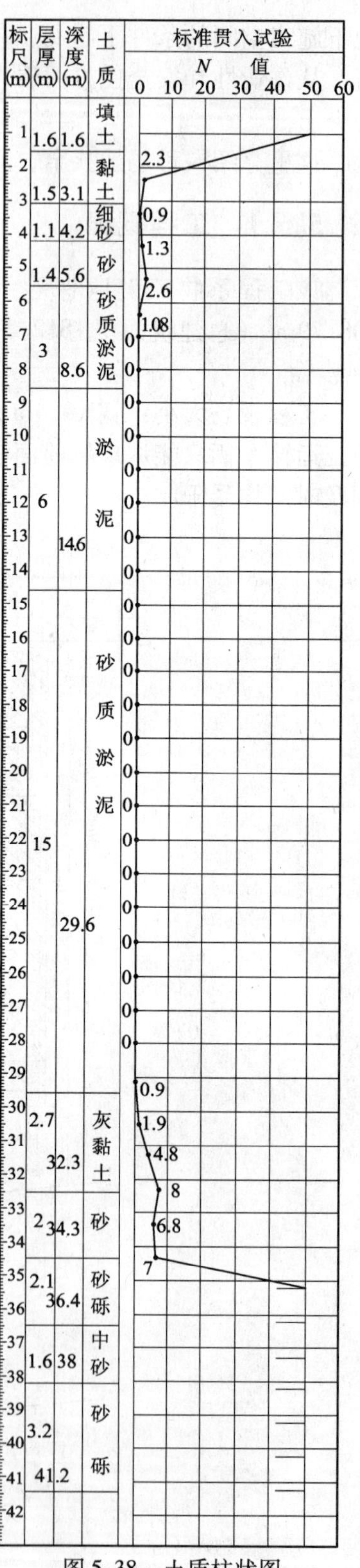

图5.38　土质柱状图

（2）成桩施工，把临时钢支桩插到现场灌注桩中。

（3）挖基到1层梁下约1m左右。

（4）设置1层楼板钢梁。

（5）按不要支护的楼板工法构筑兼作架台的先浇楼板。此时，浇筑不包括桩、外周地下墙的其他各部混凝土。

（6）利用先浇楼板进行地下挖基。

（7）构筑平板基础（底板、双层底座）。

（8）从先浇楼板上依次浇筑地下1层梁桩、地下墙混凝土构筑地下躯体。

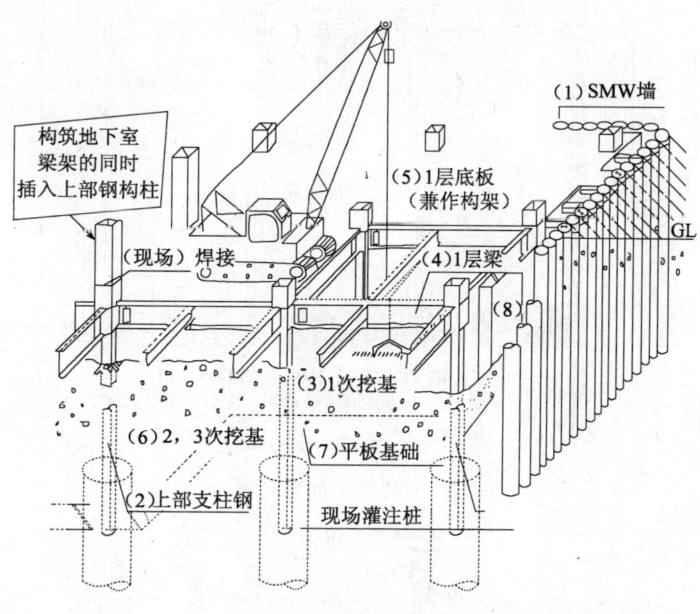

图5.39　施工概况图

2. 特点

（1）最先构筑的1层主层板，可用来作以往的架台，与此同时地上工程也可及早着手进行，故工期可缩短。另外，雨天也是有效的防雨顶盖。

（2）1层楼板躯体兼作水平撑，因楼板的刚性高，与以往的使用钢构水平撑的情形相比，挡墙变形小。所以尽管在软地层中施工，对周围的影响却较小。

（3）因1层板梁为钢构造，故可按不要支护楼板工法看待，由此可以实现构材的轻量化和支护弃除。

（4）因为依次浇筑混凝土，故混凝土不存在接头，所以效率高，容易确保质量。

（5）地下大口径灌注桩墩柱上的钢支柱的施工，比把地下室柱做成RC构造的情形更容易，故工程速度可大幅提高。

3. 本工程实例中的施工顺序

遵循图5.39介绍的通用施工顺序，这里介绍本实例工程中的施工步骤（图5.40、图5.41）。

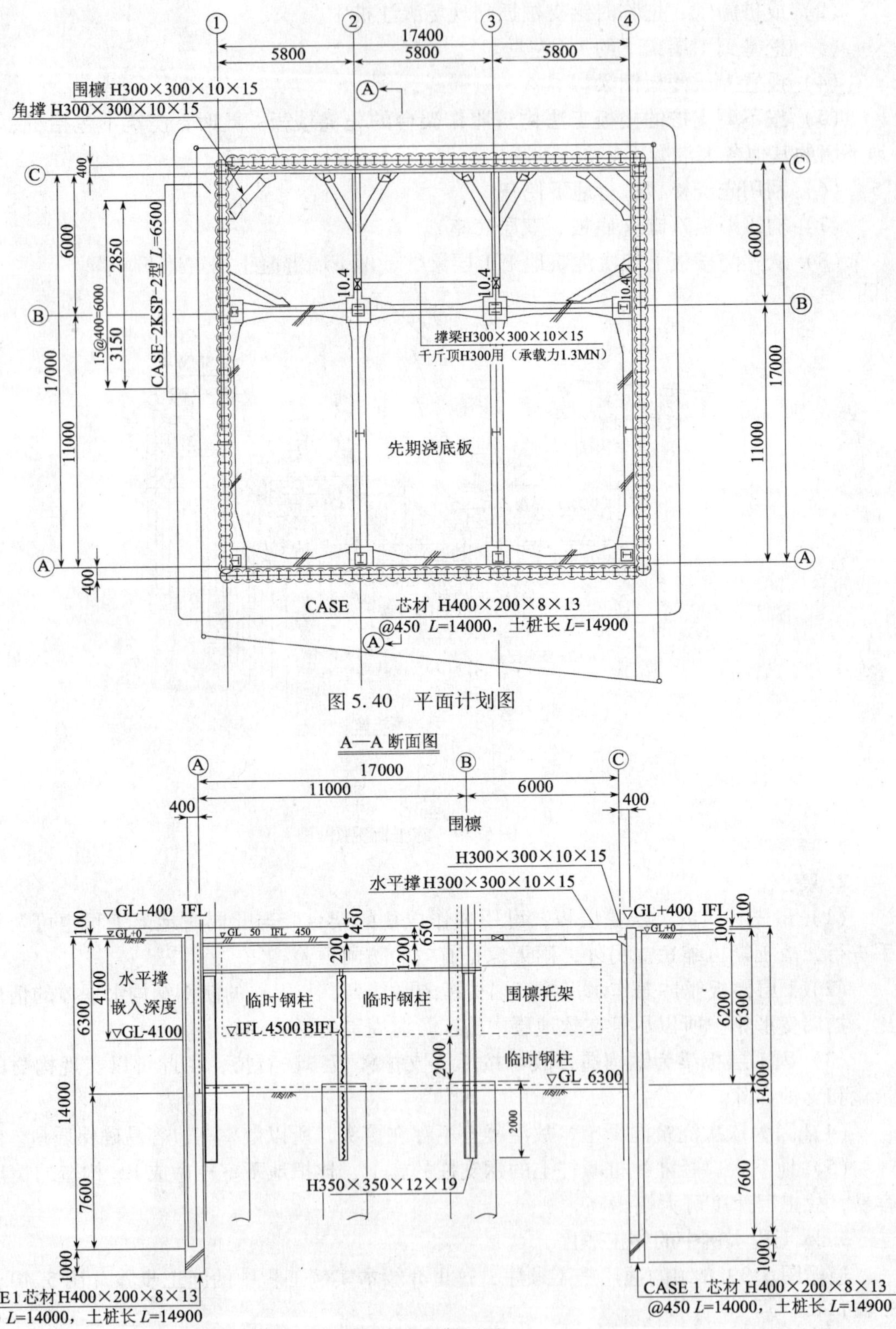

图5.40　平面计划图

图5.41　断面图

（1）继外围 SMW 挡墙工程之后，浇筑大口径灌注桩。插入临时钢支柱（H350 × 350 × 12 × 9）。钢支柱底端的嵌固部分应设置柱头螺栓，并插入主桩 2m。临时钢支柱应露出桩顶，使用井梁组成的导架调整钢支柱位置（图 5.42）。

（2）进行 1 次挖基。挖基深度按组装 1 层楼板钢构和可以设置模框所需的最小深度尺寸，确定为 1.8m。接下来切断临时支柱的顶部，安装设置钢构用的顶板和锚栓（图 5.43、照片 5.4）。

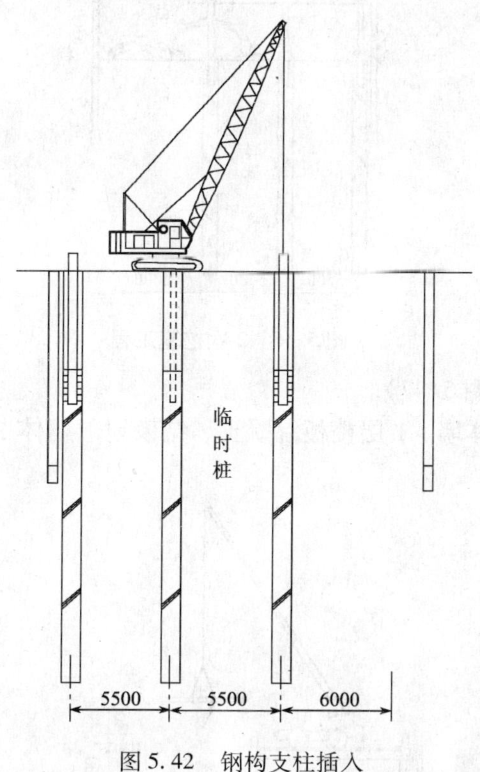

图 5.42　钢构支柱插入

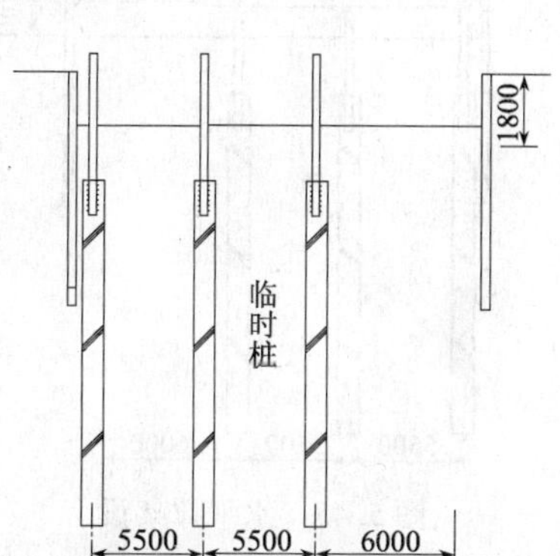

图 5.43　1 次挖基工序

照片 5.4　锚栓定位

（3）其次设置 1 层钢构梁。因作业在地表进行，且无高空作业，所以施工可以高速化。续接模框，配筋施工后浇筑 1 层梁楼板混凝土。按（1）节介绍的通常的规律，应当浇筑支桩、外围地下墙以外的部位的混凝土。但因本工程要求施工给周围地层带来的影响要尽量小，所以决定外围地下墙也与其他部位一起浇筑。故在外围设置了浇筑混凝土用的导管（$\phi125$）。此时，因Ⓑ ~ Ⓒ间是芯墙兼作作业开口故后浇，视为架设的水平撑（图 5.44）。

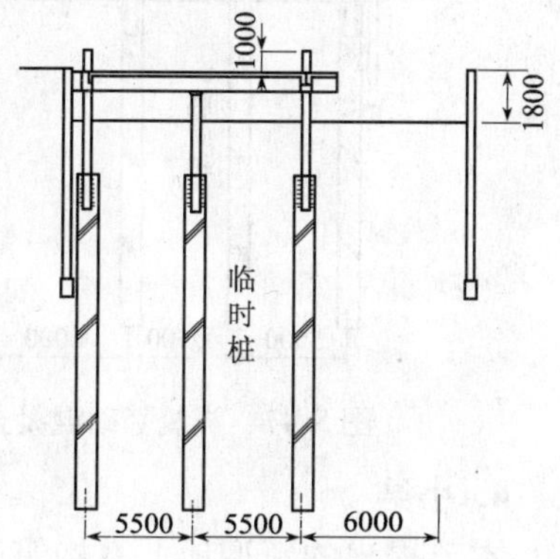

图 5.44　1 层主底板混凝土浇筑

（4）混凝土养护到预定强度后，使吊车通过其上部架设用来作躯体梁和钢构梁利用的水平撑（图 5.45）。

（5）用哈斗和南瓜形钻头作 2 次挖基（图 5.46）。因挖基空间内没有撑梁和支柱，所以挖土机工作较为自由，作业效率大大提高。

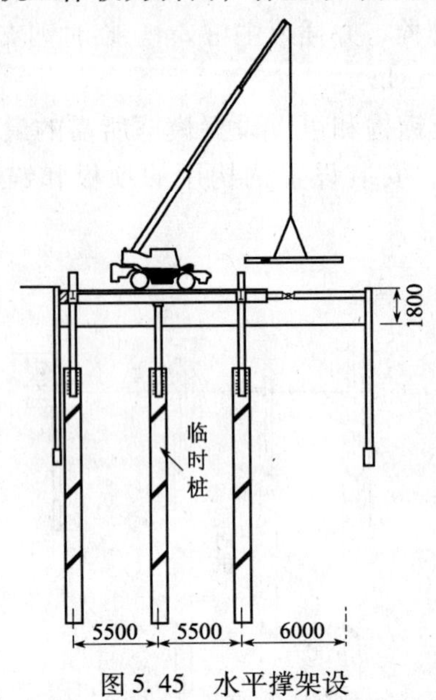

图5.45 水平撑架设

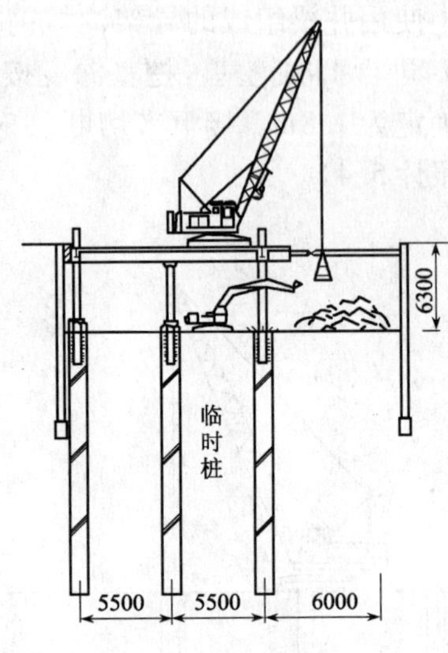

图5.46 2次挖基工程

（6）进而作桩顶处理，浇筑基础混凝土（图5.47）。

（7）最后解体水平撑，依次浇筑地下室主体墙、1层楼板混凝土、结束地下躯体工程（图5.48）。

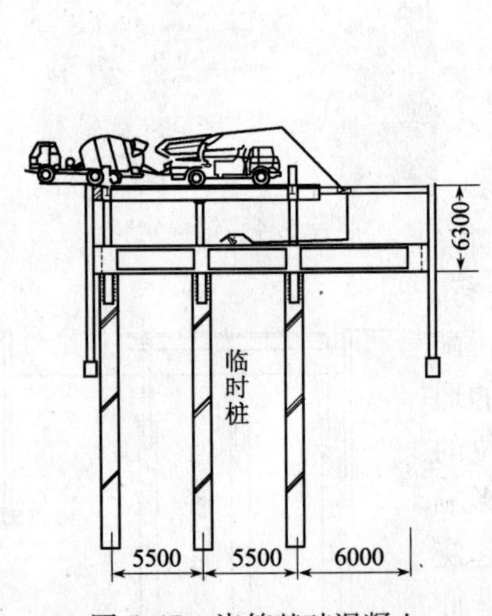

图5.47 浇筑基础混凝土

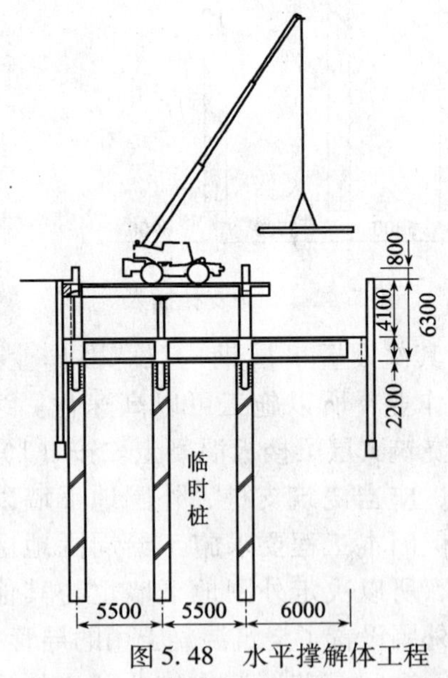

图5.48 水平撑解体工程

4. 小结

本节提出的新型地下室构筑工法，与以往的挖基挖土工法相比，有较大的进步。该工法不仅可使成本下降，还能缩短工期。该工法极适于狭窄场地施工，但也不排除大场地的适用性。目前该工法有20～30个施工实例顺利竣工。

5.7 大深度 SMW 地下坝施工管理实例

关于 SMW 在地下坝止水墙工程中应用的优势已在第 1 章作了介绍。这里介绍日本宫古岛砂河地下坝大深度止水墙工程中的施工管理系统。

5.7.1 工程概况

1. 地下坝概况

该地下坝水源和设施的概况如表 5.15 所示。

水源与设施概况　　表 5.15

水　源	砂河流域
地下坝	砂河主坝
	砂河副坝
流域面积	$7200m^2$
满蓄面积	$4890m^2$
总贮水量	$9500m^3$
有效水量	$6800m^3$
利用量	$8800m^3$

地　下　坝		砂　河　坝	
防渗墙	防渗墙	主坝	副坝
	防渗墙型式	连续墙 注入墙	注入墙
	堤高（m）	49	3
	堤长（m）	1835	500
	围堰断面积（m^2）	43800	1100
	非围堰断面积（m^2）	42700	6600
	顶高裕（m）	31	33
	溢流余裕度（m）	13	11
辅助设施	取水设施（地点）	78	
	进水渠（km）	3.8	
	溢流口		
	水管理设施等（套）	1	

2. 地下坝地质状况

该地下坝的地质纵断面图如图 5.49 所示。总的来说，现场地层由两大地层构成，下层为泥岩，上层为石灰岩层。下层泥岩层的渗水系数 $=1\times10^{-6}$cm/s，属不渗水层；上层石灰岩层为多孔滞水层，渗水系数 $=3.5\times10^{-1}$cm/s。单轴抗压强度 $q_u=10\sim30$MPa。

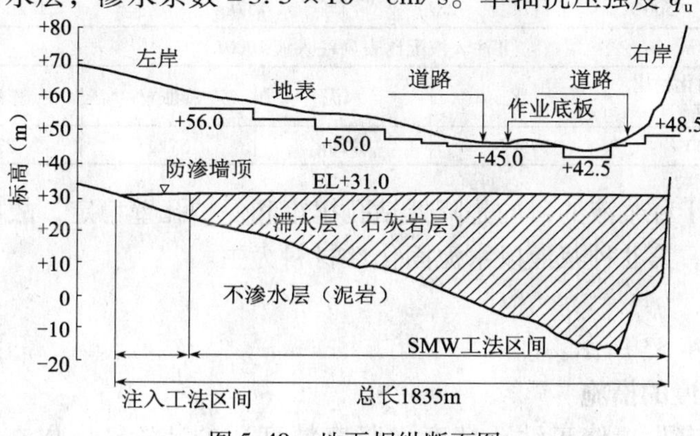

图 5.49 地下坝纵断面图

5.7.2 SMW地下坝的施工

1. 地下坝特点

该地下坝是SMW止水墙做成的地下坝，特点如下：

（1）施工方法

该工程中并用单轴螺旋钻机和三轴螺旋钻机（表5.16）。因工程现场的地下水位低，石灰岩层的空隙多，所以选定SMW作为施工方法较为合理。

主要施工机械 表5.16

用途	名称	规格	输出	单位	数量
钻孔、搅拌	主机 DH608－120M	吊重600kN，总荷重1.2MN 导架长30m	136kW	台	1
	二轴螺旋钻机 SKC－200VW	175kW 4/8极×2 套径ϕ710mm，螺杆ϕ600mm	150kW	组	1
	土螺旋钻机 PAS－150VAR	55kW 4/8极×2 螺杆ϕ550mm	110kW	组	1
	发电机	500kVA	426.6kW	台	1
	空压机	8.2m^3/min 1.05MPa	77.23kW	台	1
拌合设备	拌浆机SHP－24A			组	2
排泥设备	KELLY 40M	K－605B		组	1

（2）施工深度

最大施工深度65m，所以螺旋钻杆要续接3次。

（3）施工管理

用小型计算机实施信息化施工管理。

（4）注入材料

因地层中孔隙多，防渗墙深度大，所以使用双液注入（表5.17）。

注入液的配比

Ⅰ注入液配比表（注入液1000L） 表5.17

钻孔	水/补强材比（W/S，F）	水	矿渣	粉煤灰	膨润土
预钻孔	500%	924L	140kg	45kg	16kg
主钻孔	500%	928L	157kg	29kg	11kg

Ⅱ注入液配比表（注入液1000L）

钻孔	水/固化材比（W/C）	水	水泥	膨胀材	膨润土	增粘材
主钻孔	100%	750L	692kg	58kg	23kg	2.3kg

其中，注入第Ⅰ种浆液的目的是降低钻孔扭矩和保护孔壁稳定，故以矿渣和粉煤灰等非固化性材料为主。第Ⅱ种浆液以水泥固化性材料为主。

2. 施工顺序

施工顺序如图4.83所示。

3. 提高钻孔精度的措施

因钻孔机上没有设置修正钻孔精度（竖直精度）的装置，所以在钻孔深度不大时，必须保持良好的钻孔精度，否则深度大时变位量容易累积增大，所以必须确保初期钻孔精度，以便确保总体精度的提高。

本工程采用信息化系统随时掌握施工状况。故可及早采取措施修正精度，具体措施如下。

（1）选择减速机扭矩大的螺旋钻机，使钻进能力存在一定裕度。

（2）钻孔精度与速度的相关性极大。所以本工程中采用现场试验得出的贯入钻孔速度（30cm/min）。

（3）作业底板造定为混凝土底板，使钻机场地稳定。

（4）为了防止钻孔位置偏移，导槽上方设置有焊接固定的钢制导轨。另外，单轴螺旋钻钻进时，用套管导向。

（5）三轴钻孔的顺序是先两端后中间，选取螺旋钻头荷重平衡的施工形态。

5.7.3 施工管理系统

该施工管理系统是由设置在螺旋钻机上的各种传感器采集数据、并用图像显示，判断施工状况的装置。为此，可以实时及早地指导施工。另外，采集的数据被库化，并作各种处理，所以作业时间大幅削减。

1. 系统概况

该管理系统的框图如图5.50所示。设置在螺旋钻机上的各种传感器采集的数据，被集积到钻机操作台上的发送装置中，按无线传送方式发送，管理室中接收并在小型计算机屏幕上显示出钻孔状况。另外，设备上也设置有显示器，接收钻机发送的无线数据，操作员也能掌握各种信息。各传感器（检测器）之间的连接关系如图5.51所示。

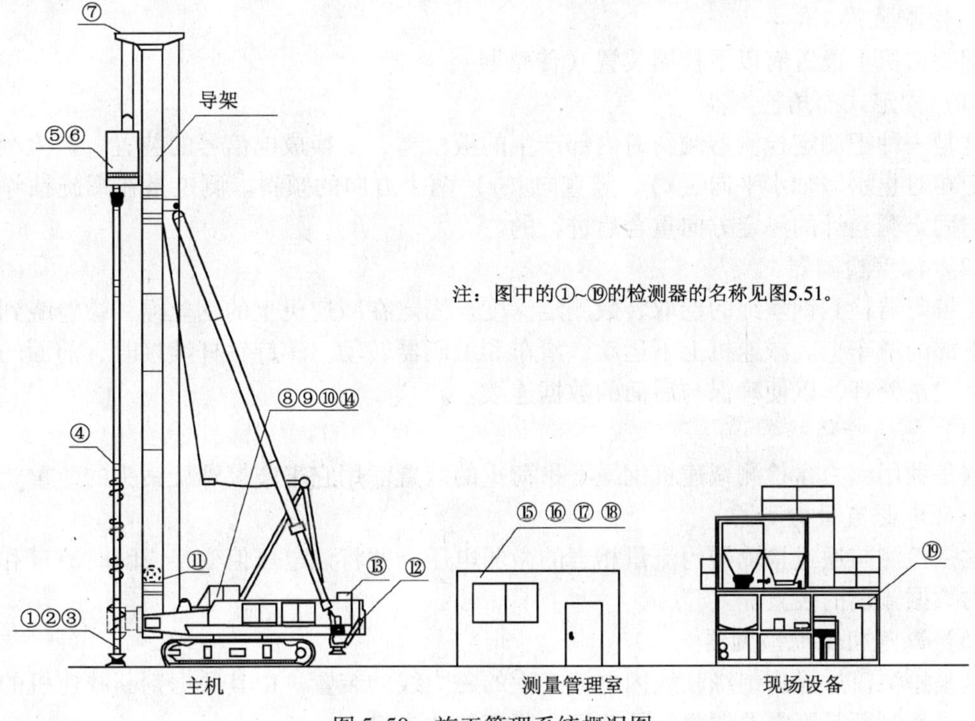

图5.50 施工管理系统概况图

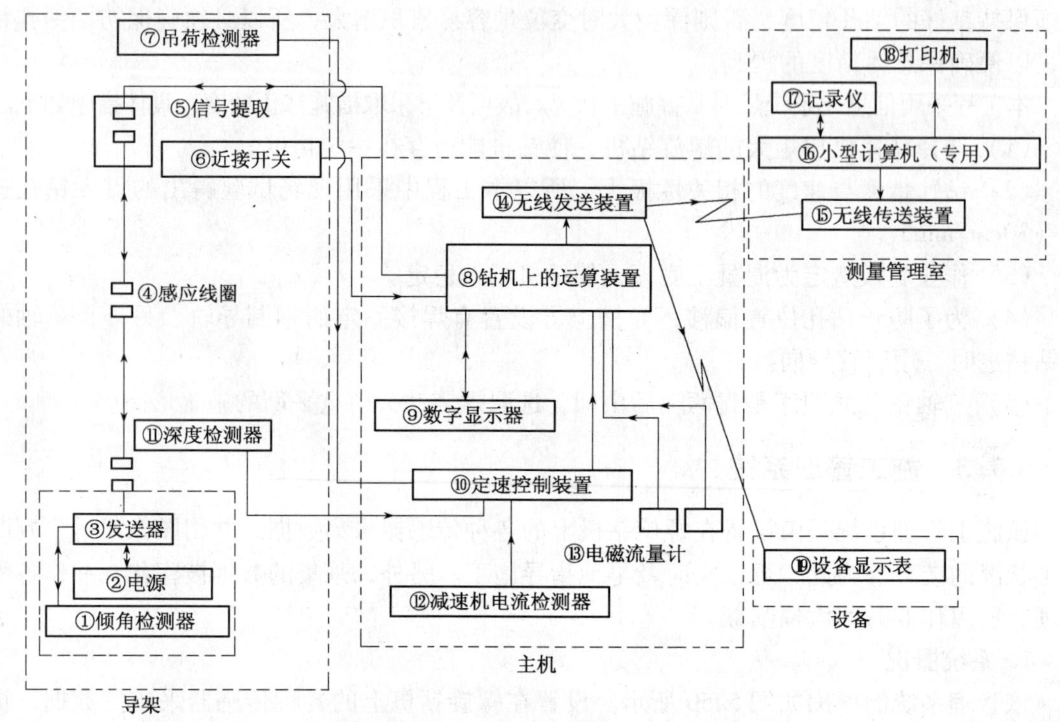

图5.51 各检测器的安装位置及相互的连接关系

管理室的小型计算机存入的数据，每隔一定时间被记录到固定的磁盘上。与此同时也记录到记录器上。

2. 检测装置

螺旋钻机上设置有以下检测装置（传感器）：

（1）固定式测角检测器

这是一种把测定检测器倾斜时内部产生的液位差，变换成电信号的装置。该检测器可以测定相对止水墙轴水平向（x）、竖直向（y）两个方向的倾斜。测定是在螺旋钻停止旋转，与固定测斜计的测定方向重合后进行的。

（2）深度检测器

用编码器检测钢丝绳的卷取转数测定深度。固定在减速机上的钢丝绳，被卷绕到主机导架下部的滑车上。减速机上下运动，滑车和编码器转动。螺旋钻杆续接时，前面的数据作贮存记录处理，以便确保与后面的数据连续。

（3）吊荷检测器

这是利用测力盒检测减速机钢绳下吊荷重的装置。用它来掌握螺旋钻头的荷重状态。

（4）电磁流量检测器

这是检测与通过检测器内流量相当的微弱电压，并将该电压值变换成瞬时流量和累积流量的数据输出的装置。

（5）减速机电流检测器

这是检测流过橡皮绝缘软线内电流产生的磁力线的装置。由其数据判断减速机的负荷状态。进而判断是否需要调整钻孔速度、浆液的注入量。

（6）近接开关

这是在固定式测斜计测角时为了使其与测定方向重合的装置。用安装在与螺旋杆一起旋转的构件上的金属片，是否遮挡开关发射的高频磁力线来识别方向。

3. 信号传送装置

有关信号传送装置的叙述已在4.7.7节作了介绍，这里不再重复。

5.7.4 连续性管理系统

1. 概况

该管理系统是3轴螺旋钻总体运动的测量管理装置。用插入式测斜计测定设置在左右钻杆内导向角管的变位量。根据每幅槽段采集到的数据计算坐标，进而管理槽段间的连续性。

因该方法是在深度间隔小的条件下，采集同一状态下的钻杆变位量，所以精度高；另因测量器具处在施工钻机设备的外部，故维护管理容易、故障少、设备费用低。

再有，与通常的测量不同，无法同时测定初始值，所以必须定期检查竖直性。

该测量方法中的导角管的特点如下：

（1）该导角管是用无缝钢管拉制成的高精度的角形管，以该管的对角作导槽。因接头部位的滚筒的张力小，故可顺利通过。因滚筒上下方是导角管，所以在接头部位不会发生旋转。

（2）因导角管与通常的螺旋钻杆外形尺寸相同，所以即使在不进行管理的场合下，也可与通常的螺旋钻杆混合使用。

（3）导角管兼作注入管

再有，导角管不做成以往的十字管形的原因，可以认为是十字管沟中易粘结固结物，而去除该固结物极为困难。

2. 测量方法和顺序

（1）到达设计深度后，把螺旋钻杆上提几米，离开重合方向。

（2）把插入式测斜计插入到钻杆的续接孔中，落到最深处后，按等间隔（2m）上提测量。测定的数据经过专用电缆，收全录到数据记录器中。测定按左右钻杆正反各2次的要求进行。另外，在测斜计测定之前，对注入液的温度进行管理。又因注入液中插入测量器具，故测定后应用清水冲洗器具。

（3）螺旋钻杆顶部的水平变位量，用专用规尺从基准点开始引导测定。

（4）把收录数据送给小型计算机，确认各槽段的精度。

3. 结果输出

据各槽段的数据计算坐标，对邻近槽段的连续性作图化处理，结果见图5.52。

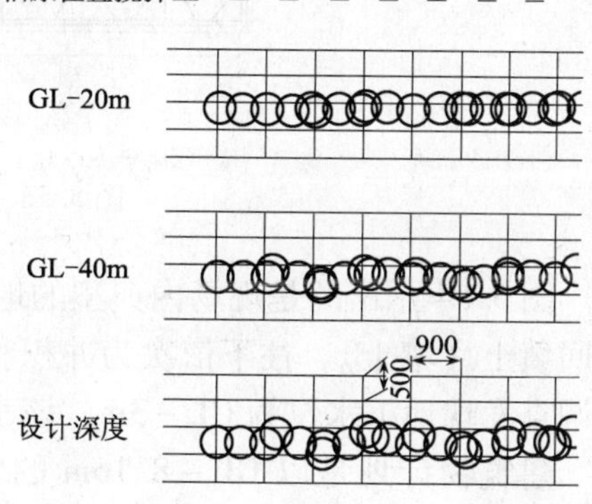

图5.52 邻近槽段连续性图化处理结果

5.8　撑梁解体时SMW补强主体结构的实例

近年来都市中办公大厦和商业设施中，设置地下机械或停车场的建筑工程越来越多。地下室的层数逐年增多。这种建筑物的地下工程，目前多数采用水泥土挡墙和利用水平撑支护工法施工。但是，水平撑解体时致使挡墙支点间隔变大，因而容易产生事故。作为应对措施，通常采用在基底施工结束后，开始施工部分主体墙替代水平撑的方法。然而，这种替换水平撑的主体墙的架设、拆除作业需要的劳力过多。另外，主体墙的配筋、模框作业也大受限制。

为此，日本学者沼上清等人提出了积极利用水泥土临时挡墙补强地下主体墙，不用大规模构筑主体墙替代水平撑的构筑多层地下室（停车场等）的工法。该工法是在用来作构筑地下主体墙的外框用的临时水泥土挡墙的芯材H型钢上设置抗剪连接销，使临时水泥土墙与主体墙连接在一起，构成一体墙的工法。

本节介绍，靠近铁道运行线要求水平撑拆除时挡墙变形极小的挖基工程。为了确保变形小的技术指标，决定采用水泥土墙补强主体墙的缩短工期的施工实例。

5.8.1　工程概况

该工程是地上5层、地下1层的商铺、办公大厦构筑工程。图5.53是该工程的挖基工程的平面（62m×29m）图。现场北侧与铁道运行线平行，离高架支柱桩仅4m。另外，现场南侧是宽6.5m的道路，道路的另一侧是正在施工的别的大厦的挖基工程。也就是说，南侧道路的两侧都在进行挖基工程。

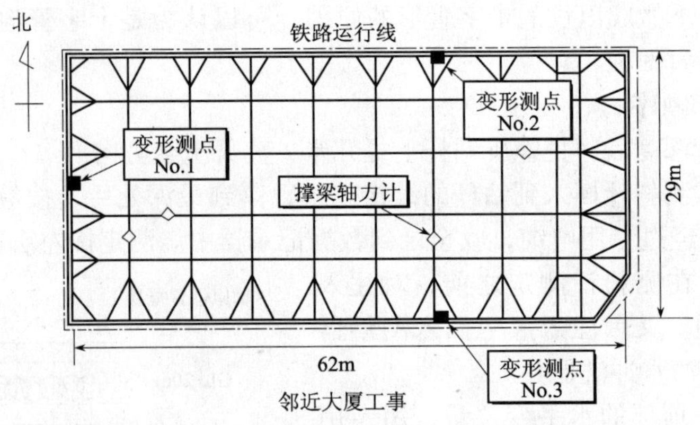

图5.53　挖基平面及测量管理位置

图5.54示出的是现场内典型的地层构成柱状图和挖基断面图。地层构成如下：上部为回填土（壤土），往下依次为冲积黏土、中砂，基底层为固结淤泥和细砂的互交层。钻孔调查发现地下水位为GL-3m，该水位是中砂层以下的洪积层的承压水头。

建筑物计划是以GL-8.16m的中砂层为持力层的直接基础（长期允许持力强度为200kPa）。根据周围环境和地层条件，把挡墙定为止水性好的水泥土排柱墙（芯材

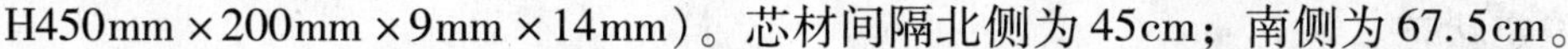

H450mm×200mm×9mm×14mm）。芯材间隔北侧为45cm；南侧为67.5cm。

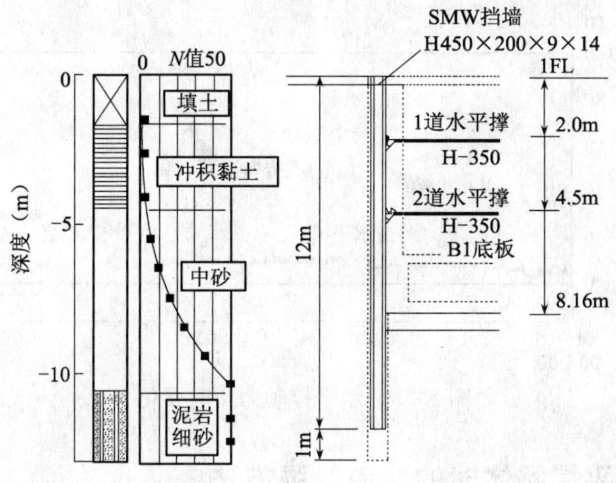

图5.54　土质柱状图及挖基断面

5.8.2　挡墙管理计划

挖基时管理以安全为主要目的，利用插入测斜计在图5.53示出的1~3号测点处测定挡墙变形。

图5.55示出的是各挖基阶段的变形量。从1次挖基（GL-3m）到3次挖基（GL-8.16m）的变形量，各测点的测定值均在1cm以下。另外，也没有看到周围道路路面的沉降。可以确认，挖基施工对北侧的铁道营运线及南侧的邻近大厦工程均无任何影响。

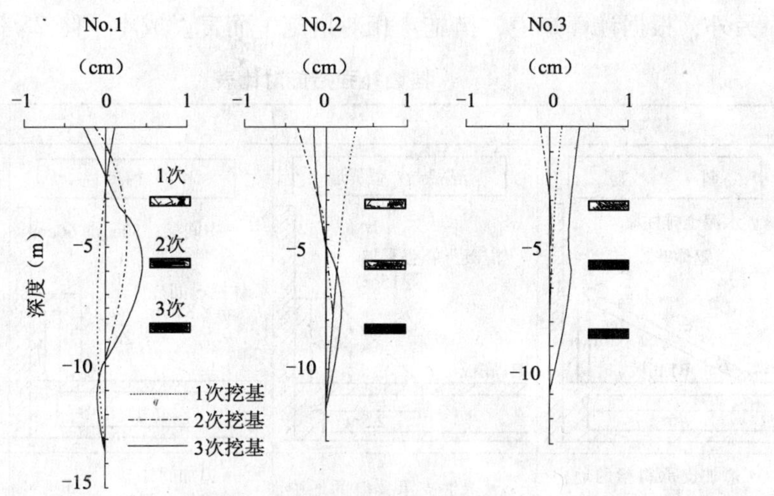

图5.55　挖基时的挡墙变形

水平撑的轴力靠安装在水平撑上的应变计测定。图5.56是就变形2号测点和3号测点测定的两端的水平撑（1道在-2m，2道在-4.5m）而言，在安装2道水平撑之后的轴力变化。由图5.56可知，1道、2道水平撑的轴力，在挖基和地下室的施工期间均不增加，基本处于稳定状态。

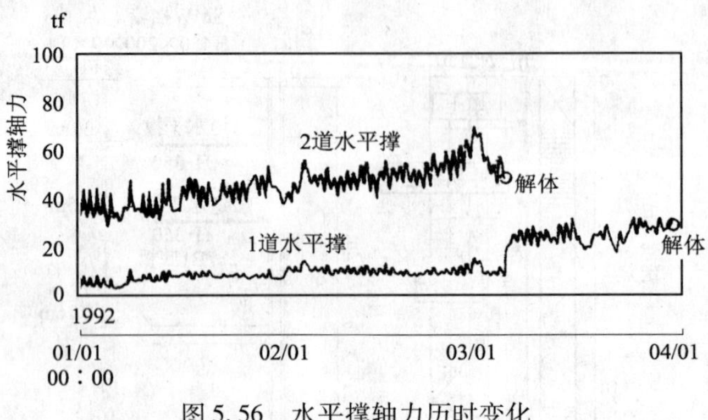

图 5.56　水平撑轴力历时变化

5.8.3　1 道水平撑解体时的挡墙补强方法

该工程地下 1 层深 GL－6m，如果 1 道水平撑解体时不设切换支撑，则要求挡墙有 6m 的自立能力。

根据挖基时的变形测定结果知道，实际侧压比挡墙设计侧压都小（北侧 K_r = 1.04，南侧 K_r = 0.89）。但是，仅靠挡墙的刚性抵抗 6m 的自立高度，存在顶部变形量过大的可能性，即存在影响铁道运行线和邻近大厦工程的悬念。

为了选择水平撑解体时的补强措施，特就表 5.18 示出的 4 种方法进行讨论和比较。措施 1（设置斜撑）属一般的补强方法，但是该方法存在斜撑架设、解体成本和工期及作业空间受限等缺点。措施方法 2 和措施方法 3 均存在混凝土养护时间过长、工期过长的缺点。然而，措施方法 4（挡墙壁、主体墙一体化），只是柱头螺栓的设置作业，对工期影响不大。另外，根据计算知道，措施 4 相对措施 1 而言，成本下降 25%。

挡墙补强措施对比表　　表 5.18

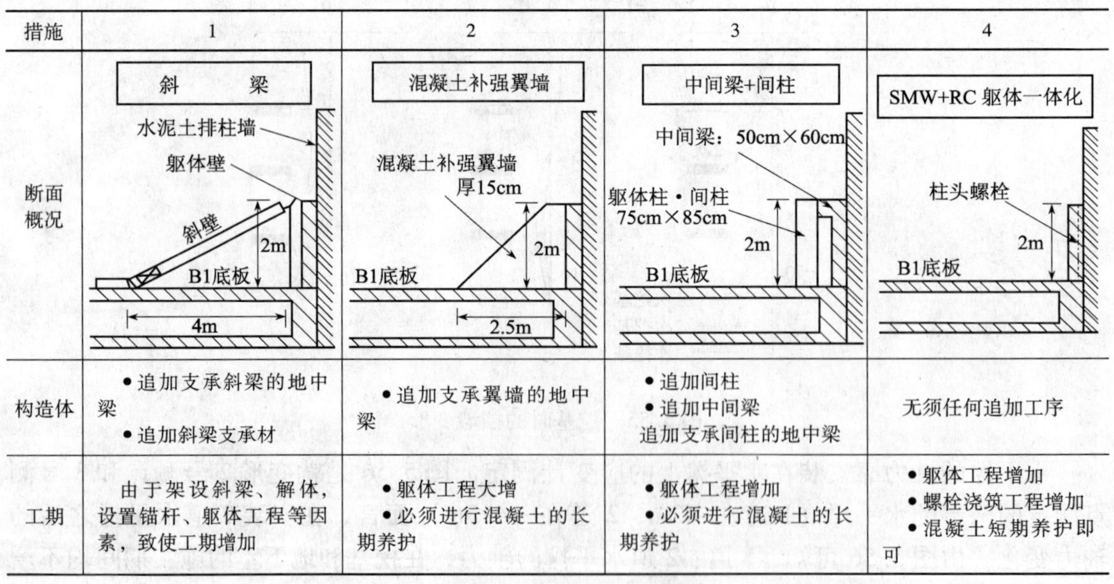

措施	1	2	3	4
断面概况	斜　梁 水泥土排柱墙 躯体壁 斜壁 2m B1底板 4m	混凝土补强翼墙 混凝土补强翼墙 厚15cm 2m B1底板 2.5m	中间梁+间柱 中间梁：50cm×60cm 躯体柱・间柱 75cm×85cm 2m B1底板	SMW+RC 躯体一体化 柱头螺栓 2m B1底板
构造体	•追加支承斜梁的地中梁 •追加斜梁支承材	•追加支承翼墙的地中梁	•追加间柱 •追加中间梁 追加支承间柱的地中梁	无须任何追加工序
工期	由于架设斜梁、解体，设置锚杆、躯体工程等因素，致使工期增加	•躯体工程大增 •必须进行混凝土的长期养护	•躯体工程增加 •必须进行混凝土的长期养护	•躯体工程增加 •螺栓浇筑工程增加 •混凝土短期养护即可

续表

措施	1	2	3	4
施工性	•地下躯体作业时斜梁成为障碍 •斜梁解体运出时必须开洞	•地下躯体构筑作业时翼墙成为障碍 •必须考虑翼墙解体作业的噪声，防尘措施和降低对构造躯体影响的措施	•由于设置间柱致使室内有效面积减小 •无须解体作业	无须解体作业
措施工期	30d	40d	43d	28d

综上所述，最后决定采用措施方法4。

实际施工步骤，大致分成图5.57示出的3步：

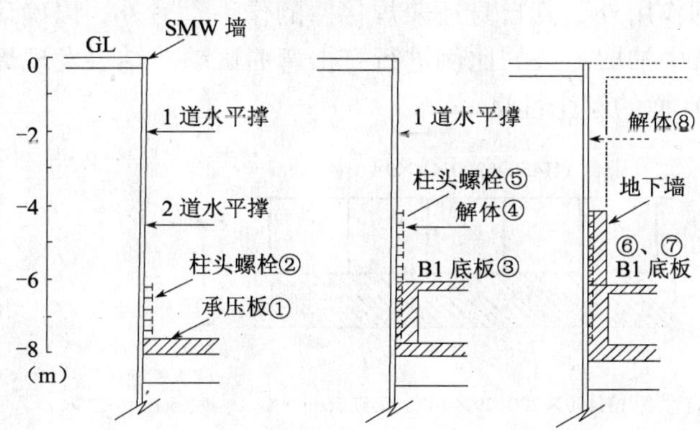

图5.57 水平撑解体施工顺序

①浇筑承压板；②柱头螺栓施工；③B1 底板混凝土浇筑；④2 道水平撑解体；⑤柱头螺栓；⑥浇筑躯体墙；⑦混凝土养护；⑧1 道水平撑解体

(1) 浇筑承压底板，把柱头螺栓焊接到挡墙芯材上。

(2) 浇筑地下室顶板和基础梁，解体第2道水平撑，焊接连接上部（2m）主体墙的柱头螺栓。

(3) 浇筑上部主体墙混凝土，养护（强度发现后），解体第1道水平撑。

5.8.4 柱头螺栓的设计及焊接作业

柱头螺栓的设计，应按照合成梁的设计基准执行。该设计基准认定挡墙与地下主体墙构成的合成墙在整体抗弯破坏之前，抗剪连接销（柱头螺栓）先发生剪切破坏，即所谓的不完全合成梁条件。再有，把该柱头螺栓设计中用到的水平剪力（Q_h）看成是合成梁上产生的正弯矩，通常采用下述两式中计算值的小者（Q_{h1}）

$$Q_{h1}=0.85a_c\cdot F_c \tag{5.1}$$

$$Q_{h2}=a_s\cdot \sigma_{ys} \tag{5.2}$$

式中 a_c——有效宽度内主体墙的断面积；

F_c——混凝土的设计基准强度；

a_s——芯材H型钢的面积；

σ_{ys}——芯材H型钢的屈服强度。

该工程中以使用ϕ1.6cm的柱头螺栓为前提，1条的抗剪力为44kN。利用上述设计水平抗剪力的1/2（假定为不完全合成梁）和1条柱头螺栓的抗剪力，可算出地下主体墙上部必要的螺栓数。另外，螺栓的破坏剪力，可利用式（5.3）决定的合成墙的总塑弯矩（M_p）算定，以便讨论合成墙的抗弯力对应的安全系数。

$$M_p = Q_{h1} \times L_1 + Q_{h2} \times L_2 \tag{5.3}$$

式中　L_1、L_2分别为Q_{h1}、Q_{h2}水平剪力作用位置到中性轴的长度。

图5.58示出的是考虑挡墙芯材间隔，决定的柱头螺栓的布设计划。

柱头螺栓的焊接作业，需由具有焊接资质证书的技术熟练的技工操作。再有，柱头螺栓除了起抗剪连接销的作用外，其自身还兼焊接棒的作用。另外，以确认焊接头的施工质量为目的，按每100条中抽取1条的比例进行打击弯曲试验。结果发现焊接头的轴部与母材（挡墙芯材H型钢）面的健全性良好。

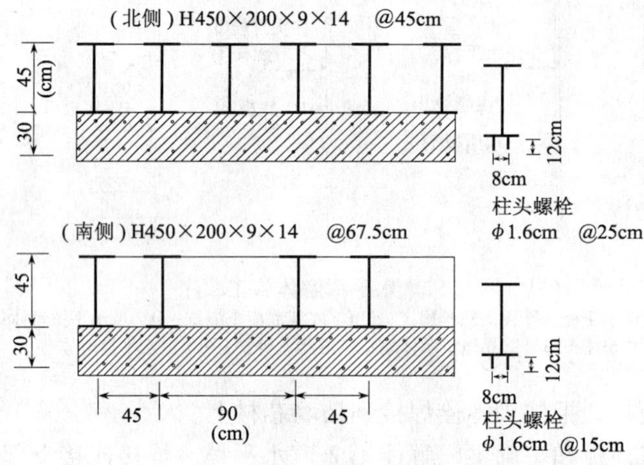

图5.58　合成墙断面、柱头螺栓的分布

5.8.5　合成墙的断面性能

利用柱头螺栓使挡墙与地下主体墙构成的合成墙如图5.59所示。按以下条件计算其抗弯性和抗弯力。

（1）合成墙，由柱头螺栓实现一体化。

（2）把合成墙曲应变的分布看成是直线分布。

（3）水平撑解体时的上部主体墙混凝土的抗压强度为24MPa，抗拉强度为2.4MPa。

（4）挡墙芯材H型钢的屈服强度，抗压、抗拉强度均为240MPa。另外，主体墙钢筋的抗拉强度为300MPa。

图5.60示出的是由中性轴位置变化求出的合成墙的弯曲刚性（EI）与抗矩（M）的关系。

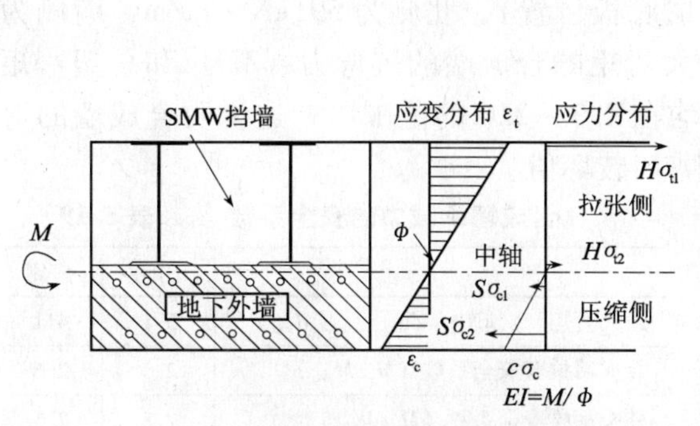

图5.59　断面刚性的计算模型

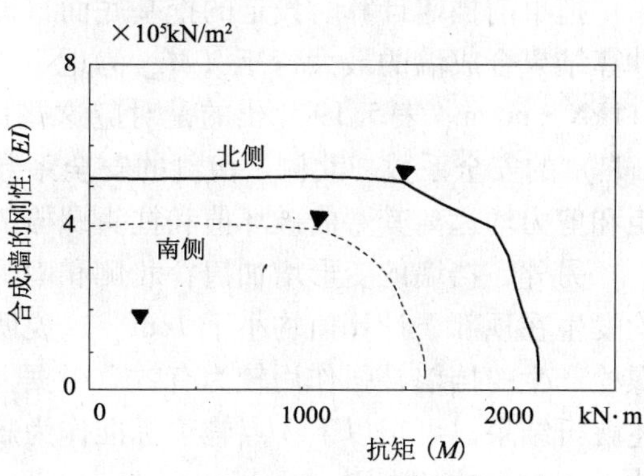

图5.60　墙的刚性与抗矩的关系

按上述结果算出的现场北侧和南侧的合成墙的弯曲刚性和抗弯力如下。

弯曲钢性（EI）

北侧：519.07MN·m²/m（156.3MN·m²/m）；

南侧：409.28MN·m²/m（104.2MN·m²/m）。

抗弯力［M_y］

北侧：1.5MN·m/m（0.66MN·m/m）；

南侧：1.07MN·m/m（0.44MN·m/m）。

合成墙（北侧）与只有挡墙的情形相比，前者的弯曲刚性是后者的3.3倍，抗弯力是后者的2.3倍。合成墙的抗弯力取决于挡墙芯材H型钢的屈服。

5.8.6　水平撑解体时挡墙的解析法

因为1道水平撑解体时的挡墙为自立状态，所以可以看成是以地下室底板为固定端的单梁。即伴随水平撑的解体挡墙或者合成墙的弯矩增加，该固定端的弯矩最大。所以可以设定水平撑解体时的变形增量计算模型是图5.61示出的连续梁模型。该计算模型把水平撑解体轴力看成集中载荷，以此求取连续梁的变形增量、应力增量。

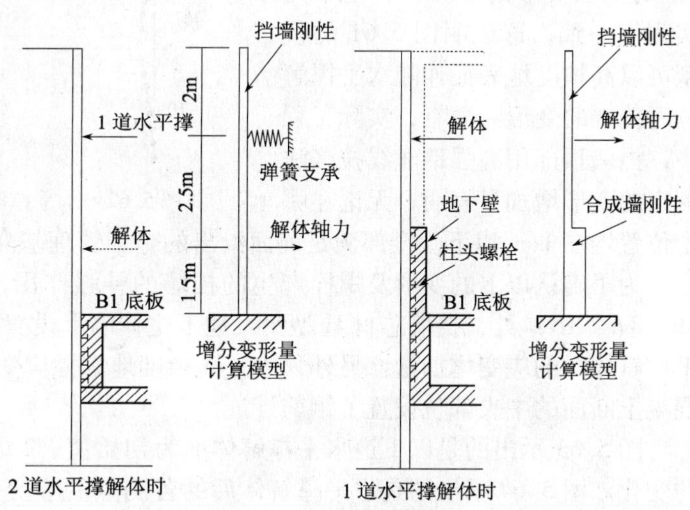

图5.61　水平撑解体时的计算模型

因此，1道水平撑解体后的弯矩可按底板时的值加上2道和1道各撑梁解体决定的弯矩增量求取。另外，水平撑解体后的变形，可在挖基底面时变形值的基础上，加上连续梁弹性曲线公式算出的变形量的方法求取。

把事前挡墙计算时设定的挖基底面（3次挖基）的水平撑的轴力，假定成去除轴力。计算结果合成墙的最大弯矩（M_{max}为地下1层底板位置），北侧为591kN·m/m，南侧为411kN·m/m。表5.19示出的是对应这些最大弯矩的合成墙的抗弯力（M_y）和总塑弯矩（M_p）的安全系数。北侧、南侧的安全系数均在2.3～2.6的范围内，这说明合成墙的弯矩和剪力均远离其弯曲破坏值和柱头螺栓的剪切破坏值。

另外，挡墙的变形增加值，北侧和南侧均发生在顶部，计算值均小于1cm。这说明螺栓产生的挡墙补强作用较为有效。根据上述解析结果，可把以下3点施工标准作为解体1道水平撑的准则。

合成墙承载力的安全系数　　表5.19

	北侧	南侧
最大弯矩　(kN·m/m)　(M_{max})	591	411
合成墙抗弯安全系数（M_y/M_{max}）	2.5	2.6
柱头螺栓安全系数（M_p/M_{max}）	2.3	2.3

（1）地下主体墙上部的混凝土强度应大于24MPa（设计强度）。

（2）挡墙顶部的变形增加量在1cm以下。

（3）合成墙的应变分布呈直线线型。

5.8.7　水平撑解体时挡墙的变形和合成墙的应变

图5.62示出的是在实测水平撑轴力（水平撑解体前）的基础上计算得出的1道水平撑解体后的挡墙变形、水平撑解体前的挡墙变形（实测值）、及1道水平撑解体后的挡墙变形（实测值）的对比。

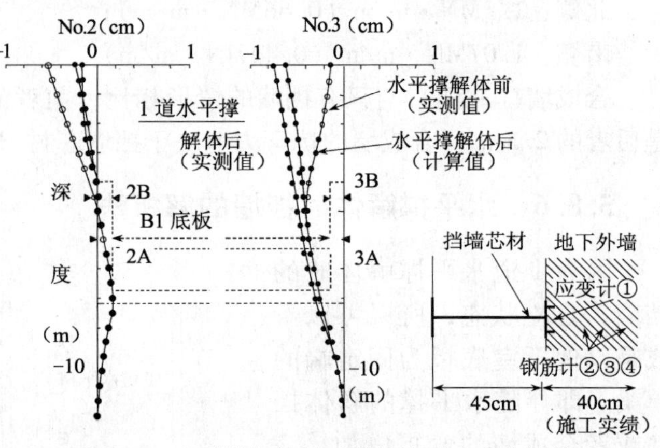

图5.62　水平撑解体前后挡墙变形和应变测量

北侧（测点2）和南侧（测点3）的挡墙变形的计算值，基本与实测值一致，这说明图5.61的模型可以高精度地表征伴随水平撑解体时挡墙的变形。再有，实际工程中，挡墙顶部用高强钢丝线拉张法测定的变形增加量表明，无论在哪个位置均在1cm以下。全部满足前面给出的施工管理基准。

为了确认以上的变形及螺栓产生的挡墙的补强作用，在图5.62中的4个测点（2A、2B、3A、3B）处，挡墙芯材H型钢及地下主体墙上设置了应变计和钢筋计，测量伴随水平撑解体时的应变增加量。另外，为了高精度地掌握应变的分布状况，还在地下主体墙的混凝土断面的中央部位设置了钢筋计。

图5.63示出的是以1道水平撑解体前为初始值、2A和3A测点的应变增加量随时间的变化。图5.64示出的是水平撑解体后的各测点的应变分布与计算值的对比。这里的计算值是在实际施工的主体墙混凝土40cm厚的条件下，求出的结果。

1道水平撑解体后，地下室躯体的施工大致用时1个月。在此期间，应变几乎没有变化。另外，从挡墙芯材H型钢到主体外墙混凝土总断面的应变增量与计算值基本对应呈直线分布。

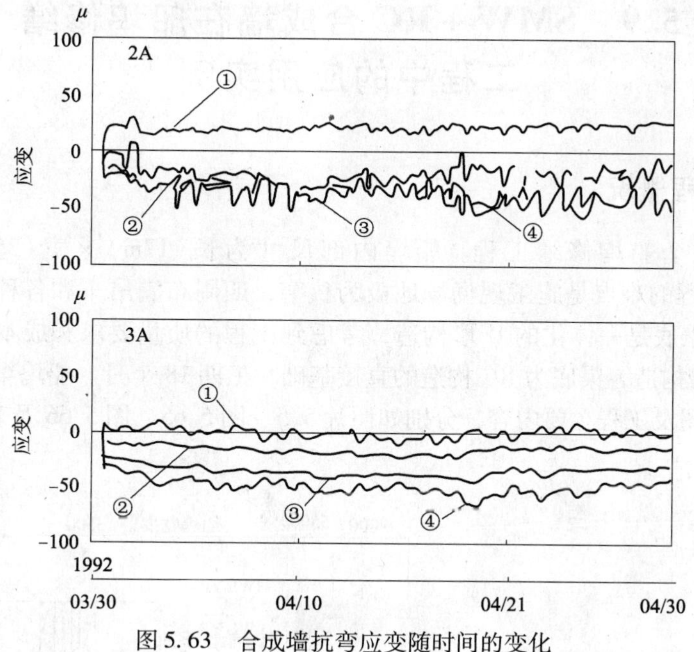

图5.63 合成墙抗弯应变随时间的变化

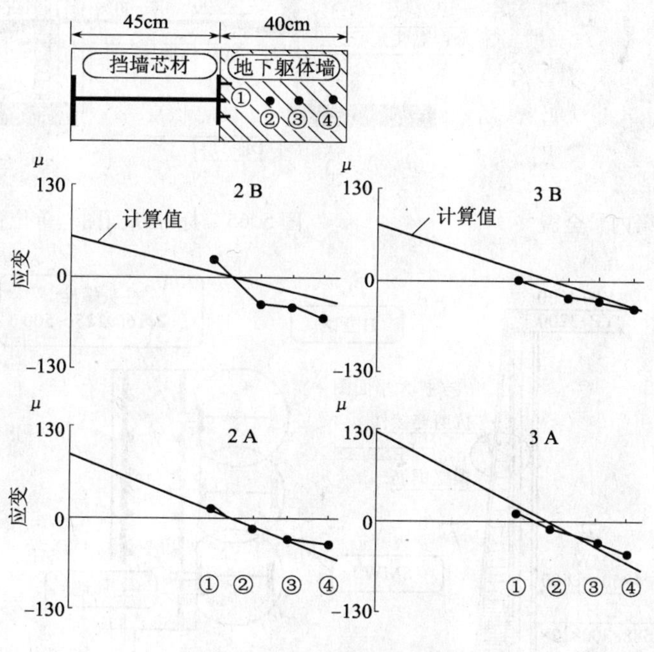

图5.64 合成墙抗弯应变分布

上述测量和解析结果，完全确认了螺栓带来的挡墙的补强效果及有关合成墙一体化的设计条件。同时本工程以无任何事故、顺利竣工而结束。

5.9　SMW+RC合成墙在船坞修缮工程中的应用实例

5.9.1　工程概况

本工程是一个船坞修缮工程。船坞内部尺寸为长(17m)×宽(35m)×深(1.3~12.125m)。该工程的难点是施工现场场地极为狭窄，四周布满吊车和各种组装设备。工程要求船坞渠壁和渠底是一体化的U形构造，考虑到工程的质量要求和成本，决定渠壁采用SMW+RC合成墙构造，渠底为RC构造的直接基础。工期18个月。船坞渠内全景、标准断面图、渠壁构造图及工程主要内容，分别如照片5.5、图5.65、图5.66及表5.20所示。

照片5.5　船坞渠内景全貌

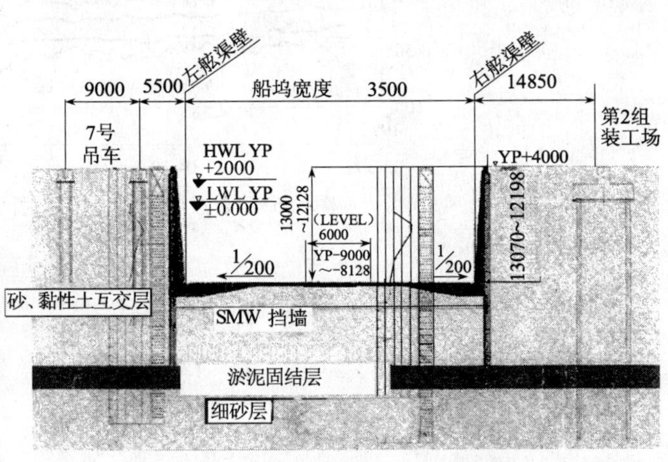

图5.65　标准断面图　单位：mm

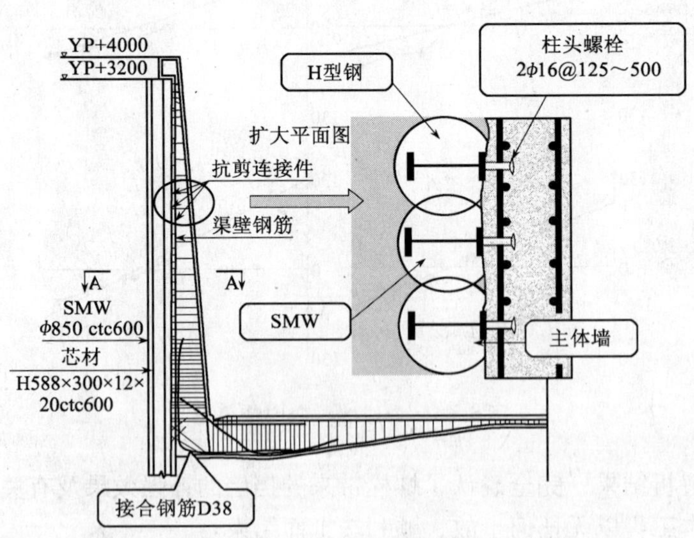

图5.66　渠壁构造图

本工程的主要工作量　表 5.20

项　目	数　量	项　目	数　量
SMW 墙 ϕ850	9000m^2	钢筋	2000t
芯材 H588 × 300	2000t	混凝土	12000m^3
挡墙支护	1600t	模框	10000m^2
开挖土方量	100000m^3	场地面积	8000m^2
残土处理	100000m^3	疏浚土	27000m^3
原有构造物拆除	6000m^3	疏浚土处理	27000m^3

本节只介绍本工程中的 SMW + RC 合成墙的施工上的特点和测量结果。

5.9.2　土质状况

施工现场的土质状况如下：上部为填土层、冲积淤泥层、浮石层；中部为砂层、砾层；下部为固结淤泥层、密实砂层。渠底下部位置 -9 ~ -10m 为 $N=29\sim50$ 的砂层，该层定为船坞渠体的支力层（图 5.65）。

另外，YP -18 ~ -20m 为固结淤泥层，厚 3 ~ 6m，属不渗水层，该层也是确保船坞整体的止水层。所以 SMW 桩端选择在该层上。SMW 的入土深度为 23m，桩径 ϕ850mm。

5.9.3　SMW 挡墙施工

因为本工程中的 SMW 挡墙是作主体构造利用，所以施工管理的重点是芯材的插入精度，从质量和成本两方面考虑，本工程把芯材的插入精度管理基准定为 $\leqslant\frac{1}{250}$。为了确保这个施工精度，必须提高 SMW 机的钻孔精度及芯材 H 型钢的插入精度。

因为采用水平撑支护施工简单，所以本工程的挖基支护选用水平撑方式。

1. 提高 SMW 机钻孔精度措施

为了提高 SMW 机钻孔精度，本工程中特在 SMW 机上安装了钻孔方向测定、控制装置（图 5.67）。

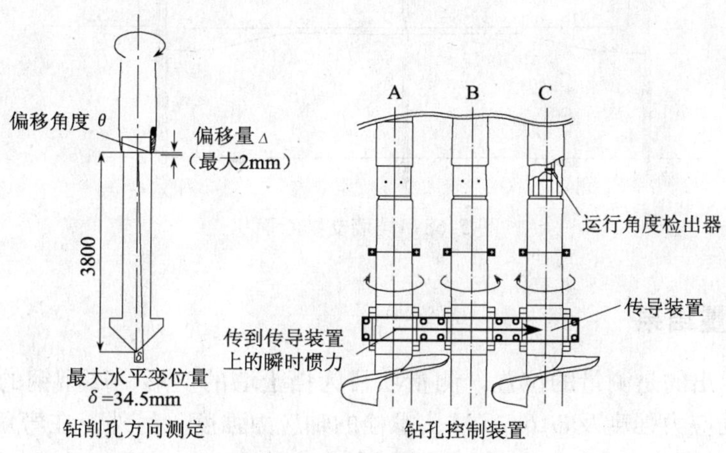

图 5.67　钻孔控制装置概况

2. 提高芯材H型钢插入精度的措施

至今为止的SMW工程中，均用导轨约束芯材H型钢引导插入。导轨法的缺点是只有1个点约束芯材，其竖直性须用水准仪、经纬仪等仪器校对确认。本工程中使用自制插入机具，即具有上、下两个约束点的滚筒式芯材（H型钢）插入装置（照片5.6）。

挖基工程结束后，对按原来的导轨插入芯材的芯材倾斜量（桩端或基底附近的偏移量和按本次自制挖制式插入芯材的芯材倾斜量的测定结果进行了对比）。结果表明，导轨方式的平均偏移量为24mm，而本次的滚筒控制方式的偏移量为6mm，仅为导轨方式的1/4。可见自制控制式的优越性。

照片5.6 插入机具

3. 挡墙支护

因本次工程中挡土墙采用SMW，芯材为刚性高的H型钢，加上土层较好，所以施工中只设2道水平撑梁支护。

另外，因挖基断面宽38m，对这种情形通常中间桩应设置3排。但是，本工程中的中间桩采用组合支撑，所以只设中央1排中间桩。组合支撑即同一平面上的2排并合的撑梁，用型钢（缀合材）连接成构架状，故中间桩的间隔可以取大，见图5.68。

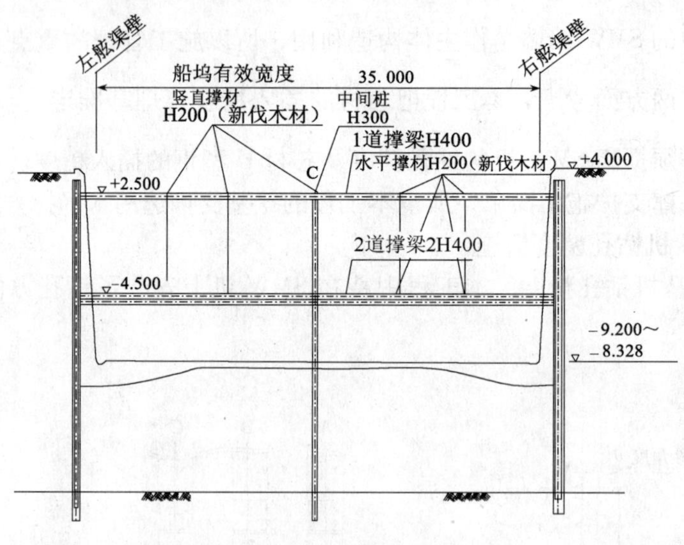

图5.68 挡墙支护断面

5.9.4 测量结果

图5.69中示出的是测量的位置。测量项目为挡土墙的变形、H型钢的应变、撑梁轴力、RC侧墙钢筋应力强度及ϕ16mm柱头螺栓的轴应力强度。另外，在弯角部位，离开H型钢表面650mm的位置上设置钢筋计。测量合成墙的主断面的位置，定在侧墙中央部位

GL-7m，侧墙下端GL-12m。

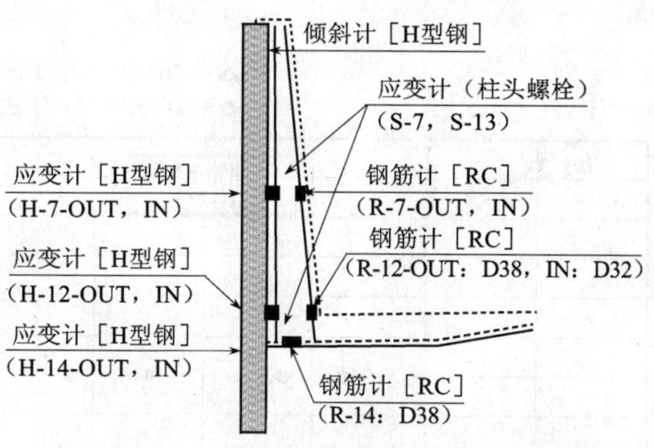

图5.69 测量位置

图5.70示出的是设置在RC侧墙中的钢筋计的测量结果。由图可知，侧墙下端GL-12m处内侧钢筋（R-12-IN），在渠底混凝土浇筑后，第2道水平撑梁解体时达到40N/mm^2，第1道拆除后最大达60N/mm^2。随后经过承受约20N/mm^{2}应力的静水压试验处理。如果把钢筋应力强度60N/mm^{2}换算成混凝土（$f'_{ck}=30\text{N/mm}^2$）的抗压应力强度，则$\sigma_c=9\text{N/mm}^2$在允许值以下。另外，柱头螺栓的轴应力强度最大$\sigma_{st}=100\text{N/mm}^2$，接到弯角部位H型钢上的钢筋（主钢筋的25%）的应力强度，最大$\sigma_{st}=14\text{N/mm}^2$，仍在允许值以下。

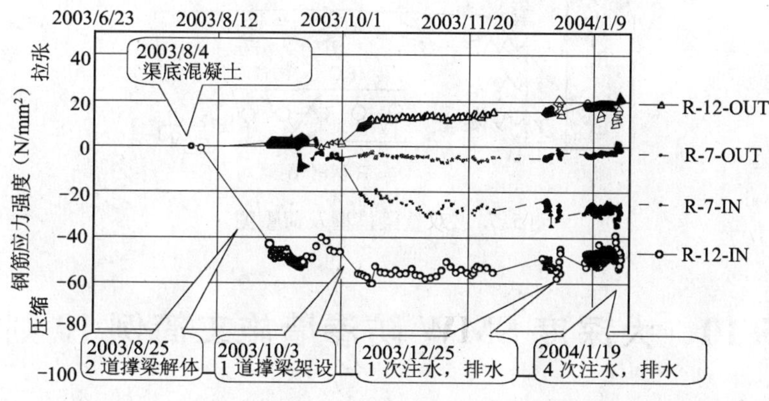

图5.70 设置在RC侧墙中的钢筋计的测量结果

图5.71示出的是渠底混凝土浇筑以后的合成墙（侧墙下端GL-12m）处的应变分布。由图可知，H型钢与RC部材在界面上产生偏移。该图中还示出了以测量水平撑梁轴力为荷重，利用断面力分布（日本隧道协会提出的计算公式计算）和双重梁模型（见图5.72）计算的结果。从应变分布的对比结果可以发现，所有的计算值都比实测值大。

综上所述，测得的H型钢、RC侧墙和柱头螺栓的应力强度均在允许值范围之内。说明该合成墙的安全性较好。另外，合成墙应变分布的实测值均小于双重梁模型的理论计算结果，说明该模型的稳妥性。该工程施工过程中及竣工后顺利交付使用中均未出现任何故障。

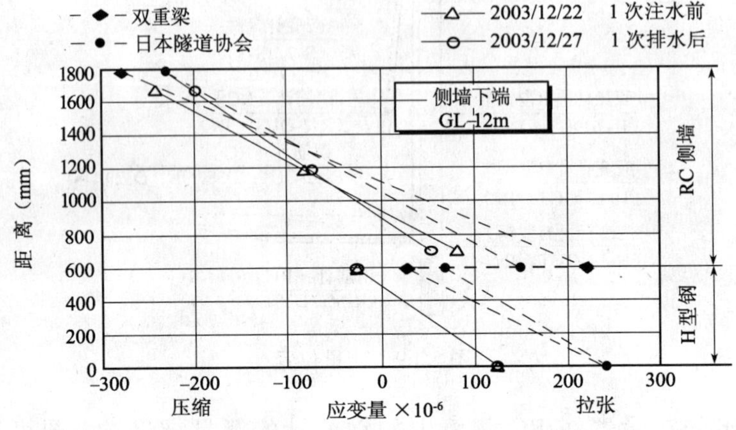

图5.71　侧墙构筑后合成墙的应变分布图

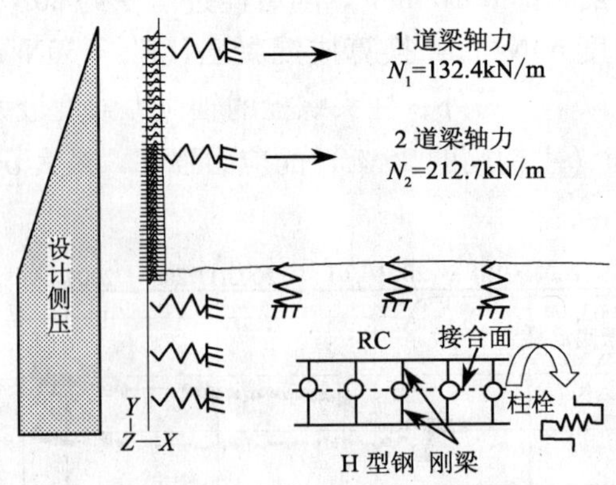

图5.72　双重梁模型及荷重图

5.10　大深度SMW防渗墙施工简例10则

本节介绍10例大深度SMW防渗墙的施工实例的一些简况。

例1

工程名称：SU大厦

工程规模：SMW连续墙

壁面积　$A=9460\text{m}^2$

墙厚　550mm，650mm

墙深　$L_S=37\text{m}$

H型钢芯材

H500×200×10×16

H400×200×8×13

H 型钢芯材的长度 L_H = 8.0m 或 25m

@450mm

@900mm

工程地质柱状图如图 5.73 所示。

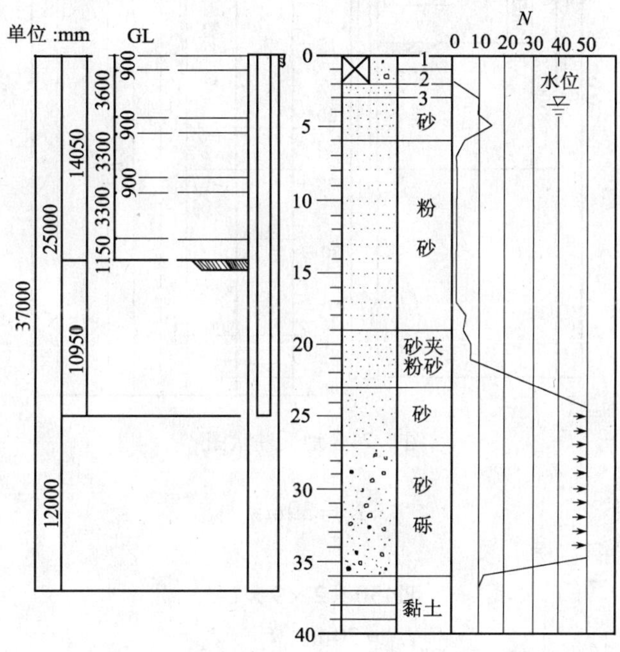

图 5.73 地质柱状图

例 2

工程名称：SA 大厦

工程规模：SMW 连续墙

墙面积 $A = 4649\text{m}^2$

墙厚 550mm

墙深 $L_s = 11 \sim 39\text{m}$

H 型钢芯材

H450×200×9×14

$L_H = 21 \sim 24\text{m}$

@450mm

工程地质柱状图如图 5.74 所示。

例 3

工程名称：KM 垃圾场

工程规模：SMW 连续墙

墙面积 $A = 4675\text{m}^2$

墙厚 600mm

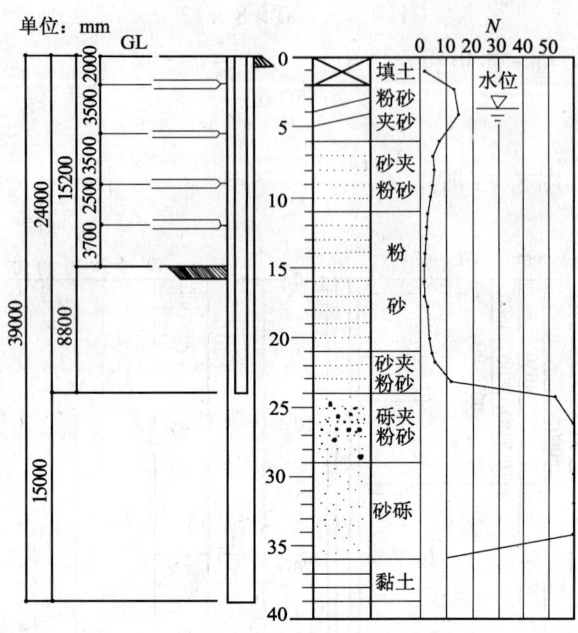

图 5.74 地质柱状图

墙深 $L_s = 39m$

H 型钢芯材

H450 × 2 × 9 × 14

$L_H = 20m$

@ 450mm

900mm

地质柱状图如图 5.75 所示。

例 4

工程名称：SH 大厦

工程规模：SMW 连续墙

墙面积 $A = 4680m^2$

墙厚 650mm

墙深 $L_s = 37m$

H 型钢芯材

H500 × 200 × 10 × 16

$L_H = 25m$

@ 450mm

地质柱状图如图 5.76 所示。

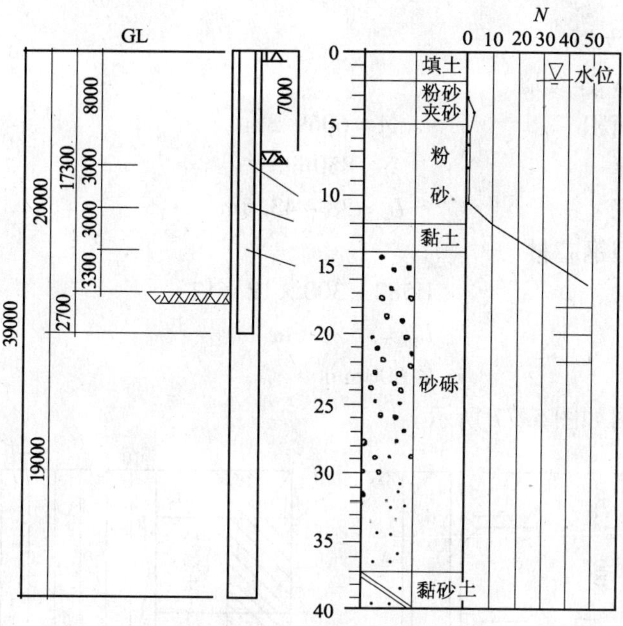

图5.75 地质柱状图

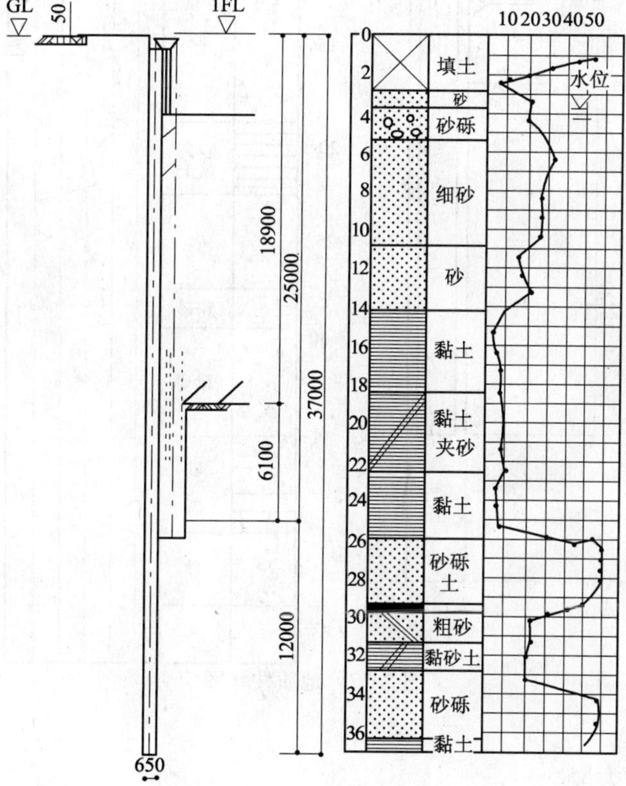

图5.76 地质柱状图

例5

工程名称：TG大厦

工程规模：SMW连续墙

墙面积　$A = 6069.3\text{m}^2$

墙厚　850mm

墙深　$L_s = 38 \sim 43.5\text{m}$

H型钢芯材

H582×300×12×17

$L_H = 35 \sim 36\text{m}$

@600mm

工程地质柱状图如图5.77所示。

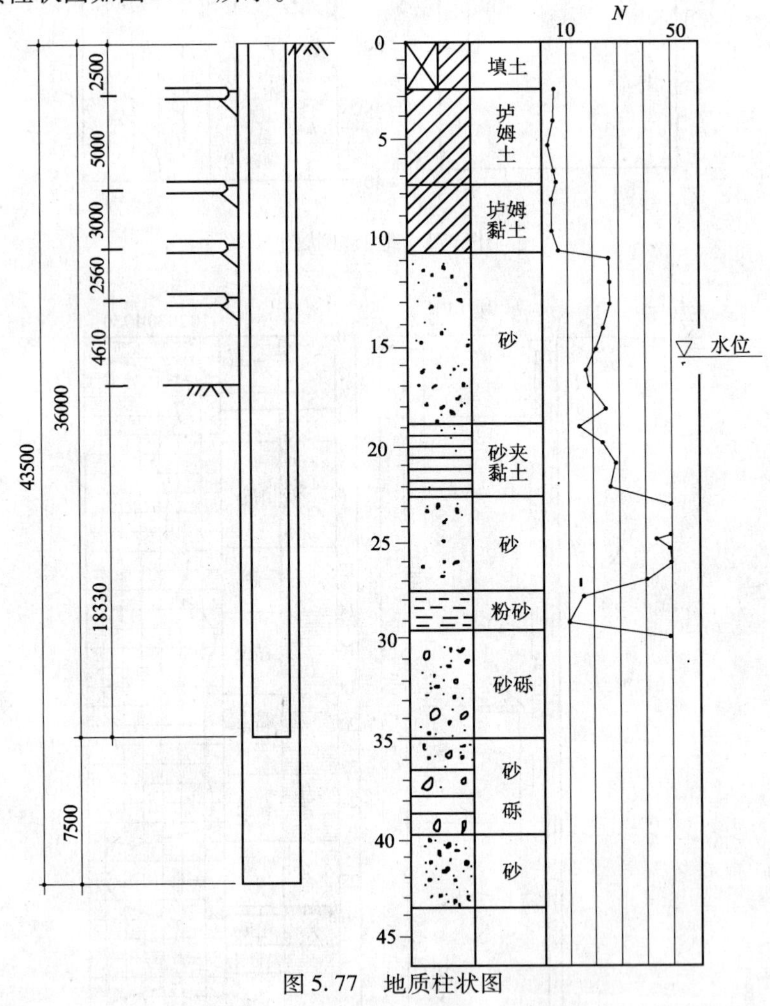

图5.77　地质柱状图

例6

工程名称：DB大厦

工程规模：SMW连续墙

墙面积 $A = 7220m^2$

墙厚 850mm

墙深 $L_s = 32m$

H型钢芯材

H594×302×14×23

$L_H = 30m$

@600mm

墙面积 $A = 320m^2$

墙厚 550mm

墙深 $L_s = 6.0m$

其他SMW施工部位用摆动螺旋钻破碎原有埋设物体，L_s =4.5~5m，总长624.73m。工程地质柱状图如图5.78所示。

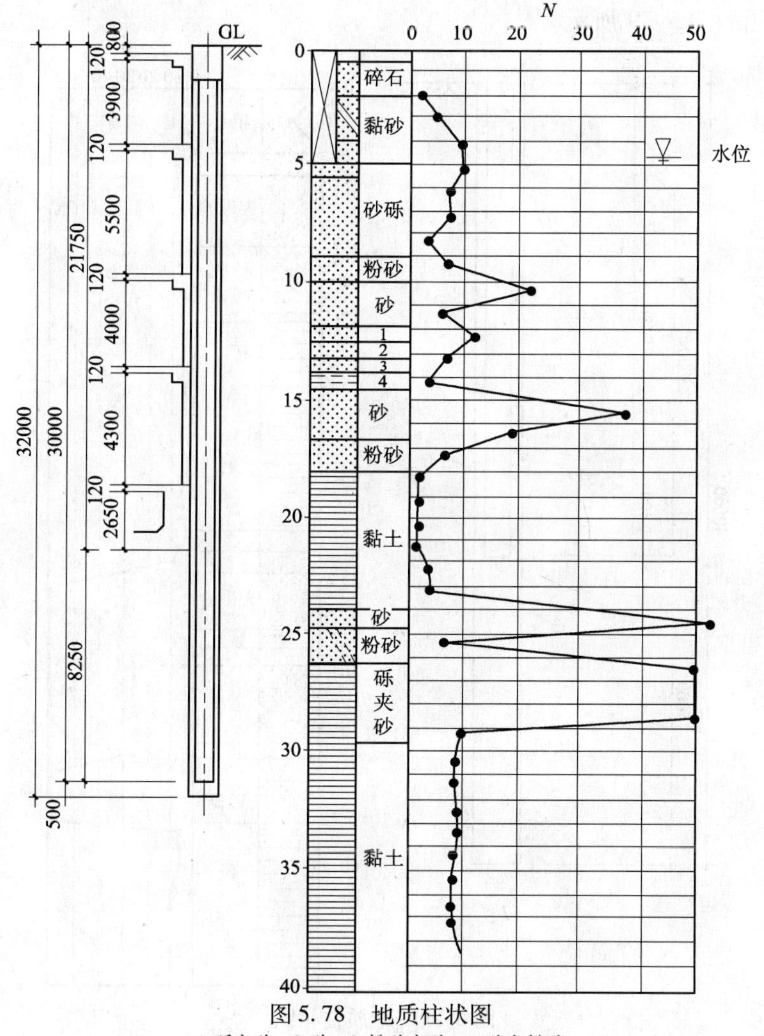

图5.78 地质柱状图

1-砾夹砂；2-砂；3-粉砂夹砂；4-砂夹粉砂

例 7

工程名称：DH 大厦

工程规模：SMW 连续墙

墙面积 $A=5614.8\text{m}^2$

墙厚 850mm

墙深 $L_s=40\text{m}$

H 型钢芯材

H500×200×10×16

$L_H=25\text{m}$

@600mm

1200mm

平均 900mm

地质柱状图如图 5.79 所示。

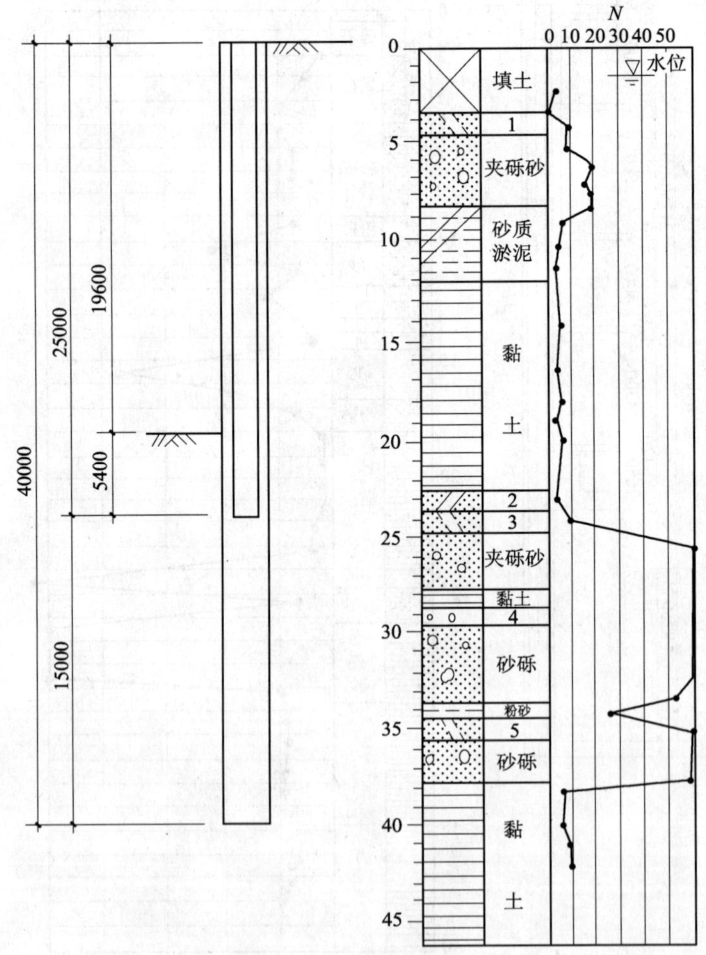

图 5.79 地质柱状图

1-，3，5-夹粉砂的砂；2-夹砂粉砂；4-夹砾中砂

例 8

工程名称：MT 大厦

工程规模：SMW 连续墙

墙面积　$A = 17.25\text{m}^2$

墙厚　850mm

墙深　$L_s = 45\text{m}$

H 型钢芯材

H594 × 302 × 14 × 23

$L_H = 30.5\text{m}$

@ 600mm

工程地质柱状图如图 5.80 所示。

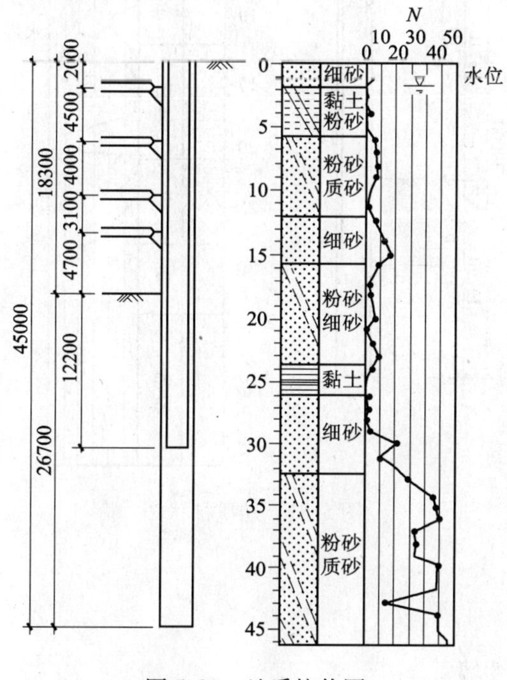

图 5.80　地质柱状图

例 9

工程名称：SK 大厦

工程规模：先行钻孔

钻孔直径　850mm

钻孔深度　39m

间距　1200mm

总长　3354m

SMW 连续墙

墙面积　$A = 3989.7\text{m}^2$

墙厚 850mm

墙深 $L_s = 39m$

H 型钢芯材

H692 × 300 × 13 × 20

$L_H = 30m$

@600mm

工程地质柱状图如图 5.81 所示。

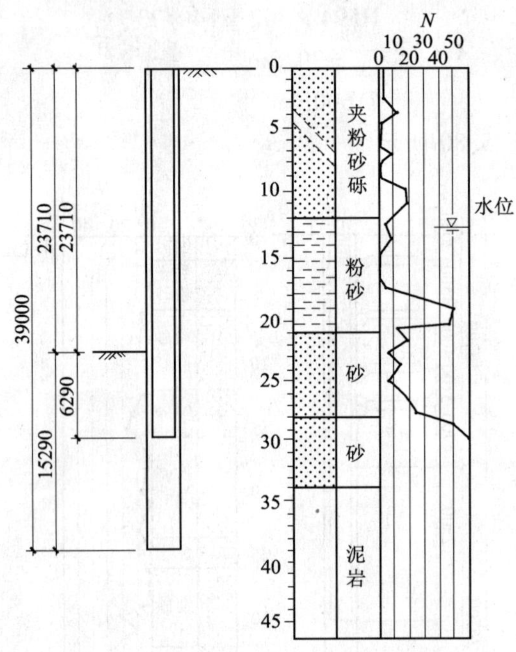

图 5.81 地质柱状图

例 10

工程名称：OK 大厦

工程规模：SMW 连续墙

墙面积 $A = 5664.5m^2$

墙厚 850mm

墙深 $L_s = 41.5m$

H 型钢芯材

H588 × 300 × 12 × 20

$L_H = 21m$

@600mm

工程地质柱状图如图 5.82 所示。

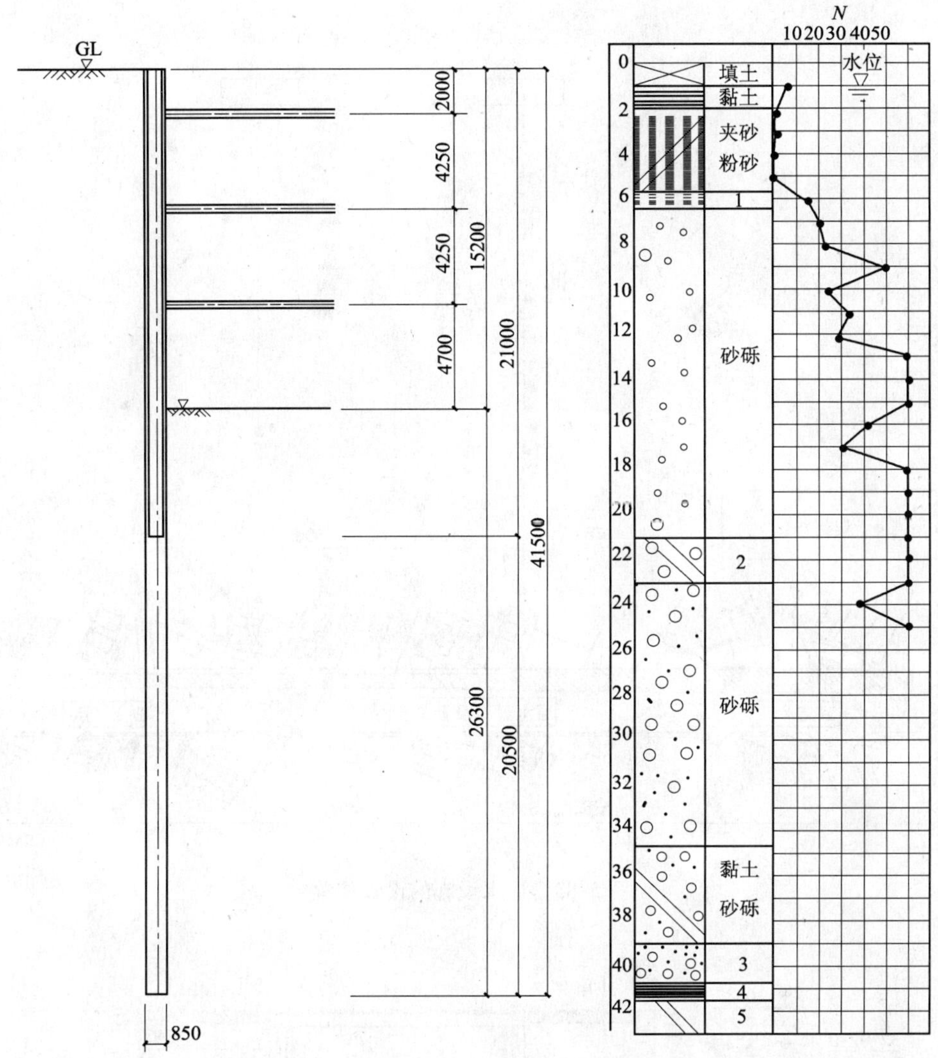

图 5.82 地质柱状图

1-粉砂；2-夹黏土砂砾；3-砂砾；4-黏土；5-夹黏土砂

5.11 通水 SMW 工法施工实例

通水 SMW 工法施工实例是在某地下铁工程（图 5.83）的 A 工区进行的。图 5.83 中的邻接 B 工区同样是 SMW 挡墙工区，但 C 工区为盾构工区。

该地区地下水的流向从南向北，地下铁道线的走向是东西向，与地下水流向基本成直角横截状态。

该地区的浅层位置上分布着洪积砂砾层，浅井几乎都设置在该层段上。

图 5.84、图 5.85 分别示出的是通水设施的设置断面图和井孔与 SMW 墙的关系图。

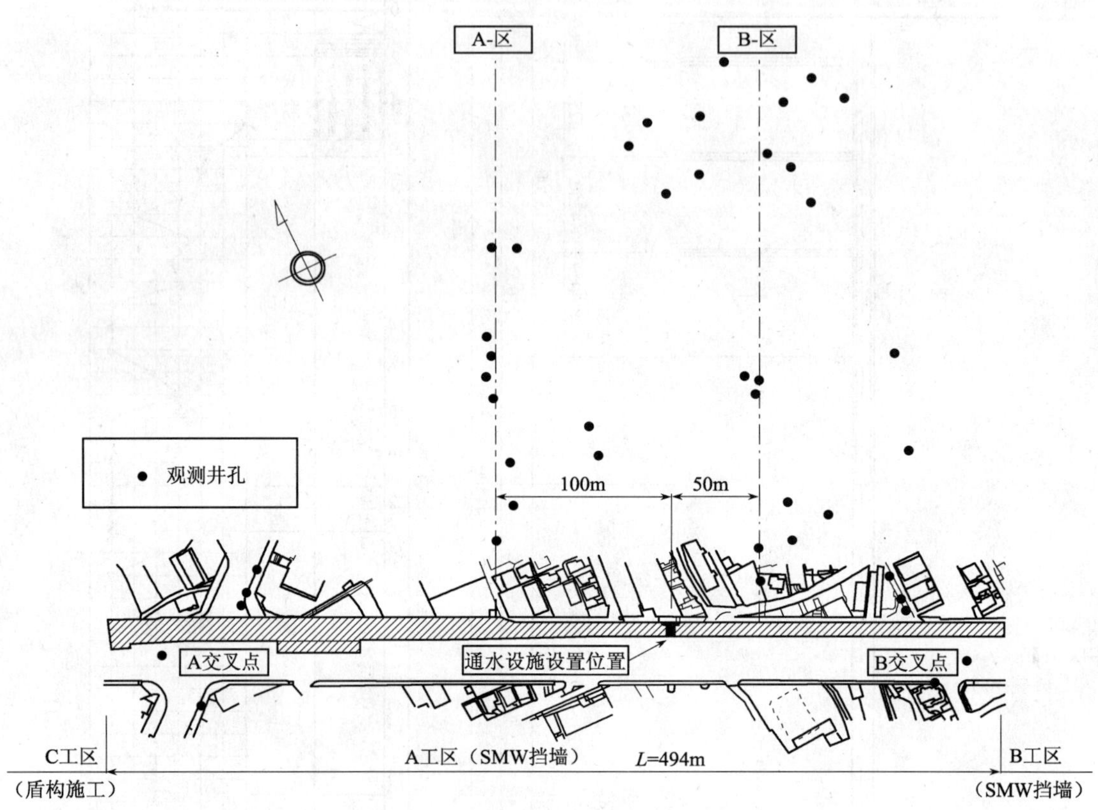

图5.83　通水设施的设置位置

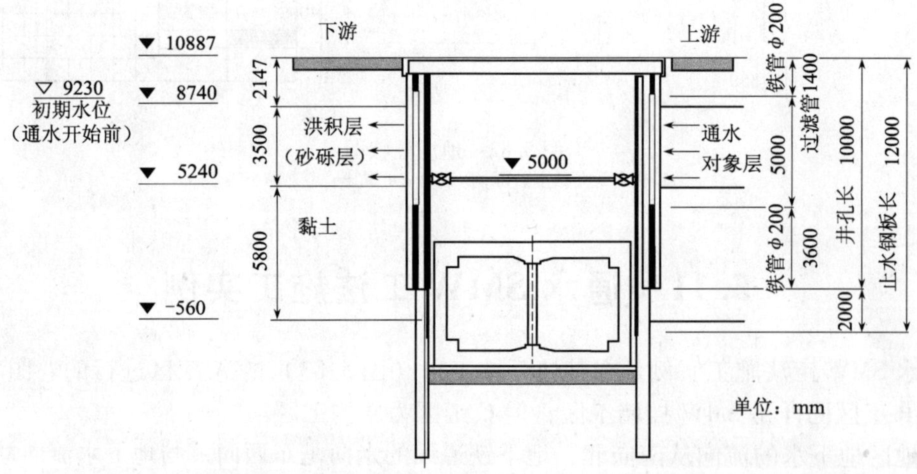

图5.84　通水设施的设置断面图

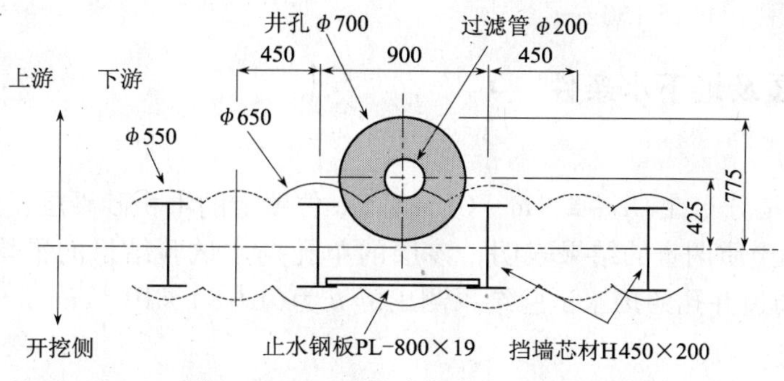

图 5.85 SMW 挡墙与井孔的位置关系

5.11.1 通水设施的施工

1. 通水设施的主要施工内容

（1）挡墙施工：1999 年 12 月 ~2000 年 7 月；

（2）通水 SMW 墙施工（包括止水钢板的插入）：2000 年 4 月；

（3）通水井孔施工：2000 年 10 月；

（4）连接管的施工（照片 5.7）：2001 年 6 月 28 日；

（5）开始测量：2001 年 6 月 28 日。

2. 主要通水设施的规格

（1）通水设施设置房：1 间（A 工区中央）。

（2）集水、注水井孔：井孔直径 ϕ700mm、井深 10m。

（3）过滤管：水平连续槽构造 ϕ200mm，过滤管长 5m，槽宽 2mm，材质为不锈钢（SUS-304）。

（4）流量计：纵型轴流叶轮式水表（照片 5.8）。

照片 5.7 连接管连接井孔状况

照片 5.8 流量计测定通水量状况

（5）阀门：门式，口径150mm。

5.11.2　地质及地下水条件

1. 对象地层

通水对象地层是分布在GL－2.1m～GL－5.6m位置上的洪积砂砾层，层厚（平均值）3.5m。开工前各种土质调查的结果表明，该层的单孔扬水试验结果的平均渗透系数 k 为 0.8×10^{-2}cm/s。周边井孔的扬水试验结果测出的 k 为 $(1\sim8)\times10^{-2}$cm/s。

2. 地下水条件

地下铁工程开工前的调查结果表明，该工区附近的动水梯度 i 为5/1000。

3. 地下水流动状态的推估

挡墙施工前地下水流动状况的推估：

地下水流速　　$v=k\cdot i$ （cm/s）　　(5.4)

流量　　$Q_l=v\cdot t\cdot l$ （cm^3/s）　　(5.5)

式中　k——渗透系数（cm/s）；

i——动水梯度；

t——对象地层厚度（cm）；

l——单位宽度（cm）。

考虑到渗水系数的起伏，这里兼顾单孔试验和周围井孔的扬水试验的结果，按 $k=0.8\times10^{-2}$cm/s 和 $k=2\times10^{-2}$cm/s 的两种情形，求取 v 及 Q_{1m}。由式（5.4）、式（5.5）可得到地下水的流动状况：

$$v=3.5\sim8.6\text{cm/s}$$

$$Q_{1m}=0.12\sim0.30\text{m}^3/\text{d}$$ （每1m挡墙的流量）。

另外，在井孔规格设计时，还应考虑地下水位的变化和网孔堵塞决定的安全率。通水设施的设置间隔为25m，每点的通水量为11.7m^3/d。

5.11.3　测量结果与效果讨论

1. 测量结果

（1）周围井孔的水位变动状况

周围井孔水位变动状况如图5.86所示。由图可知，水位呈季节性变化。水位从春季开始上升，6～7月出现峰值。

由地下铁工程开工前的井孔调查知道，少雨之年或其他工程施工时，均有过水井枯竭的记录。这些都说明该区易发生井孔枯竭。如前所述，这是因为周围井孔被设置在水位深度仅为1～2m的洪积砂砾层的原因所致。

总体倾向，如以记录到的1999年6～8月的峰值水位为基准，则2000年、2001年同期水位下降－2m，这可以认为是挡墙施工的影响。

由A交叉点（离通水设施100m的西侧的正交线，见图5.83）与B交叉点（离通水设施东侧50m的正交线）的比较可知，B交叉点侧的水位下降量大。这可以认为是除了地质条件（层厚和渗透系数的分布）和地下水条件（地下水的流动方向和动水梯度）之外，A 交叉点侧存在河流，地下水流向河流方向。另外，B 交叉点侧邻近挡墙施工工区的原因所致。

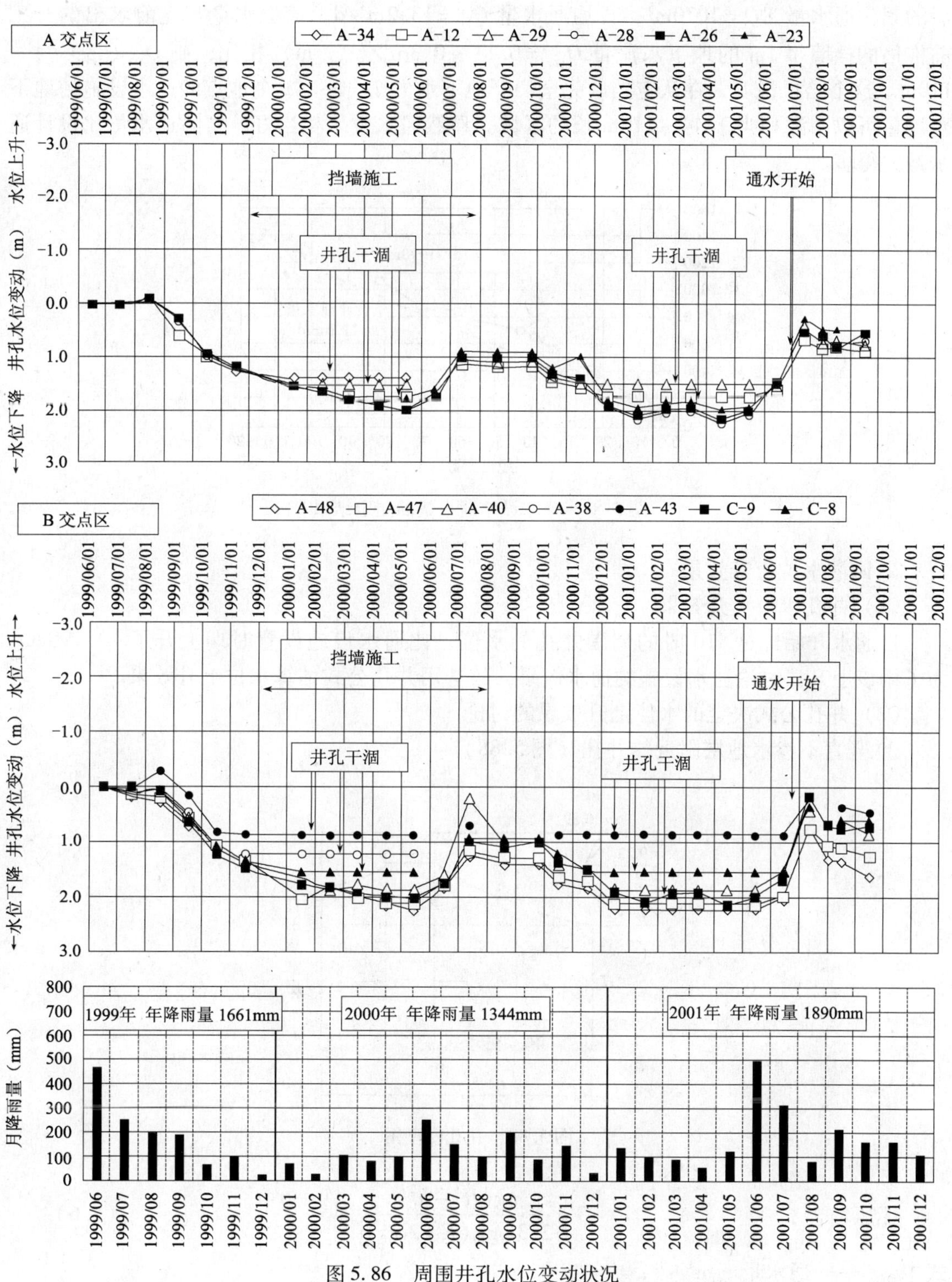

图 5.86 周围井孔水位变动状况

（2）通水设施通水量的测定结果

通水设施竣工后，用流量计测定的流向下游的通水量的实测结果如图5.87所示。81d后的累积通水量$\Sigma Q = 1070m^3$，日均通水量$Q_m = 13.2m^3/d$。该通水量与先前求出的开工前推估的挡墙每1m的地下水流量$Q_{1m} = 0.11 \sim 0.3m^3/(d \cdot m)$相比，则$Q_m/Q_{1m} = 44 \sim 110m$。这个结果说明，在认定挡墙完全切断地下水的场合下，1个地点的通水设施的地下水流量可以回灌相当于44～110m长的区域。显然通水效果相当好。实际通水量比设计通水量大得多。

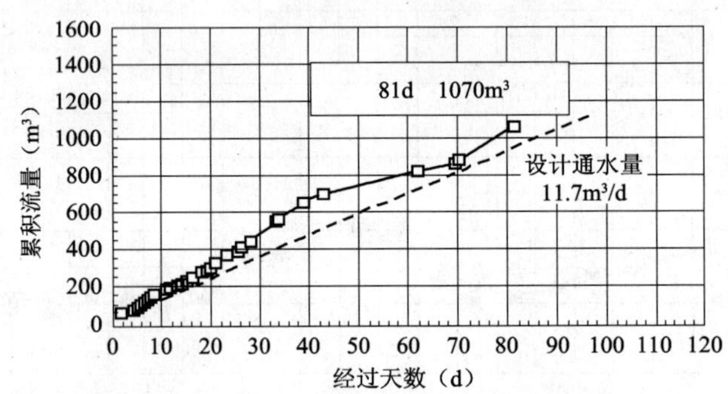

图5.87　通水设施通水量的测定结果

2. 回灌水位上升效果

（1）井孔水位上升效果

自通水开始经过81d时的周围井孔的水位，比通水设施设置时期上升了40～90cm。为了用该上升量讨论通水设施的通水效果，故选用井孔公式估算水位上升效果。

（2）井孔公式决定的水位上升效果的讨论

① 竖直不渗水地层附近的井孔（图5.88）。

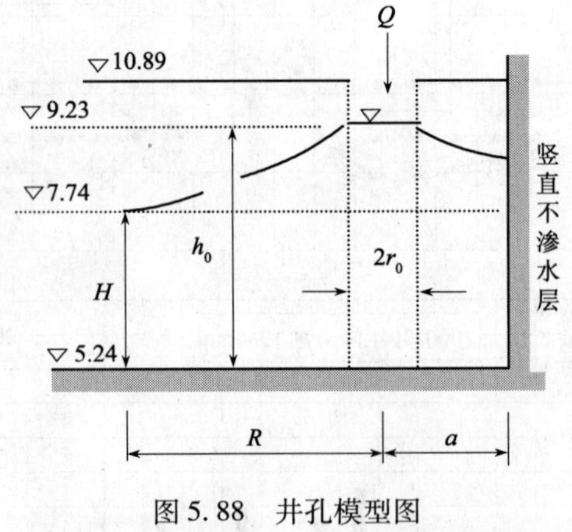

图5.88　井孔模型图

无压场合下

$$Q = \frac{\pi k(H^2 - h_0^2)}{2.3\log_{10}(R^2/2ar_0)} \tag{5.6}$$

式中　Q——通水量（m^3/s）；

k——渗水系数（m/s）；

R——影响半径（m）；

r_0——井孔半径（m）；

a——到不渗水层的距离（m）；

h_0——井孔水位（m）。

因为通水 SMW 工法是在墙中设置井孔，所以式（5.6）中的到不渗水层的距离 $a = r_0 = 0.35\text{m}$，通水前的井孔水位 $H = 7.74\text{m} - 5.24\text{m} = 2.5\text{m}$，$R = 1000\text{m}$，渗水系数 k 按 $k = 0.8 \times 10^{-2}\text{cm/s}$ 和 $k = 2 \times 10^{-2}\text{cm/s}$ 两种情形进行讨论。

② 计算水位的变化。

由式（5.6）求取对应流量 Q 决定的井孔水位和周围地下水位的分布如图 5.89 所示。

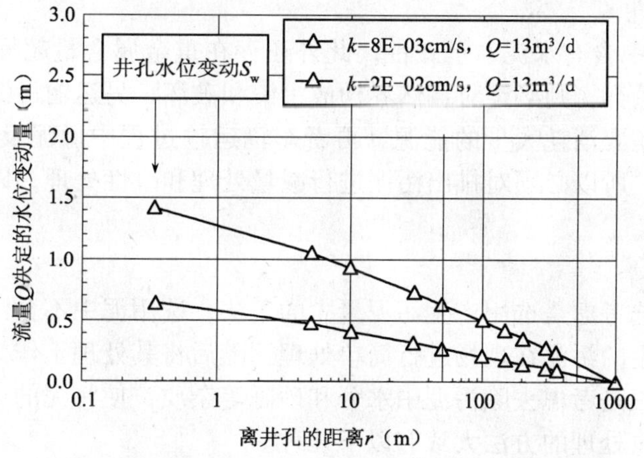

图 5.89　井孔水位变化 S_w 与离开井孔距离 r 的关系

通水流量 $Q = 13\text{m}^3/\text{d}$ 时的井孔的水位变动 S_w，在渗水系数 $k = 0.8 \times 10^{-2}\text{cm/s}$ 的场合下，水位上升 1.4m；渗水系数 $k = 2 \times 10^{-2}\text{cm/s}$ 的场合下，水位上升 0.6m。周围水位变化，离开 50m 时，变化 30～60cm；离开 100m 时，变化 20～50cm。

显然，该结果与通水设施竣工后的周围井孔水位的上升值基本相同。

第6章　SMW排出污泥的处理、再利用及抑制污泥产生量的工法

6.1　污泥减量及处理

1. 处理的必要性

SMW排出污泥中含有水泥，呈碱性，此外还存在重金属含量超标的可能性。如对该污泥不加处理直接丢弃，则必定对自然界构成污染和破坏；另运输污泥的车辆过多不仅增加交通负担，同时还要消耗大量的能源，再者车辆运输过程中撒泥及排出 CO_2 均对生活环境构成严重污染。所以必须对排出污泥进行减量处理和改性处理，以利于再利用及避免资源浪费。

2. 减量处理

减量处理的首选考虑是选用产生污泥量少的工法，选用泥中不含污染物的工法；第二是考虑选用对已产生的污泥在现场进行简单处理，随后将其处理土作为构筑材料用于该工程自身的工法；第三是考虑去除污泥中水分和砂砾等杂质，使污泥的运出排放量减少的工法。归纳起来，减量处理的方法大致有以下几种。

（1）采用各种措施设法降低污泥的产生量；

（2）改进工法的装置，使产生的泥中不含污染物；

（3）对已产生的污泥作现场处理，立即返回用于该工程的构筑，使最后的污泥排运量锐减；

（4）用筛分法去除碎渣、异物；

（5）土砂分离（离心机法、筛分法）；

（6）浓缩（凝聚沉淀）；

（7）脱水（日晒干燥、机械脱水等）。

3. 按利用目的处理

因为SMW排出污泥是建设污泥中的一种，表6.1所示的按利用目的处理建设污泥的方法，也完全适用于SMW排出污泥的处理。篇幅关系，这里只介绍实用最多的水泥固化法。

污泥再利用处理工法及用途　　表6.1

改良工法			处理技术	处理土形状	用途
物理法	脱水法	自然脱水	风干、日晒干	土～粉体	土质材料
		机械脱水（压密脱水）	滤压法、高压薄层滤压法、真空加压法、装袋压密脱水法	脱水结块	回填土、筑堤土等
		纸浆灰吸水法	PS材料吸水	粒状	筑路土、筑堤土、回填土

续表

<table>
<tr><th colspan="5">改良工法</th><th>处理技术</th><th>处理土形状</th><th>用途</th></tr>
<tr><td rowspan="3">物理法</td><td colspan="4">土砂分离</td><td>筛分法、管道砂分法</td><td>粒状砂、黏土脱水结块</td><td>砂材、筑路土、回填土、筑堤土等</td></tr>
<tr><td colspan="4">烧结法</td><td>对污泥进行1000℃的热处理使其烧结</td><td>粒状</td><td>排水材、骨材、绿化基层材、园艺用土、砌块</td></tr>
<tr><td colspan="4">熔融法</td><td>对污泥进行1500℃的热处理使其熔融</td><td>粒状、块状</td><td>碎石、砂、石材替代品</td></tr>
<tr><td rowspan="5">化学法</td><td rowspan="5">固化法</td><td colspan="3">石灰固化法</td><td>污泥遇到石灰发生固化反应</td><td>改良土</td><td>回填土、筑堤土、筑路土</td></tr>
<tr><td rowspan="4">水泥固化法</td><td colspan="2">流动固化法</td><td>向含水量大的污泥中添加水泥，形成流动性泥土，填充到预定部位，随后固化</td><td>从泥土状→固结体</td><td>填充材、回填材、筑堤土、筑路土等</td></tr>
<tr><td colspan="2">管道拌合粒状固化法</td><td>使污泥、水泥在内轴上装有旋转叶片的管道内拌合压制成粒状改良土</td><td>粒状</td><td>砂材替代品</td></tr>
<tr><td rowspan="2">中性固化法</td><td>2液1粉法</td><td>A液（硅酸钾）、B液（磷酸、硫酸铝）及粉状物（碳酸钙+石膏）的混合物与污泥拌合生成改良土</td><td>改良土（中性）</td><td>筑路土、回填土、筑堤土、造田土等</td></tr>
<tr><td>石膏固化中性改良法</td><td>把石膏、凝聚剂与污泥一起拌合</td><td>改良土（中性）</td><td>回填土、筑堤土、造田土等</td></tr>
<tr><td>物理化学法</td><td colspan="4">高压脱水水泥固化法</td><td>把细粒成分多的污泥调成泥浆，随后加水泥，经高压（4MPa）滤压机加压脱水，再把结块破碎成0～30mm改良土</td><td>粒状</td><td>砂材替代品</td></tr>
</table>

6.2 水泥固化法

6.2.1 水泥污泥固化机理及处理土特性

1. 水泥污泥固化机理

如果在污泥泥水中加入水泥搅拌即发生水化反应，进而生成硅酸钙，同时水泥颗粒的内部也发生反应。该反应过程中释放 Ca^{2+}，进而 Ca^{2+} 凝集土颗粒，也就是说土颗粒被吸附到水化物的周围固化。这种固化物的强度随水化过程中水泥比表面积的增加而增加，然后随着灰结反应的持续，固结物的强度得以稳定的提高，即固结物的长期强度优卓。

2. 处理土的黏度特性

图6.1所示的是高岭黏土泥水中添加水泥时的黏度变化的状况。图中的白圈是相对密度1.2的泥水中添加水泥1h后的黏度。显然3个白圈与各自的初始黏度值相比均上升20倍以上。相对密度1.3的场合下，上升倍数更大，其黏度已超出测定仪器的上限，即测不出来。另外，观察每 m^3 外加50kg、100kg、150kg 水泥时，相对密度1.2、1.3的泥水的黏度的分布状况不难发现，黏度与水泥添加量的关系不大。

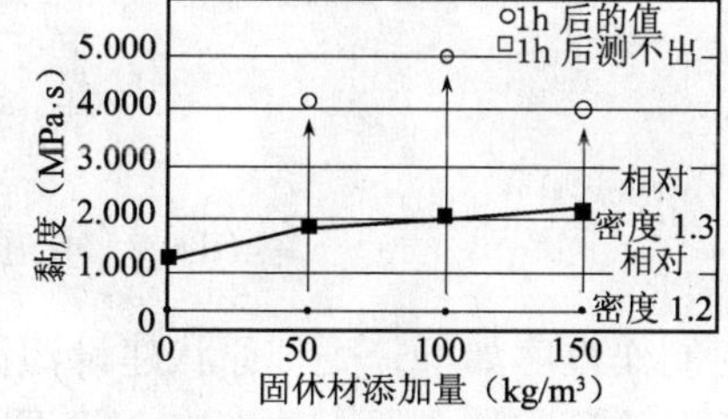

图6.1 黏性系数与固化材添加量的关系

总之，可归纳出以下几点。

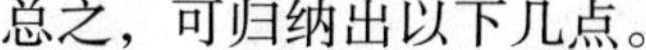

(1) 泥水密度一定时，水泥添加量变化时，处理土黏度变化极微。

(2) 泥水密度大，处理土黏度大。

(3) 处理土的搁置时间越长，黏度越大，流动性越差。

3. 水泥添加率的确认

水泥处理土的水泥添加率，因处理土的用途的不同而不同。通常添加率应满足：①处理土的强度要求；②析水率的要求（1%）；③流动性（黏度）要求。这些要求均取决于水泥水化反应的固化效果，所以必须进行各种配比的试验，确认满足上述条件的最佳添加率。

4. 搅拌

1kg的水泥大致可在0.25kg的水中完成水化反应，但因污泥中的泥（黏土）和水的分布不均匀，所以水化反应的固化效果也不均匀。要想提高固化效果，必须对泥水进行充分的搅拌，以便使水泥颗粒能在泥水中的浮游黏土颗粒之间自由穿行，即水化反应进行得充分彻底，所以充分搅拌泥水至关重要。搅拌程度不同，水泥的最佳添加率也不同，所以必须在明确搅拌方法的条件下，根据试验确定水泥添加率。

6.2.2　管道拌合污泥粒状固化处理工法及实例

1. 管道拌合污泥粒状固化处理工法

该工法即为把含水比高的污泥、固化材及含水比调整材，在内轴上装有旋转叶片的管道（见图6.2）内拌合压制成粒状改良土的工法。工法的程序框图如图6.2所示。管道拌合器的模式图如图6.3所示。

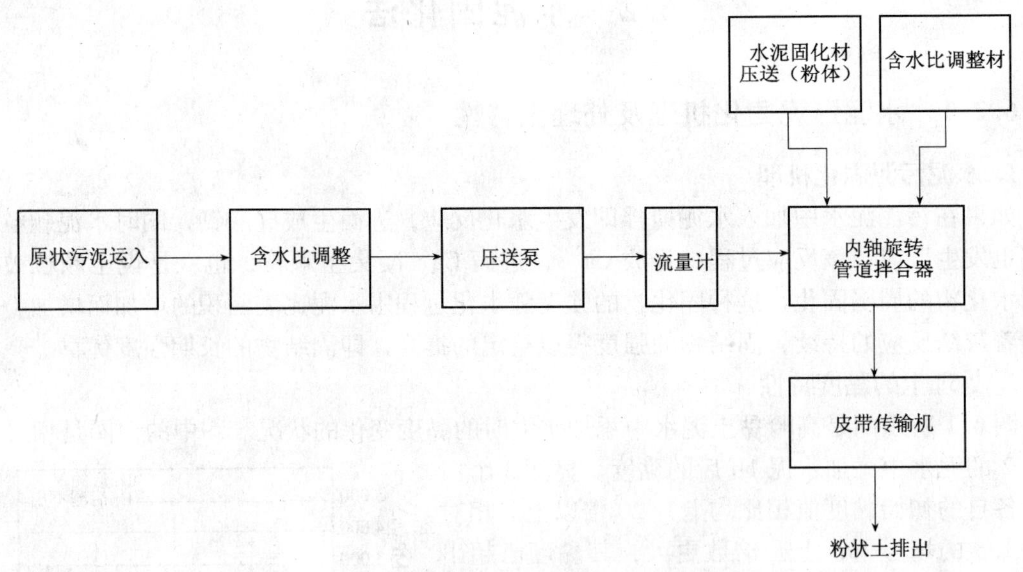

图6.2　管道拌合粒状改良土工法程序框图

制作程序如下，先把原状建设污泥运入，随后按设计要求调整含水比，再将该污泥经泵压送给管道拌合器土砂入口（污泥入口），污泥与内管喷出的固化材、含水比调整材混合，经旋转内轴搅拌，压缩制成粒状土从排出口排出。

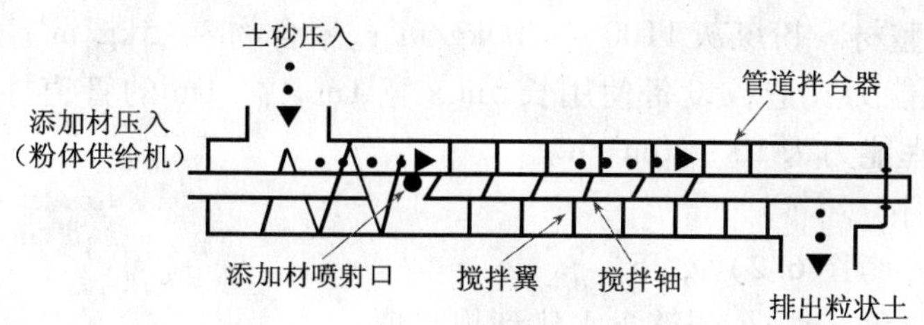

图 6.3 管道拌合器模式

2. 工法优点

该工法的优点如下：

（1）连续拌合、处理造粒速度快，适于大规模施工；

（2）粒状改良土可以替代砂材用于各个领域；

（3）可有效地利用一些废弃物作本工法的含水比调整材。除吸水能力强的水溶性聚合物外，粉煤灰、造纸灰、废纸等废弃物均可作含水比调整材；

（4）管道拌合器的拌合性能好；

因从封闭的管道内搅拌轴上把固化材、含水比调整材等直接喷入土砂，所以拌合性能好。另外，尽管是添加粉体，但粉灰的飞逸小；

（5）管道拌合器还可与粉体供给机、密度调整装置等组合成综合的处理系统。

3. 管道拌合粒状土处理工法实例

（1）实例概况

某工程的污泥处理实例概况如下。

① 污泥土质试验：

该污泥的土质试验结果如表 6.2 所示。

土质试验结果 表 6.2

试验项目		试验值
土粒密度（g/cm^3）		2.5
含水比（%）		124.1
粒度组成	砂（%）	14.6
	淤泥（%）	68.3
	黏土（%）	17.1
稠度	液限（%）	87.9
	塑限（%）	55.2
	塑性指数	32.7
强热减量（%）		7.7
pH		7.9

② 添加材用量：

a. 固化材（B 类高炉水泥）添加量为 160～300kg/m^3。

b. 含水比调整材。粉煤灰1100～1300kg/m^3；聚合物3～5kg/m^3。

③ 设备处理能力：造粒设备使用长5m×宽1m×高1m的管道拌合压密连续处理系统，该系统的处理能力为10～20m^3/h。

（2）处理程序

处理程序（参考图6.2）如下：

① 去除污泥中的杂物，调整含水比到规定值；

② 利用泵压送污泥；

③ 在管道拌合器内轴腔内压送固化材和含水比调整材使之与污泥拌合；

④ 从拌合器出口经皮带传送机排出粒状土；

⑤ 临时养护粒状土。

（3）试验结果

① 造粒土的粒度特性。

为了确认不同拌合器和含水比调整材对造粒土粒度特性的影响，实施了粒度测定试验。试验结果如图6.4、图6.5所示，由图可知：

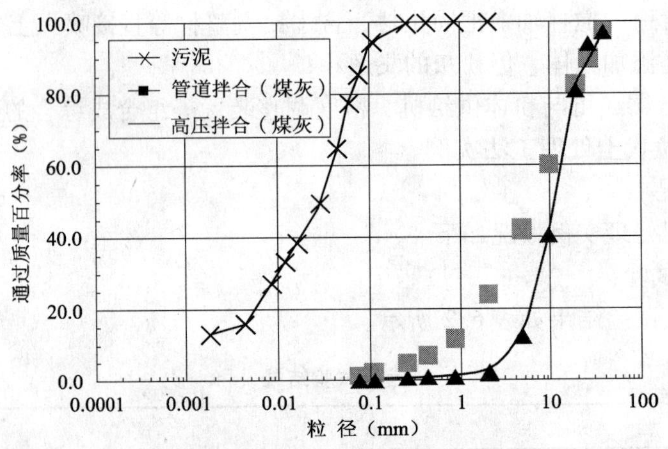

图6.4　不同拌合器造粒土的粒度分布

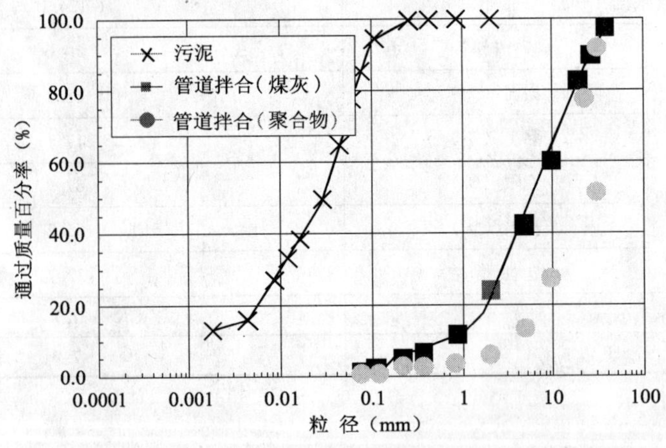

图6.5　不同含水比调整材造粒土的粒度分布

a. 拌合造粒方式不同，粒度分布也不同。与高压拌合生成的造粒土相比，管路拌合造粒土的粒度曲线的斜率缓慢，粒度分布好。

b. 含水比调整材不同，造粒土的粒度分布也不同。与聚合物造粒土相比，粉煤灰造粒土的细粒成分多。

② 造粒土的强度特性。

造粒土的强度试验实施的是预定材龄（7d、28d）时的压溃强度试验。所谓的压溃强度系土粒自身的抗压强度，压溃强度约为试块的一轴抗压强度的 1/4 ~ 1/5。强度试验的结果如图 6.6 所示。由图不难发现，与高压拌合造粒土相比，同样配比的管道拌合造粒土的强度高。

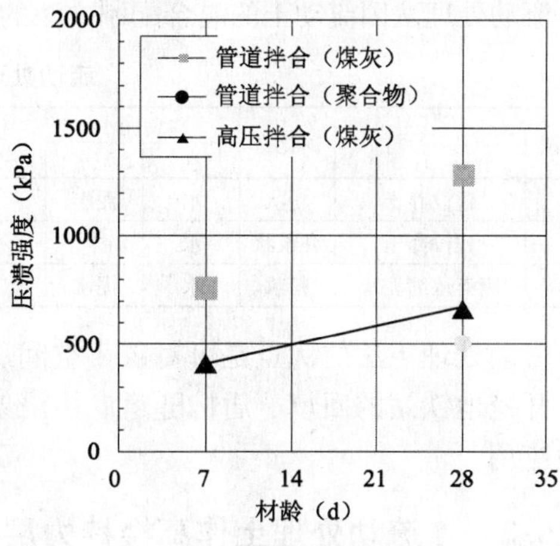

图 6.6 强度试验结果

6.2.3 水泥流动固化处理法

1. 流动处理土

所谓的流动处理土，即在含水量大的污泥中添加固化材（水泥）搅拌成为性能稳定的具有流动性的泥土。把这种流动处理土运至某一指定位置进行固化再利用的工法，称为水泥流动固化处理法，简称为流动处理法。

（1）流动处理土的特点

① 可以作成满足多种用途的土体进行再利用；

② 因具流动性，故无需压密即可完好填充；

③ 流动性及固结强度可任意设定；

④ 渗水系数小、黏力大、地下水不易浸入；

⑤ 黏力大，故地震时不易被液化；

⑥ 浇筑固化后的体积收缩率和压缩率小。

（2）流动处理土的构成

流动处理土由主材、固化材、调整泥水及混合剂构成。

① 主材：多数情况下为地下工程排弃的污泥（即含水比高的黏土、砂性土）。土中含砾的场合下，砾径不得大于 40mm。当污泥（泥水）的相对密度较低（ <1.25 ）时，可将其泥水浓缩（即提高相对密度）。

② 固化材：所有可以用于稳定土质的水泥类、石灰类固化材等均可。如普通波特兰水泥、高炉水泥、石灰等。

③ 调整泥水：主材为砂性土的场合下，为了防止砂、水分离，必须在泥水中添加一定量的细粒成分（黏土或淤泥），即调整其相对密度；粗粒土的场合下，应混入气泡。

④ 混合剂是为了控制泥水的流动性和固化时间等而添加的材料。混合剂通常由保持剂、分散剂、速硬剂等助剂构成。

2. 流动处理法

流动处理法因流动土的混合配制方法的不同而不同。大致可分为以下3种，见表6.3。

流动处理工法的种类 表6.3

工 法	主 材	固化材	调整泥水		运 输 方 式	特 点
			水	泥水		
Ⅰ	建设弃土	粉状	水	泥水	搅拌车运输	早强性、弃土中细粒成分少时使用，析水量大
Ⅱ	建设弃土	乳浆状	水		搅拌车运输	早强性、弃土中细粒成分少时使用，析水量大
Ⅲ	废弃浓缩泥水	粉状	水	泥水	罐车、真空车运输	无早强性，多在弃土中细粒成分多的情形下使用

流动处理工法的优点是可对狭小空间、碾压困难等地点进行有效回填。故近年来该工法在开挖地铁站的回填、盾构隧道底拱浇筑、高层建筑基础、公路路基垫土等领域有着广泛地应用。

6.2.4 流动处理土作高楼持力层的工程实例

本节叙述流动处理土作高层住宅楼持力层的实例。重点介绍流动处理土的设计、施工质量管理方法。

1. 工程概况

建筑物概况如表6.4所示。该建筑物是地上18层、地下2层的住宅楼，地下部分是地铁出入口和公共停车场、商业铺面。其中，地铁出入口为地下2层；其他部位均为地下1层，基底的高差为3.8m。

建筑物概况 表6.4

层 数	地上18层、地下2层
建筑面积	$1268m^2$
总建筑面积	$11866m^2$
建筑物高度	61.4m
基础构造	直接基础（筏形基础）

该建筑物所在位置的地层构成如图6.7所示。建筑物的持力地基为倾斜页岩层。由图可知，现场位置的页岩层的高低差约为3m。另外，局部层域夹有硬质砾岩。

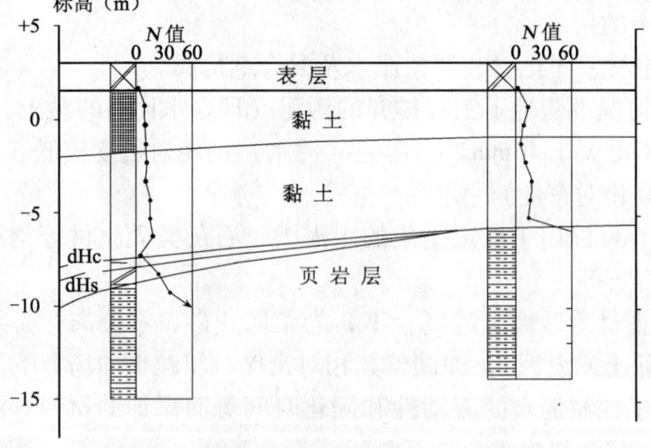

图6.7 地层构成图

2. 基础工法的选定

由于持力层是倾斜的，故从基底到持力层（地基）上顶间的间距，在地下 2 层部位是0～1m，地下 1 层部位是 2～4m。作为基础工法除流动处理土工法和卵石混凝土工法作直接基础外，还可考虑现场灌注桩工法。但是由于基底到持力层的距离非常短，另持力层中夹有硬质砾岩掘削极为困难等原因，通过成本和确保工程无危险性的方案讨论，最后决定选用流动处理土工法。

3. 流动处理土的设计

输入到超高层建筑物上的地震力，可用释放给工程地基上的加速度响应谱衡量，在工程地基比建筑物基底深的场合下，必须考虑表层地层的增幅。本建筑物的持力层是刚性非常好的页岩层（PS 检层的剪切波速 $V_s=440\text{m/s}$），故该层可以看成是工程的地基层。如果改良地层符合工程地基层的条件，则可把基底看成为工程地基。

因此，流动处理土的设计，除了满足下述各式决定的设计接地压强度外，改良地层还应具备工程地基的强度。这就是说，流动处理土的设计基准强度 F_c，应取 F_{c1}（接地压确定的设计基准强度）和 F_{c2}（剪切波速确定的设计基准强度）两者中的大者。

F_{c1} 可按下式确定

$$F_{c1}=3\sigma_{f1}=1.5\sigma_{fs} \tag{6.1}$$

式中 σ_{f1}——长期设计接地压强度；

σ_{fs}——短期设计接地压强度。

对本实例而言，取 $\sigma_{f1}=0.5\text{MPa}$，故 $F_{c1}=3\times0.5\text{MPa}=1.5\text{MPa}$。

F_{c2}的计算考虑如下。

由过去进行的流动处理土的单轴抗压强度（q_u）试验的结果知道，q_u（kPa）与变形系数 E 存在图 6.8 的关系，即 q_u 与 E 的关系可用下式表征。

$$E=300q_u \tag{6.2}$$

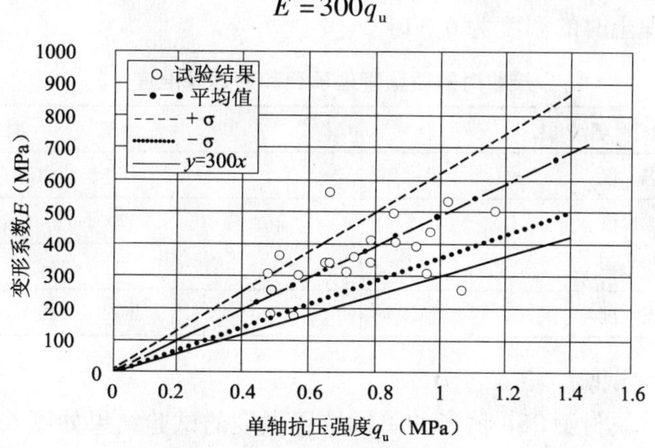

图 6.8 流动处理土的 $E\sim q_u$ 的关系

另外，剪切弹性系数 G 与变形系数 E（kPa）、剪切波速 V_s（m/s）的关系如式（6.3）所示。

$$G=E/2(1+\nu)=\rho\cdot V_s^2 \tag{6.3}$$

式中 ν——流动处理土的泊松比（=0.3）；

ρ——流动处理土的密度（=1.65g/cm^3）。

把式（6.2）代入式（6.3），并把单轴抗压强度 q_u 换成设计基准强度 F_{c2}，则得

$$F_{c2}=\frac{1}{150}\cdot(1+\nu)\cdot\rho\cdot V_s^2 \tag{6.4}$$

将 $V_s=400$m/s 代入式（6.4）得 $F_{c2}=2.288$MPa，取 $F_{c2}=2.4$MPa。对上述结果而言，显然 $F_{c2}=1.6F_{c1}$。所以取 $F_c=2.4$MPa。即设计基准强度采用剪切波速确定的设计基准强度。

4. 流动处理土的现场强度

流动处理土的现场强度 F，可由式（6.5）设定。

$$F=0.85(\alpha F_c+F_T)+3\sigma \tag{6.5}$$

式中 F_T——气温决定的强度补偿值，这里取 F_T 为 0.6MPa；

σ——流动处理土的强度标准偏差，这里取 $\sigma=0.2\cdot\alpha\cdot F_c$（MPa）；

α——系数，这里取值为 1。

式（6.5）决定的现场强度 F

$$F=0.85(1\times2.4+0.6)+3\times0.2\times1\times2.4=3.99\text{MPa}。$$

5. 流动处理土的施工及质量管理

流动处理土的浇筑方法与浇筑混凝土的情形完全相同。制作流动处理土的固定设备离浇筑地点 4km，由旋转搅拌车把流动处理土运入现场经混凝土泵车压送浇筑。浇筑分 11 层，每天的标准浇筑量为 350m^3。

接收流动处理土时的质量管理项目和管理基准值如表 6.5 所示。试验与混凝土构造体的情形相同，浇筑频度 1 次/d，每次 150m^3。试验结果表明，所有的管理项目均满足管理基准。接收流动处理土时的温度为 6～14℃。

接收时的质量管理项目和管理基准值 **表 6.5**

管 理 项 目	管 理 基 准 值
温 度	5～35℃
黏度值	200mm ±40mm
析水率	<1%
密 度	1.65 ±0.1g/mm^2

6. 单轴抗压强度试验

现场水中养护试块材龄 28d 情形的单轴抗压强度的试验结果如图 6.9 所示。变动系数为 0.147，比设计时使用的变动系数 0.2 还小。

在该建筑物中除了进行现场水中养护试块的抗压试验外，还进行了浇筑流动处理土的取芯试样的抗压试验。取芯钻孔 2 个，共计采集试样 10 个。取样位置如图 6.10 所示，取样深度如图 6.11 所示。试验时试块的材龄原则上为 28d，但是由于施工的原因，有 2 个取芯试样的材龄为 30d。试验结果如图 6.12 所示。

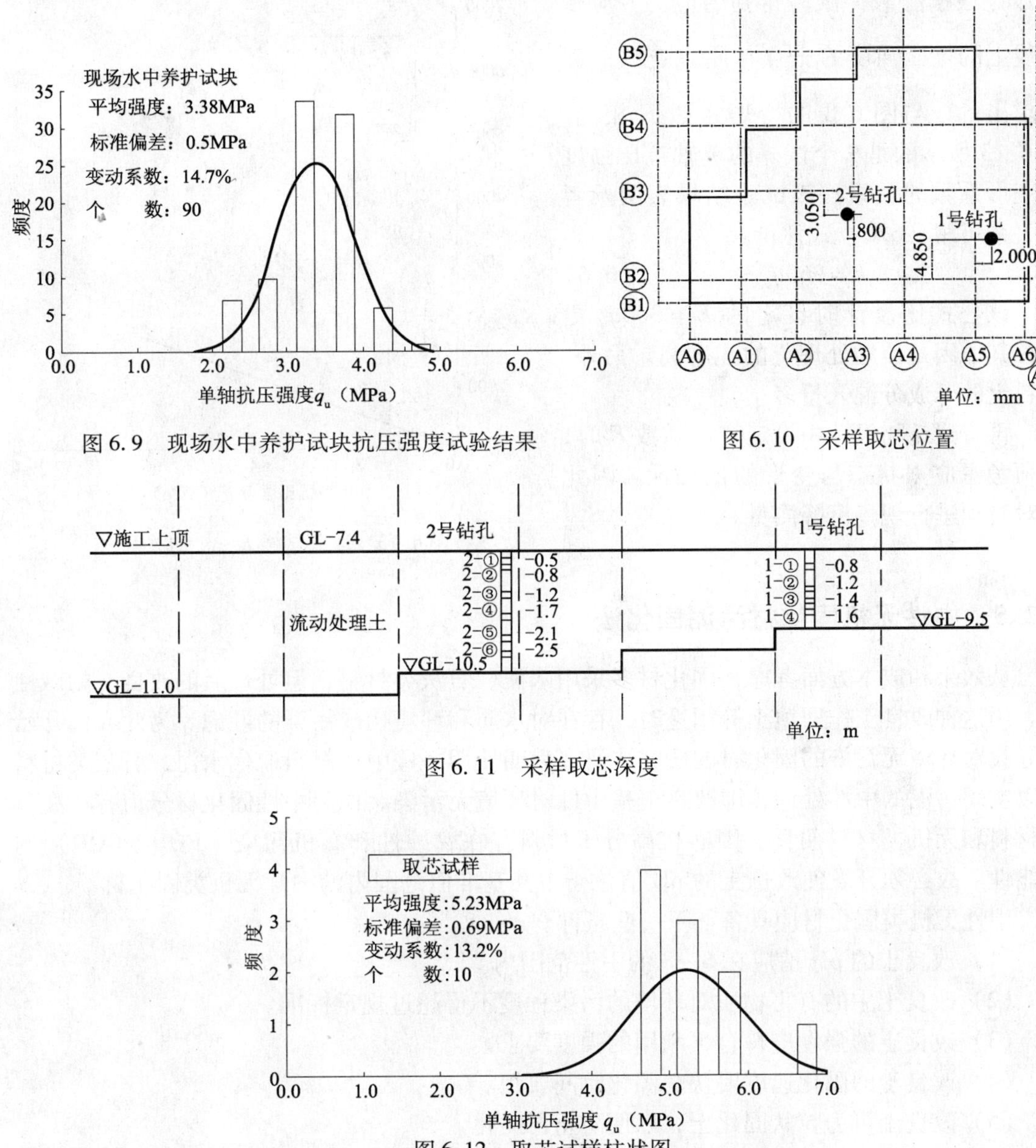

图 6.9　现场水中养护试块抗压强度试验结果

图 6.10　采样取芯位置

图 6.11　采样取芯深度

图 6.12　取芯试样柱状图

钻孔取芯试样的平均强度值比现场水中养护试样的平均强度要大，变动系数要小。就流动处理土的抗压强度而言，无论本次试验还是以往试验都存在钻孔取芯试样的抗压强度比水中养护试块的抗压强度大的倾向。该倾向可以认为是养护温度不同及浇筑高度不同（压密效果不同）等原因造成的。

7. 剪切波速的确认

该建筑物质量要求的剪切波速 $V_s \geq 400$m/s，为了确认该项质量指标，特在钻孔取芯的原位进行了 PS 探层试验。由于周围环境限制等原因没有记录到可靠的数据。为此，在取芯试样的抗压试验中测定试样的变形系数，并推算了静弹性系数（见图 6.13）。该弹性系数是根据静载荷试验得到的应力～应变曲线上的抗压强度的$\frac{1}{3}$点与原点连线的斜率求出的，与图6.8的变形系数E相同。图6.13所示的是9个试样的单轴抗压强度与变形系数的关系。该试验结果表明两者的关系可用（6.6）式评价。

$$E = 960q_u \tag{6.6}$$

该公式比设计时设定的$E = 300q_u$更大，其原因是流动处理土的强度高。另外，原料土的砾成分混入量多。

再有建筑物设计中设定变形系数E时，必须考虑应力状态与变形的依赖性。因此核对时须进行现场沉降测量。

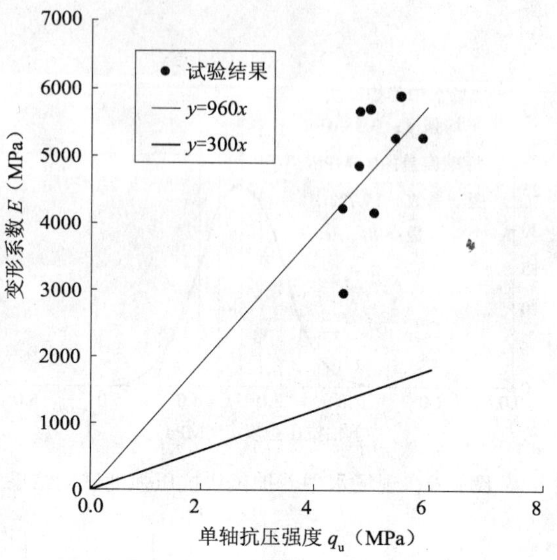

图6.13　取芯试样$E \sim q_u$的关系

6.2.5　中性无机固化材污泥固化法

从效果和成本方面考虑，固化材多采用水泥、石灰类材料，但处理后的改良土的碱性大。用这种改良土作回填土等用途时，存在对水质和环境构成污染的疑虑。为此人们开始了寻找对环境无污染的固化材的研究，研究表明使用一些中性材料取代水泥、石灰类材料可以实现污泥的中性处理，即改良土呈中性对环境无污染。作为中性固化材分为有机高分子材料和无机类材料两种。因有机高分子材料存在腐蚀性和有机污染（BOD、COD）的可能性。故必须开发使改良土的pH值位于中性基准值范围内的中性无机类固化材。

中性无机类固化材应具备如下一些条件。

（1）改良土的pH值应在6～8的中性范围内。

（2）改良土中的有害物质对环境的污染程度不得超过规定标准。

（3）改良土的强度应符合再利用的强度要求。

（4）改良土的固化速度要快，固化时间要短。

（5）改良土可为粒状固化土，以便防止再泥化。

（6）改良土的成本应不超过使用水泥、石灰类固化材处理时的成本。

（7）可以根据不同用途处理成回填土、路基垫土、护堤土、农业耕作土等多种改良土。

下面介绍近年推出的两种无机中性固化处理改良土的方法。

6.2.6　2液1粉中性无机固化材污泥改良法

固化材试验：2液1粉中性无机固化材，即A液（硅酸钾为主要成分）；B液（磷酸、硫酸铝为主要成分）及粉状物（碳酸钙＋烧结石膏的混合物）的拌合物。同时开展了把上述中性无机固化材依次添加拌合到泥水盾构排出的1次处理土和2次处理的混合泥土中，得到改良土的试验。结果发现：土质不同；一次处理土和2次处理土的配比不同；改良土的使用目的不同时，固化材的配比及添加量均不同。

例如：在黏土层和砂层的场合下，当一次处理土和二次处理土的比例为3：7（所谓的标准配比）时，获得合格路基垫土的改良土的性能及固化材的添加量，如表6.6所示。

标准配比时的改良土的试验结果 **表6.6**

每 m^3 的混合污泥土的固化材的添加量			静触强度（MPa）				改良土的pH值
A液（L）	B液（L）	粉体（kg）	0h	3h	6h	24h	
7.5	2.5	20	0.74	1.27	1.3	1.36	8

当一次处理土和二次处理土的配比为标准配比的场合时，改良土的静锥尖阻力，在3h后急剧上升（达1.27MPa）直到12h后上升势头趋于平稳。当把改良再生土作为路基垫土使用时，因要求垫土的静锥尖阻力仅为0.7MPa，所以若在改良土生成3h之后摊铺垫土，显然固化材的添加量还可以减少一些。

另外，在确保强度一定的条件下，改变一次处理土和二次处理十的构成比例时发现：如果增加二次处理土的比例，则固化材的添加量可以减少；如果增加一次处理土的比例，则固化材的添加量必须增加。这可以认为是一次处理土中含有的水分几乎全部为表面水，因为与这些表面水发生反应，固化材消耗较多，故改良土的强度增加缓慢。

表6.7所示的是改良土静锥尖阻力随一次处理土与二次处理土的配比变化的试验结果。从该结果可知，一次处理土的比例增加时，改良土的强度下降。反之，二次处理土的比例增加时，改良土的强度增加。

改良土静锥尖阻力与混合土配比的关系 **表6.7**

混合土配比	一次处理土的含水比（%）	固化材添加量（每 m^3 改良土）			静锥尖阻力（MPa）	
一次土：二次土		A液（L）	B液（L）	粉体（kg）	3h	24h
3：7	30.2	7.5	2.5	10	1.32	>1.66
5：5	30.2	7.5	2.5	10	0.92	1.35
6：4	30.2	12	4	15	0.73	>1.66
7：3	30.2	15	5	20	0.56	1.46
8：2	30.2	18	6	25	0.39	1.10

综上所述，在一次处理土比例较大的场合下，要想提高改良土的强度必须加大固化材的投入量；要想降低改良土的成本，必须减少一次处理土，增加二次处理土（过滤压榨土）的比例。

6.2.7 石膏污泥中性改良法及实例

石膏污泥中性改良法，即把石膏（固化材）与凝聚剂一起添加到污泥中混合搅拌得到可以再利用的中性改良土的工法。

1. 作用机理

（1）添加材的成分及特性

① 水硬性石膏（硫酸钙：中性、无机物、无害、自硬性）。

② 多孔无机颗粒（硅质钙铝酸盐：中性、无害）。

③ 硬化增强材（含矾土的物质）。

④ 凝聚剂（中性、无害、水溶性）。

（2）固化机理

把上述添加材添加到污泥中混合后，添加材中的各种成分与污泥中的水和泥土成分发生多种反应，故而形成稳定土质的骨架和被固定的泥土。

① 凝聚剂的作用：因凝聚剂是亲和性扩散而溶于水的物质，且具三维桥架构造、呈鱼网状，该网孔可以吸水。在上述反应过程中凝聚剂可以把离子交换能力强的碱性大的物质（OH、Ca等）束缚固定。另外，从性状上讲，凝聚剂被污泥中的水分融解后呈糊状黏附在土颗粒表面，使土颗粒彼此紧密结合。

② 固化材（石膏等）的作用：固化材与污泥混合后，固化材与泥状物发生水化反应进而凝聚生成水化矿物。这种水化矿物以针状结晶和六角板状结晶的形式相互缠绕，把泥土颗粒闭锁，致使泥土处于无法再泥化的粒状稳定状态。上述凝固过程取决于石膏的早期水化反应及其经历时间，石膏中的铝酸盐层发生水化反应生成钙矾石（$3CaO \cdot Al_2O_3 \cdot 3CaSO_4 \cdot 32H_2O$），进而形成强固胶囊。固化材的固化机理示意如图6.14所示。固化材添加量与污泥含水比的关系如图6.15所示，该例中的养护时间为24h，改良土的静锥尖阻力不低于0.4MPa。

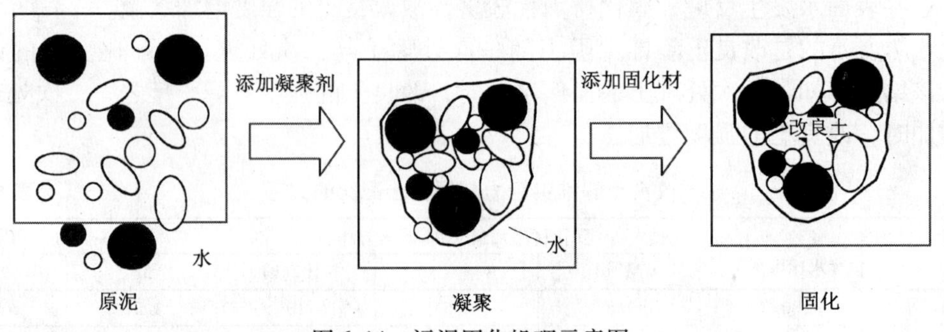

图6.14　污泥固化机理示意图

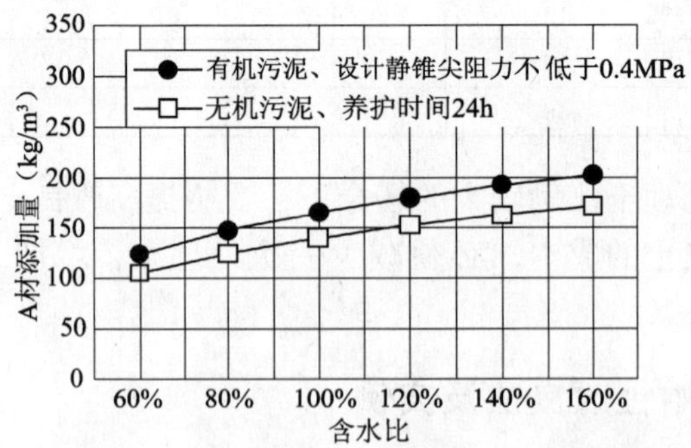

图6.15　固化材添加量与污泥含水比关系

2. 固化处理设备

混合固化处理设备有分批处理式、连续处理式、管内混合式3种。因分批处理式的处理土（改良土）的品质好，故选用较多。分批处理设备是现场处理污泥的设备（见图6.16）。该方式的特点是：①可以在污泥产生现场作中性化处理；②设置和移动容易；③可以实现稳定的品质管理和高速处理；④灰尘和噪声污染小。

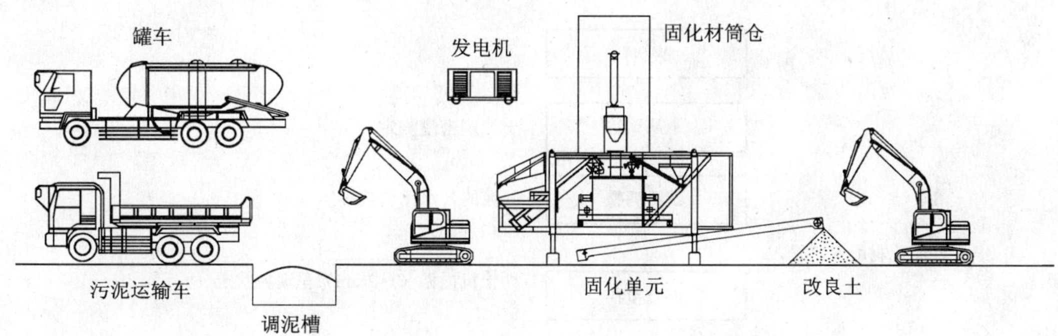

图 6.16 固化处理设备示意图

3. 调查和配比设计

(1) 一般事项

调查和配比设计包括：决定设计条件的事前调查；决定改良土强度及添加材添加量的室内配比试验。调查、设计、施工的基本流程如图 6.17 所示。

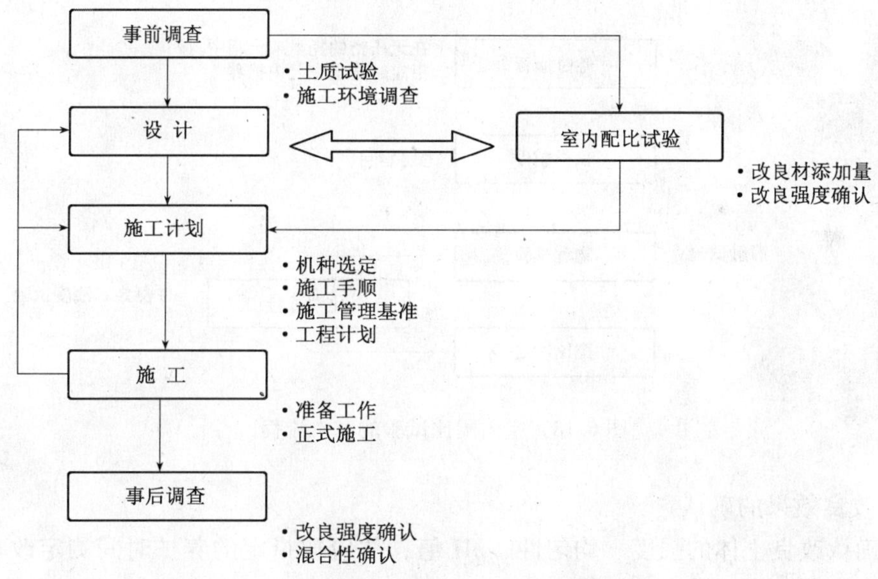

图 6.17 调查、设计、施工基本流程图

(2) 事前调查

实施事前调查的目的是找出设计中用到的土质参数、设定地层的对应深度、施工方法、施工顺序及决定工期的机械数量等设计条件。

通常，事前调查的项目为土的含水比试验、土的湿密度试验、土颗粒级配试验等物理试验；pH 试验、强热减量等化学试验。

(3) 室内配比试验流程（见图 6.18）

实施室内配比试验的目的是确定设计时或现场施工时，满足所须设计强度的固化材的添加量。试样制作方法应遵照非压密稳定处理土的标准执行。

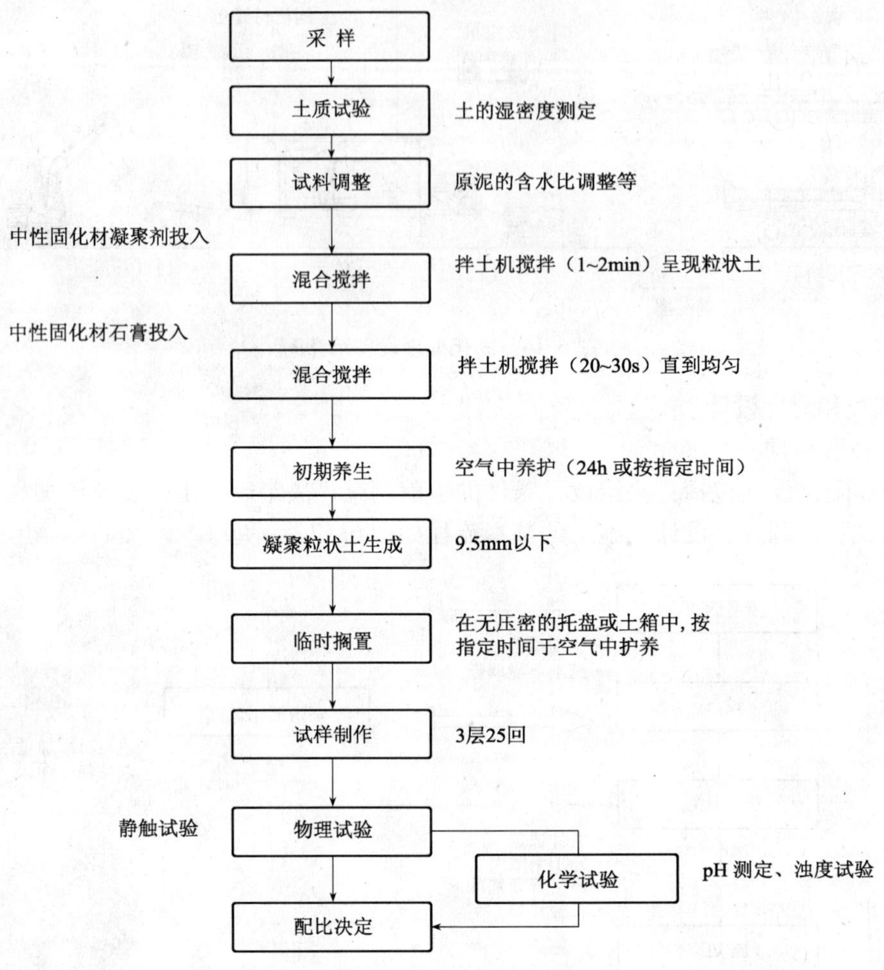

图6.18　室内配比试验的基本流程

（4）改良效果的确认

为了确认改良土体的强度、均匀性、pH值，故应按指定的养护时间测定改良土的静锥尖阻力和pH试验值。

本工法的施工实例较多，篇幅关系这里不再赘述。请读者参看文献［14］。

6.3　纸浆渣烧结灰污泥改良再利用工法及适用实例

6.3.1　引言

造纸过程中产生的纸浆渣（PS）的烧结灰（一次PS灰）经处理（二次烧结或高性能混合）后得到的材料（称PS灰改良材，简称改良材），具有极强的吸水性，是改良建设污泥的佳品。利用PS灰改良材改良的污泥称为PS灰改良土，对应的改良工法称为PS

灰改良土工法。

PS直接排向自然界给环境带来极大污染。另造纸企业多为中小企业，而PS等废弃物的处理给这些企业增加一定的负担，所以PS灰的再利用是直接影响企业经营的急需解决的问题。但是从PS灰到改良材这一环的费用不大。

前面业已指出建设污泥也是污染环境、增加环境负担的根源。显然PS灰改良土工法是把造纸产业弃物（PS灰）及建设产业弃物（污泥、建设土）同时再利用的净化环境、减轻环境负担的环保工法，也是循环经济的一个典范，应予发展、推广。

本节介绍PS灰改良材的基本性能、设计配比、改良土工法的施工实例。

6.3.2 泥土改良材的基本性质和配比设计

1. PS灰的性质及制品化处理

把造纸工业产生的废弃物PS作燃料燃烧，最后剩下的残渣称为PS灰。

表6.8所示的是40多种PS灰的基本特性。图6.19所示的是PS灰改良材制品化的处理方法。处理方法大致分为利用一次烧结时的高温气体对PS灰作二次烧结处理；及抑制氟的溶出，且以调整pH值为目的进行的高性能混合、造粒处理两种方法。至于选定哪种方法处理，应根据各造纸厂的设备条件及PS灰的性状决定。表6.9、表6.10及图6.20分别所示的是PS灰和实施处理后的PS灰改良材制品的化学成分、物理化学特性、粒度特性的比较。就作为原料的PS灰而言，因产生PS灰产地、厂家不同，其物理化学特性也不同（颗粒密度为2.2~3.3g/cm^3，相对密度为0.48~0.88，平均粒径D为5020~1000μm，pH值为7.2~12.5）。PS灰自身具自硬性，吸水功能强，故多适于泥土改良。但是原灰（未加改良的灰）存在氟的溶出量超过土质基准值的可能性。上述图、表中所示的FT泥土改良材是对原灰处理后符合土质基准要求的、质量稳定的泥土改良材产品。

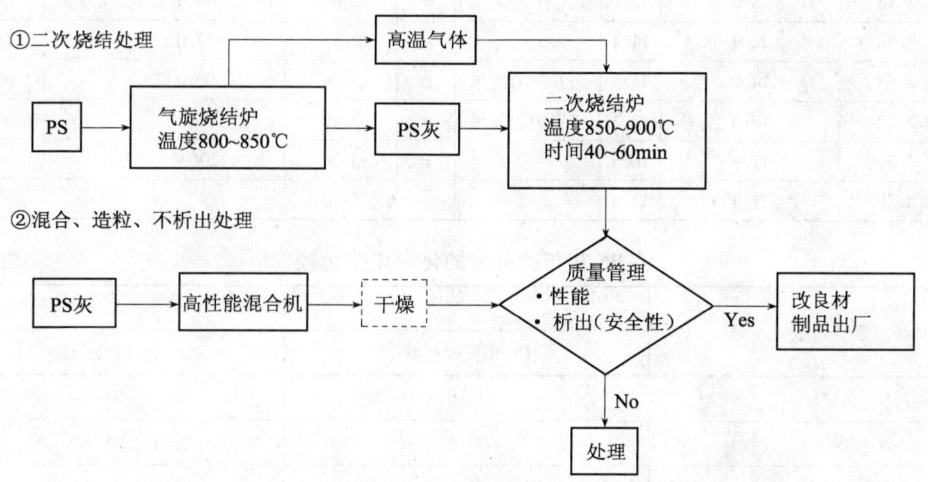

图6.19 PS灰的处理方法

PS灰的基本特性　　表6.8

PS灰	颗粒密度（g/cm³）	*改良效果 q_c=400kN/m² 条件下的添加率（%）A～δ 灰黏土1号（w=45%）	pH	其他	PS灰	颗粒密度（g/cm³）	*改良效果 q_c=400kN/m² 条件下的添加率（%）ε～μ 灰黏土2号（w=72%）	pH	其他
A	2.40	23.7	8.0	无养护的效果	Y	2.29～2.36	8.0	12.0	有养护的效果
B	2.82	14.6	7.3	无养护的效果	Z	2.46	14.0	10.5	
C	2.71	17.4	7.2	无养护的效果	α	2.67	11.9	10.7	
D	2.52	23.2	10.8	无养护的效果	β	2.43	19.9	9.6	
E	2.45	22.0	11.7	有养护的效果	γ	2.34	19.8	11.2	
F	2.36～2.55	18.0	11.3	短时间养护的效果	δ	2.63		11.3	
					*ε～μ灰的改良效果，使用2号黏土（w=72%）				
G	2.36	15.2	11.5	有养护的效果	ε	2.49	34.2	11.6	有养护的效果
H	2.39	24.0	11.1		ζ	2.54	49.2	11.4	无养护的效果
I	2.56	29.0	10.2		η		49.5	9.0	无养护的效果
J	2.18	22.0	11.9		θ		51.9	8.8	无养护的效果
K	2.36	20.0	12.0		l	2.44	44.6	10.9	无养护的效果
L	2.58	24.0	9.8		κ	2.65～2.96	39.5	10.2	有养护的效果
M	2.59	15.0	10.8		λ	2.64	47.3	11.7	无养护的效果
N	2.53	11.8	12.3	有养护的效果	μ	2.55		9.2	
O	2.35	20.0	10.5		*就ν～τ灰而言，纯灰的单轴抗压强度 q_u（kN/m²）				
P	2.34	20.0	11.9		ν	2.68	142.0	8.4	
Q	2.17	18.0	11.9		ξ	2.56	348.0	12.5	有养护的效果
R	2.55	25.0	12.2	有养护的效果	o	2.45	24.0	11.7	无养护的效果
S	2.42	25.0	12.1	无养护的效果	π	2.64	168.0	8.4	
T	2.58	22.9	11.4		ρ	2.61	77.0		无养护的效果
U	2.52	14.0	11.8	无养护的效果	ζ	2.46	90.0		无养护的效果
V	2.52	17.0	12.3	有养护的效果	σ	3.19	967.0		有养护的效果
W	2.50	17.9	10.5		τ	3.30	206.0		
X	2.36	21.4	11.8						

PS灰与改良材的化学成分比较　　表6.9

化学成分	含有率（%）	
	FTPS灰改良材	一般PS灰（范围）
Al_2O_3	22.6	10～54
SiO_2	33.8	20～57
CaO	18.1	2～35
MgO	5.2	0.6～12
Fe_2O_3	1.8	1～5

PS 灰与改良材的物理化学特性的比较 表 6.10

材　　料	FTPS 灰改良材	一般 PS 灰（范围）
颗粒密度（g/cm^3）	2.4	2.17～3.3
pH	≤10	7.2～12.5
氟析出量（mg/L）	≤0.8	0.1～7.0
密度（g/cm^3）	0.67	0.484～0.876
吸水比 w_{ab}（%）	105	80～192

表 6.10 中所谓的吸水比 W_{ab}（%），是日本学者望月美登志等人提出的用试验方法求取表征材料吸水性能的指标量，该量表征材料自身保持的含水比。FT 改良材的颗粒级配（见图 6.20）与细砂接近，但颗粒内部存在许多细孔（照片 6.1 是 FT 改良材电子显微镜下的照片），故 FT 改良材具备极强的吸水性能。另外，该材料的压实强度高，承载能力强。

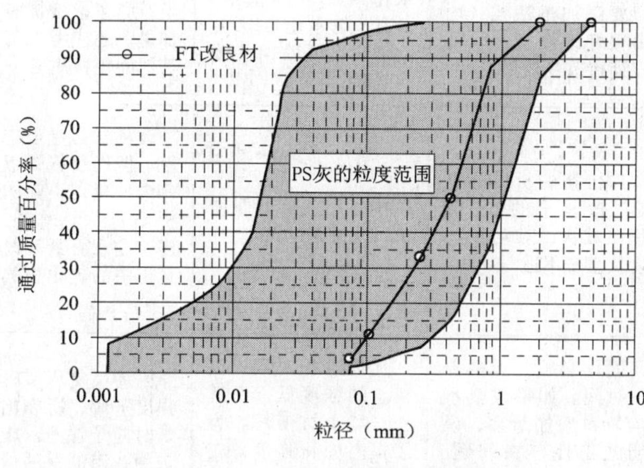

图 6.20 PS 灰与改良材的级配

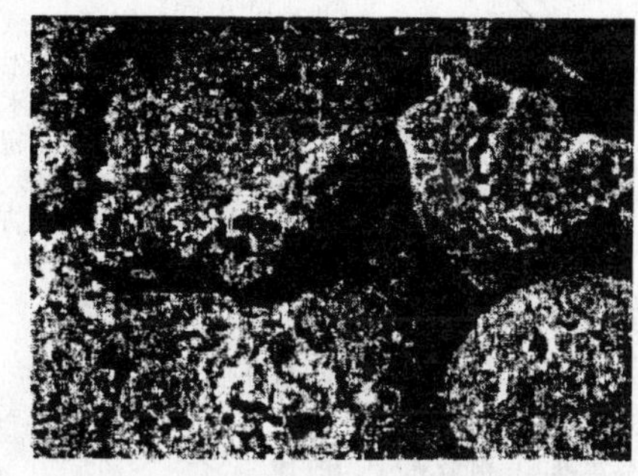

照片 6.1 FT PS 灰改良材制品实物

2. 泥土改良工法的特点

使用 FT 制品改良泥土的原理是，液状高含水比泥土中的剩余水被改良材吸收，因此，改良材与泥土混合后泥土成为可以直接运输的建设产生土。施工存在以下几个特点：

（1）因为可以瞬时改良，所以无需养护时间和场地。

（2）改良材自身满足土质环境基准要求，故对环境无影响。

（3）从原理上讲，改良材不与土壤发生反应，所以适应的土质范围宽。

（4）因改良材的粒径与细砂相似，所以改良材与泥土的搅拌混合，比通常的粉体改良材与泥土的搅拌混合容易。

（5）处理土的再开挖、运输、压实容易。

（6）添加量的调整范围宽，故可确保必要的强度。

表 6.11 示出的是改良材与以往其他改良材的特征对比。

FT改良材与以往改良材的比较　　表6.11

项目	FT　PS灰改良材	石灰类	水泥类	高分子类	石膏类
改良原理	利用PS灰吸水的物理性质，及固化功能实现改良	利用吸水、发热，降低土的含水比实现改良	利用水泥的水化、固结作用，实现土的强度提高	高分子吸附、固定自由水，在土颗粒表面形成覆盖层、框架进而团粒化	利用泥土中的水分生成熟石膏，进而成为二水石膏固化，属化学改良
改良效果	FT改良材没有贯通的部分也期待吸水作用的改良效果。可按室内配比试验结果的原样在现场适用	石灰没有贯通的部分也可期待吸水作用得以改良	因水泥没有贯通的部分不固化，所以改良效果不均匀。故在决定现场添加量时，应根据施工方法，修正现场与室内的强度比	因为添加量少，为了使改良效果均匀，需使用液态高分子溶剂，所以价格高	在土中水分渗入的瞬时固化。固化改良后，如果对改良土反复压实时，可能致使强度下降
适用土质	首选黏土、砂土，腐殖土也可适用	适于黏土	适于砂土。黏土和有机物的含量对改良效果有影响	适于黏土、粉砂土。土的含水比过大影响改良效果	黏土、砂土均可适用。含水比大影响改良效果
适用的含水比	即使含水比高的土，只要添加量合适，均可期待好的改良效果	混入石灰后仍呈泥状的土，不能期待改良效果	即使含水比高的土，只要添加量适当，均可很好地硬化，即可以期待改良效果	只限于砂场合下含水比≤50%的情形，及黏土含水比≤100%的情形，可以期待改良效果	对高含水比的土，应考虑增加添加量，还应考虑与其他固化材并用
环境影响	在标准的使用范围内，可呈中性至弱碱性的改良，对动植物的影响极小	pH值呈强碱性。动植物的生长有不适感。水化反应生热。超过500kg的贮藏、使用必须有消防队介入	六价铬的析出不稳定。改良土的pH值呈强碱性，对动植物生长带来不适	中性、无毒，即使长时间搁置也无问题	改良材自身呈中性，但以废石膏板等为原料时，氟的析出量大。此外，还应注意石膏和改良土中的硫化物的影响
施工性	因为可以瞬时改良，故无需养护。改良不均匀现象也少。即使黏性高的土，也可以用专用机械搅拌均匀	固化必须几天的养护时间。贮藏、施工时均应引起注意	固化必须几天的养护时间。如果改良不均匀和添加量多，说明施工性存在问题。若搅拌叶片不搅拌材料发生空转，混合性能显著下降	无需养护时间，改良土的强度低，不适于作填土材使用。为了提高固化强度，应与固化材（水泥）并用，要想混合均匀必须使用专用机械	因为反复压实时强度下降，所以施工时应予注意。施工中并用助材的情形较多，不适于连续改良
再利用	因为是物理改良，所以再利用时强度不变	因为需要把固结土解开，故强度低，存在二次泥化的可能	因为是松散固结土，故强度下降	即使运输后再利用，性能也不发生变化	因为是松解固结土，故需二次压实，改良土转用时应予注意

3. 泥土改良效果及配比设计

改良材改良建设工程产生土的场合下，因为用静锥尖阻力区分建设产生土的种类（改良标准），所以实施用静力触探法进行改良材的配比试验。这里讨论该改良建设泥土的改良特性和配比设计方法。图6.21所示的是对盾构排泥（淤泥砂）分别实施添加FT改良材和生石灰处理后的改良效果的比较。为了得到必要的强度，FT改良材的添加率与生石灰的添加率相比要大，但是改良单价要比生石灰低。另外，对高有机质泥土的场合而言，FT改良材的添加量不大于以往固化材的添加量。为了确立本改良工法的合理设计配比，对现场采集的多种泥土实施配比试验的结果如图 6.22 所示。这里把泥土的剩余水看成是超过液限 w_L 的水（即 $w - w_L$），图 6.22 所示的是泥土剩余水量与对 q_c =200kPa 的第 4 种产生土的改良材必要添加率 η 的关系。添加率 η 用 $\eta = M_m/M_s$ 定义，M_m 为改良材的添加量，M_s 为干泥土的质量。改良材使用流通制品 FT 改良材和 4 种开发中的材料。对无法求出液限的 NP（nonplastic）泥土而言，可把 $w_L=0$ 的含水比 w 看成是剩余水。从该结果不难发现，无论哪种改良材，添加率 η 与剩余水（$w - w_L$）均呈直线关系。即存在 $\eta = C\ (w - w_L) + d$。目前的整理结果发现 plastic 与 non-plastie 直线间出现平行间距。就吸水比 w_{ab} 与添加率 η 的关系而言，存在图 6.23 的结果，w_{ab} 值大的材料的添加率小，改良效果好。由上述结果可知，可据目标强度求出改良材的添加率 η，若能明确剩余水量和改良材的吸水性能指标 w_{ab} 的定量关系式，则可由 w_{ab} 确立 η。

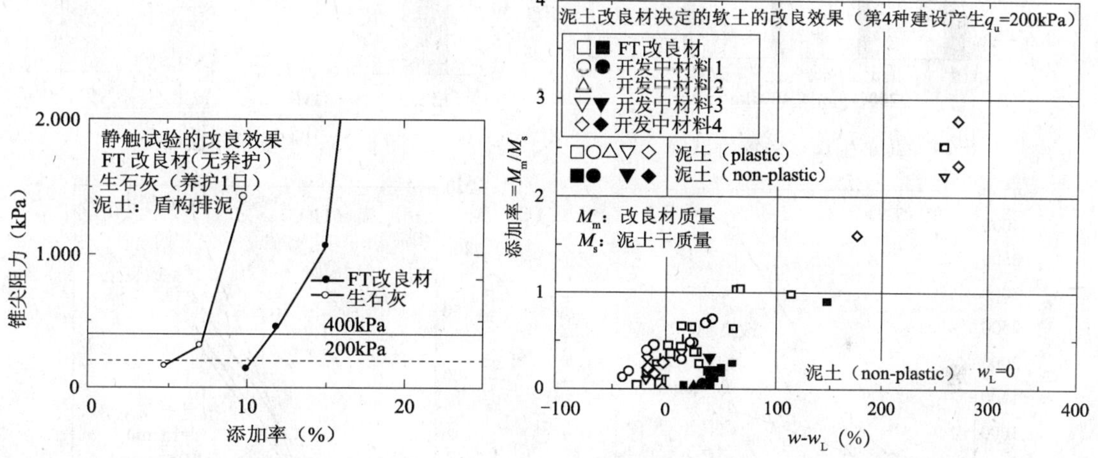

图 6.21 改良材配比试验结果

图 6.22 添加率 η 与（w-w_L）的关系

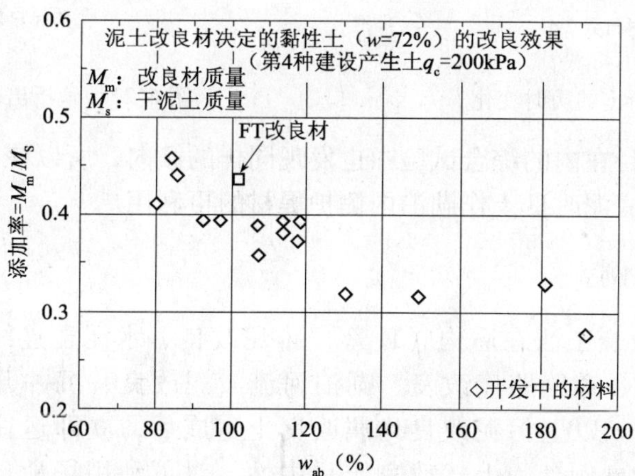

图 6.23 添加率 η 与 w_{ab} 的关系

6.3.3　环境改善效果

因FT改良材工法的改良土呈中性，且有适度吸水、保水性，所以在各种环境评价试验中均可获得良好的结果。图6.24所示的是蔬菜栽培试验中的发芽和生长的改良效果。图6.25是对水蚤繁殖困难的池底泥和池水用FT改良材处理后成为理想水蚤繁殖状态土的改良效果。另外，还对构成湖泊水质恶化要因的底泥进行了盐类析出试验。图6.26和图6.27所示的是改良材抑制疏浚土的氮、磷析出速度的效果。

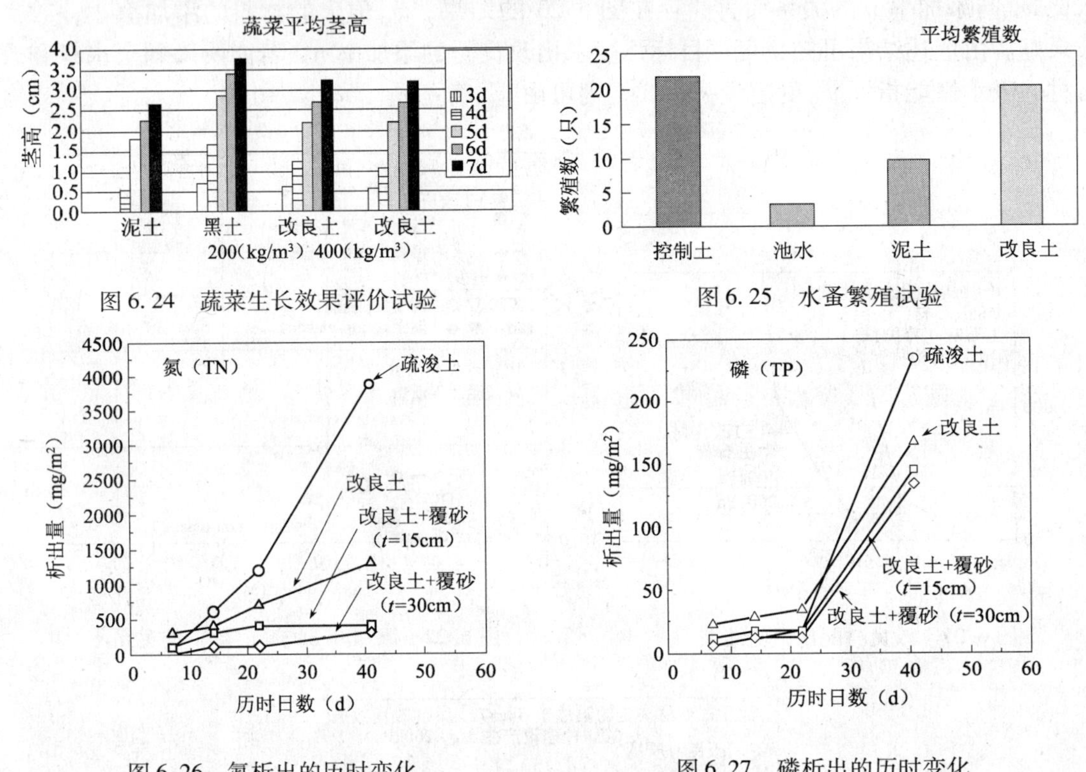

图6.24　蔬菜生长效果评价试验

图6.25　水蚤繁殖试验

图6.26　氮析出的历时变化

图6.27　磷析出的历时变化

包括其他测量项目在内的综合试验中也发现同样的倾向，所以该改良工法还可期望湖泊水质的改善，及把底泥改良土作湖泊内侧护堤材的再利用。

6.3.4　适用实例

至今为止，FT改良工法在盾构（顶管）排泥改良、水泥土连续墙工法等排出污泥的改良、软地层改良、道路路床改良、湖泊河流淤泥改良、沉井开挖排泥改良等领域有着广泛地适用实例。以上污泥改良均属改良土生成后，立即运往利用现场作填土等建设材料有效利用的事例。因上述改良土呈中性，对再利用场地环境无污染，所以在农田底土、宅地、停车场、校园操场、倾斜护堤（图6.28）等填土工程中均可选用FT改良工法施工。

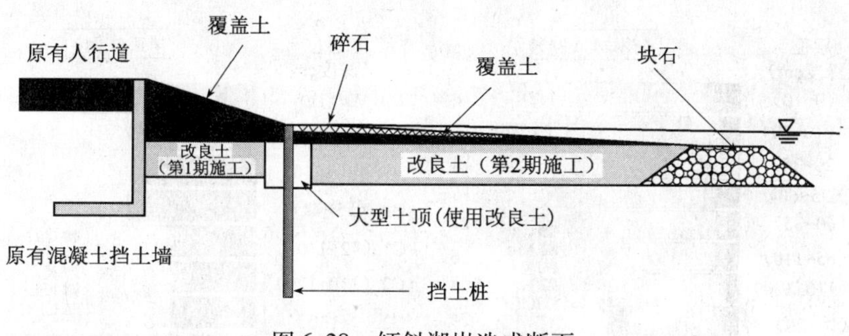

图 6.28 倾斜湖岸造成断面

本节所述 PS 灰的改良土工法，近年来国外进展极快，需求量大，生产规模也随之扩大。大型贮藏设施的设置、运输系统的充实等已成系统化、产品日趋规范化。

6.4 水泥土墙施工中排出污泥在苗圃场造地的有效利用

前面 4.4.9 节业已指出，SMW 与其他机械搅拌式地层加固工法一样，排出的泥土中含有水泥等有害物质，故称为污泥。通常这类污泥只能作低品位的里填土材使用，几乎不能用于绿地用土。因这种污泥的含碱量高，不适于植物栽培。但是构成该污泥的地中掘出土中含有丰富的矿物质，如果能够灵活地应用这些矿物质，则该污泥也可成为有用的土材。

这里介绍，从绿地土特征说明碱性土材的利用实例，用实证试验确认 SMW 工法排出污泥的改良方法及其效果。

6.4.1 绿地土的特点及其诊断

1. 绿地土的特点

绿地是可以自生草原和森林等植物的自然地和栽培农作物的农地，即可以生长各种植物的场地。

为了调查绿地土的特点，这里以自生植物的杂木林土和栽培野菜的旱地土为对象进行调查。这里选定的土的基本土材是一般的火山灰土。图 6.29 所示的是调查对象土的化学特性，图 6.30 所示的是该土的物理特性。化学特性中的阳离子交换容量（Cation Exchange Capacity，CEC）是与保肥性和 pH 平衡有关的项目，该值越大说明土质越好。无论杂木林还是旱田，其 CEC 均在 $20cmol_c \cdot kg^{-1}$以上，从表层到深层（1m）均呈良质态。就具交换特性的钙和镁等矿物而言，旱田土比杂木林土多。该交换量占 CEC 的 50% ~80%，呈高碱饱和态。矿物成分还具有使 pH 保持中性，使磷酸等肥料发挥高效的作用。必须对旱田土的表层失去的矿物成分进行补充，肥料和土壤改良材中的碱成分可以继续发挥作用。另一方面，在杂木林土中，钙等矿物成分少，土呈酸性。这是矿物被降水等渗透水溶出，致使矿物从土中流失的原因所致。

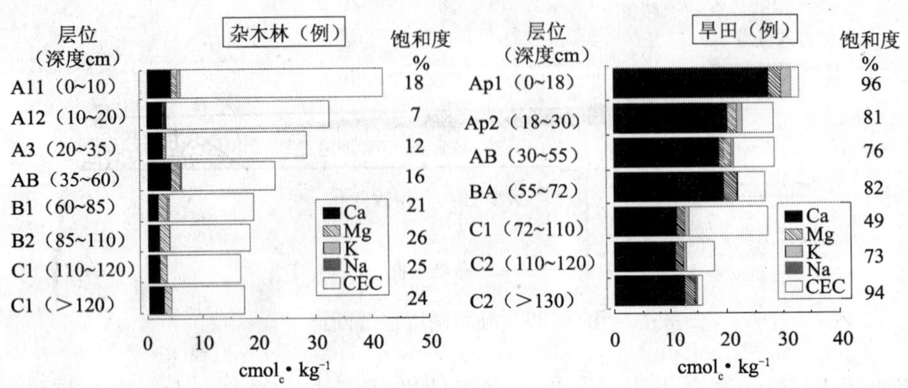

图6.29　绿地土的化学特征

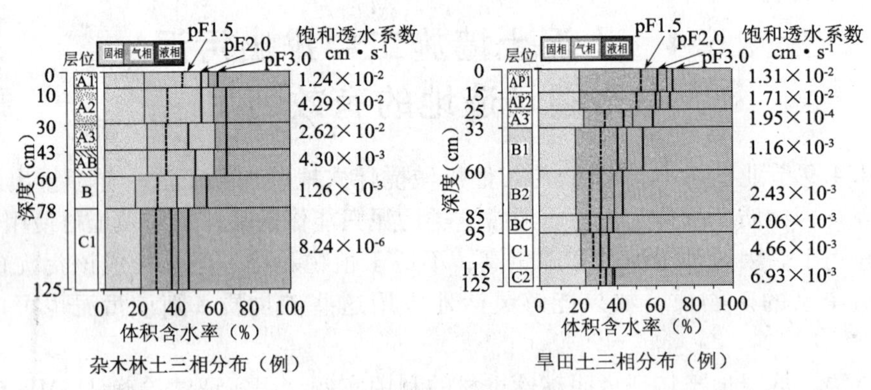

图6.30　绿地土的物理特征

物理特性中三相分布的固相率，对杂木林土和旱田土来说均为20%，呈现以火山灰为基材的特性。杂木林土和旱田土的差异，可用使pF值发生变化的液相率表征。pF（1.5~3.0)表示在毛细管中移动的水分势能。pF为1.5~3.0范围的液相率与植物的有效水分相当。有效水分多，说明土质良好。旱田土的有效水分，其表层至中层比杂木林土高，深层比杂木林土低。这是由于耕作与土壤改良，致使表土的构成发生变化的原因所致。

2. 绿地土的诊断

杂木林土必须具备自然绿地的条件，所以绿地土的特性值就成为了排出污泥的适用性评价和改良标准。杂木林土的土壤调查对象是在不同基材的火山灰土和花岗石风化崩积土中进行。表6.12所示的是使用园艺学会基准的诊断结果。在风化崩积土类杂木林土的场合下，多数项目被判定为不良，即使地表A层的有效水分和交换性钙也被判定为不良。

通常在花岗石风化崩积土中，混合肥料和保水性堆肥等有机质，可作绿地土使用。然而，诊断排出污泥适用性的场合下，评价损伤植物发育的条件最重要，可按表6.13的简易判定基准判定。测定项目，对物理特性来说，应测定砾的含有量和黏土含有量；对化学特性来说，应测定pH和EC（电导率）。在同时评价pH和EC时，可按pH为8.5左右的碱性污泥的条件判断其适用性。

杂木林土壤诊断例（园艺学会基准）　表 6.12

评价项目/层位	火山灰土			花岗石风化崩积土			单　位
	A 层	B 层	C 层	A 层	B 层	C 层	
透水系数	◎	○	△	◎	◎	◎	$cm \cdot s^{-1}$
有效水分	◎	◎	○	△	△	△	$L \cdot m^{-3}$
固相率	○	◎	◎	△	△	×	%
砾含有量	◎	◎	◎	○	△	△	%
pH（H_2O）	◎	◎	◎	○	○	○	—
总含氮量	◎	◎	◎	○	△	△	%
CEC（阳离子交换容量）	◎	○	○	○	△	△	$cmol_c \cdot kg^{-1}$
交换钙	◎	◎	○	△	△	△	$cmol_c \cdot kg^{-1}$
EC（电导率）	◎	◎	◎	◎	◎	◎	$dS \cdot m^{-1}$

注：优：◎，良：○，不良：△，极不良：×。

排出污泥绿化利用的简易判定基准　表 6.13

分类编号	绿化利用之适否	砾含有量	黏土含有量	pH	EC
		%	%	—	$dS \cdot m^{-1}$
Ⅰ	适	<20	<25	4.5~8.5	<2
Ⅱ	稍适	20~50	25~50	3.5~4.5 8.5~9.5	2~4
Ⅲ	不适	>50	>50	<3.5 >9.5	>4

注：粒径条件：砾 >2mm，黏土 <0.002mm。

另外，对污泥的不良因素来说，可用搅拌土等力学方法改良物理特性。但是，化学特性不能靠工程机械改良，作为技术开发方向，应重视化学特性的改良。

6.4.2　污泥的改良试验

1. 改良工法的概况

水泥土连续墙工程中排出的污泥，因含有水泥，故泥中存在的氢氧化钙的量较多。其影响使 pH 为 11~12 呈强碱性，以往通常作弃物处理。

作为改良排出污泥的新方法是采用：①利用空气作碳化处理及；②用特殊肥料作中和处理。图 6.31 所示的是排出污泥的改良程序图，基本改良作业如下：

（1）排出污泥细粒化（粒度≤20mm）。

（2）接触空气的同时，使层厚均匀。

（3）撒布特殊肥料，用拖拉机搅拌。

因为排出污泥中混有水泥，所以搁置一定时间后会硬化。因为硬化状态为大块，所以应破碎并用筛孔细粒化。

2. 碳化处理

照片 6.2 所示的是碳化处理后的土块断面。表面与内部土的颜色不同。表面的土壤水

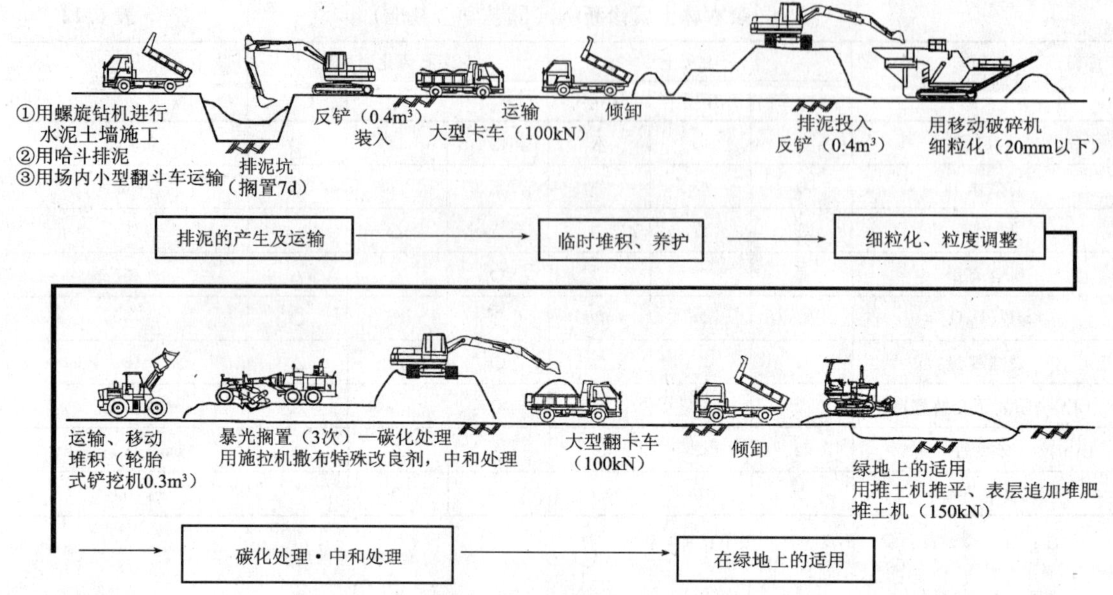

图6.31 排出污泥改良程序图

中溶入的二氧化碳与污泥中的氢氧化钙反应，则土块表面生成碳酸钙层。上述设想如图6.32所示，该表层封闭了土块内的氢氧化钙，抑制了钙成分向土块表面的溶出。为此，抑制了土的pH和EC的升高。在碳化处理中，发生如下的反应：

$$Ca(OH)_2 + H_2CO_3 \longrightarrow CaCO_3 + nH_2O$$

照片6.2 碳化处理后的土块断面（最小标尺5mm）

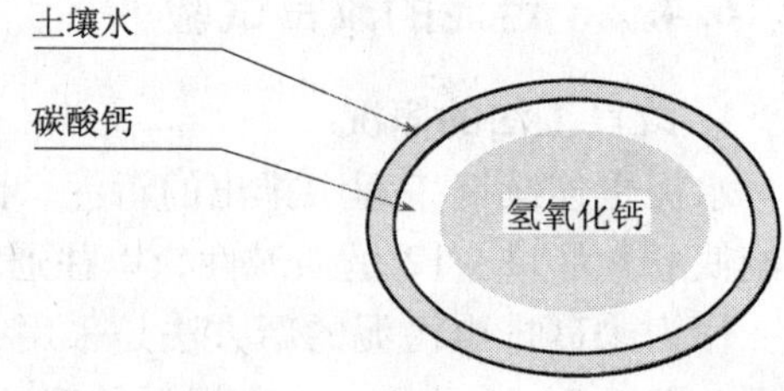

图6.32 碳化处理后的土块断面构造图

3. 中和处理

中和处理即在污泥中添加特殊肥料，与钙化合生成难溶性盐，抑制碱成分的溶出，使pH值下降。另外，特殊肥料也可期待肥料的作用。

6.4.3　室内试验

这里叙述有关使用SMW工程中排出污泥时开展的有害成分和理化特性、发芽、生长的各种试验。

1. 有害成分的试验

有害成分的主要测定项目系指水银、砷、镉、锌、铬及六价铬的含量的测定。本例试验的测定结果如表6.14所示。水银、镉、六价铬的测定值均小于法定值，铬、砷、锌与自然土的规定指标大致相同。这说明认真进行施工管理排出污泥中的有害成分通常不会超出法定指标。

有害成分试验结果　**表6.14**

项　目	分析值	法　令	分析方法
水　银	0.05未满	2以下	肥料分析法
砷	5.2	50以下	肥料分析法
镉	0.1未满	5以下	肥料分析法
锌	24	120以下	肥料分析法
铬	9.6	—	JIS K 0102
六价铬	0.1未满	—	JIS K 0102

注：单位：$mg \cdot kg^{-1}$。

2. 物理、化学特性试验

物理、化学特性试验的测定项目和方法如表6.15所示。

物理、化学试验的测量项目和方法　**表6.15**

pH	土：纯水＝1：5，pH玻璃电极法
EC	土：纯水＝1：5，pH电极法
含水比	105℃干燥
阳离子交换容量（CEC）	1M醋酸铵溶液，靛酚滴定和自动分析
交换性阳离子（Ca，Mg，Na，K）	1M醋酸铵溶液，原子吸收法
水溶性阳离子（Ca，Mg，Na，K）	土：纯水＝1：5，原子吸收法

试验试样土使用粒度调整到4.75mm以下的排出污泥，①未干燥“未处理”污泥和②在室温下干燥2d的“碳化处理”的两种试样。中和处理即在两种试样土中混入特殊肥料3%（重量）。试验植物使用野菜（槐兰），在200mL的罐中把试样上压实到50mL，各罐中播种20粒种子。在罐上盖上具有防止土干燥、透光的盖子，室内温度保持在25℃。浇水30mL使罐内土从上到下均处于饱和状态，靠重力排水，连续浇水10d。

试验结果如图6.33所示。“未处理”和“碳化处理”的土，野菜在发芽14d后的生存率为0%。“中和处理”的土，野菜的生长正常，生存率为80%。土的状态，在“未处理”的条件下，pH为9.3，EC为$1.4dS \cdot m^{-1}$；“碳化处理”与“中和处理”的条件下，pH为8.2，EC为$1.6dS \cdot m^{-1}$。如果采用表6.13的判定基准，则可以确认改良效果，前

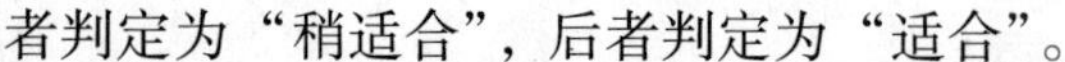

者判定为“稍适合”，后者判定为“适合”。

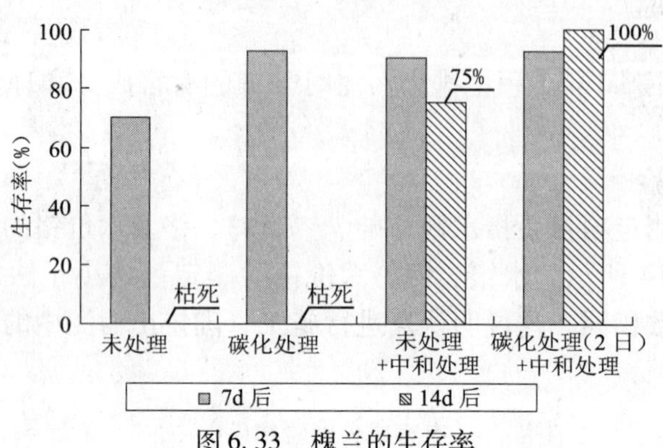

图6.33　槐兰的生存率

6.4.4　实证试验

这里介绍以排出污泥为原料制造的改良土，造成面积约为200m² 的试验圃场，从2002年6月~2003年1月进行栽培试验。

1. 改良土的制造

为了对比，还对旱田土和未混水泥的开挖土进行了试验。对比中的碳化处理系指室温条件下，干燥7d的排出污泥。试验结果如表6.16所示。表中的“未处理”表示的是pH为12，EC为5.4dS·m^{-1}，高碱性、含盐浓度高的土。因为交换性和水溶性钙成分非常多，故这里可以认为是水化状态的碱成分溶出的原因所致。另外，“碳化处理”结果为pH为11，EC为1dS·m^{-1}，与“未处理”的pH、EC相比都低。EC低可以认为是碱成分碳化后不溶于水的原因所致。另外，由表中不难发现，水溶性和交换性钙与“未处理”态相比，数据减半。

物理、化学特性试验结果　　表6.16

试料名	含水比 %	pH	EC dS·m^{-1}	CEC cmol$_c$·kg^{-1}	交换性离子				水溶性离子				碱饱和度 %
					Ca	Mg	K	Na	Ca	Mg	K	Na	
					cmol$_c$·kg^{-1}				cmol$_c$·kg^{-1}				
未处理　分析值													
碱性排泥	72	12.8	5.4	34	430	8	2	3	6	0	1	2	1290
旱田土	15	8.7	0.2	31	34	1	0	0	1	0	1	0	107
掘削土	6	9.3	0.1	1	26	2	0	0	0	0	0	0	1991
碳化处理（7d后）的分析值													
碱性排泥	10	11.2	1.0	36	270	5	2	2	3	0	0	1	763
旱田土	5	8.5	0.2	14	63	2	1	0	1	0	0	0	461
掘削土	0	9.1	0.1	1	97	2	0	0	1	0	0	0	8933

2. 发芽、生长试验

表6.17中所示的是土的种类。把排出污泥的粒度调整到20mm以下，随后进行7d的

碳化处理，再进行 1d 的中和处理。特殊肥料采用与室内试验相同的用材。

3. 试验区的设置

表 6.17 所列的是试验土。条件设定为未处理、改良土 A、改良土 B、改良土 C、改良土 D、旱田土等 6 个品种，合计 12 种。试验土层厚 20cm。作为底肥，按每 m^2 撒布 20g 组合肥料。试验植物是栽培矮草（狗牙根）。

试验土样的条件 表 6.17

试样名	条件
未处理土	开挖后移到坑内，搁置 1 个月后的排泥
改良土 A	把排出污泥土（未处理土）筛分 20mm 以下，干燥 7d
改良土 B1	在改良土 A 中混入特殊肥料 2%（重量比）
改良土 B2	在改良土 A 中混入特殊肥料 3%（重量比）
改良土 B3	在改良土 B2 中混入甘蔗堆肥 5%（体积比）
改良土 C1	在未处理土中混入特殊肥料 1%（重量比）
改良土 C2	在未处理土中混入特殊肥料 2%（重量比）
改良土 C3	在未处理土中混入特殊肥料 3%（重量比）
改良土 D1	在改良土 A 中混入甘蔗堆肥 5%（体积比）
改良土 D2	在改良土 A 中混入甘蔗堆肥 10%（体积比）
改良土 D3	在改良土 A 中混入甘蔗堆肥 20%（体积比）
旱田土	由石灰岩演变而来

4. 土的状态

图 6.34 中所示的是施工两个月后的 pH 和 EC。改良土的饱和度大幅下降，改良土 B2 的 pH 为 8.4，EC 为 $0.7dS \cdot m^{-1}$。如果与旱田土相比，EC 稍高，pH 值大致相同。根据表 6.13 的基准断定，改良土可以用作绿化土。

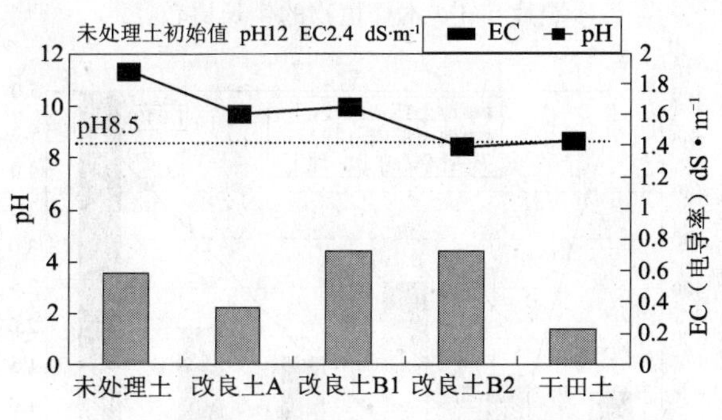

图 6.34 土的 pH 和 EC（施工两个月后）

5. 植物发育

作为木槿植物生长状态的例子，图 6.35 所示的是苗高和叶的维生素 A（β 胡萝卜素 + 甘草次酸）与改良土的关系。由图不难发现，改良土 A、改良土 B1 和 改良土 B2 在两个月内长到 90 ~ 100cm 高，相对而言，改良土 A 的 β 胡萝卜素与改良土 B2 的相比略低一点，但相差不大，这说明中和处理的改良土可以期待与旱田土同程度的生产性。

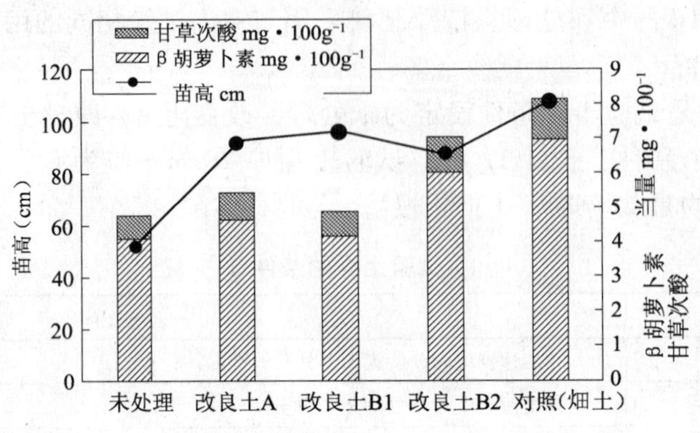

图6.35　苗高及维生素与改良土的关系

照片6.3和图6.36所示的是木槿植物的生长状况对比。显然，就植物的地表重量与地下重量的比而言，未处理土最小，改良土B3最大，且地表部的重量远大于其他土种相应重量。这说明改良土中加入堆肥对生长最有利。

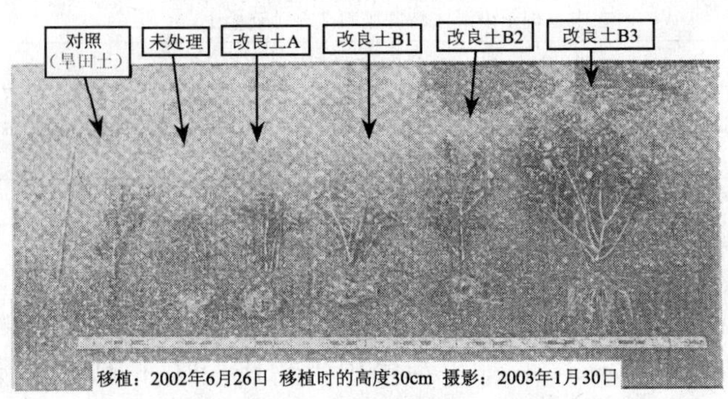

照片6.3　木槿植物的生长比较

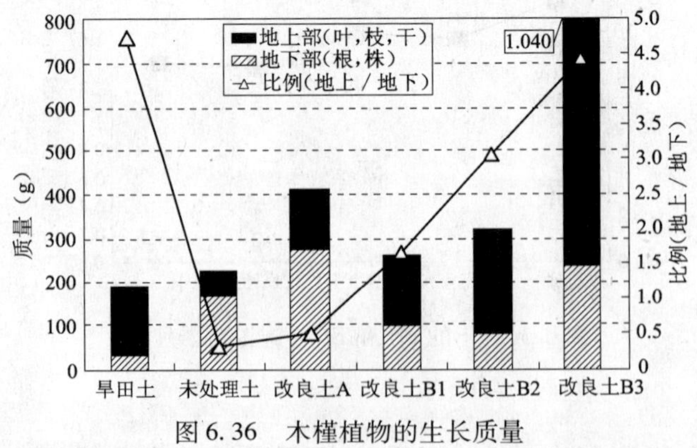

图6.36　木槿植物的生长质量

为了验证堆肥的效果，特用新制造的改良土造成圃场（$200m^2$），并进行了栽培试验。

试验区的土层厚40cm，作为底肥料在全部试验区的表层撒布了化学肥料$20g/m^2$，混合甘蔗堆肥5%（容积比）。栽培的试验植物是木槿植物，如狗牙根、番木瓜等。

作为例子，图6.37所示的是番木瓜的生长变化状况。栽培91d后，观察发现改良土B4上栽植的15cm的苗已长高到100cm。在未处理土和改良土D2上的生长高度停止于70cm。由此可知，中和处理过的改良土，如果使用堆肥（B4），即使减少特殊肥料，也可以期待与旱田土一致的生长性。

6. 小结

为了讨论排出污泥的有效利用，所以特意调查了绿地土的特点，并开发了改良排出污泥工法。而且通过实证试验，确认了排出污泥可以用于绿地的用途。研究结果如下：

（1）绿地中的杂木林土缺少矿物。旱田土为了维持生产性必须定期补充钙等矿物。

（2）排出污泥含有高浓度的钙，是高碱性高盐土，但不含重金属等有害成分，所以如果改良，可以用来作为绿化土。

（3）排出污泥的改良方法是使pH值下降的碳化处理和中和处理。优点是不使用特殊化学试剂，而是使用普通的土木机械，作业安全性好。

（4）排放污泥改良土可以栽培植物，可以期待与旱田土具有同样的生产性。中和处理后，混入堆肥则可使植物生长良好。

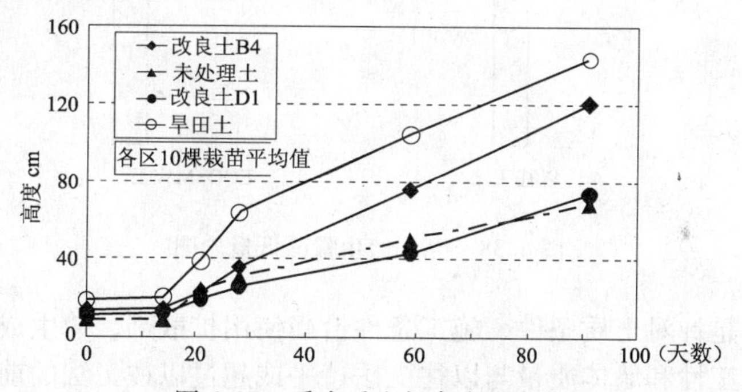

图6.37　番木瓜生长高度的变化

1. 苗的高度15cm（2004年4月27日栽培）

2. 改良土B4是在改良土A＋特殊肥料1%（质量比）中混入甘蔗堆肥的土

6.5　扩散剂抑制弃泥产生量的水泥土连续墙工法

6.5.1　工法概况

该工法是靠扩散剂抑制掘削液或固化液的注入量，从而抑制弃泥产生量的工法（以下简称扩散剂工法）。这种工法是从源头上抑制弃泥产生量的工法。该工法采用流动扩散剂确保施工性（不低于以往工法）和墙体质量，在此前提下可使注入量减量。图6.38所示的弃泥产生量减低的概念图。

扩散剂由两种高性能扩散剂（A剂、B剂）构成。由对象土的种类和施工条件，决定A、B剂的配比和添加量（添加率）。A剂是液体，可使水泥颗粒和土颗粒高效地扩散开来。此外，A剂对水泥颗粒的凝结性有一定的延迟作用，所以水泥固化液与原位土混拌后的水泥土在一定时间内具流动性。B剂是粉体，对土颗粒有极好的扩散作用，与此同时可对经历一定时间扩散后的水泥颗粒起凝结促进作用。

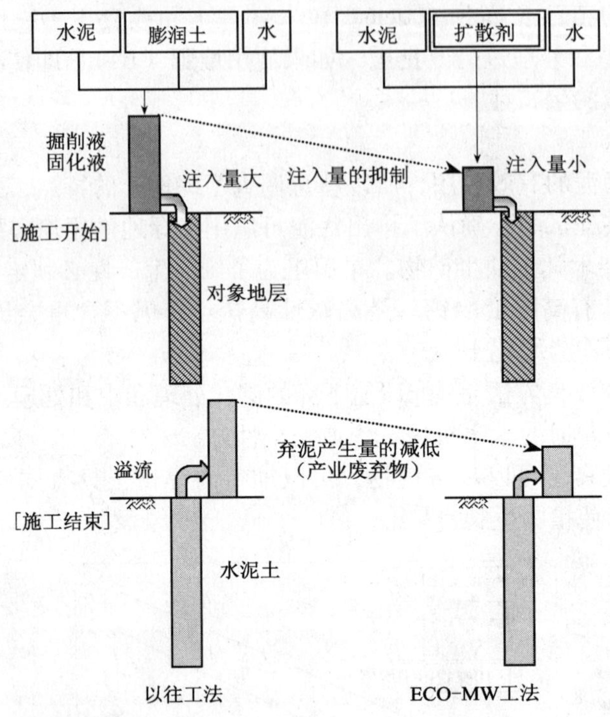

图6.38　弃泥产生量减低概念图

总之，该工法是针对土质条件、施工条件恰当使用扩散剂，使生成的水泥土具有高流动性，即在确保施工性和墙体质量与以往工法持平或超过以往工法的前提下，可使掘削液和固化液的注入量大为减少。另外，由于扩散剂的作用，尽管注入率低但拌混性不下降，完全可以生成匀质的水泥土墙。

6.5.2　现场适用实例1

1. 工程概况

某水泥土排柱桩连续墙的施工总面积为11500m^2。其中，抑制污泥产生量的水泥土连续墙工法施工9000m^2，以往老工法2500m^2，桩径ϕ650mm、ϕ900mm，钻孔深度15.5～25m。现场土质柱状图如图6.39所示。该工程采用以往工法及抑制弃泥产生量水泥土连续墙工法两种工法施工，并就施工时水泥土的流动性、单轴抗压强度、弃泥产生率进行对比。

2. 施工结果

（1）流动性

用现场试样的坍落度值对比水泥土的流动性。试验结果表明，以往工法的坍落度值为100mm，扩散工法的坍落度值为400mm（固化剂注入量仅为以往工法的50%）。

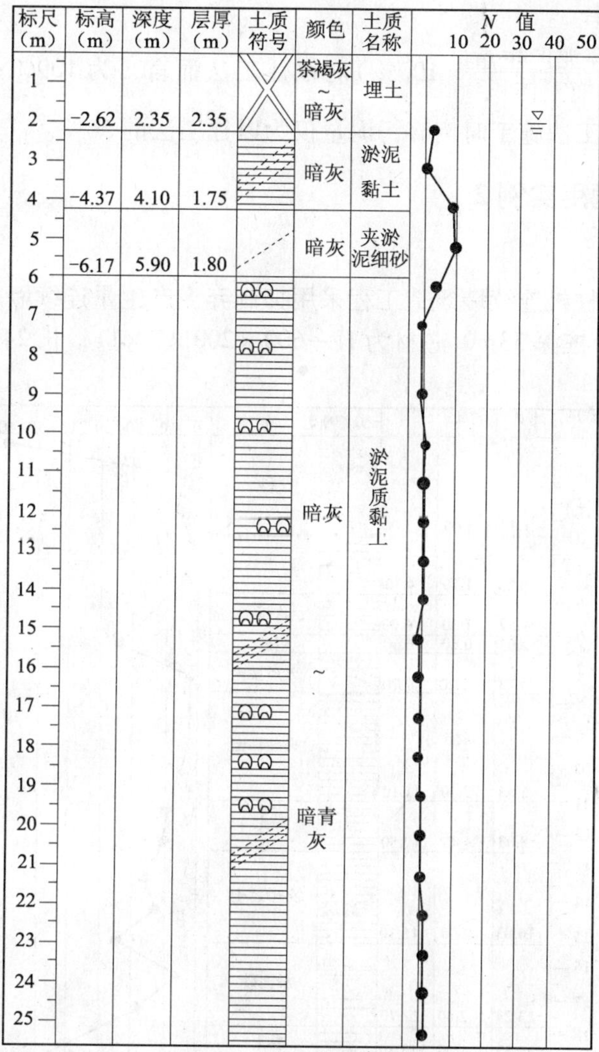

图 6.39 实例 1 土质柱状图

（2）抗压强度

表 6.18 所示的是现场采样的单轴抗压强度。试验结果表明，以往工法的抗压强度为 1.6MPa，扩散工法的抗压强度为 2MPa。尽管注入量减少，即水泥量减少，但抗压强度仍超过以往工法的强度。

取样的单轴抗压强度 表 6.18

工 法	材龄（d）	取样位置	单轴抗压强度（MPa）
以往工法	28	No. 6	1.593
扩散工法	28	No. 134	1.900
	30	No. 262	2.087

(3) 弃泥产生率

弃泥产生率$\left(=\dfrac{\text{弃泥产生量}}{\text{施工体积}}\times 100\%\right)$对以往工法而言，为109%；扩散工法为61%。由该结果可知，扩散工法施工时废弃污泥量仅为以往工法的56%。

6.5.3　现场适用实例2

1. 工程概况

某泵站水泥土排柱桩连续墙筑造工程采用抑制弃泥产生量连续墙工法施工。施工面积4723m²，桩径φ850，桩深33m，芯材为H—600×200×7×11，长24~28m。现场土质柱状图如图6.40所示。

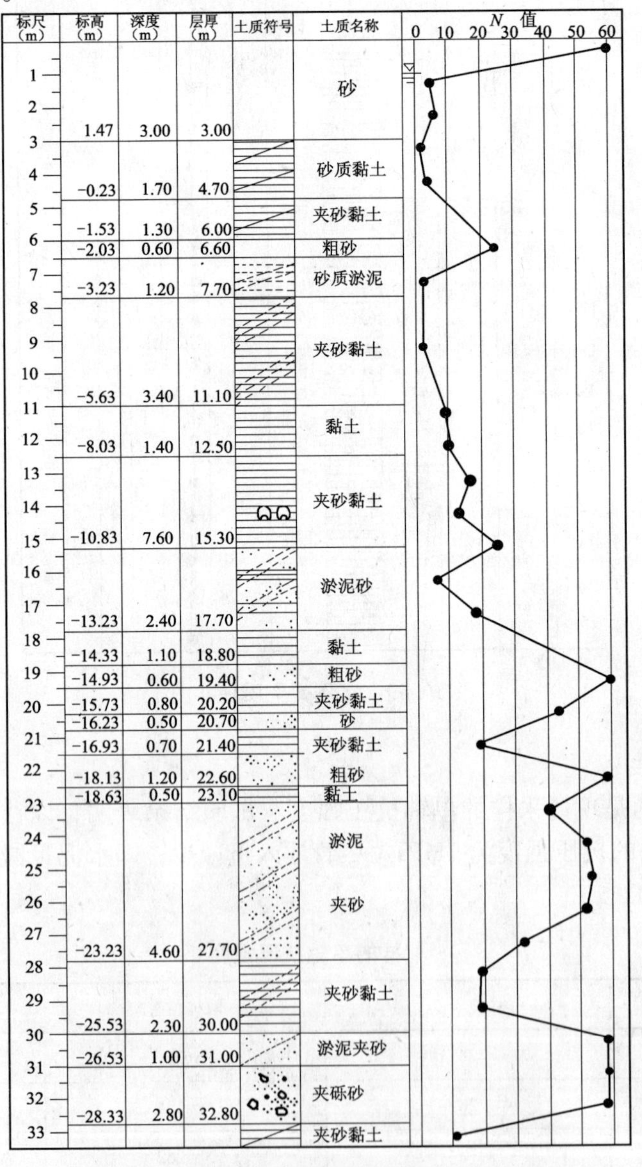

图6.40　实例2土质柱状图

2. 施工结果

（1）流动性

现场采样的坍落度试验结果表明坍落度为330mm，可见流动性之好。另外，先期幅段钻孔开始到插入芯材为止耗时4h，芯材插入顺畅。由此可见，施工时的流动性和凝结延迟性均好，即施工性良好。

（2）抗压强度

现场采样的单轴抗压强度如表6.19所示。试样的单轴抗压强度大致在2MPa左右，远大于设计强度0.5MPa。另外，强度与深度关系的起伏不大，完全可以认为是均匀分布。

取样的单轴抗压强度（实例2） **表6.19**

材龄（d）	取样深度（m）	单轴抗压强度（MPa）
28	TP1.25	2.073
	TP－13.25	2.134
	TP－29.75	1.809
28	TP1.25	2.110
	TP－13.25	2.597
	TP－27.75	2.320

（3）弃泥产生率

该工程的施工结果表明，污泥产生率为59%左右。

6.6 二次分级处理弃泥减量连续墙工法

本节介绍对剩余泥水实施二次分级处理，使用缓凝添加剂对水泥悬浊液进行再利用、抑制弃泥产生量的水泥土连续墙工法。

6.6.1 工法原理

水泥土排柱连续墙施工产生的剩余泥土的性状与水泥土墙体内的改良土的性状基本类似。另外，在原位土中注入水泥悬浊液混合、搅拌生成水泥土的场合下，其排出的剩余泥土的量应与注入的水泥悬浊液的量相同。若把剩余泥土送入土砂分级处理系统作分离处理，则会分离出砂和剩余液（以水泥悬浊液为主要成分），再将剩余液送入配比调整系统，使其调整成具有标准配比的水泥悬浊液，进而进行钻孔注入再利用。另外，把分离处理系统排出的砂作弃土处理。显然，剩余液再利用工法的弃土排弃量，要远小于以往工法的剩余泥土全部作弃土处理的排弃量。

6.6.2　系统构成、施工顺序及工法特点

1. 系统构成

系统构成如图6.41所示。由钻孔搅拌、注入成桩机（简称钻孔机）；安装在履带车上的吸泥泵；土砂分离机（KG分离机）；回收剩余液并作参数调整的设备（GSS）及标准配比水泥悬浊液的压送管道构成。

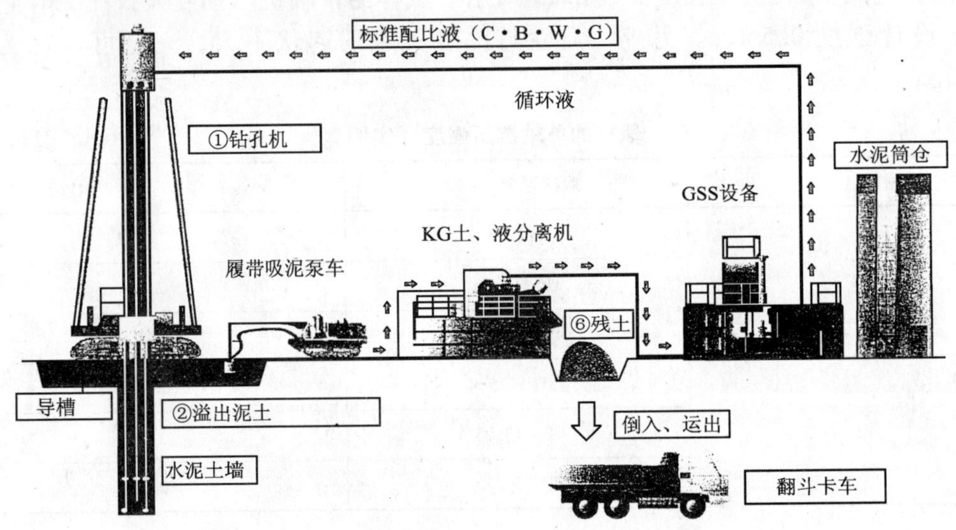

图6.41　二次分级处理弃泥减低连续墙工法框图

(1) 钻孔机

钻孔机的功能是钻孔，从钻头下端向地层中注入标准配比的水泥悬浊液，同时可把地层中的原位土与水泥悬浊液搅拌使其均匀混合，形成水泥土桩柱体（墙体幅段），排出的溢流泥土（即剩余泥土、产生泥土）贮存在导槽内。

(2) 吸泥泵

吸泥泵的作用是把导槽内的剩余泥土吸入并压送给土砂分离机，吸泥泵的示意图如图6.42所示。

(3) 土砂分离机

本工法中的剩余泥土采用称为KG土、液分离机（示意图如图6.43所示）的装置进行土砂、浆液分离，其构造及分离程序图如图6.44所示，剩余泥土的处理、分离减量概念图如图6.45所示。KG分离机由振动筛Ⅰ（上层网）、振动筛Ⅱ（下层网）、离心机、1次罐、2次罐及连接管道构成。由吸泥泵压送来的剩余泥土首先经过下层筛网滤除粗砂（排弃到弃土坑），其余成分（也称1次处理液）落入1次罐，再经1次罐中的泵压送给离心机，离心机上端排出的剩余液（称2次处理液）流入2次罐，下端排出的土砂落在上层筛网上筛除细砂成分，并排出落入弃土坑。最后由2次罐中的泵将2次处理液（即循环液或回收液）压送给参数调整设备。

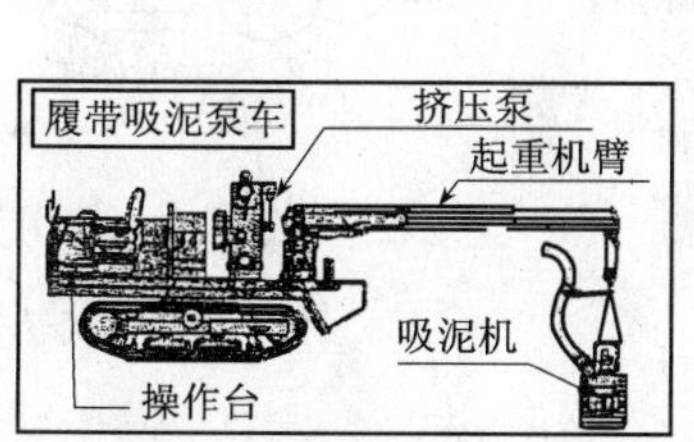

图 6.42　履带吸泥泵车示意图

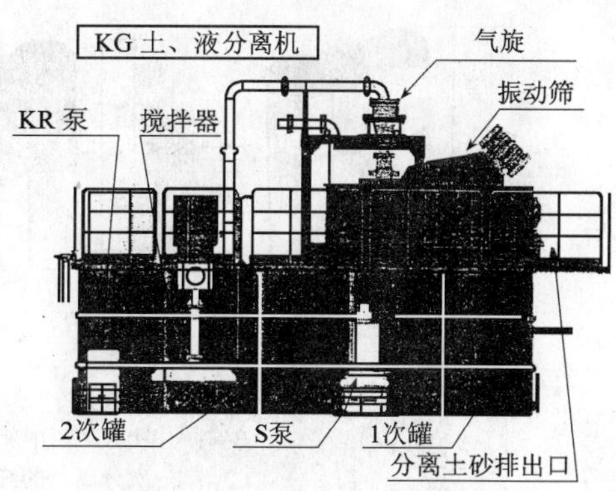

图 6.43　KG 土、液分离机示意图

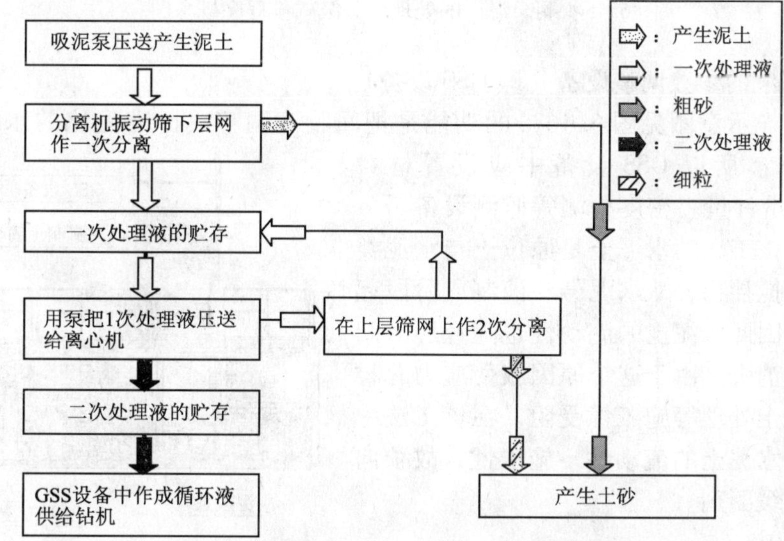

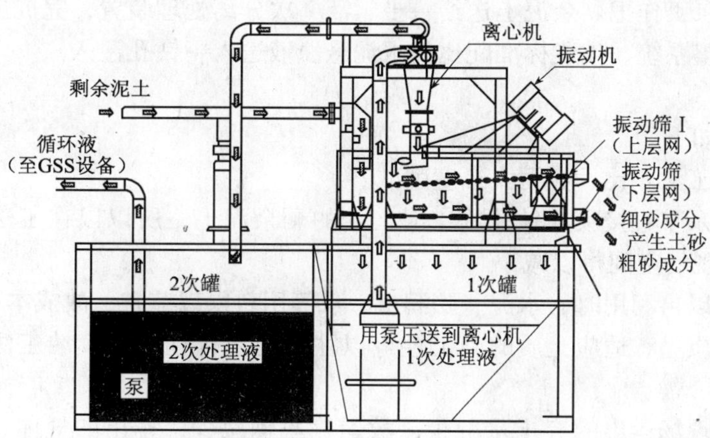

图 6.44　土、液分离机的分离程序图

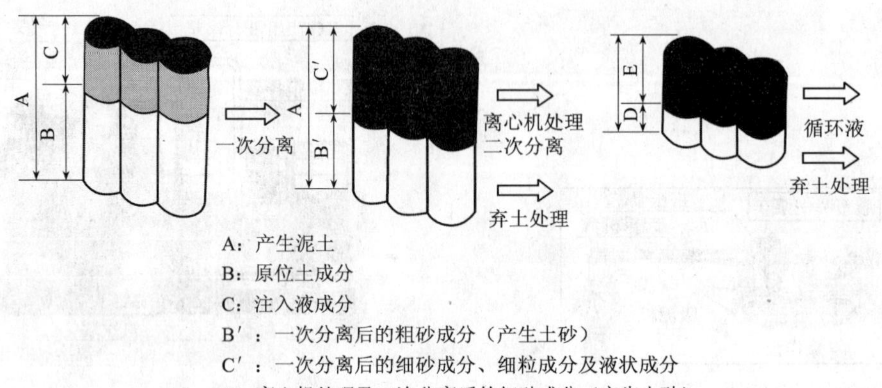

A：产生泥土
B：原位土成分
C：注入液成分
B′：一次分离后的粗砂成分（产生土砂）
C′：一次分离后的细砂成分、细粒成分及液状成分
D：离心机处理及二次分离后的细砂成分（产生土砂）
E：离心机处理后的细粒成分及液状成分（循环液）

图6.45　剩余泥土的处理、分级减量程序概念图

（4）循环液的参数调整设备（即GSS设备）

GSS设备（示意图见图6.46）的功能是把回收液调整成标准配比的水泥悬浊液并供给钻孔注入。所以GSS设备中应设置材料（水泥等）用量计量、密度检测等监测设备。

此外，因该工法的水泥土是原位土与水泥类悬浊液的混合搅拌物，从水泥悬浊液制成阶段起即开始硬化，因此水泥土的流动性也随经历时间的增长而逐渐消失，由于这个原因致使应力芯材的插入性和泥土处理等施工性受阻。在该工法中为了控制保持水泥土的流动性、施工性，故须向循环液中添加缓凝剂。

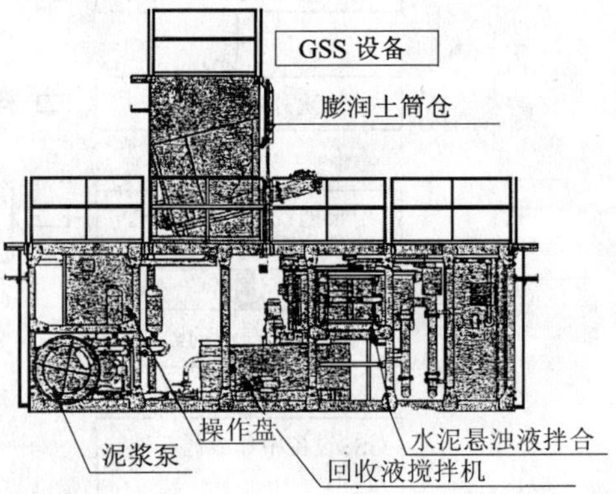

GSS设备
膨润土筒仓
操作盘
水泥悬浊液拌合
泥浆泵
回收液搅拌机

图6.46　GSS设备示意图

2. 施工顺序

施工顺序如图6.41所示。钻孔机钻孔，溢出剩余泥土→吸泥泵工作把剩余泥土送给→土、液2次分离处理装置，完成土砂和剩余液的分离后送入→调整系统、生成标准配比的水泥悬浊液送入→钻孔注入。

3. 工法特点

该工法的特点如下：

（1）与以往的工法相比，弃泥大幅度削减。

（2）由于吸泥泵车直接吸入钻孔施工时产生的剩余泥土，所以以往工法中必备的大泥土坑得以省略，现场空间得以减小。

（3）剩余液得以再利用时，水泥、膨润土、水等用料得以节省，故成本下降。

（4）止水性、质量、适应土质的施工性等以往水泥土排柱桩连续墙工法的特点依然存在。

（5）由于施工现场运出的弃土量减少，故运输车辆减少，排出的气体、噪声等污染环境的问题也得以减轻。

(6) 处理剩余泥土的必要机械设备，与以往工法相比只需增加2次分级处理分离机。

6.6.3 大厦建筑工程实例

1. 工程概况

该工程是大型办公楼新建工程。建筑物概况：地下3层、地上19层，地下构造物的基坑底面深度GL－20.36m，对应的挡土墙采用水泥土排柱式连续墙，墙体埋深33m。

2. 施工实绩

钻孔直径：ϕ900mm、孔深33m；应力材为H700×300×13/24，L＝23～25m；施工面积$A=10085\text{m}^2$。

现场土质柱状图如图6.47所示。施工基面18m以下为N值50以上的细砂层，事前作为辅助工法进行先期预钻孔。

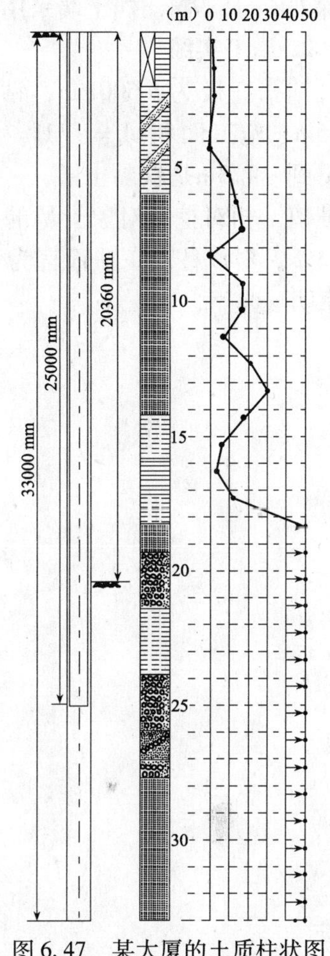

图6.47 某大厦的土质柱状图

上述施工面积中的8340m² 按2次分级处理弃泥低减连续墙工法施工，余下的1745m² 按以往的SMW工法施工。

表6.20列出了产生弃土的实绩值相对挖掘对象土量的弃泥产生率，2次分离处理弃泥低减连续墙工法施工时为33.5%；以往的SMW工法施工时为77%。显然新工法弃泥产生率可减少一半以上。表6.21列出的是施工中的单轴抗压强度及渗水系数的施工管理值。

2次分级处理连续墙工法施工结果　　表6.20

施工事例	施工数量（m²）	对象土量（m³）	产生残土量（m³）	产生率（%）	低减率（%）
某大厦	8337.30	6894.95	2310.00	33.5	56
某泵站	1721.20	924.28	132.00	14.3	78

质量管理值　　表6.21

施工事例	单轴抗压强度（kPa）	渗水系数（cm/s）
大厦	744	2.08×10^{-6}
泵站	992	1.10×10^{-6}

6.6.4 泵站建设工程实例

1. 工程概况

该工程系泵站构筑工程，构造物概况，地下2层、地上一层，地下构造物的开挖基底面深 GL－15.7m，挡土墙采用2次分级处理弃泥低减连续墙。

2. 施工实绩

钻孔直径为ϕ600mm，钻孔浓度 L = 25.5m；应力芯材为 H450 × 200 × 9/14，L = 21.5m；施工面积 A = 1721.2m^2。现场的土质柱状图如图6.48所示。离开施工基面往下到－4.8m是软黏土层，－4.8m以下为砂、砂砾层。表6.20中列出的是产生弃泥的实绩值。相对挖掘对象土量的弃泥产生率，对2次分级处理弃泥低减连续墙工法而言为14.3%，对以往的工法而言为65%。由此可见，选用新工法时弃泥产生率的大幅度减低效果非常明显。

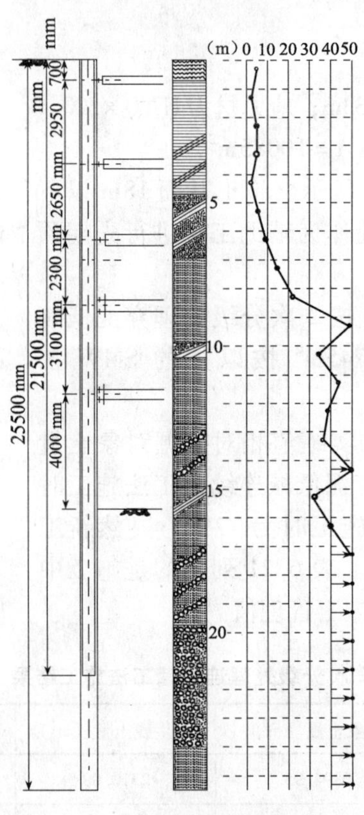

图6.48　某泵站土质柱状图

3. 小结

2次分级处理弃泥低减连续墙工法开发实用以来，5年时间里实绩施工面积达330000m^2，100多个工程。完全确认了弃泥低减的有效性。

6.7　螺旋分级弃泥减量连续墙工法

本节介绍大幅削减弃泥排弃量，从而减轻环境负担的3级分级弃泥低减连续墙工法。

6.7.1 工法概况

3级分级弃泥削减连续墙工法是把生成水泥土排柱墙时产生的剩余泥土，送入解泥装置和3级分级装置去除土砂，然后把含有水泥成分的剩余液回收，送入搅拌、密度调节装置，调整成标准的水泥悬浊液，返回水泥悬浊液设备中再利用，从而削减弃泥数量的工法。

6.7.2 系统构成

系统处理流程如图6.49所示。系统由解泥装置、主体装置（照片6.4）及搅拌装置构成。

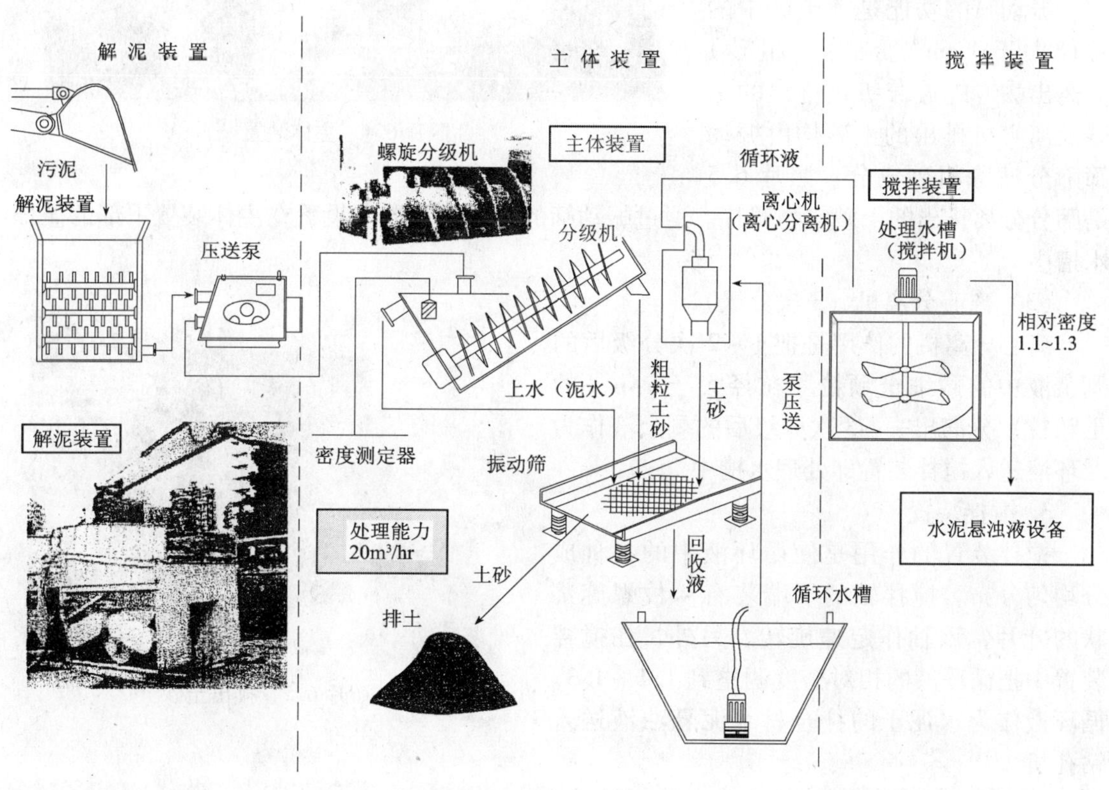

图6.49 系统处理流程图

1. 解泥装置

解泥装置内部设有3条搅拌轴，轴上装有搅拌叶片，该搅拌轴把土块切碎制成适于用泵压送的泥土。该装置的上部设有缝口状的盖，由此去除粒径大的块石和贝壳等杂物。解泥后由送泥泵把泥土压送到主体装置。

2. 主体装置

主体装置由土砂分级装置和剩余液回收装置构成。分级装置由螺旋分级机、振动筛及离心机构成，三者的功能如下：

（1）螺旋分级机（1次分级）

螺旋分级机的功能是把土砂中粗粒径的土砂（砂和砾石等）分离出去，称为1次分级。其分离原理是用水稀释泥土，随后粗粒土砂沉底即分离开来。稀释时用全自动相对密度测定器调整、管理泥水的相对密度，使其满足一定值。

照片6.4　主体装置

（2）振动筛（2次分级）

振动筛的功能是把土砂中的粒径大于1mm的成分（粗砂）分离出去。螺旋分级机排出的土砂及离心机排出的土砂均由振动筛筛分滤除粗砂成分。照片6.5是筛分分离排出的土砂实物照片。通过振动筛的剩余液存贮于设置在主体装置下部的循环水槽中。

（3）离心分离机（3次分级）

离心分离机的作用是把1～2次分级后的剩余液中的微细土颗粒（粒径大于74μm的土颗粒）分离出去。3次分级后的剩余液作为循环液送入搅拌装置即处理水槽中。

照片6.5　排出土砂

3. 搅拌装置

搅拌装置的作用是使循环液中的各种成分均匀分布。搅拌轴的下端装有4枚螺旋桨状的叶片，该轴作定速旋转。另外，在搅拌装置中把循环液的相对密度调整到1.1～1.3。循环液作为水泥土的拌合材水泥悬浊液送入钻孔机。

4. 施工机械装置的布设

该工法的施工机械、装置的布设状况如图6.50所示。占地面积较以往大100m²，但以往工法中的泥土临时贮存坑不复存在，所以占地面积两者基本持平。另外，解泥装置随着工程的推进可用吊车沿挖槽移动。

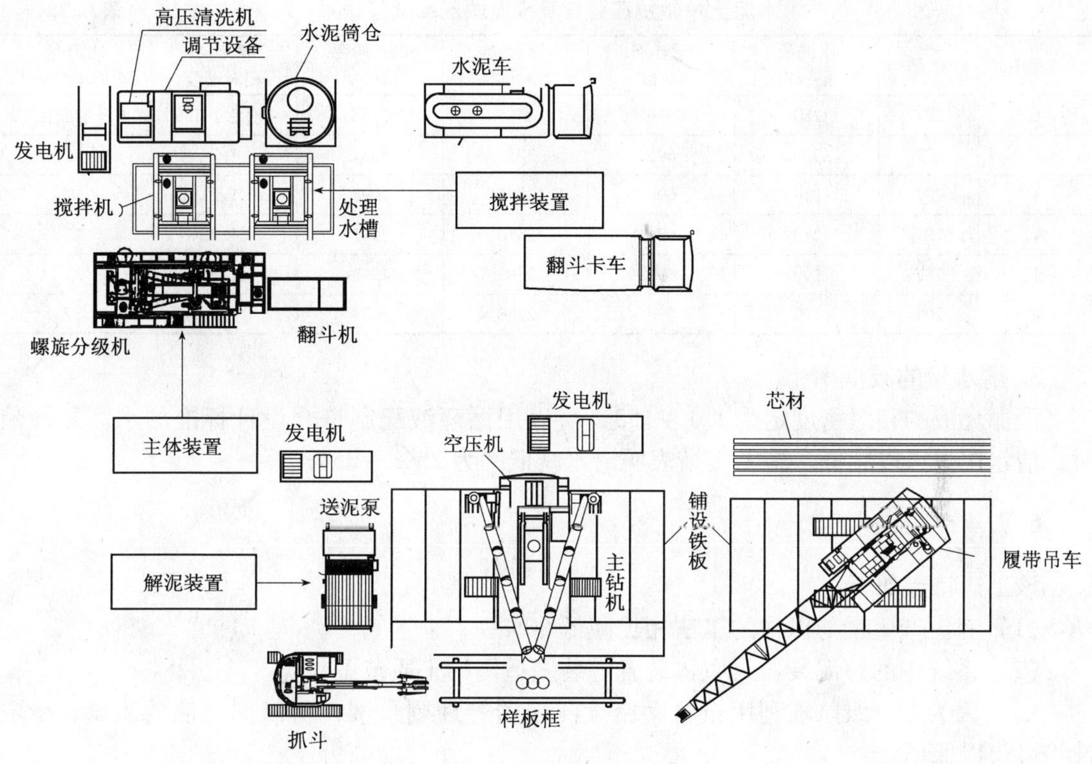

图6.50　施工装置布设图

6.7.3　弃泥量、水泥量及清水量的减低率

1. 弃泥量减低率

施工实绩表明，产生弃泥的减低率，对砂地层而言可减低57%～70%；对黏土地层而言可减低45%～55%。显然，砂地层比黏土层的减低率要高。减低率取决于弃泥中的土颗粒的相对密度和粒径。当把剩余泥土分离成土砂和剩余液的场合下，土颗粒的相对密度越大，粒径越大，固、液分离越容易，故砂地层比黏土地层的减低率要高。

2. 水泥量的减低率

因循环液中存在水泥残余成分，所以当循环液回收再利用时，制成水泥土的水泥需要量应下降（设计强度相同的条件下）。具体的减低率应由室内试验、现场取样试验决定。表6.22列出的是使用循环液时的水泥土的单轴抗压强度室内试验结果的一个例子。表中1号试样为标准配比时的单轴抗压强度结果；2～6号试样为使用循环液时的单轴抗压强度的结果。从表中的数据不难发现，1号试样与6号试样的抗压强度基本相同，但6号试样的水泥用量与1号标准配比的水泥用量相对下降39%。

通常使用循环液时，水泥减低率为10%～40%。

水泥土单轴抗压强度及水泥减低率试验结果　表6.22

试样号 No.	W/C（%）	水泥量 kg/m³	循环液 kg/m³	7d强度 kN/m²	28d强度 kN/m²	循环液相对密度	水泥量减低率（%）
1	207	280	580	2465	3744	（清水）1.0	标准配比
2	207	250	696	3036	5381	1.2	11
3	207	230	696	2876	4097	1.2	18
4	207	210	696	2510	3993	1.2	25
5	207	190	696	2393	4257	1.2	32
6	207	170	696	2288	3679	1.2	39

3. 清水量的减低率

因循环液的相对密度定为1.1～1.3，所以用循环液配制符合设计标准的水泥悬浊液时，清水用量可以减低。施工实绩表明清水减低率为25%～35%。

6.7.4　工法特点

该工法特点如下：

（1）弃泥产生量与以往的工法相比减低50%。

（2）系统中的解泥装置、主体装置等装置适用的土质范围较宽。

（3）因为在分级阶段利用全自动密度测定器管理剩余液，所以循环液的质量、稳定性均可得以保证。

（4）因为利用密度一定的循环液，所以测定水、水泥和膨润土量的装置就不需要了。以往的固化材的拌合设备仍可保留。

（5）装置清洗时间短，装置的构造已考虑到作业的容易性和安全性。

（6）由于循环液中的水和残余水泥成分得以再利用，故清水量、水泥量得以减低。

第7章 墙式混合搅拌工法

7.1 引　　言

上章介绍的排柱式水泥土连续墙（SMW）钻进机，通常机高较高（一般在30m左右），即使低矮机型机高也在15m左右。使用这种类型的机械进行大深度施工时，地层的不稳定（土质变化较大）和操作人员的失误均会致使机械倾倒，对邻近现场、路人和居民构成极大威胁。

本章介绍的墙式混合搅拌工法，即TRD工法主要是为了杜绝上述缺陷、确保安全而开发的工法。TRD工法也是水泥土地下连续墙工法中的一种，它是使插入地中的链型掘削架刀横向移动，连续掘削地层。同时竖向注入掘削液、固化液与原位掘削土混合、搅拌，在地中原位造成固化墙体的工法。TRD工法开发成功已有10年历史。这期间的施工实绩包括临时挡墙和主体构造侧墙利用的实例已达350多件，与此同时还积累了巨砾地层和硬质地层（单轴抗压强度75MPa的花岗岩）的掘削经验，施工深度已达-53.5m。

特别是水泥土的强度、止水性及墙的连续性均能较好地满足主体构造止水墙的性能要求。最近几年中在雨水调节池和防止污染物扩散的地下止水连续墙的领域中，作主体构造墙的比例已达40%以上。

7.2 施 工 机 械

施工机械大致由履带吊车、切削地层及把切削土体和水泥浆混合成水泥土的切削机构、可使切削机构左右滑动的主架三部分构成。最高高度为7.55m，显然与以往的SMW工法24m高相比要矮很多。履带吊车规格取决于墙深，通常使用600kN型。切削器机构由切削刀架（宽1.7m），带切削刀具的链条（图7.1）和链条驱动用油压发动机构成。刀架内设置数个水泥浆喷出口。TRD机的实物照片如照片7.1所示。

照片7.1　TRD机实物照片

刀架和链条可按需要的长度组装，构成可以上下升降的门式主架（宽8m，高5.35m），用2条后背牵索将主架支承固定在履带主机的前面。该主架的上下两端装有切削刀架，该刀架的左右滑动分别由装在主架上的水平油压千斤顶驱动。

随着履带移动，油压千斤顶使刀架反复依次滑动实现连续施工。

按切削轨迹，可作全断面切削的形式，设置切削刀具，每次推进距离为几米。另外，刀具前进方向先是朝下，到底部转向朝上。图7.1所示的是TRD机外形图的一个例子。

TRD-I 型

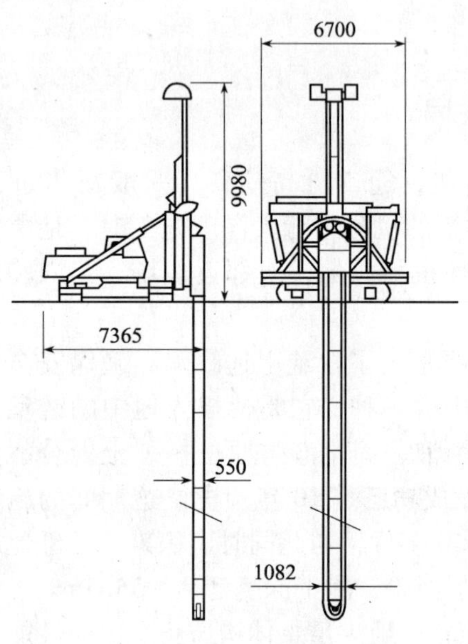

TRD-III 型

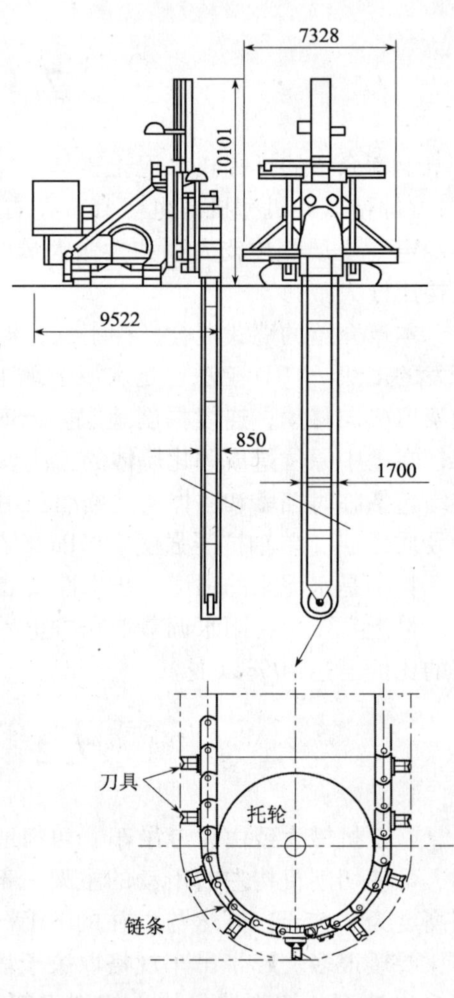

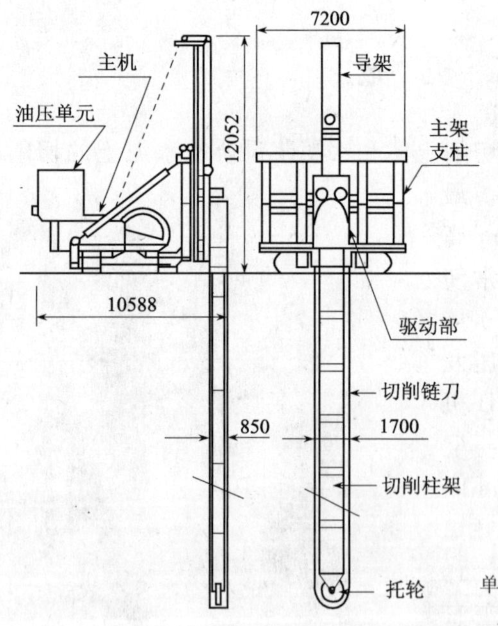

规格 机种	掘削宽度（mm）	施工深度（m）
TRD-Ⅰ型	450～550	20.0
TRD-Ⅱ型	550～700	35.0
TRD-Ⅲ型	550～850	60.0

单位(mm)

图7.1 TRD机构造规格图

7.3 施 工 方 法

7.3.1 先期工序及工法分类

1. 先期工序

先期工序系指切削刀架插入工序和切削刀架与TRD主机连接调整定位工序。该工序的示意图如图7.2和图7.3所示。图7.2所示的是导坑钻孔插入切削刀架主机连接法。图7.3所示的是自行插入法。

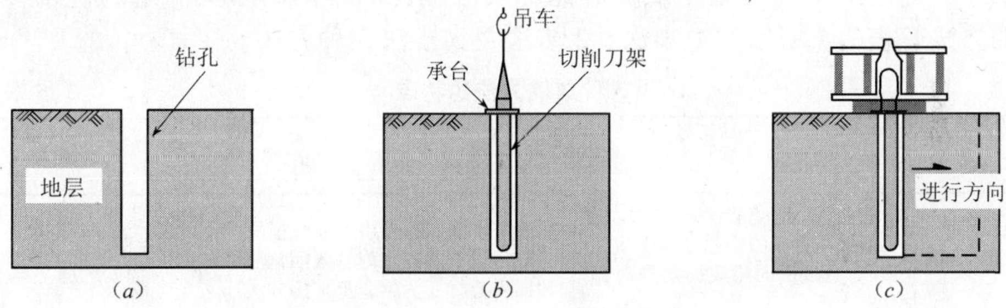

图7.2 导坑钻孔插入切削刀架主机连接工序
(a) 插入切削刀架钻孔；(b) 插入切削刀架用承台的调整及刀架插入；
(c) 主机与刀架连接后，确认墙位和调整竖直度

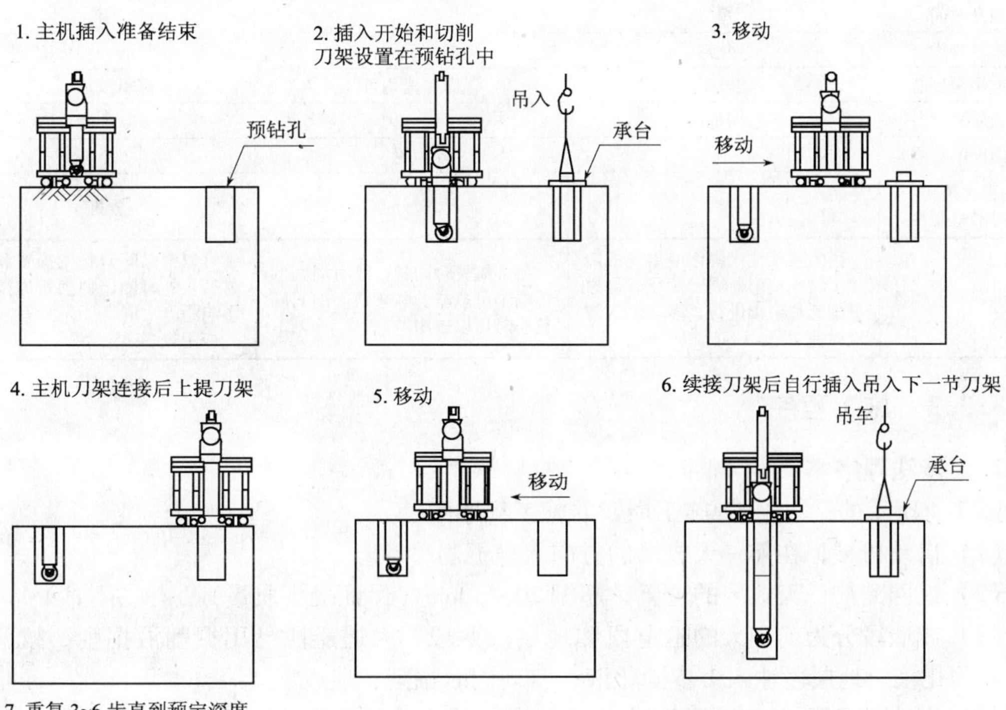

图7.3 刀架接续自行插入法操作过程

(1) 导坑钻孔插入法

为了插入切削刀架（宽1.7m），在挡墙轴线起点部位上使用单孔大型钻挖机钻削一个 $\phi1.9$m（或者双孔搭接 $\phi1000$mm）的孔到预定深度。然后用吊车把切削刀架放入钻孔中，随后使TRD主机与刀架连接，再用测斜仪调整刀架的竖直性以备进发。

(2) 自行插入法

该法多用于切削刀架分为几节的情形，插入靠链刀作竖向切削使刀架插入地层，插入时必须使用导架导向定位控制竖向精度，刀架续接结束后，导架可以拆除。

2. 分类

先期工序完工后，应进行地层掘削、注入浆液（掘削液、固化液）、插入芯材、固化成墙等工序。这些工序因地层土质、墙深、浆液配比的不同而不同。总的说来，TRD工法成墙的方法有表7.1所示的1步法、2步法及3步法3种方法。

3种成墙方法的特点　　表7.1

项目＼成墙方法	1步法	2步法	3步法
施工概况	把掘削、固化液注入、芯材插入看成一连串的作业（即1步完成），直接用固化液掘削同时固化的方法	施工步骤，在去路上进行掘削（第1步），在返回时注入固化液和插入芯材（为第2步）的方法	施工步骤，先行掘削（第1步），返回（第2步），固化液注入，插入芯材（第3步）的方法
说明图	掘削、造成、退避→ 芯材插入→	掘削→ 固化液注入→	掘削→ 返回← 固化液注入→
掘开时间	短	长	短
浆液种类	固化液	掘削液、固化液	掘削液、固化液
适用深度	较浅	深~浅均可	深、浅均可
地层软硬	软弱地层	软~硬	软~硬
对周围的影响	小	讨论	小
对存在障碍物时的适用性	差	较好	较好
注意事项、适用性	因为直接注入固化液出现故障停工时，切削器周围固化，导致掘削无法继续进行，多在墙深较浅时使用	掘开搁置时间长，故对周围的影响不可忽略。两弯角间的间隔较小时可以选用	可以确保障碍物的探查和芯材插入的时间，掘削对周围的影响小。 选用较多

7.3.2 施工程序

1. 1步法程序

图7.4所示的是以1d为施工周期的施工程序图。

(1) 启动机械，在前一天成墙的方向上横掘削移动。

(2) 返回到前一天成墙的位置，超掘20~30cm（保证接头质量）。

(3) 成墙段分为前一天的退避段和地层段两段。因退避段已用掘削液掘削，故应注入3步固化液。地层段注入1步固化液，实现同时掘削、造成。

(4) 在造成段插入H型钢芯材。

(5) 注入掘削液的同时切削刀架作退避掘削，使刀架退避到地层侧不远的位置上作业结束。退避段长通常以 3~5m 为准。

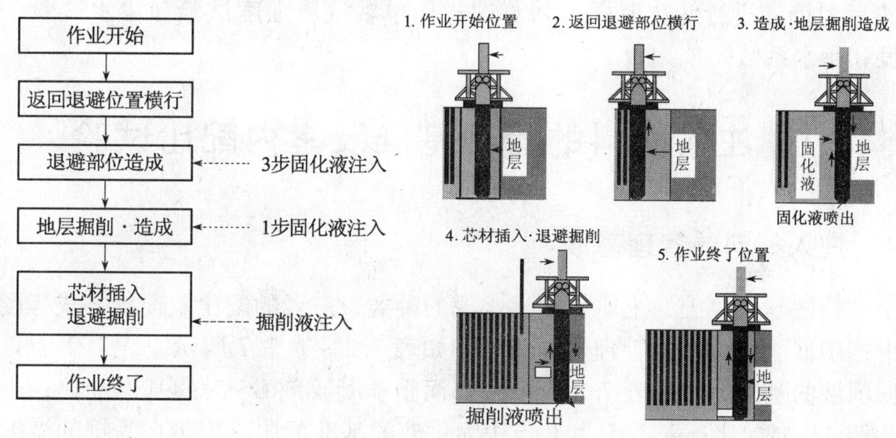

图 7.4 1 步法施工程序

2. 3 步法程序

图 7.5 所示的是以一天为施工周期的 3 步法施工程序。

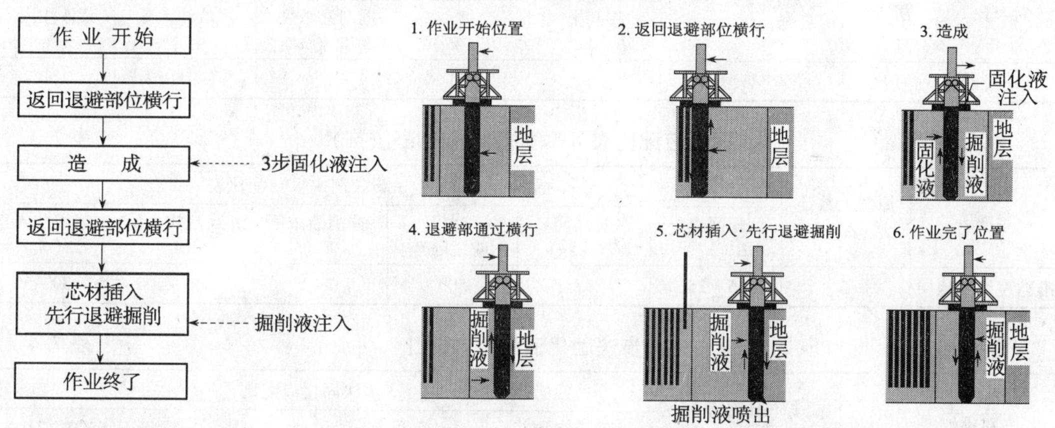

图 7.5 3 步施工程序

(1) 启动机械，在前一天成墙的方向上横移动。
(2) 返回到前一天成墙位置，超掘 20~30cm。
(3) 注入 3 步固化液混合成墙。
(4) 通过先期退避段。
(5) 在成墙内插入 H 型钢芯材。
(6) 注入掘削液掘削地层，使刀架退避到掘削段作业结束。

7.3.3 墙体成形及插入芯材的管理

(1) 由设置在切削器内的多个测斜计实时地测定成墙的竖直性，同时在操作室内的画面上显示出来，以便操作员及时修正操作；另靠切削器的剩余长度决定墙深。

(2) 靠切削器的宽度管理挡墙的宽度。

（3）芯材的插入精度靠定规调整、定规提吊，经纬仪测定管理。

（4）事后对墙体进行钻孔取样，并对试样作单轴抗压强度试验和渗水试验，确认单轴抗压强度和渗水系数。

7.4 注入材料的管理基准及室内配比试验

7.4.1 注入材料的管理基准

水泥土的特性与原位土的土质、水、水泥的种类、三者的配比及搅拌方式程度有关。

施工中掘削液、固化液的管理基准值分别如表7.2～表7.7所示。表7.2为只使用膨润土时的掘削液的基准配比；表7.3为使用膨润土和凝胶剂GS时的基准配比；表7.4为3步法固化液的基准配比；表7.5为1步法固化液的基准配比；表7.6为掘削液混合土的特性管理基准值；表7.7所示的是原位土质与水泥土特性的关系。

掘削液配比表（只添加膨润土） **表7.2**

对象地层	原位土数量（m^3）	掘削液（膨润土＋水）配比表				
		膨润土 B（kg）	水 W（kg）	掘削液浓度 B/W（%）	浆液注入量（L）	浆液注入率（%）
标准粒度级配地层	1	25	500	5	500	50

掘削液配比表（添加膨润土＋凝胶剂） **表7.3**

对象地层	原位土数量（m^3）	掘削液（膨润土＋凝胶剂＋水）配比表					
		膨润土 B（kg）	凝胶剂 GS（kg）	水 W（kg）	掘削液浓度 B/W（%）	浆液注入量（L）	浆液注入率（%）
标准粒度级配地层	1	15～25	15	500	3～5	300～500	30～50

3步法固化液的基准配比 **表7.4**

对象地层	原位土数量（m^3）	3步法固化液配比			
		矿渣水泥（B种）（kg）	膨润土 B（kg）	水 W（kg）	水、水泥比、W/C（%）
标准粒度级配地层	1	200	0	200	100

1步法固化液的基准配比 **表7.5**

对象地层	原位土数量（m^3）	1步法固化液配比				
		矿渣水泥（B种）(kg)	膨润土、凝胶剂 $B+GS$（kg）	水 W（kg）	水、水泥比 W/C（%）	膨润土水比 B/W（%）
标准粒度级配地层	1	200	9～12	300～400	150～200	3

掘削液混合土特征管理基准值 **表7.6**

土质	掘削液混合土特征管理基准值		
	坍落度	析水率	相对密度
黏性土	200±20mm	＜3%	＞1.4
砂质土、砾质土	180±20mm	＜3%	＞1.4

原位土质与固化水泥土特性　　表 7.7

原位土质 \ 水泥土特性	单轴强度 MPa	透水系数（cm/s）
高黏性土	0.3～0.8	$1\times10^{-7}\sim1\times10^{-9}$
低黏性土	0.4～1.0	$1\times10^{-7}\sim1\times10^{-8}$
一般土	0.5～2.0	$1\times10^{-6}\sim1\times10^{-8}$
砂质土	0.5～4.0	$1\times10^{-5}\sim1\times10^{-7}$
巨砾砂砾	1.0～5.0	$1\times10^{-5}\sim1\times10^{-7}$

表 7.2～表 7.5 中的标准粒度级配地层土系指图 7.6 中的标准粒度线对应的土质，通常的多数自然地层（由黏性土层至砂砾层构成的地层）遵循这种粒度级配曲线。

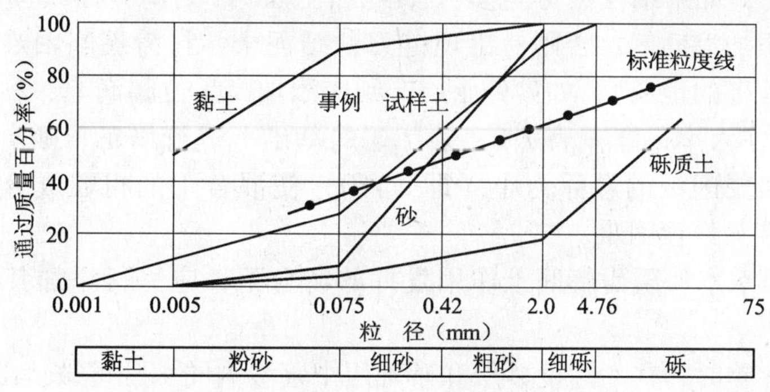

图 7.6 粒度累加曲线及标准粒度级配线

本节给出的各种基准适用于标准地层。当现场地层粒度级配与标准地层存在差异时，必须通过室内配比调整试验，修正浆液配比及注入率。

7.4.2 室内浆液配比试验

室内注入浆液配比试验的目的是选定符合掘削液混合土性能要求的掘削液，及符合固化液混合土性能要求的固化液（1 步法固化液、3 步法固化液）。

1. 掘削液的选定

TRD 工法中的链切削器在充满掘削液的沟槽中移动时，受到的作用抗力可用式 (7.1) 表示：

$$F = \int (C + z\gamma' \tan\phi)\,\mathrm{d}z \tag{7.1}$$

式中 F——链切削器移动时的抗力；

C——泥浆的粘结阻力；

z——深度；

γ'——泥浆重度；

ϕ——泥浆的内摩擦角。

因为约束压（$z\gamma'$）随深度变深而增大，显然大深度施工时，保持 $\phi\approx0$，是降低 F，使 F 保持一定实现平稳掘削的关键。而保持 $\phi\approx0$ 的关键是掘削混合土（掘削液 + 地层原位土的混合土）中的粗粒成分始终处于悬浮状态，不发生下沉。而确保粗粒悬浮的浮力，恰是掘削液的适度黏度和良好的细粒成分级配所提供。

式（7.1）中的 C 和 ϕ 的实时测定较为困难，管理上可利用容易测量的代用特性替代。

C、ϕ 及代用特性密度、坍落度、析水率、脱水量等量的相关性是不固定的。所以要想使切削器稳定地横向移动，从实践经验知道，上述各种代用特性参数必须保持在表7.6所示的范围内。对表7.6范围以外的浆液修正成表7.6范围以内的浆液的基本方法是调整膨润土的品种（如高品位膨润土）；调整膨润土、黏土等细粒成分的配比和增减水量。

如果在配比试验之前，调查现场搅拌土的粒度级配曲线（见图7.6）及相应的物理参数。由调查粒度级配曲线与标准粒度级配曲线（图7.6的点划线）对比，进而判断是否要在掘削浆液中再行添加添加剂。如果调查曲线与标准曲线接近，则可按表7.2或表7.3确定掘削液的配比；如果细粒成分过多（如纯黏土层），则调查曲线向左侧偏离（标准线）过多，则应添加流动剂，否则易出现链刀粘结泥土，打滑掘削困难等问题；如果是细粒成分少（粗粒多的地层），如砂砾土层，则应添加高品位膨润土、黏土及增黏剂（凝胶剂），或者加大注入率，即在表7.2、表7.3的基础上进行修正，确定配比。如果不作上述修正，则会因掘削液的悬浮力小（即 $\phi \neq 0$）使混合土的粗粒成分下沉，进而致使TRD机的启动、接头作业困难。

另外，在地下水水质阻碍膨润土作用发挥的场合下，应另行添加其他添加剂（如增黏剂等）。

浆液的保水性差时，在大深度砂层和砂砾层中浆液内的水分可被挤出。形成脱水结块的场合下，应当添加脱水抑制剂。如果膨润土类浆液混入固化材，则保水性急剧变差。脱水结块变厚的速度与时间的平方根成正比，所以要求施工速度要快。

2. 固化液的选定

对固化液的性能要求是固化液混合土（水泥土）的固结强度不小于设计基准强度（0.5MPa）。对于该基准强度来说，一般地层按表7.4、表7.5的配比施工完全可以获得满意的结果。不过对于黏性土层而言，应在表7.4、表7.5的基础上适当增加水泥的添加量（最大添加量达300kg），最后由室内试验确认。

另外，在地下水水质影响水泥水化反应及要求削减排泥量的场合下，应使促进型添加剂。

7.5　设 计 要 点

设计与以往的SMW等相同，忽略水泥土的抗弯强度，把抗剪强度看成是抗压强度的1/6，即设计中认定是无弯曲构造。产生弯曲应力的场合下，必须插入芯材，由芯材负担弯曲。水泥土固化体的破坏变形系数大致在0.2%左右，如果在允许应力强度范围内使用芯材，则基本不产生弯曲裂纹。

发挥TRD特点，弥补缺点的设计要点如下：

（1）在考虑原位土质的条件下，希望设定水泥土的质量应位于表7.7的范围内。该范围以外的质量尽管也可以实现，但会导致固化材增加，弃泥产生量增加，同时成本也会增加。

（2）削减弯角数量的设置。以图7.7的建筑现场为例，针对设计要求的阶梯墙而言，可以采用外侧作直线止水墙，内侧设置立柱钢板桩式阶梯隔墙支挡土压，使90°弯角减少到4个。中隔墙立桩与高桩承台支承桩工法相同，故成本下降。图7.8是大深度泵站墙削减两个弯角的施工例子。大深度墙的场合下，1次弯角的施工费用相当可观，同时工期也较长，所以即使削减数不多，但工期和费用仍有可观的改善。所以削减弯角数做法的价值较大。

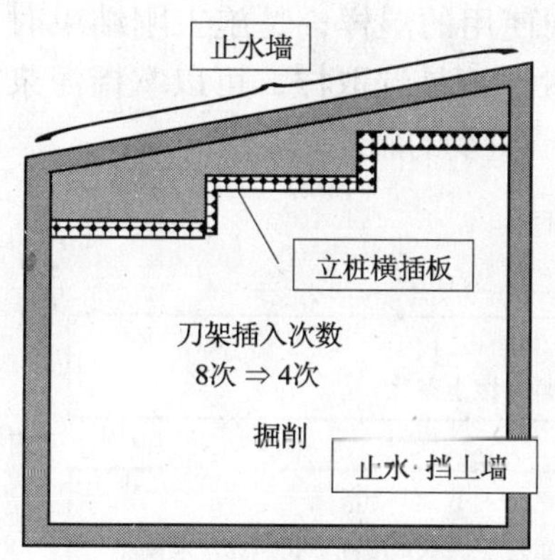

图7.7 建筑墙弯角减量例

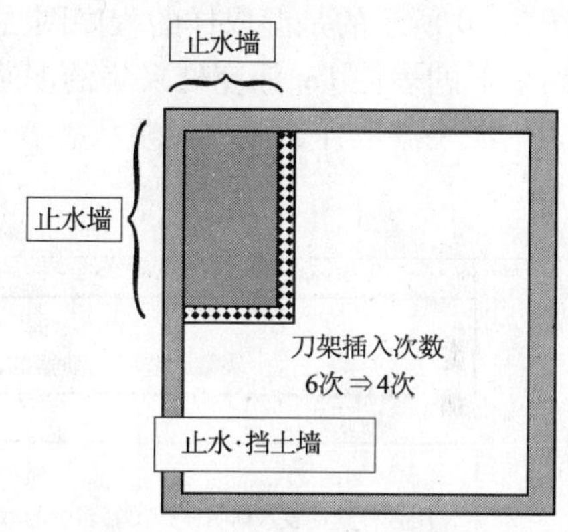

图7.8 大深度墙弯角削减例

因为TRD墙的施工精度高，所以把大深度临时止水挡墙作为地下墙外模框利用的情形较多，这也是该工法的一个特点。图7.9所示的是临时挡墙与地下墙的位置关系。因芯材顶部易实现高精度设置，故芯材竖直精度可做到1/250以下，所以可作外模框利用，可使所谓的回填工程得以废除，同时现场场地也可得以有效利用。

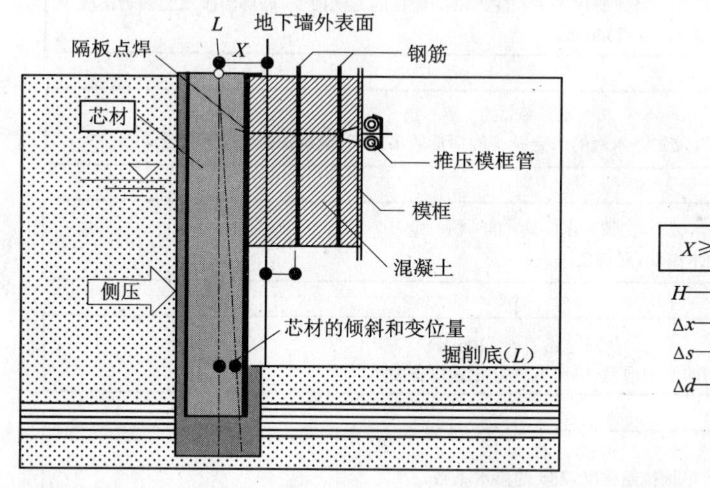

图7.9 芯材和地下墙外墙线的关系

与SMW挡墙一样，TRD墙极适用作主体构造构材利用。在钢制地下连续墙中，也有所谓的把临时止水挡墙兼作主体地下连续墙的考虑。

由于TRD机的机高较矮，竖直精度好，故该工法极适于近接施工和高压架空电线下施工。

7.6 湿取样及其他注意事项

7.6.1 湿取样

图7.10所示的是湿取样的程序图。施工管理中使用的湿样，是施工刚结束时，从靠近链切削器的表层1m深度处采集的泥浆试样。通过该简易湿取样，可以掌握泥浆总体性能。采集泥浆湿取样，监视泥浆状态变化，也是一项重要的施工内容。

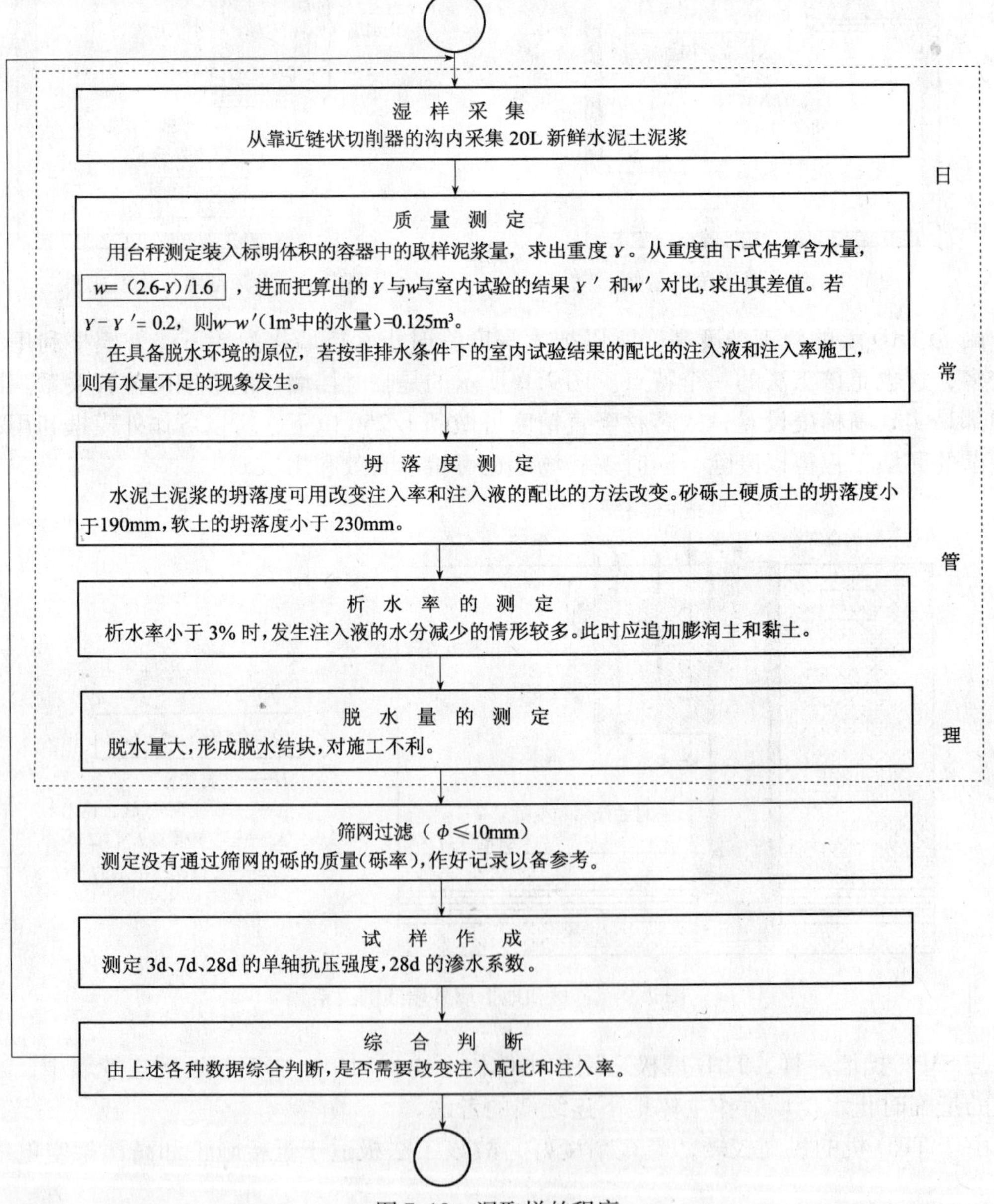

图7.10　湿取样的程序

7.6.2 其他注意事项

在浓泥浆中连续施工时，切削器上黏附的泥浆会被压实，故掘削效率极低。混合使用高差刀具，另外，还应用冲击气流冲洗黏附在链切削器上的泥浆。

选择切适的泥浆控制方法和确保高的施工精度是确保顺利施工的关键。例如，通常返工最多的作业是芯材的竖直插入作业。确保泥浆的流动性，提高沟槽的竖直精度，均是减少返工的关键。

7.7 TRD 工法的优缺点及开发动向

TRD 工法的优缺点如下：

1. 优点

图 7.11 是链切削和螺旋钻模式的对比图。水平方向旋转同时掘削搅拌混合的螺旋钻及搅拌叶片型，在地层变化较多的地层中，尽管螺旋钻返复升降，但地层影响残余仍较大，即实现均匀搅拌较为困难。另外，墙体各幅段的接头存在冷缝，大深度时幅段稍有扭曲和倾斜，都会致使漏水，即作止水墙的可靠性差。

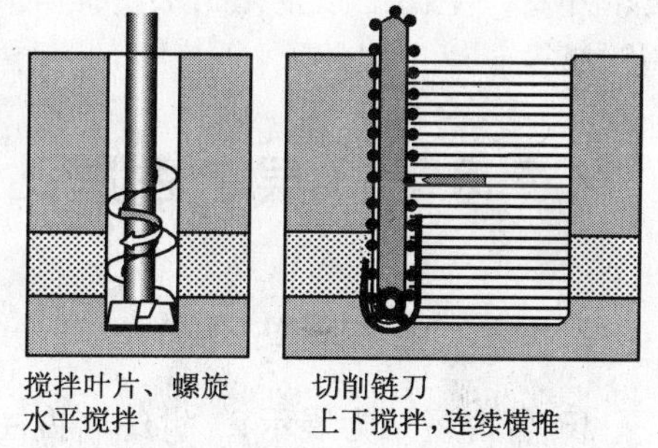

图 7.11 切削、搅拌机构对比图

然而，对链切削式而言，因为是把墙深范围内的地层在竖直方向上搅拌混合，所以地层在竖直方向上形成匀质水泥土。

另外，因 TRD 机搅拌混合是连续横行，故构筑的连续墙为等厚墙，即 TRD 工法为全断面地层加固工法。

机械高度矮，不会出现翻倒，施工精度高，最适合都市土木工程中应用。

归纳起来，TRD 工法的优点如下：

（1）施工机械的高度较矮，仅为 10～12m，稳定性好。

（2）掘削架刀上插有测斜计，利用该测斜计可以在运转室的监视画面上实时确认架刀的位置和倾斜程度，从而实现高精度施工。

（3）切削能力强，与以往的柱桩成墙工法相比，掘削搅拌时间缩短。对硬质地层（砂砾层、硬黏土层、软岩层等）也能施工。

（4）因为竖向全层同时混合搅拌，所以即使对互交层也可以造成强度起伏小的匀质墙。

（5）因为横向连续成墙，所以连续墙的止水性能好。

（6）因为连续墙为等厚墙，所以 H 型钢芯材的间隔可以任意设定，同时还可以插入嵌板和钢板桩等护墙板。

（7）可以造成水平俯角不大于 30°的地下倾斜墙。

2. 缺点

（1）弯角施工困难

对于小曲率半径或90°转弯的情形而言，必须把链状切削器拔出改变方向重新插入地层。该作业为人工作业，工期、成本均存在迫切改进的必要。

（2）断续注入施工困难

TRD工法对下面两种继续注入的情形，施工较为困难。

① 当在自立性和非自立性的混杂地层中施工时，设计要求在某一深度范围的自立性层段上，无需注入固化液。但要求在其他崩坍性的层段上，为了防止周围地层沉降和确保槽壁稳定，必须注入充足的固化液。对于这种施工要求来说，TRD工法施工难度大，效果也不好。

② 要求只对地层中的某一中间层段注入不同的固化液，而其他层段注入另一种固化液的施工要求来说，TRD工法的施工效果差，不易实现。

3. 开发动向

TRD工法的开发动向是向各种硬质地层和大深度挑战，扩大地层、深度适用范围。急需开发的前沿课题是提高成墙质量及墙体竖直精度的遥控检测系统及芯材插入控制方法；开发产生泥土减量化工法；提键刀寿命长的刀具；使用特殊水泥的施工方法；扩大应用领域等。

7.8　53层名古屋站TRD工法围护挡墙工程实例

7.8.1　名古屋站概况

JR名古屋站为展示21世纪名古屋的新面貌，在拆除原站基础上，推出了展现站立体都市的新JR中央站建造工程。该立体都市中央站，主楼中的中、低层为百货店、文化娱乐设施，左边高层是饭店楼（地上53层，高230m），右边高层是办公楼（地上51层，高245m）；地下4层，总底面积41万m^2。

建设地点被东海道主线等重要构筑物包围，特别是大厦主楼中央下方被地铁东西横断（图7.12）。

这种严苛环境条件下的施工，必须对周围构造物进行安全监理，必须用挡墙保护周围环境。作为该围护挡墙工程的一部分采用稳定性好的TRD工法施工。另外，原站拆除后地下留下地锚等遗弃物，对TRD施工构成障碍，施工中必须采取措施切除。

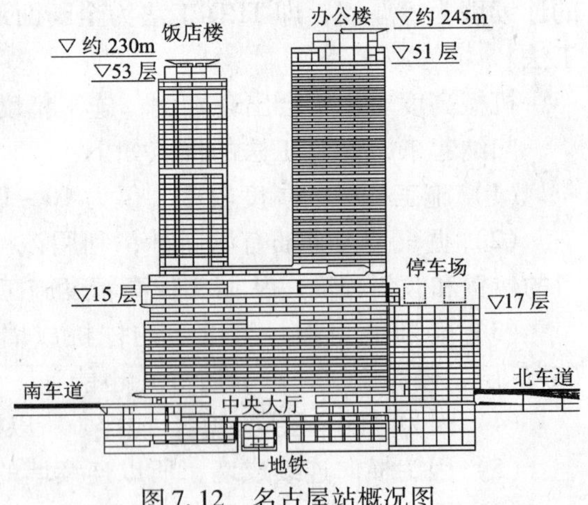

图7.12　名古屋站概况图

7.8.2　土质概况

名古屋站附近的地层构成依次为：冲积层、洪积层、中期洪积层等地层。柱状断面图如图7.13所示。

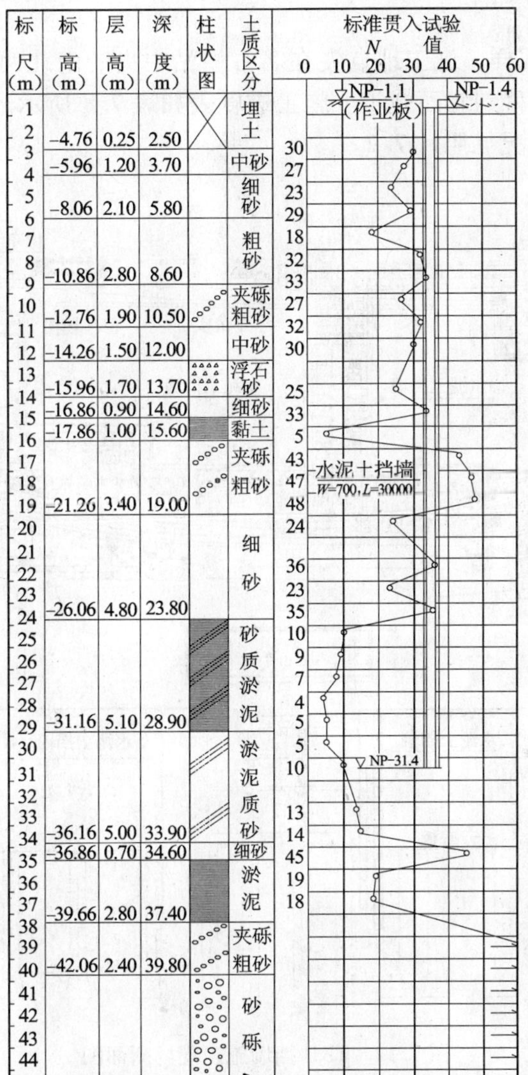

图 7.13　地质柱状断面图

7.8.3　TRD 工法水泥墙施工结果

1. 水泥土连续墙的主要参数

水泥土连续墙，厚 70cm，深 30m，水平总长 72.1m × 2，墙面积 4326m²，H 型钢（H594 × 302 × 14 × 23）的间隔 500mm，型钢长 30m。

2. 施工机械

这次使用的机械，TRD-25KL 型钻挖机，配以 800kN 履带吊车。

3. 施工顺序

施工位置接近站的中央大厅，地下存在地锚，CJG 桩和旧站的基础松桩等障碍物。

施工程序如图 7.4 所示。插入切削刀架的先期钻孔的 $\phi = 1900\text{mm}$。

4. 施工结果

像图 7.14 所示的那样，施工地点夹在名古屋站中央的南北两侧。先在南面施工，南面施工结束后机械解体移到北面施工。施工进度表如表 7.8 所示。注入剂的配比如表 7.9 所示。TRD 机的掘削状况见照片 7.2。

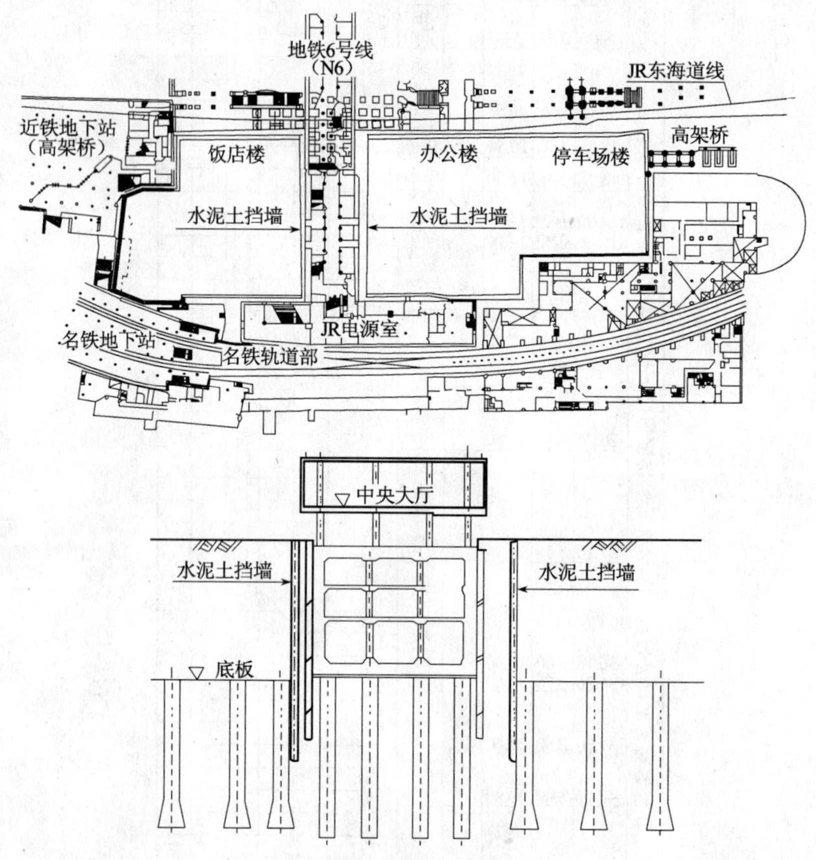

图 7.14　TRD 挡墙施工现场断面图

工程进度表　　**表 7.8**

7月	8月	9月	10月
运入组装 28　30		解体·移动·粗装 第1步　第2步	解体运出 12　14
	南侧面掘削 12　休息　22	锚切断 6　9　16　北侧面掘削	11

注入浆液配比　　**表 7.9**

浆材 / 每 m³ 的数量	水　　泥	膨　润　土
每 m³	280kg	10kg

再有，从工程安全监理的观点考虑，原有中央大厅的解体范围应尽量小。为此应使掘削架刀尽量接近中央大厅躯体，更好地体现TRD工法的特点。

照片7.2 TRD机的掘削状况

关于地中障碍物的处理，南侧采用事先拆除；北侧因工期原因，只能靠TRD机的切削刀具切除。特别是地锚杆，有2段间隔1.5m，水平总长约50m的锚杆需要切除（见图7.15）分两步施工。

第1步是把切削刀具换成可以切割钢筋用的刀具（见照片7.3），在该切削障碍物的区间内，掘削刀架应相应地改为15m长的刀架，见图7.15，拆除地锚的钢筋碎段如照片7.4所示。第2步是过了障碍物的切除区间后，应把切削刀具换回到原来的一般刀具。切削刀架也调回到30m，直到预定的掘削深度，整个施工过程中无任何事故，直到工程结束。

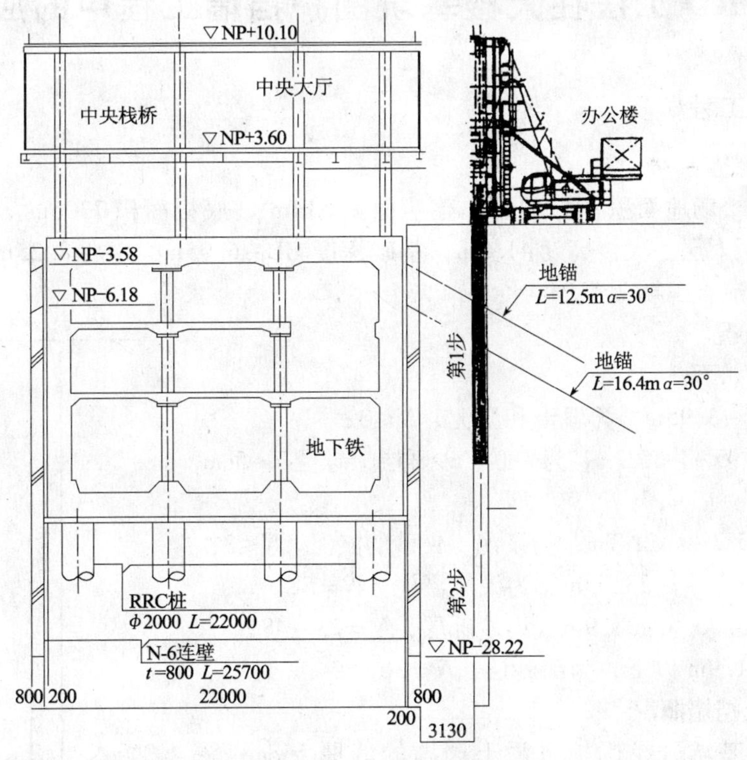

图7.15 切断地锚图

因为在切除地锚障碍之前，知道地锚的位置及连续性，所以在预定地点更换可以切削地锚的工具。但是对于事先不明地锚位置、长度的场合下，使用一般的刀具切削地锚，也是可以的，但需要更换几次刀具。

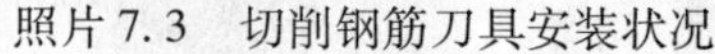

照片 7.3　切削钢筋刀具安装状况

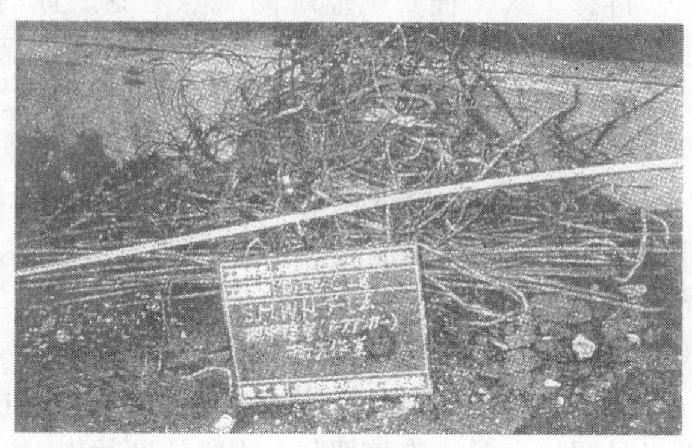

照片 7.4　TRD 机切削下来的地锚碎钢筋实物

地下开挖采用逆作工法，结果发现墙面竖直精度较好，水泥土的强度也符合设计要求。

本实例顺利竣工说明，利用 TRD 工法，只要认真做好安全管理，完全可以实现无事故的大深度、大墙厚的地下连续墙的施工。

7.9　TRD 工法在大楼基坑围护挡墙工程中的应用实例

7.9.1　工程概况

1. 工程概况

某公寓大楼场地面积 1717.9m^2，建筑面积 514m^2，底板面积 7306m^2，地下 1 层、地上 14 层、塔顶 1 层。大楼高度 41.2m，基础深度 GL－6.95m、GL－8.25m（一般部位），钢筋混凝土构造，工期 2 年。

2. 地层概况

地层构成如下：

① GL0～－3.95m，为埋土和淤泥，$N \leq 3$；

② GL－3.95～－15.7m，为中砂、砂砾层，砾径 3～5cm，$N=10\sim46$；

③ GL－15.7～－21.7m，为淤泥、夹砂的淤泥。$N \leq 3$；

④ GL－21.7～－23.75m，为硬质淤泥，$N=5$；

⑤ GL－23.75～－31.9m，为砂砾层，$N=23\sim48$；

⑥ GL－31.9m 以下，为细砂层，$N=26\sim49$。

3. 水泥土挡墙概况

大楼地下基坑开挖围护水泥土挡墙的墙厚 55cm，深 18.5m，周长 140m，墙面积 2600m^2，H 型钢（H400×200×8×13）的间距 450～600mm，芯材嵌固深度 13m。挡墙详细尺寸见图 7.16。施工方法采用 TRD 工法。施工现场机械布设平面图如图 7.17 所示。

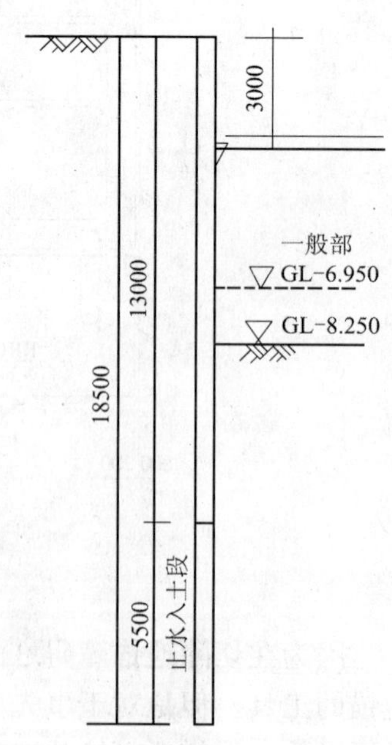

图 7.16　水泥土连续墙的入土深度

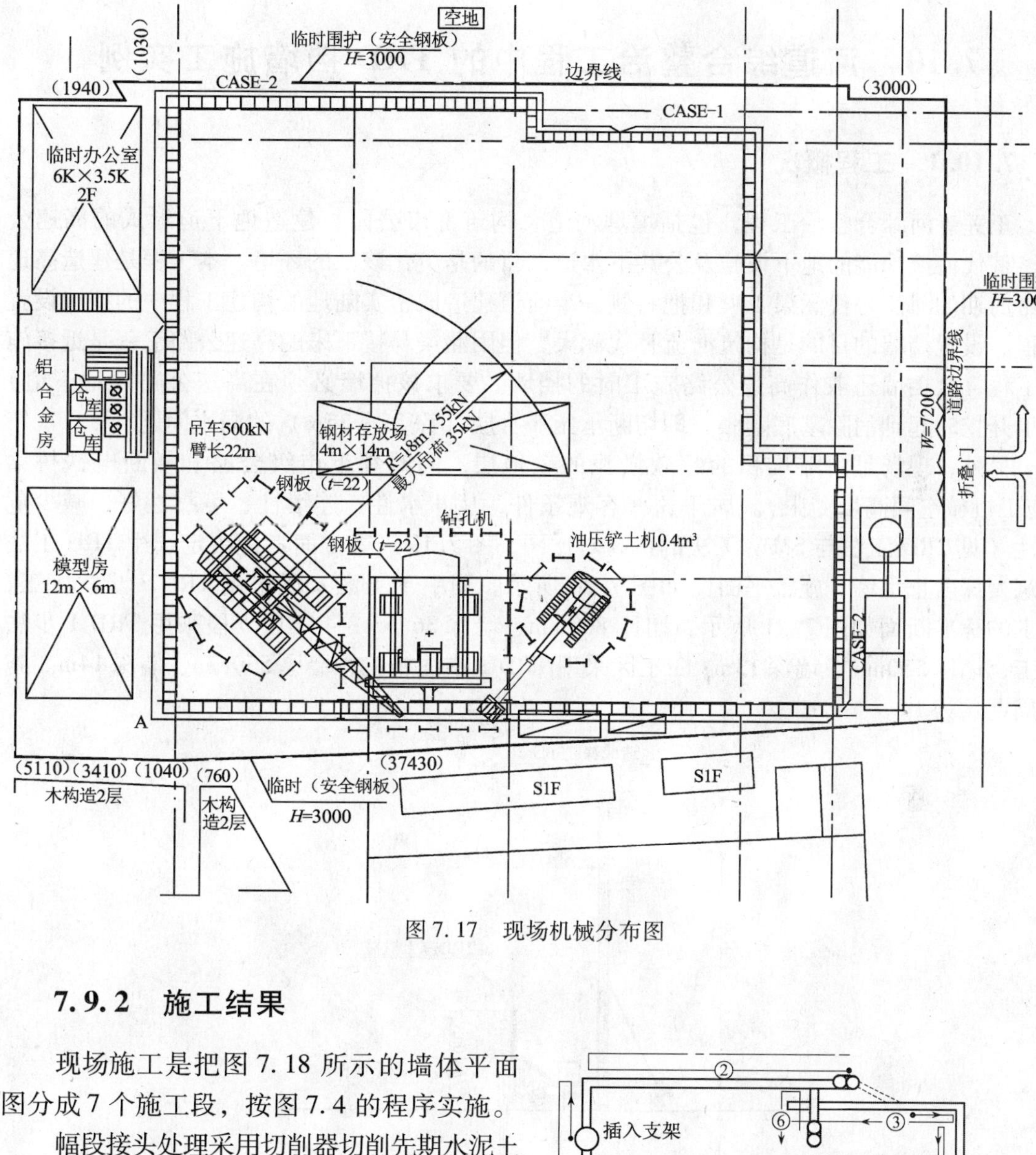

图 7.17　现场机械分布图

7.9.2　施工结果

现场施工是把图 7.18 所示的墙体平面图分成 7 个施工段，按图 7.4 的程序实施。

幅段接头处理采用切削器切削先期水泥土端部，随后注入后续水泥土使其一体化，实现完全止水。水泥浆的配比如表 7.10 所示。

水泥浆配比　　表 7.10

使用材料		混合搅拌量 696.2L
水泥	膨润土	水
250kg	15kg	600L

实验结果表明，墙的竖直精度、芯材的插入精度、墙的连续性、止水性等性能均符合设计要求，掘削效率达到 150m²/h。

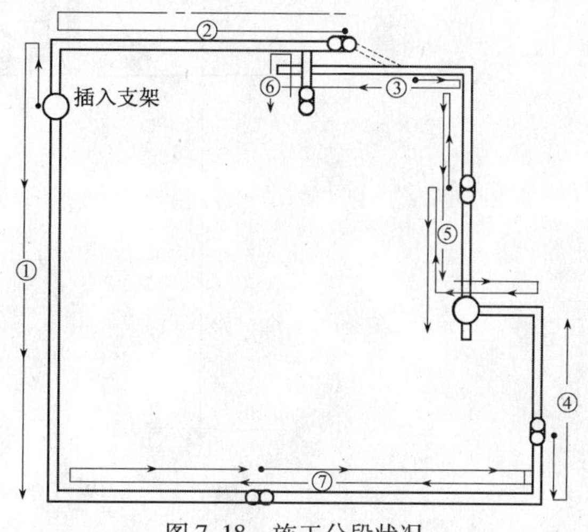

图 7.18　施工分段状况

7.10　河道综合整治工程中的TRD挡墙施工实例

7.10.1　工程概况

正莲寺河综合整治工程，包括填埋河道、构筑都市公园、建造地下道形式的高速公路、替代河流功能的地下设施及公共下水道，目的是美化该区的环境。本工程是建造高速公路前期的河流替代涵渠工程和把右侧一半河道建造成密实陆地的构建工程中的挡墙设置工程。设置挡墙的目的是构筑河流替代涵渠，但因涵渠与接下来的高速公路工程是近接施工工程，故挡墙还兼作高速公路施工时的挡墙。要求该挡墙必须在高速公路（地下道）施工开挖时起到消除基底隆胀，即切断承压滞水层（深25~35m）的漏水问题。

另外，现场是河滩堆积的超软淤泥的软地层，同时邻近市级公路和横断电铁桥梁（施工机械空间高度受限）。居于这些客观条件，从止水性、连续性、可靠性好，减少危险性（见TRD工法与SMW工法的机高对比图，图7.19）等方面考虑决定选用TRD工法构筑大深度止水墙。施工平面图如图7.20所示。图中4工区 *a* 段采用TRD 3步法施工，施工的标准断面如图7.21所示，墙厚800mm、墙深36.5m；4工区 *b* 段采用TRD 1步法施工，墙厚550mm、墙深13m；3工区采用TRD 1步法施工，墙厚550mm、墙深14m。施工周期均为1d。

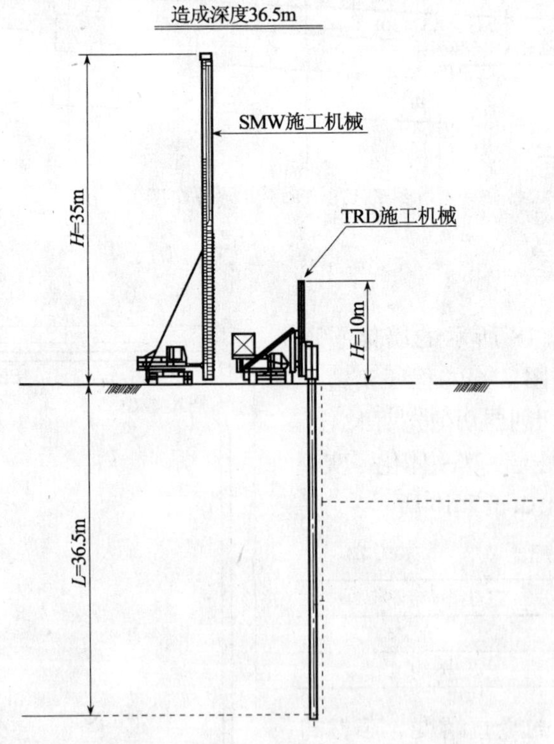

图7.19　SMW工法与TRD工法机高对比图

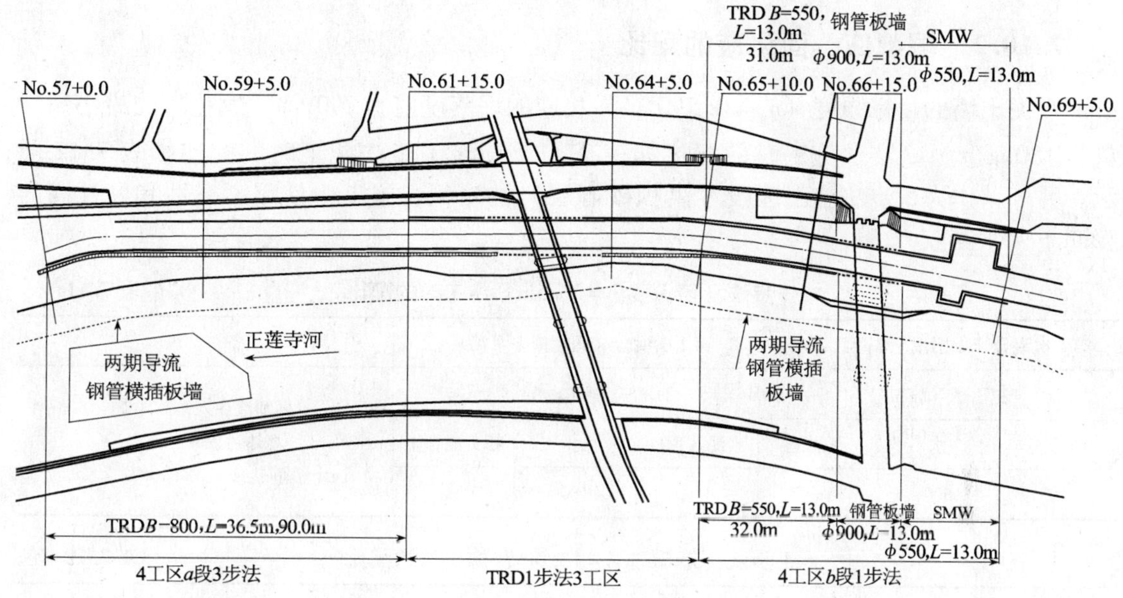

图 7.20 施工平面图

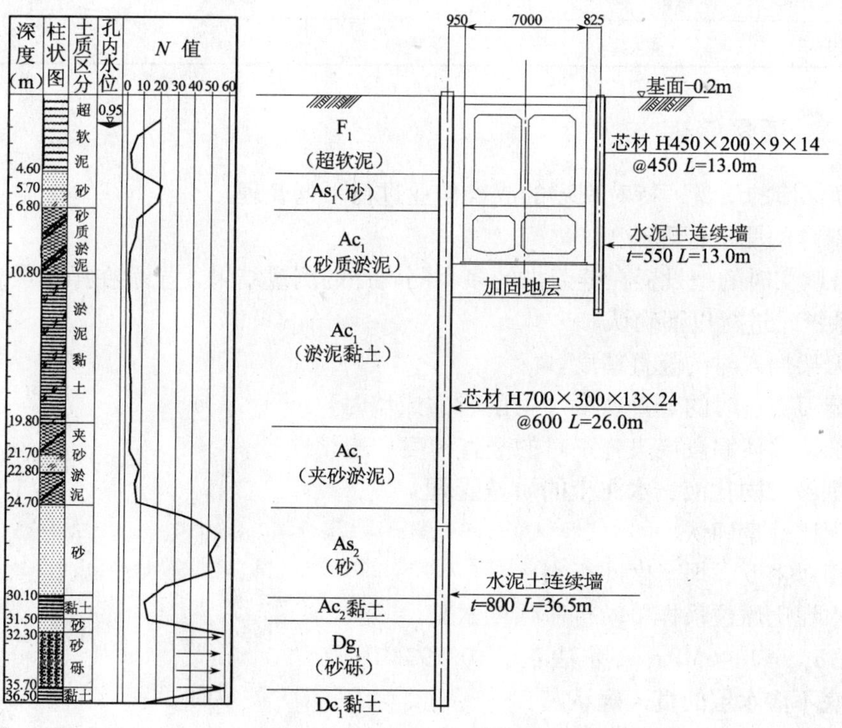

图 7.21 挡墙标准断面图

7.10.2　掘削液、固化液的配比

水泥土墙的目标强度（q_u=0.5MPa），相应的坍落度值为200mm，固化材的最小添加量为180kg/m³。3步法施工时的配比如表7.11所示；1步法施工时的配比如表7.12所示。另外，作为3步法施工区段（洪积砂砾层）的对策，施工中使用膨润性和黏性高的膨润土（水凝胶）。

3步法（墙深度 L=36.5m）施工时的配比　　**表7.11**

第1次混合（掘削液·水凝胶2%）			第2次混合（固化液·水泥浆）			备　注
配比量（kg/m³）			配比量（kg/m³）			掘削液注入率　50% 总体注入率　75% 固化液　W/C100%
膨润土	水	原位土	水泥（BB）	水	第1混合土	
10	500	1m³	180	180	1m³	

1步法（墙深度 L=13.0m）施工时的配比　　**表7.12**

固　化　液	水泥（高炉B）	膨润土（250号）	水	备　注
对象土量1m³	212kg	3.5kg	529L	注入率　60%　W/C=250%
退避掘削部掘削液	膨润土（250号）	水	原位土	备　注
对象土量1m³	25kg	500kg	1m³	

7.10.3　质量管理

为了确保墙的质量，特对现场的成墙作业进行下列管理。

1. 测斜计的测量管理施工

使用可以实时的把设置在链刀内的多个测斜计的测量结果，显示在操作员运转席画面上的管理系统，进行以下确认。

（1）刀架插入时的竖直精度。

（2）链刀掘进时的竖直精度（掘削时、成墙时）。

（3）确认墙体幅段接头施工时的竖直精度和连续性。

2. 掘削液、固化液、水泥土的质量管理

（1）配比计量确认。

（2）相对密度、坍落度、析水率。

（3）水泥土原位采样单轴抗压强度试验。

3步法 $\overline{q}_{u28}$=1.46MPa，1步法 $\overline{q}_{u28}$=0.993MPa。

3. 墙底不渗水层的贯入确认

因为地层在洪积砂砾层下端（洪积黏性土层的上端）存在倾斜的倾向，故应追加地质调查。确认存在倾斜后，决定墙的深度。另外，实际施工时，因TRD工法是链刀掘削方式，故利用链切削器上设置的采样器较易对尖端层采样。试样采集状况如图7.22所示。取样器照片如照片7.5所示。

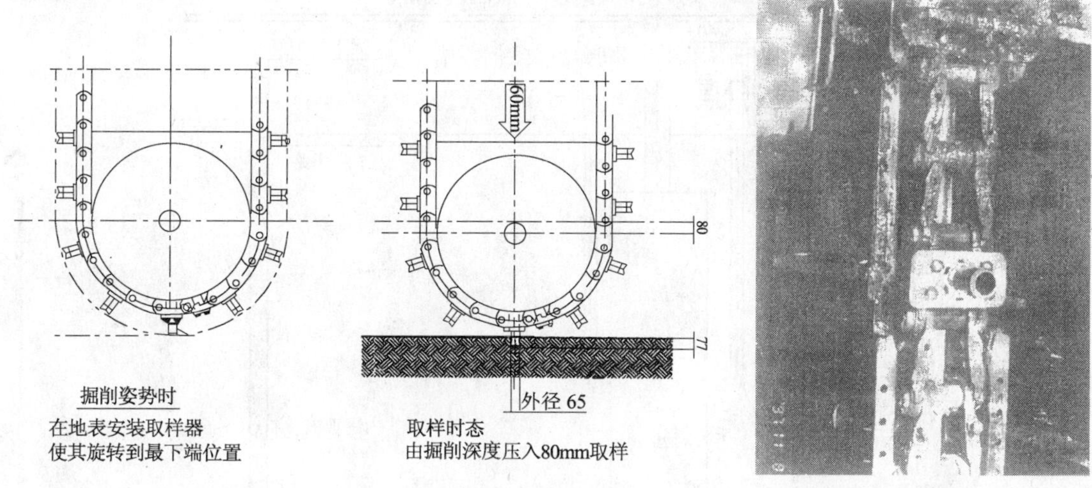

图 7.22 不渗水层（黏土层）取样状况

照片 7.5 取样器照片

4. 成墙后的钻孔

关于成墙的质量，采取事后对墙体全长实施钻孔确认。各区间采样的单轴抗压强度试验结果如图 7.23 所示。另外，还对采样进行了渗水试验。

对 3 步法而言，单轴抗压强度 $\overline{q}_{u40}$ = 1.646MPa；一步法的 $\overline{q}_{u28}$ = 0.695MPa，强度在深度方向上的分布呈现均匀起伏小的特点。

墙体的渗水系数 $K = 10^{-7} \sim 10^{-8}$cm/s。

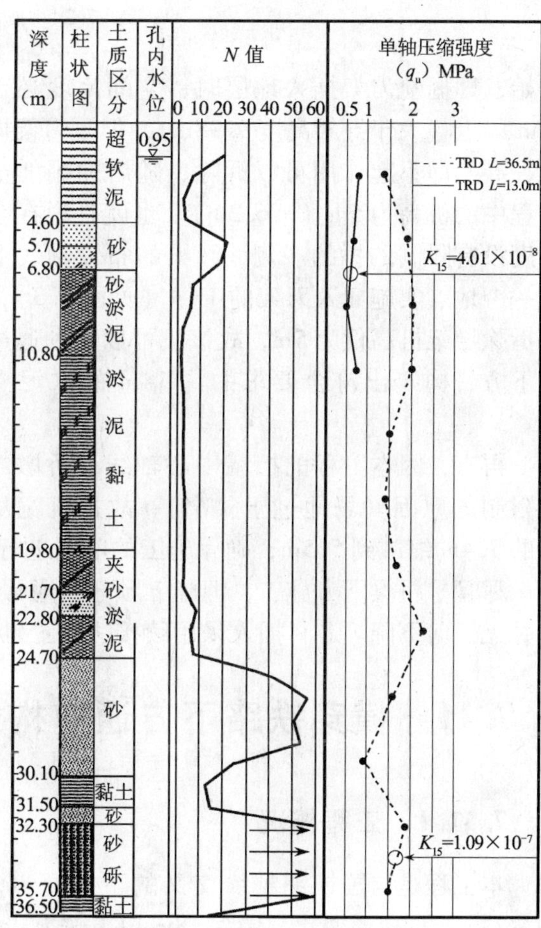

图 7.23 钻孔取芯单轴抗压强度试验结果

7.10.4 横断电铁桥梁下方的缩短机高的施工

本工程的 3 工区是在电铁桥梁下（空间高度 6.2m）设置深 14m 替代河流涵渠挡墙的施工区间，采用 TRD 工法施工，涵渠长 175m。施工断面如图 7.24 所示，施工状况如照片 7.6 所示。

7.2 节业已指出，TRD 掘削机的机高最矮也只能为 7.55m，而桥梁下方的空间高度为 6.2m。考虑到价格等因素，本工程选用导架高 10m 左右，掘削刀架分 3 节如图 7.1 所示的三种机种中的 1 种 TRD-Ⅰ机型（也可选择Ⅱ型、Ⅲ型）。该机在造墙

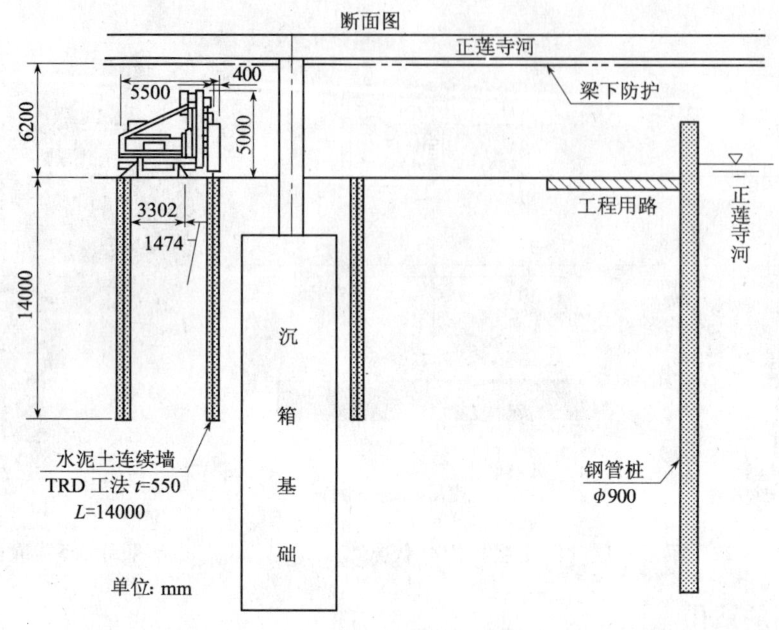

图 7.24　施工断面图

开始，即掘削刀架插入地层时，空间高度必须在10m以上（大于导架高度9.98m），但是刀架插入后，导架即不起作用可以拆除，随后的掘削推进过程中的机高为5m（<6.2m）。也就是说在空间高度没有限制的桥的一侧，涵渠的布设轴线上选定一个地点实施插入刀架的工序（见图7.3），随后拆除导架机高仅为5m，故该机可以顺利通过桥梁下方，构筑出符合要求的深14m的水泥土挡墙。

照片 7.6　桥下 TRD 施工状况

再有，因本工程的挡墙中心轴线与桥墩的间距限制的原因（场地过于狭窄），故把机宽从原来的7.4m缩减到5.5m，确保施工的顺利进行。

尽管是桥梁下方施工，但施工顺序与通常的施工顺序完全一样。所以桥梁下的掘削效率并无任何下降。芯材插入采用续接法施工也基本未受影响。

7.11　横穿铁路下方通道构筑工程中的 TRD 工法实例

7.11.1　工程概况

本工程是与国铁羽越线交叉的下穿通道，采用TRD挡墙法构筑的工程。挡墙深度10~22m的阶梯形变化，墙深18m以下按1步法施工，18m以上按3步法施工。

表7.13所示的是挡墙的尺寸；图7.25所示的是标准断面图。

挡墙尺寸 表7.13

区间	左侧			右侧		
	墙深（m）	墙厚（m）	水平距离（m）	墙深（m）	墙厚（m）	水平距离（m）
U-14	21.7	0.65	9.60	22.0	0.65	9.60
U-15	21.2	0.65	15.60	21.5	0.65	15.00
U-16	20.7	0.65	15.00	21.0	0.65	15.00
U-17	17.7	0.55	14.85	18.0	0.55	14.40
U-18	15.2	0.55	15.30	15.5	0.55	14.85
U-19	14.7	0.55	14.85	15.0	0.55	14.85
U-20	10.2	0.55	15.30	10.5	0.55	15.30
U-21	10.0	0.55	15.30	10.0	0.55	15.30
U-22	11.5	0.55	15.30	11.5	0.55	15.30

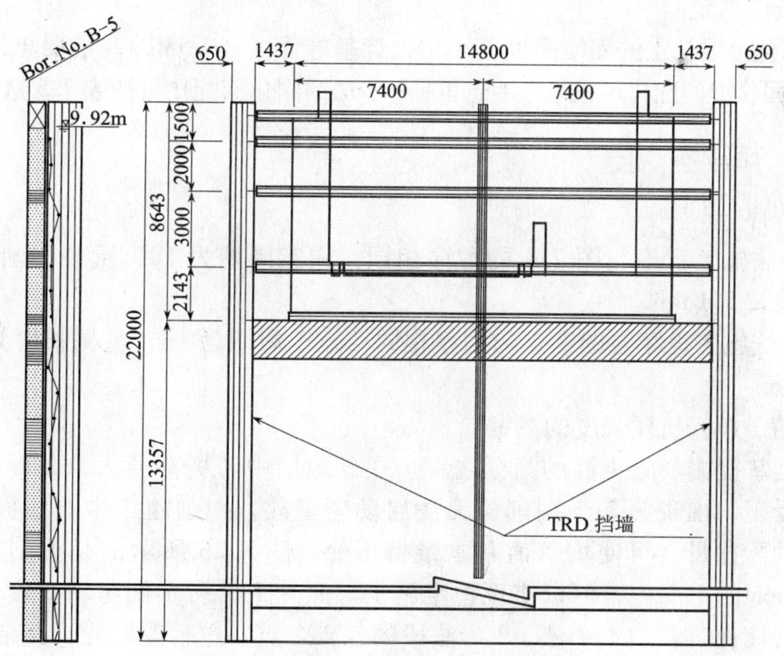

图7.25 U-14标准断面图

7.11.2 室内配比试验

本工程在TRD施工前先进行室内配比试验，确定掘削液、固化液的配比。因为TRD工法是全层段的混合搅拌，所以配比试验中使用的试样土是直到墙底脚层止的所有层段的采样土，经10mm网筛过滤后全部均匀混合得到的试样土。试样土的物理试验结果如表7.14所示。

试样土的物理参数 **表7.14**

湿密度	含水比	土的粒度		
		砾分	砂分	粉砂黏土分
1.849g/cm^3	33.90%	6.9%	64.5%	28.6%

因本事例的试样土与标准粒度曲线相比砂分多（见图7.6），所以配比试验中添加了200号（或者高品位）膨润土。

1. 掘削液的选定

为确保添加掘削液后的混合土的坍落度为200±20mm，析水率不大于3%的要求，掘削液的配比可按表7.3选取。

2. 固化液的选定

为确保固化液混合土的固结强度不小于设计基准强度（0.5MPa）的要求，试验结果表明，3步法的固化液的配比可按表7.4选取；1步法的固化液配比可按表7.5选取。

7.11.3 施工

1. 施工程序

（1）1步法施工程序与图7.4的程序相同，施工周期为1d，重叠掘削长度为20～30cm，退避段长5.1m。

（2）3步法施工程序与图7.5的程序相同，施工周期为1d，重掘长度为20～30cm，退避段长5.1m。

2. 坍落值、单轴抗压强度的测定

坍落值是掌握掘削施工性的指标之一。在砂地层中若坍落值大，则砂砾容易下沉，使横行掘削受阻，出现第2天掘削机无法启动等事故。掘削施工中调整掘削液的注入量、膨润土的配比量，可使坍落值基本维持不变。图7.26所示的是掘削中的坍落值。在180～200mm的范围内，可以实现稳定施工。照片7.7所示的是坍落度的试验概况。就单轴抗压强度而言，对1步法、3步法段的各2个点，进行湿取样，其结果如图7.27所示。28d强度大致是7d的3倍。另外，所有的试样强度均满足不小于设计基准强度的指标。

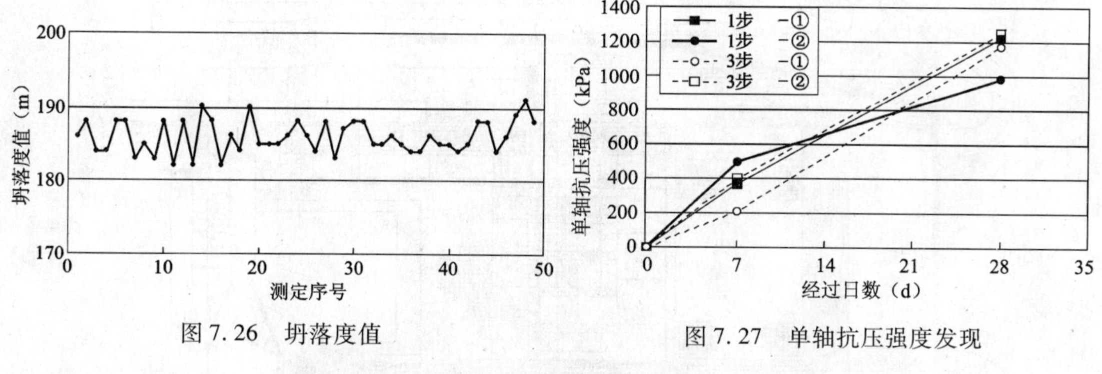

图 7.26　坍落度值

图 7.27　单轴抗压强度发现

照片 7.7　坍落度试验

7.12　分流壅水堰新筑工程中的 TRD 工法实例

7.12.1　工程概况

某现时壅水堰已使用 70 多年现已老化，为确保今后的安全，特进行全面地改筑工程。

平时作为生活用水和灌溉用水，通过壅水堰的供水速度维持在 270m³/s。洪水时关闭壅水堰经分流流向海域，以此调整洪水。

壅水堰改筑施工期间，现时的壅水堰的上述治水、调节功能不能停止。考虑经济性、施工性的结果，决定在现壅水堰的上游 300m 处，重新建造一个与现固定堰功能大致相同的新的壅水堰。图 7.28 所示的是该堰的平面、断面图。

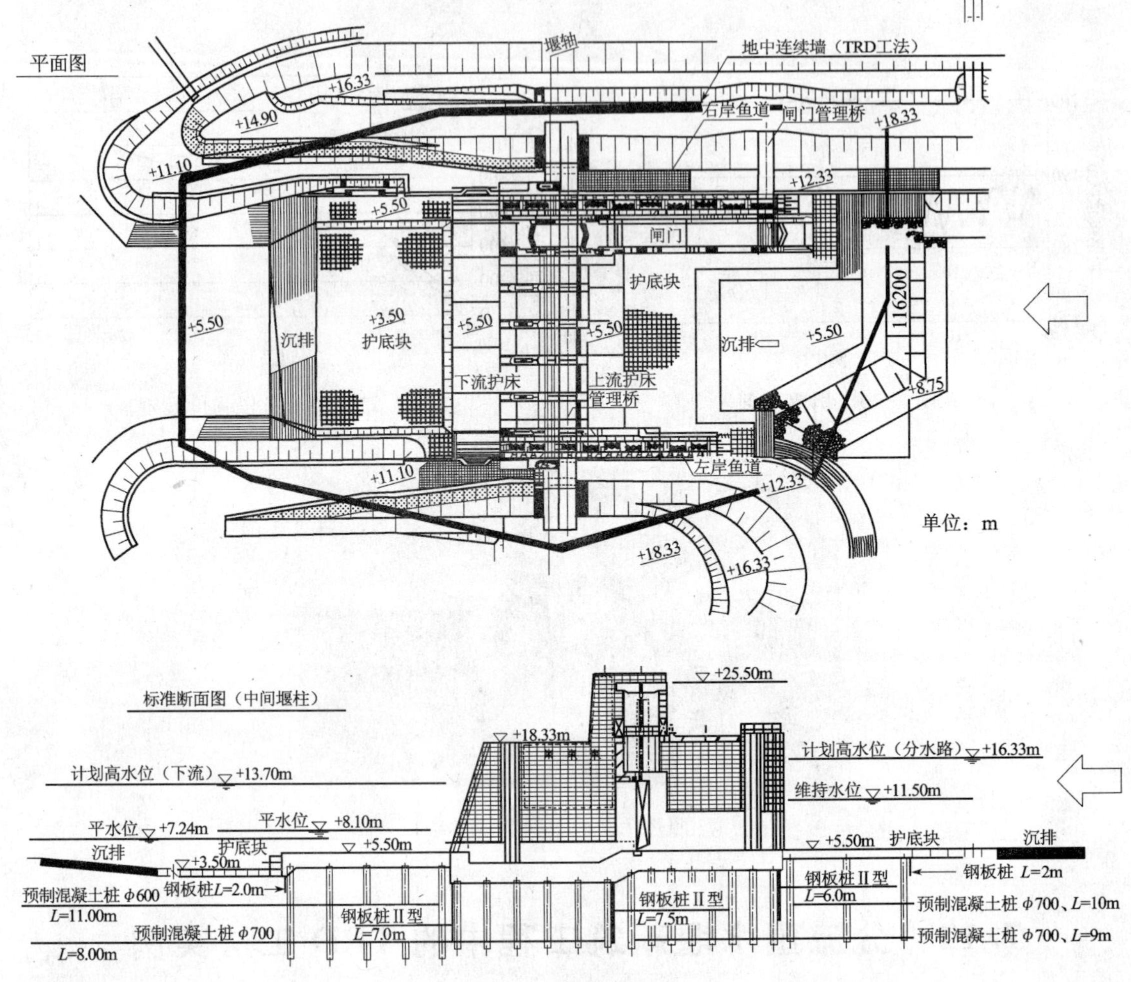

图 7.28　堰的平面、断面图

该堰构造概况如下：

① 堰长：167.5m；

② 基础桩：预制混凝土桩 $\phi600\sim\phi1000$，$L=8\sim21$m，694 条；钢管桩 $\phi700\sim\phi1000$，$L=10\sim21$m，589 条；

③ 中间堰墩：宽 4m × 高 38m ×4；

④ 右岸堰墩：宽 4m × 高 48m；

⑤ 左岸堰墩：宽 4m × 高 38m；

⑥ 鱼道：两岸各 3 道；

⑦ 闸门：宽 10m × 闸室长 60m；

⑧ 管理桥：宽 7m × 长 118.8m（空心混凝土板）。

在新筑堰主体构造施工之前，先在堰基础外围采用 TRD 工法构筑厚 600mm、深 37m、总长 870m 的地下连续挡墙。构筑该地下水泥土连续墙的目的是防止洪水时承压地下水造成堰构造的隆起破坏。此外，挡墙内侧还设置了深井，以便配合排除承压水的同时进行干施工。

这里仅介绍TRD挡墙的设计考虑、成墙法选定、掘削液配比及固化液配比选择，施工中出现的问题及解决方法，施工结果。

7.12.2 TRD挡墙概况

1. TRD造成方法的选择

考虑到TRD墙深37m远大于20m，故应选择3步法施工。

2. 掘削液的配比选择

因现场地层中存在砂层，为防止砂分下沉，故选择表7.15的掘削液配比。

掘削液配比（$1m^3$ 浆液） 表7.15

黏土（kg）	膨润土（kg）	CMC（kg）	水（kg）	扩散剂（kg）
600	30	0.5	761	2

3. 固化液配比选择

因现场地层是砂层和黏土层的互交层，考虑到可靠性，这里按全部是黏土的情形选定水泥添加量（$300kg/m^3$），按表7.16所示的施工配比。上述配比造成的水泥土墙全部采芯取样的单轴抗压强度 $q_{u28}=1.161MPa>0.5MPa$（设计基准值）。为此，考虑到成本，把固化液水泥的用量减到 $250kg/m^3$，配比如表7.17所示。配比更改后的单轴抗压强度 $q_{u28}=0.71MPa$。

固化液配比（$1m^3$ 水泥土） 表7.16

水泥（kg）	水（kg）	膨润土（kg）	W/C（%）	搅拌（L）
300	300	18	100	402

修改后的固化液配比（$1m^3$ 水泥土） 表7.17

水泥（kg）	水（kg）	膨润土（kg）	W/C（%）	搅拌（L）
250	250	15	100	335

4. 孔壁稳定措施

通常，地下连续墙施工中，为了稳定孔壁，必须保持稳定液面比地下水位高2m。另外，钻孔深度越深，壁面越容易坍塌。在本施工中地下水位大致与施工层相同，即与稳定液面的差为0。另外，由于施工位置邻近挖土坡面，故存在偏土压的影响。依据这些条件讨论孔壁稳定问题。其中，最主要的因素是1次掘削长度，考虑到施工周期及施工机械的宽度（7.2m），把1次掘削长度定为8m。

按上述条件用半圆滑动法核查沟槽稳定性，在表层水泥稳定处理（水泥混入量为 $100kg/m^3$）条件下，滑动安全系数可以确保为2的范围是：

① 坡面背面：宽4.2m×深1m；

② 坡面侧面：宽2m×深2m。

7.12.3　施工中出现的问题及改进措施

1. 问题及产生机理

本工程施工中出现如下一些问题：

① 施工进度慢；

② TRD 主机架发生变形；

③ 切削刀架和旋转轴部位出现磨耗量过大，致使无法维修；

④ 切削刀架与链条之间夹有异物致使掘削无法进行。

为弄清上述问题的原因，在 TRD 主机的各个部位安装了应变计。另外，切削刀架上插入了测斜计测定刀架的弯曲程度，进而进行各部位的应力状况解析。再有，还测定了各部件的磨耗程度，由这些测量结果，找出问题产生的原因如图 7.29 所示。

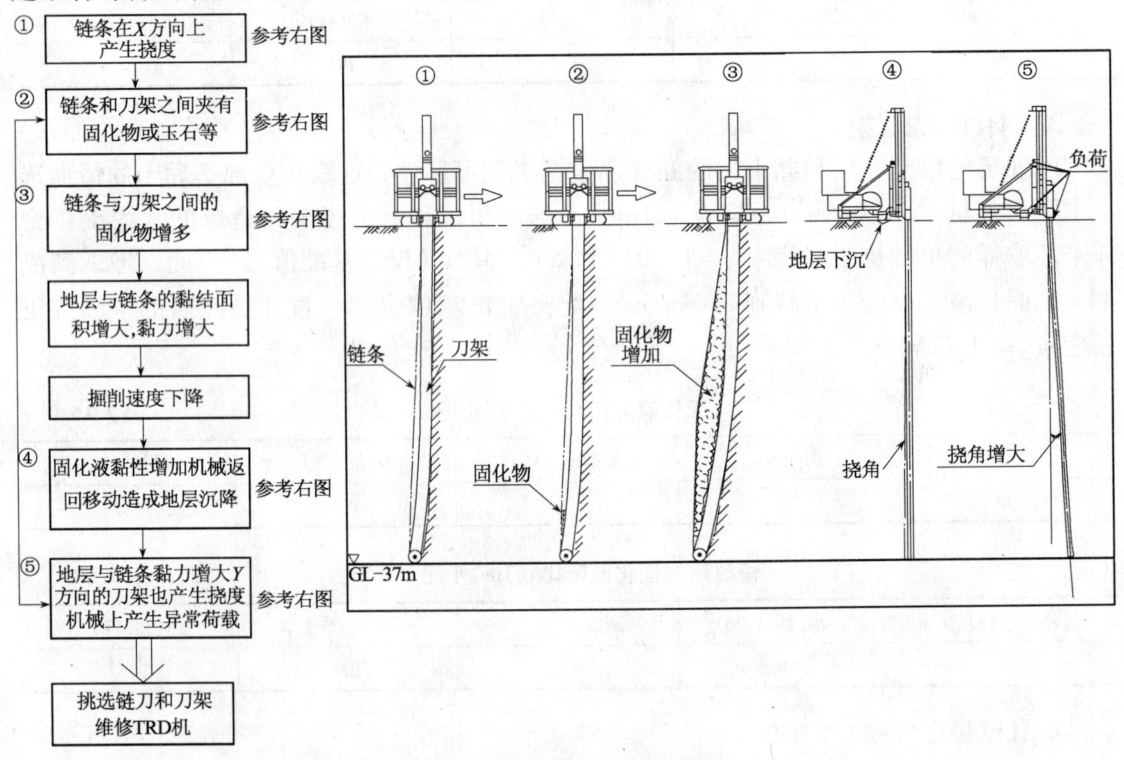

图 7.29　问题产生的机理

2. 改进措施

针对问题的产生机理，采取了如下的改进措施。

① 发生问题时，上提切削刀架，尽可能采取 3 步法施工。

② 定期检修切削刀架，即每横向掘进 80m，成墙面积 3000m^2，上提切削刀架至地表，对其各部件进行检修或更换。

③ 使链刀、刀架同时上下，既可减轻机械负担还可确保竖直精度。

④ 在切削刀架上设置测斜计，按竖直精度控制在 ±1°以内的原则进行施工管理。

⑤ 为了防止TRD主机倾斜，当机底地层抗压强度较小时，应对机底地层进行加固。

采用以上措施后，再没有发生过事故，施工顺利直到最后竣工。

7.12.4 施工结果

竣工后，对总长870m、深37m范围内的12个地点作全程钻孔取芯。对砂层试样进行渗水试验，对黏土层试样进行单轴抗压试验。结果如图7.30所示。

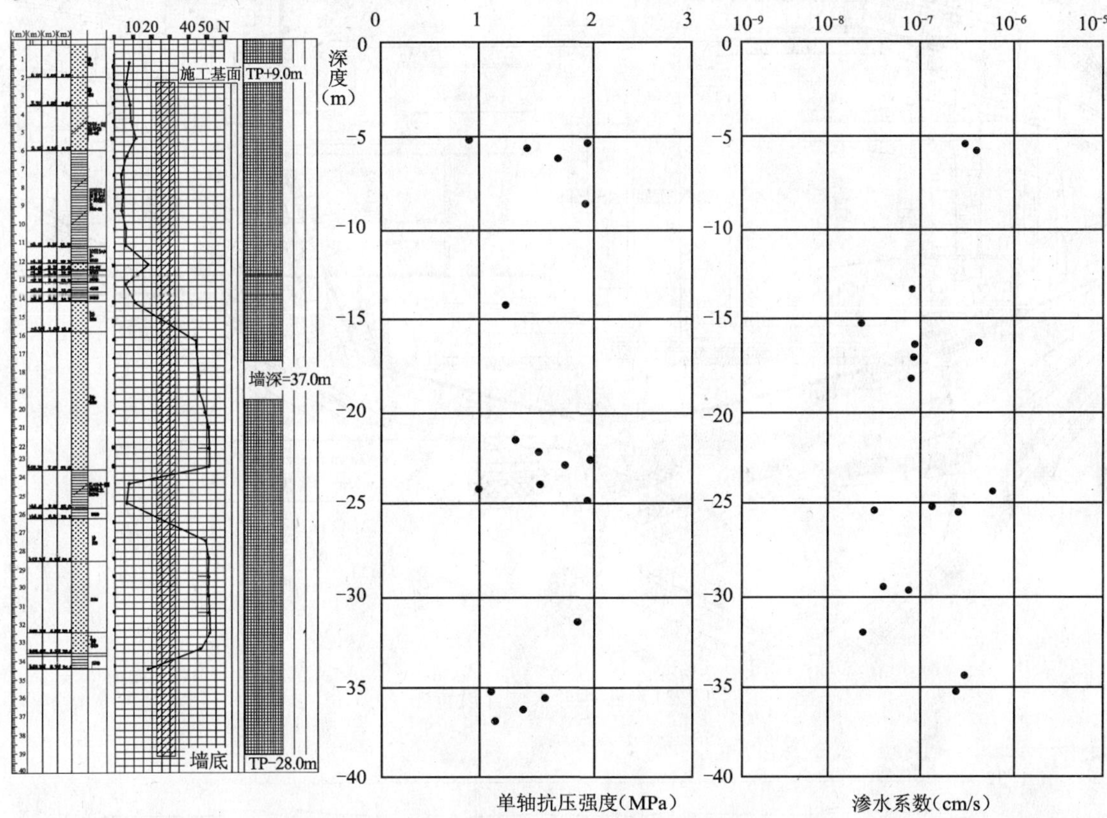

图7.30 单轴抗压强度、渗水系数与深度的关系

（1）单轴抗压强度（设计基准值 $q_{u28} \geqslant 0.5\text{MPa}$）

$$q_{u28} = 0.71 \sim 2.96\text{MPa}$$

（2）渗水系数（设计基准值 $K \leqslant 1 \times 10^{-5}\text{cm/s}$）

$$K = 9.5 \times 10^{-8} \sim 1.1 \times 10^{-7}\text{cm/s}$$

由图不难发现，渗水系数基本与深度无关，呈现较为均匀的状态，这一点完全证实了TRD工法的均匀搅拌特性。

另外，TRD墙内侧构筑构造物时，作为防隆起的措施，设置了6条深井（ϕ400mm，L=35m），按地下水位TP±0的标准作排水管理。其结果表明，尽管降雨时受到一些影响，但排水量基本固定为某一常值。再有，设置在7个地点的测定连续墙内外水位差的水位计的测定数据，也维持有9m的水位差。这也说明连续墙的止水性较好。图7.31所示的是深井与水位计的布设图。图7.32所示的是地下水位的测定结果。

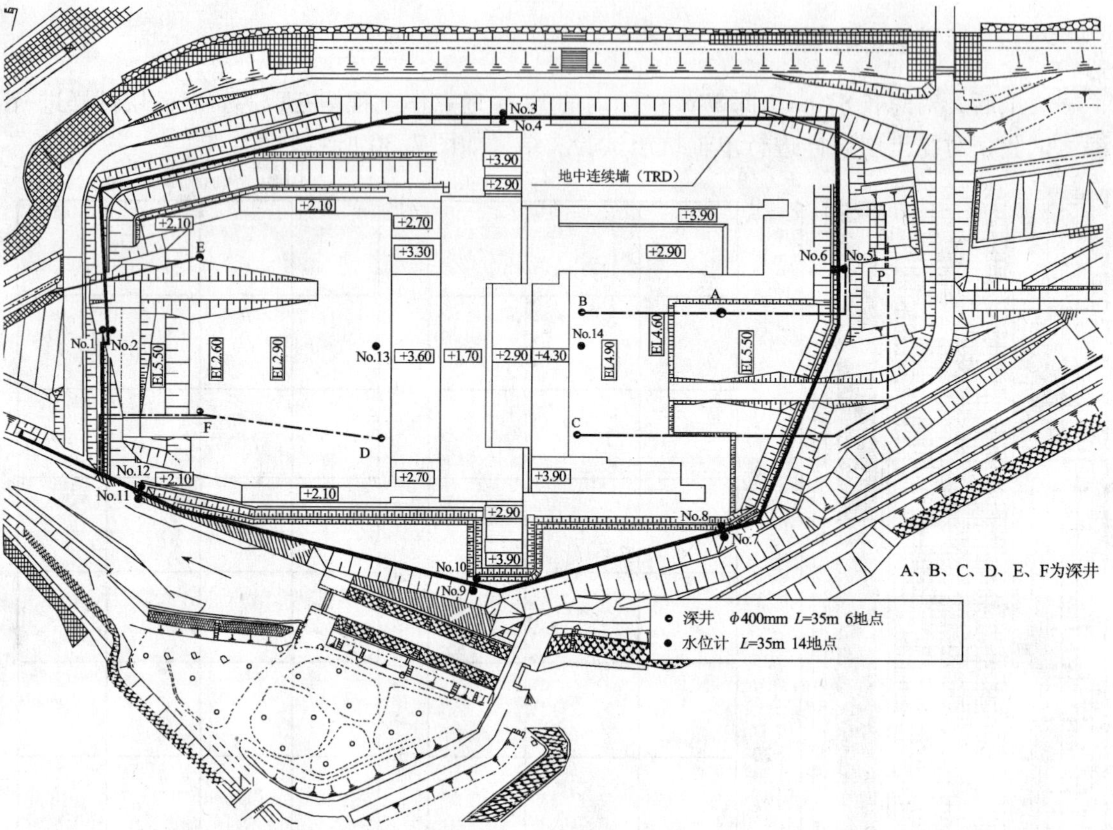

A、B、C、D、E、F为深井

○ 深井　ϕ400mm L=35m 6地点

● 水位计　L=35m 14地点

图7.31　深井、水位计设置图

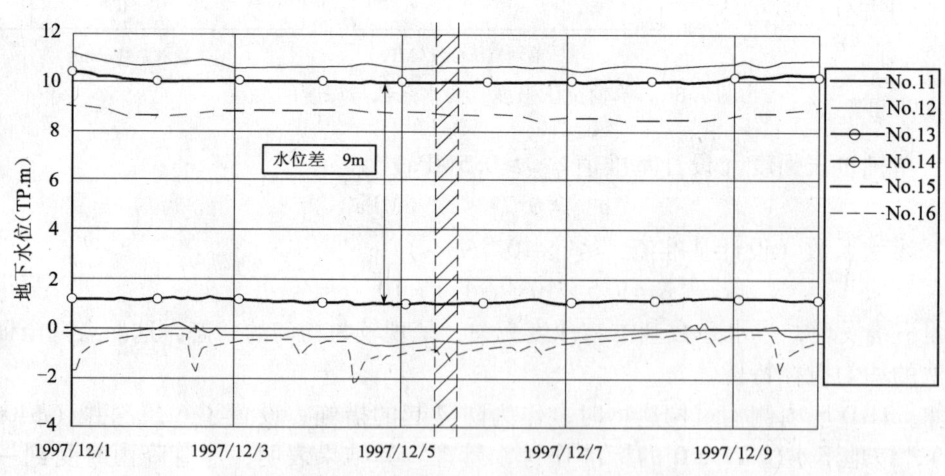

图7.32　地下水位测定结果

第8章　挖槽土再利用地下连续墙（CRM）工法

8.1　挖槽土再利用地下连续墙工法问世的必然性

近年建筑业的周围环境的要求极为严苛，由于建筑循环法的实施，要求义务执行建筑废弃物混凝土、木材、沥青的再利用。另外，从环境保护和废弃土处理场不足两方面考虑，也迫切需求抑制挖槽土产生量的工法及挖槽土再利用工法的尽快问世。

在地下构造物的构筑之前，往往需要先在地下构筑挡土止水墙。就该墙的构筑工法而言，以往多从施工成本和附带设备的简单化方面考虑，采用水泥土原位搅拌排柱墙工法。该工法在有些场合下，水泥和土的混合不均匀，致使墙体的质量起伏大，进而导致墙体性能达不到设计要求。特别是当施工深度大于30m时，不仅产生的掘削废弃土量大增，而且墙体的竖向施工精度偏差较大，导致排桩搭接部位错位，致使该部位薄弱或出现缝隙，故导致墙体出现漏水等棘手的技术问题。这就是说，有些场合及施工深度大于30m时，水泥土原位搅拌排柱桩工法构筑的挡土止水墙无法满足设计技术要求。

当然，若选用RC连续墙工法，完全可以避免上述问题。但是造价过高，且产生大量的挖槽弃土，对环境保护不利。

为此，人们在RC地下连续墙工法和水泥固化土工法的基础上，集两工法之优点开发了挖槽土再利用地下连续墙工法，以下称为CRM工法。CRM工法筑造的地下挡土连续墙止水性能好，且可抑制挖槽土的产生量，即属资源循环型环保工法。近年来施工实例猛增。

8.2　工法概况

CRM工法的施工顺序如图8.1所示。该工法是使用RC地下连续墙工法中使用的挖槽机进行挖槽（精度高达1/500），用护壁泥浆护壁，随后把挖出的土砂与水泥乳状物在地表的搅拌设备中混合搅拌成水泥土，然后再把水泥土通过导管浇筑在沟槽中，之后插入H型钢芯材，水泥土固化后成墙的构筑水泥土地下连续墙的工法。该工法也有先期插入芯材，随后浇筑水泥土的施工方法。后期插入芯材和先期插入芯材两种施工方法的施工概况如图8.2所示。

综上所述，不难看出CRM工法就是把挖槽挖出的土在现场与水泥混合制成水泥土，替代混凝土，工字钢替代钢筋笼构筑地下连续墙的工法。

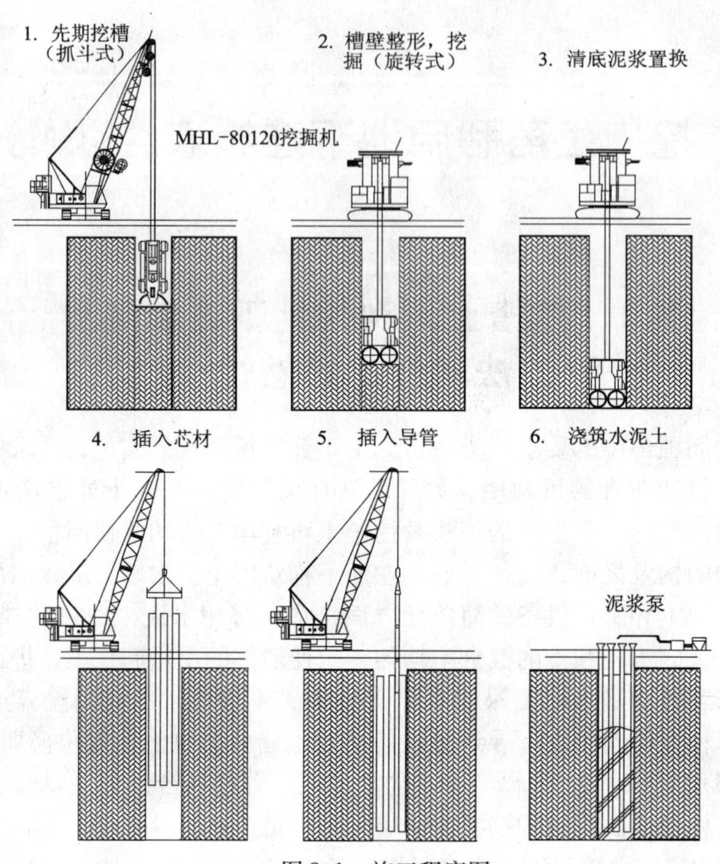

图8.1　施工程序图

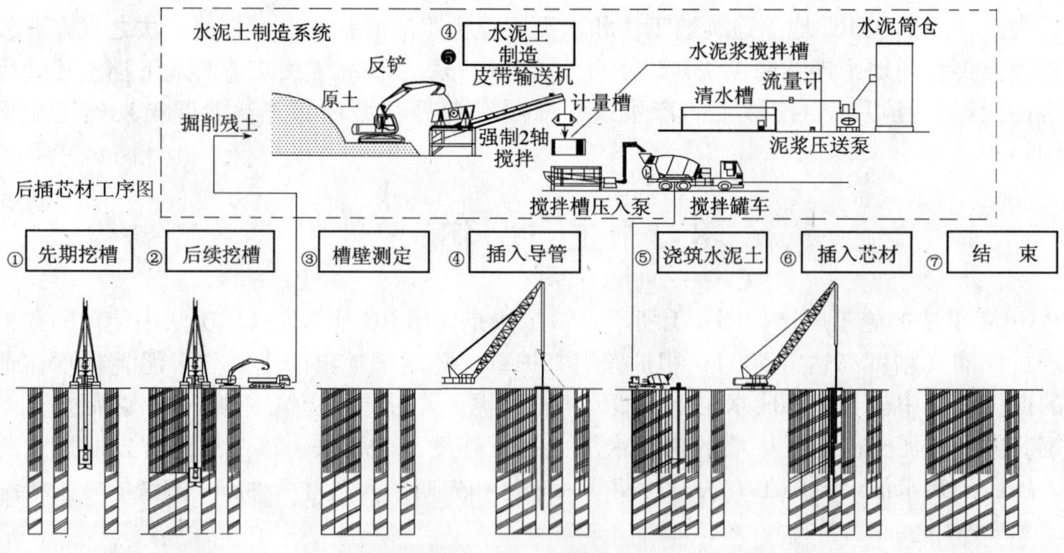

图8.2　后插芯材、先插芯材工序对比（一）

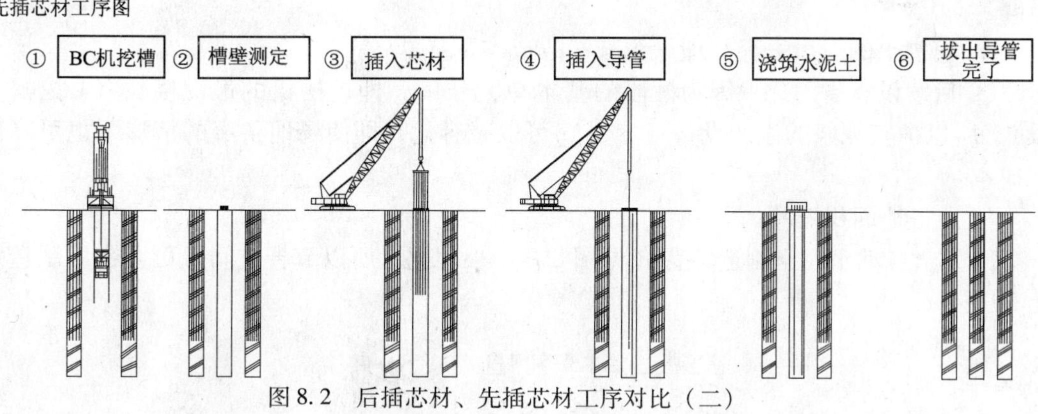

图 8.2 后插芯材、先插芯材工序对比（二）

8.3 工法的特点

挖掘土再利用地下连续墙工法的特点如下：

（1）该工法是保护地球环境、防止地球环境污染的再资源化的工法。

① 挖槽土的再利用率达 50% ~70%。

② 与以往的 RC 连续墙工法相比，因水泥土是现场制造、浇筑，故 RC 连续墙工法中的长距离罐车运输混凝土的工序不复存在。所以该工序对环境的影响（噪声、振动、交通障碍、排出的 CO_2 污染、粉尘污染、散落污染等）也不存在。

（2）成墙的水泥土混合均匀，墙体质量得以确保。

① 墙体竖直性好，精度达 1/500。其原因是挖槽机使用 RC 地下连续墙工法中的挖槽机，该机种可以自动检测其倾斜、位置坐标及姿态修正控制，所以精度高。

② 槽段间的接头，可把先期槽段的接头面作切削处理，所以接头处理简单、容易、可靠。

③ 因成墙的水泥土的制作，管理在地表进行，所以质量均匀、起伏小，故墙体的止水性能可靠，渗水系数小于 1×10^{-6}cm/s。

（3）深度、土质、作业面积等适用范围宽。

① 最大深度可达 120m。

② 墙厚可在 0.6 ~1.2m 范围内任选。

③ 狭窄场地和空间高度受限的工况下也可以施工。

④ 因为是置换法，所以不良固化的情形可被杜绝。

⑤ 全部 RC 地下连续墙的挖槽机的机种均可用来挖槽，与全旋转式全套管护壁挖掘机组合，即使地下存在障碍物仍可照常施工。

⑥ 适用地层土质范围宽。从一般的土砂地层到砾层、硬质土层、软岩等各种地层均可适用。

（4）总成本下降：

① 因是等厚施工，故芯材设置制约少，且芯材间距可根据需要任意调节，配置成本

下降。

② 挖槽土的运出丢弃处理量锐减，故成本下降。

③ 后续设备省力化：因为槽段的基本单元长度，即挖槽机的最短横长（1 挖幅 1 槽段）。所以护壁泥浆的生产设备（容量）可以减容化，即使场地狭窄的情形下也可降低施工成本。

（5）占地面积缩减。

因为全自动水泥土制造装置（见图 8.3）小型化，所以节省空间且可大容量制造水泥土 30 ~ 40m^3/h。

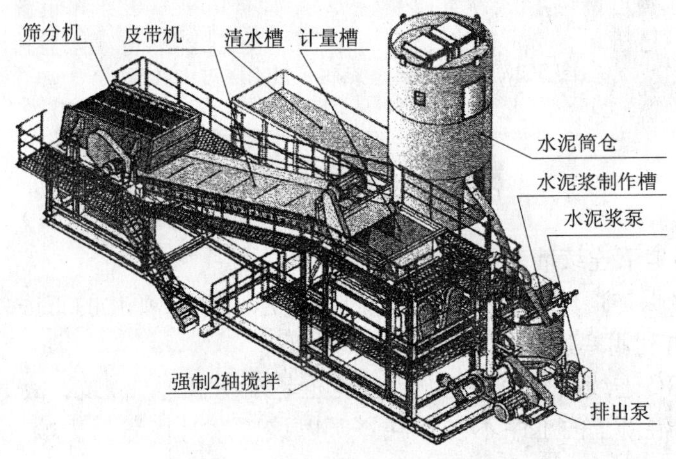

图 8.3　水泥土制造设备示意图

（6）与 RC 工法、原位混合搅拌工法的对比。

① 与 RC 工法的比较。

CRM 工法连续墙的刚性强度低于 RC 连续墙；止水性接近 RC 连续墙。成本低于 RC 墙，施工性易于 RC 墙。对环境的影响小，优于 RC 工法。施工深度与 RC 法相同。

② 与原位混合搅拌工法的比较。

与原位混合搅拌工法相比，CRM 工法均匀性好，可靠性好，防渗性好。地层土质适用范围宽，深度大；工序复杂。

③ 当强度、刚性要求不高，深度要求深、地层原位搅拌法难以实现的场合下，选择 CRM 工法。

8.4　再利用挖槽土及其处理

挖槽土的再利用率取决于挖槽土特性的分析结果。不适于再利用的挖槽土是含硬质黏土、巨砾（直径大于 150mm 的砾石）较多的土。当挖槽土中的可以再利用的土量无法满足需求的土量时，必须另行购入土砂。满足制作水泥土所必需的挖槽土以外的剩余弃土应外运。

8.4.1 挖槽土再利用率的估算

再利用率可由实际施工中的设计挖槽量和外运弃土量，按下式估算。

再利用率 =（设计挖槽土量 − 外运弃土量）/设计挖槽土量

其中，设计挖槽土量 = 挖槽厚度 × 设计墙长 × 设计槽深。

8.4.2 不同土质挖槽土再利用率的标准

挖槽土的再利用率可由上述公式估算，也可按表 8.1 所示的值选定。

挖槽土再利用率 表 8.1

土质名	N 值 <10	N 值≥10	土质名	N 值 <10	N 值≥10
黏性土	80%	10%	砾质土	10%	10%
砂质土	90%	90%			

注：砾质土的场合下，可据土粒级配变化利用率。

在水泥土制造现场，由土砂分离装置对砾、黏性土等特殊土进行分离，使之分离出可以再利用（可以制造水泥土的土）和不可再利用的土。具体做法是把挖槽土放在筛网上并使筛网振动，通过筛网的土砂为可以再利用的土，不能通过筛网的砾石、黏性强的土块为不可再利用的土。

对硬质黏土和砾成分多的特殊地层而言，应采用下面示出的改质方法处理，处理后的土可以再利用。

1. 硬质黏土改质方法

（1）粉碎处理法：即将硬质原状黏土进行粉碎处理后添加水泥，混合搅拌制造水泥土。再利用率高。

（2）解泥处理法：加水混合搅拌成泥，随后添加水泥制成水泥土。再利用率低。

2. 砾的改质方法

利用破碎机将砾石破碎后再利用。当原状土由碎砾石和粗砂构成时，考虑到止水性，应向原状土中添加膨润土进行渗水试验，决定配比。

8.4.3 挖槽土再利用的优先顺位

不同土质再利用的优先顺位如下：

（1）以防渗为主要目的时，应优先使用黏性土。

（2）无黏土的场合下，使用砂质土；用量与黏性土相同。

（3）上述(1)+(2)不足的场合下，再考虑使用砂质土 + 黏性土（N≥10）。

（4）上述(1)+(2)+(3)不足的场合下，必须另行购入黏性土。

再利用土量的计算程序图，如图 8.4 所示。

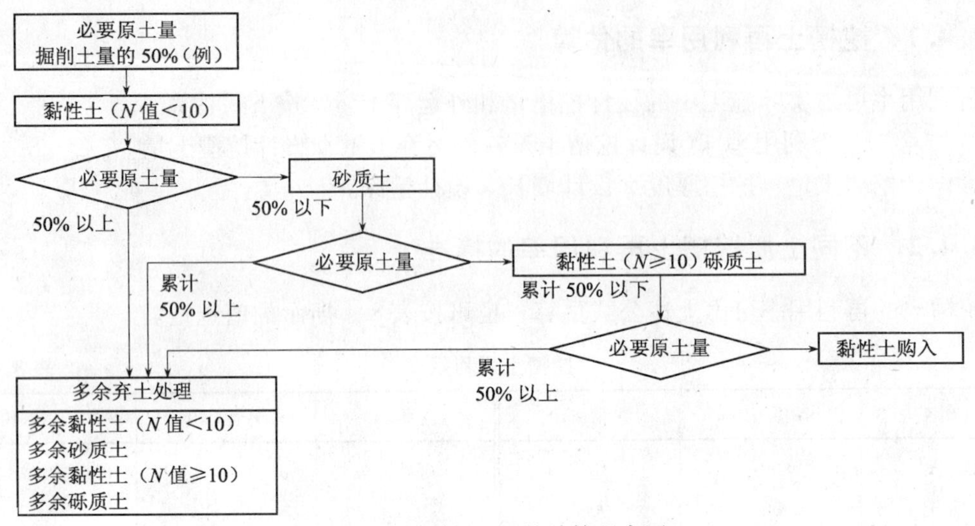

图8.4 再利用土量的计算程序图

8.5 水泥土的特性要求及质量管理

8.5.1 对水泥土的性能要求

水泥土是现场挖槽土加水、水泥后的搅拌混合物。CRM工法对水泥土性能的要求如下：

（1）制造水泥的主要原料土。

制造水泥土的原料土主要是挖槽土中的高含水比的黏性土和淤泥等细粒土，其他成分也可通过改质处理后再利用。

（2）水泥土具高流动性，可以用泵压送、浇筑。

水泥土应具高流动性，可以填充窄缝空间，可以用泵压送及浇筑。

（3）流动性和强度可以任意设定。

调整水泥和挖槽土的配比量，可以获得适应多种用途的流动性和强度。

（4）渗水系数小，黏力高。

（5）浇筑后的体积收缩率和压缩率小。

8.5.2 水泥土的质量管理基准

水泥土的质量管理应考虑水泥土对沟槽的充填性、止水性及侧压决定的必要的单轴抗压强度。质量管理标准如下：

（1）单轴抗压强度：必须大于设计抗压强度（通常为0.5MPa）。

（2）坍落度：200～300mm。

（3）析水率小于3%。

8.5.3　水泥土的配比试验

因为本工法是利用现场挖掘土，所以原状土的土质不同，级配构成比例也不同。本工法试验的重点是观察原状土的细粒含有率与水泥土的质量关系（同一水量配比的场合下，细粒成分多时坍落度减小，细粒成分少时渗水量大），使用不同细粒含有率的原状土进行拌合试验，收集满足质量要求的配比（水、水泥、干燥土比）与细粒含有率的相应数据，作成配比表。

8.5.4　拌合试验步骤

水泥土的主料为水、水泥、干土（湿状原土认为是水和干土）。

$\frac{W}{C+N}$ 基本上取决于试验配比。

W——总水量（$W=W_1+W_2$，W_1 为添加水，W_2 为湿土中的含有水）；

C——固化材（水泥）添加量；

N——干燥土质量。

测定原土的含水率，把湿润土分为干燥土和含有水，含有水作为配比中水分的一部分计算，配比概念如图 8.5 所示，拌合试验程序如图 8.6 所示。

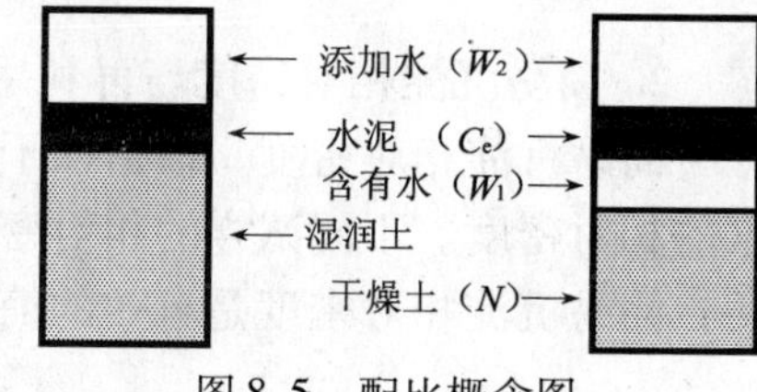

图 8.5　配比概念图

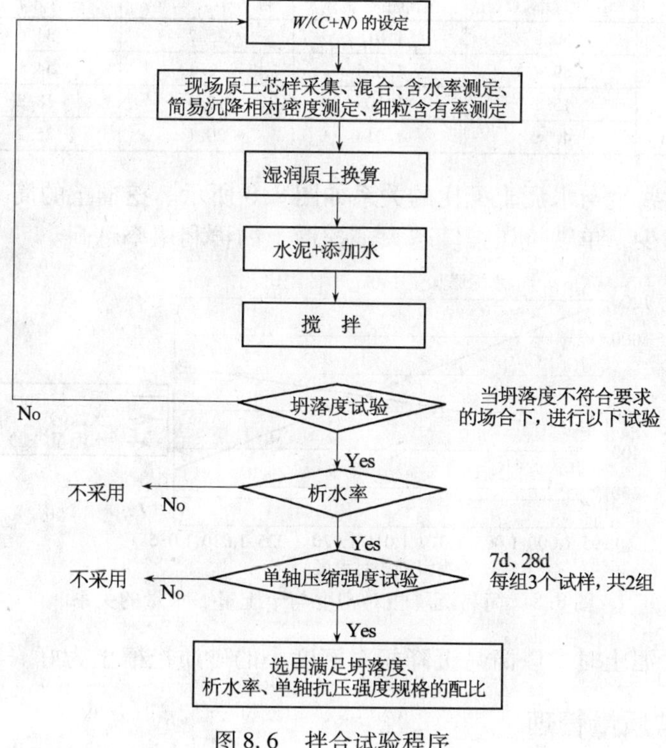

图 8.6　拌合试验程序

8.5.5　水泥土的特性

1. 单轴抗压强度与水泥添加量的关系

单轴抗压强度，通常随水泥添加量的增加而增加（见图8.7）。另外，水泥添加量一定的场合下，再利用的挖槽土中的细粒成分多时，单轴抗压强度下降。

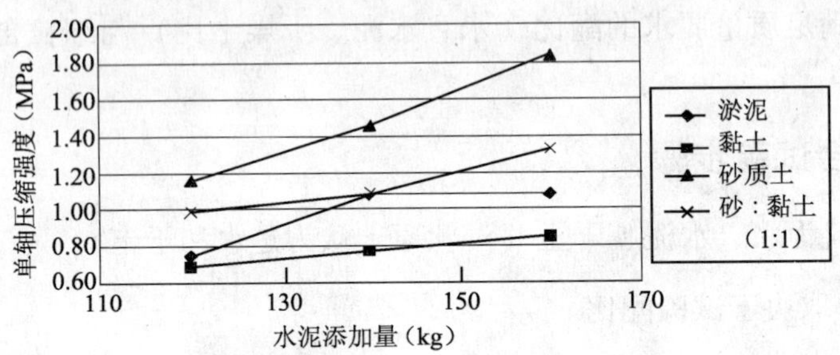

图8.7　单轴压缩强度（28d）与水泥添加量的关系

2. 简易沉淀相对密度与再利用率的关系

简易沉淀相对密度，系指取干燥挖槽土100g随后加水制成1L的悬浊液，静置后上层水的相对密度。不同试样的相对密度值如表8.2所示。作为定量评价挖槽土粒度构成的方法，简易沉淀相对密度是有效的简便方法。

各试样的物性测定值　　**表8.2**

序号	土　质	75μ通过率（%）	沉降相对密度	含水率（W_t%）	含水比	密　度
1	淤泥	60.8	1.018	25.7	34.6	2.64
2	黏土	89.7	1.035	35.1	54.1	2.64
3	砂质土	15.7	1.005	15.4	18.2	2.71
4	砂：黏土（1：1）	40.8	1.014	20.1	25.2	2.70

简易沉降相对密度与水泥土配比的关系如图8.8所示。挖槽土的简易沉降相对密度越小，水的添加量越少，单轴抗压强度越大，挖槽土的再利用率越高。

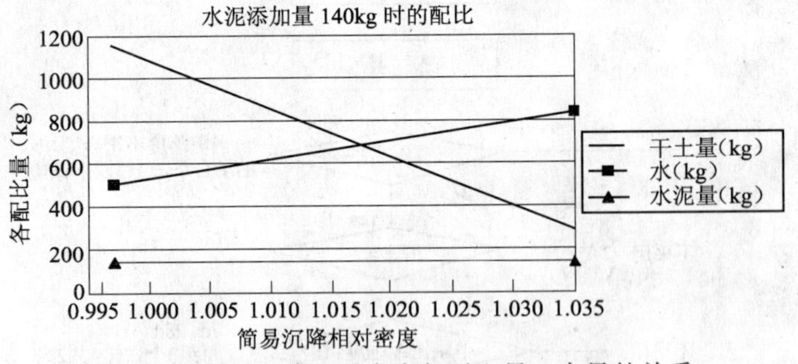

图8.8　简易沉降相对密度与干土量、水量的关系

在配制经济水泥土时，以简易沉降相对密度小的砂质挖槽土为好。

8.5.6　日常质量管理

日常质量管理的项目、频度如表8.3所示。

日常质量管理　**表 8.3**

种　　别	试 验 项 目	频　　度
原土的质量管理	含水率简易沉降相对密度	1 回/EL 1 回/EL
混合时的质量管理	坍落度	1 回/EL
硬化后的质量管理	析水率单轴压缩试验	1 回/EL 1 回/EL

注：EL = 槽段。

8.5.7　试验项目及其试验方法

坍落度试验：按加气砂浆和加气乳状物的试验方法确定。

析水率：按预填石料压浆混凝土工法中的注入砂浆的析水率和膨胀率试验方法确定。

单轴抗压强度试验：按土的单轴抗压试验方法确定。

8.5.8　水泥土的制造系统

全自动水泥土制造系统的构成示意图如图 8.3 所示。构成框图如图 8.2 中的虚线框部分所示；系统的尺寸概况如图 8.9 所示。该系统由制造水泥土的土砂输送系统（反铲、振动筛、皮带传送机、计量槽）、水泥浆制造系统（水泥筒仓、清水槽、流量计、水泥浆搅拌槽、压送泵）及混合搅拌系统（双轴强制拌合器、旋转搅拌器、排出泵、拌合罐车）构成。就上述土砂输送系统而言，在挖槽地层为硬质黏土时应增加粉碎机或解泥装置；地层含砾石多时应设置破碎机（见 8.4.2 节的叙述）。

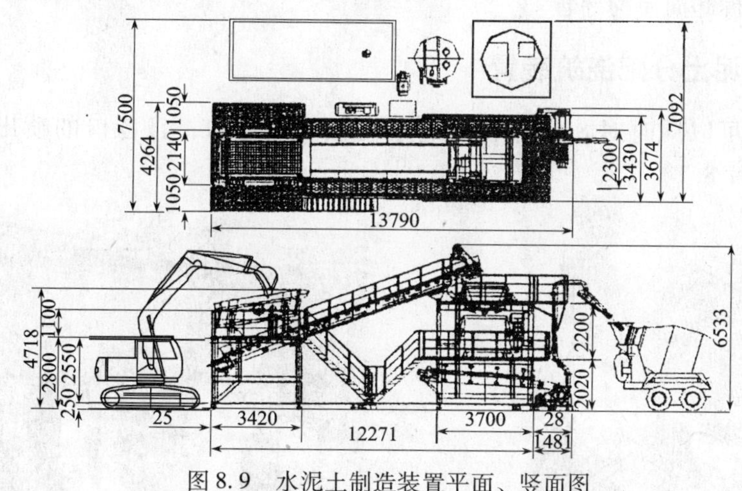

图 8.9　水泥土制造装置平面、竖面图

8.6　施 工 方 法

8.6.1　施工顺序

CRM 工法的施工顺序如图 8.2 所示。施工顺序因芯材插入时期的不同，有先浇水泥土后插芯材和先插芯材后浇水泥土两种工序。不过无论哪种工序均可划分为挖槽护壁（包括挖槽机挖土、出土的同时充入护壁泥浆护壁、槽壁整形、清底、测深，测量槽壁的竖向、壁向施工精度等）、向槽内浇筑水泥土（包括设置浇筑导管、浇筑水泥土）、向填满水泥土的槽内插入芯材（多为工字型钢材）三道工序。挖槽护壁工序与以往的RC地下连续墙情形完全相同，这里不再赘述。通常在槽深不深的场合下，多采用先浇水泥土后插芯材的施工工序。但是，在大深度槽深芯材增长的场合下，要想赶在水泥土固化之前插入芯材较为困难。此时应采用先插芯材后浇水泥土的工序。该工序的优点是：

（1）芯材的插入不受浇筑时间限制。特别是施工时间受限的现场更为适合。

（2）水泥土中无须添加硬化延迟剂、流动剂，故成本下降。

（3）插入的每条芯材均可上提、拔出重新调整位置，故插入精度高。

（4）可以避免由于使用硬化延迟剂造成的局部渗水事故。

（5）可以降低水泥土的含水量，提高挖槽土的再利用率。

但是，选用该工序时也必须考虑下列事项：

（1）必须可以同时对多条导管供给水泥土。

（2）为了做到各浇筑部位水泥土的浇筑高度均匀，必须控制各个供给口的喷出量。

（3）浇筑中必须正确地确认水泥土的浇筑高度。

（4）导管条数增多，需要一定的安装、拆卸时间。

为了解决好上述问题，必须选用下述装置和器具。即水泥土分配浇筑装置，浇筑面测量器具及安装、拆卸简便的导管。

8.6.2　水泥土分配浇筑装置

该装置装有可以同时对8条导管输送水泥土的喷出口，且各口的喷出量可以控制（见图8.10、照片8.1）。

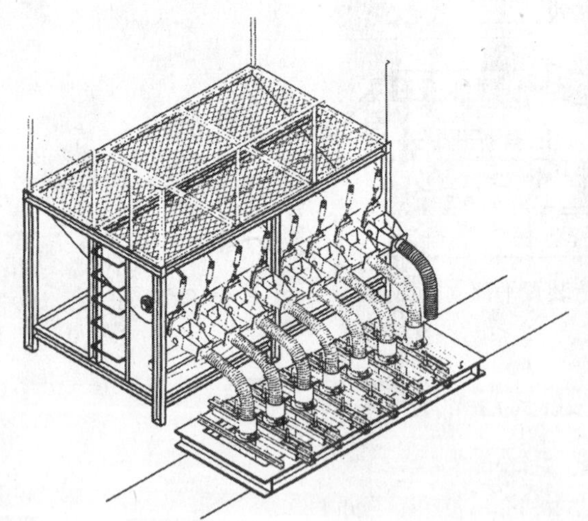

图8.10　水泥土分配浇筑装置

照片8.1　喷出口外貌

喷出量靠汽缸开关阀门控制。因汽缸可在任意位置停止，故可较好地控制喷出量。各阀门的开关被集中在控制盘上，操作仅由一名操作员执行即可。

8.6.3 浇筑面的测量器具

水泥土因其相对密度在 1.5 左右，同时比预拌混凝土轻且流动性高，所以像通常的 RC 连续墙和现场灌注桩那样，用检尺和锤的方法测量浇筑中的浇筑面较为困难。为此考虑使用在中空钢球内装入小铁球的浇筑面测量器具（见图 8.11）使用调节该测量钢球的相对密度使之与水泥土的相对密度相同。该测量钢球可以准确地测量水泥土的浇筑面，故可较好地控制浇筑量。

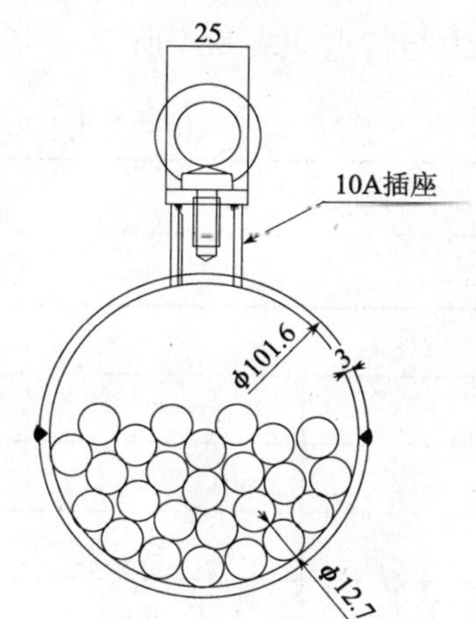

铁球投入数	相对密度
0	1.3
6	1.4
13	1.5
19	1.6
26	1.7
32	1.8
38	1.9
45	2.0

图 8.11 水泥土浇筑面测量器具

改变钢球内小铁球的个数，可以随时调整钢球的相对密度，使之与各种相对密度的水泥土匹配。

8.6.4 拆装容易的导管

浇筑期间，多条导管的拆装时间也极大地支配着施工性。所以，与以往的旋入式和凸缘螺栓式相比，选用拆装时间可以缩短$\frac{1}{2}$ ~ $\frac{1}{3}$的钢丝索插入式标准导管（见图 8.12）。

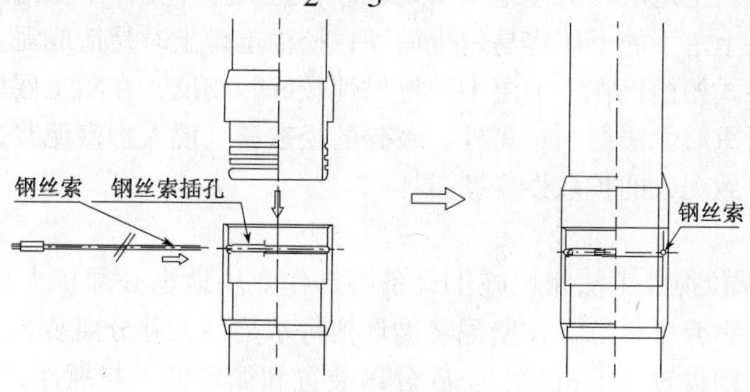

图 8.12 钢丝索导管连接器

8.7　设计、施工的注意事项

8.7.1　设计上的注意事项

在CRM工法的设计中，必须是在熟悉挖槽机的特点的基础上，选择适合该工程现场特点的机种。挖槽机有水平多轴旋转式和抓斗式两种。选择挖槽机的条件有挖槽深度、土质、作业场地大小、芯材间距等。

1. 挖槽机的施工能力

挖槽机的机种不同，其挖槽能力和特点也不同，所指的能力与特点如表8.4所示。

不同挖槽机的施工能力　　**表8.4**

项目			水平多轴旋转式	抓斗式	
				悬垂式	杆式
土质条件	黏性土		○	◎	◎
	中砂		◎	◎	◎
	密实砂		◎	○	○
	砂砾大卵石	150mm以下	○	○	○
		150mm以上	△	◎	◎
挖掘深度			60m以上	55m	60m
挖掘精度			1/500	1/300	1/300
挖掘速度			◎	○	○
噪声振动			◎	○	○
临时设用地			○	◎	◎

注：◎最适，○一般，△稍差。

抓斗式最适于软土地层。对砂地层来说，砂容易从抓斗壳体中撒落致使效率下降；挖掘深度不深时抓斗上落下的土体容易发生振动；挖槽土排土时易造成泥土飞溅。

水平多轴旋转式挖槽机在砂地层中的挖掘性较好。相反，在黏土层场合下，切削器上容易黏附泥土，严重时无法掘削；另外，破碎的松散黏土混入护壁泥浆，致使护壁泥浆的相对密度升高，导致泥浆的扩散性变差。

2. 作业场地

CRM工法与原位搅拌工法相比施工设备多，作业场地也必须扩大。施工设备包括挖槽土的再利用设施、弃土料坑、护壁泥浆循环槽等水槽、土砂分离装置。选择水平多轴旋转式挖槽机时，必须设置排土机构、土砂分离装置和循环槽，与抓斗式挖槽机情形相比，还必须备有临时设备用地。

（1）抓斗式的施工设备

抓斗式的施工设备即由护壁泥浆的循环设备等构成。与水平多轴旋转式相比设备呈小型化。设备布设如图8.13所示。施工设备的规格如表8.5所示。

抓斗式生产设备的规模 **表8.5**

工种	名称	规模
水泥土	水泥土制造装置	DMP设备1套（8.0m×14.0m）
	解泥坑	$200m^3$
制液	护壁泥浆搅拌机	$10\sim40m^3/h$
	清水槽	1d的制液量
贮存运用	新液槽	$40\sim60m^3$
	良液槽	1槽段的1.2倍（掘削机1台）
	回收槽	1槽段的1.2倍（掘削机1台）
	离心分离装置	$20\sim30m^3/h$（良液作成用）
废液	废液槽	$25\sim50m^3$

（2）水平多轴旋转式生产设备

水平多轴旋转式设备，与抓斗式相比，必须增加土砂分离设备和土砂料坑。设备布设如图8.14所示。施工设备的规格如表8.6所示。

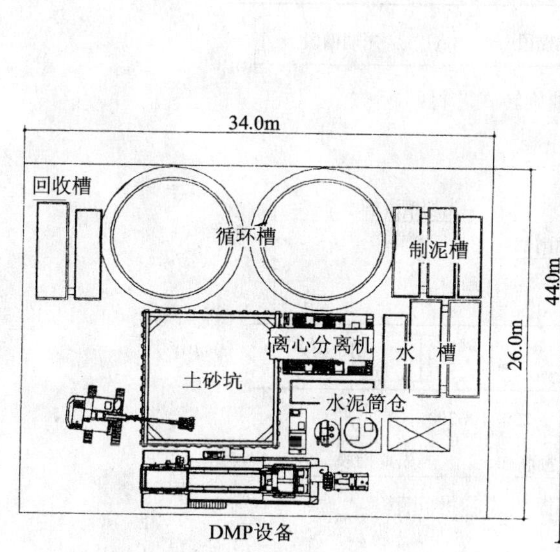

图8.13 抓斗式设备布设图

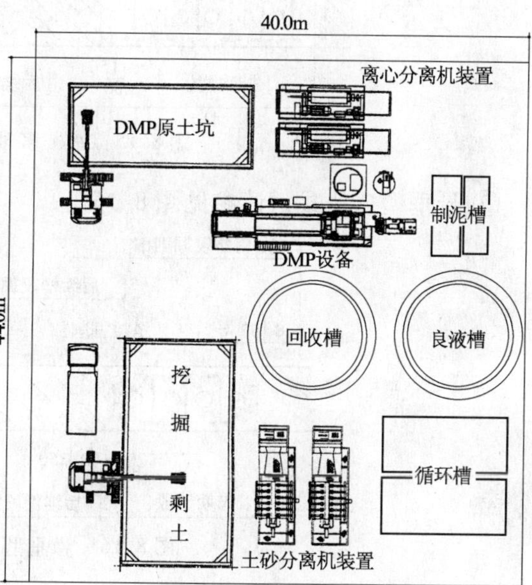

图8.14 循环式设备布设图

水平多轴旋转式生产设备规模循环方式 表 8.6

工种	名称	规模
水泥土	水泥土制造装置	DMP 设备 1 套（8.0m×14.0m）
	解泥坑	$200m^3$
制液	护壁泥浆搅拌机	$10\sim40m^3/h$
	清水槽	1d 的制液量
贮存运用	新液槽	$40\sim60m^3$
	良液槽	1 槽段的 1.2 倍（掘削机 1 台）
	循环槽	每台挖槽机 $200m^3$
	土砂分离装置	$6\sim14m^3/min$
	回收槽	1 槽段的 1.2 倍
	离心分离装置	$20\sim30m^3/h$（良液作成用）
废液	废液槽	$25\sim50m^3$

3. 芯材间距

CRM 工法与 SMW 工法相比，芯材间距可以自由选择。但是，间距的选择也必须遵循下列制约条件：

（1）挖槽方式决定的芯材间距

① 水平多轴旋转式，请参见图 8.15。

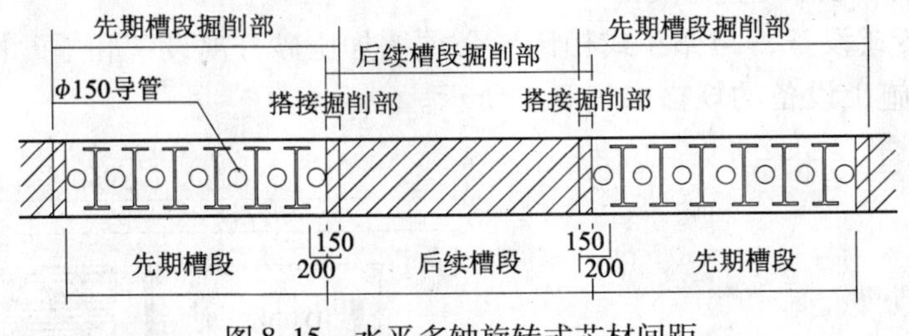

图 8.15 水平多轴旋转式芯材间距

② 悬垂型抓斗式，请参见图 8.16。

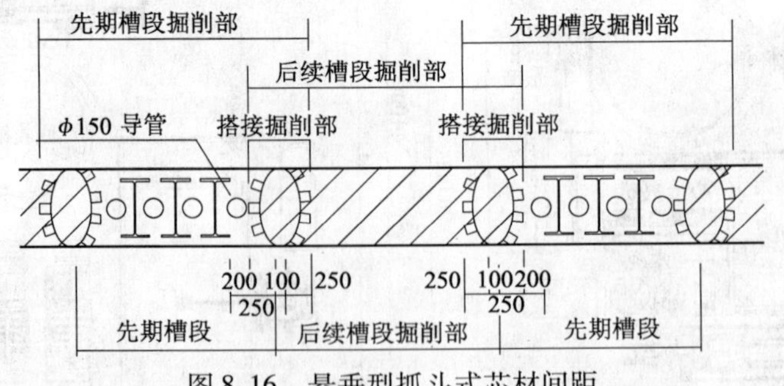

图 8.16 悬垂型抓斗式芯材间距

③ 钢钎式，请参见图 8.17。

（2）浇筑水泥土要求的芯材间距

选用先插芯材的场合下，必须考虑芯材间可以插入导管的配置计划。挖槽深度大于

30m 的场合下，芯材设置方法为先期插入式。此时，若导管配置不好，则水泥土的填充也不好，必然产生缺损部位。要想使水泥土很好地填充到槽段内，必须考虑芯材间和槽段端部分别可以插入导管的芯材配置计划。再有，导管内径为 150mm 时，其外径按 200mm 考虑（见图 8.18）。

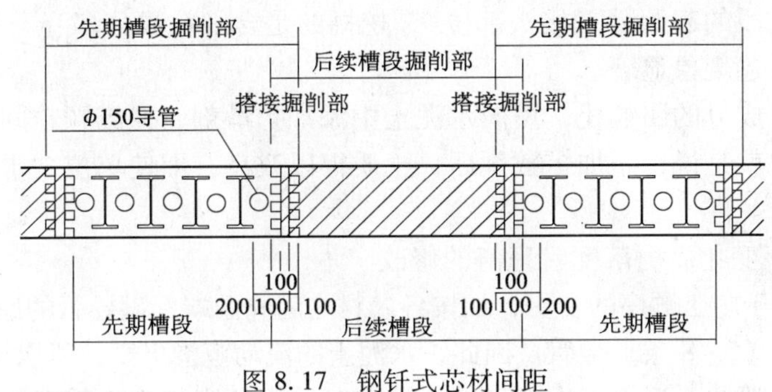

图 8.17 钢钎式芯材间距

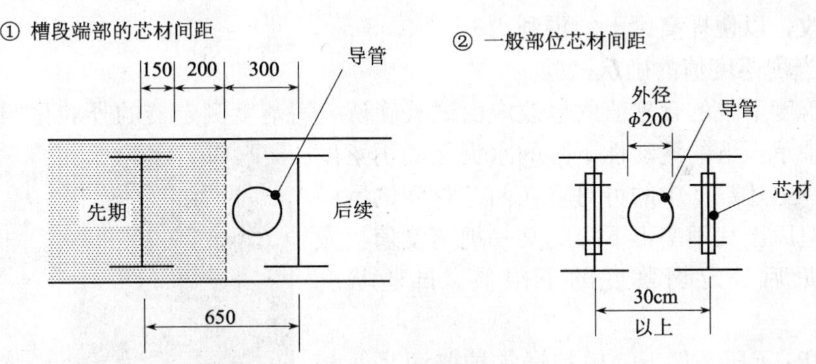

图 8.18 芯材间距

8.7.2 施工上的注意事项

1. 确保墙体高止水性的注意事项

为了提高各槽段接头部位的止水性，应在后续槽段挖槽时挖除先期槽段的接头部位。增加该项措施后，可以去除黏附在先期槽段上的护壁泥浆形成的泥膜，确保接头紧密结合，以提高止水性。

如果黏附在先期槽段上的护壁泥浆泥膜去除不彻底，则泥膜夹在两槽段的接头面中间，会致使止水墙的强度不足，导致开挖时坍塌或漏水。为此在切削先期槽段接头面时，还应使用新鲜护壁泥浆，以便确保接头面水泥土的良好结合，提高墙体的止水性。

2. 防止挖槽土再利用率下降的措施

（1）扩散材的使用

CRM 工法是以现场挖槽土砂（以下记作原土）为原料制造水泥土，以原土的 50% ~ 70% 再利用为目的的工法。但是，由于土质的变化和反复使用的护壁泥浆的性状的变化，存在利用率减小的倾向。这是由于材料土砂中的细粒成分增加致使的细粒成分团粒化现象造成的。该现象的后果是造成水泥土的流动性下降，坍落度达不到基准值。要想避免这种现象的产生必须增加单位含水量。也就是说，应减少土砂的配比量，即原土的再利用率下降。

特别是后续槽段的起始段（接头部位），挖掘的是含细粒成分多（与原土比较）的水泥土部位，所以上述现象显著。

为了防止细粒成分的团粒化，可向水泥土中添加扩散剂，使细颗粒间的结合减弱，从而提高流动性。也就是说，添加扩散剂后，土质得以改良，即使单位含水量下降，但仍可防止坍落度的下降。

（2）施工顺序变化后坍落度管理值的修改

如前所述，由于施工顺序的变更，如按各芯材之间和两端都设导管的原则考虑，则每个挖段均应设置多条（5~8条）导管。因此，水泥土的流动范围更窄，所以填充效果更好。

像上面叙述的那样，当土砂中的细粒成分多时，坍落度将小于管理值，故应提高单位含水量，即原土的再利用率下降。但有时坍落度的管理下限值对实际土质存在一定的裕度，即坍落度虽然超过下限值，但流动性仍可满足实际浇筑需求，这种场合下应对管理下限值进行修改，以便提高原土的再利用率。

（3）适当坍落度值的确认试验

适当坍落度下限的管理值的修改应由试验确认。坍落度测定器的外貌见照片8.2。试验中收集水中承压下的流动性下降的水泥土的坍落度的数据，选择上述数据中的可对夹在两芯材间的空间进行填充，但原土利用率不下降的某一坍落度值再次进行验证，最后确定坍落度的下限值。试验状况如下：

在0.7MPa承压条件下，模拟通常护壁泥浆（相对密度为1.05）深度65m附近的水泥土的浇筑状况。

采集现阶段承压下的坍落度的数据，进行下一阶段确认填充性的试验。

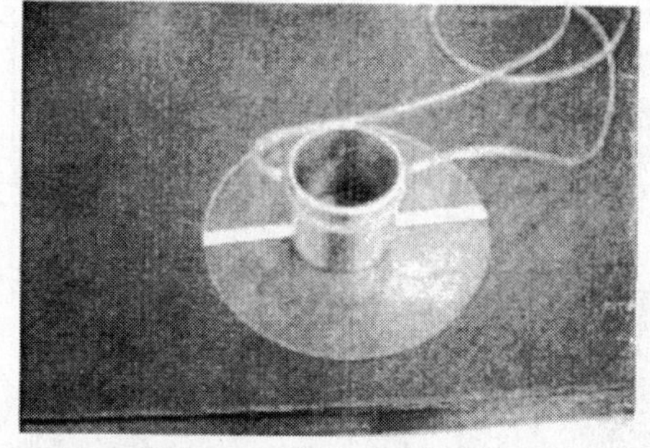

照片8.2　坍落度测定器
（ϕ55mm×H57mm）

填充性不仅与坍落度有关，还与堆积水泥土的自重力有关。

3. 提高护壁泥浆效率的措施

由于护壁泥浆的反复使用，所以导致泥膜护壁防坍作用下降，泥浆的黏性增加及防止泥浆的结块等功能下降。但是，采用抓斗式挖槽机时，由于搅拌挖槽土，使挖槽土不泥土化，所以护壁泥浆的相对密度的升高及黏性增大的劣化因素小，故泥浆的使用效率高。另外，使用泥水分离机可以除去10μm以上的颗粒，即可把回收的泥浆分离成适当相对密度的护壁泥浆和渣土，故可促进泥浆的再利用。

8.8　以往施工实绩中的水泥土质量

这里报告过去实绩施工中的水泥土的配比及有关质量参数。

8.8.1 水泥土的配比

过去配比实绩的例子如表 8.7 所示。在实绩工程中的单位水泥量为 140～200kg/m^3。

配比实例 表 8.7

施工例	水灰比 $W/(C+N)$(%)	土量 N(kg)	水泥量 C(kg)	水量 W(kg)	延迟剂 (kg)	坍落度 (mm)	28d 强度 q_u(MPa)
例 1	86	634	180	703	5.4	295	2.1
例 2	84	803	140	790	0.6	230	1.5
例 3	68	750	200	650	6.0	280	2.4

8.8.2 挖槽土再利用的实绩

挖槽土再利用率可由前述公式估算。但是，至今为止的工程的平均再利用率是 60% 左右。其中最小值为 50%，最大值为 70%。各工程再利用率的不同，主要受挖槽土质的影响。伴随泥浆制造设备的改进，再利用率正在逐渐提高。

8.8.3 水泥土的单轴抗压强度

设计强度为 0.5MPa（材龄 28d）的场合下，厂家采样的水泥土的单轴抗压强度的平均值为 2MPa，材龄 28d 中的单轴抗压强度的起伏值为 30%，比混凝土的起伏值（15%～20%）大。该起伏程度随材龄的增长（7～28d）大为减小。

深度方向上的取样试样的单轴抗压强度的试验结果发现深度与抗压强度的关系不太大。抗压强度主要取决于挖槽土自身的特性。

过去的施工中，多依据施工中的强度试验的结果修改配比。此外，还有依据试验结果进行降低单位水泥量的事例。

8.8.4 渗水系数实绩

在至今为止的施工事例中，取样试样的渗水试验结果表明，渗水系数与深度无关，可以确保在 10^{-7}cm/s 附近。

8.9 CRM 工法开挖隧道挡土墙施工实例

8.9.1 工法选定经过

某开挖道路隧道总长 121m，墙体混凝土 32570m^3，钢筋 7110t，土方量 96010m^3，临时工程 CRM 连续墙 12500m^3，钢管排柱连续墙 1750m^3。工期 20 个月。

该工程现场的土质柱状图如图 8.19 所示。开挖基坑底面下部为 Dg_3 层、Dsg_5 层（渗水性高的承压滞水层）。为防止基底隆胀，挡土墙根入到 Dc_6 层（不渗水层）的 GL－56m 处。为了使开挖工程安全顺利进行，要求挡土墙对承压滞水层的止水效果极高。

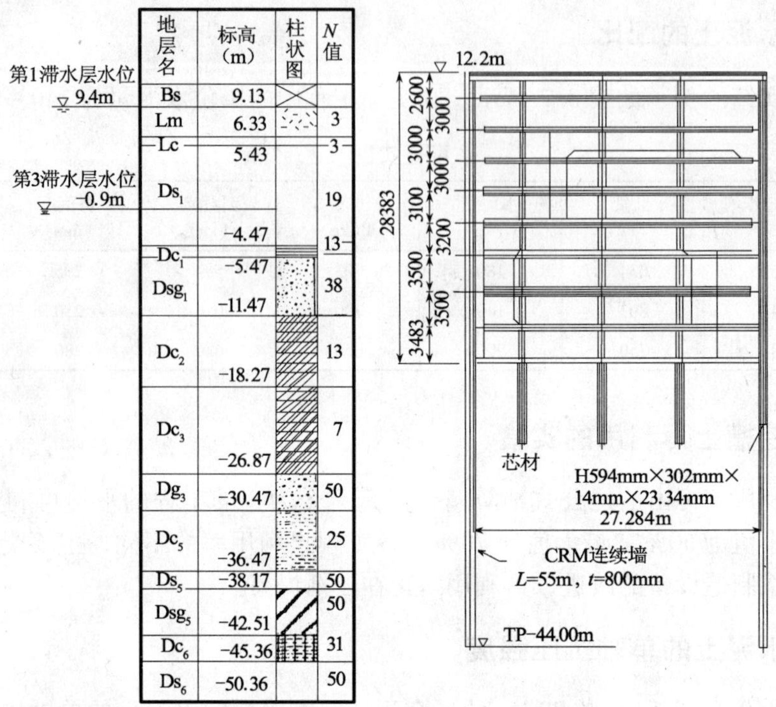

图 8.19　开挖隧道挡土断面图

另外，该工区的起点附近存在送水管（ϕ2.95m），从保护送水管的观点出发，要求挡土墙的刚性要高。

因该挡土墙属大深度挡土墙，就邻近构造物（送水管）的高刚性段而言，可以选用 RC 地下连续或者钢管排柱连续墙。而一般部位段可以选用排柱式连续墙。RC 连续、钢管排柱连续墙的止水性能好、可靠，但是造价高。另一方面，排柱式连续墙，从成本，工期等方面考虑具有优越性，但止水性差。另外，排柱式连续墙插入芯材的间隔受大型搅拌混合机的限制。

RC 连续墙工法、钢管排柱桩连续墙、排柱式连续墙（深层搅拌混合）及 CRM 连续墙的对比结果，如表 8.8 所示。从刚性、止水性、工期、成本四方面综合考虑的结果，决定选用 CRM 连续墙工法。

工法比较表　　　　**表 8.8**

		CRM 连续墙	排柱式连续墙	钢管排柱连续墙	RC 连续墙
工法概况	挡土墙概略图				
	挖槽方法	RC 连续墙挖槽机（水平多轴）	三点式打桩机钻孔、搅拌、先期钻孔并用	三点式打桩机钻孔、搅拌、使用稳定剂	RC 连续墙挖槽机（水平多轴）
	挡土墙造成	水泥土置换工法	原位混合搅拌工法	原位混合搅拌工法	混凝土置换工法
	墙厚	800mm	ϕ850mm	ϕ850mm	1000mm
	应力材	H594 × 302@675mm	H588 × 300@600mm	钢管 ϕ600（t = 9 ~ 16mm）	RC

续表

	CRM 连续墙	排柱式连续墙	钢管排柱连续墙	RC 连续墙
质量 墙刚性	○	△	△	○
质量 施工精度	◎	△	○	◎
质量 止水性	○	△	○	◎
工期	△	○	○	△
经济性	○	◎	△	△
产废量低减	◎	△	△	△
评价	◎	△	○	△

8.9.2 CRM 连续墙的设计

1. 水泥土配比的决定

在决定水泥土配比之前，首先进行原位土的采样，随后进行室内配比试验，决定符合质量标准的基本配比。

（1）水泥土固化前的质量

① 搅拌后的坍落度为 250 ~ 300mm，5h 后的坍落度为 120mm。

② 析水率不大于 3%。

（2）硬化后的质量

① 设计强度 q_u(28d) ≥0.5MPa。

② 渗水系数在 1×10^{-6}cm/s 附近。

室内配比试验的结果如图 8.20 所示。

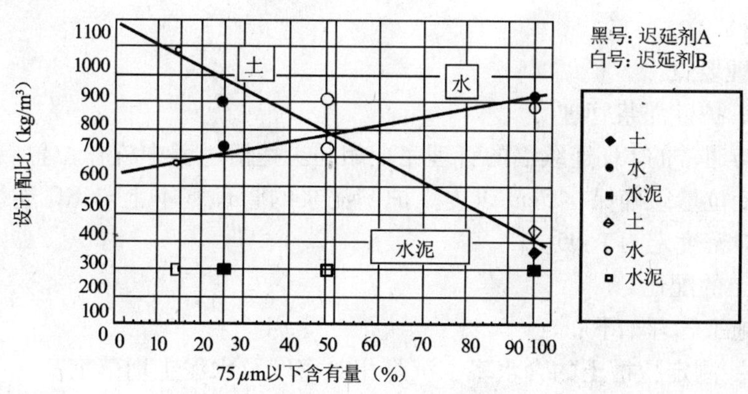

图 8.20 室内配比试验结果

2. 芯材的设计

挡土墙的应力由芯材 H 型钢承担，按以往的弹塑法（设计方法）决定 H 型钢的规格、插入间隔。另外，对邻近送水管的区段，应作 FEM 解析详细讨论。

① 一般部位选用：H594 × 302 × 14 × 23@ 675mm。

② 送水管区段选用：H700 × 300 × 13 × 24@ 500mm。

3. 墙厚及槽段划分

（1）墙厚取决于应力材 H 型钢的规格和插入精度，选用 H594 时，墙厚为 800mm；选用 H700 时，墙厚为 850mm。

（2）槽段长度，可按水泥土浇筑到芯材插入在 8h 内可以完成的条件来确定。本工程定为 3.2m。槽段接头采用切挖式，考虑到挖槽精度、芯材的间隔等因素，接头重叠部分的长度定为 162.5mm。槽段划分标准如图 8.21 所示。

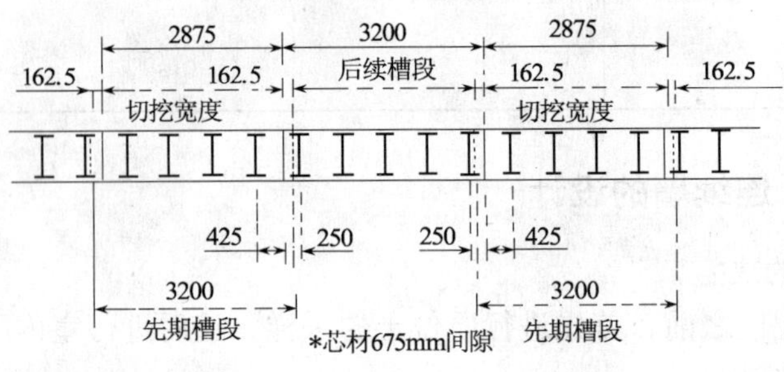

图 8.21 槽段划分图

4. 芯材插入顺序

本工程采用先浇后插工序施工。

8.9.3 施工程序和管理要点

1. 施工程序

本工程的施工程序如下：挖槽——→充入护壁泥浆（循环）——→水泥土制作——→浇筑——→插入芯材。见图 8.22。

2. 施工管理要点

（1）挖槽、护壁泥浆管理

挖槽管理与通常的 RC 连续墙的管理完全相同。挖槽过程中应作位置测量，挖槽后作超声波测定。变位量须确保在 5cm 以内。护壁泥浆的管理基本上与 RC 连续墙情形相同，护壁泥浆的相对密度定为 1.05。

（2）水泥土的配比

水泥土的施工管理如下：

① 浇筑前：测定挖槽土的含水率、沉降相对密度及水泥土坍落度。

② 浇筑：每隔 5 批进行 1 次，水泥土的采样，并测定坍落度值、拌合温度、相对密度。若测定结果不符合标准，则应及时修正配比，直到符合标准。

实际配比的例子如表 8.9 所示。

实际配比例 **表 8.9**

土（N）（kg/m³）	水（W）（kg/m³）	水泥（BB）（C）（kg/m³）	迟延剂（kg/m³）	W/C（%）	W/(C+N)（%）
750	650	200	5~8	325	68

注：表中的土系干土；土中 <74μm 的土的含有量 <40%。

(3) 芯材插入

为了把芯材 H 型钢竖直的插入到预定位置，应在导墙上设置位置固定架台。从 2 个方向用经纬仪确认竖直精度并插入。

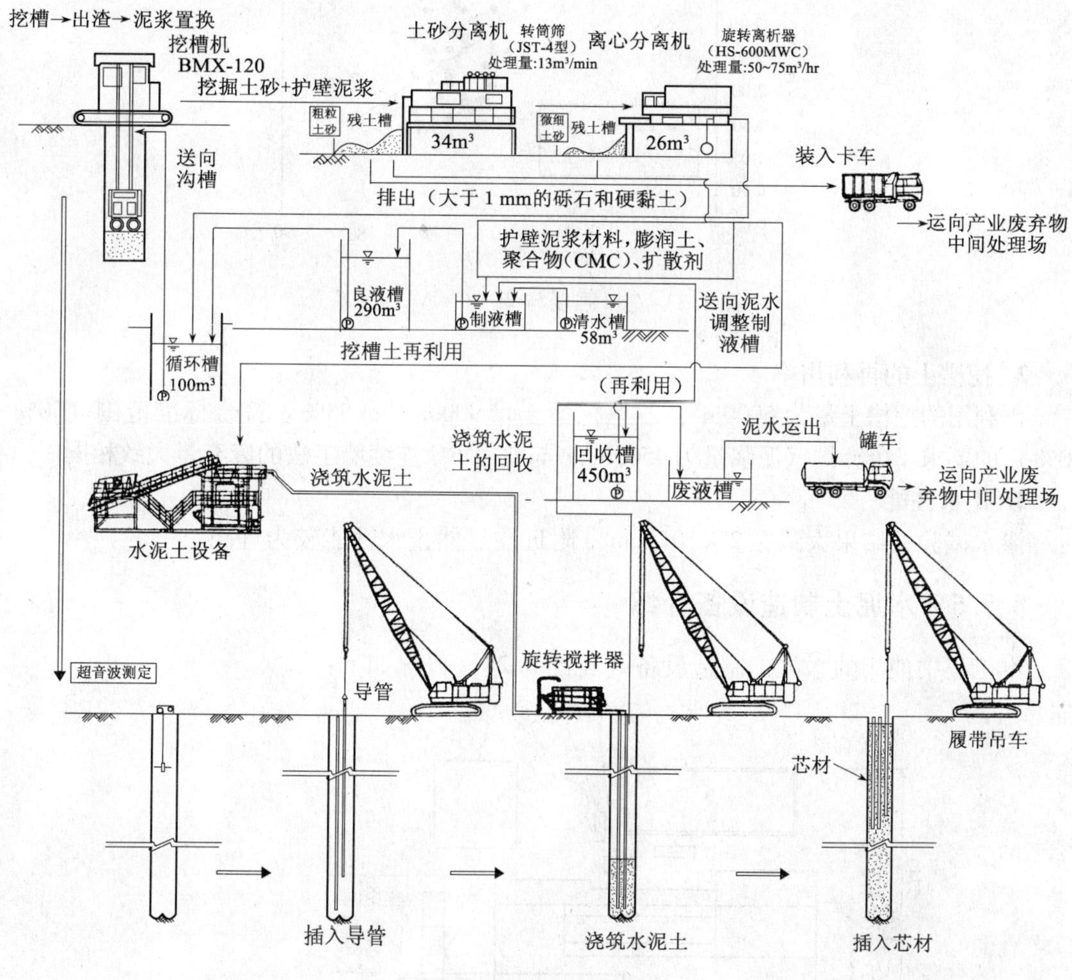

图 8.22 施工程序图

8.9.4 施工结果

1. 水泥土的强度

$\frac{W}{(C+N)}$与强度 q_u(28d)的关系如图 8.23 所示。由图可知，所有的强度均超过预定的强度值，同时呈现$\frac{W}{(C+N)}$越小强度越高的规律。

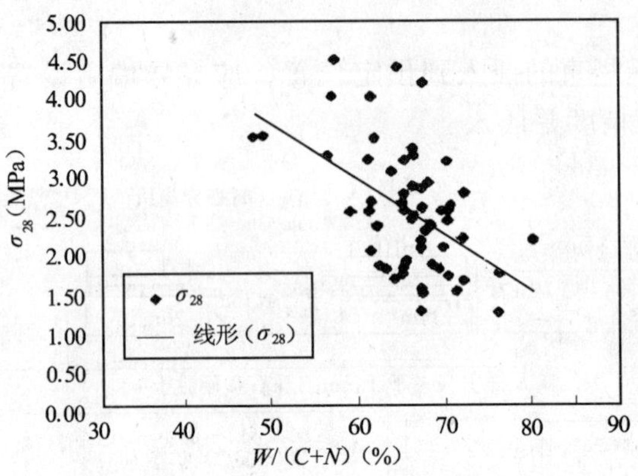

图8.23　28d强度与$W/(C+N)$的关系

2. 挖槽土的再利用率

再利用的挖槽土量为5000m^3，占总挖槽土量9000m^{3}的55%。符合标准范围（50% ~ 70%）的要求。废弃护壁泥浆量为4500m^3，与普通RC连续墙工法的废弃量大致相同。

3. 止水性能

渗水试验的结果大致在2×10^{-6}cm/s附近。显然止水性能较为理想。

8.9.5　水泥土制造设备介绍

本工程中使用的水泥土制造设备（见图8.24）概况如下：

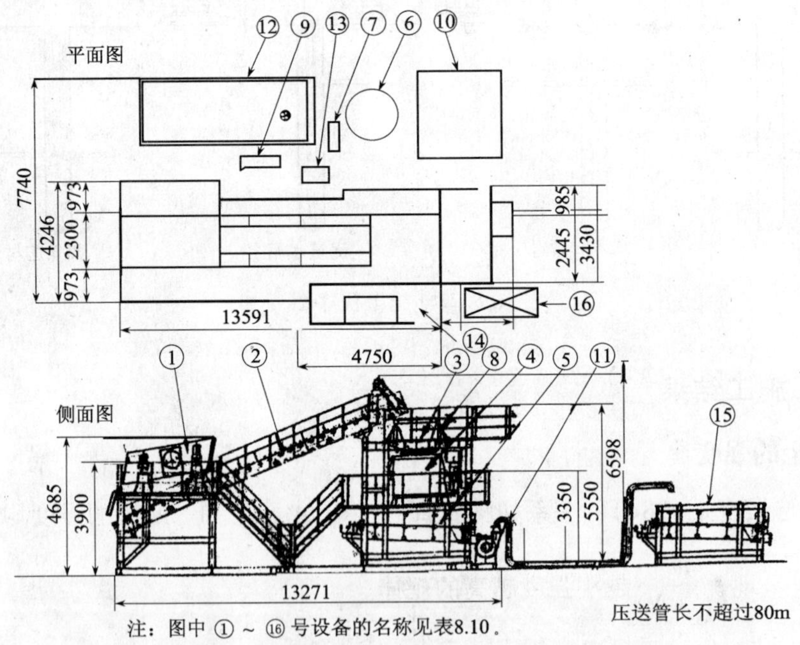

图8.24　水泥土制造装置（DMP-2000）设置图

1. 设备规格

型号：DMP-2000（具体规格见表 8.10）

水泥土制造装置 DMP-2000 的规格性能表 表 8.10

编 号	设 备 名 称	性 能 规 格
(1)	筛分机	宽 1500mm × 长 3000mm；网孔 50mm、振动数 900cpm；功耗 11kW
(2)	皮带传送机	宽 1200mm × 长 10200mm；速度 50m/min；功耗 11kW
(3)	计量槽	容量 2.75m^3
(4)	强制 2 轴搅拌	容量 2m^3；质量 9000kg；功耗 22 × 2 = 44kW
(5)	旋转搅拌机	2 台；容量 6m^3；功耗 3.7 × 2 = 7.4kW
(6)	水泥浆制液槽	容量 1.6m^3
(7)	水泥浆泵	SPL-80C，扬程 25m × 排水量 1m^3/hr；功耗 11kW
(8)	测力盒	规格 1760kg × 4
(9)	空压机	最大压力 1.4MPa；功耗 5.5kW
(10)	水泥筒仓	容量 30m^3；功耗 11kW
(11)	压入泵	扬程 7m × 排水量 5m^3/mim；500r/min；55kW
(12)	清水槽	容量 30m^3
(13)	高压清洗机	2.2kW
(14)	配管清洗泵单元	单缸泵 NT-150；30kW
(15)	料槽	单缸泵 NT-150；5.5kW
(16)	试验室、操作盘、控制盘	触摸式；附带彩色报警装置；1kW

总长：13.59m

总宽：7.74m

总高：6.598m

原土运输方法：皮带传送式

强制 2 轴搅拌器容量：2m^3

功率：158.9kW

总质量：30t

制造能力：30 ~ 40m^3/h

2. 设备特点

（1）该设备中设有可以去除粒径大于 40mm 的砾石、黏土块的特殊筛网，从而避免管道堵塞。

（2）强制 2 轴搅拌器中设有剪切叶轮装置，可把球状黏土在泥浆泵压送水泥土时，用叶轮对其作剪切搅拌。

（3）运转操作盘为触板式情报管理系统，直接显示异常及处置方法，可以尽快复原的装置。

8.10　河流蓄洪 CRM 防渗墙工程实例

8.10.1　工程概况及设计

1. 概况

某河流蓄洪区筑造工程中的挡土墙选用 CRM 工法施工。挡土墙总长 $L=271.6\text{m}$，深度 $H=58.5\text{m}$，墙厚 $t=900\text{mm}$。开挖土方量 119960m^3（67m×67m×26.58m）。挡土支承力 60.69MN（9 道梁），临时栈桥 1980m^2（宽度 $B=10\text{m}$）。配套工程 1 套。

2. 设计

（1）挡土墙规格的确定

施工现场是标高 5m 的冲积低地。从地表到 GL-17.5m 是 $N=0$ 的冲积黏土层，其下方是砾石、砂、黏土构成的洪积层。土质柱状图如图 8.25 所示。挡土墙必要的入土深度是根据侧压平衡条件求出的，挡土墙的入土深度须在 GL-39m 以下。另因挖掘底面附近由不渗水层、水头高的渗水层构成，所以应讨论底面隆起，在选用安全率 1.2 的场合下，埋入深度应为 GL-58.5m（Dc_5 层）。因此，应力芯材（H700×300×13×24@500mm）应插到 GL-39m，GL-39m 以下应看成是水泥土止水墙。

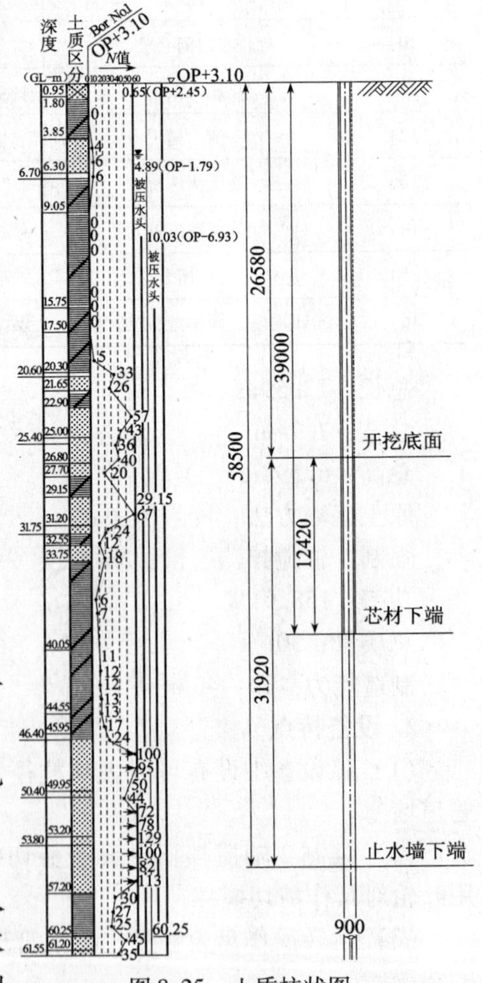

图 8.25　土质柱状图

（2）水泥土的配比

选用现场原位附近的原土实施室内配比试验确定满足质量要求的水泥土的基本配比，水泥量定为 210kg/m^3。

质量要求：

① 流动性（坍落度值）：250±50mm。

② 析水率小于 3%。

③ 单轴抗压强度：$q_u \geqslant 0.5\text{MPa}$（材龄 28d）。

④ 渗水系数小于 $1\times10^{-5}\text{cm/s}$。

（3）墙厚和槽段分配

① 考虑到应力材的插入精度，墙厚定为 900mm。

② 考虑到挖槽精度、芯材分配等因素，把挖方深度定为 200mm。

③ 槽段长 2.954m，总槽段数为 92 幅（见图 8.26）。

（4）芯材插入

因作业时间的制约，水泥土的浇筑和芯材插入两道工序不能在同一天内进行。另外，选用先浇水泥土工序的场合下，为防止水泥土硬化，水泥土中必须添加延迟剂，这样一来，将给析水率和强度的管理带来困难。选用先插芯材后浇水泥土的工序时，芯材竖直精度高，水泥中也无需增加延迟剂。浇筑水泥土的导管直径为150mm，导管的布设图如图 8.27 所示。

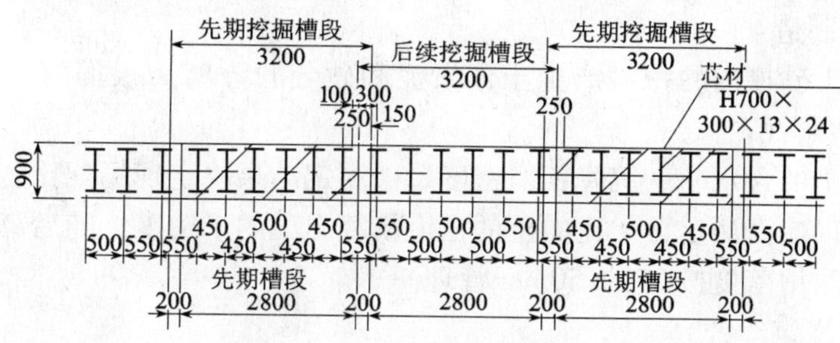

图 8.26 定位标准图

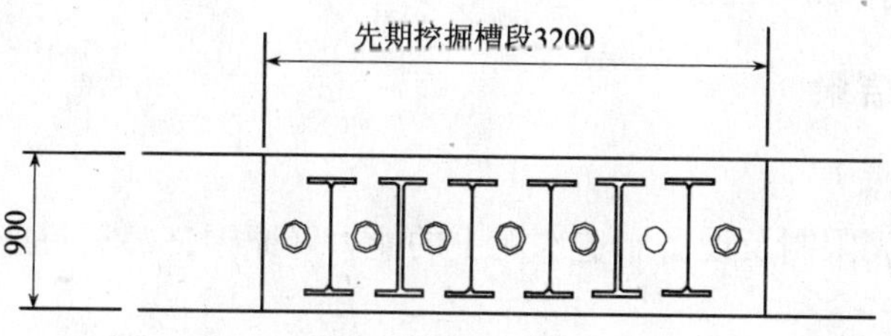

图 8.27 导管布设图

8.10.2 施工方法

1. 施工顺序

施工程序如图 8.1、图 8.2 所示。

2. 挖槽

挖槽使用旋转式挖掘机。抓斗式挖掘机各 2 台。用 2 种挖掘机各 1 台作 1 挖幅施工。因为到 GL－46m 止的地层大部分为软黏土层，如果用旋转式挖掘机则挖掘存在黏土溶入护壁泥浆的悬念。伴随挖槽的进行，护壁泥浆的相对密度上升，泥浆质量必然下降。另外，因该机种在黏土层中的挖掘效率低，所以考虑备用设备体积小、噪声及振动低的抓斗式挖槽机。

鉴于上述因素及各挖掘机的施工精度，决定到 GL－46.4m 的层段上先使用抓斗式挖掘机挖槽（槽宽 800mm），然后用旋转式挖掘机整形（槽宽 900mm）、挖槽直到设计深度 GL－58.5m。

挖槽精度用超声波测定，槽深及槽宽两方向的变位量均可确保在$\frac{1}{500}$以内。考虑到水泥土置换护壁泥浆的置换性，把护壁泥浆的相对密度定在 1.05～1.1。

3. 芯材插入

为确保芯材插入深度，在导墙上设置位置固定用的架台。把预定条数的芯材用 500kN 的履带式吊车依次插入后，把整套芯材同时用 500kN 的履带式吊车吊起，把芯材上的水平连接材上、下两点焊接固定为一个整体。另外，用安装在芯材上的垫套保护槽壁。竖直性用经纬仪从两个方向确认。

4. 水泥土浇筑

（1）水泥土的制造

为了把回收到土砂槽内的挖槽产生土作淤泥和砂分的分离（根据两者相对密度差分离），故用反铲搅拌解泥。

测定挖槽产生土的含水率、沉降相对密度，由测定结果决定现场配比。但是，因为现场使用土含水，所以应由测定含水比的土的密度换算出土的干密度，随后算出添加的水量修正配比进行拌合。坍落度按250±50mm管理。

（2）水泥土的浇筑

记录水泥土的浇筑面的高度、时间、导管的水泥土的贯入深度通常按2m以上的值管理，浇筑的上提速度按10~12m/h管理。

8.10.3　施工结果

1. 浇筑

因周围环境的时间限制及设备制造水泥土的能力等原因，每天只能浇筑1槽段水泥土。

2. 挖槽

槽段间接头采用切挖方式，先期槽段、后续槽段的挖槽时间差别不大。但是，由于后续槽段切挖的影响，部分护壁泥浆产生劣化。

就抓斗式而言，因挖槽土不用护壁泥浆作流体输送，所以泥浆的相对密度上升小，即废弃量也少。

3. 施工周期

施工进度周期如表8.11所示。

标准施工周期　　表8.11

槽段编号	时间（d）								
	1	2	3	4	5	6	7	8	9
1	抓斗式1号机		旋转式1号机		插入芯材	水泥土			
2		抓斗式2号机		旋转式2号机		插入芯材	水泥土		
3			抓斗式1号机		旋转式1号机		插入芯材	水泥土	
4				抓斗式2号机		旋转式2号机		插入芯材	水泥土

4. 挖槽土的再利用

地层上层的黏土成分多，从室内配比试验结果得出的再利用率在45%左右。再利用率的实绩为43.6%，大致可以达到目标值。

5. 污泥的产生量

由于备用抓斗式挖掘机，故泥浆的劣化小。另外，由于劣化泥浆再次用来制造水泥土，所以产生废弃物的处理量对设计而言，削减 50%，进而带来成本和环境负担的低减。

6. 水泥土的强度

水泥土的材龄 28d 的单轴抗压强度均在目标强度 $q_u=0.5$MPa 以上，平均抗压强度在 1.5MPa 左右。

7. 渗水性能

水泥土挡土墙的渗水试验测得的渗水系数小于 1×10^{-6}cm/s，止水性能较好。

8.11 地下雨水蓄水池 CRM 挡墙工程实例

8.11.1 工程概况

1. 工程概况

某地下雨水蓄水池（贮留量 32000m^3）属大断面开挖工程，因此要求挡土墙的刚性高且止水性好。另外，为了防止伴随开挖承压水造成的基底隆起，故把挡土墙的深度定为 54m。此外，考虑减轻环境负担，工程要求尽量减少挖槽土的废弃量。

该雨水贮水池开挖深度 23.7m，宽 46m，长 105m。工程规模如表 8.12 所示。现场位置平面图、断面图分别如图 8.28、图 8.29 所示。

工程规模 **表 8.12**

辅助工作	临时围设、防护网等	1 套
挡土墙	面积	16000m^2
	深度	54m
设置 H 钢桩	H400	123 条
临时栈桥	临时衬砌	2080m^2
挡土支护	H350 ~ H500（9 道）	43400kN
土方	内部开挖	105000m^3
测量	自动测量	1 套

2. 地层条件

该工程处于两河流的停滞水域的复合地域，其大部分地区是河流泛滥反复水害的回填造地地区。从上往下土质的分布状况如下：表土层厚 3 ~ 4m；冲积砂层厚约 4m；软冲积黏土层厚 8 ~ 9m，$N<5$；腐植层厚 3 ~ 4m；洪积黏土层 8 ~ 9m，平均 N 值 10 左右。还有硬、非常硬的洪积砂层和洪积黏土层的互交层。另外，因为是回填地，故地层中混入的有机物多，呈现没有形成厚土层的薄层复杂互交状分布的地层。

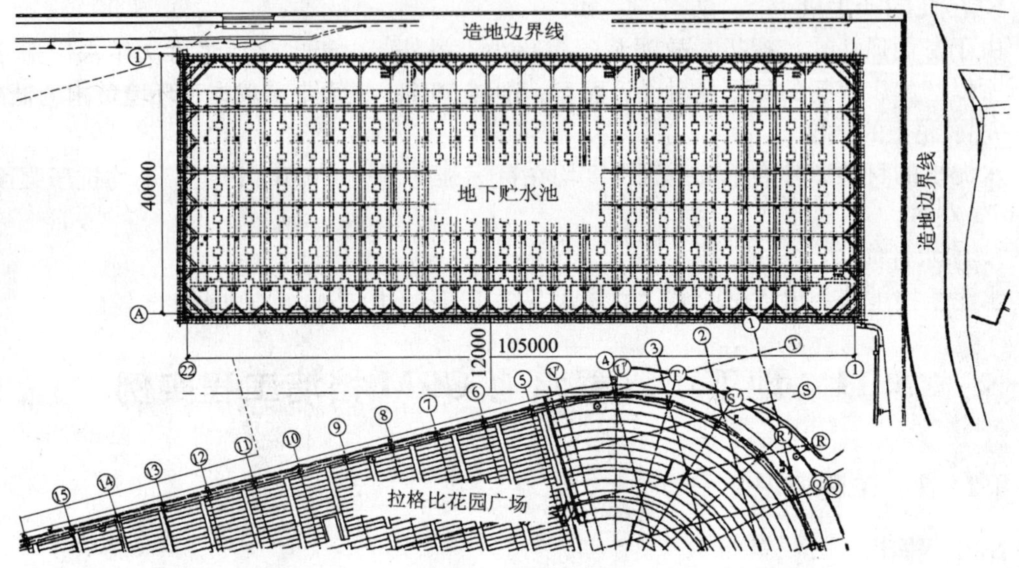

图8.28 计划平面图

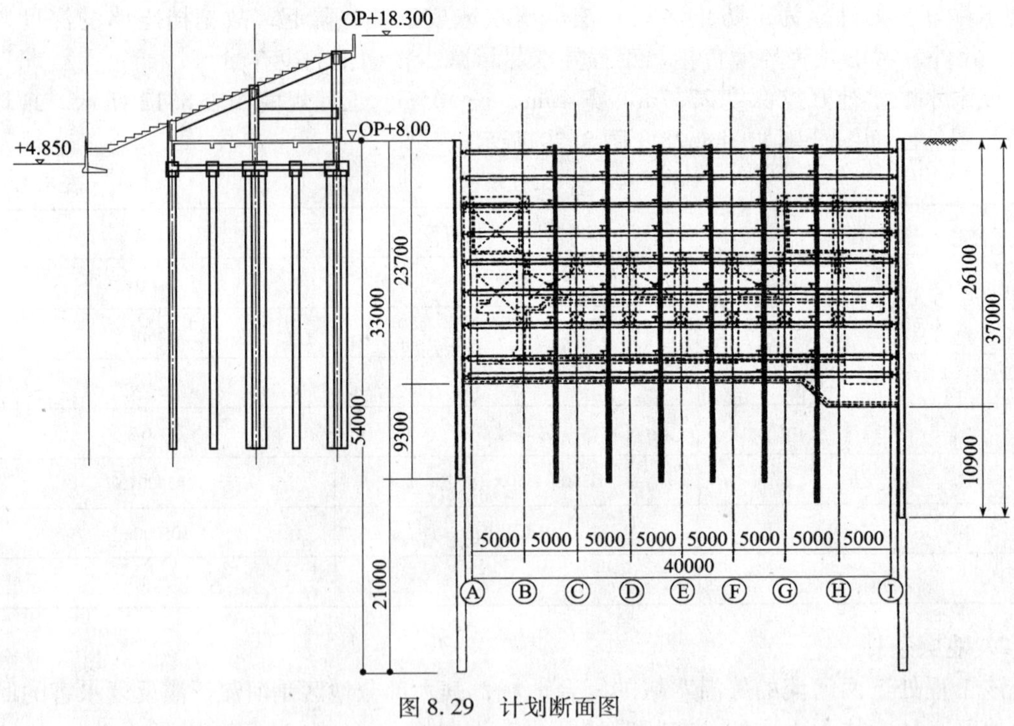

图8.29 计划断面图

8.11.2 选择CRM工法的理由

从防止基底隆胀的角度出发，挡土墙的深度定为54m，内部开挖深度为23.7m。因此，必须确保高的挖掘精度和止水性。弹性解析结果表明，挡土墙的最大变位（挠度）为9.5cm。此外，要求挡土墙的可靠性高。

关于挡土工法的比较，首先就使用较多的 SMW、TRD、CRM3 种工法进行讨论。其结果如表 8.13 所示，挡土墙的参数如表 8.14 所示。

挡土墙工法对比表　　表 8.13

讨论项目	SMW 工法	TRD 工法	CRM 工法
挖槽竖直精度	1/150	1/250	1/500（槽壁可以测定）
水泥土均匀性	△	○	◎
止水性	○	○	○
入土深度确认	×	×	◎
适用挖槽深度	45m	50m	120m
判定	△	○	◎

注：◎：好；○：一般；△：差。

挡土墙参数　　表 8.14

施工总长		300mm
掘削深度		54m
墙厚		80cm
造成面积		16200m²
芯材	间距	500～750mm
	长度	33～37m
	部材尺寸	H588×300×14×20
	条数	452 条
槽段	槽段长	2.8m
	槽段数	124 槽
	重叠长度	15cm

该结果表明，尽管也可以考虑采用 TRD 工法施工，但是，从质量的可靠性高、挖槽土可以再利用等方面考虑，选用 CRM 工法更为合适。

8.11.3　水泥土的质量管理

1. 配比与基准

决定水泥配比时，采用全岩芯钻操作现场土采样，随后制作成 7 种试样，进行室内试验。水泥土的质量管理基准按表 8.15 执行。由室内试验得出的 28d 的强度与水泥添加量的关系如图 8.30 所示。

水泥土管理基准　表8.15

项目	基准
坍落度	250±50mm
析水率	3%未满
单轴压缩强度	0.5MPa以上（目标1.0MPa）
透水系数	1×10^{-5}cm/s以下

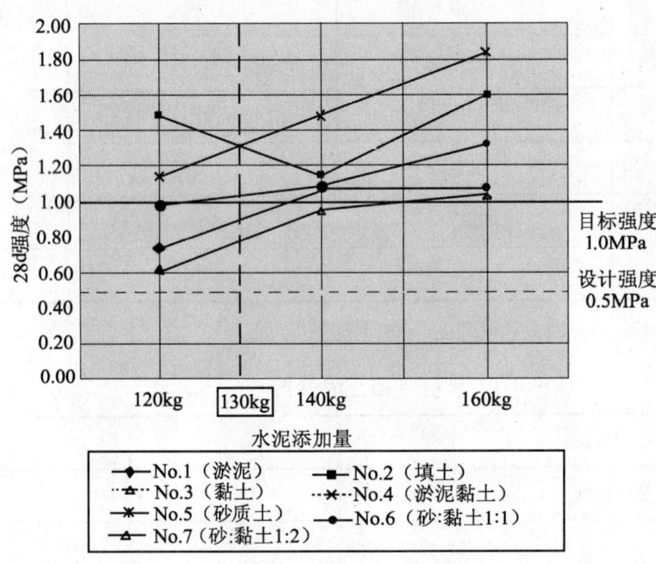

图8.30　室内试验结果

因为从土质柱状图示出的现场土层构成看，其砂与黏土的比为1：1，显然，由图8.30不难发现，现场土与6号试样的（砂与黏土比）情形相同，所以由图8.30可知，每m^3水泥土中的水泥添加量在满足目标强度（1MPa）的条件下应不小于130kg。

2. 日常管理

使用室内配比试验决定的水泥添加量，依次进行各槽段的施工。其管理记录结果如图8.31所示。从该管理记录不难发现，水泥土的发现强度存在起伏，但大部分数据均在管理值以内。另外，28d强度与7d强度的比在2.1倍左右。

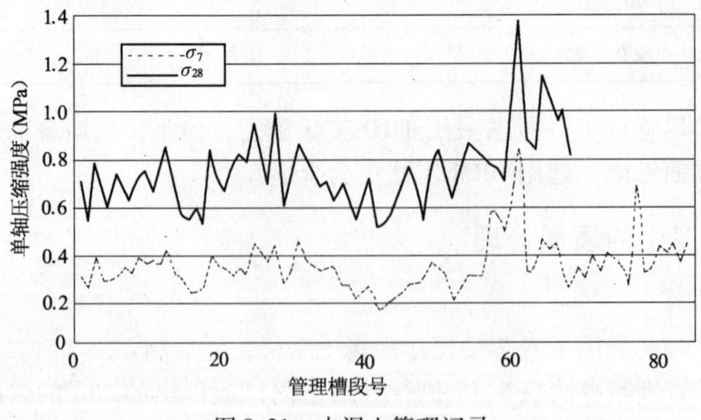

图8.31　水泥土管理记录

然而，7d 强度在序号 16 槽段到 18 槽段的强度为 0.25MPa，尽管对应的发现强度比为 2.1 倍，但极为接近设计基准强度（0.5MPa）的下限值，所以必须采用应对措施。

如果详细检查管理记录，不难发现简易沉降相对密度呈现上升，其原因是再利用土中的细粒成分增加所致。也就是说，再利用土的砂：黏土的比例已不再满足 1:1 比例条件，而是黏土成分增加的性状土。

再利用土的性状，主要取决于挖掘深度。但因该工程现场的土质构成呈薄夹层状互交层，所以再利用土的性状存在起伏。因此，应针对土的性状变化作细致的管理，必须根据观察到的土质状况确定水泥土配比。另外，后续槽段施工时，因为要切挖先期槽段，所以必须充分考虑再利用挖掘土的细粒成分的增加状况。考虑到上述因素，通常把水泥添加量提高到 140 ~ 150kg/m^3，同时在挡土墙的施工中还须不断地观察强度发现的状况。

3. 挡土墙的芯样试验

对 CRM 工法施工的挡土墙的采样试样，实施单轴抗压强度和渗水试验的结果如表 8.16 所示。由该表不难发现，该挡土墙无论是强度还是渗水系数均满足预定的质量要求。

芯样试验结果 **表 8.16**

项目	采样深度	槽段 No. 59	槽段 No. 107
水泥添加量（kg/m^3）	—	140	130
单轴抗压强度（MPa）	GL - 10m	0.80	0.72
	GL - 20m	0.61	0.55
透水系数（cm/s）	GL - 20m	7.65×10^{-7}	1.52×10^{-6}

8.11.4 挖槽土的再利用

通常 CRM 工法要求的现场再利用土的比例如下：

对 $N<10$ 的黏土为 80%，对 $N>10$ 的黏土为 10%，对砂质土为 90%，对砾质土为 10%。但是，对于 $N>10$ 的黏土必须采用解泥处理等改质方法进行处理。因此，本工程中对 $N>10$ 的黏土不再考虑再利用。故在此基础上，从现场土质柱状图估算的再利用土的比例为 57%。施工结果表明，再利用的原土量在 50% 以上，完全符合再利用规范标准。

8.12 CRM 工法连续墙作主体地下合成墙的工程实例

8.12.1 工程概况及选用 CRM 工法的理由

大阪国际会议中心构筑工程为 S、SRC、RC 构造，其规模地下 3 层，地上 13 层，塔顶 2 层，建筑面积 6756.93m^2，总基面面积 67031.46m^2，挡土墙面积 12900m^2。

该工程现场的土质柱状图及地下工程的断面图如图 8.32 所示。

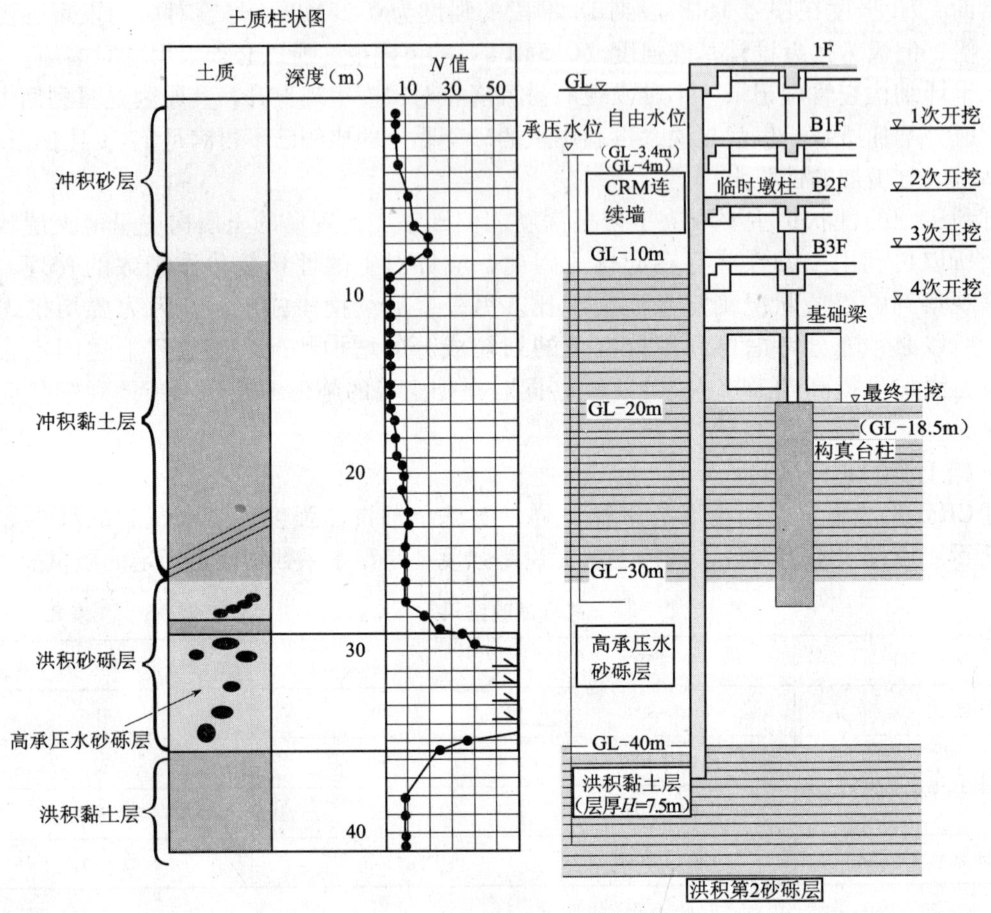

图8.32　土质柱状图及地下工程断面图

-8～0m为冲积砂层，-8～-2m为软黏土层，-28～-26m为N值等于10左右的砂砾层，-29～-28m为N值大于10的硬黏土层，-35.5～-29m为N值大于50的高承压水的砂砾层。大阪国际会议中心的开挖深度为-18.5m，总挖土量为10万m^3，属大规模开挖工程。为了抑制砂砾层的承压水致使的坑底隆胀，实现安全开挖，必须构筑深度41m（无承压水的砌层）的高质量的止水墙，以防止砂砾层的涌水造成的坑底隆胀。

查阅该工程现场附近最近的大深度地下工程的挡土墙的施工实绩发现，大多使用的是止水性能高的RC连续墙。如果采用水泥土排柱桩墙，虽然从成本、工期方面考虑比RC连续墙优越，但是其止水性存在问题，故采用不多。

在讨论本工程的挡土墙的方案时，特别对RC连续墙工法、水泥土排柱桩工法及CRM工法进行了对比。讨论的结果如表8.17所示。由该表不难发现，选用CRM工法是较为合理的，故最后选用之。

挡土墙工法对比表 表 8.17

			水泥土排柱桩墙	RC 连续墙	CRM 连续墙
			600 600 600	900	500 500 500 900
	墙厚	(mm)	ϕ900	t900	t900
	芯材	—	H700×300×13×24	—	H800×300×14×26
	接头	(mm)	@600	—	@500(@1000)
Q	止水性	—	△	○	○
Q	刚性	—	△	○	○
C	成本		○	△	○
D	工期	(日)	80.0	118.0	101.0
S	安全	—	—	—	—
E	产废	—	△	○	◎
	采用		—	—	○

8.12.2 CRM 工法的设计与施工

1. 配比设计

当把位置和深度不同的现场产生土作水泥土的原料(再利用)时,水泥土的配比设计最为关键。图 8.33 示出了配比设计的程序。在事前的搅拌混合试验结果的基础上,把 N 值 <5 的黏性土(从拌合性方面考虑);最大粒径小于 40mm 的砂性土(从压送性考虑)作为再利用土的标准(见图 8.34)。此外,还应反复进行再利用土的拌合试验和强度确认试验,选定满足必要强度的基本配比,演变过程如图 8.35 所示。选定的基本配比必须满足表 8.15 所示的强度、坍落度及析水率 3 项基本指标。表 8.18 所示的是设计配比与实际配比的对比。

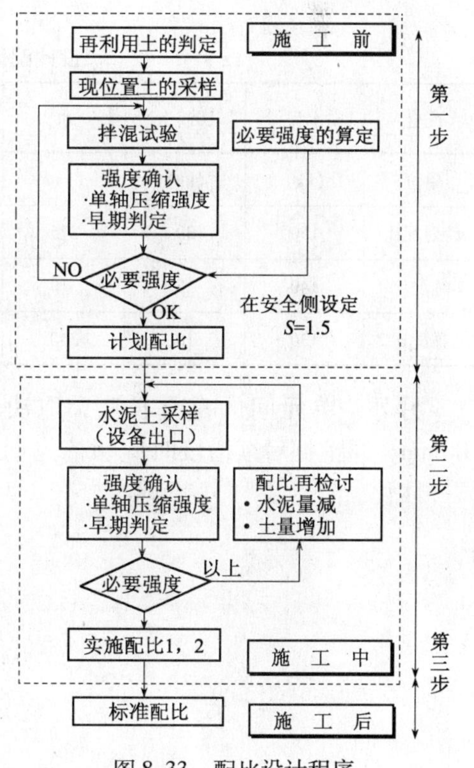

图 8.33 配比设计程序

2. 槽段划分

RC 连续墙工法的槽段划分,应考虑的因素是墙面稳定及 1 次浇筑可以供给的混凝土的量。通常采用每 3 槽段为 1 浇筑单元或者 1 槽段为 1

浇筑单元的浇筑方法。由于本工程采用先浇后插工序的CRM工法，如果采用3槽段为1浇筑单元的方式，则会出现浇筑完水泥后水泥土已固化，芯材插入困难，所以只能采用1槽段为1浇筑单元的方式。图8.36所示的是浇筑单元与槽段的关系。

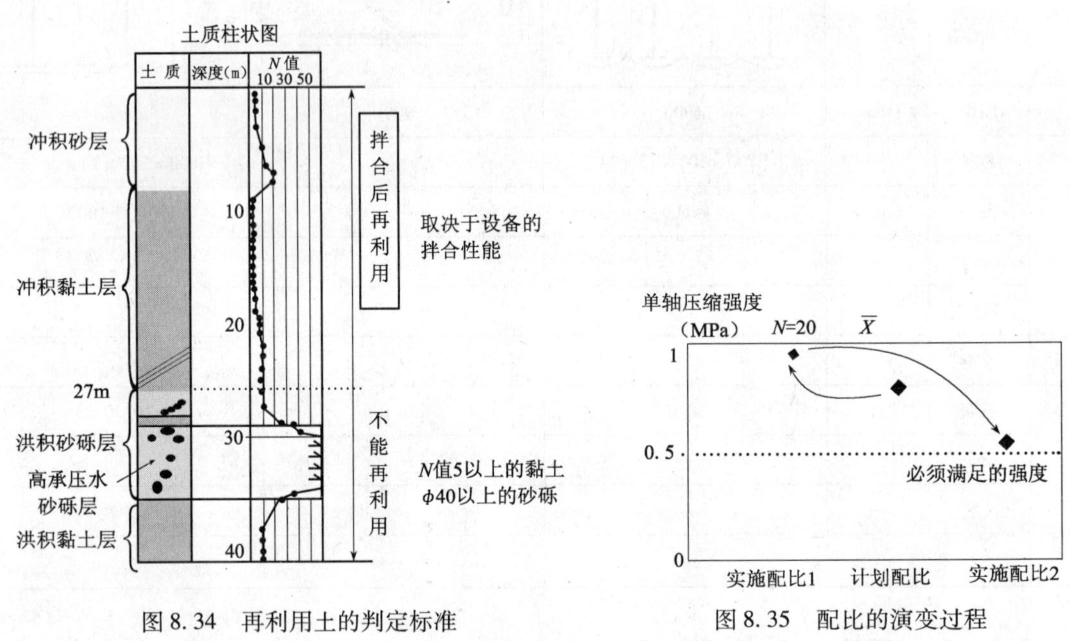

图8.34　再利用土的判定标准　　　图8.35　配比的演变过程

设计配比与实际配比的对比　　　表8.18

配合	水泥	膨润土	水	挖槽土	迟延材	W/C	坍落度	单轴压缩强度（28d）
单位	（kg）	（kg）	（kg）	（kg）	（kg）	（%）	（cm）	（MPa）
计划配比	150	30	375	1245	0.60	250	20～21	0.8
实施配比1	140	15	310	1287	0.60	224	20～21	0.948
实施配比2	130	10	340	1233	0.73	262	22～23	0.545

另外，单元间的重叠长度，取决于挖槽的竖直精度和挖掘深度，本工程中定为100mm，即挖掘后续槽段时应切挖先期槽段末端100mm，以便去除膨润土的影响，使墙体一体化。

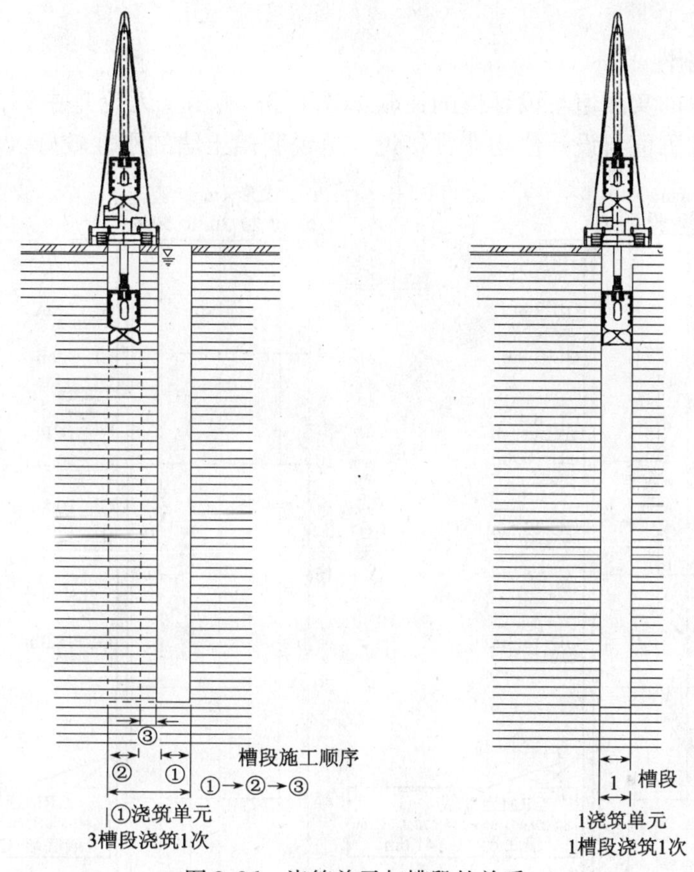

图 8.36　浇筑单元与槽段的关系

8.12.3　施工结果

1. 水泥土的质量管理

（1）强度管理

为了确认水泥土墙体固化后的强度，特进行了钻孔取芯采样，随后进行单轴抗压试验确认强度。试验结果如图 8.37 所示。图中配比 1 是施工初期阶段的配比；配比 2 是改进后的最终阶段的配比。由图可知，两种配比均可满足设计强度要求，配比 2 的强度起伏较小。

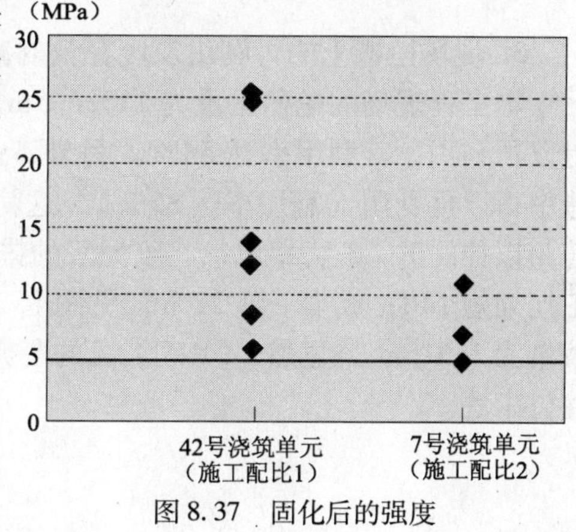

图 8.37　固化后的强度

（2）止水性能

竣工 75d 后，用扬水深井法进行扬水试验，确认对高承压水的砂砾层的止水状况。结果表明，止水墙内的水位极低，而墙外侧观测井的水位不变化，这说明止水墙对砂砾层的承压水有极好的止水作用。在随后的开挖中，挡土止水墙几乎不存在漏水现象，同时也说明浇筑单元间接头的一体化程度较好。

2. 挡土墙的刚性

挡土墙变形量的实测值与设计值的比较如图 8.38 所示。无论是中期的变形量还是最终的变形量，其实测值与设计值均非常接近，这说明挡土墙的刚性较好。

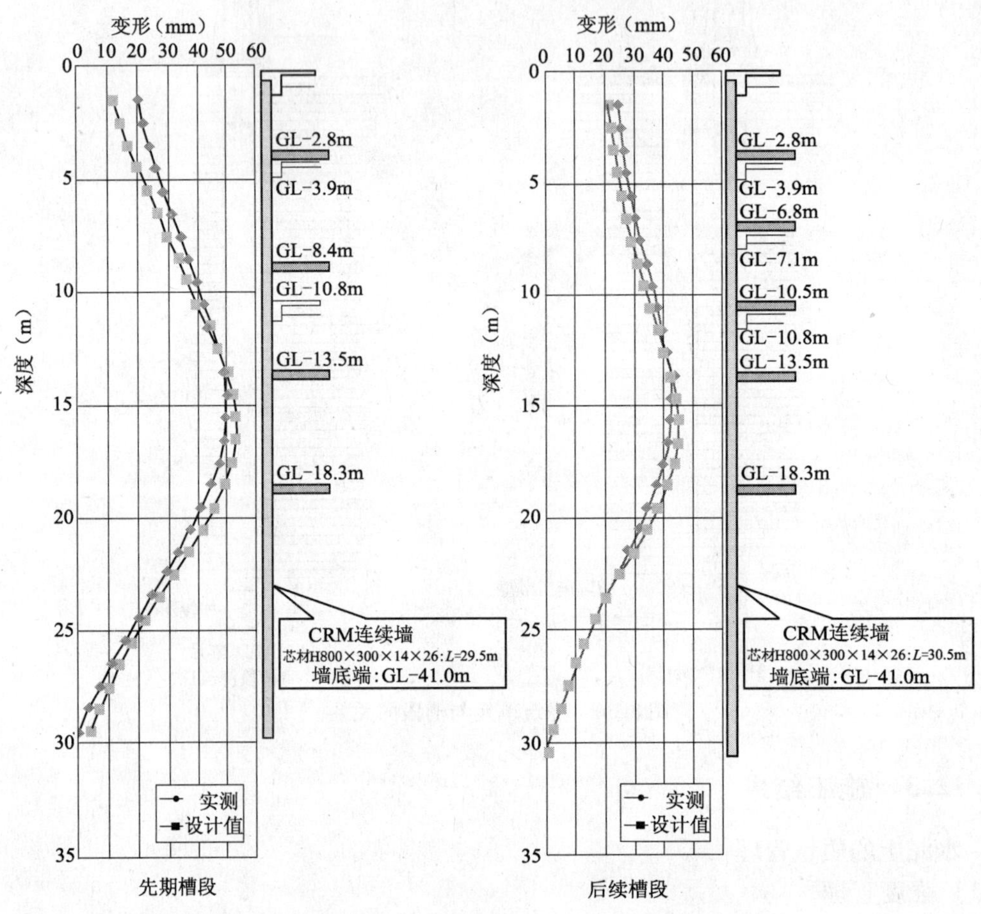

图 8.38 变形量的设计值与实测值的对比

3. 现场挖槽土的再利用及废弃量的减低

本工程现场的挖槽土量为 11586.5m³，其中的 6718m³ 原状土作为制造水泥土的原料得以再利用，其利用率达 58%。另外，900m³ 的护壁泥浆中的 767m³ 泥浆在水泥土的制造中得以再利用（利用率达 85%），这就是说，废弃泥浆的排放量仅为 133m³。上述数据若与以往的 RC 工法相比，其废泥浆的排放量减少 85%；挖槽土的废弃运出量减少 58%；工期缩短 14d；成本下降 22%，见图 8.39。若采用水泥土搅拌排柱桩工法，其排出废泥浆量为 15615m³。显然，CRM 工法的废弃物的排放远小于 RC 连续墙工法及水泥土搅拌排柱桩工法。

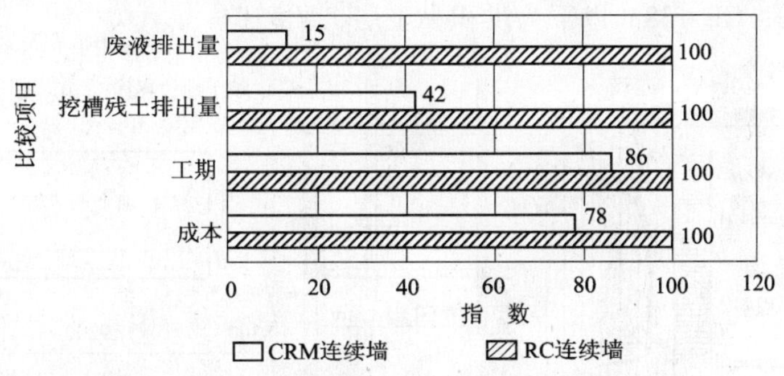

图 8.39 RC 连续墙与再利用土连续墙的对比

8.13 CRM 作主体桩利用的实例

前面几节分别介绍了 CRM 作挡土墙、止水墙、主体合成墙利用的实例。这里介绍作主体桩利用的实例。

8.13.1 建筑物及地层概况

1. 建筑物概况

该建筑物系 S 型钢钢筋混凝土、SRC、RC/B4、F20、P2 结构。用于办公用房，宾馆客房、店铺、停车场。建筑面积 2450m^2，总基面积 44900m^2，开挖深度 GL－18.3～GL－21.2m，基础构造为现场浇筑钢管混凝土扩底桩、CRM 主体桩。该建筑物底层及地下部分的平面形状近似为 44m×90m 的平行四边形。建筑物的平面和断面分别如图 8.40 图 8.41 所示。

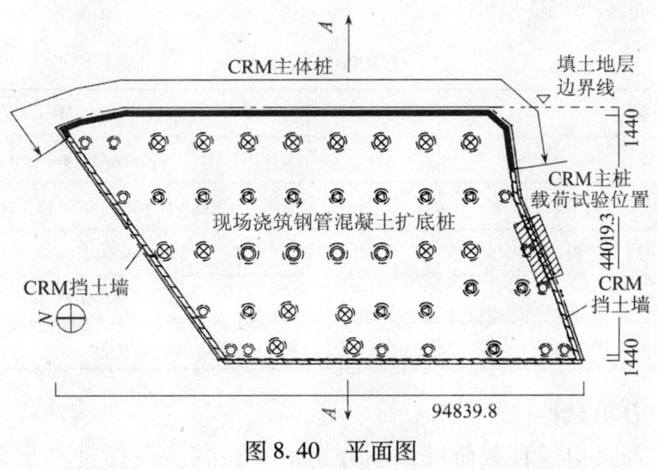

图 8.40 平面图

2. 地层概况

像图 8.41 所示的那样，0～GL－10m 为填土造地层和砂土，N 在 10 左右；GL－10～GL－22m 为黏土层，$N<5$；GL－22～GL－25m 为砂层，$N=15～20$；GL－25～GL－37m

为阶地层，$N\geqslant50$；GL－38m以下为洪积黏土层，$N\geqslant10$。

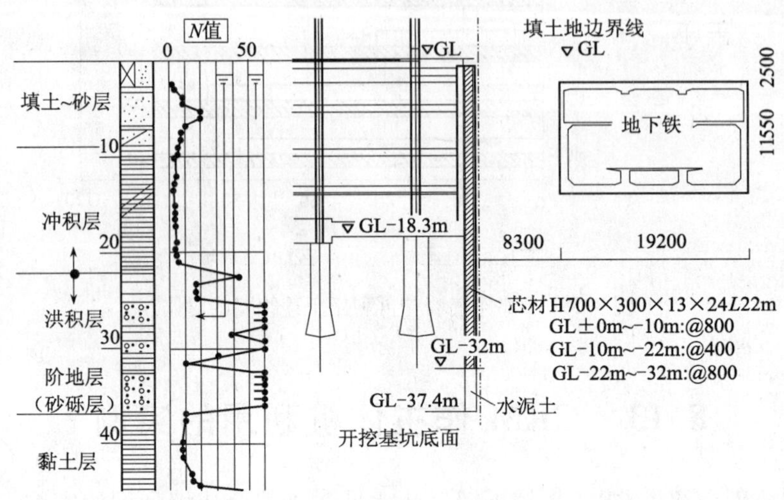

图8.41 A—A断面图

地下水位、自由水、承压水均在－1.5m左右。

8.13.2 主体桩的设计

1. 地下工程概况

建筑物四周的挡土墙选用CRM工法施工。其中，东侧挖土墙兼作主体桩；其余挡土墙兼作主体合成墙。东侧的开挖深度为－18.3m，因为邻近地铁隧道，所以挡土墙底端根入到GL－37.4m的洪积黏土层上，其目的是隔绝挡土墙背面的自由水、承压水的影响。CRM挡土墙的规格如表8.19所示。

CRM的规格 **表8.19**

水泥土强度	1.2MPa（主桩部）0.5MPa（挡土部）
墙厚/墙深	800mm/37.4m
挡土墙芯材	H700×300×13×24 *L*22/32 @400/800
连续墙周长/施工面积	174.8m/6，364m²
浇筑幅段长度	2.8m（重叠100mm）
掘削土再利用率	60%

2. CRM主体桩的设计

CRM主体桩作为负担竖直载荷桩，不分担水平荷载。设计竖直承载力取①～③的破坏机构中的最小值：

① 地层破坏决定的值（图8.42*a*）；

② 水泥土承载破坏的值（图8.42*b*）；

③ 水泥土与钢材表面滑动破坏决定的值（图8.42*c*）。

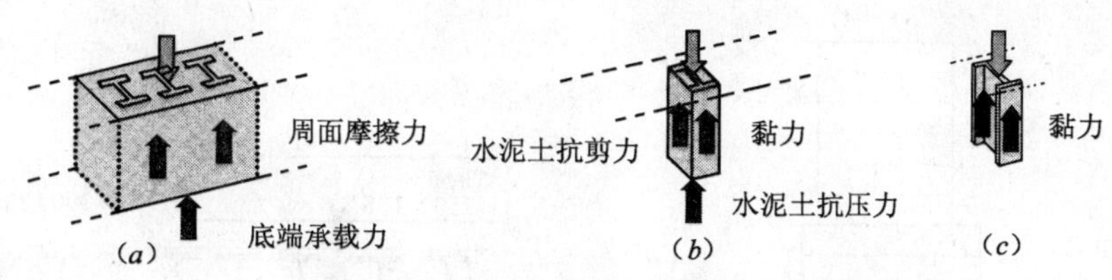

图 8.42 承载力机构

(a) 地层破坏；(b) 水泥土承压破坏；(c) 黏力破坏

与通常桩的设计相同，①是底端承载力和周面摩擦力的和，像图 8.43 所示的那样，把底端和周面同时破坏时的最小值作为允许承载力；②是水泥土与钢材的黏力、水泥土的抗压力及水泥土的抗剪力的和；③是水泥土与钢材的黏力。

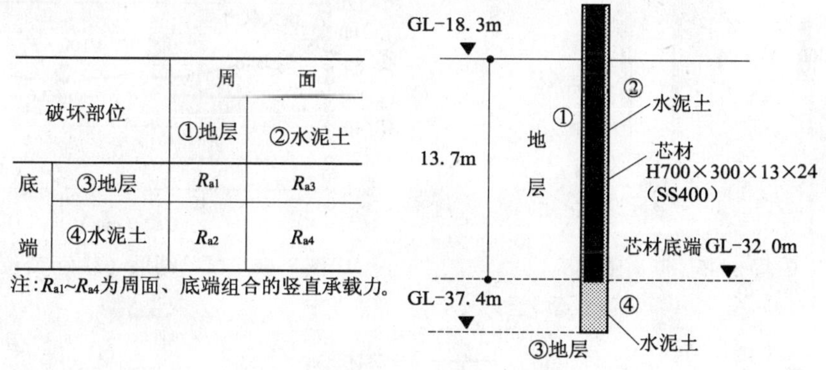

破坏部位		周面	
		①地层	②水泥土
底端	③地层	R_{a1}	R_{a3}
	④水泥土	R_{a2}	R_{a4}

注：R_{a1}~R_{a4}为周面、底端组合的竖直承载力。

图 8.43 破坏部位的组合

通常水泥土强度小的场合下，情形③有最小值。即在使用低强度水泥土 RCM 作主体桩时，桩的竖向承载性能基本上取决于水泥土与钢材的黏力。但是，关于水泥土与钢材间的黏力的数据以往较为少见，故有必要在预备实验中积累这些数据。

8.13.3 预备试验

1. 试验概况

预备试验是在邻近作业现场的施工中的 CRM 内插入 H 型钢，进行的竖向载荷试验。试验桩有双头 H 型钢、单头 H 型钢两种。试验的目的是确认水泥土和钢材的黏力及双头 H 型钢的承载力。图 8.44、图 8.45 分别所示的是试验桩的平面分布状况及纵断面。载荷与变位的试验结果如图 8.46 所示。实验结果表明，残余黏力是水泥土强度的 2.4%，另外，双头 H 型钢情形的最终的剪切力超过水泥土强度的适用范围，可以确保在规范值以上。

2. 设计方法

挖槽使用抓斗式挖槽机，后续槽段的施工以 1.2MPa 为水泥土的设计基准强度（以下记作 F_c），故把设计黏力定为 F_c 的 2%。

对设计载荷来说，靠水泥土和钢材的黏力即可形成很好的持力机构，考虑到地层土质差异，为了安全起见，故芯材选定为腹双头 H 型钢，见图 8.47。

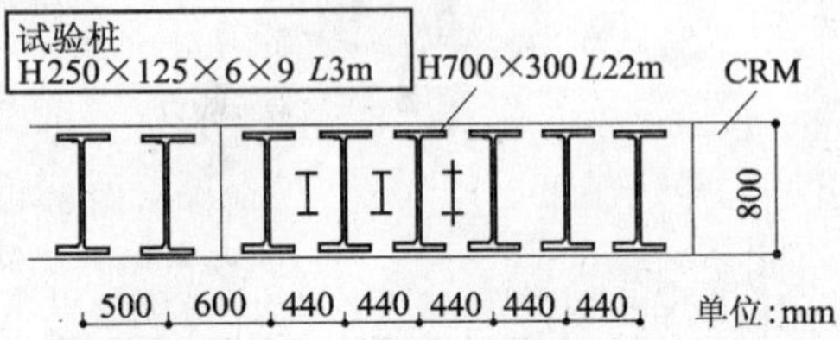

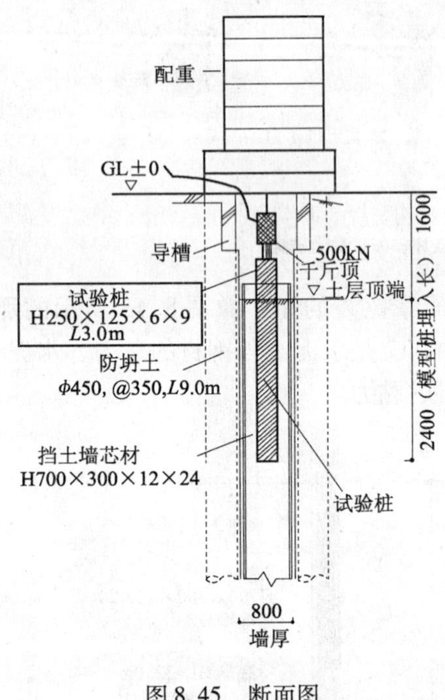

试验桩
H250×125×6×9 L3m
H700×300L22m
CRM
800
500
600
440
440
440
440
440
单位:mm

图 8.44　芯材分布图

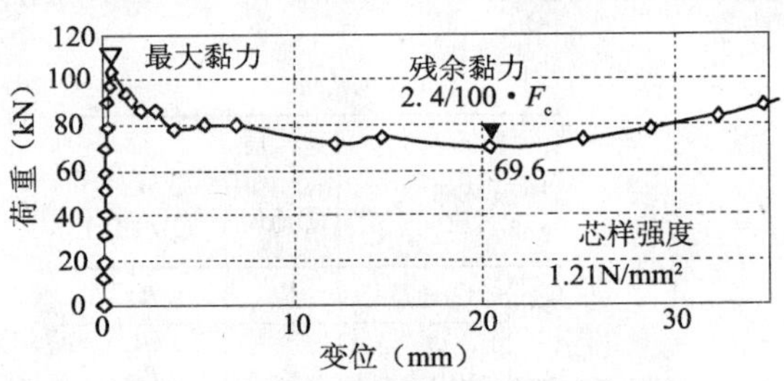

配重
GL±0
1600
导槽
500kN
千斤顶
土层顶端
试验桩
H250×125×6×9
L3.0m
防坍土
ϕ450, @350,L9.0m
2400（模型桩埋入长）
挡土墙芯材
H700×300×12×24
试验桩
800
墙厚

图 8.45　断面图

最大黏力
残余黏力
2.4/100・Fc
69.6
芯样强度
1.21N/mm²
荷重（kN）
变位（mm）
120
100
80
60
40
20
0
0
10
20
30

图 8.46　试验结果（载荷-变位关系）

芯材
（GL±0m~GL-22m）
芯材
（GL-10m~GL-32m）
800
双头
ϕ19@1000　h100
（GL-19.5m~GL-31.5m）
土强度　　Fc=1.2MPa　（主桩）
芯材H700×300×13×24（SS400）
@400 @400 @400 @400 @400 @400 @400 @400

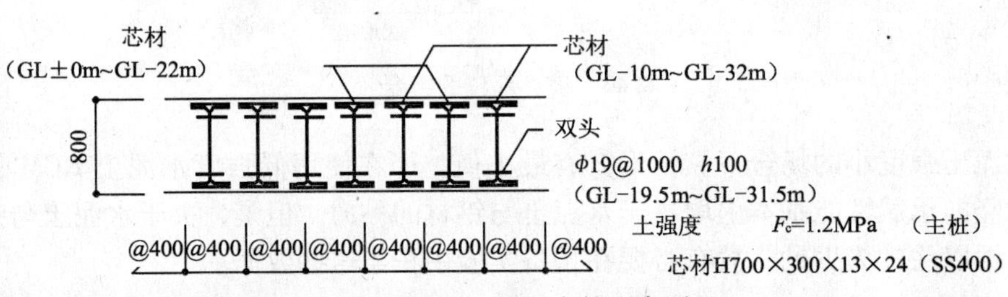

图 8.47　CRM 主桩配布图

因为地下墙体采用逆作法构筑，所以挡土墙的芯材还要作为临时的地下大口径墩柱的上部支柱钢使用，故施工时的外加主体载荷应控制在 CRM 立体桩的长期允许承载力以内。

3. 水泥土的配比

配制水泥土的土体采用现场挖掘土，应以水泥添加量为参数的室内试验确定水泥土的配比。为确保 $F_c = 1.5 \times 1.2$MPa 的目标，故把水泥量定为 190kg/m^3。水泥土的日常管理项目如表 8.20 所示。水泥土的单轴抗压强度的试验结果如图 8.48 所示。

CRM 的管理项目　　表 8.20

水泥土状态	管理项目	管理值
固结前	坍落度	250±50mm
	析水率	3% 以下
固结后	单轴压缩强度	1.2MPa 以上

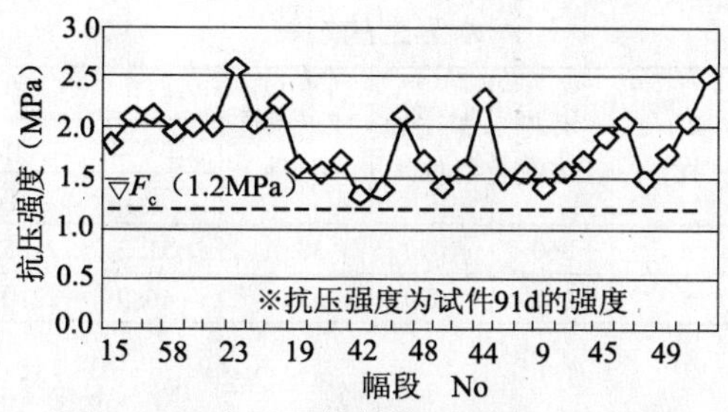

图 8.48　水泥土单轴抗压强度试验结果

4. 实大载荷试验

(1) 试验桩

把插入 CRM 槽段内的芯材中的 1 条作为试验桩，基坑底面以下看成单桩评价。试验桩设有双头 H 型芯材和单头 H 型芯材各 1 段。试验桩的断面和水泥土的规格分别如图 8.49、表 8.21 所示。

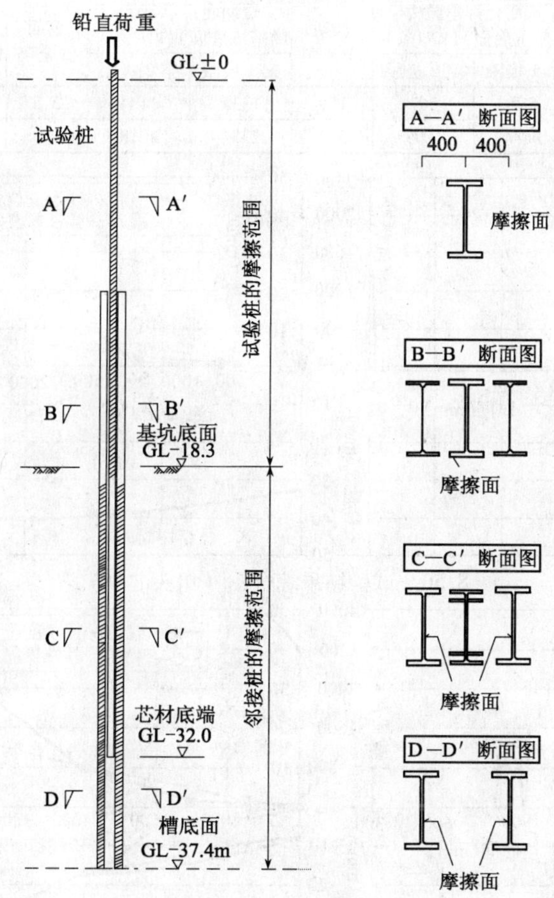

图 8.49　试验桩断面图

水泥土的规格　表8.21

试验种类	水灰比 $W/(C+N)$ (%)	水泥 C (kg)	膨润土 B (kg)	水 W (kg)	原土 S (kg)	原土含水率（%）	水泥土浆			q/d 平均抗压强度（MPa）
							含水率 (%)	坍落度 (cm)	密度 (g/cm³)	
单头芯材	91.5	190	5	360	1070	38.7	51.2	21.5×21.5	1.50	2.51
双头芯材	77.2	190	5	360	1070	32.3	46.9	22.0×22.0	1.58	1.54

（2）试验方法

反力桩利用邻接 CRM 的引拔阻力。试验方法按“桩的压入试验法及说明（JGS 1811—2002）”进行。单头 H 型芯材试验桩分为 3 节 9 段；双头 H 型芯材分为 4 节 12 段。

（3）试验结果及观察

试验结果如表 8.22 及图 8.50、图 8.51 所示。基坑底面的轴力和沉降量的关系如图 8.52 所示；轴力的深度分布如图 8.53 所示。

试　验　结　果　表8.22

试验种类	水泥土 91d 强度	设计轴力（kN/条）		长期允许承载力（基坑底面）(kN/条)		长期安全率	短期允许承载力（基坑底面）(kN/条)		短期安全率	桩底沉降量（mm）		备注
		长期	短期	第1极限	第2极限		第1极限	第2极限		第1极限	第2极限	
单头	2.51	296	451	668	567	1.9	1335	1134	2.5	5.8	25.5	主桩
双头	1.54			1177	1009	3.4	2354	2018	4.5	5.4	23.5	参考

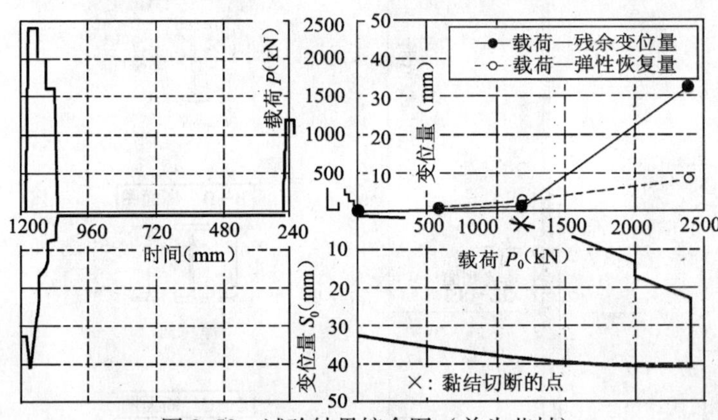

图8.50　试验结果综合图（单头芯材）

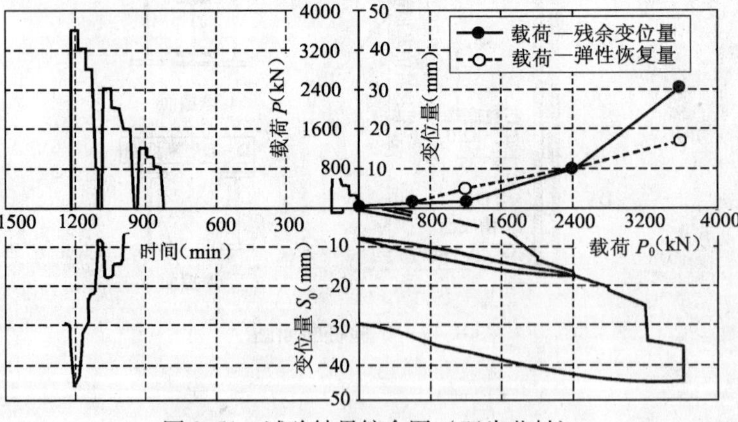

图8.51　试验结果综合图（双头芯材）

因为平均黏力为 F_c 的2%，所以即使切断黏力后也不发生载荷急剧下降现象，说明仍保持有一定的残余黏力。另外，不管有无双头H型材，沉降均按相同的起始斜率随轴力的增加而增加，从钢材的黏力到双头支承力的竖直载荷的支承机构连续且平滑移动（见图8.52）。

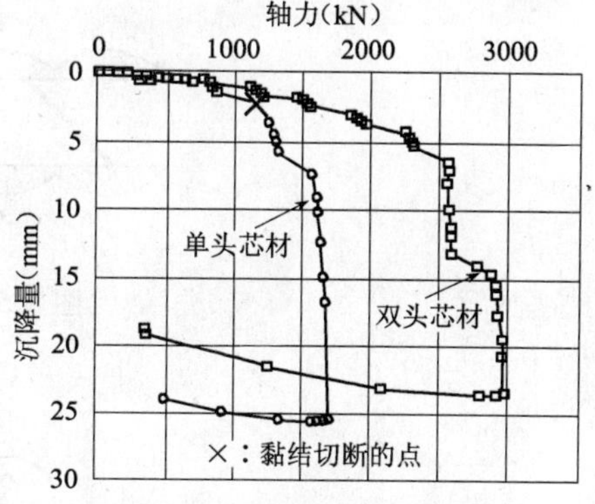

图8.52　轴力与沉降量的关系

从轴力的深度分布曲线（图8.53）不难看出，双头H型钢芯材的情形比单头H型钢芯材情形的斜率大，这是经过双头H型钢芯材的承压力把荷载传向地中。每条双头H型钢芯材的定量承载力，可用双头情形的最大承载力减去残余黏力得到的竖向承载力，除以双头H型钢芯材的条数，得出双头芯材的承载力为28.5kN/条。

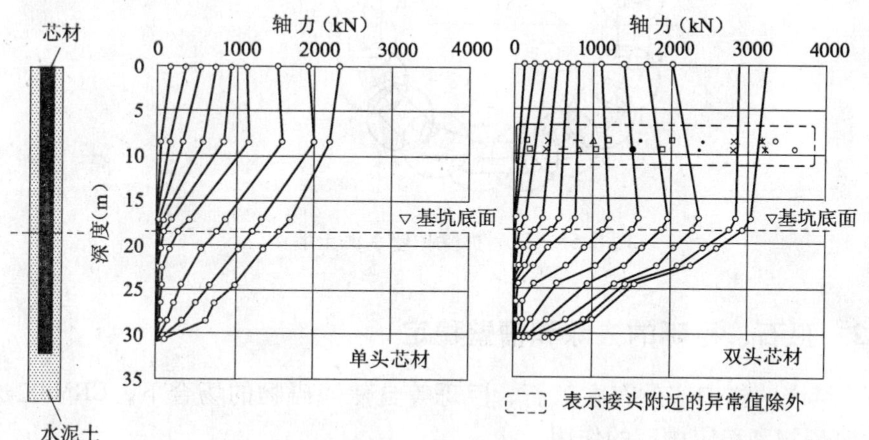

图8.53　轴力的深度分布

8.14　其他用途

CRM工法还可以作为RC连续墙工法等其他工法的辅助工法使用。

8.14.1　原有构造物拆除和槽壁稳定

目前都市盛行的上、下水道的泵站等更新工程中，原有的混凝土板、墙、桩等构造物已对新筑地下连续墙工程构成障碍，多用全旋转式套筒掘削机作排柱形掘削拆除，用去除钢筋混凝土残渣后的土砂制造CRM水泥土并进行填充，形成排柱水泥土墙，随后再构筑RC连续墙（见图8.54、图8.55）。另外，该水泥土墙在RC连续墙挖槽时起保护槽壁的作用。

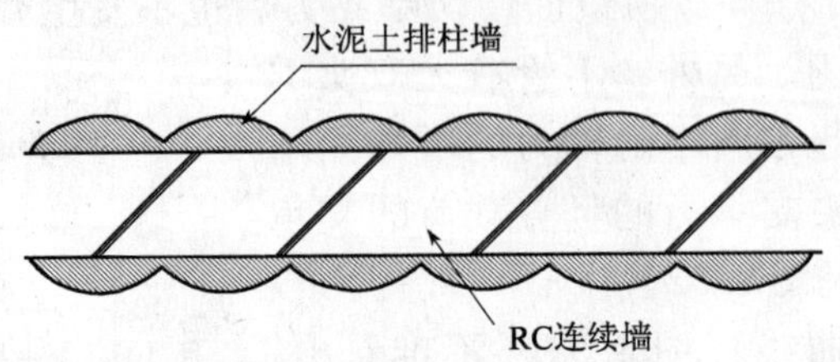

图 8.54　障碍拆除护壁水泥土墙例

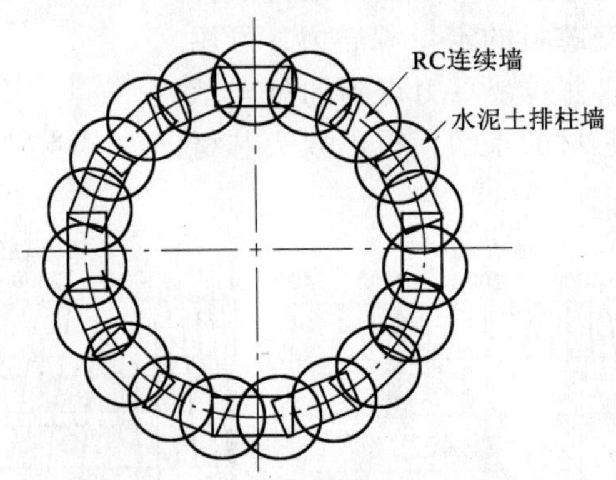

图 8.55　障碍拆除护壁水泥土墙例

8.14.2　孤石、巨砾的去除和槽壁稳定

在 RC 连续墙的施工部位存在孤石、巨砾等自然障碍物的场合下，CRM 工法同样可以兼顾去除障碍物和稳定槽壁的作用。

这种情形下，不仅要使用连续挖槽机，还要使用全旋转式套筒钻孔机，以便扩大水泥土置换工法的适用范围。

此外，开发使用 CRM 工法的槽壁接头技术、水泥土的制造技术、浇筑技术，在封围污染土壤的工程中也应用较多。

CRM 工法以建设副产品的再利用（即减少建设副产品的数量）和构筑高精度墙体为开发目的。此外，由于运输残土卡车数量锐减，排除罐车的混凝土的运输，对周围地域的环境影响也得以消除。

今后在进一步追求施工安全性、可靠性、经济性的同时，还应追求减轻施工对环境影响的负担。

第9章 其他水泥土连续墙工法及应用实例

9.1 抑制弃泥量的水泥土连续墙工法及应用实例

9.1.1 抑制弃泥产生量的水泥土连续墙工法

抑制弃泥产生量的水泥土连续墙工法实际上是SMW工法的改良工法，该工法是在改良SMW排柱桩多轴螺旋钻机的搅拌叶片的基础上，变更钻孔注入程序，促使注入材料用量削减、弃泥排放量削减的水泥土排柱桩连续墙工法。实际上6.5节介绍的扩散剂工法就是这种工法的一种。有人把这些工法统称为ECW工法。

为了让读者更好地掌握抑制弃泥产生量的水泥土连续墙工法的选择原则，这里介绍选择该工法作竖井挡墙的应用实例。

9.1.2 竖井工程概况

秋田站附近2.55km区间地下汽车专用道用盾构法（$\phi=12.2$m）构筑。穿越秋田火车站下方的施工长度为178m。为了防止盾构穿越时地层沉降致使地表轨道变形，特采用钢管顶棚措施保护地层，防止轨道变形。钢管顶棚作门型布设，钢管管径$\phi=1.2$m，壁厚$t=12$mm，长70.5m（见图9.1）。从隧道外缘到顶棚钢管中心的最小距离为1.8m（管径的1.5倍）。钢管顶棚施工时，为防止顶进时的地下水流入，选择在进发竖井内用回收型密封回流式挖掘机施工，略去到达竖井。到达部位作厚3m的地层加固，以便固定钢管顶棚。进发竖井的尺寸是20m(宽)×7.5m(长)×21m(深)。挡墙入土深度36m。

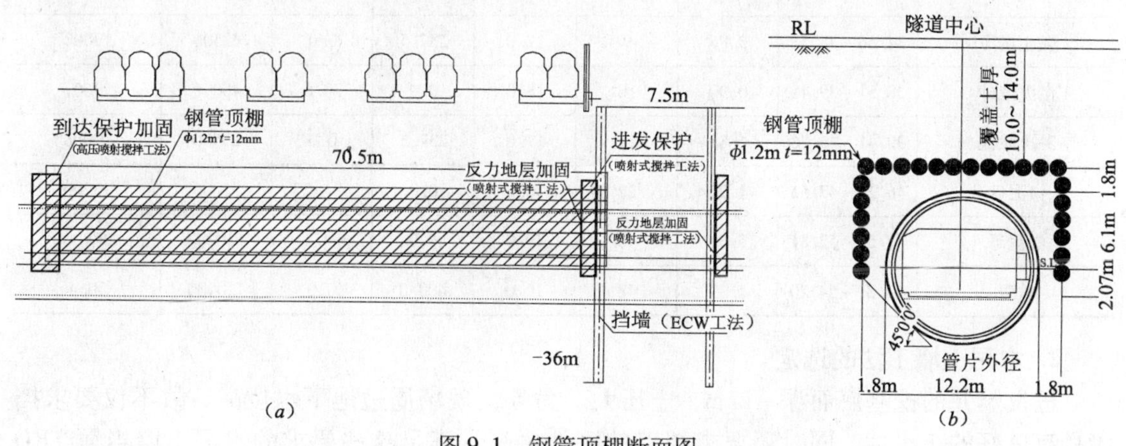

图9.1 钢管顶棚断面图

（a）钢管顶棚纵断面图；（b）钢管顶棚横断面图

本节介绍进发竖井挡墙选用ECW工法的理由及实际施工状况。

9.1.3　工法选定

1. 地层条件

挡墙入土深度范围内的现场土质多为黏性土和砂质土的互交层，成为钻孔障碍的砾、巨砾层少。具体土质参数一览表如表9.1所示。现场自然水位为 -8 ~ -7m，回灌法得出的渗水系数为10^{-5} ~ 10^{-2}cm/s，渗水系数起伏大的原因是砂质土、砾质土中混入黏土的不规则性所致。

地层参数一览表　　　　**表9.1**

土质名	深度(m)	层厚(m)	N值	重度γ (kN/m^3)	黏力C (kN/m^3)	内摩擦角ϕ (°)	变形系数E (kN/m^2)	地层弹簧系数 (kN/m^2)
填土	0.00 ~ 2.56	2.56	4	17.0	0.0	29.8	10000	2400
腐殖土	2.56 ~ 3.46	0.90	2	12.5	12.0	0.0	5000	2400
有机土混淤泥	3.46 ~ 11.71	8.25	3	15.0	43.0	0.0	7500	2784
砂	11.71 ~ 13.46	1.75	12	18.0	0.0	33.1	30000	7200
黏土淤泥（地层改良后）	13.46 ~ 15.56	2.10	5	16.5	60.0	0.0	12500	3072 96000
淤泥混砂（地层改良后）	15.56 ~ 19.41	3.85	16	18.0	0.0	33.0	40000	9600 72000
黏土淤泥（地层改良后）	19.41 ~ 25.76	6.35	6	16.5	37.5	0.0	15000	7584 96000
淤泥夹砂	25.76 ~ 27.46	1.70	18	18.0	0.0	32.6	45000	10800
黏土、砂质淤泥	27.46 ~ 30.71	3.25	8	16.5	105.0	0.0	20000	10368
砂	30.71 ~ 34.66	3.95	27	18.0	0.0	33.2	67500	16200
黏土淤泥	34.66 ~ 38.51	3.85	9	17.0	237.5	0.0	22500	19008
淤泥细砂	38.51 ~ 39.41	0.90	16	18.0	0.0	30.6	40000	960
黏土淤泥	39.41 ~ 46.26	6.85	11	17.0	237.5	0.0	27500	19008
淤泥砂	46.26 ~ 47.51	1.25	22	18.0	0.0	31.2	55000	13200
淤泥砾	47.51 ~ 52.81	5.30	48	19.0	0.0	34.1	120000	28800
软岩	52.81 ~ 54.20	1.39	48	19.0	400.0	0.0	120000	8064

2. 水泥土墙工法的选定

进发竖井的挖基底面深 -21m，土压大。另外，现场周边地下水位高。故不仅要求挡墙具有良好的止水性，同时还要求挡墙的刚性要高，满足这些要求的水泥土墙当属TRD工法墙和ECW工法墙。为此，这里特对这两种工法进行比较讨论，见表9.2。

TRD 工法与 ECW 工法的对比表 **表 9.2**

		TRD 工法		ECW 工法	
施工要领	①	把链状切削刀架插入地中，并与主机相连		为确保竖直精度利用单轴螺旋钻机作先行钻孔	
	②	切削架刀横向掘进，使土体与水泥浆液搅拌，造成水泥土		喷气钻孔；多轴螺旋钻钻孔喷气、水造成钻孔；再搅拌喷射水泥浆成墙等 3 步施工	
	③	插入芯材		插入芯材	
施工机械的特征	机高	10～12m，与造墙深度无关，靠近道路施工时无不安全感	◎	21～30m，造墙深度深、机高高。近接道路施工时存在安全隐患	△
	重心	重心低，另外，切削刀架贯入地中，不存在倾倒问题	◎	重心高容易不稳定。强风时必须把导架放倒	△
施工性能	适应土质	因为链切削器的切削能力强，所以即使存在高 N 值地层、砾、巨砾，其适用性也好	○	因为是多轴螺旋式掘削，所以对高 N 地层、砾、巨砾地层来说，必须采用先行钻孔	△
	地中障碍物	如果是无筋混凝土仍可掘削。出现挡墙缺损，并用辅助工法的场合下，应上提切削刀架，再次插入	△	除了交错分布的地中障碍物没有处理措施外，出现缺损时必须采用辅助工法	△
	墙厚	因为墙厚是等厚的（550～880mm），所以芯材配置间隔是任意的	○	墙体是 ϕ550～1100mm 的排柱桩墙，所以芯材间隔受排柱桩轴间隔限制	△
	弯角	弯角部位必须拔出切削刀架，重新插入后开始作业，故成本高、工期长	△	通常在弯角部位可以施工	○
墙体质量	均匀性	因为链切削架刀作循环转动所以竖向是全层切削、搅拌、混合，故可造成均匀的墙体，墙的强度在深度方向上的起伏小	◎	因为是叶片水平搅拌方式，所以墙的强度受土质影响，起伏大，均匀性差	△
	止水性	因为链切削架刀转动切削，所以竖向全层切削、搅拌、混合，墙匀质性好。所以墙体的渗水系数小，全层止水性高	◎	因为是叶片水平搅拌方式，所以墙的渗水系数受土质影响，因墙体水泥土均匀性差，故墙体的止水性差	△
	连续性	因为是链切削架刀作横向掘削，所以墙体连续性好	◎	因为墙体是柱状搭接，从机械构造上讲，也存在大深度时出现不完全搭接的可能性	△
	竖直精度	利用测量管理系统，可实时地监测切削刀架的垂度等参数，故施工精度高	○	施工后进行测量，据其结果进行施工修正，深度越深其修正次数越多	△
成本		污泥产生量与以往的工法（SMW 工法）基本相同，污泥处理费用大，成本高，污泥排放量大，环境负担大。 施工单价是 ECW 工法的 1.5 倍	×	污泥产生量少。对施工量 3600m^2 的墙而言，SMW 工法的产生量为 3100m^3，ECW 工法的产生量为 1750m^3，显然后者污泥产生量减少 44%	◎

注：◎最好，○一般，△稍差，×最差。

由表 9.2 可知，TRD 工法的优点是机高较矮（10～12m），稳定性好，对周围居民的威胁性小；施工性好（掘削能力强）；墙体质量好（搅拌均匀性好、墙体为等厚壁式、止水性好）。缺点是排出的弃泥量大，环境负担大，成本高。与此相反，ECW 工法的优点是弃泥量小，环境负担小，成本低。缺点是机高较高达 21～30m，有威胁感；施工性及墙体质量稍差。

考虑到工程对施工机高和摆放位置无任何限制；现场土质条件为软地层；无施工障碍砾石、巨石；且规定只能在夜间作业，作业时高压线可停电，轨道交通已收班停运。

总之，从地质、作业条件、降低成本、减少环境负担利于环境保护等因素综合考虑，决定选用ECW工法。

3. 设计

设计条件如下：

（1）挡墙形式

全断面水平撑梁式水泥土排柱墙，竖井壁上设有钢管顶棚作门型开挖。竖井的最大挖基深度为21.5m，最小挖基深度为13.33m。

（2）荷载条件

上载荷为10kN/m^2（轨道重力载荷），动载荷为25kN/m^2（列车重力载荷）。

（3）地层条件

地层常数、地层弹簧常数如表9.1所示。

（4）允许应力强度

钢材允许应力强度采用挡墙设计中的标准数据（见第3章）。

（5）挡墙允许变位

挡墙允许变位为22mm×2。

芯材嵌固深度用惯用法计算，挡墙断面力按弹塑性解析法计算，并作线路方向和垂直线路方向2个断面的验算。

必要的入土深度。因为竖井的最大挖基深度为21.5m，加上芯材的最小嵌固深度3m，故取芯材$L=25$m。

作为防止基底隆起的措施，水泥土墙应再加深11m到黏性土层上。芯材成为盾构掘削断面障碍的部分，作成盾构可以直接切削的碳素纤维补强混凝土墙。

解析结果，最大变位发生在线路方向挡墙1次挖基时期（水平撑梁设置前），其值为27.45mm，但小于允许值。

9.1.4　施工

1. 施工时间

原则上为夜间作业。近接轨道线路方向：0：55~4：15。其他地点：8：00~19：00，21：00~6：00。

2. 使用机械

3轴螺旋机，导架长30m（见图9.2），吊车为50t履带式吊车。因为近接线路点的作业是重机作业，所以列车到来前5min停止作业。

3. 施工程序

（1）准备工作

先挖掘1个宽1m、深1m的沟槽，设置导规钢材。

（2）先期钻孔

在3轴螺旋钻机上设置1条钻杆，确保钻孔时的竖直精度。先期钻孔时用贫配比的水泥膨润土泥浆护壁。

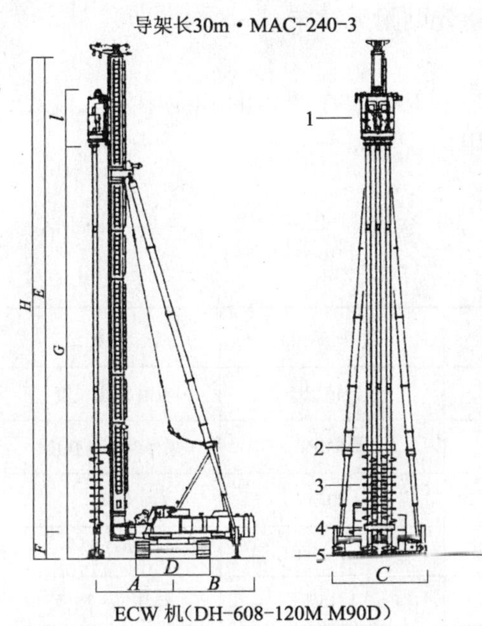

ECW 机（DH-608-120M M90D）

	名　称
1	土螺钻
2	防振装置
3	钻孔搅拌杆
4	连接装置
5	螺旋钻头

DH-608-120M M90D	
A	4635mm
B	4950mm
C	5760mm
D	4500mm
E	29.720m
F	1699mm
G	25.700m
H	31.419m
I	3592mm

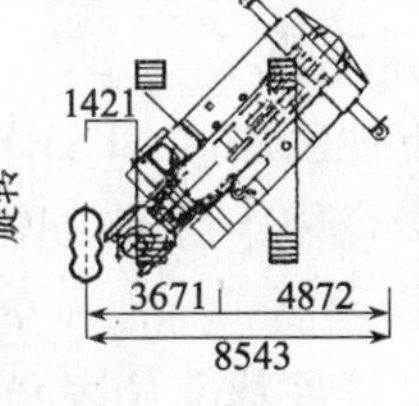

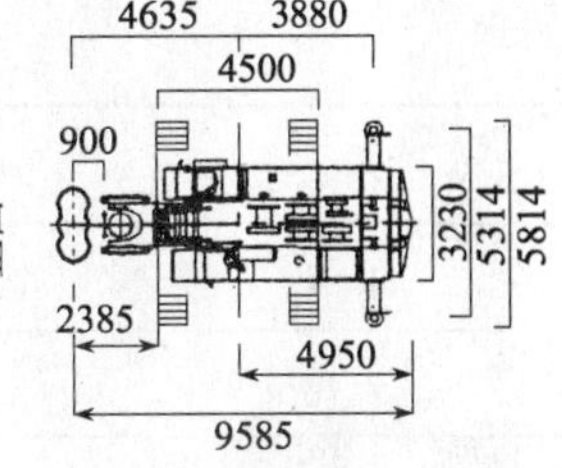

SMD-240-3+多轴装置

ECW　DH-608-120M　M90D作业图

图 9.2　3 轴螺旋钻机

(3) 水泥土墙造成（制作）工序（照片 9.1）

利用 3 轴螺旋钻机，钻孔到施工基面以下 14m（该层段称为排土区间）。此后，钻孔搅拌的同时，注入水泥浆直到止水墙的下端。到达下端后，反复搅拌同时上提螺旋钻杆。此时，排土区间的土砂被排到地表。继续上提螺旋杆注入搅拌直到地表。

(4) 插入芯材

在水泥土固化前用履带吊车吊入芯材。芯材在作业现场内组装，靠自重插入芯材，直到固化一直用导规固定。

重复上述步骤构筑墙体。

照片 9.1　施工状况

4. 施工数量

水泥土墙深 36m，平均墙厚 0.773m（钻孔直径 $\phi=850$mm），水平总长 99.1m，墙体总面积约 3600m^2。

5. 使用材料

固化材的配比，采用施工现场原位土进行配比试验。目标单轴抗压强度为 1.5MPa。现场配比如表 9.3 所示。

水泥土基本配比（每 m^3）　　**表 9.3**

水泥土	水泥（kg）	膨润土（kg）	水（L）	水、水泥比 *W/C*
室内试验值	430	5	690	160
现场实际值	390	5	780	200

降低引拔时的摩阻力，在预定拆除的芯材上，事先贴附无纺布。

6. 弃泥处理

与以往工法（如SMW）相比，弃泥产生量少。本工程中在产生的弃泥中混入废纸、高分子聚合物作稳定处理，以便作为填土材料再利用。

7. 管理值

质量管理基准如表9.4所示。

质量管理基准值 **表9.4**

	程　序	管理项目	管理基准	管理方法
1	钻孔·造成	钻孔深度	设计值以上	钻杆剩余长度
2	造成	单轴抗压强度	1.5MPa	采样确认的强度
3	芯材搬入	芯材规格·尺寸	±20mm	钢尺
4	芯材插入	芯材位置	±100mm	钢尺
5		竖直精度	1/150	经纬仪·测锤
6		芯材高度	±50mm	水准仪

9.1.5 施工结果

先期钻孔的速度可以达到3~4条/d。然而，由于固化材的强度发现快，对芯材插入构成障碍。这可以认为是当初的配比的单位水泥量多，水灰比小造成的，故应对配比进行修改。靠自重力插入芯材有一定的限度，当仅靠自重力插入芯材困难的场合下，可备用打桩锤帮助插入芯材。芯材插入速度通常为1~2幅段/d。

1. 施工精度

芯材的设置精度，偏离芯材中心偏差的平均值为44mm，最大为95mm。基准高度偏差的平均值为15mm，最大为-49mm。起伏较大的原因是施工中使用了打桩锤，一段时间内取下导轨所致。

2. 单轴抗压强度

墙体固结后，钻孔取样进行单轴抗压试验。试验结果的平均值$\sigma_{28}=3$MPa，是基准强度$\sigma'_{28}=1.5$MPa的两倍。

3. 渗水系数

施工前，施工现场附近的渗水系数测定值为$1.93\times10^{-5}\sim5.75\times10^{-4}$cm/s。施工后，现场取样（固结体）的室内渗水试验测定的结果为2.86×10^{-7}cm/s。

4. 挖基变位

挡墙上顶变位测量结果如表9.5所示。表中所示的实测值均小于计算值。设计考虑是靠芯材承担土压，不过从上述变位测定数据可以看出，水泥土的抗剪强度也较好。

挡墙顶部变位测量结果（单位：mm） 表 9.5

		初期值	9/24	10/4	10/11	10/21	11/3	11/12	11/20	11/29	12/7	12/17	测定位置
			1次	2次	3次	4次	5次	6次	7次	8次	9次	10次	
1	水平	0	2	4	4	5	5	5	6	5	5	5	起点侧挡墙顶
	竖直	7.696	7.697	7.695	7.695	7.696	7.699	7.699	7.698	7.698	7.699	7.698	
2	水平	0	5	6	6	7	8	8	8	7	7	7	起点侧挡墙顶 +2.5m
	竖直	7.692	7.693	7.692	7.692	7.692	7.695	7.694	7.695	7.694	7.695	7.695	
3	水平	0	3	6	6	6	6	6	6	6	6	6	起点侧挡墙顶 +7.5m
	竖直	7.680	7.681	7.680	7.679	7.681	7.684	7.683	7.683	7.683	7.683	7.683	
4	水平	0	4	6	4	5	4	3	3	4	4	4	起点侧挡墙顶 +9.5m
	竖直	7.681	7.681	7.681	7.681	7.684	7.686	7.684	7.685	7.684	7.684	7.684	
5	水平	0	3	3	3	2	1	0	0	0	0	0	终点侧挡墙顶 -4.5m
	竖直	7.690	7.689	7.690	7.689	7.690	7.692	7.691	7.692	7.692	7.692	7.691	
6	水平	0	0	0	0	-1	-1	-1	-2	-2	-3	-3	终点侧挡墙顶
	竖直	7.677	7.687	7.677	7.677	7.679	7.681	7.680	7.680	7.681	7.681	7.680	

9.2 矮机高排柱挡墙（BH · W）工法及实例

近年来土木工程和建筑工程中，开挖工程趋于大型化、大深度化，故采用排柱式挡墙的工法较多。另外，都市中多数工程是在构筑物密集、施工现场条件严苛的情形下施工。具体的制约条件是施工现场的空间高度受限，场地窄小、占用道路的施工只能在夜间作业，避免扰民必须采取防振、防噪声措施，还要注意保护邻近管线设施等措施。在聚集多种上述制约条件的现场，作业条件更为苛刻。所以必须开发适于这种作业条件的工法。

本节介绍适于这种严苛条件下施工的矮机高排柱挡墙工法，即 BH · W 工法及施工实例。

9.2.1 BH · W 工法概况

所谓的 BH · W 工法，是使用多节三轴钻头，进行逆循环泥水掘削，把掘削孔内的泥水上抽，与水泥等固化材搅拌混合再压送回到孔内，然后插入芯材。施工程序框图如图 9.3 所示。然后，先期幅段固化后再造成后续幅段。如此周期性重复构筑连续性和止水性高的排柱桩式挡墙的工法。先期幅段与后续幅段的施工顺序示意图如图 9.4 所示。先期幅段与后续幅段的关系如图 9.5 所示。

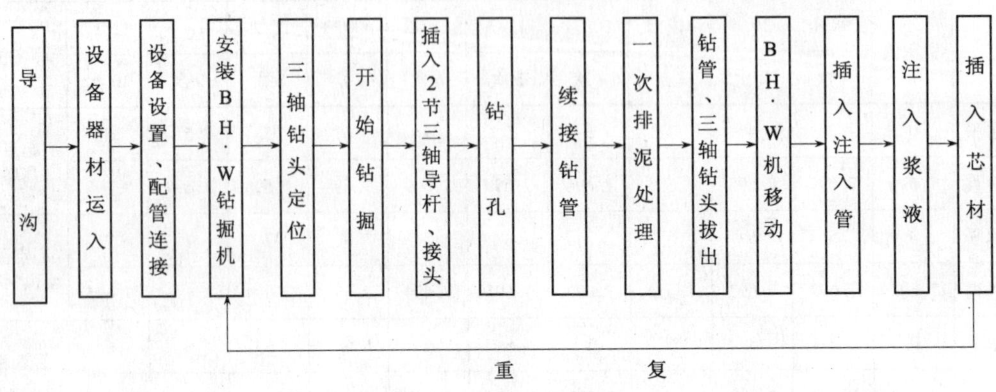

图9.3 施工程序框图

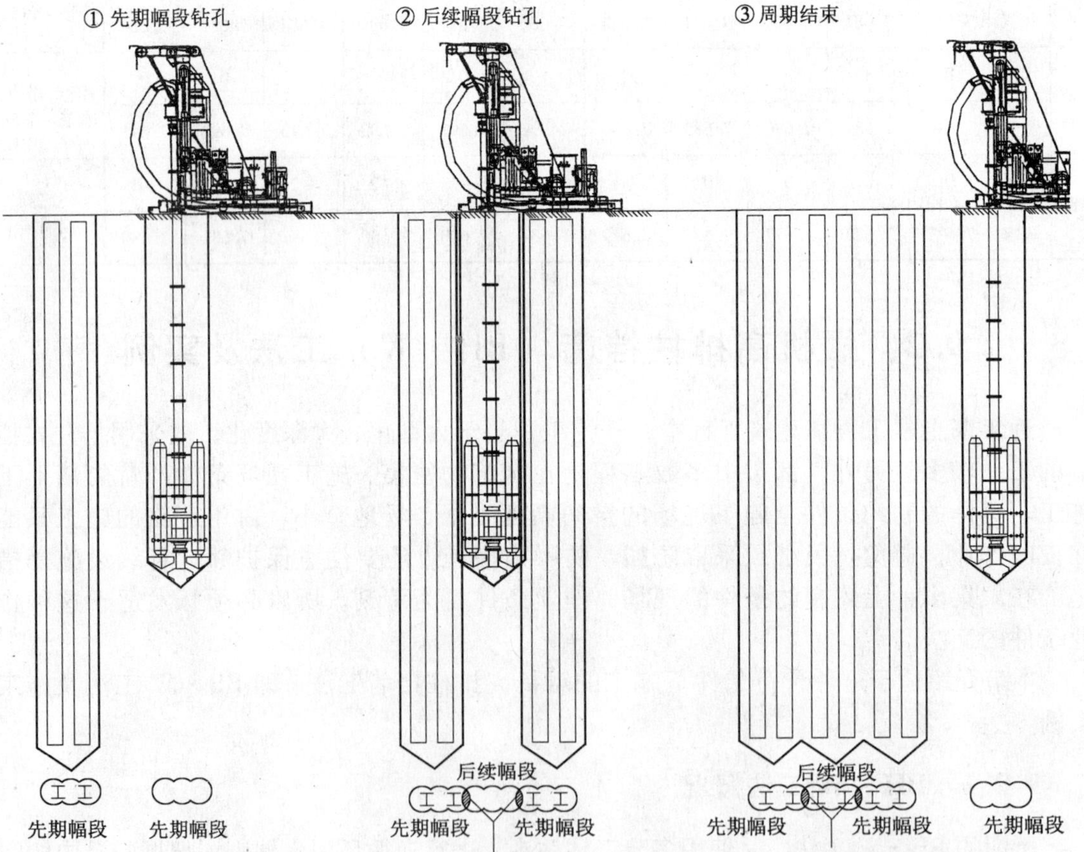

图9.4 先期幅段与后续幅段的施工顺序图

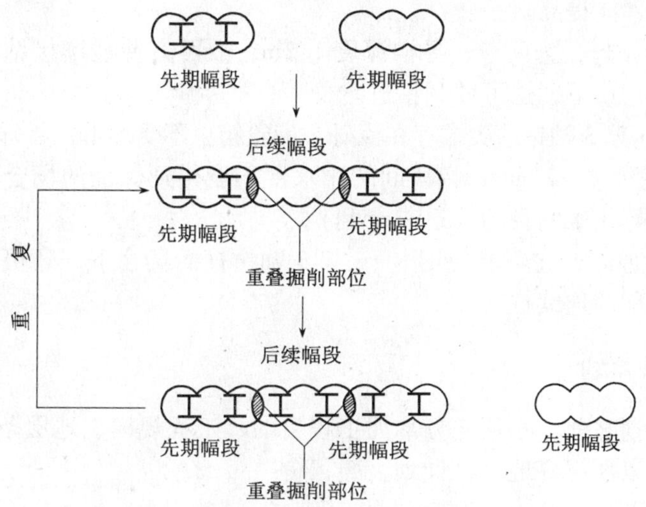

图9.5 先期幅段与后续幅段的关系图

该工法的开发过程简述如下：

（1）20世纪60年代首次推出正循环三轴钻头掘削排柱桩挡墙工法。

（2）20世纪80年代中期开发成功逆循环BH·W 3轴钻机工法。

（3）20世纪90年代末开发成功用于掘削巨砾的3轴钻头（见照片9.2、照片9.3），使钻机的适用土质范围得以拓宽。

（4）近年开发了等墙厚（见图9.6）的BH·W 3轴改良钻头及800kN小型吊车。

照片9.2 掘削巨砾

照片9.3 掘削巨砾实物

图9.6 等厚型墙

9.2.2 BH·W工法特点

（1）相对于以往的3轴齿轮箱部只设1节导杆的情形而言，该工法钻机齿轮箱部设2节导杆，可以方便地续接钻管，这样改进的结果可使钻杆的扭曲小、钻孔精度高$\left(\frac{1}{200}\right)$，故接头部位的止水性能提高。

（2）因为3轴钻杆分为两节，导槽深度1.2m，故可方便地续接钻杆继续钻进。即存在空间高度受限的情形下，也可顺利钻进。

（3）即使BH·W 3轴钻的尖端存在巨砾，齿轮箱也不受冲击，巨砾照样可以被破碎。

（4）钻孔深度深（>25m）、幅段间的止水性不能得到保证的场合下，可以实施局部注浆加固，实现完好止水的目的（已有专利）。

（5）施工条件原因，在不能使用BH·W 3轴钻杆的场合下，还可以方便地改筑任意孔径的单轴重复钻削的连续桩墙。

9.2.3　施工计划

在制定施工计划之前，必须充分掌握工程目的、工程规模、地层条件、环境条件、安全性、经济性等，以便更好地制订计划。

1. 一般调查事项

为了正确地掌握施工条件，必须进行充分的事前调查。具体内容如下：

（1）现场大小、形状及与邻近构造物的位置关系。

（2）作业空间高度、有无架空线、作业空间状况。

（3）地表、地中障碍物的分布状况。

（4）确认施工器材运入、运出的路线。

（5）确认地表、地下作业。

（6）确认注入设备用地和到施工现场的距离。

（7）确认泥土、泥水等运出路线。

（8）确认对环境的影响、公害及安全等措施。

（9）确认工程用水。

2. 地层调查

地层调查的内容大致如下：

（1）确认不稳定的表层、中间层、持力层等层段的深度。

（2）确认层厚、密度、N值。

（3）确认砂砾层、巨砾层中砾径的大小、抗压强度、混入量。

（4）确认旋转掘削工法钻孔可能通过的地层。特别应确认砾径含有量。对岩层来说应确认抗压强度，基本上应考虑到软岩为止。

（5）确认地下水位。

（6）确认是否存在承压地下水及水头的位置。

（7）确认有无有害气体、有毒气体。

（8）确认有无逸水。

（9）确认表层地层的稳定性。

（10）确认有无地下障碍物和周围地层状况。

3. BH·W工法的适用范围

按土质条件、施工条件列出的BH·W工法的适用范围如表9.6所示。

BH·W 工法的适用范围 **表 9.6**

选定条件 \ 三轴导杆规格			一般用	砾层用	等厚用	备注
地层条件	土质区分	黏土质	◎	◎	◎	
		砂	◎	◎	◎	
		卵石	△	◎	◎	砾径 50mm 以下
		砂砾	×	○	○	砾径 50～150mm
		巨砾	×	○	○	砾径 150～300mm
		孤石	×	△	×	
		软岩	×	○	×	单轴压缩强度≤8MPa
		中硬岩	×	×	×	
		硬岩	×	×	×	
	地下水	地下水位接近地表面	○	○	○	
		地下水多	○	○	○	
		承压地下水位比施工面高	×	×	×	
施工条件	掘削孔	ϕ500～600mm	○	×	×	
		ϕ600～650mm	—	○	○	
		ϕ650～750mm	—	○	○	
	掘削深度	0～15m	◎	◎	◎	
		15～22m	◎	◎	◎	
		22～25m	○	○	○	
		25～30m	△	△	△	
		30～40m	△	△	△	
		40m 以上	×	△	△	
	作业宽度	作业空间 2.0m 以下	×	×	×	
		作业空间 2.0～3.5m	△	△	△	
		作业空间 3.5～5.5m	○	○	○	
		作业空间 5.5m 以上	◎	◎	◎	

注：◎号：最好，○号：一般，△号：稍差，×号：不能选用。

9.2.4　施工实例

这里介绍空间高度受限的BH·W工法固化墙的施工实例。其断面图、侧面图、平面图如图9.7所示。

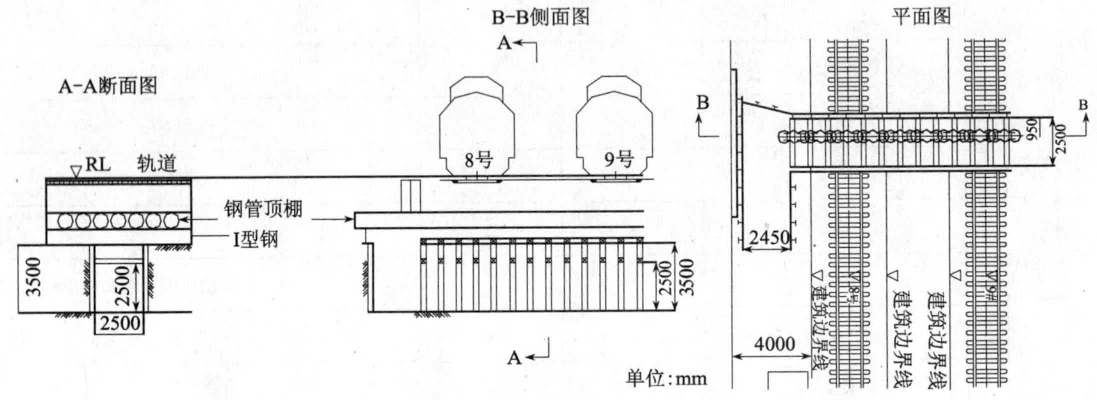

图9.7　施工实例的断面图、侧面图、平面图

1. 施工目的

在轨道下方钢管顶棚下的导桩内构筑BH·W稳定液固化墙。

2. 施工空间

导槽内的作业宽度为2500mm。导槽内的限制高度为2500mm（去掉障碍水平梁时可以确保3500mm）。

3. 使用机械

把矮高度TBH机改良成适合现场使用的BH·W机。油压千斤顶的位置像照片9.4那样加以改造。尺寸如下：

照片9.4　施工状况

机高 3491mm（无变动）；

机宽 2104mm（改良前）；

改造后机宽 1706mm（改良后）；

钻杆 ϕ200mm、$L=1000$mm。

4. 土质条件

土质柱状图如图 9.8 所示。－0.7～0m 为回填土；－3.5～－0.7m 为腐殖土；－7.15～－3.5m为黏性淤泥土；－8.15～－7.15m 为黏土，夹有少量砂砾；－14.7～－8.15m 为黏性淤泥土；－20.25～－14.7m 为淤泥砂土；（－16.5～－3.5m 层段呈现性能极其稳定的淤泥黏性土）－25～－20.25m 为砂砾层，粒径 ϕ150～200mm 的巨砾含量大；－26～－25m 为细砂层；－26m 以下为固结淤泥。

5. BH·W 固化墙

BH·W 墙的桩径 $\phi=650$mm；BH·W 三轴钻机，2 节导杆钻孔深度 $L=19.5$m，芯材为 H400×400。

6. 施工顺序

（1）事先构筑导槽。

（2）在施工现场把主机移动到设置掘削设备的导桩内。

（3）在导桩内安装 BH·W 掘削机。在导槽（宽 700mm×深 1200mm）内，使用两台卷扬机把 BH·W3 轴钻杆安装在导桩内。

（4）试运转后，开始钻孔作业，安装第 2 节导杆。

（5）续接 ϕ200mm、长 $L=1000$mm 钻杆，继续钻孔，直到最终深度为止。

（6）钻进到最终深度位置的孔底处，使 BH·W3 轴钻头定位低速旋转，作孔内清洗。

（7）拔出钻杆并把主机移开一定距离。

（8）插入芯材作业。把每条长 2000mm 的钢材放在拼接板上作螺栓连接，用主卷扬机（50kN），每幅插入 2 条钢材。

（9）注入管插入作业。每幅插入 2 条注入管。

（10）用压送泵把流动性水泥土压送到孔底，作幅段填充。

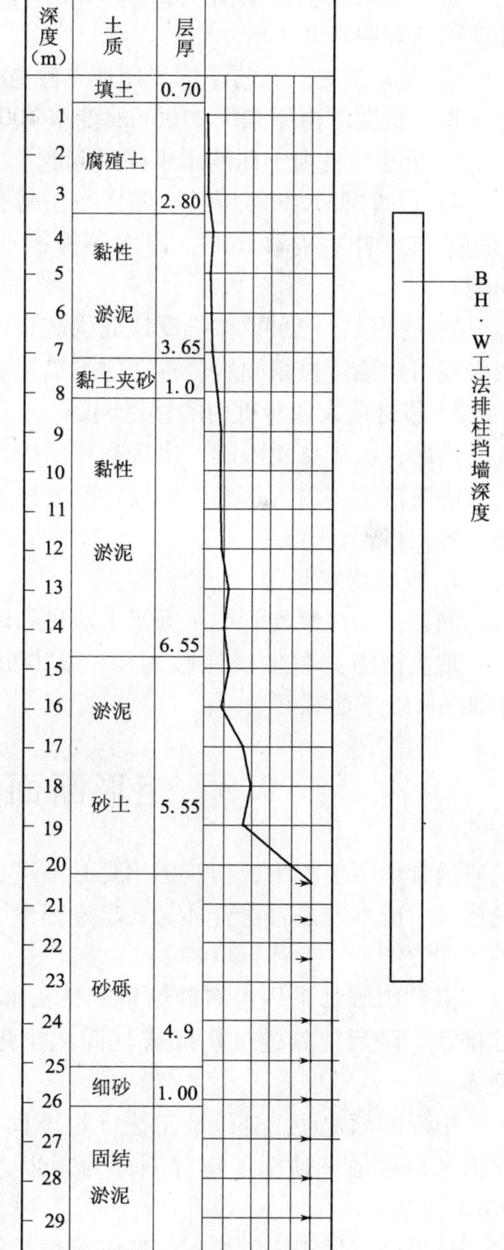

图 9.8 土质柱状图

（11）启动空压机压气，经注入管进行压气搅拌。完工后拔出注入管。

9.2.5　施工中出现的问题及排除措施

1. 操作员作业空间问题及解决措施

问题：按要求当把钻掘机准确地安装在导桩内排柱桩挡墙的中心位置上时，出现操作员的作业空间无法得到保证的问题。

解决措施：① 把操作杆连接到油压软管上，运转操作改成在主机前侧的遥控操作，作业确认如照片9.4所示。

② 安装在主机上的油压千斤顶单侧宽为200mm，所以把千斤顶改装在主机基面的内侧，则主机宽度由原来的2106mm变窄400mm，变成1706mm（见照片9.4）。

2. 承受导桩内土压的水平撑梁问题

问题：像照片9.4所示的那样，在离上部1000mm的位置上设有水平撑梁，在有障碍物的地点或者主机移动时，该水平撑被取下，过后再次安装。这样做较为繁锁且易出问题。

解决措施：把水平撑梁设计成构造简单，安装、取下容易的撑梁。另一方面，把主机架做成可用油压控制倾斜、移动的主机架。

3. 芯材运入和导桩内的移送问题

问题：由于场地限制，出现在导槽内，从主机的后部越过主机上部搬入芯材的问题。

解决措施：因为这是一项较危险的作业，所以使用主、副两台卷扬机，靠人发出的可靠信号指挥。

4. 巨砾堵塞问题

问题：当注浆配管中布满了大块砾石时会出现管道堵塞。

解决措施：在主机和吸力泵（ϕ200mm）之间，设置一个筛箱筛除巨砾，使砾径ϕ100mm以下的砾石通过。

9.3　矩形断面水泥土连续墙工法

通常地下工程中，构筑挡墙是必不可少的工序。挡墙种类较多。根据掘削深度、要求的质量、成本及是否符合环保要求等因素，选择最适合要求的构造和材料，是挡墙设计、施工的关键。

多数挡墙都采用由螺旋钻机的钻头部位向地中注入固化材浆液与掘削土搅拌混合成柱桩状，随后使其连接构成排柱固化土地下连续墙。该工法在中规模挡墙中使用实绩极多。

矩形断面水泥土连续墙工法（以下简称矩形断面工法）是从以往排柱式水泥土墙进化而来，这是一种掘削搅拌断面为矩形，造成等厚墙的矩形断面连续墙的新工法，即RMW工法。

这里介绍该工法的概况、施工机械及施工实例。

9.3.1 工法概况

RMW 工法从挡墙分类看，属于水泥土排柱墙。但是，墙体断面形状是等厚，而非排柱型。另外，它具有以往排柱式工法所没有的一些特点。因此，也可以认为不属于排柱式挡墙。

RMW 施工机械，是在以往螺旋钻机（只有水平掘削搅拌叶片）的基础上添加了竖向矩形掘削搅拌机构进化而来。照片 9.5 和图 9.9、图 9.10 分别所示的是 RMW 机的实物照片和 RMW 机的原理构造图。施工机械由主机、导架、驱动电动机、钻杆、矩形掘削搅拌装置、竖向旋转叶轮（上面装有 4 枚叶片）掘削钻头构成。

照片 9.5 RMW 施工机械

施工时，竖向旋转叶轮和掘削钻头同时旋转。同时由钻杆尖端的钻头处喷出固化液，同时搅拌地层土体，造成矩形地中墙。也就是说，水平旋转的钻头的掘削轨迹为柱状，剩下的没掘削到的部位由竖向旋转叶轮掘削，故最终的掘削形状为矩形。该工法与以往的柱状掘削工法相比（见图 9.11），具有以下的优点。

(1) 墙厚均匀等厚，插入芯材的位置不受约束，可以任意选择芯材的间距和位置。

(2) 根据地层、墙深等条件，可以自由调整掘削的搭接量，所以施工效率高（特别是墙深大于 30m 时，搭接量与以往排柱状工法相比，要小得更多。

(3) 墙体等厚无缺损部分，由于使用竖向搅拌，所以水泥土的拌混度高，水泥土的止水性能更好。

(4) 由于施工效率提高，工期缩短，工程成本下降。

9.3.2 施工机械

矩形掘削搅拌装置由竖向叶轮和减速齿轮箱构成。齿轮箱系伞状齿轮组合机构。利用伞状齿轮组合机构，可把电动机驱动的钻杆的水平旋转变换成竖向旋转，以此驱动竖向叶轮旋转。驱动力源由电动机承担。竖向旋转叶轮的转数与水平钻杆相同。每个竖向旋转叶轮的设计扭矩是驱动齿轮箱的电动机的最大扭矩与掘削面积比，再乘上安全系数的值，具体计算公式如下：

$$T = T_1 \cdot \alpha \cdot \frac{1}{\beta} \cdot A \tag{9.1}$$

式中　T——1个叶轮的扭矩（kN·m）；

T_1——电动机的最大扭矩（kN·m）；

α——叶轮掘削面积与总断面积之比；

β——叶轮的个数；

A——安全系数，通常取 $A=1.5\sim3$。

就图9.9（两搅拌轴）、图9.10（三搅拌轴）两种情形，给出计算的例子。

1. 两搅拌轴单侧叶轮钻机的情形

设两轴钻机的最大扭矩 $T_1=26.6\text{kN}\cdot\text{m}$，$\beta=2$，$\alpha=0.215$，取 $A=3$，所以1个叶轮的扭矩：

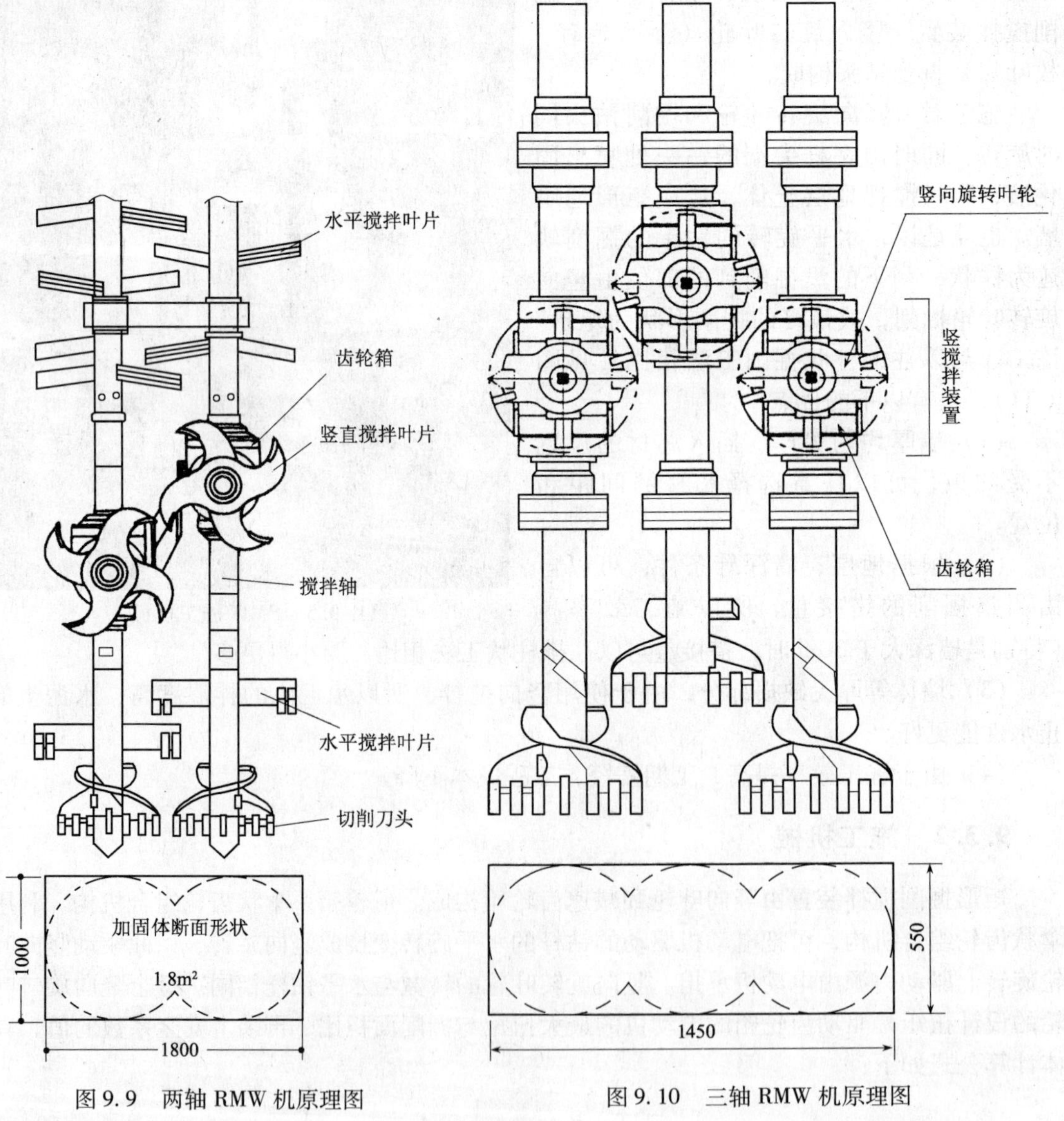

图9.9　两轴RMW机原理图　　　图9.10　三轴RMW机原理图

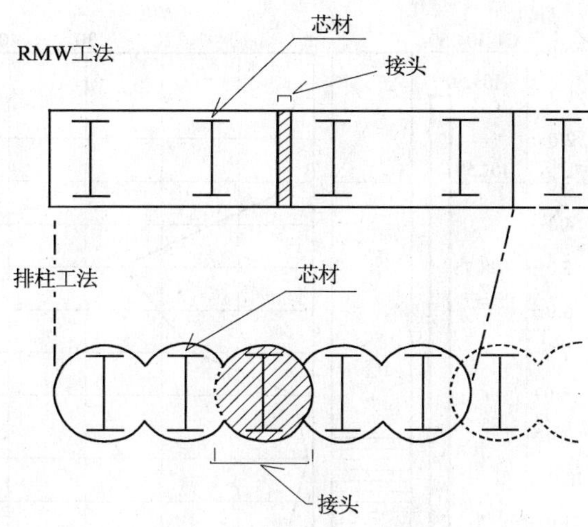

图 9.11 矩形断面与排柱断面对比

$$T=26.6\text{kN}\cdot\text{m}\times 0.215\times\frac{1}{2}\times 3=8.578\text{kN}\cdot\text{m}\approx 9\text{kN}\cdot\text{m}$$

2. 三搅拌轴双侧叶钻机的情形

设 $T_1=60.45\text{kN}\cdot\text{m}$，$\beta=6$，$\alpha=0.189$，$A=1.5$，则：

$$T=60.45\text{kN}\cdot\text{m}\times 0.189\times\frac{1}{6}\times 1.5=2.86\text{kN}\cdot\text{m}\approx 3\text{kN}\cdot\text{m}$$

如上所述，实现竖向旋转不需增加别的动力源。利用原有旋转动力即可满足需求。这也是该机的 1 个特点。

9.3.3 施工实例

前已指出，RMW 工法连续墙的一个特点是止水性比以往的排柱式连续墙要好。这里介绍使用 RMW 工法连续墙作止水挡墙的中间竖井工程的施工实例。

1. 土质概况

施工现场的土质柱状图如图 9.12 所示。-3 ~ 0m 为埋土；-9 ~ -3m 为砂层，最大 N 值为 25；-22 ~ -9m 为淤泥层。

2. 施工概况

墙体厚 550mm、深 12.1 ~ 17.6m，墙总长度 106.8m，墙面积 1743m^2。图 9.13 所示的是施工现场平面图。作业场地占用部分道路，所以必须夜间施工。道路为单行车道。图 9.14 所示的是该工程中使用的矩形掘削搅拌装置。为了提高掘削搅拌效率，把竖向旋转叶轮上的叶片数定为每轮 4 枚。

3. 施工结果

图 9.15 所示的是幅段与芯材位置的关系。幅段长 1.45m，设定搭接长度 0.325m，所以施工的步进长度为 1.125m。另外，芯材间隔为 0.45m。与以往排柱式水泥土连续墙工法相比，由于搭接长度缩短，故步进长度增加，同时芯材的布设自由度也增加，致使总体施工速度提高（15%），同时还带来芯材数量下降，即成本的下降。

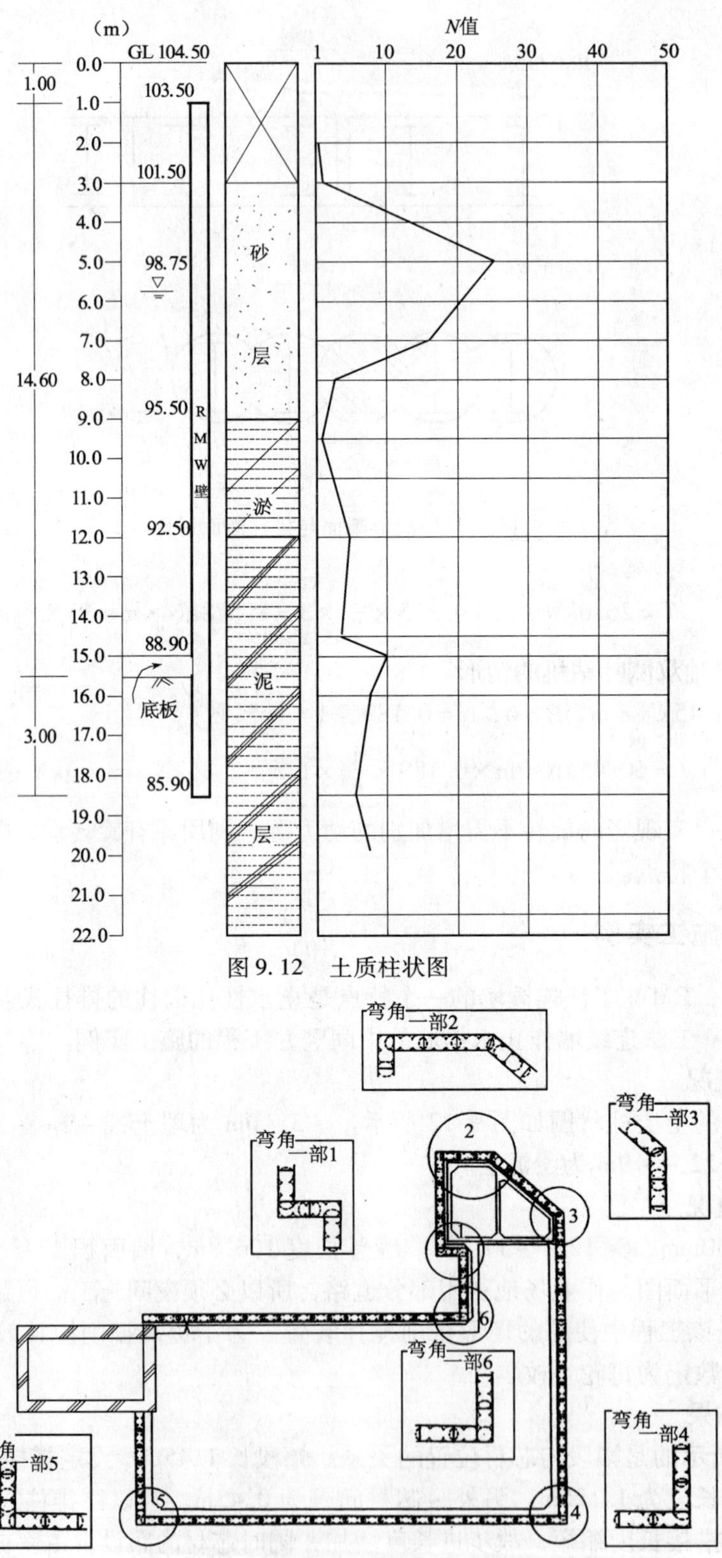

图9.12　土质柱状图

图9.13　施工平面图

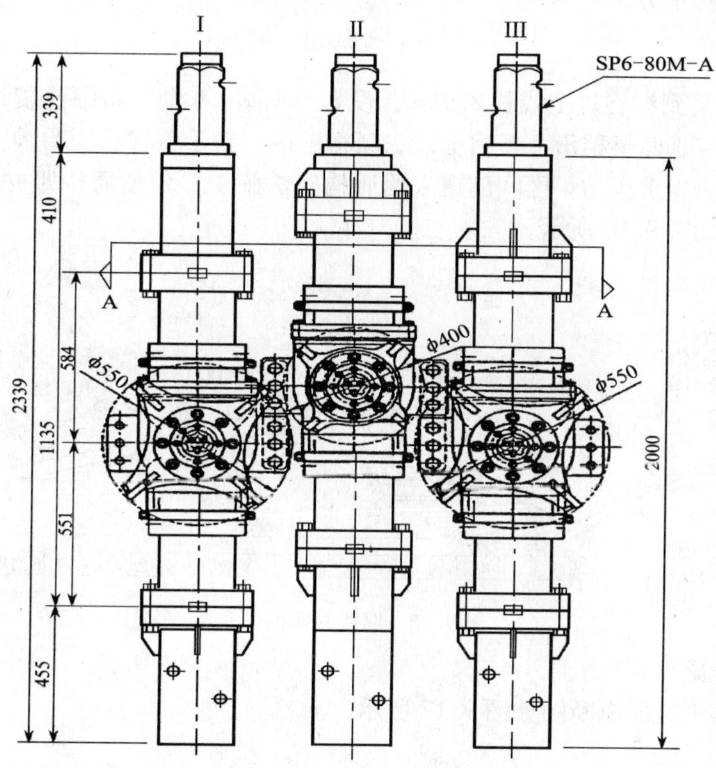

图 9.14 矩形掘削搅拌装置

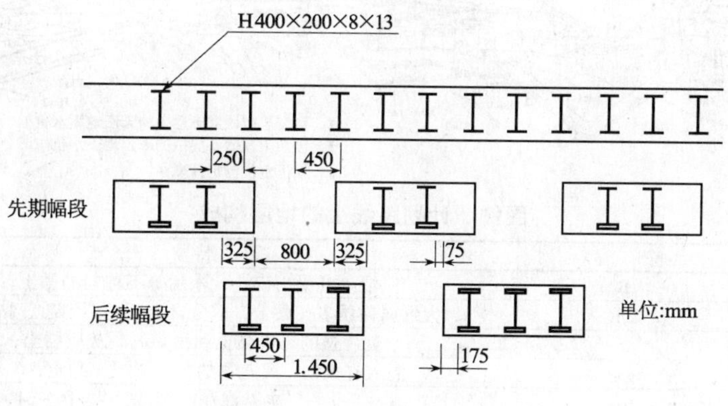

图 9.15 幅段与芯材的关系

再有，由于夜间作业时间只能确保 5h 左右，平均的造墙速度为 $70m^2/d$。

9.4 地铁工程中的水泥土挡墙的选定及实例

本节介绍东京地下铁道 13 号线工程中选用各种水泥土连续墙作临时挡墙的理由及实例。

9.4.1　工程概况

1. 工程概况

13号线从池袋到涉谷，全线长8.9km，设8个车站。8个车站中池袋站业已建成正在使用，其余杂司谷、西早稻田、新宿七段、新宿三段、新千驮谷、明治神宫、涉谷等7个车站系新设开挖法施工车站。区间隧道采用盾构工法施工，包括盾构竖井在内共15个工区。全线断面图如图9.16所示。

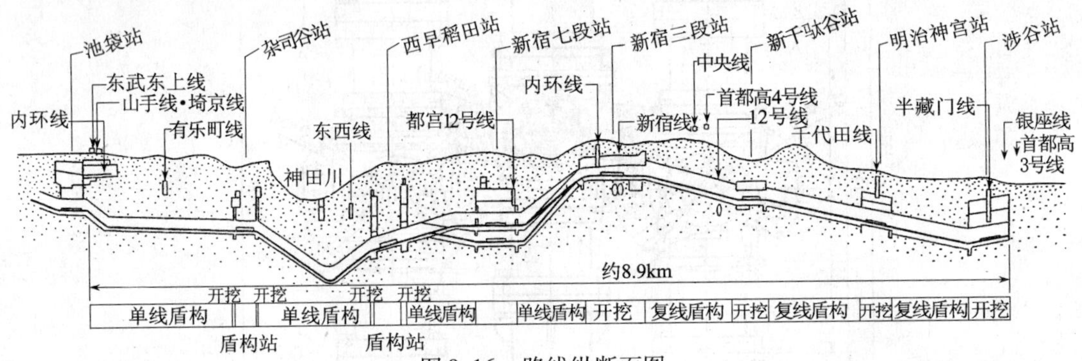

图9.16　路线纵断面图

2. 地形和地质

13号线的详细地质纵断图如图9.17所示。

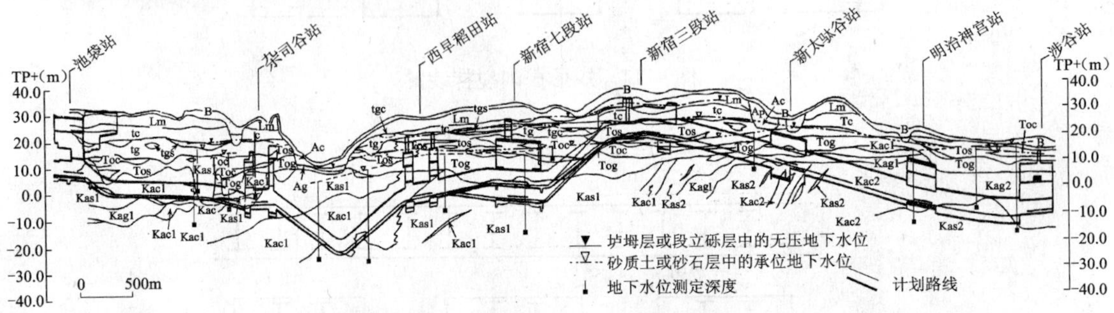

图例　计划路线上的地层构成

土　质	符　号	特　点
黏土等	B	混入混凝土碎块，木片等不均匀的黏土，$N=0\sim3$
多孔黏土	Lm	大致属匀质多孔黏土，部分含有石的不匀质、黏性小，$N=1\sim9$
火山灰黏土	tc	黏性强的有机黏土和稍黏的凝灰质黏土，$N=1\sim12$
黏性土	tgc	混入有机物、腐殖物的黏性淤泥、黏土，$N=4\sim50$以上
砂质土	tgs	夹杂淤泥的细砂，$N=16\sim31$
砂砾土	tg	以粒径2~20mm的亚圆砾为主的混入细砂、中砂及黏土，$N=15\sim50$以上
黏性土	Toc	黏性较强，混砂淤泥黏土、含贝壳较多，$N=6\sim32$
砂质土	Tos	以细砂~粗砂为主，也含有细砾、淤泥、贝壳，$N=6\sim50$以上
砂砾	Tog	以粒径2~50mm的亚圆砾为主的砂砾，$N=22\sim50$以上
黏性土	Kac1	匀质坚硬淤泥，$N=10\sim50$以上
砂质土	Kas1	密实均匀细砂，混有固结淤泥薄层，$N=23\sim50$以上
砂砾	Kag1	以粒径2~30mm的亚圆砾为主，混有粗砂~细砂，$N=28\sim50$以上
砂质土	Kas2	由匀粒微细砂构成，还混有淤泥成分，$N=33\sim50$以上
黏性土	Kac2	混有细砂的固结淤泥，$N\geqslant50$

图9.17　地质纵断面图

各站开挖范围是硬质稳定洪积地层，对施工效率有一定影响。另外，段丘砾层、东京层和上总层中是承压滞水层，所以部分工程必须设置止水墙。

3. 周围环境

该线路大部分在305市道的下方穿行。路线上方是悠静的住宅区。另外，从新宿七段到涉谷一段，要穿行日本有名的商业街下方，该商业街两旁分布有世界各国著名品牌的专卖店和大型百货公司。加上来往车辆、人流，交通十分拥挤。

9.4.2 挡墙工法的选择

依据上述地质、环境条件，13号线站开挖工程中选用的挡墙工法应具备以下特点：

（1）因为总体上看，开挖站的现场土质是砂砾层，属承压滞水层，所以要求挡墙具备良好的止水性。

（2）施工现场地点的交通量（车流、人流）极大，商业大厦林立，所以在路上设置宽广的作业带（即工程用地）非常困难。

（3）地下埋设物密集，致使挡墙不连续的地点多，所以应选择不连续部位挡墙施工较容易的工法。

（4）从土质状况看，对于无需止水挡墙的黏土层而言，考虑到成本因素，故采用立桩横插板工法。

据上述条件，大部分挡墙采用SMW工法施工。另据各站的特殊条件加入一些其他挡墙工法。各站挖基工程的挡墙工法如表9.7所示。

13号线站开挖工程的挡墙工法 **表9.7**

站 名	一般部位	特殊部位	选用理由
杂司谷	泥水固化墙（厚650mm）		满足环境噪声基准要求的工法
西早稻田	SMW（ϕ850mm）	浅部开挖部位 ECW工法（ϕ600mm）	浅开挖地点适合环境负担小的工法
新宿七段	泥水固化墙（厚650mm）		① 因是深开挖站，且作业只能在夜间 ② 选用对沿街居民威胁感小的低矮型挖槽机
新宿三段	SMW（ϕ600mm）	埋设物密集交叉点部位 钻孔钢桩+BH或钢板桩 内环线构筑部位 插入钢桩+BH 道路上不能设置 作业带的部位BH	① 在埋设物密集的交叉点部位，连续墙施工困难，因作业带被分割工期长，须尽快架设路面恢复交通，可以洞内施工的挡墙工法。 ② 道路上不能常设作业带的地点，打桩机和设备可以运入运出的工法
新千驮谷	SMW（ϕ600mm）		造价低、效率高的工法
明治神宫	SMW（ϕ550mm）+BH	千代田线构筑部位 插入钢桩+BH	考虑施工对行人和商店制约小，大规模路面工程挡墙浇筑工期短的工法
涉谷	5轴ECW工法（ϕ600mm） +再钻孔钢桩（ϕ680mm）	半藏门线构筑部位 插入钢桩+BH	可以避免硬地层钻孔工期长弊病的工法

9.4.3　各站挡墙工法

1. 杂司谷站

该站是两端为竖井的盾构站，两竖井用开挖法构筑，站的各种设施由竖井部运入。

为了避免对NTT盾构隧道和站上方道路的影响，及确保地表铁道线的撑托范围（高度），故该台的平均开挖深度为35m（见图9.18）。始发竖井侧的站部为3层，终到竖井侧的站部为4层。平均覆盖土厚度17m。

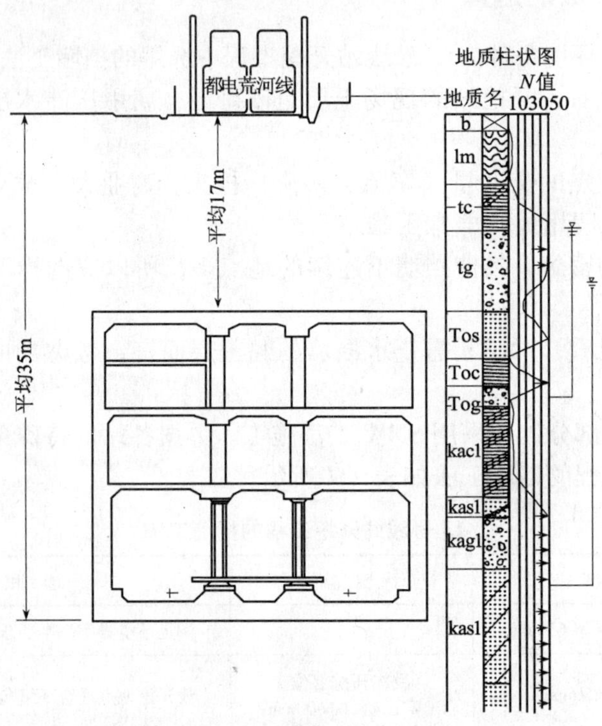

图9.18　杂司谷站标准断面图

该站周围是1~2层的幽静别墅型居民小区，环境噪声基准值要求，白天小于55dB，夜间小于45dB。为满足这种噪声要求，这里选用低噪声、低矮型水平多轴掘槽机（BMX）进行泥水固化墙施工，该挡墙的墙厚为650mm，芯材型钢为H488。现场四周用隔声墙隔声。特别是主体构造钢制地下连续墙侧墙施工部位，使用隔声房隔声。

2. 西早稻田站

该站与杂司谷站相同，是两端竖井之间用两台盾构机推进的隧道连接的盾构站。为避开NTT洞道，两竖井的开挖深度为31~35m，挡墙为SMW（ϕ850mm）。站的构造为3层。平均覆盖土层厚15m（见图9.19）。开挖深度浅的地下1层伸出特殊部位采用环保型弃泥排放量削减的排柱桩连续墙工法（ECW工法，ϕ=600mm）。

3. 新宿七段站

该站是上、下层轨道构造，站构造为4层，平均开挖深度定在37m，平均履盖土层厚度为12m，开挖长度372m（见图9.20）。由于道路使用时间的关系，打桩作业时间只能在22点~6点的8h内进行，所以打桩工法必须按该时间条件选取。另外，若采用大型打桩机长时间设置在路上，加上砾石地层钻孔时噪声、振动均对沿道两侧居民的威胁和影响太大。所以全部采用泥水挖掘的噪声、振动小的低矮水平多轴挖掘机（BMX机）挖槽的挖槽土再利用的水泥土连续墙工法（ϕ650mm）。

另外，对于横断埋设管的布设位置，由履带吊车吊入开挖槽内的切削头，从埋设物的下侧面挖掘，即用所谓的透视工法施工。

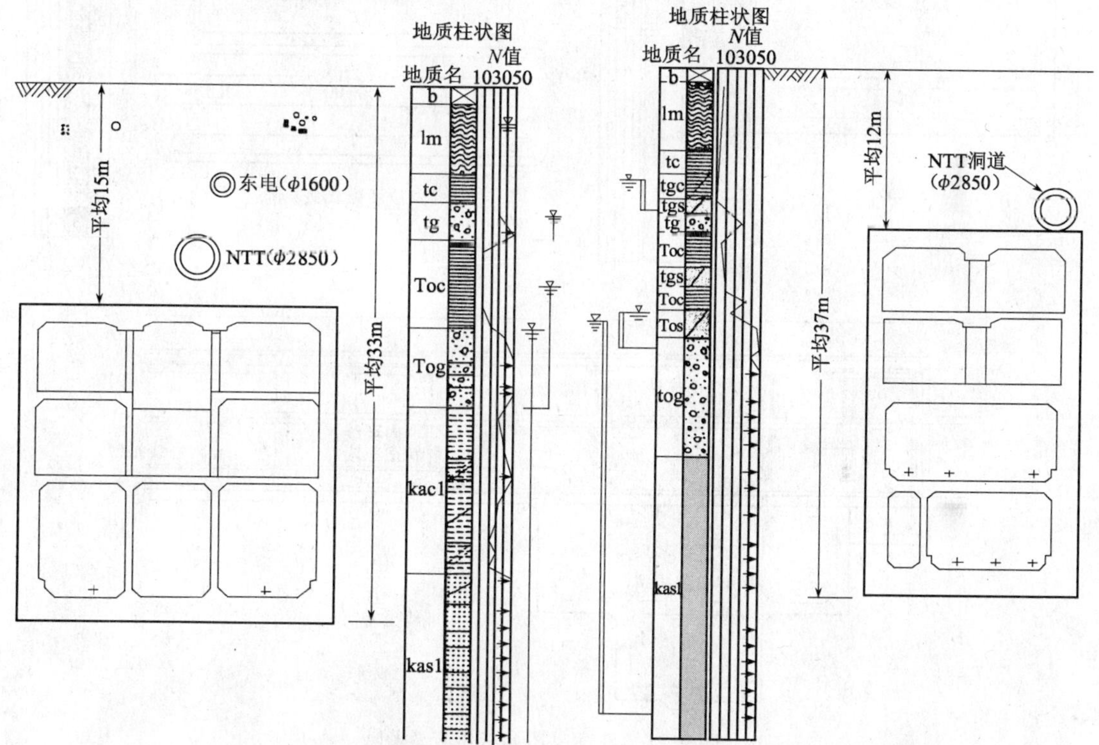

图9.19 西早稻田站标准断面图　　图9.20 新宿七段站标准断面图

4. 新宿三段站和新千驮谷站

因该站设置折返设备，是跨越靖国路、新宿路、甲州街的长大站，开挖长度为787m。为了方便内环线乘客换乘13号线，该站设有地下连络通道。该站的平均开挖深度为19m，平均覆盖土厚4m。站构造为2层和3层（见图9.21）。

除特殊部位外，挡墙施工均采用SMW（ϕ600mm），但下列特殊部位无法采用SMW工法施工。

（1）靖国路与甲州街的交叉部位

该交叉部位地下埋设物密布，其领域内存在电力电缆、NTT、水道等各种管道，挖基底面下方是新宿线（ϕ7300mm）（见图9.22）。所以该部位挡墙无法连续，同时也无法确保桩的嵌入。

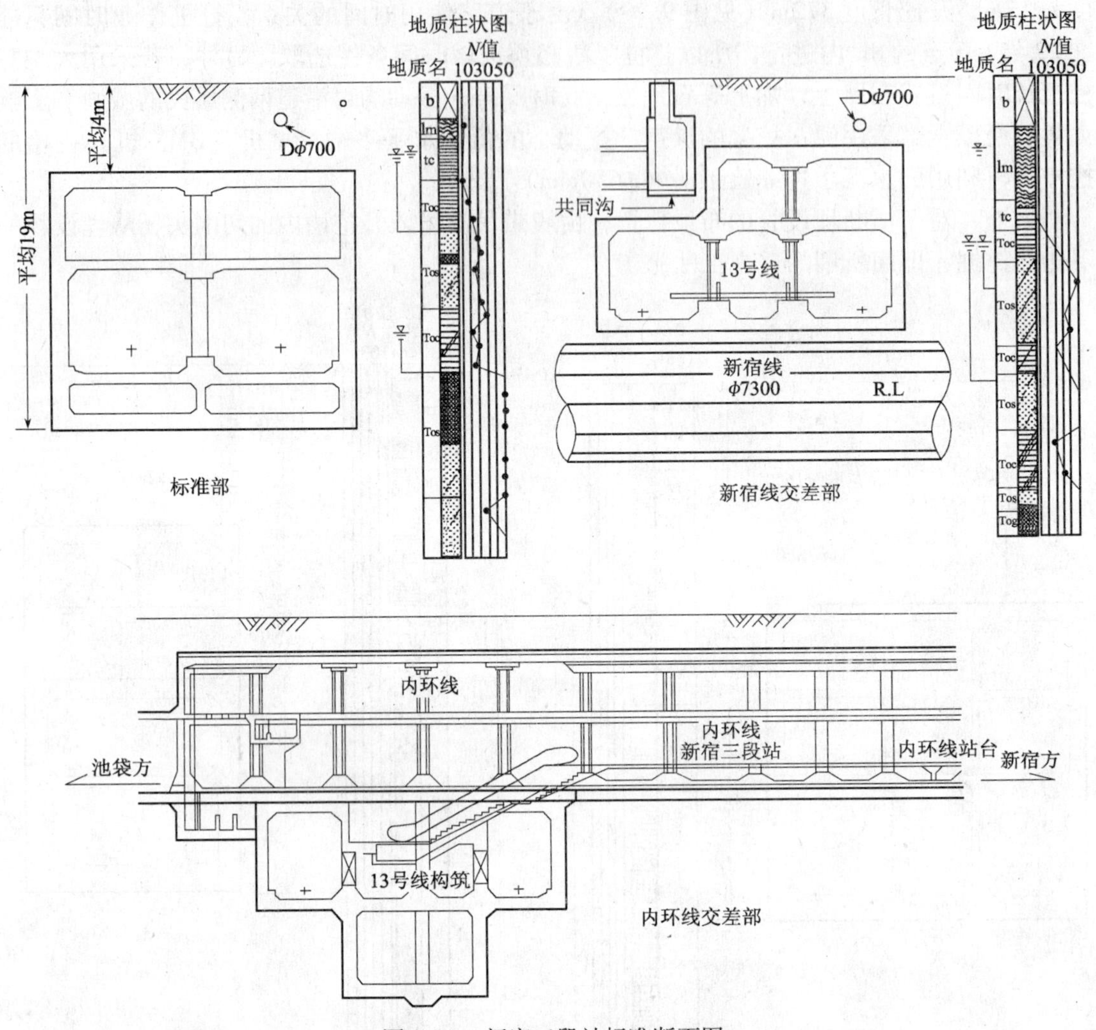

图9.21　新宿三段站标准断面图

因此，挡墙桩的施工分两个阶段。首先施工上部挡墙（钻孔钢桩法）在路面竣工后，插入钢板桩进行1次挖基，在露出地下埋设物后对其实施提吊或承托保护。随后在路面下方的洞内作2次挡墙（连续桩），即BH桩或钢板桩（FSP－Ⅳ型）的压入施工。设置连续桩2次挡墙的目的是防止下部滞水层中地下水的渗入（参考图9.22）。

因挖基底面下部的盾构隧道部位不能作连续墙施工，所以采用在钻孔钢桩上插入钢板作挡墙的施工，该挡墙背面作止水注入。

（2）新宿路交叉点～甲州街交叉点

因该交叉点的道路上无法确保常设作业带和邻近作业基地，所以选用打桩机和设备可以每天运入运出的BH桩工法。

5. 新千驮谷站

该站考虑到道路形状和大型埋设物的存在，站构造为2层，平均开挖深度21m，覆盖土厚5m（见图9.23）

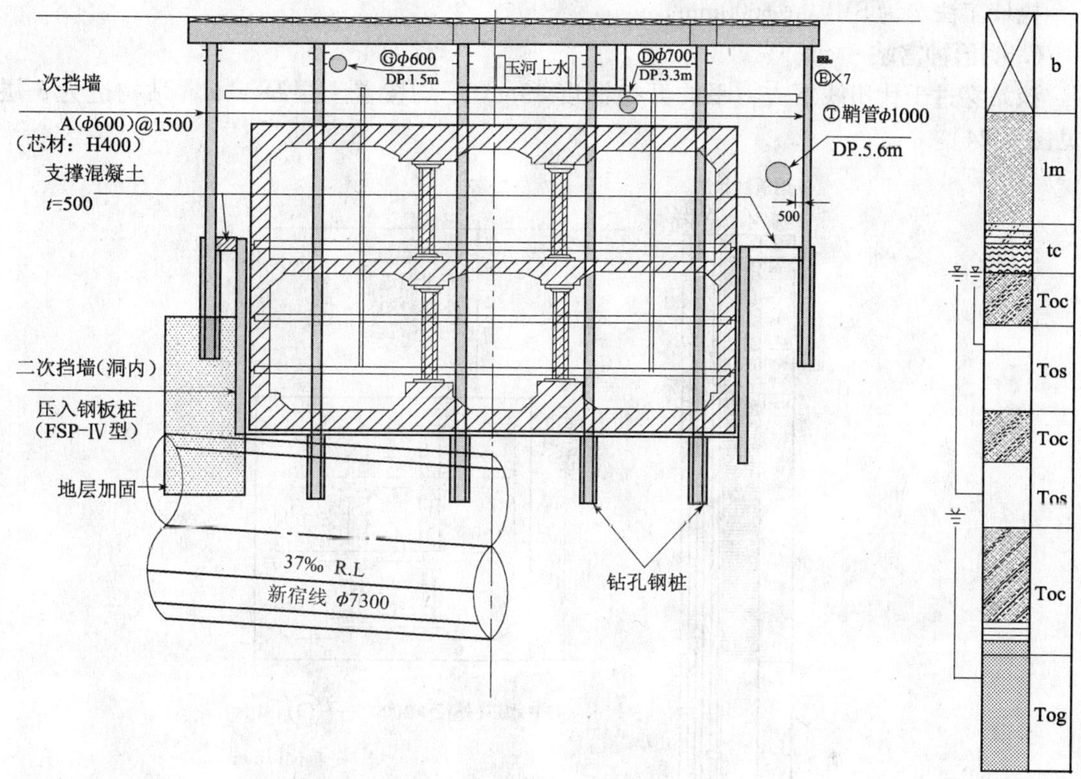

图 9.22 新宿三段站甲州街交差点部施工方法图

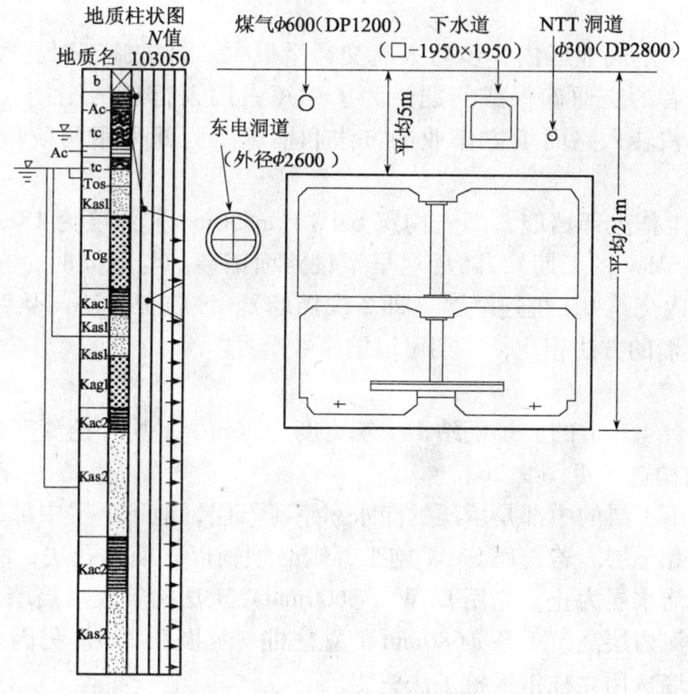

图 9.23 新千驮谷站标准断面图

挡墙工法定为 SMW（ϕ600mm）。

6. 明治神宫站

该站穿过千代田线下方，平均开挖深度 29m，平均覆盖土层厚 11m，站构造为 3 层（见图 9.24）。

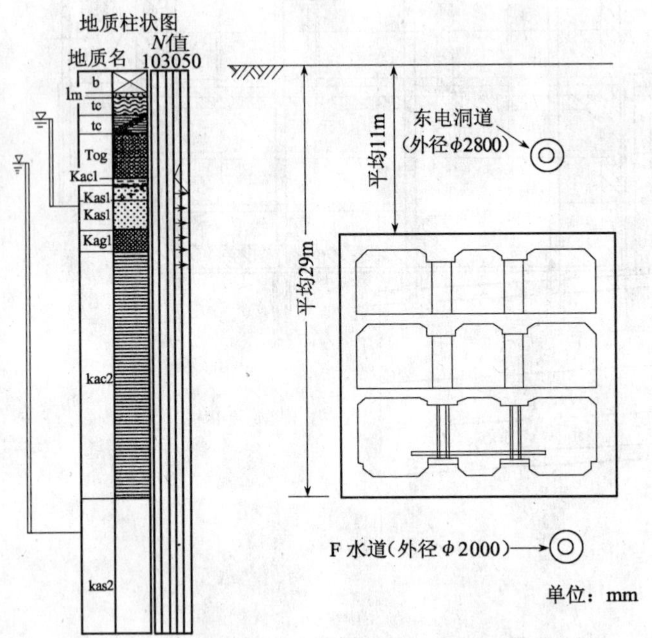

图 9.24 明治神宫站标准断面图

该站位于繁华的商业区内，步行人流交通量极大。打桩施工时必须占用人行道作作业带，因此步行者的交通确保成问题。为了缩短占用人行道的工期，必须实施减少路上作业时间、尽快转入路面下方作业的方法和措施。为此采用两阶段施工的措施（见图 9.25）

首先从路面上作上部挡墙，即先构筑 SMW（ϕ550mm）深度为 18m 的浅墙（选择浅墙的目的是缩短 SMW 的工期），随后尽早架设路面铺装。与此同时，在路面下作 1 次开挖，随后在基坑内浇筑 BH 桩连续墙（即 2 次挡墙）。该施工方法与从路面上直接构筑桩长不小于 30m 桩墙的方法相比，工期可以缩短 4 个月。

7. 涉谷站

该站是双站台 4 车道的大规模站，构筑宽度为 36m，平均开挖深度 31m，平均覆盖土层厚 9m，3 层站构造（见图 9.26）。

该站直到地下 1 层的中部是承压的滞水东京砾石层，地下 1 层中部起到桩的嵌固部位为止是泥岩硬质黏土层。若选用 SMW 施工，则必须辅以先期钻孔法，故施工工期会相当长。因此采用到滞水层为止，先用 ECW（ϕ600mm）工法构筑止水挡墙。然后每隔 4 条桩再单钻孔直到硬泥岩层浇筑 1 条 ϕ680mm 的立柱桩（见图 9.27）。另因硬质泥岩层是不渗水层，故该层挡墙选用立柱钢板桩工法施工。

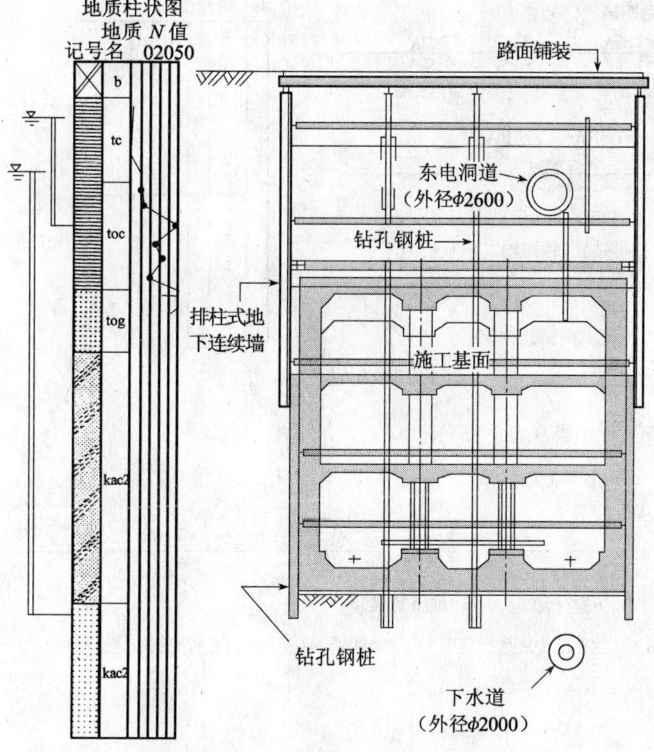

图9.25 明治神宫站施工方法

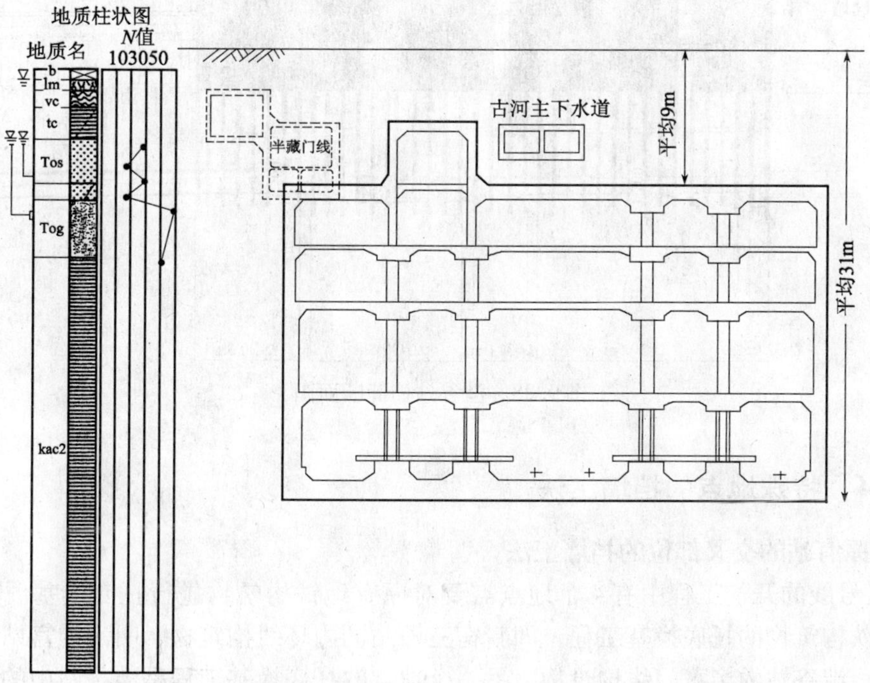

图9.26 涉谷站标准断面图

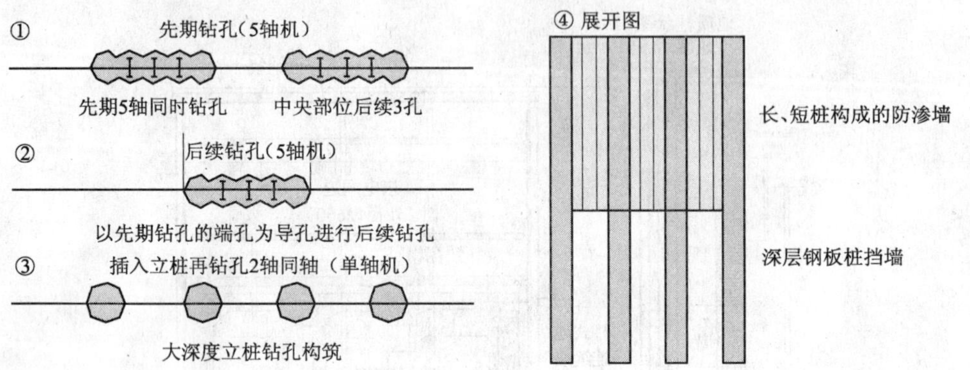

图 9.27　5 轴 ECW 工法

涉谷站挡墙断面图如图 9.28 所示。

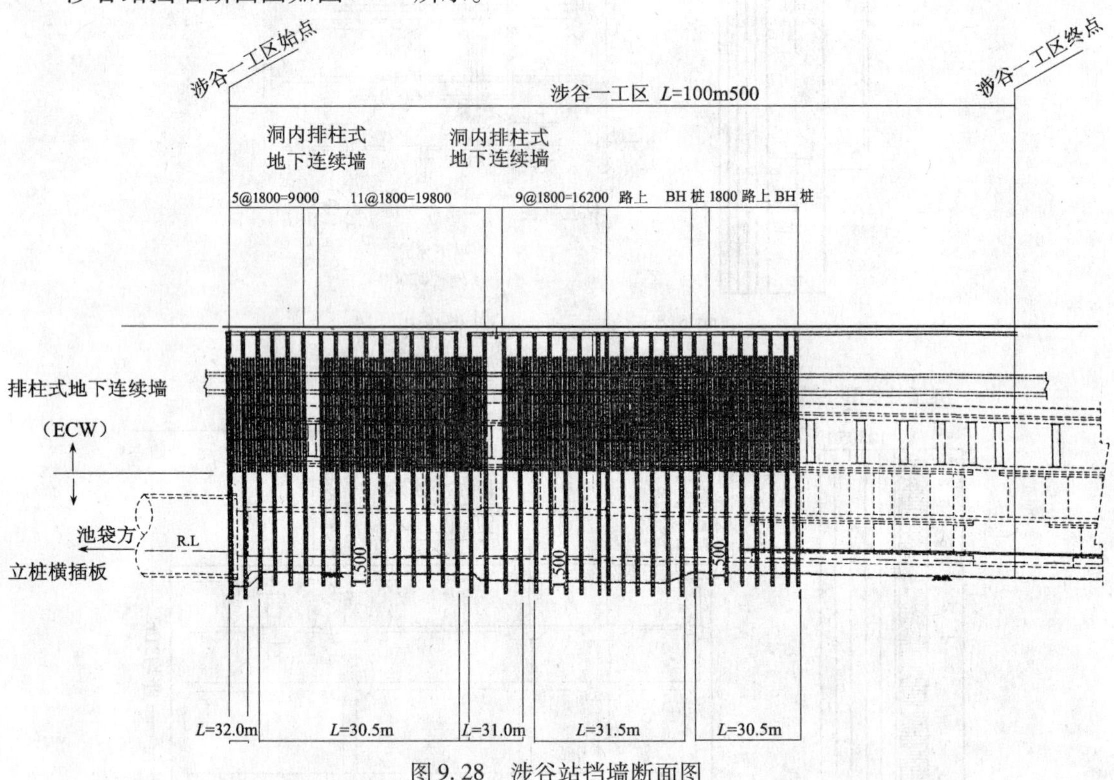

图 9.28　涉谷站挡墙断面图

9.4.4　特殊地点的挡墙工法

1. 与原有站的交叉部位的挡墙工法

在 13 号线的开挖工程中有 4 个地点需要对原有地铁构筑物进行托底换基。其中 3 个地点是地铁构筑物的托底换基工程，即新宿三段站的内环线构筑物、明治神宫站的千代田线构筑物，涉谷站的半藏门线构筑物，另一个地点的托底换基工程是涉谷站中的银座线高架桥构筑物。

上述托底换基地下构造物部的挡墙构筑均分上下两个阶段进行。上部挡墙采用插入到该原有构筑物上底板止的钢桩和钢板构成，托底换基后的下部挡墙采用洞内 BH 法构筑。

2. 地下埋设物致使的挡墙不连续部位

各站均存在较多的地下埋设物致使的临时挡墙不连续的地点，根据现场状况大致分成两类。

一类，对于挡墙背面原来不存在埋设管道，可以浇筑支承桩地点，直到一次开挖浇筑作一次挡墙的钻孔短钢桩，再在该桩上插入挡土板同时进行挖掘。另外，在 1 次挡墙背面存在埋设物时，应先对埋设物的下方进行止水注浆加固，随后对地下埋设物作提吊或支承保护，然后在 1 次挖掘面上作 2 次挡墙，在洞内利用 BH 法构筑连续墙。

二类，对于挡墙背面存在地下埋设物不能浇筑支承桩的地点，在 SMW 等连续墙的端部插入挡土板到底板进行挖掘。再有，还应对埋设物的下部进行止水注浆加固。

9.4.5 环境保护措施

地铁 13 号线建设工程中，本着人与地球和谐的地铁建设方针，采取了减轻环境负担的积极措施。这里介绍其措施实例。

1. 建设机械减轻环境负担的措施

(1) 粒状物 PM（黑烟）的减排

为了减少危害人体健康的颗粒物的排放，工程中应引入氧化催化装置。

(2) 引入压缩天然气汽车

导入以压缩天然气为燃料、不排放颗粒物的 CNG 车（2 吨卡车），以此降低氧化氮、黑烟、噪声的排放。

这些措施在 2005 年实施的东京环保条例中，已对柴油机的排放气体水准作了明确规定。

(3) 电气化建设机械的采用

引入靠电动机工作的铲斗和伸缩式抓斗，该类机械的气体排放量为零；噪声也与办公室内噪声基本相同，非常小。工程现场使用电气抓斗尚属首例。

2. 减轻环境负担的挡墙工法的采用

13 号线的地铁站中，多处采用了挖槽土再利用连续墙挡墙工法。从而大量地抑制了弃泥的产生量，加上产生土的再利用，故使工程的成本得以大幅减低。

3. 材料循环再生利用

对工程中产生的混凝土块、沥清块、废弃木材、废弃钢材等弃材，经再生处理设备处理制成土砂等材料的替代材料（所谓的再生材），返回作工程用料，即实现循环再利用。

此外，还展开了对盾构推进中产生的泥土进行简单处理，作盾构隧道底拱道床再利用；及把产生泥土作流动化处理后，兼作开挖隧道回填材的再利用。

地铁工程是都市街道上的土木工程，除考虑土质和水压等地层条件，还要考虑到沿街居民、商业设施，所以希望选用矮机高、低噪声的机种，选择夜间施工等。因严苛制约条件多种多样，所以必须灵活选择应对措施。

9.5 水泥土墙工法的选定实例

9.5.1 工程概况

东京高速中环新宿线（以下简称中环新宿线），从青叶台起到熊野町止，为全长11km的汽车专用道。该专用道可以说基本上是在环状6号线的路下方构筑。总长的70%采用盾构工法施工。但通风井、出入口，与河流、铁道的交叉部位等特殊地域采用开挖法施工。这些开挖法的工区，就沿线环境和车辆出入的关系来说，无法确保作业空间的情形较多。为此多根据实际场地状况，采用各式各样的挡墙工法施工。

本节介绍该工程中的选定水泥土墙工法的原因及施工的例子。

9.5.2 水泥土墙工法的选定

中环新宿线总长11km，9个通风井。和方南大街交叉点经神田河交叉点到青梅街道交叉点的一段，另从立教大街起的北侧一段，采用开挖法施工。再有，6个出入口和与原有道路的连接通道工程也采用开挖法施工。这里介绍各个开挖工程所采用的挡墙工法。

1. 通风井

9个通风井中的5个是通风井的断面与道路断面一体化的构造，另4个通风井是用盾构法施工道路隧道，随后在道路隧道上方用开挖工法构筑通风井断面。开挖深度大致是20~50m，为了防止基底隆起，挡墙深度定为69m。

中环新宿线的实际状况是，开挖深度大致在25m左右的挡墙，采用成本低的SMW工法施工。对开挖深度大于25m，并使用支护，要求挡墙必须具备一定刚性的情形而言，采用插入芯材的泥土灰浆墙工法，芯材的尺寸接近墙厚。

下面以决定并用SMW工法、泥土水泥砂浆墙工法、TRD工法的中落合通风井为例叙述选择水泥土墙工法的状况。

2. 一般部位

就方南大街交叉点经神田河直到青梅街道交叉地点和立教大街北侧交叉地点的区段采用开挖法构筑，开挖深度大致在25m左右。

在一般部位，基本上采用ϕ850mm的3轴SMW工法，由支承等条件要求挡墙必须具备一定刚性的地点，采用泥土水泥砂浆墙。另外，交叉点等不能满足作业带的地点，采用单轴TBH工法造成挡墙。

作为一般部位的狭窄地点的施工例子，下面叙述神田河交叉点，用3轴TBH工法造成挡墙的事例。

3. 出入口、连接通道

6个出入口中的3个及连接原有道路中的2个通道，采用开挖法在盾构隧道的上方施工。把盾构隧道挖开构筑出入口躯体。因为这些地点的隧道上方的挡墙芯材是斜角插入，墙体深度大致在15~25m，比通风井和一般部位浅。

另外，其他3个出入口，因构筑物深度均比通风井和一般部位浅，所以对挡墙刚性的要求也不高。

因此，这些地点基本上是采用 $\phi550 \sim \phi650$mm 的 SMW 工法。也有一部分采用 5 轴 SMW 工法和 ECW 工法。

表 9.8 所示的是中环新宿线工程中采用的水泥土挡墙工法的一览表。

中环新宿线中挡墙工法一览表 **表 9.8**

适用范围	通风井部位			
挡墙种类	SMW（3 轴）	SMW（3 轴）	泥土水泥浆墙	TRD
直径	650mm	850 ~ 900mm	t = 1000 ~ 1500mm	t = 650mm
造成深度	20 ~ 35m	37 ~ 52m	46 ~ 69m	45m
施工量	23000m²	38000m²	24000m²	3400m²
掘削深度	20 ~ 25m	20 ~ 25m	20 ~ 25m	22m

适用范围	一般部位			
挡墙种类	SMW（3 轴）	泥土水泥浆墙	TBH（单轴）	TBH（3 轴）
直径	850mm	t = 900 ~ 1100mm	800mm	850mm
造成深度	25 ~ 58m	28 ~ 32m	34m	55m
施工量	40，000m²	8000m²	3700m²	860m²
掘削深度	25m	25m	25m	25m

适用范围	出入口·连接通道部位			
挡墙种类	SMW（3 轴）	SMW（3 轴）	SMW（5 轴）	ECW（5 轴）
直径	550 ~ 650mm	850mm	550 ~ 650mm	550mm
造成深度	15 ~ 25m	15 ~ 50m	17m	14 ~ 23m
施工量	50000m²	2300m²	7600m²	5800m²
掘削深度	15 ~ 20m	15 ~ 30m	17m	10 ~ 20m

9.5.3 施工实例

1. 中落合通风井

（1）工程概况

中落合通风井总长 230m，深 22m。该通风井的下部是盾构工法施工的构造。盾构隧道推进通过后，使通风井与隧道续接。连接部分的开挖深度约 36m。

该工区的土质，-10 ~ 0m 为壤土和凝灰质黏土；-22 ~ -10m 为砾层；-45 ~ -22m 为砂层（$N>50$）；-45m 以下为黏土层。挡墙入土深度为 -48m。

（2）挡墙工法选择

该工区通风井和隧道的连接部位，要求使用 H900 × 300 的桩材，隔离为 450mm，所以无法用 SMW 工法施工，故选用水平多轴掘削机掘削后插入芯材，用水泥土浆置换泥水造成水泥土墙工法。

另外，外围区间一般部位的施工，因为道路条件所限，从外围车道无法返回到内侧车道，作业带宽度无法确保 10m。从墙中心到作业带顶端的空间只有 7.64m，而从墙的中心到 SMW 机的尾端的距离要 9.5m，所以采用 SMW 机无法展开施工。

比较讨论其他工法的结果知道，改造的 TRD 机的尺寸小于 7.6m，所以最后决定选用

TRD 工法。

表 9.9 是挡墙工法的讨论结果。

挡墙工法的选定　　**表 9.9**

项　目		SMW	TRD	泥土水泥浆墙
造成深度约 50m		○	○	○
土质	洪积黏土 洪积砂层 洪积砾层	○	○	○
芯材尺寸	H488×300	○	○	○
	H900×300	×	×	○
作业带宽度	10.0m	○	○	○
	7.64m	×	○	○
施工成本	SMW 记作 100	100	107	139
适用部位		一般部位采用	作业带狭窄区采用	连接部位采用

图 9.29 所示的是通风井的断面图。

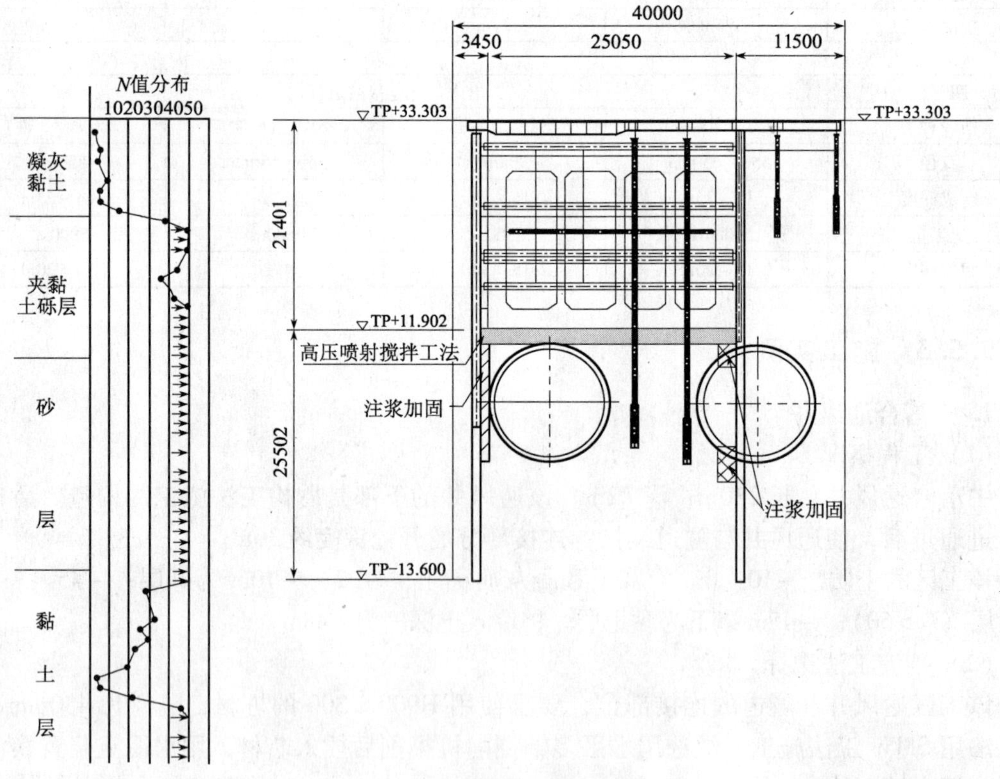

图 9.29　中落合通风井断面图

(3) 施工结果

墙的竖向施工精度如表 9.10 所示。就墙体竖向施工精度而言，泥土水泥浆固化墙工法最好，TRD 工法居中，SMW 工法稍差。另外，因 TRD 工法造成的墙体的连续性好，所以止水性好。对SMW工法来说，施工深度大时，施工误差会致使排柱桩彼此间的闭合精度变差，所以在渗水系数大的地层中深度大时，完全可以确认地下水向开挖范围内渗透的现象。

施工精度对比表 **表9.10**

项 目	SMW	TRD	泥土水泥浆墙
水平向误差（mm） （水平精度）	-168~200 （-1/280~1/235）	横向连续施工	-30~50 （-1/1550~1/934）
竖向误差（mm） （竖直度）	-157~186 （-1/300~1/253）	-50~90 （-1/930~1/517）	-50~45 （-1/950~1/1036）
合成误差（mm） （竖直度）	17~216 （1/2769~1/218）	——	——

2. 神田河交叉部

（1）工程概况

该工区是在神田河河床下约5m处构筑主干道的施工，像图9.30所示的那样，从河流的两侧建造2个钢管顶棚竖井。其中，南侧竖井面对的是24h营业的轿车液化气添加站，挡墙施工不能影响该站的营业，即必须确保车辆的出入口。

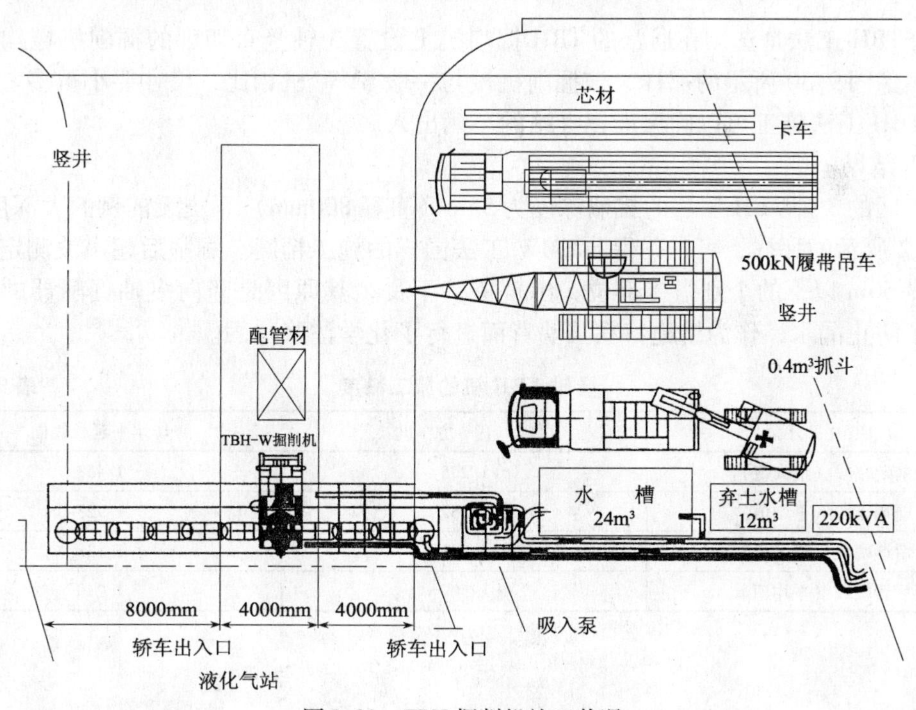

图9.30 TBH掘削机施工状况

（2）挡墙工法选定

如果选择一般的SMW工法，则因设置3轴SMW机和履带吊车，则液化气站正面16m宽的车辆出入口将被全部堵死。为此，对本工区可能选用的护顶下挡墙施工方案和从路上用小型机械施工挡墙的方案进行了对比（见表9.11）。从成本和工期的因素考虑，决定选用3轴式TBH工法施工。

挡墙工法的选定　　表9.11

项　目	路上施工		路下施工
工法	TBH工法（单轴TBH）	TBH墙工法（3轴TBH）	路下连续墙
概况	靠ϕ800mm的单轴机钻孔，实现桩的搭接止水极为困难。 搭接部位必须靠注浆法止水加固	用ϕ800mm的3轴钻孔。钻孔分为先期和后续两步，后续幅度切削先期幅段的接头，以此提高止水性。掘削结束后浇筑泥土水泥浆	矮机高水平多轴掘削机（BMX）
对液化气站的影响	因为是小型机械施工，故施工中车辆也完全可以自由出入	因为是小型机械施工，故施工中车辆可以出入	路下作业对液化气站无障碍
钻孔精度	1/200	1/200	1/500
芯材尺寸	H594×300	H600×200	H588×300
辅助工法	因为是单轴TBH桩搭接，所以每条桩都必须注浆	因为是55m深的钻孔，所以下层部位必须进行注浆止水加固	为了确保路下作业空间，必须另行施工1次挡墙
成本比较	较高	最低	最高
工期比较	约6个月	约4个月	约5个月
总评价	一般	最好	差

3轴TBH工法是选用在通常的TBH掘削机上设置3轴竖直切削的掘削机械构筑挡墙的工法。像图9.30所示的那样，该掘削机械与一般SMW机相比，尺寸要小得多。所以选用3轴TBH工法施工可以确保液化气站的车辆出入。

（3）结果

该工区的3轴TBH工法的成墙深度为55m（直径800mm）系史无前例的大深度工程。像表9.12所示的那样，可以确保与SMW工法同样的施工精度。掘削后超声波测定的结果表明深度50m以下的个别搭接部位，出现搭接不良，其原因是竖向多轴掘削器的扭曲造成。为了防止漏水，作为措施特在挡墙背面进行了化学注浆加固。

3轴TBH机的施工精度　　表9.12

项　目	竖直方向	墙水平延长线向
前期幅段（最大值）	1/275	1/458
前期幅段（平均值）	1/352	1/723
后续幅段（最大值）	1/306	1/138
后续幅段（平均值）	1/507	1/279

参考文献

[1] 程骁，张凤祥．土建注浆施工与效果检测．上海：同济大学出版社，1998.

[2] 张凤祥，朱合华．盾构隧道．北京：人民交通出版社，2004.

[3] 黄绍铭．软土地基与地下工程．北京：中国建筑工业出版社，2005.

[4] 苏宏阳．基础工程施工手册（第二版）．北京：中国计划出版社，2002.

[5] 余志成．深基坑支护设计与施工．北京：中国建筑工业出版社，1997.

[6] 尉希成．支挡结构设计手册（第二版）．北京：中国建筑工业出版社，2004.

[7] 最近のソイルセソニト柱列壁工法（特集）．基础工，1994，22（5）．

[8] 小川新吾．空頭制限下におけゐ柱列式土留め杭工法．基础工，2003，31（4）：55-58.

[9] 内藤幸弘．H形鋼を芯材とする土留め壁の本体利用に関する設計および現場適用結果．电力土木，2005，1（315）：91-95.

[10] 長尾和則．電車近接の狭隘箇所におけゐ山留め工事．基础工，1998，26（8）：62-65.

[11] 中込秀樹．大断面開削トンホルにおける仮設連続壁の設計・施工．土木施工，1998，39（5）：50-55.

[12] 西村高明．地下鐵13号線各駅め土留め工法．トンネルと地下，2003，34（9）：21-29.

[13] ソイルセメント壁工法の最新技術と展望．基础工，2005，33（5）．

[14] 张凤祥，焦家训．产业弃物在土建工程中的再利用．北京：人民交通出版社，2006.

[15] 张凤祥．盾构工程排出泥水（土）的改良处理及利用．中国土木工程学会隧道及地上工程分会第14届年会论文集．上海：2006，11.

[16] 遠藤堅一．掘削土再利用連壁（CRM）工法．基础工，2003，31（4）：51-54.

[17] 山林幸男．掘削土再利用連壁（CRM）工法．基础工，2004，32（5）：64-67.

[18] 原田哲伸．掘削土再利用地中連続壁工法によ为開削トンネル山留の施工．建設の機械化，2000，9（607）：3-9.

[19] 中原淳．ソイルセメニト連続壁工法の品质管理事例．基础工，1999，27（7）：66-69.

[20] 鎌田整．TRD工法による低い空頭制限下でのソイルセメント連続壁の施工例．基础工，1998，26（8）：100-103.